Pierre Duhem

Le Système du Monde

Histoire des doctrines cosmologiques de Platon à Copernic

Tome VIII

 Hermann

LE SYSTÈME DU MONDE de Pierre Duhem constitue une encyclopédie de l'histoire des sciences d'une valeur exceptionnelle pour l'étude de la physique et de la mécanique médiévales. C'est l'œuvre à la fois d'un savant et d'un historien, et non pas d'un savant devenu historien et qui aurait oublié la science... Il a vraiment découvert et exposé la continuité de la filiation entre la science et la philosophie d'Aristote et celle du Moyen-Âge. Son ouvrage est le seul qui englobe une telle étendue.

Gaston Bachelard

C'est dans la richesse inouïe de la documentation, fruit d'un labeur qui confond l'esprit, que consiste la valeur permanente de l'œuvre de Duhem : malgré quarante ans d'études et de recherches, elle demeure une source de renseignements et un instrument de travail irremplacé et donc indispensable.

Alexandre Koyré

... L'ouvrage de Duhem, intégralement publié, apparaîtra comme un monument de science et de patience, restituant à chaque époque de l'évolution du savoir humain son originalité et sa fécondité.

Jean Abelé
(Les Études)

PIERRE DUHEM
MEMBRE DE L'INSTITUT
PROFESSEUR À L'UNIVERSITÉ DE BORDEAUX

LE SYSTÈME DU MONDE

HISTOIRE DES DOCTRINES COSMOLOGIQUES
DE PLATON A COPERNIC

TOME VIII

HERMANN
6, RUE DE LA SORBONNE, PARIS V

LE SYSTÈME
DU MONDE

Pierre DUHEM

MEMBRE DE L'INSTITUT
PROFESSEUR A L'UNIVERSITÉ DE BORDEAUX

LE SYSTÈME DU MONDE

HISTOIRE DES DOCTRINES COSMOLOGIQUES DE PLATON A COPERNIC

TOME VIII

HERMANN

6, RUE DE LA SORBONNE, PARIS V

CINQUIÈME PARTIE

LA PHYSIQUE PARISIENNE AU XIVe SIÈCLE

(suite)

Chapitre VIII

LE VIDE ET LE MOUVEMENT DANS LE VIDE

———

I

Le Vide et la Philosophie Arabe. Ibn Badja

En l'an 1277, Etienne Tempier, évêque de Paris, a condamné ces deux erreurs :

34 [27] [1] « La Cause première ne peut faire plusieurs mondes. »
49 [66] « Dieu ne peut mouvoir le ciel d'un mouvement de translation ; la raison en est qu'alors le ciel laisserait un vide. »

La première de ces condamnations a rendu caduque tout ce que le Péripatétisme avait enseigné touchant l'impossibilité de la grandeur infinie, tant en acte qu'en puissance. Elle a contraint le Moyen-Age à reprendre sur nouveaux frais toute la théorie de l'infini. Au xive siècle, l'Université de Paris s'est partagée, au sujet de ce problème, en deux grandes écoles ; mais partisans de la grandeur infinie catégorique et tenants de la seule grandeur infinie syncatégorique se réclamaient également du décret porté par Etienne Tempier.

La seconde condamnation a bouleversé la théorie péripatéticienne du lieu. Elle a conduit les docteurs de Paris à fonder sur des bases nouvelles la philosophie du lieu et du mouvement local et, pour y parvenir, ils ont, d'un effort puissant et vigoureux, creusé ces problèmes jusqu'à mettre en lumière des pensées qui étaient demeurées profondément cachées.

Les deux condamnations dont nous venons de rappeler les termes ont contribué à la fois à ruiner la théorie péripatéti-

———

1. Le premier nombre indique l'ordre occupé par la proposition condamnée dans le décret d'Etienne Tempier ; le second placé entre [], l'ordre de cette proposition dans la classification du R. P. Mandonnet.

cienne du temps ; et sur les ruines de cette théorie, une doctrine nouvelle a surgi.

Sur l'infini, sur le lieu, sur le temps, tout ce qu'avait dit la *Physique* d'Aristote est venu se briser au choc porté par le décret des condamnations de Paris. Par la brèche ouverte au flanc du Péripatétisme, des pensées nouvelles ont passé, dont beaucoup se retrouvent, à peine modifiées, dans les écrits de ceux de nos contemporains qui philosophent sur les principes de la Science.

Mais les décisions portées par Etienne Tempier et son conseil sont loin d'avoir produit à nos yeux toutes leurs conséquences. Nous allons voir comment elles ont amené la Scolastique à renier les objections qu'Aristote avait dressées contre la possibilité du vide.

Les philosophies antérieures à Aristote admettaient, en général, outre les corps, un quelque chose qui n'était point corps, qui était homogène et indéfini, où trois dimensions pouvaient être tracées, où les corps pouvaient trouver place et se mouvoir ; ce quelque chose, c'est ce que les Atomistes nommaient le vide, τὸ κενόν, ce que Platon nommait l'espace, ἡ χώρα.

Contre cette théorie, qu'avec des nuances diverses, développaient la plupart de ses prédécesseurs, Aristote avait vivement réagi. Il s'était efforcé de démontrer l'impossibilité du vide et de l'espace. Surtout, comme ses prédécesseurs croyaient établir que l'existence du κενόν ou de la χώρα était nécessaire pour que le mouvement fût possible, il s'était attaché, lui, à prouver, qu'au sein du κενόν ou de la χώρα, tout repos comme tout mouvement était inconcevable.

La vogue de la Physique péripatéticienne avait été, chez les Hellènes, de peu de durée ; elle n'avait pas tardé à être éclipsée par la Physique stoïcienne. Mais, en particulier, la doctrine d'Aristote au sujet de l'impossibilité du vide n'avait pas attendu, pour se voir délaissée, le triomphe des doctrines du Portique ; sur ce point, Straton de Lampsaque s'était déjà, semble-t-il, écarté de l'enseignement du Maître.

La possibilité du vide était un des dogmes essentiels de la Physique stoïcienne. A la vérité, des disciples de Chrysippe et de Zénon ne pensaient pas, comme ceux de Leucippe et de Démocrite, qu'il y eût d'une manière actuelle, à l'intérieur du Monde, des espaces vides de tout corps ; mais du moins croyaient-ils qu'un vide illimité s'étend au-delà de la sphère qui borne l'Univers.

Lorsque la Philosophie de l'Islam, à ses débuts, connut la Physique d'Aristote, elle en adopta d'emblée la plupart des propositions essentielles et, en particulier, celle qui niait la possibilité du vide aussi bien à l'extérieur de la sphère qui borne l'Univers qu'à l'intérieur de cette sphère.

Déjà, nous entendons Alfârâbî formuler [1] ces deux propositions, qui sont comme les thèses soutenues par Aristote au IVe livre de la *Physique* :

« La surface limite du corps enveloppant et du corps enveloppé se nomme lieu.

» Il n'y a pas de vide. »

Les Frères de la Pureté et de la Sincérité adoptent pleinement, au sujet du vide, l'enseignement péripatéticien. Au quinzième traité de leur Encyclopédie, ils déclarent [2] que « le mot vide désigne un lieu libre dans lequel il ne se trouve rien de logé. Or le lieu est une des propriétés du corps, qui ne peut résider qu'en un corps et qui ne se rencontre qu'en un corps... Partant l'existence du vide est absurde... Cette démonstration rationnelle prouve qu'il n'existe de vide ni à l'extérieur ni à l'intérieur de l'Univers. »

Avicenne, à son tour, réprouve l'existence du vide aussi formellement qu'Aristote. En l'exposé de sa philosophie que nous a donné son disciple Al Gâzâli, nous retrouvons [3], à l'appui de cette proposition : Il ne peut y avoir de vide, les principales démonstrations développées par le Stagirite au quatrième livre de la *Physique*.

Les philosophes de l'Islam, sectateurs convaincus d'Aristote, étaient donc unanimes à rejeter le vide. Les théologiens, au contraire, les Motekallemîn, qui voyaient dans la philosophie d'Aristote la grande ennemie du dogme, ne songeaient qu'à

---

1. ALFÂRÂBÎ's *Philosophische Abhandlungen.* Aus dem Arabischen übersetzt von Dr F. Dieterici. Leiden 1892. *Die Hauptfragen von* ABU NASR ALFARABI, XVI ; p. 100.

2. *Die Philosophie der Araber in IX. und X. Jahrhundert n Chr. aus der Theologie des Aristoteles, den Abhandlungen* ALFÂRÂBÎ's *und den Schriften der* LAUTERN BRÜDER. *Herausgegeben und übersetzt von* Dr FRIEDRICH DIETERICI. Vtes Buch. *Die Naturanschauung und Naturphilosophie.* 2te Ausgabe, Leipzig, 1876. II, pp. 28-29.

3. *Logica et Philosophia* ALGAZELIS ARABIS. *Incipit liber philosophie* ALGAZELIS, Lib. II, tract. i, cap. V : Quod non datur vacuum ; fol. sign. g 2, recto. Colophon : ...Explicit opus logice et philosophie Algazelis arabis nuperrime impressum ingenio et impensis Petri Liechtensteyn Coloniensis Anno virginei partus 1506. Idibus februarijs sub hemispherio Ueneto.

prendre, en toutes choses, le contrepied de cette philosophie ; ils étaient atomistes et, partant, croyaient à l'existence du vide, sans lequel les atomes ne pourraient se mouvoir.

« Les hommes qui s'occupent des racines du dogme, dit Maïmonide [1], croient que le vide existe, c'est-à-dire qu'il existe un ou plusieurs espaces où il n'y a absolument rien, mais qui sont vides de tout corps et privés de toute substance. Cette proposition leur est nécessaire dès qu'ils admettent la première proposition [l'existence des atomes]. En effet, si l'Univers était plein de ces parcelles, comment donc pourrait se mouvoir ce qui se meut ? Car on ne peut pas se figurer que les corps entrent les uns dans les autres, et ces parcelles ne peuvent se réunir et se séparer que par le mouvement. Ils sont donc obligés d'admettre le vide, afin qu'il soit possible à ces parcelles de se réunir et de se séparer, et que le mouvement puisse s'opérer dans ce vide, dans lequel il n'y a point de corps ni aucune de ces substances, [c'est-à-dire aucun de ces atomes] ».

Maïmonide, après avoir donné quelques conséquences inadmissibles de l'hypothèse selon laquelle tout continu est composé d'indivisibles, ajoute ces paroles [2] : « Il ne faut pas croire, du reste, que ce que je viens de dire soit ce qu'il résulte de plus absurde de ces trois propositions ; car, certes, ce qui résulte de la croyance à l'existence du vide est encore plus extraordinaire et plus absurde ».

Si l'hypothèse de l'existence du vide dans la nature semble à Maïmonide une pure absurdité qu'il ne prend même pas la peine de discuter, le jugement d'autres philosophes au sujet de cette supposition paraît avoir été moins sévère. L'un des penseurs les plus originaux de l'Islam, Ibn Bâdjâ, l'Avempace des Scolastiques, ne regardait peut-être pas l'idée d'un espace vide comme une conception dénuée de sens ; du moins rejetait-il l'une des objections qu'Aristote avait élevées contre cette idée ; et pour la rejeter, il reprenait, d'une manière presque textuelle, les raisonnements par lesquels Jean Philopon avait nié que la chute d'un grave dût, dans le vide, s'accomplir en un instant.

Averroès nous rapporte textuellement [3] quelques-uns des

---

1. Moïse ben Maïmoun dit Maïmonide, *Le guide des égarés*, trad. par S. Munk ; première partie, Ch. LXXIII ; t. I, p. 379 ; Paris, 1856.

2. Maïmonide, *loc. cit.*, p. 383.

3. Averrois Cordubensis *In Aristotelis de physico auditu libros VIII commentaria magna* ; lib. IV, summa II, cap. III, comm. 71.

propos qu'Ibn Bâdjâ tenait « au septième chapitre de son livre ». Les voici :

« En son quatrième livre, Aristote a évalué le rapport entre la résistance opposée par le milieu plein au corps qui se meut dans ce milieu et la puissance du vide. Mais ce rapport n'est pas ce que l'on juge en suivant son opinion. Le rapport qui existe entre la densité *(spissitudo)* de l'eau et la densité de l'air n'est pas égal au rapport de la vitesse du mouvement de la pierre dans l'air à la vitesse du mouvement dans l'eau. C'est le rapport de la cohésion *(potentia continuitatis)* de l'eau à la cohésion de l'air qui est égal au rapport du retard accidentellement apporté au corps qui se meut par le milieu dans lequel il se meut, l'eau par exemple, au retard qui lui est accidentellement apporté quand il se meut dans l'air.

» En effet, si les choses se passaient comme certains le croient, le mouvement naturel serait un mouvement violent. Et s'il n'y avait pas de résistance, comment donc y aurait-il mouvement ? Il serait nécessaire qu'il se fît en un instant. Que dira-t-on, alors, du mouvement de rotation ? Là, en effet, il n'y a pas de résistance, il n'y a aucune division [du milieu], car le lieu de chaque cercle demeure toujours le même ; on ne voit pas un lieu devenir vacant et un autre lieu se remplir. Il faut donc que le mouvement de rotation se fasse en un instant. Mais, dans le mouvement de rotation nous observons et la lenteur la plus grande, dans le mouvement propre des étoiles fixes, et la plus grande vitesse, dans le mouvement diurne.

» Tout cela a lieu simplement à cause de la différence de noblesse entre le moteur et la chose mue. Plus le moteur est noble, plus la chose qu'il meut est vite ; lorsque le moteur est moins noble, il est, en noblesse, plus voisin de la chose mue ; alors le mouvement est plus lent.

» Telles sont les paroles d'Avempace. »

Averroès ajoute :

« Si l'on accorde ce que dit Avempace, la démonstration d'Aristote est fausse. Si le rapport de la subtilité d'un milieu à la subtilité d'un autre milieu est égal au rapport du retard accidentellement apporté au mobile par ce milieu-ci au retard accidentellement apporté par ce milieu-là, et non pas égal au rapport des vitesses, il n'en résulte plus que ce qui se meut dans le vide se meuve en un instant. Alors, en effet, ce qui est enlevé à ce mobile, c'est seulement le retard qui lui advenait par l'effet du milieu, et il lui reste le mouvement naturel ;

en sorte que tout son mouvement se fait dans un temps fini. Ainsi, ce qui se meut dans le vide, se meut nécessairement en un certain temps et en un temps divisible, en sorte qu'il n'en résulte aucune impossibilité. Telle est la question posée par Avempace. »

En la discussion de cette opinion, Averroès multiplie les précisions :

« Avempace a jugé, dit-il, que le mouvement sensible est ce qui reste du mouvement naturel. Il a jugé que le mouvement naturel est comme une certaine quantité *(mensura)*, dont on retranche, [en deux circonstances différentes], deux quantités qui sont, elles-mêmes proportionnelles à deux autres quantités. Il a vu que lorsqu'on opère ainsi sur deux quantités, le rapport des quantités retranchées n'est pas égal au rapport inverse des restes. Il a pensé que, par suite du milieu résistant, il advient au mouvement naturel une certaine diminution qui est proportionnelle à la résistance ; comme nous l'avons dit, il a jugé que le mouvement sensible est ce qui reste du mouvement naturel après cette diminution, semblable à ce qui reste d'une grandeur après qu''on a retranché une autre grandeur. Il a donc jugé que la vitesse du mouvement sensible dans un cas, au mouvement sensible dans un autre cas, n'est pas comme cette résistance-ci est à celle-là ; ce rapport est celui des ralentissements...

» Personne, avant Avempace, n'était parvenu à soulever ces questions ; il surpassait tous les autres en profondeur. »

L'admiration d'Ibn Roschd pour Ibn Bâdjâ ne va pas jusqu'à lui faire admettre l'opinion qu'il vient d'exposer ; la confiance du Commentateur en la parole d'Aristote défie toute contradiction : « Déclarons, dit-il, comme une vérité manifeste par elle-même... que la différence de ténuité des milieux est, toutes choses égales d'ailleurs, la cause de la différence des vitesses ; que cette diversité dans les vitesses, dont la cause est la différence de la subtilité des milieux suit essentiellement la subtilité... Il est donc manifeste que le rapport des vitesses est égal au rapport des subtilités ou ténuités des milieux. Ce sont là des propositions manifestes par elles-mêmes... »

Ibn Roschd a combattu le raisonnement d'Ibn Bâdjâ ; mais à l'auteur de ce raisonnement, il a accordé sa sincère admiration ; « Avempace, a-t-il dit, a dépassé tous les autres en profondeur » ; jamais éloge ne fut mieux justifié ; de cette discussion, en effet, l'auteur avait creusé si avant qu'il était venu ébranler les fondements mêmes de la Dynamique d'Aristote. »

Mais cet auteur n'était pas Ibn Bâdjâ ; c'était Jean le Grammairien ou, peut-être, son maître Ammonius, fils d'Hermeas.
Avempace, on n'en saurait douter l'avait empruntée à Philopon.
Heuseux emprunt ! C'est, en effet, par Averroès, citant Avempace, que la chrétienté latine a connu cette doctrine, qui portait
en germe une part de la Dynamique de Galilée.

Il est impossible, nous l'avons dit, d'établir aucun rapprochement entre les premiers principes de cette Dynamique et les
axiomes essentiels de la Dynamique newtonienne.

En un corps qui se meut, la Dynamique développée par
Newton distingue deux éléments, ce qui meut et ce qui est
mû ; la force est ce qui meut, et la masse ce qui est mû ; les
grandeurs respectives de ces deux éléments fixeront la loi du
mouvement.

En un orbe céleste qui se meut, le Péripatétisme consent à
distinguer un moteur et une chose mue ; le moteur conjoint
au ciel est ce que le néoplatonisme hellène ou arabe nomme
l'âme du ciel ; la chose mue est le corps du ciel.

En un animal qui se meut, l'Aristotélisme veut bien encore
distinguer un moteur, qui est l'âme de l'animal, et une chose
mue qui en est le corps.

Mais en un corps inanimé, en un grave par exemple, ni le
Philosophe ni ses disciples n'admettent cette séparation en
moteur et chose mue. Et comme ils veulent que quelque chose
s'oppose au moteur, l'empêche d'atteindre instantanément le
but auquel il tend, ils cherchent la cause de cette opposition en
une résistance extrinsèque au mobile, engendrée par le milieu.

C'est la pensée fondamentale de cette Dynamique qu'Avempace battait en brèche lorsqu'il déclarait accessoire et accidentel le rôle joué, dans le mouvement naturel d'un grave, par la
résistance du milieu, lorsqu'il voulait que la loi simple et
essentielle de ce mouvement dépendît seulement du moteur et
du mobile, et de la comparaison que l'on peut établir entre eux.

Ces principes de la Dynamique péripatétitienne, Averroès
les rappelle afin de les opposer à la théorie d'Avempace : « Il
est manifeste, dit-il, que cette résistance au moteur se trouve
en la chose mue elle-même lorsque la chose mue est distincte
par elle-même ; c'est la disposition qui se rencontre dans les
corps célestes. Mais au sein d'un élément, la chose mue n'existe
qu'en puissance tandis que le moteur existe en acte ; un élément, en effet, est composé de matière première et d'une forme
simple ; c'est la matière première qui est la chose mue tandis

que le moteur, c'est la forme. Comme on ne peut, en ces corps, poser, d'une manière actuelle, la distinction en moteur et chose mue, il est impossible qu'ils se meuvent en l'absence de milieu... » En effet, si un tel corps simple se mouvait sans être environné d'un milieu, on ne trouverait plus de résistance de la chose mue au moteur. Bien plus ; il n'y aurait plus absolument rien qui fût essentiellement la chose mue. » Par là, Averroès veut dire, assurément, que ce qui mérite essentiellement d'être appelé chose mue, c'est ce qui résiste à la gravité du poids, et cela, c'est le milieu.

Il a dit, il est vrai, qu'en un corps grave, la forme était le moteur et que la matière était la chose mue ; mais il a eu soin de remarquer que la chose mue, ainsi distinguée du moteur, existait seulement en puissance, en sorte que la distinction dont il s'agit ne peut être posée d'une manière actuelle.

Il le répète d'une manière plus précise encore en un de ses commentaires au *De Cælo*, où il reprend l'exposé des mêmes principes. « Dans une pierre, dit-il [1], dans du feu, dans les autres corps simples, le moteur et la chose mue ne se distinguent pas l'un de l'autre d'une manière actuelle, comme ils se distinguent dans les animaux. Ici, le moteur et la chose mue, considérés en leur sujet, sont une seule et même chose ; leur différence est seulement une différence de point de vue *(secundum modum)*. Dans la pierre, par exemple, le moteur c'est le poids considéré comme étant simplement forme ; et la chose mue, c'est encore le poids en tant que cette forme réside en la matière première. La cause en est que la matière première n'est pas un être en acte ; or la pierre est composée de gravité et de matière première. Il en est tout autrement dans un animal qui est composé d'un corps et d'une âme. »

En un grave qui tombe, la force motrice c'est le poids ; la chose mue, c'est encore le poids ; la chose mue est donc identique en réalité à la force motrice. Voilà la pensée qui se trouve au fond même de tous les raisonnements d'Averroès comme de ceux d'Aristote. Que de siècles et que d'efforts il faudra pour que, dans cette seule notion de poids, l'esprit humain arrive à distinguer clairement deux idées, celle d'une forme qui meut et celle d'une masse qui est mue !

---

1. ARISTOTELIS *De Cælo cum* AVERROIS CORDUBENSIS *variis in eumdem commentariis. Commentaria magna*, lib. IV, summa II, cap. unicum, comm. 22.

« Pour nous, poursuit Averroès [1], affirmons qu'entre le moteur et la chose mue, il faut qu'il y ait résistance. Le moteur, en effet, meut la chose mue en tant qu'il lui est contraire, et le mobile est mû par le moteur en tant qu'il lui est semblable. Tout mouvement suit l'excès de la puissance de moteur sur la chose mue ; toute variété de vitesse ou de lenteur suit le rapport de ces deux puissances.

» Cette résistance provient du mobile lui-même lorsque le mobile se meut de lui-même, volontairement, et se divise en moteur en acte et chose mue en acte ; c'est la disposition qui se rencontre dans les animaux et dans les corps célestes.

» Cette résistance, au contraire, peut provenir du milieu au sein duquel le mobile se meut ; c'est ce qui a lieu lorsque le mobile ne se divise pas en moteur en acte et chose mue en acte ; c'est la disposition que présentent les corps simples...

» Les êtres pour lesquels le mobile se meut de lui-même et se divise en moteur en acte et chose mue en acte n'ont pas nécessairement besoin d'un milieu [résistant] ; s'il y en a un, ce sera d'une manière accidentelle.

» Les êtres, au contraire, qui se meuvent d'eux-mêmes mais ne se laissent pas diviser en moteur en acte et chose mobile en acte, requièrent nécessairement un milieu résistant ; ce sont les corps graves et les corps légers. S'ils ne se trouvaient pas en un milieu résistant, ils accompliraient leur mouvement en un temps nul ; en effet, il n'existe plus rien en acte qui résiste à la puissance motrice ; et il est impossible qu'ils prennent leurs mouvements naturels s'ils ne sont continuellement gênés. Voilà pourquoi, si nous les mettions dans le vide, il arriverait qu'ils accompliraient leur mouvement en un temps nul, et qu'un corps plus lourd se mouvrait avec la même vitesse qu'un corps plus léger, ce qui est impossible.

» Impossible aussi est donc ce qu'à pensé Avempace, que, sans milieu résistant, les corps simples ont leurs mouvements naturels. »

Ibn Roschd s'est efforcé de tout son pouvoir à réfuter la théorie d'Ibn Bâdjâ ; mais, ce faisant, il lui a rendu un inestimable service. Il a inséré cette théorie dans ses *Commentaires* et, par l'exposé détaillé qu'il en a donné, par la longue discussion qu'il lui a consacrée, il l'a mise en telle évidence que le

---

1. ARISTOTELIS *De physico auditu libri VIII cum* AVERROIS CORDUBENSIS *vitars in eosdem commentariis. Commentaria magna,* lib. IV, comm. 71.

lecteur ne pût aucunement ne la pas apercevoir. Ainsi, la théorie d'Ibn Bâdjâ bénéficiera de la vogue extraordinaire que les commentaires d'Averroès vont connaître dans l'École. Nul scolastique n'examinera plus si le vide est possible sans avoir à peser les raisons d'Avempace et de son contradicteur. Et les raisons de celui-ci découvrent les racines mêmes de la Dynamique d'Aristote ; elles montrent que ce sont ces racines mêmes qu'il faut trancher si l'on veut, en la chute d'un grave, réduire le rôle du milieu à celui qu'Ibn Bâdjâ lui attribue.

Or, il se trouvera des Scolastiques pour croire, comme Ibn Bâdjâ, que le véritable mouvement naturel d'un grave, que son mouvement essentiel et simple, c'est celui qu'il prendrait dans le vide ; que le mouvement observé en un milieu résistant est un mouvement complexe où concourent ce mouvement simple et le retard introduit par la résistance du milieu. Ces Scolastiques seront les précurseurs de la doctrine que Galilée, Descartes et Beeckman doivent, un jour, faire triompher. Or, en suivant ainsi les traces d'Avempace, ils sauront, grâce à la discussion d'Averroès, qu'ils substituent une Dynamique nouvelle à la Dynamique du Stagirite.

II

L'IMPOSSIBILITÉ DU VIDE ET LA SCOLASTIQUE AVANT 1277. L'ARGUMENT D'IBN BADJA. SAINT THOMAS D'AQUIN ET LA NOTION DE MASSE.

Lorsque la Scolastique connut les raisonnements qu'Aristote avait composés contre la possibilité du vide, elle en admit très volontiers les conclusions ; elle accentua même la rigueur de la condamnation prononcée par le Stagirite. Peut-on, par exemple, souhaiter sentences plus formelles que celles-ci [1], par lesquelles

---

1. *Diui* ROBERTI LINCONIENSIS *super octo libros physicorum breuis et utilis summa.* A la fin de l'ouvrage suivant : *Emptor et lector aucto. Diui* THOME AQUINATIS *in libros physicorum Aristotelis interpretatio sum et expositio...* Colophon : ...Impressavero in inclita Uenetiarum urbe per Bonetum Locatellum Bergomensem presbyterum mandato et sumptibus heredum Nobilis Uiri domini Octaviani Scoti Civis Modoetiensis Anno a nativitate domini quarto supra millesimum quinquiesque centesimum. Sexto Idus apriles. Fol. sign. Q2, col. c.

Robert Grosse-Teste, en sa *Somme sur les huit livres de Physique*, termine le court chapitre consacré au vide ?

« Le plein se comporte, dans la nature, de telle manière qu'il ne peut pas ne pas être ; donc le vide ne peut pas être.

» Du vide, on ne peut avoir qu'une science indirecte *(per accidens)*; on ne peut, d'aucune manière, en avoir une science directe *(per se)*.

» Le vide n'a pas de véritable définition, qui soit une définition d'espèce ; il n'admet qu'une définition de nom ; de sa définition, donc, il ne résulte pas qu'il soit un être, si ce n'est par manière de parler *(nisi secundum vocem tantum)*. »

En dépit de l'unanimité des Scolastiques du xiiie siècle à rejeter la possibilité du vide, l'objection d'Ibn Bâdjâ contre un des raisonnements d'Aristote ne laissa pas de préoccuper certains d'entre eux. Si le franciscain Roger Bacon, qui revient si souvent, en ses divers écrits, à l'impossibilité du vide n'a pas fait même une allusion à ce qu'avait écrit Avempace, les Dominicains se sont montrés plus attentifs à cette reprise des arguments de Jean Philopon.

De cette objection, qu'il attribue à Avicenne et à Avempace, bien qu'Averroès ait affirmé la priorité absolue de ce dernier, Albert le Grand donne un exposé et une réfutation également détaillés [1] ; ce qu'il en dit n'est, d'ailleurs, qu'une paraphrase de la discussion du Commentateur ; aucune conclusion nouvelle n'émerge de cette prolixe paraphrase.

L'enseignement d'Albert le Grand a eu, chez les Dominicains, un long retentissement ; nous en reconnaissons le reflet en ce qu'Ulric de Strasbourg dit du mouvement dans le vide [2]. Après avoir démontré, comme le fait Aristote, qu'un grave tomberait instantanément dans le vide, il rapporte, assez obscurément d'ailleurs, l'objection qu'il attribue, comme son maître, à Avicennes et à Avempace. Cette objection, il la rejette ;

---

1. BEATI ALBERTI MAGNI *De physico auditu libri VIII* ; lib. IV, tract. II : De vacuo ; Cap. VII : Et est digressio declarans solutiones contradictionum Avicennæ et Avempace contra inductas demonstrationes.

2. ULRICI ENGELBERTI *Liber de Summo Bono*. Tractatus 2ᵘˢ libri quarti de prima formali processione prius (?) creatorum omnium, id est de esse, et de ejus primis dividentibus in communi que sunt substantia et accidens, et de per se consequentibus ipsum, sicud sunt causa et causatum, potentia et actus, unum et multa. — Caᵐ 19ᵐ tractatus 2 ; de loco, quid est et quidest ; et qualiter differencie loci que sunt sursum et deorsum, dextrum et sinistrum, ante et retro, sunt in celo et in mundo ; et qualiter scilicet primum celum sit et moveatur in loco ; et de ubi et de vacuo et de situ. Bibliothèque nationale fonds latin, ms. n° 15900, fol. 271, col. d.

parce qu'à son avis, elle contredit à cette règle « qu'Aristote a formulée au VIIᵉ livre et au VIIIᵉ livre des *Physiques* ; si un moteur meut un certain mobile d'un certain espace pendant un certain temps, ce moteur mouvra la moitié de ce même mobile du même espace en la moitié de ce temps. Le moteur, en effet, pourrait alors beaucoup plus sur la moitié du mobile que sur le tout ; partant il pourra, de tout cet espace, mouvoir la moitié du mobile en un temps plus court que ne l'est la moitié du premier temps. » A l'appui de cette affirmation, Ulric ne donne aucune raison.

Au lieu de s'en tenir à la lecture d'Albert le Grand, Ulric eut trouvé grand profit à étudier ce que Saint Thomas d'Aquin a écrit du mouvement d'un grave dans le vide.

Des raisonnements d'Averroès, Thomas d'Aquin donne [1] une analyse concise, mais exacte et pénétrante ; il reprend, en particulier, d'après le Commentateur, l'exposé des principes fondamentaux de la Dynamique péripatéticienne, dont l'affirmation essentielle est la suivante :

« En un corps grave ou léger, lorsque on a enlevé ce que le mobile tient de son moteur, savoir la forme qui est le principe du mouvement et qui a été donnée par ce qui a engendré le mobile, il ne reste que la matière ; et de la part de la matière, aucune résistance à l'égard du mobile ne saurait entrer en considération ; en ces corps-là, donc, la seule résistance qui demeure est celle qui provient du milieu. »

Mais ces raisonnements d'Ibn Roschd, Thomas d'Aquin les rejette et les juge avec sévérité : « *Sed hæc omnia videntur esse frivola* », dit-il.

« En un corps grave ou léger, si l'on supprime par la pensée la forme donnée par ce qui a engendré le mobile, il reste un corps doué d'une certaine grandeur ; et par le fait même que ce corps doué de grandeur est dans une situation opposée [à celle où le mouvement le conduira], il offre une résistance au moteur. Pour les corps célestes, en effet, il est impossible qu'ils offrent à leurs moteurs une résistance autre que celle-là. — *In gravibus et levibus, remota forma quam dat generans, remanet per intellectum corpus quantum ; et ex hoc ipso quod quantum est in opposito situ existens, habet resistentiam ad motorem ; non enim potest intelligi alia resistentia in corporibus cælestibus ad suos motores.*

---

1. Sᴀɴᴄᴛɪ Tʜᴏᴍᴀ Aǫᴜɪɴᴀᴛɪs *In libros physicorum Aristotelis expositio* ; lib. IV, lect. XIII.

Cette division d'un grave en moteur et chose mue, que le Péripatétisme déclarait impossible, Thomas d'Aquin admet qu'elle peut se faire, du moins par la pensée ; la pensée distingue, d'une part, une forme, qui est la force motrice, la gravité ; et, d'autre part, non pas la matière première toute simple et toute nue, mais la matière première déjà pourvue de dimensions déterminées, le corps quantifié, qui occupe une certaine situation et qui résiste à la force lorsque celle-ci le veut amener à une autre situation. Bien que cette subdivision d'un poids en gravité et en corps doué d'une grandeur déterminée, ne se puisse faire que par la pensée, elle suffit pour que l'on puisse assimiler le mouvement des corps pesants ou légers au mouvement des corps célestes ; elle suffit à rendre caduque l'une des objections dressée par Aristote contre la possibilité du vide.

Bien courte est la phrase de Thomas d'Aquin que nous venons de citer ; que la briéveté ne nous en fasse pas méconnaître l'importance ; pour la première fois, nous venons de voir la raison humaine distinguer, en un corps grave, ces deux éléments : la forme motrice, c'est-à-dire, en langage moderne, le poids, et la chose mue, qui est le *corpus quantum* ou, comme nous disons aujourd'hui, la masse ; pour la première fois, nous venons de voir la notion de masse s'introduire en Mécanique, et s'y introduire comme équivalente à ce qui reste dans un corps quand on en a supprimé toute forme pour n'y laisser que la matière première quantifiée par des dimensions déterminées. L'analyse de Saint Thomas d'Aquin, complétant celle d'Ibn Bâdjâ, est parvenue à dissocier en un grave qui tombe, ces trois notions : le poids, la masse, la résistance du milieu, sur lesquelles raisonnera la Physique des temps modernes.

Un prochain chapitre nous montrera comment Jean Buridan, au cours du xive siècle, discernera le rôle joué par la masse dans le mouvement des projectiles ; cette masse, il l'identifiera, lui aussi, à la matière première quantifiée par des dimensions déterminées.

Cette masse, ce corps quantifié, résiste, dit Thomas d'Aquin, au moteur qui le veut transporter d'un lieu à un autre ; cette pensée lui en inspire une autre, qui est assez singulière, et que voici :

« Le Commentateur déclare que cet empêchement qui provient du milieu, le mouvement des corps graves ou légers le requiert, afin qu'il puisse y avoir, au moins de la part du milieu, résistance du mobile à l'égard du moteur. Mais il vaut mieux dire que tout mouvement naturel part d'un lieu non naturel pour tendre au lieu naturel ; jusqu'au moment donc où le mobile atteint son lieu naturel, il n'est pas absurde que quelque chose de non naturel lui soit conjoint ; ce qui est ainsi contre nature le quitte peu à peu pour tendre à ce qui est conforme à la nature ; c'est pourquoi le mouvement naturel s'accélère à la fin. »

De cette explication malheureuse de l'accélération de la chute des graves, la science du xivᵉ siècle fera justice.

Ce que Thomas d'Aquin avait apporté à l'appui de l'opinion d'Ibn Bâdjâ était extrêmement nouveau, extrêmement éloigné de la doctrine péripatéticienne et, de plus, exposé en termes très concis. Qu'une telle pensée soit demeurée incomprise même de ceux que l'on regarde habituellement comme de fidèles thomistes et qu'elle ait été rejetée par eux, nous ne saurions nous en étonner.

Nous ne saurions donc être surpris, en particulier du langage tenu par Gilles de Rome.

« Dans le mouvement d'un corps grave ou léger, dit-il [1], c'est la résistance du milieu qui, seule, requiert un temps pour l'accomplissement du mouvement ; ce n'est point la résistance du mobile ; ici, en effet, la raison du mouvement, c'est la forme ; or, qu'en un tel corps grave ou léger, on fasse abstraction de la forme ; il ne reste plus que la matière ; mais la matière ne possède rien par quoi elle puisse résister au mouvement d'un tel corps ; le temps ne peut donc être requis par la résistance du mobile, mais seulement par l'empêchement qu'apporte le milieu.

» Peut-être dira-t-on : sans doute, lorsqu'on fait abstraction de la forme, la matière ne demeure douée d'aucune qualité, car toute qualité se tient du côté de la forme ; mais la matière demeure pourvue de quantité, parce que la quantité se tient du côté de la matière... Cela ne suffira pas à requérir un temps pour l'accomplissement du mouvement ; aucun temps, nous l'avons démontré, ne se trouve requis par le mouvement, en raison de la seule quantité, à moins que la quantité ne soit accompagnée de quelque disposition contraire au mouvement ou de quelque résistance ou de quelque empêchement. »

---

1. Eɢɪᴅɪɪ Rᴏᴍᴀɴɪ *In libros de physico auditu Aristotelis commentaria... Eiusdem questio de gradibus formarum.* Colophon : Preclarissimi summique philosophi Egidii Romani De gradibus formarum tractatus Uenetijs impressus mandato et expensis Heredum Nobilis viri domini Octaviani Scoti civis Modoetiensis per Bonetum Locatellum presbyterum. 12º Kal. Octobr. 1502. Lib. IV, lectio XIII, dubium 3ᵐ ; fol. 81, col. b.

Afin de rejeter la proposition de Thomas d'Aquin : Un corps
oppose à toute force motrice une certaine résistance en raison de
la quantité de matière qu'il contient, Gilles de Rome, nous
venons de l'entendre, invoque un raisonnement qu'il avait
développé auparavant [2]. Ce raisonnement avait pour objet de
réfuter l'assertion suivante : Ce qui empêche le mouvement
d'un grave dans le vide de se faire d'une manière instantanée,
c'est tout simplement la grandeur de l'espace que ce mouvement doit parcourir. Les tenants de cette opinion n'attribuaient
aucun rôle à la quantité de matière première contenue dans le
mobile. Leur pensée n'avait donc rien de commun avec la pensée
thomiste, et ce que Gilles leur avait objecté, si démonstratif
qu'on le suppose, ne prouvait rien contre la supposition de
Thomas d'Aquin ; l'argumentation de notre auteur était donc
fort défectueuse.

Encore y trouvait-on quelque allusion à l'hypothèse de
Saint Thomas d'Aquin qui place dans la matière douée de
grandeur la raison en vertu de laquelle tout mouvement demande
un certain temps pour s'accomplir. Cette allusion, nous ne
la retrouverons même plus en ce que Gilles, au commentaire
du premier livres des *Sentences*, dit du mouvement dans le vide.
Là, comme en la première des deux argumentations présentées
par le commentaire à la *Physique*, il n'est plus question de la
grandeur du mobile ; la grandeur de l'espace à franchir est
seule invoquée ; elle est la raison de la durée essentielle requise
par tout mouvement ; la résistance du milieu y ajoute une
durée accidentelle.

Cette doctrine, que notre auteur expose [2] avec beaucoup de
clarté avant de la combattre, il la donne comme celle-là même
que professait Ibn Bâdjâ.

« En effet, selon le récit du Commentateur, ledit Avempace
a posé deux causes en vertu desquelles tout mouvement requiert
un certain temps ; l'une de ces causes provient du mouvement
même, c'est-à-dire de la distance des termes ; l'autre provient
de la résistance du milieu... Il imaginait que si un espace rempli

---

1. GILLES DE ROME, *loc. cit.*, dubium 2[m] ; éd. cit., fol. 80, col. d, et fol. 81, col. a
2. *Primus* EGIDII. D. EGIDII RO. COLUMNE *fundamentarii doc. Theologorum
principis. Bituricensis. archiepi. S. R. E. Cardinalis. ordinis Eremi. sancti Augustini. Primus sentententiarum: Correctus a reverendo magistro Augustino Mon-
tifalconio eiusdem ordinis.* Colophon : Venetiis Impressus sumptibus et expensis
heredum quondam Domini Octaviani Scoti civis Modoctiensis : ac sociorum. Die
19 Martij. 1521. — Dist. XXXVII, pars II, principalis 2ª, quæst. III : Utrum
angelus cum movetur, moveatur in tempore vel in instanti. Fol. 198, col. a, b
et c.

d'eau était de même grandeur qu'un espace rempli d'air, un mobile exigerait, en vertu de la distance des termes, le même temps pour franchir l'un ou l'autre espace ; mais la grandeur de ce temps serait diversifiée par suite de la résistance du milieu. »

Contre cette doctrine, Gilles se borne à reproduire l'argumentation d'Averroès, c'est-à-dire à montrer que l'opinion d'Ibn Bâdjâ ne s'accorde pas avec la Dynamique d'Aristote ; mais admettre l'exactitude de cette Dynamique, c'est justement supposer ce qui est en question.

Cette argumentation illogique a eu un grave inconvénient. Cette proposition : Ce qui empêche le mouvement dans le vide de se faire instantanément, c'est la seule grandeur de l'espace à franchir, a été regardée par nombre de Scolastiques comme l'expression de la pensée de Saint Thomas d'Aquin ; ils se sont attardés à la discuter laissant dans l'oubli la véritable supposition thomiste qui était autrement profonde et grosse de vérités.

Or, cette doctrine que Gilles de Rome avait combattue et que sa discussion a fait regarder plus tard comme la doctrine de Saint Thomas d'Aquin, elle exprimait, en réalité, une pensée de Roger Bacon.

L'existence d'un espace vide de tout corps, mais doué de dimensions, et au sein duquel un corps pourrait exister à se mouvoir, semble à Roger Bacon, chose tout à fait impossible ; à l'encontre d'une telle supposition, il ne cesse d'argumenter en ses deux séries de *Questions sur la Physique d'Aristote*, au cours de l'*Opus tertium* comme des *Communia naturalium*. Toutefois, après avoir démontré que le vide ne saurait exister et que, s'il existait, tout mouvement y serait impossible, il en vient, à l'exemple d'Aristote, à poser cette question : Si le vide pouvait exister, si un corps le pouvait traverser, le traverserait-il en un instant ou bien mettrait-il, à le franchir, un certain temps ?

Ce problème, il l'examine tout d'abord en la seconde série de *Questions sur la Physique* que nous conserve un manuscrit de la Bibliothèque municipale d'Amiens.

« Il est maintenant acquis, dit-il [1], que ni le mouvement naturel ni le mouvement circulaire ni le mouvement violent

---

1. *Questiones supra librum phisicorum a magistro dicto* BACUUN. Bibliothèque municipale d'Amiens, ms. n° 406, fol. 48, col. d.

ni, en particulier, quelque translation que ce soit ne se peut faire dans le vide ; mais maintenant, au sujet de la translation en général, nous poserons la question suivante ; s'il était possible qu'une translation s'accomplît dans le vide, s'accomplirait-elle en un instant ou en un certain temps ?

» Il semble qu'elle se doive accomplir en un certain temps. Aristote dit en effet, au huitième livre des *Physiques* que l'*avant* et l'*après* dans l'espace sont causes de l'*avant* et de l'*après* en la translation qui parcourt cet espace. Mais l'*avant* et l'*après* dans la translation font l'*avant* et l'*après* dans le temps ; ainsi, en cette translation, il y aurait un *avant* et un *après* dans le temps, en sorte que le mouvement serait successif.

» En outre, tout corps est divisible et a une distance entre les surfaces qui le limitent ; il a une partie antérieure et une partie postérieure ; il franchira donc le vide par une de ses parties avant de le franchir par l'autre ; dès lors, il y a, ici, un *avant* et un *après* dans les parties de la grandeur, donc un *avant* et un *après* dans le mouvement et, partant, un *avant* et un *après* dans le temps.

» Au contraire : Du vide au plein, il n'y a aucun rapport ; mais le passage d'un corps au travers d'un espace plein se fait en un certain temps ; donc le passage d'un corps au travers du vide se fera en un instant. On voit dans le texte que ce fut l'intention d'Aristote que le mouvement se fît en un instant.

» Toutefois, si une translation y était possible, il serait nécessaire de supposer qu'elle est successive et qu'elle se fait en un certain temps.

» A l'autorité d'Aristote, donc, nous répondrons qu'il la faut entendre ainsi : Le vide n'est ni un accident ni une substance incorporelle ; dès lors, si le vide était un espace séparé, il serait une substance corporelle, en sorte que le vide et le plein seraient la même chose ; partant, le vide n'est rien du tout. Cependant, si, à titre de simple sujet de discussion *(gratia disputationis)*, nous admettions que le vide est un espace séparé, nous devrions alors nier cette proposition : il n'y a pas de rapport entre le vide et le plein. Toutefois, comme le vide, selon la véritable réalité, n'est rien du tout, Aristote a bien raisonné.

» On pourrait dire encore : Si l'on parle du mouvement naturel, il n'y a pas de rapport du vide au plein; mais il n'en est plus de même si l'on parle du mouvement d'une manière absolue. En effet, à l'égard des distinctions naturelles, il n'y a pas de rapport ; mais à l'égard de la distance et de la dimension, il y a un rapport, dès là que nous admettons que le vide est doué de dimensions. »

Cette opinion était nouvelle pour Bacon lorsqu'il rédigeait la seconde série de ses questions sur la *Physique* ; en effet, en la première série, il avait soutenu l'opinion contraire. Voici, en effet, quel raisonnement il y développait [1] afin de prouver que tout mouvement est impossible dans le vide.

« Tout mouvement existe dans le devenir et la succession. Or, en la succession, il y a un *avant* et un *après* qui proviennent de l'*avant* et de l'*après* dont la grandeur est affectée. Aussi en résulte-t-il, au chapitre du temps, que l'*avant* et l'*après* dans le mouvement sont causés par l'*avant* et l'*après* qui sont en la grandeur sur laquelle se fait le mouvement. C'est donc de la grandeur de l'espace que provient la succession du mouvement et, partant, l'*avant* et l'*après*. Mais, dans le vide, il n'y a ni grandeur ni espace corporel. Un mouvement n'y peut donc exister d'aucune manière. Ce que j'accorde. »

La pensée de Bacon a donc varié entre le moment où, sur la *Physique*, il composait sa première série de questions, et le moment où il rédigeait la seconde série. Mais ensuite, elle est demeurée immuable.

L'argumentation que nous avons empruntée à la seconde série des *Questions de Physique*, nous la retrouvons, sommairement reproduite, dans l'*Opus tertium* [2] ; Bacon lui donne alors cette conclusion [3] :

« Les raisons données prouvent, je l'accorde, que le mouvement dans un espace vide ne se fera pas en un instant ; mais il n'en résulte pas que le mouvement durera un certain temps, car entre ces deux propositions, il y a place pour une troisième : c'est que le vide ne peut céder le passage à un corps. Mais s'il livrait passage, il en résulterait bien qu'en lui un mouvement se peut faire, pourvu que ce ne soit pas un mouvement naturel. »

Des considérations toutes semblables se retrouvent aux *Communia naturalium* [4] : « Ici, dit Bacon, surgit une question plus importante, qui est celle-ci : Si l'on admettait que le vide

<hr>

1. ROGERI BACON *Questiones naturales et primo questiones libri phisicorum.* Lib. IV, in fine. Bibl. municipale d'Amiens, ms. n° 406, fol. 24, coll. b et c.
2. ROGERI BACONIS *Opus tertium*, cap. XLII ; éd. Brewer, p. 150.
3. ROGER BACON, *loc. cit.* ; éd. cit., p. 153.
4. *Opera hactenus inedita* ROGERI BACON. *Liber primus communium naturalium* FRATRIS ROGERI. Edidit Robert Steele. Oxonii. MCMXI. Pars III, dist. II, cap. IV, pp. 208-210.

livrât passage, un changement de place s'y ferait-il instantanément ou en un certain temps ?... Lors même que le vide céderait,
il y a là la dimension de l'espace qui ferait un *avant* et un *après*,
en sorte que le vide ne céderait pas subitement, qu'il ne serait
pas totalement traversé en un instant, mais peu à peu et en un
certain temps. »

En cette théorie, à laquelle Bacon revient plusieurs fois avec
faveur, nous ne trouvons rien de la pensée féconde de Saint
Thomas d'Aquin, de la première aperception de la notion de
masse ; ce qui empêcherait un mouvement, au gré de Bacon,
de se produire instantanément dans le vide, c'est simplement
la divisibilité géométrique dont le moteur et le mobile sont
également affectés. Dans ses réfutations, Gilles de Rome a
mêlé cette théorie avec celle du *Doctor communis ;* ce n'était pas,
assurément, le moyen de publier et d'éclaircir cette dernière.

Il arrivait, d'ailleurs, qu'on empruntait en partie, mais en
partie seulement, les raisons de Thomas d'Aquin pour justifier
la théorie de Roger Bacon. D'une telle synthèse, nous ne saurions citer d'exemple contemporain des deux maîtres qui en
ont fourni les éléments ; mais au milieu du xive siècle, l'enseignement donné à l'Université de Padoue par le dominicain
Graziadei d'Ascoli nous présentera cette union des deux
doctrines.

Le soin pris par Graziadei de suivre exactement, dans ses
Leçons de Physique, l'ordre que Thomas d'Aquin avait imposé
aux siennes, montre assez quelle admiration le professeur de
Padoue avait conçue pour son illustre frère en Saint Dominique ;
d'autre part, ce chapitre et les suivants nous diront à quel point
les enseignements de Roger Bacon, particulièrement ceux qui
concernent le vide et la pesanteur, avaient eu d'influence sur
la raison du philosophe d'Ascoli.

Graziadei s'est occupé à deux reprises de la possibilité du
mouvement dans le vide. Une des questions disputées par lui
à l'Université de Padoue a pour titre [1] : « L'existence du vide
étant supposée, le mouvement s'y pourrait-il accomplir ?
Supposé qu'un grave tombât dans le vide, y tomberait-il instantanément ? » Plus tard, en rédigeant ses *Leçons de Physique,*

---

1. *Questiones fratris* GRATIADEI DE ESCULO *excellentissimi sacre pagine doctoris
predicatorum ordinis per ipsum in florentissimo studio patavino disputate feliciter.*
Quæst. XI ; éd. Venetiis, 1503, fol. 119, col. d, fol. 120, et fol. 121, coll. a et b.

il consacre les dix questions de la XIe leçon à l'examen des même problèmes [1].

Dans les deux circonstances, c'est à peu près dans les mêmes termes que l'auteur développe le raisonnement qui nous intéresse [2]. De ces deux exposés, reproduisons le plus récent :

« Selon ce que nous avons dit, dans nos *Quæstiones disputatæ*, pour décider cette question, il faut considérer ceci :

» Dans la transmutation qui conduit la matière à une certaine forme, on trouve une certaine résistance à l'agent, du fait même qu'il réside au sein de la matière une certaine disposition opposée à la disposition que la force de l'agent doit introduire, et qui répugne à cette disposition nouvelle ; de même faut-il, d'une manière nécessaire, que dans le changement de lieu d'un mobile, nous trouvions une certaine résistance à la force motrice ; elle provient de ce fait que le mobile renferme une certaine disposition qui est opposée et qui répugne à la disposition que doit amener son changement de lieu. En effet, la disposition que le mobile acquiert directement par le mouvement local est ce qu'on nomme *ubi* ; aussi le mouvement local est-il appelé mouvement vers l'*ubi*. La disposition qui est rejetée par le mobile, c'est un *ubi* opposé à celui qui doit être introduit, et qui répugne à celui-ci. La raison de cette opposition, la voici : Deux choses sont dites opposées l'une à l'autre et répugnantes entre elles, lorsque, dans un même sujet, elles ne peuvent exister simultanément, mais seulement à tour de rôle ; or les *ubi* qui proviennent de parties diverses de l'espace peuvent bien, à tour de rôle, exister dans un même mobile, mais ils n'y sauraient exister simultanément ; ... il faut donc que ces *ubi* provenant des diverses parties de l'espace soient opposés entre eux et répugnent les uns aux autres. Partant, dans le changement de lieu du mobile, se doit nécessairement rencontrer une résistance à la force motrice, et cela parce que le mobile est conçu comme existant dans une partie de l'espace autre que celle où le doit mener la force motrice.

» Mais dans un changement de forme de la matière, ... ce qui requiert nécessairement un certain temps, c'est la résistance

---

1. *Preclarissime questiones litterales edite a fratre* GRATIADEO ESCULANO *sacri ordinis predicatorum super libros Aristo. de physico auditu : secundum ordinem lectionum Divi Thome Aquinatis.* Lib. IV, lect. XI ; éd. cit., fol. 46, col. c, à fol. 49, col. c.

2. GRATIADEI *Quæstiones disputatæ*, quæst. XI, ratione autem... ; éd. cit., fol. 120, coll. a et b ; *Quæstiones in libros de Physico auditu*, lib. IV, lect. XI, quæst. II ; éd. cit., fol. 46, col. d, et fol. 47, col. a.

provenant de la disposition contraire qui existe au sein de la matière ; et le temps requis est d'autant plus grand que cette disposition est plus distante de la disposition à introduire, à laquelle elle répugne. De même faut-il dire que, pour un changement de lieu du mobile, un certain temps est nécessairement requis en vertu de la résistance ; que cette résistance provient de l'*ubi* qui existe dans le mobile et qui répugne à l'*ubi* destiné à être introduit par le changement local ; que toutes choses égales d'ailleurs, ce temps est d'autant plus long que la distance des lieux est plus grande. »

Le début de ce raisonnement s'inspirait vraiment des paroles de Saint Thomas d'Aquin ; celui-ci avait justifié l'existence d'une résistance intrinsèque au mobile par ce fait « qu'il existe dans une situation opposée », à celle qu'il doit prendre. Mais la conclusion nous amène à la théorie de Bacon : si le mouvement d'un corps, même dans le vide, requiert un certain temps, c'est par suite de la distance à franchir, et parce qu'un mobile ne peut être simultanément en des lieux différents.

Cette déduction, en nous faisant passer de la théorie de Thomas d'Aquin à celle de Bacon, a fait disparaître ce que la première renfermait de plus précieux ; elle jette un voile sur ce premier aperçu de la notion de masse, identifiée avec la matière première quantifiée, avec le *corpus quantum*.

Graziadei, d'ailleurs, se serait formellement refusé à attribuer à ce *corpus quantum* la résistance sans laquelle la force motrice conduirait instantanément le mobile au terme du mouvement. Entendons avec quelle fermeté il s'oppose [1] à la doctrine de Thomas d'Aquin :

« La matière pure ne peut jouer le rôle de moteur ; cela est évident de soi ; il en est semblablement de la matière comprise seulement sous la seule corporéité et douée de grandeur et de dimensions. Pour le bien comprendre, faisons attention à ceci : On dit que les êtres mathématiques, pris selon leur raison propre, sont immobiles et qu'il y est fait abstraction du mouvement. Pourquoi ? Parce qu'en les considérant sous leur raison propre, on fait abstraction des qualités naturelles, et que celles-ci sont, chacune à sa manière, les principes des divers mouvements. On dit, au contraire, que les corps naturels sont mobiles, qu'ils concernent le mouvement, et cela parce qu'ils

---

1. GRATIADEI *Quæstiones in libros de physico auditu*, lib. VIII, lect. VI, quæst. IV ; éd. cit., fol. 84, col. d, et fol. 85, col. a. — Cf. *Questiones disputatæ*, quæst. XIII, secunda autem... ; éd. cit., fol. 123, col. b et c.

concernent les qualités naturelles. Mais il n'en est ainsi ni de la matière prise en elle-même, ni de la matière soumise à la seule forme de corporéité et de dimension quantitative. De cette façon, elle ne concerne aucune qualité, car le corps en tant que corps et en tant que doué de grandeur, n'est pas corps naturel plutôt que corps mathématique ; bien au contraire. Pour qu'il conserve quelque qualité naturelle, il faut qu'il soit pris sous quelque forme naturelle, la forme de corps grave, par exemple, ou la forme de corps léger ; c'est d'une telle forme que résulte cette qualité naturelle qui est la gravité ou cette gravité naturelle qu'est la légéreté. C'est donc seulement lorsqu'il est considéré comme soumis à la gravité ou à la légéreté, que le corps peut jouer le rôle de mobile, de corps mû ; c'est cela même qui est, pour lui, le principe et la raison d'être de sa mobilité. »

Qu'un corps ait une masse en vertu de la seule quantité de sa matière première, c'est une géniale aperception de Thomas d'Aquin, mais c'est une aperception prématurée ; les esprits, au temps du *Doctor communis*, n'étaient pas préparés à en reconnaître la justesse ; nul ne l'a comprise ; c'est une pensée que les mécaniciens des siècles suivants devront laborieusement découvrir une seconde fois.

III

L'IMPOSSIBILITÉ DU VIDE ET LA SCOLASTIQUE AVANT 1277 *(suite)*.
LE VIDE ET LA PLURALITÉ DES MONDES

A la Scolastique du XIII⁰ siècle, cette proposition : Le vide est impossible, apparaissait comme une sorte d'axiome dont la négation constituait une véritable absurdité. Nous l'avons entendu déclarer par Robert Grosse-Teste. Cet axiome semblait propre à servir de majeure à certaines déductions. C'est ainsi que l'impossibilité du vide servit, à son tour, à justifier par une méthode dont Aristote n'avait point usé, cette proposition péripatéticienne : Il ne saurait exister plusieurs mondes.

Nous trouvons pour la première fois cet argument dans le commentaire au *Traité de la sphère* de Joannes de Sacro-Bosco que Michel Scot composa à la demande de l'empereur Frédéric II.

Une des premières questions [1] examinées par Michel Scot est celle-ci : Existe-t-il un seul monde ou plusieurs mondes ?

Pour prouver l'impossibilité de plusieurs mondes, le célèbre astrologue reproduit sommairement le raisonnement d'Aristote ; mais il le fait précéder de celui-ci :

« Entre les surfaces convexes des sphères qui limitent les divers mondes, il existerait nécessairement un certain espace. Dès lors, ou bien il existerait un corps occupant cet espace, ou bien non. Mais il ne peut exister de corps qui remplisse ce lieu ; ce corps, en effet, serait étranger à tout monde, puisqu'il serait en dehors des sphères qui bornent tous les mondes. S'il n'existe aucun corps qui remplisse cet espace, cet espace est donc vide ; or il ne peut y avoir de vide dans la nature, comme Aristote l'a démontré au quatrième livre des *Physiques ;* il ne peut donc y avoir plusieurs mondes. »

Cette démonstration n'a pas été donnée par Aristote ; est-elle bien dans l'esprit péripatéticien ? A la fin des Chapitres du Περὶ Οὐρανοῦ où la pluralité des mondes se trouve réfutée, le Stagirite avait écrit [2] :

« Il est évident que, hors du ciel, il n'y a ni lieu ni vide ni temps. En tout lieu, en effet, un corps peut exister ; ce qu'on appelle vide, c'est ce en quoi il n'y a pas de corps, mais où un corps pourrait être produit... Or on a démontré qu'à l'extérieur du ciel, il n'existait aucun corps, et qu'aucun corps ne pouvait y être produit. — Ἅμα δὲ δῆλον ὅτι οὐδὲ τόπος οὐδὲ κενὸν· οὐδὲ χρόνος ἐστὶν ἔξω τοῦ οὐρανοῦ · ἐν ἅπαντι γὰρ τόπῳ δυνατὸν ὑπάρξμ σῶμα · κενὸν δ' εἶναί φασιν ἐν ᾧ μὴ ἐνυπάρχει σῶμα, δυνατὸν δ' ἐστὶ γενέσθαι... Ἔξω δὲ τοῦ οὐρανοῦ δέδεικται ὅτι οὔτ' ἔστιν οὔτ' ἐνδέχεται γενέσθαι σῶμα. »

Si Aristote avait admis l'existence simultanée de plusieurs mondes, mais s'il avait affirmé, en outre qu'aucun corps n'existe ni ne peut exister qui n'appartienne à l'un de ces mondes, il n'aurait rien eu, semble-t-il, à changer aux phrases que nous venons de citer ; il eût pu continuer de déclarer qu'en dehors de ces mondes, il n'y avait ni lien ni vide ; l'argument formulé par l'astrologue de Frédéric II ne devrait donc pas être

---

1. *Eximii atque excellentissimi physicorum motuum cursusque siderei indagatoris* MICHAELIS SCOTI *super Auctore Spheræ, cum quæstionibus diligenter emendatis, expositio confecta illustrissimi Imperatoris Domini D. Frederici præcibus.* Quæst. II. — Cet écrit se trouve dans les collections de traités astronomiques imprimées à Venise, par Octavianus Scotus de Modène en 1518 et par Lucantonius de Giunta de Florence en 1518 et en 1531.

2. ARISTOTE Περὶ Οὐρανοῦ, Livre I, ch. IX.

pris, par un exact péripatéticien, comme propre à convaincre. Mais la faiblesse d'un argument l'a-t-elle jamais empêché d'avoir vogue ?

Celui-ci paraît avoir séduit nombre de philosophes du XIIIᵉ siècle, et non des moindres.

Parmi eux, nous devons, tout d'abord, citer Guillaume d'Auvergne.

Supposons, dit l'Evêque de Paris [1], qu'il existe plusieurs mondes ou une infinité de mondes extérieurs les uns aux autres. Outre ces mondes, existera-t-il quelque corps qui leur soit extérieur et étranger ? Assurément non. L'existence d'un tel corps est impossible ; elle l'est pour des raisons toutes semblables à celles qu'invoquent les partisans de l'existence de notre monde lorsqu'ils veulent prouver que, hors de ce monde-ci, il n'existe aucun corps. « Nécessairement, en effet, un monde contient ou l'universalité absolue des corps, ou bien l'universalité des corps qui lui conviennent. On ne saurait donc imaginer un corps qui ne convienne ni à ce monde-ci ni à aucun autre monde. »

Puisqu'entre ces divers mondes, il ne saurait exister aucun corps de quelque nature que ce soit, voilà donc les diverses surfaces sphériques qui les bornent obligées de se toucher les unes les autres non pas seulement en un point, mais suivant certaines aires ; aucune distance, en effet, ne peut séparer ces sphères les unes des autres ; « seule, la présence d'un corps intermédiaire peut faire qu'il existe une distance entre deux corps. »

Dira-t-on qu'entre ces deux mondes que rien ne sépare, il y a le vide [2] ? Mais le vide est une impossibilité que Guillaume d'Auvergne établit par divers arguments. Voilà donc les partisans de la pluralité des mondes acculés à cette absurdité : Deux sphères peuvent se toucher non pas en un point, mais tout le long d'une surface.

Cet argument n'est pas le seul que Guillaume d'Auvergne oppose à la pluralité des mondes ; il en formule d'autres que nous retrouverons au chapitre spécialement consacré à l'exa-

<hr>

1. GUILLELMI PARISIENSIS *De Universo* ; Primæ partis principalis pars prima (GUILLELMI PARISIENSIS *Opera onmia*, tomus II ; Parisius, apud Franciscum Regnault, MDXVI. Secundus tractatus, Cap. III ; fol. xcviij, col. a. — GUILLELMI PARISIENSIS *Opera onmia*, t. I ; Aureliae, ex typographia F. Hottot. Et vaeneunt Parisiis apud Ludovicum Billaine. MDCLXXIV. Cap. XIII.)

2. GUILLAUME D'AUVERGNE, *loc. cit.* ; éd. 1516, cap. IV, t. II, fol. xcviii, col. a et b ; éd. 1674, cap. XIV.

men de cette question et des discussions qu'elle a provoquées ;
pour le moment, le problème de la pluralité des mondes ne nous
intéresse que par les liens qui le rattachent au problème de la
possibilité du vide.

Nous ne saurions nous étonner de reconnaître, dans les écrits
de Roger Bacon, l'influence de Michel Scot et de Guillaume
d'Auvergne. A plusieurs reprises, il cite le Traducteur d'Aristote, encore qu'il le malmène fort. Quant à l'Évêque de Paris,
il nous conte qu'en sa jeunesse, il en avait recueilli l'enseignement.

Il est, d'ailleurs, une autre influence que Roger Bacon avait
grandement éprouvée, et qui le pressait de regarder le vide
comme une impossibilité, qui l'autorisait à prendre cette impossibilité comme un axiome propre à supporter des démonstrations. Cette influence est celle de Robert Grosse-Teste.

Dès le début de son enseignement, Bacon se montre soucieux
d'affirmer que la production du vide est impossible. Les *Questions sur la Physique* que nous conserve un manuscrit de la
Bibliothèque municipale d'Amiens semblent être, avons-nous
dit, des témoins de la pensée de Bacon alors qu'il n'était encore
que maître ès-arts à l'Université de Paris. Or, en la seconde série
de ces questions, nous le voyons, à propos du quatrième livre
de la *Physique*, répondre à cette demande [1] : « Faut-il admettre
l'existence réelle du vide ? » Voici sa réponse :

« Que le vide ne puisse être, cela paraît. En effet, s'il existait,
il serait une substance ou un accident. Mais le vide n'est pas
une substance incorporelle, car il serait âme ou intelligence. Il
n'est pas non plus une substance qui soit corps car il occupe-
rait un lieu. Enfin il n'est pas un accident, car aucun accident
ne peut exister séparé d'une substance, et le vide est une dimension séparée. Il n'est donc rien du tout *(ergo nichil est)*, ce que
j'accorde avec Aristote, car Aristote dit que le vide n'est rien
du tout. »

Est-ce à dire, toutefois, que la production d'un accident
séparé de toute substance et, partant, du vide soit interdite
même à la toute-puissance de Dieu ? Bacon ne l'accorde pas
sans précaution. Comme tous les Scolastiques, il distingue
entre la toute-puissance absolue de Dieu, à laquelle rien n'est
impossible que ce qui est contradictoire, et la toute-puissance

---

1. *Questiones supra librum phisicorum a magistro dicto* BACUUN. Queritur utrum
sit ponere vacuum in natura. (Bibliothèque municipale d'Amiens, ms. n° 406,
fol. 48, col. d.)

ordonnée, qui ne peut produire ce que réprouverait la sagesse divine. Or, la production du vide, interdite à la toute-puissance ordonnée, ne le serait cependant pas à la toute-puissance absolue. C'est ce qu'enseigne Bacon en la seconde série de ses *Questions sur la Physique*, un peu avant de donner la réponse que nous avons rapportée.

A l'endroit qui nous intéresse maintenant [1], Bacon se demande «si l'on doit admettre l'existence du vide au-dessous du ciel. » Il commence par préciser le sens de la question en déclarant qu'on y considérera le vide comme un espace séparé de tout corps mais doué de dimensions *(dimensio separata)*. Il énumère d'abord les raisons que l'on peut invoquer en faveur de la possibilité du vide ainsi entendu. La première de ces raisons est la suivante :

« La puissance du premier Etre surpasse tout acte fini. Mais l'existence d'une telle dimension séparée est un acte fini. La puissance du premier Etre peut donc faire qu'une telle dimension vide existe d'une manière actuelle. »

A cette raison, Bacon objecte ce qui suit : « Je réponds que cela n'est pas vrai. En effet, une dimension est un accident ; or un accident ne peut exister sans un sujet qui le porte ; faire un accident sans sujet, c'est un acte qui n'est pas dans l'ordre *(actus inordinatus)*. Cette dimension séparée pourrait donc bien exister en vertu de la puissance absolue *(potentia abstracta)* du premier Etre, car, ainsi entendue, cette puissance surpasse tout acte fini. Mais si nous parlons de ce que la puissance doit faire, de la puissance ordonnée *(de debito potentie et ordinatione potentie)*, alors la puissance du premier Etre ne surpasse plus tout acte ; elle équivaut aux actes et aux effets qui sont dans l'ordre, qui sont possibles selon la possibilité des choses *(ordinatis et possibilibus fieri secundum possibilitatem rei)* ; de cette manière, il apparaît que faire le vide, ce serait faire une substance, ce qui entraîne le contraire de ce que l'on supposait. »

Ici, Bacon n'a pas regardé l'existence du vide comme une pure absurdité, puisqu'il admet, en Dieu, le pouvoir absolu de créer une dimension séparée. Mais partout ailleurs, il s'exprime d'une manière plus formelle et plus tranchante. En l'*Opus tertium* [2]

---

1. *Questiones supra librum phisicorum a magistro dicto* BACUUN. Dubitatur utrum sit ponere vacuum infra celum. (Bibliothèque municipale d'Amiens, ms. n° 406, fol. 47, col. c.)

2. ROGERI BACONIS *Opus tertium*, cap. XLIII. Ed. Brewer, p. 154.

comme aux *Communia naturalium* [1], il répète que les dimensions séparées ne sauraient exister, car elles seraient un accident isolé de toute substance : « *Accidens non potest per se stare.* » — « *Accidens non potest esse sine subjecto.* » L'existence du vide apparaît, en vertu de ces formules comme une impossibilité pure.

On peut donc se servir de cette impossibilité comme d'un axiome et en déduire, par exemple, qu'il ne saurait exister plusieurs mondes.

En son *Opus majus*, Roger Bacon consacre un chapitre [2] à l'examen de ces deux questions : Peut-il exister plusieurs mondes ? La matière du monde s'étend-elle à l'infini ? Voici ce qu'on lit en ce chapitre :

« Aristote dit, au premier livre *Du Ciel et du Monde*, que le Monde réunit toute sa matière propre en un seul individu d'une seule espèce, et qu'il en est de même de chacun des corps principaux dont le Monde se compose ; en sorte que le Monde est numériquement unique, qu'il ne peut exister plusieurs mondes distincts appartenant à cette même espèce, et qu'il ne peut davantage exister ni plusieurs soleils ni plusieurs lunes, bien que beaucoup de gens aient imaginé de telles suppositions.

» En effet, s'il existait un autre monde, il serait de figure sphérique comme celui-ci. Ces deux mondes ne pourraient être distincts l'un de l'autre, car s'ils l'étaient, un espace vide serait assignable entre eux, ce qui est faux. Il faudrait donc qu'ils se touchassent ; mais par la XIIe proposition du IIIe livre des *Eléments* d'Euclide, ils ne se pourraient toucher qu'en un point, ainsi qu'on l'a précédemment démontré par le moyen de cercles. Dès lors, partout ailleurs qu'en ce point, il y aurait entre eux un espace vide. »

En l'*Opus tertium* [3], Bacon reprend simplement et sommairement l'argumentation d'Aristote contre la pluralité des

---

1. *Liber primus Communium naturalium* Fratris Rogeri, pars III, De existencia vacui secundum se. Ed. Steele, p. 217.

2. Fratris Rogeri Bacon, *Ordinis Minorum, Opus Majus ad Clementem quartum, Pontificem, Romanum,* ex Ms. Codice Dubliniensi, cum aliis quibusdam collato, nunc primum edidit S. Jebb, M. D. Londini, typis Gulielmi Bowyer, MDCCXXXIII, p. 102 (marquée, par erreur, 98). Pars quarta, Dist. IV, Cap. XII : An possint esse plures mundi, et an materia mundi sit extensa in infinitum.

3. *Fr.* Rogeri Bacon *Opera quaedam hactenus inedita.* Vol. I, contained : I. *Opus tertium. — Opus minus. —* III. *Compendium philosophiæ.* Edited by J. S. Brewer, London, 1859. *Opus tertium,* cap. XLI, pp. 140-141.

mondes ; il ne fait aucun appel au raisonnement tiré de l'impossibilité du vide. Ce raisonnement, au contraire, il le reprend lorsqu'il écrit ses *Communia naturalium*, ou mieux ce traité *De caelestibus* dont le manuscrit célèbre de la Bibliothèque Mazarine fait le second livre des *Communia naturalium*. Après avoir résumé l'argumentation d'Aristote, il écrit [1] :

« Nous ajouterons, à cette intention, une démonstration mathématique.

» S'il y avait plusieurs mondes, en effet, il faudrait admettre le vide, ce qui a été réfuté précédemment d'une manière générale. Cette conséquence est évidente par la XIIe proposition du troisième livre d'Euclide, pour quiconque connaît la pureté de la Géométrie ; cette pureté de la Géométrie, je la suppose toujours connue en ces *Naturalia*, car je l'ai précédemment exposée. En effet, si ces mondes sont partout distants, il y aura le vide. S'ils sont conjoints, ils ne le seront qu'en un point, par cette douzième proposition, et leurs convexités, [à partir de ce point], s'écarteront l'une de l'autre. »

D'ailleurs, le chapitre du traité *De Caelestibus* où Bacon combat la pluralité des mondes est, tout aussitôt, suivi d'un long chapitre où se trouve développée cette pensée d'Aristote : Hors du monde, il n'existe, il ne peut exister aucun corps, en sorte qu'au delà du ciel, il n'y a ni espace plein ni espace vide.

« Que le vide ne puisse exister en la nature réelle, écrit Bacon [2], nous l'avons montré précédemment en nos discours généraux ; mais nous avons seulement montré qu'il n'existait pas au-dessous du ciel. Jusqu'à présent, nous avons réservé la considération spéciale du vide hors du ciel. Lors donc qu'à plusieurs reprises, en ce qui vient d'être dit, j'ai supposé la non-existence du vide, je l'ai supposé en vertu de la considération générale par laquelle il a été prouvé que le vide ne peut exister. En particulier, donc, je dis d'une manière semblable qu'il ne peut être hors du ciel. » Une argumentation longue, souvent confuse, parfois puérile appuie cette affirmation.

Par Michel Scot, par Guillaume d'Auvergne, par Roger Bacon, le sort de cette proposition : Le monde est nécessaire-

---

1. *Incipit secundus liber communium naturalium* [Rogeri Bacon] *qui est de celestibus, vel de celo et mundo*, pars III, cap. II (Bibliothèque Mazarine, ms. n° 3576, fol. 108, col. a et b). — *Liber secundus communium naturalium* Fratris Rogeri. *De celestibus*. Ed. Steele, pp. 374-375.

2. Rogeri Bacon *Op. laud.*, pars III, cap. III ; ms. cit., fol. 109, col. c ; éd. Steele, p. 379.

ment unique, a été si bien lié au sort de cette autre proposition : Le vide est impossible, que l'anathème qui va condamner
la première frappera, par contre-coup, la seconde.

IV

LES CONDAMNATIONS DE 1277 ET LA POSSIBILITÉ DU VIDE

L'impossibilité du vide était, par nombre d'auteurs — tel
Robert Grosse-Teste — tenue pour un axiome dont la négation
impliquait contradiction. Cet axiome leur semblait propre à
servir de majeure à des déductions d'une absolue rigueur ; ainsi
l'avons-nous vu employé à la démonstration de cette proposition : Il ne peut y avoir plusieurs mondes.

Dieu ne peut faire ce qui est contradictoire ; il ne peut donc
faire un espace vide ; partant, tout effet qui entraînerait nécessairement la production d'un espace vide est interdit même
à la toute-puissance de Dieu. Ainsi raisonnaient assurément
les auteurs, inconnus de nous, qui avaient formulé cette proposition : Dieu ne pourrait donner à l'Univers entier un mouvement de translation, car le Monde laisserait le vide derrière
lui.

En 1277, Etienne Tempier condamna cette proposition, en
même temps qu'il frappa d'anathème cette autre affirmation :
Dieu ne pourrait créer plusieurs mondes. Obligés de regarder
ces deux thèses pour erronées, plusieurs docteurs de Paris
crurent qu'ils leur fallait tenir la production du vide pour
chose possible, du moins à l'égard de la toute-puissance de
Dieu.

A. *Godefroid de Fontaines*

Il en est, toutefois, qui, en leurs lectures sur les *Sentences* ou
en leurs discussions quodlibétiques, tout en accordant que
Dieu pouvait créer plusieurs mondes, s'efforçaient de sauvegarder leur croyance en l'impossibilité du vide. De ce nombre
était Godefroid de Fontaines.

« L'existence de deux mondes, dit-il [1], n'obligerait pas à admettre le vide. Le vide, en effet, c'est un lieu vacant *(locus inanis)* ; c'est la surface d'un corps, surface apte à contenir un autre corps, mais qui n'en contient aucun. S'il existait un autre monde, il aurait son lieu de la même manière que celui-ci à le sien ; entre l'un et l'autre, il n'y aurait pas le vide, car il n'y a pas là quelque chose qui soit apte à contenir et qui, cependant, ne contienne rien ; du moins, une telle chose ne s'y trouve que par l'effet de notre imagination, tout comme maintenant, hors du ciel, nous imaginons le vide. »

B. *Henri de Gand*

Cette remarque, nous l'avons dit, nous paraît conforme à la doctrine d'Aristote.

Mais elle n'est valable que si l'on suppose les deux mondes coexistants de toute éternité ; elle cesse de l'être si l'on pose la question comme la posaient les Scolastiques : Dieu peut-il actuellement, hors du monde, créer un autre monde. Répondre oui, c'est, par le fait même, nier cette proposition d'Aristote : Hors du monde, il n'y a pas de corps et aucun corps n'y peut être engendré. Ἔξω δὲ τοῦ οὐρανοῦ οὔτ' ἔστιν οὔτ' ενδέχεται γενέσθαι σῶμα. Or c'est cette proposition qui permet de conclure cette autre : Hors du ciel, il n'y a ni lieu ni vide.

« Dieu peut-il créer hors du ciel un corps qui ne soit pas contigu au ciel ? » C'est la question à laquelle Henri de Gand entreprend de répondre en un de ses *Quolibets* [2].

« Dieu », répond le Docteur Solennel, « peut fort bien, hors du ciel ultime, créer un corps ou un autre monde, de même qu'il a créé la terre en la région interne du monde ou du ciel, de même encore qu'il a créé le monde lui-même et le ciel ultime. »

---

1. *Les Philosophes Belges. Textes et Études.* T. II. *Les quatre premiers Quodlibets de* GODEFROID DE FONTAINES, publiés par M. De Wulf et A. Pelzer. Louvain, 1904. Quodlib. IV, quæst. VI (longa), p. 255. — Cf. : Epitome quodlib. IV, quæst. VI (brevis), p. 332.

2. *Quodlibeta* MAGISTRI HENRICI GOETHALS A GANDAVO DOCTORIS SOLEMNIS : *Socii Sorbonici et archidiaconi Tornacensis, cum duplici tabella. Vænundantur ab Jodoco Badio Ascensio, sub gratia et privilegio ad finem explicandis.* Colophon : In chalchographia Iodoci Badii Ascensii ...ab undecimo Kalendas Septemb. Anno domini MDXVIII... Quodlib. XIII, quæst. III : Utrum Deus possit facere corpus aliquod extra caelum quod non tangat caelum ; fol. CCCCCXXIV, verso.

Mais où ce corps nouveau, ce monde nouveau seront-ils créés ? Existe-t-il, hors du monde, un espace vide, des *dimensions séparées*, comme l'enseignaient les Stoïciens ? Faut-il dire que le nouveau corps ou le nouveau monde est créé dans ce vide ou dans cet espace ? Pour s'exprimer en ces termes, Henri de Gand tient encore trop à l'enseignement du Stagirite, il est encore trop fermement convaincu qu'il n'y a, hors du Monde, ni lieu ni vide.

Ce corps ou ce monde que Dieu pourrait produire hors du ciel, « il ne le produirait pas dans quelque chose, mais dans le néant *(in nihilo)*. Il ne faut pas entendre ces mots dans un sens matériel comme si le néant était quelque chose. Il faut entendre que ce corps succède au néant parce qu'il est créé là où, auparavant, il y avait le néant ; cela ne veut pas dire qu'alors il y eût là quelque chose comme un espace séparé *(dimensio separata)* et que dans ce quelque chose, fût le néant ; qu'il y eût là, pour ainsi dire, quelque chose où les dimensions du corps pussent être reçues après en avoir chassé le néant qui, auparavant existait en ce quelque chose. Il faut comprendre la proposition tout entière au sens négatif, comme si l'on disait : Il n'y a pas là quelque chose, en comprenant par là que l'on nie, à la fois, et l'existence d'un lieu *(ubitas)* et l'existence de quelque chose *(aliquitas)*. C'est en un sens analogue que nous disons : Ce corps ou ce monde a été fait de rien. »

Ainsi Dieu, en créant un monde nouveau, ne le créerait pas là où, auparavant, il y avait un certain espace vide ; l'existence de ce monde nouveau ne serait pas plus précédée par le vide que l'existence de celui-ci ne l'a été. Henri de Gand était sans doute d'accord avec Etienne Tempier pour condamner cette erreur : 201 [190]. « Celui qui a met la génération totale du monde admet le vide ; nécessairement, en effet, le lieu précède ce qui est engendré en ce lieu ; partant, avant la création du monde, il y aurait eu un lieu sans corps logé, ce qui est le vide. »

Dieu peut donc, hors du ciel ultime, créer un corps nouveau ou un monde nouveau. Peut-il créer ce corps ou ce monde de telle sorte qu'il ne touche pas le ciel ? Roger Bacon et, avec lui, toute la Physique péripatéticienne l'eussent nié. Entre ces deux mondes ou bien entre notre monde et ce corps, aucun autre corps ne se trouve ; il n'y a donc, entre eux, aucune distance, car la distance entre deux corps est un attribut, un accident des corps qui sont interposés à ces deux-là ; l'existence d'une distance entre deux mondes, alors qu'il n'y a pas de corps entre eux, équivaut à l'existence d'un espace vide entre ces mondes ; au gré du Péripatéticien, ces deux existences s'expriment par une seule et même proposition, et cette proposition implique contradiction.

Il n'en est pas de même au jugement d'Henri de Gand, qui introduit ici une distinction subtile, mais essentielle.

« Je prétends, dit-il, que deux corps peuvent être distants l'un de l'autre de deux manières différentes.

» D'une première manière, ils peuvent être distants *à proprement parler (per se)* ; c'est ce qui a lieu lorsqu'il existe entre eux une distance réalisée *(positiva)* à l'aide d'une dimension d'un corps interposé.

» D'une seconde manière, ils peuvent être distants *par accident (per accidens)*. Dans ce cas, il n'existe entre eux aucune distance réalisée *(positiva)* ; mais à côté d'eux ou hors d'eux, il existe un objet dans lequel se trouve réalisée une certaine dimension, et cette dimension permet de reconnaître la distance des deux corps.

» Supposons, par exemple, qu'entre deux corps se trouve le vide, et que ces deux corps touchent l'un le haut et l'autre le bas d'un mur de trois pieds ; on dira alors que trois pieds est la distance entre le corps qui est au-dessus du vide et le corps qui est au-dessous.

» S'il n'existe donc rien entre deux corps, mais si un corps d'une certaine dimension est apte à être reçu entre les deux premiers, on jugera que l'intervalle entre ces deux corps a précisément cette même dimension, mais qu'il l'a *par accident.* »

Par là, le Docteur Solennel définit en quel sens il est permis d'attribuer l'existence au vide. « Le vide n'est pas autre chose que la dimension ou la dista·ce entre deux corps », entre lesquels il n'existe aucun autre corps ; « distance qui, comme nous l'avons dit, existe seulement *par accident,* soit parce qu'une certaine dimension se trouve réalisée *(positiva)* tout contre ces deux corps, soit parce qu'une certaine dimension réalisée *(positiva)* est susceptible d'être placée entre ces deux corps ou à leur contact.

» Le vide lui-même n'a donc pas d'autre existence qu'une existence *par accident,* en ce que les corps entre lesquels il existe sont disposés de telle sorte qu'une certaine dimension d'un certain corps soit susceptible de se placer entre les premiers corps. »

Prenons un exemple ; c'est Henri de Gand qui nous le fournira. En une discussion quolibétique ultérieure, on lui pose cette question : « Dieu peut-il faire que le vide existe ? [1] » A cette question, il répond par l'affirmative et, pour justifier sa réponse, il reprend, bien qu'avec moins de développement et, aussi, moins de profondeur, les considérations que nous venons d'analyser.

A ce propos, il imagine que Dieu anéantisse tous les éléments compris entre la terre et l'orbe de la Lune, sans rien changer à la grandeur et à la situation de ces deux derniers corps. Entre ces deux corps, le vide existera, mais il existera seulement *par accident*. Cette existence purement accidentelle consistera en ceci que Dieu pourrait rendre l'existence actuelle aux éléments détruits, et que cette eau, cet air, ce feu, trouveraient place entre la terre et l'orbe de la Lune. L'épaisseur de la couche sphérique que formeraient ces trois éléments susceptibles de se loger entre l'élément terrestre et l'orbe lunaire serait la distance *par accident* de ces deux derniers corps.

Le Docteur Solennel s'efforce de distinguer [2] entre le vide *(vacuum)* tel qu'il vient d'être défini et le néant *(nihil)* qui est hors du Monde. Hors du ciel, dit-il, le vide n'existe pas, même *par accident* ; « là, en effet, il n'y a pas de distance par accident, car il n'existe aucun corps susceptible d'être reçu en un certain vide intermédiaire. » Hors du ciel, donc, comme le voulait le Philosophe, il n'y a ni plein ni vide.

« Après qu'un nouveau corps ou qu'un autre monde aurait été créé par Dieu, hors du dernier ciel et sans contact avec le ciel, entre ce corps ou ce monde et le ciel ultime, nous aurions à déclarer que le vide existe [1] et ce vide aurait une dimension bien déterminée, à savoir celle du corps qui pourrait être reçu entre le ciel extrême et le corps nouvellement créé ; mais ailleurs qu'entre ce ciel et ce corps, nous ne pourrions dire qu'il y ait le vide ; de même qu'à présent, au delà du ciel ultime, nous ne pouvons dire ni qu'il y ait le plein ni qu'il y ait le vide, mais seulement qu'il y a le pur néant...

» Si donc Dieu créait maintenant, hors du ciel, un corps qui ne touchât pas le ciel, ce corps ne serait créé ni dans le plein ni dans le vide, mais dans le pur néant ; et du côté qui ne regarde pas le ciel, ce corps continuerait de subsister dans le néant absolu, ce mot néant étant pris comme une pure négation ;

---

1. Henrici a Gandavo *Op. laud.*, quodlib. XV, quæst. I : Utrum Deus possit facere quodvacuum esset. Ed. cit., fol. CCCCCLXXV, verso.
2. Henrici a Gandavo *Op. laud.* ; quodlib. XIII, quæst. III.

de même, le ciel a été créé dans le pur néant ; et le pur néant était autrefois là où ce corps se trouve maintenant ; et tout cela doit être compris au sens purement négatif, de la manière que nous avons exposée. »

Ce corps nouvellement créé par Dieu confinerait donc, d'un côté, au vide, et, de l'autre côté, au néant. De même, « si les éléments qui se trouvent contenus par le ciel étaient anéantis, nous devrions admettre que le vide existe en la concavité du ciel ; mais nous ne devrions en aucune façon l'admettre hors du ciel ; là, il n'y aurait que le pur néant. »

Les corollaires mêmes qu'Henri de Gand déduit si clairement de sa théorie sont la condamnation de cette théorie. Ce corps, créé hors du ciel ultime, est dans le vide du côté qui regarde le ciel suprême et dans le néant de l'autre côté ; comment marquera-t-on, à la surface de ce corps, la frontière entre l'aire qui confine au vide et l'aire qui ne touche que le néant ?

L'effort tenté par Henri de Gand pour attribuer à Dieu le pouvoir de créer un corps nouveau hors du Monde, et pour accorder au Philosophe qu'il n'y a, hors du Monde, ni plein ni vide, était d'avance condamné à l'insuccès ; la première affirmation entraînait la ruine de la seconde.

C. *Richard de Middleton*

La doctrine de Richard de Middleton est, en général, un reflet de l'enseignement d'Henri de Gand ; au sujet de la possibilité du vide, ce reflet est tellement affaibli qu'il semble sur le point de disparaître ; la lecture de ce qu'a écrit le Franciscain Anglais ne sera pas, cependant, dénuée de tout en intérêt ; elle nous montrera quel rôle décisif les condamnations portées contre les « articles de Paris » jouaient dans les discussions qui nous occupent.

Richard accorde [1] que Dieu aurait pu créer un autre monde.

---

1. *Clarissimi theologi Magistri* RICARDI DE MEDIA VILLA *seraphici ord. min. convent. super quatuor libros sententiarum Petri Lombardi quæstiones subtilissimæ.* Brixiæ, MDXCI, tomus primus, p. 392. Lib. I, dist. XLIV, art. I, quæst. IV : Utrum Deus posset facere aliud universum. — En une de ses questions quodlibétiques, Richard traite de nouveau de la pluralité des mondes, mais il n'y fait aucune allusion à la possibilité du vide *(Quodlibeta doctoris eximii* RICARDI DE MEDIA VILLA *ordinis minorum, quæstiones octuaginta continentia.* Brixiæ, MDXCI. Quodlib. II, art. II, quæst. I : Utrum plures mundos esse simul includat contradictionem ; p. 49.

Parmi les raisons qu'il invoque en faveur de cette conclusion, relevons seulement celles-ci :

« Je dis que Dieu a pu et peut encore maintenant créer un autre univers. Il n'y a, en effet, aucune contradiction à attribuer cette puissance à Dieu.

» Une telle contradiction ne peut provenir de la chose dont ce nouvel univers devrait être fait, puisque Dieu n'a pas fait le Monde de quelque chose.

» Elle ne provient pas du réceptacle de cet univers nouveau, car le Monde, pris en sa totalité n'est pas reçu en quelque espace *(spatium)*. Le Philosophe dit, au premier livre *Du Ciel et du Monde*, qu'il n'y a, hors du ciel, ni lieu ni vide ni temps ; affirmation qu'il faut entendre du ciel suprême.

» En faveur de cette opinion, on peut invoquer la sentence du Seigneur Etienne, évêque de Paris et docteur en Sacrée Théologie ; il a excommunié ceux qui enseignent que Dieu n'a pu créer plusieurs mondes. »

Richard de Middleton veut donc, comme son maître Henri de Gand, concilier cette décision d'Etienne Tempier avec le dogme aristotélicien : Il n'y a, hors du ciel, ni lieu ni temps ni vide.

Il est plus difficile de concilier ce dogme péripatéticien avec cette autre proposition : « Il n'est pas impossible à Dieu d'imprimer au ciel un mouvement de translation. »

« En effet, remarque notre auteur [1], tout mouvement de translation transporte le corps d'un lieu dans un autre. Mais de l'avis du Philosophe, au IVe livre des *Physiques*, le ciel ultime n'est pas en un lieu ; de son avis aussi, au premier livre *Du Ciel et du Monde*, il n'y a, hors du ciel ultime ni lieu ni plein ni vide. Il est donc impossible à Dieu de mouvoir le ciel ultime d'un mouvement de translation. »

Cependant, « l'article suivant à été excommunié par le Seigneur Etienne, évêque de Paris et docteur en sacrée Théologie : Dieu ne pourrait mouvoir le ciel d'un mouvement de translation. »

La contradiction entre l'enseignement du Philosophe et celui d'Etienne Tempier est malaisée à dissiper.

Richard admet bien que Dieu pourrait, hors du ciel empyrée, mouvoir une partie de ce ciel empyrée ou un corps quelconque. Le reste du ciel empyrée, demeurant immobile, fournirait un terme fixe auquel le mouvement local de ce corps pourrait être

---

1. RICARDI DE MEDIA VILLA *Quæstiones in libros Sententiarum*, lib. II, dist. XIV, art. III, quæst. III : Utrum Deus posset movere ultimum cælum motu recto. Ed. cit., tomus secundus, p. 186.

rapporté. Mais s'il s'agit de mouvoir le ciel ultime ou l'Univers, pris en sa totalité, d'un mouvement de translation, la difficulté demeure tout entière.

Ce mouvement de translation, Dieu pourrait l'imposer à l'Univers, mais « à condition de créer un espace *(spatium)* hors de l'Univers. Il est impossible, en effet, à quelque puissance que ce soit, de mouvoir une chose, prise en sa totalité, d'un mouvement local de translation, à moins qu'il n'y ait quelque espace extérieur à cette chose. S'il n'existait aucune créature sauf un seul ange, Dieu ne pourrait mouvoir cet ange d'un mouvement de translation qu'à la condition qu'il pût créer hors de cet ange, ou autour de cet ange, un certain espace. »

« Il y a, ajoute Richard, un autre défaut en l'argument » condamné par l'Évêque de Paris. « Si Dieu donnait un mouvement rectiligne au ciel ultime, il n'en résulterait pas que le vide fût produit, car le ciel n'est pas en un lieu. » Richard oublie ce qu'il vient d'enseigner ; avant de donner un tel mouvement au ciel, Dieu aurait nécessairement créé un espace hors de ce ciel ; il est donc bien vrai que le ciel, en se déplaçant, laisserait derrière lui un espace vide.

Richard, d'ailleurs, admet que l'existence du vide n'est pas contradictoire. Sa pensée à ce sujet paraît être celle d'Henri de Gand, bien qu'il l'exprime en termes moins clairs.

« Dieu pourrait, dit-il, sans donner aucun mouvement au ciel ni à la terre, détruire toute la substance créée qui se trouve entre le ciel et la terre. Après cela, le ciel ne serait pas distant de la terre ; en effet, entre deux choses qui sont localement distantes, il faut qu'il y ait quelque dimension, et toute dimension est une créature. Mais après cela, le ciel ne toucherait pas non plus la terre, parce que, sans rien changer à l'un ni à l'autre, Dieu pourrait, entre eux, créer une distance. Ainsi être distant et ne pas être distants sont contradictoires ; être conjoint et ne pas être conjoints sont aussi contradictoires ; mais, moyennant ce qui a été admis, ne pas être distants et, en même temps, ne pas être conjoints, cela n'implique pas contradiction. » « Dieu pourrait donc faire que le vide fût ; il n'en résulte pas qu'il pourrait faire coexister deux contradictoires. »

D. *Raymond Lull*

Henri de Gand et Richard de Middleton se sont efforcés de maintenir l'adage du Philosophe : Hors du ciel ultime, il n'y a

ni plein ni lieu ni vide. Ils se sont constamment opposés à ceux
qui, suivant l'exemple des Stoïciens, voudraient étendre, hors
du Monde, un espace *(spatium)*, des dimensions séparées *(dimensio separata)*. Mais cette attitude a mis Henri de Gand en un
singulier embarras lorsqu'il a voulu admettre que Dieu pouvait,
hors du Monde, créer un corps contigu à la sphère ultime ; et
pour expliquer comment Dieu pourrait, à l'Univers entier,
donner un mouvement de translation, Richard a dû concéder
que Dieu créerait, tout d'abord, un espace autour de cet Univers.

Raymond Lull, au contraire, semble admettre l'existence
d'un espace préexistant au Monde, créé par Dieu avant le
Monde, afin que le Monde y trouvât son lieu. C'est grâce à
l'existence de ce lieu séparé du Monde que le Monde pourrait,
par Dieu, être mû de mouvement rectiligne. Telle est la doctrine qu'en termes fort obscurs, d'ailleurs, Lull expose à Socrate[1],
son interlocuteur, afin de réfuter la proposition condamnée à
Paris : « Dieu ne pourrait mouvoir le ciel d'un mouvement de
translation, car le ciel laisserait un vide derrière lui. »

« Que ta raison, Socrate, s'élève au-dessus de ton imagination,
écrit Lull, et considère ceci : Lorsque Dieu a créé le Monde, il
a créé le lieu afin qu'en raison de ce lieu, le Monde pût être
logé ; tout comme il a créé le principe par lequel le Monde
pût avoir un principe *(esse principiatus)*; de même, le temps
a été créé afin que le Monde pût avoir existence dans le temps ;
de même en fut-il de la quantité, du mouvement et d'autres
choses de ce genre, afin que le Monde eût quantité et mouvement. Dieu a donc créé un lieu dont la substance réside en la
substance du Monde *(in substantia Mundi sustentatum)* ; le
Monde est logé dans ce lieu ; de même que ton corps se meut
d'un lieu dans un autre sans abandonner son lieu essentiel ni
sa surface ni sa couleur, de même Dieu peut mouvoir le ciel
d'un mouvement de translation sans que le Monde quitte son
lieu essentiel... »

1. *Declaratio* Raymundi *per modum dialogi edita contra aliquorum philosopho-
rum et eorum sequacium opiniones erroneas et damnatas a venerabili Patre Domino
Episcopo Parisiensi.* Cap. XLIX [Otto Keicher, *Raymundus Lullus und seine
Stellung zur arabischen Philosophie (Beiträge zur Geschichte, der Philosophie des
Mittelalters,* Bd. VII, Heft 4-5, Münster, 1909) ; p. 143].

E. *Guillaume Varon*

L'hypothèse d'un espace distinct du Monde et dans lequel le Monde a sa place paraît également rallier le suffrage de Guillaume Varon.

En son commentaire sur les *Sentences*, Guillaume Varon consacre une question à établir que Dieu pourrait créer un Monde hors celui-ci [1].

Parmi les objections que l'on peut élever contre cette conclusion, Varon signale celle-ci :

« Il est impossible que Dieu fasse le vide, car l'existence du vide implique contradiction ; mais s'il existait deux mondes, il y aurait le vide ; s'il existait deux sphères, en effet, elles ne se toucheraient absolument qu'en un point, car elles seraient de figure ronde, comme deux pommes ; comme il n'y a rien d'interposé entre les surfaces qui les bornent, il faut bien qu'il y ait le vide. »

Cette objection est celle à laquelle notre auteur s'attarde le plus longtemps. Il expose en détail les raisons des philosophes qui soutiennent cette proposition : Deux corps se touchent lorsqu'il n'y a entre eux aucune distance positive, réalisée en un troisième corps. Il réfute ce que l'on peut, à son avis, objecter à cette opinion, qu'il semble donc faire sienne. Néanmoins, nous l'entendons formuler la conclusion suivante :

« Hors de ce Monde-ci, qui est de figure sphérique, Dieu peut faire un autre monde sphérique qui ne touche le premier en aucun point ; cela, Dieu peut le faire parce que cela n'implique aucune contradiction ; la raison par laquelle il peut faire que les parties d'un ciel soient distantes des parties de l'autre ciel est aussi celle par laquelle il peut faire qu'un ciel total soit distant de l'autre ciel total selon sa volonté ; la création de ce Monde-ci, en effet, n'a, en rien, diminué sa puissance.

» Avant la création de ce Monde-ci, ici où il est, il n'y avait absolument rien, et Dieu y a créé ce Monde-ci ; ainsi peut-il faire hors de ce Monde. On peut imaginer, en effet, un espace quasi-infini dans lequel, toutefois, il n'y a absolument rien *(contingit enim ymaginari spatium quasi infinitum in quo tamen penitus nichil est)* ; de même qu'ici, où il n'y avait rien, Dieu a pu créer un Monde, de même là, où il n'y a absolument

---

1. GULIELMI VARONIS *Quæstiones in libros Sententiarum;* lib. II, quæst. VIII : Quæritur utrum Deus posset facere alium mundum simul cum isto. Bibl. municipale de Bordeaux, ms. n° 163, fol. 96, col. c et d ; fol. 97, col. a, b et c.

rien, il en peut créer une infinité ; je dis une infinité en puissance, c'est-à-dire qu'il n'en aura jamais tant créé qu'il n'en puisse créer davantage. »

F. *Jean de Duns Scot*

La doctrine que Duns Scot professe, au sujet du vide, c'est, très nettement, la doctrine d'Henri de Gand. En dépit des objections d'Aristote, il admet que Dieu peut produire un espace vide [1].

« On ne voit pas, dit-il, qu'il soit contradictoire d'admettre une surface concave sans admettre aucun rapport de cette surface à un corps qui y serait contenu, pourvu, toutefois, qu'il existât un corps naturellement apte à être contenu par cette surface. » Le Docteur subtil qui vient de déclarer possible l'existence d'un corps que rien ne contient — telle la dernière sphère céleste — remarque fort justement que cette possibilité se doit étendre au corps qui ne contient rien.

Une telle surface concave qui ne contient rien, Dieu pourrait fort bien la réaliser. « D'une manière absolue, Dieu pourrait anéantir les éléments sans rien changer à l'existence du ciel ; cela posé, les parois du ciel ne viendraient pas instantanément se réunir, car la nature ne peut, en un instant, accomplir un tel changement ; la surface concave du ciel subsisterait donc et cependant, cette surface ne contiendrait plus aucun corps. »

Quelle est donc la portée de la démonstration dressée par Aristote contre la possibilité du vide ? « Cette démonstration ne tient que si l'on regarde le vide comme un espace privé de qualités naturelles, mais pourvu de dimensions d'une manière actuelle *(spatium actu dimensionatum, licet non habeat qualitates naturales)*...

» Mais ce vide que nous déclarons possible à l'égard de Dieu n'est pas un certain espace qui possède des dimensions positives ; là, il y a seulement possibilité de recevoir des dimensions positives de telle grandeur et, en même temps, absence de toute dimension en acte *(possibilitas ad tantas dimensiones positivas, cum carentia cujuscunque dimensionis in actu)*...

» Par intervalle *(medium)* on peut entendre soit un intervalle

---

1. Joannis Duns Scoti *Quodlibeta*, quæst. XI : Utrum Deus possit facere quod manente corpore et loco, corpus non habeat ubi, sive esse in loco. De secundo.

positif et actuel, soit un intervalle privatif et potentiel. En un sens comme en l'autre, il n'y a pas d'intervalle entre deux corps qui se touchent, entre deux surfaces qui coïncident. Mais entre les parois d'un espace vide, s'il n'y a pas d'intervalle au premier sens, il y a un intervalle au second sens ; entre ces parois, en effet, un corps pourrait être compris, corps précisément égal à celui qui y est compris lorsque cet espace est plein d'une manière actuelle ; là donc, il y a un intermédiaire potentiel ; et il en résulte que c'est un intermédiaire privatif, ou qu'il y a un intermédiaire d'une manière privative, car ces parois manquent d'un intermédiaire précisément égal à celui qui pourrait être compris entre ces deux extrémités...

» Formellement, la distance consiste en un certain rapport entre deux extrêmes ; ce rapport réside en l'un des deux extrêmes ; et a l'autre pour terme. Ici, on peut assigner [à la distance entre les parois opposées d'un espace vide] deux termes positifs, bien qu'il n'y ait pas d'intervalle positif. Si, par cela seul que les deux termes entre lesquels il est établi sont positifs, un rapport était appelé positif, nous pourrions admettre qu'il y a, ici, distance positive ; mais si [pour donner au rapport le titre de positif] on requérait, en outre, que l'intervalle fût positif, on devrait dire qu'il y a ici distance privative et potentielle, mais non distance positive et actuelle. »

Cette théorie du vide où, si clairement, transparaît la pensée d'Henri de Gand, Duns Scot la rapproche de sa théorie du temps.

Si le premier ciel se meut, il y a un temps positif et actuel ; entre deux instants donnés s'écoule telle durée positive et actuelle, c'est-à-dire partie réelle du mouvement diurne. Si Dieu arrêtait le premier ciel, il n'y aurait plus de temps positif et actuel, mais il y aurait encore un temps privatif et potentiel ; si, dans le mouvement d'un corps quelconque ou même dans le repos du ciel, on concevait deux instants, il n'y aurait plus, entre ces deux instants, de durée positive, parce qu'entre eux, ne s'accomplirait réellement aucune partie du mouvement diurne ; mais entre eux s'écoulerait cependant une durée potentielle de grandeur déterminée, c'est-à-dire que, si le premier ciel avait continué de se mouvoir, il se serait accompli, entre ces deux instants, une partie déterminée du mouvement diurne.

« Il en est de même, dans le cas qui nous occupe, de la distance positive et de la distance privative qui concernent le lieu. De même que la durée privative mesure les parties successives de quelque chose, de même la distance privative en mesure les parties permanentes. Aussi peut-on, à l'appui de ce que nous voulons établir, apporter l'argument que voici : Entre deux choses, il est possible qu'il y ait, pour ainsi dire, une distance dans le temps, bien qu'il n'y ait, entre ces choses aucun temps positif intermédiaire, c'est-à-dire aucune mesure positive du mouvement [céleste] ; pour qu'il y ait entre elles une sorte de distance temporelle, il suffit qu'il existe un temps potentiel et pris d'une manière primative ; cela suffit pour dire que l'une vient avant l'autre ou après l'autre à telle distance temporelle. Par similitude, on peut conclure qu'il en est de même du lieu et de la distance locale. »

Aristote, en son argumentation contre le vide, a souvent visé ceux qui regardent le vide comme un corps, pourvu de grandeur, de dimensions, mais dépourvu de toutes autres propriétés physiques. Il avait eu soin, d'ailleurs, de remarquer que cette argumentation, en même temps que le κενόν des Atomistes, atteignait la χώρα de Platon. Duns Scot accorde à Aristote qu'un tel vide ne saurait recevoir aucun corps ; pas plus que le Stagirite, en effet, il n'admet la compénétration des corps ; il ne songe même pas à la possibilité d'une mixtion totale semblable à celle que considéraient les Stoïciens ; la pensée de regarder le lieu comme un corps pénétrable, à la façon dont l'ont considéré Syrianus ou Proclus, ne lui vient même pas à l'esprit. Le vide, selon lui, ce ne sont pas des dimensions actuellement séparées, c'est-à-dire un corps véritable, bien qu'il n'ait pas d'autre propriété que la grandeur ; le vide, ce sont seulement des dimensions potentielles, c'est-à-dire une possibilité de recevoir un corps de grandeur et de figure déterminées ; de même que le temps potentiel, ce n'est pas un certain mouvement ; c'est seulement une possibilité de recevoir un mouvement de durée déterminée.

Que sont, au juste, ces deux possibilités ?

Sont-ce deux concepts ? Assurément ; Duns Scot déclare explicitement que nous avons la connaissance distincte du temps potentiel. Ne sont-ce que deux concepts ? Certainement non ; ce sont choses sinon réalisées, du moins réalisables. Le temps potentiel sera réalisé après la fin du Monde, lorsque le mouvement diurne sera arrêté ; il a été réalisé pendant la station du ciel ordonnée par Josué. S'il plaisait à Dieu d'anéantir ces éléments sans rien changer au ciel, le vide, l'espace potentiel serait réalisé.

De quelle nature sont ces possibilités réalisables ? A cet
égard, Duns Scot ne nous dit rien de plus que ce que nous avons
rapporté.

G. *Jean le Chanoine*

Sous l'influence de Richard de Middleton et de Duns Scot,
la possibilité du vide, du moins à l'égard de la puissance divine,
paraît avoir été très généralement admise par les franciscains.

Gérard d'Odon, par exemple, croyait très certainement que
l'existence du vide n'était pas contradictoire ; son atomisme,
cependant, ne requérait pas que le vide fût actuellement réalisé,
car les indivisibles, à son gré, se sondaient les uns aux autres
d'une manière continue.

C'est à Gérard d'Odon que Jean le Chanoine emprunte,
comme il a soin de nous le dire, presque tout ce qu'il écrit en
faveur du vide [1].

Or Jean le Chanoine s'exprime en ces termes : « Sauf meilleur
jugement, je crois que Dieu pourrait, sans que la sphère ultime
éprouvât aucun changement, détruire tous les corps intermédiaires, qui se trouvent au-dessous de cette sphère.

... Le ciel, en effet, est une chose absolue, essentiellement distincte, qui ne dépend aucunement des sphères inférieures. Il
ne semble donc pas impossible que Dieu puisse faire, bien que
ce soit contre nature, que de la terre au ciel il n'y eût ni air ni
feu ni aucun autre corps. Il en résulte que, par la puissance
divine, il peut exister un espace séparé de tout corps, mais
apte à recevoir un corps. Dieu pourrait, en effet, créer de nouveau
une terre, de l'air, les autres éléments et ces corps pourraient
se placer au-dessous du ciel comme auparavant. Tous les raisonnements que l'on pourrait élever contre cette conclusion pro-
céderaient de principes purement naturels. »

H. *Pierre d'Aquila*

Tout en admettant que Dieu pourrait, s'il le voulait, produire
un espace vide à l'intérieur du Monde, les Scotistes ne semblent
pas avoir pensé, en général, qu'il fût nécessaire d'admettre
l'existence actuelle d'un espace vide hors du Monde ; il ne leur

---

1. JOANNIS CANONICI *Quæstiones super VIII libros physicorum Aristotelis;* lib.
IV, quæst. IV ; éd. Venetiis, 1520, fol. 42, Vᵒ, et fol. 43, rᵒ.

a pas semblé que cette supposition fût nécessaire pour sauvegarder le pouvoir que Dieu possède de créer un nouveau Monde
hors des bornes de celui-ci.

Nous trouvons une affirmation très explicite de cette manière
de voir dans le commentaire aux *Sentences*, composé par le
franciscain Pierre d'Aquila. Ce Pierre d'Aquila, surnommé
il Scotello.

Pierre d'Aquila enseigne donc [1] « que tout ce qui n'implique
aucune contradiction est faisable pour Dieu ; or produire un
second monde de figure sphérique n'implique aucune contradiction. »

A l'encontre de la conclusion qui se peut tirer de là se dresse
cette objection :

« Dieu ne peut produire le vide ; or, s'il faisait un autre monde
de figure sphérique, le vide en résulterait nécessairement, car
les deux mondes ne se toucheraient qu'en un point. »

A cette objection, *il Scotello* répond en ces termes :

« Il n'est pas absurde d'admettre que Dieu puisse faire le
vide ; il y a plus, il paraît nécessaire de l'admettre ; si l'on
suppose, en effet, que Dieu anéantisse la totalité de l'air et
tout ce qui se trouve entre les parois d'un récipient, cet anéan-
tissement se ferait en un instant ; s'il fallait, ensuite, que la
nature remplît cet espace, cela ne se pourrait faire qu'en un
certain temps ; il faudrait donc que cet espace demeurât vide
au moins pendant un instant.

» Je dis, d'ailleurs, qu'admettre l'existence de deux mondes
sphériques, ce ne serait pas, par là même, supposer le vide ;
en effet, bien que ces mondes ne se touchassent qu'en un seul
point, il n'y aurait, hors d'eux, ni plein ni vide. »

I. *Robert Holkot*

C'est ce dont ne convenaient pas tous les Scolastiques et,
en particulier, Robert Holkot. Que le pouvoir accordé à Dieu
de créer un monde hors celui-ci impliquât non seulement la
possibilité, mais l'existence réelle d'un espace vide hors de

---

1. PETRI AQUILANI *cognomento* SCOTELLI *ex Ord. Min. In doctrina Ioan. Duns
Scoti specialissimi. Quæstiones in quatuor Sententiarum libros, ad eiusdem Doctri-
nam conferentes.* Venetiis, MDLXXXIIII. Apud Hieronymum Zenarium, et Fra-
tres. Lib. II, Dist. I, quæst. II : An aliquid a Deo possit esse ab eo sine fine du-
rationis. P. 185, col. b, et p. 186, col. a.

notre Monde, c'est ce que ce dominicain formule [1] avec une netteté qui n'a été atteinte par aucun autre.

« Si Dieu avait pouvoir de créer un second monde, dit Holkot, il faudrait qu'il le créât quelque part *(alicubi)* comme ce monde-ci, de telle sorte qu'entre les diverses parties de ce monde-là, il y eût des distances. Mais, je le demande, qu'y a-t-il actuellement là où ce monde eût été créé ? Rien ou bien quelque chose ? S'il y a quelque chose, il y a donc, en fait, quelque chose hors du Monde. S'il n'y a rien, on peut raisonner ainsi : Hors du Monde, il n'y a rien, et, hors du Monde, il peut exister quelque chose ; donc, hors du Monde, il y a le vide ; car là où un corps peut exister et où il n'y a pas de corps, il y a le vide. Donc, maintenant, le vide existe. »

A cet argument, Holkot ne répond pas ; mais comme, un peu plus loin [2], nous l'entendons dire qu'il n'y a aucune contradiction à supposer que Dieu peut créer un second monde, nous devons penser qu'il souscrit à la conclusion qu'il vient de formuler : Maintenant, le vide existe.

En un autre endroit [3], d'ailleurs, Holkot proclame très explicitement la possibilité d'un espace vide.

J. *Walter Burley*

Au xive siècle, donc, les théologiens paraissent unanimes à déclarer que la foi en la toute puissance de Dieu requiert que l'on croie à la possibilité du vide à l'intérieur du Monde, voire à son existence actuelle hors des bornes de l'Univers. C'est un point où les conséquences du dogme révélé se heurtent en une contradiction absolue aux enseignements des philosophes.

En ce conflit, quelle va être l'attitude de ceux qui ont pour

---

1. *Magistri* ROBERTI HOLKOT *Super quatuor libros sententiarum questiones. Quedam conferentie. De imputabilite peccati questio longa. Determinationes quarundam aliarum questionum. Tabule duplices omnium predictorum.* Colophon : Hujus operis diligenter impressi Lugduni a magistro Johanne Trechsel alemanno. anno salutis nostre. MCCCCXCVII. ad nonas Aprilis.

Une autre édition porte le même titre et ce colophon : Hujus operis diligenter impressi Lugduni a magistro Johanne cleyn alemano. Anno salutis nostre M. quingentesimodecimo ad idus Aprilis charte huiuscemodi characteribus signate. Suit le registrum.

Lib. II, quæst. II. art. I : Utrum Deus ab æterno sciverit se producturum mundum. 3^m principale.

2. ROBERTI HOLKOT Quæst. cit., art. VI : Deus potest facere quicquid non includit contradictionem.

3. ROBERTI HOLKOT *Op. laud.*, lib. II, quæst. III : Utrum dæmones libere peccaverunt. Ad rationes Hibernici.

métier de raisonner suivant les principes de la philosophie
naturelle et qui, n'étant pas théologiens, n'ont pas à prendre,
pour principes de leurs déductions, les vérités révélées ? Que
diront les maîtres ès-arts ?

Fidèle au système qu'il a maintes fois formulé, Jean de
Jandun exposera purement et simplement l'enseignement de
la Physique péripatéticienne, qui conclut à l'impossibilité du
vide ; aux raisons théologiques qui concluent en sens contraire,
il ne fera même pas une allusion.

Mais la plupart des maîtres ès-arts ne garderont pas cette
sereine impassibilité qui semble ignorer jusqu'à l'existence du
conflit. En tout ce qu'il dira au sujet du vide, Burley se montrera disciple fidèle d'Aristote et d'Averroès ; toutefois, il ne
laissera pas ignorer à ses auditeurs que la théologie catholique
leur demande d'admettre des conclusions contraires à celles
qu'ont formulées le Philosophe et son Commentateur ; il leur
indiquera ce qu'exigent d'eux, à son avis, les décisions prises
par Etienne Tempier.

« Ceux qui admettent la création du Monde sont tenus de
dire ce qui suit [1] :

» De même que Dieu a créé un Monde discontinu, formé de
diverses parties, discontinuité en vertu de laquelle les diverses
parties du Monde sont proprement en un lieu, de même Dieu
eût pu créer un corps absolument continu en toutes ses parties
et ne rien créer d'autre que cette boule continue. Admettons
donc que Dieu, lorsqu'il a créé le Monde, eût créé, au lieu de
ce Monde-ci, un corps sphérique absolument continu. Tout
corps étant en un lieu, ce corps sphérique, lui aussi, eût été
en un lieu ; il n'eût pas, d'ailleurs, été en un lieu par ses parties ;
aucune partie, en effet, n'eût été en un lieu, puisque le lieu est
un corps contenant divisé [au corps contenu] et que ce corps est
absolument continu. Il reste donc que ce corps se fût trouvé
dans le vide. Ainsi, ceux qui admettent la génération du Monde
sont tenus de supposer l'existence du vide.

» Disons, à ce propos, que les théologiens des diverses reli-

1. BURLEUS *super octo libros physicorum.* Colophon : Et in hoc finitur expositio excellentissimi philosophi Gualterij de burley anglici in libros octo de physico
auditu Aristo. stragerite *(sic)* emendata diligentissime. Impressa arte et diligentia Boneti locatelli bergomensis. sumptibus vero et expensis Nobilis viri Octaviani scoti modoetiensis. Et humato Jesu eiusque genitrici virgini Marie sint
gratie infinite. Uenetijs. Anno salutis nonagesimo primo supra millesimum et
quadringentesimum. Quarto nonas decembris. Lib. IV, tract. I, cap. I ; fol. précédant immédiatement le fol. sign. l, col. c.

gions [1] affirment que Dieu pourrait créer un semblable corps sphérique absolument continu, qui remplirait tout l'espace occupé par ce Monde-ci. Cela admis, ceux qui parlent au point de vue de la Physique *(loquentes physice)* sont tenus de dire que ce corps ne serait pas en un lieu, car il n'y pourrait être ni par ses parties, ni par la portion ultime du corps contenant, car il n'y a rien hors de lui, rien qui le contienne. Ils en concluraient qu'il n'est pas de la nature *(ratio)* du corps d'être nécessairement en un lieu. » Cette conclusion est, en effet, celle qu'avait formulée Duns Scot [2].

Burley poursuit : « Mais on dira que Dieu pourrait mouvoir ce corps de mouvement local, soit qu'il lui donne un mouvement de rotation, soit qu'il lui impose un mouvement de translation qui transporte ce mobile à telle région de l'espace ; or, tout mouvement local requiert un lieu ; une fois donc admise l'existence de ce corps isolé, il faut lui accorder un lieu, et on ne peut lui accorder d'autre lieu qu'un lieu précédemment vide ; nous avons supposé, en effet, que Dieu avait créé ce corps, et rien d'autre ; il n'avait donc pas créé de lieu pour ce corps ; ce lieu donc a préexisté privé de tout corps.

» A cela, voici ce qu'il faut répondre : Si l'on admet qu'il existe un tel corps continu, et rien au dehors de ce corps continu, Dieu ne pourrait mouvoir ce corps d'un mouvement de translation à moins de créer un lieu nouveau auquel il le transporterait. Il ne pourrait pas non plus le mouvoir d'un mouvement de rotation ; ou bien, s'il le mouvait d'un mouvement de rotation, ce ne serait pas un mouvement local, mais, plutôt, un mouvement de situation *(motus situalis)*.

» Il me semble toutefois difficile d'éviter que les théologiens de notre religion et tous ceux qui croient à la création du Monde ne soient tenus d'admettre que le vide existe hors du Monde. Ils admettent, en effet, que Dieu, qui a créé ce Monde, en peut tout aussi bien créer un autre. Supposons donc que Dieu crée un second monde. Je pose alors la question suivante : Entre les surfaces convexes qui bornent ces deux mondes, y a-t-il ou n'y a-t-il pas une certaine distance ? S'il y a quelque chose entre ces surfaces, c'est le vide, car c'est un espace divisible qui ne renferme pas de corps, bien qu'il soit susceptible de recevoir un corps. Si, au contraire, il n'y a aucun intermédiaire

---

1. *Loquentes cujuslibet legis.* Le mot *loquentes*, traduction de *motekallemîn*, désigne, dans les versions latines d'Averroès, les théologiens.
2. JOANNIS DUNS SCOTI *Quodlibeta*, quæst. XI, quamtum ad primum.

entre ces surfaces sphériques, c'est donc qu'elles se touchent soit en un seul point, soit tout le long d'une étendue divisible. Elles ne sauraient se toucher seulement en un point ; alors, en effet, entre un point de la première sphère et un point de la seconde, il y aurait quelque chose de divisible qui ne pourrait être que le vide ; d'où la conclusion. Dira-t-on qu'elles se touchent tout le long d'une aire divisible ? Cela ne saurait être ; un corps sphérique ne saurait toucher un autre corps sphérique tout le long d'une aire divisible ; si une surface touche une surface convexe tout le long d'une aire divisible, c'est que cette première surface est concave dans la région où le contact a lieu ; or il est impossible que la surface sphérique qui termine un monde soit concave. On voit donc que les théologiens de notre religion sont tenus d'admettre le vide. Nous avons traité plus longuement de cette question au premier livre *Du ciel* [1]. »

Contraint, par sa foi, d'admettre la possibilité du vide, Burley examine [2] comment ce vide pourrait être.

On peut, dit-il, entendre par vide « un espace apte à recevoir un corps naturel et, cependant, privé de la présence d'un tel corps naturel. Mais cela se peut entendre de deux manières. En un premier sens, il n'y a, en cet espace, ni corps naturel ni dimensions séparées. En un second sens, il y a, en cet espace, des dimensions séparées.

» Le premier sens implique contradiction ; supposer quelque chose qui est capable de recevoir un corps mais qui n'a aucun volume, c'est admettre un volume sans volume, car il n'y a qu'un volume qui soit apte à recevoir un volume.

» Le second sens, celui qui regarde le vide comme un certain volume ayant longueur et largeur et profondeur mais séparé de tout volume sensible, ce sens-là est moins impossible. Selon les théologiens, en effet, cela est possible à Dieu ; de même qu'au sacrement de l'autel, il reste un volume sans qu'aucune substance corporelle en soit le support, de même, Dieu pourrait faire qu'un volume existât sans aucune qualité. Un semblable

---

1. On voit que Walter Burley avait composé des commentaires sur le *De Cœlo et Mundo*. Nous n'avons pu trouver aucun indice de l'existence actuelle sous forme imprimée, de ces commentaires. Mais ils sont conservés, sous forme manuscrite, ainsi que les commentaires sur les *Météores* du même auteur, à la Bibliothèque de l'Université d'Oxford. Cf. Houzeau et Lancaster, *Bibliographie générale de l'Astronomie*, t. I, nᵒˢ 1741 et 1742.

2. Burlei *Op. laud.*, lib. IV, tract. II, cap. IV ; éd. cit., fol. qui précède immédiatement le fol. sign. o, col. c.

volume séparé et capable de recevoir un corps, c'est ce que quelques anciens ont appelé vide. »

C'est aussi en ce sens que Jean Buridan va concevoir la possibilité du vide.

K. *Jean Buridan*

Walter Burley n'a point dissimulé la gravité du conflit soulevé, au sujet du vide, entre l'enseignement des théologiens catholiques et l'enseignement de la Physique péripatéticienne ; il a laissé deviner que ce conflit n'était pas sans inquiéter sa raison. Jean Buridan va, non moins nettement que Burley, définir les termes du débat et, plus clairement que le maître Anglais, nous avouer son embarras.

En une première question de sa *Physique* [1], Buridan traite du vide selon les principes naturels, c'est-à-dire selon les doctrines du Péripatétisme.

Il distingue deux manières d'entendre le mot vide.

D'une première manière, le vide « est un espace distinct des grandeurs des corps naturels, qui n'a pas à céder la place pour recevoir les corps naturels ; de cet espace, chaque corps naturel occupe une partie qui lui est égale. » Ce vide est alors le lieu de tous les corps. « On voit que ce vide-là est un volume *(dimensio corporea)* égal en longueur, largeur et profondeur au corps naturel qui le remplirait si on le posait en ce vide. »

D'une seconde manière, le vide est défini comme un lieu sans corps, et le lieu lui-même est entendu au sens aristotélicien : « La surface du corps qui contient le corps logé. Alors, si le vide existait, il le faudrait imaginer de la manière suivante : D'un lieu plein, on enlève le corps qu'il contient ou bien on anéantit ce corps, tandis que le lieu garde sa figure, que les parois du lieu ne se rapprochent pas l'une de l'autres. Imaginons, par exemple, que ce monde sublunaire soit totalement anéanti, tandis que le ciel garderait la grandeur et la figure qu'il a maintenant ; la surface concave de l'orbe de la Lune qui est, à présent, un lieu rempli par le monde inférieur, serait alors un lieu vide, car aucun corps n'y serait plus contenu ; qui plus est, il ne contiendrait plus aucun espace, aucun volume *(dimensio)* ; il ne contiendrait plus rien du tout. »

---

1. Johannis buridani *Subtilisime questiones super octo physicorum libros.* Lib. IV, quæst. VII : Utrum possibile est vacuum esse. Fol. lxxii, col. d, et fol. lxxiii.

Qu'on l'entende d'une manière ou qu'on l'entende de l'autre, le mot vide désigne quelque chose qu'aucune puissance naturelle ne saurait réaliser. Mais ce que ne peuvent faire les puissances de la nature est-il également interdit à la toute-puissance de Dieu ? C'est ce que Jean Buridan va examiner dans une seconde question [1]. Voici ce qu'il déclare à ce sujet :

« Quelques-uns de mes Seigneurs et Maîtres en Théologie m'ont fait des reproches de ce que, parfois, à mes questions de Physique, j'entremêle quelques considérations théologiques, alors qu'il n'appartient point aux artistes de le faire. Je leur réponds avec humilité que je voudrais bien n'être pas astreint à agir de la sorte. Mais tous les maîtres, lorsqu'ils débutent dans les arts, jurent qu'ils ne discuteront d'une manière déterminée aucune question purement théologique, l'incarnation par exemple ; ils jurent, en outre, que s'il leur arrive de discuter ou de trancher quelque question qui touche à la foi et à la théologie [2], ils la trancheront conformément à la foi et résoudront les objections comme elles leur paraissent devoir être résolues. Or, s'il est des questions qui touchent à la foi et à la Théologie, c'en est une, assurément, que celle-ci : Le vide peut-il exister ? Si donc je la veux discuter, il me faut, à moins d'être parjure, dire ce qui me semble devoir être affirmé selon la Théologie, et éviter comme il me semblera possible de le faire les raisons qui concluent en sens contraire. Or, ces raisons, je ne pourrais les résoudre si je ne les exposais. Je suis donc forcé de le faire.

» Je dis donc que nous pouvons concevoir le vide de deux manières différentes, comme on l'a expliqué en la question précédente ; des deux manières, il est possible, par la puissance divine, que le vide soit. Cela est pour moi objet de foi et non de preuve fondée sur une raison naturelle. Je n'entends donc aucunement le prouver, mais seulement dire de quelle manière cela me semble possible.

» A l'égard de la première manière de concevoir le vide, j'admets que Dieu peut faire un accident sans sujet, qu'il peut séparer les accidents des sujets qui les portent et les conserver après les avoir séparés ; il peut donc créer un simple volume *(dimensio)* sans qu'aucune substance coexiste à ce volume...

» A l'égard de la seconde manière de concevoir le vide, je crois que Dieu pourrait anéantir ce monde inférieur et conser-

---

1. JOHANNIS BURIDANI *Op. laud.*, lib. IV, quæst. VIII ; fol. lxxiii, col. d, et fol. lxxiiii, col. a et b.
2. Le texte dit, par erreur : philosophie.

ver au ciel des grandeurs égales et des figures semblables à celles qu'il possède maintenant ; alors, la cavité de l'orbe de la Lune serait vide. »

L. *Albert de Saxe et Marsile d'Inghen*

En cette question de la possibilité du vide, Albert de Saxe et Marsile d'Inghen sont les fidèles échos de l'enseignement de Buridan.

Albert [1] n'admet pas que le vide puisse exister de la première manière : « Un volume *(dimensio)* séparé ne doit pas être admis, car on ne doit pas admettre qu'un accident puisse exister séparé de son sujet. » Notre auteur sous-entend, sans doute, la condition : Par voie naturelle, car les considérations suggérées par la transsubstantiation eucharistique avaient conduit les théologiens à admettre que Dieu peut séparer un accident de tout sujet ; Guillaume d'Ockam, par exemple, enseignait formellement cette proposition [2].

« De la seconde manière, le vide peut exister par pouvoir surnaturel, car Dieu pourrait anéantir tout ce qui existe entre les parois du ciel, cela fait, le ciel serait vide. » En ce cas, les parois qui enserrent ce vide seraient-elles distantes ou indistantes ? « Les parois du ciel ne seraient pas conjointes ; le ciel serait, comme à présent, un globe sphérique ; ses parois ne se toucheraient pas d'une manière immédiate ; cependant, entre elles, il ne demeurerait aucune distance...

Ainsi, d'une manière surnaturelle, il peut arriver que certains corps ne soient pas distants, et qu'ils ne soient pas non plus voisins et contigus. » Nous percevons ici un reflet de l'enseignement de Duns Scot.

En ses *Questions sur la Physique*, Marsile d'Inghen ne discute pas de la possibilité du vide ; il se contente d'examiner si un grave se mouvrait, dans le vide, d'un mouvement successif. Il aborde, au contraire, le problème de l'existence du vide en ses *Abbreviationes libri Physicorum*. Cet ouvrage est ici, comme d'ailleurs en presque toutes ses parties, un simple résumé des *Questions sur la Physique* de Jean Buridan.

---

1. ALBERTI DE SAXONIA *Quæstiones in libros physicorum* ; lib. IV, quæst. VIII.
2. *Tractatus quamgloriosus de sacramento altaris* VENERABILIS INCEPTORIS GUILHELMI OCKAM *Anglici*, Cap. XII.

« Le vide, dit Marsile [1] peut exister des deux manières, j'entends le vide par puissance surnaturelle.

» Cela est évident en ce qui concerne la première manière ; il est possible, en effet, que Dieu conserve un volume *(dimensio)* séparé sans aucun corps ; il peut faire que ce volume, sans aucune cession de place, reçoive un corps ; ce serait là le vide entendu de la première manière.

» De même, il serait possible à Dieu d'anéantir tout ce qui se trouve au-dessous de la surface concave de l'air, tandis que cette surface demeurerait en même situation et disposition que maintenant ; on aurait alors le vide au second sens du mot, car on aurait un lieu qu'aucun corps ne remplirait.

» Il est évident [que Dieu peut faire l'un et l'autre], car ni l'un ni l'autre n'implique contradiction. »

M. *Nicole Oresme*

Ni Jean Buridan ni ses disciples, Albert de Saxe et Marsile d'Inghen, n'ont refusé à Dieu le pouvoir de produire le vide ; mais des considérations présentées par Robert Holkot et par Walter Burley, mais de l'existence actuelle du vide hors du Monde, que ces considérations prétendaient démontrer, ils n'ont soufflé mot. Cette existence actuelle et présente d'un espace vide hors des bornes de l'Univers, nous allons l'entendre affirmer de la manière la plus formelle par un illustre contemporain d'Albert de Saxe et de Marsile d'Inghen, par le grand adversaire d'Aristote, par Nicole Oresme.

C'est le problème de la pluralité des mondes qui conduit Oresme à s'expliquer à cet égard.

Oresme vient d'affirmer [2] que « selon vérité, Dieu pourroit créer de nient nouvelle matière et faire un autre monde ; mes ce ne octroroit pas Aristote. »

Après avoir rappelé diverses objections d'Aristote contre la pluralité des mondes, il poursuit en ces termes :

« Il fait une autre raison ou XXIIIIe chapitre que, hors ce monde, n'est lieu ne plain ne vuit ne temps ; mes il prouve par ce que, hors cest monde, ne puet estre corps, si comme il a

---

1. *Subtiles doctrinaque plene abbreviationes libri phisicorum edite a prestantissimo philosopho* MARSILIO INGUEN *doctore parisiensi.* Fol. sign. e 2, col. d.
2. NICOLE ORESME. *Traictie du Ciel et du Monde.* Bibliothèque nationale, fonds français, ms. n° 1083. fol. 21, col. c et d, et fol. 22, col. a.

monstré par les raisons dessus mises ausquelles je ay respondu ;
et doncques ne convient autrement respondre à ceste.

» Mes ceste raison pourroit estre confermée ou formée autrement ; car se II mondes estoient un hors de l'autre, il conviendroit que, entre les II, eust vuit, pour ce que il seroient de
figure spérique ; et c'est impossible que rien soit vuit, si comme
Aristote prove ou quart de *phisique*.

» Je respon. Et me semble premièrement que entendement
humain aussi comme naturellement se consent que, hors le
ciel, le monde, qui n'est pas infini, est aucune espace, quelle
qu'elle soit ; et ne puet bonnement consevoir le contraire, et
semble que ainsi soit par raison.

» Premièrement, car si le derrenier ciel estoit ; par dehors, de
figure autre que de spérique, et que il eust aucune superémi-
nence dehors, en manière de angle ou boce, et il fust meu, si
comme il est, circulairement, il conviendroit que celle bosse
passast par une espace, qui seroit vuide quant celle boce en
seroit hors. Et pour ce que le ciel ne soit pas de telle figure, et
que nature ne le pourroit faire, toutevoies est-ce chose ymagi-
nable sans contradiction et que Dieu porroit faire.

» Item, posé que l'espère des élémens ou touz les corps cor-
ruptibles qui sont dedens la concavité du ciel ou de l'espère de
la Lune fussent adnichilés, et que le ciel demourast tel comme
il est, il conviendroit pas nécessité que, en ceste concavité, eust
une distance et une espace vuide. Et telle chose est ymagi-
nable et simplement possible ; ja soit ce que ce ne pourroit
estre fait par vertu purement naturele, si comme il appert par
les raisons d'Aristote ou quart de *phisique*, lesquelles ne concludent pas que ce soit impossible autrement, si comme il puet
apparoir legièrement par ce que dit est.

» Et doncques hors le ciel est une espace vuide incorporèle,
d'autre manière que n'est quelconque espace plaine et cor-
porèle ; tout aussi comme la duracion appelée éternité est
d'autre manière que n'est duracion temporèle, meisme qui
seroit perpétuèle, si comme il appert par ce que est dit devant
en cest chapitre.

» Item, ceste espace dessus dicte est infinie et indivisible,
et est l'imensité de Dieu, et est Dieu meisme ; aussi comme la
duracion de Dieu appelée éternité est infinie et indivisible,
et est Dieu meisme, si comme il est dit devant en cest chapitre.

» Item, en cest chapitre est dit devant que nostre pensée ne
puet estre sans transmutacion ; nous ne povons comprendre

ne proprement entendre que est éternité ; et nientmoins raison naturèle nous enseigne qu'elle est.

» Semblablement, pour ce que la cognoissance de nostre entendement despent de noz sens qui sont corporelz, nous ne povons comprendre ne proprement entendre quelle est ceste espace incorporèle qui est hors le ciel, et toutevoies raison et vérité nous fait cognoistre que elle est. Et de ce puet estre entendue l'Escripture qui dit de Dieu (*Job*, XXVIe) : *Qui extendit aquilam super vacuum.*

» Je conclu doncques que Dieu puet et pourroit faire par sa toute-puissance un autre monde que cestui, ou plusieurs semblables ou dissemblables, et Aristote ne prouva oncques, ne autre, souffisamment le contraire. Mais oncques de fait ne fu, et ja ne sera, fors un seul monde corporel, si comme il est dit devant. »

Admettre qu'il y a, hors des bornes de ce Monde, un espace vide infini, c'est reprendre, contre le Péripatétisme, l'enseignement du Stoïcisme. Mais admettre que cet espace vide n'est autre que l'immensité de Dieu, c'est proposer la doctrine même que Newton concevra de nouveau, que Clarke soutiendra contre Leibniz.

N. *Graziadei d'Ascoli*

Qu'il ne faille pas refuser à Dieu le pouvoir de créer un espace vide, les décrets portés par Etienne Tempier et ses conseillers avaient été les premiers à le proclamer, au moins indirectement ; ces décrets avaient, pour ainsi dire, forcé l'Université de Paris et les écoles soumises à son influence d'adopter cette proposition ; mais on la vit bientôt reçue même dans les universités où les condamnations de Paris n'avaient point autorité ; ainsi la pouvons-nous entendre à Padoue, où elle est professée par le dominicain Graziadei d'Ascoli.

« La Cause première, dit Graziadei [1], peut, par sa force, introduire un espace vide dans le Monde. » La Cause première, en effet, n'agit pas d'une manière nécessaire, mais par une volonté entièrement libre. « Elle pourrait donc ôter absolument l'existence à tout ce qui se trouve dans la sphère des choses passives, sans l'ôter aux choses qui sont dans la sphère des orbes célestes ;

---

1. *Preclarissime questiones litterales edite a fratre* GRATIADEO ESCULANO *sacri ordinis predicatorum super libros Aristo de physico auditu...* ; lib. IV, lect. XII, quæst. III ; éd. Venetiis, 1503, fol. 50, col. b.

en effet, ce n'est pas par nécessité, c'est par volonté libre qu'elle donne l'existence à ce à quoi elle la veut donner. »

Graziadei sait quelles objections on a coutume de dresser contre cette ⸰ proposition [1]. Les uns, avec le Commentateur, disent : Si le vide existait, il y aurait une grandeur qu'aucun corps ne porterait, c'est-à-dire un accident sans substance. D'autres écrivent : Les trois dimensions relèvent de la considération du mathématicien ; on verrait donc exister des êtres mathématiques séparés de toute propriété physique. Pour éviter ces objections, d'autres soutiennent cette opinion : « Si le vide existait, non seulement il n'en résulterait aucune dimension séparée, mais encore il n'existerait plus dè distancé entre les extrémités de l'espace vide ; si les corps compris entre le ciel et la terre se trouvaient supprimés, toute distance entre le ciel et la terre disparaîtrait par là même, en sorte que le ciel se trouverait conjoint à la terre. »

« Comme tout cela paraît frivole, répond Graziadei ! Le vide ne pose pas des dimensions réelles, mais seulement des dimensions conçues *(imaginatæ)* ; s'il existait donc, il n'y aurait pas d'accident réel sans substance, ni de réalité mathématique sans matière sensible ; cet être mathématique serait seulement conçu.

» Mais la distance entre les extrémités de l'espace vide ne serait pas pour cela supprimée ; car, si elle l'était, le vide ne poserait plus aucune dimension, aucune étendue ni réelle ni conçue, ce qui est faux ; dans un point, en effet, il ne peut y avoir dimension ni étendue, soit réelle soit simplement conçue. Le vide, au contraire, pose trois dimensions conçues, attendu que le corps que peut recevoir cet espace possède réellement trois dimensions. »

La pensée de Graziadei est évidemment très voisine de celle qu'avait exposée Richard de Middleton.

V

DIGRESSION : QU'EST-CE QUE LA PESANTEUR D'UN GRAVE ?

L'exemple de saint Thomas d'Aquin nous a montré comment cette proposition : Dans le vide, un grave tomberait avec une

---

1. GRATIADEI *Op. laud.*, lib. IV, lect. XII, quæst. IV ; éd. cit., fol. 50, col. c.

vitesse finie, devait amener les Scolastiques à concevoir une notion absolument étrangère à la Physique péripatéticienne, la notion de masse. On ne pouvait, d'ailleurs, préciser ce que c'est que la masse d'un grave, si l'on ne précisait ce qu'est la force qui fait tomber le corps ; les deux notions de poids et de masse ne peuvent se définir qu'en se distinguant l'une de l'autre.

Qu'est-ce donc que le poids d'un corps ? C'était, pour les Péripatéticiens, une difficile question.

Avant de formuler les règles de sa Dynamique, Aristote ouvre le Septième livre de sa *Physique* par cette déclaration [1] :

« Tout ce qui est en mouvement est nécessairement mû par quelque chose ; si donc il ne possède pas en lui-même le principe du mouvement, il est évidemment mû par un autre. Ἅπαν τὸ κινούμενον ἀνάγκη ὑπό τινος κινεῖσθαι. Εἰ μὴ οὖν ἐν ἑαυτῷ μὴ ἔχει τὴν ἀρχὴν τῆς κινήσεως, φανερὸν ὅτι ὑφ' ἑτέρου κινεῖται. »

Cette déclaration semble un simple truisme ; on n'y devinerait pas, tout d'abord, l'un des principes les plus essentiels du Péripatétisme et l'un des plus féconds en inadmissibles conséquences. C'est que, pour le pleinement entendre, il faut savoir ce que, pour Aristote, requiert cette condition : Le mobile possède en lui-même le principe de son mouvement. Or, cette condition suppose que le mobile est un être vivant, qu'il a une âme, « car [2] cela d'où provient, en premier lieu, le mouvement local, c'est l'âme, Ἀλλὰ μὴν καὶ ὅθεν πρῶτον ἡ κατὰ τόπον κίνησις, ψυχή. »

Toutes les fois donc qu'un mobile ne sera pas un être animé, on devra chercher hors de lui le moteur qui l'a mis et qui le maintient en mouvement.

Nous disons qui l'a mis, et qui le maintient en mouvement ; Aristote, en effet, ne concevait pas que l'action du moteur dût être bornée au début du mouvement et qu'un corps, une fois lancé, pût continuer à se mouvoir sans force motrice ; il faut, tant que le mouvement dure, que cette force continue de s'exercer, que le mobile soit mû ; c'est ce qu'exprime très précisément cette proposition : Ἅπαν τὸ κινούμενον ἀνάγκη ὑπό τινος κινεῖσθαι.

Donc, tant que se poursuit le mouvement d'un être inanimé, nous devons trouver hors de lui le moteur qui le conduit. Voilà le sens complet de la proposition qui nous semblait, tout

---

1. Aristote, *Physique*, livre VII, ch. I.
2. Aristote, *Traité de l'âme*, livre II, ch. IV.

d'abord, pure tautologie et que les Scolastiques ont exactement comprise lorsqu'ils l'ont traduite ainsi : *Quidquid movetur ab alio movetur.*

En nombre de mouvements violents, Aristote n'a aucune peine à découvrir le moteur qui, à l'encontre de la nature, déplace le mobile ; il le reconnaît, sans moteur, dans le manœuvre qui, à l'aide d'un levier, soulève une pierre ; il le reconnaît dans le gros poids qui, jeté dans le plateau d'un balance, soulève le poids moindre contenu dans l'autre plateau. Ne sont-ce pas, d'ailleurs, ces mouvements-là qui lui ont suggéré son principe ?

En d'autres mouvements violents, ceux des projectiles, le moteur qui, sans cesse, conduit le mobile, ne lui apparaît pas ; nous verrons, au prochain chapitre, quels efforts il a fait pour le découvrir, et quel fut l'étrange résultat de ces efforts.

Pour le moment, nous l'allons voir aux prises avec une autre difficulté [1] : Tous les corps se meuvent naturellement vers leurs lieux propres, les corps légers vers le haut, les graves vers le bas. « Mais qu'ils soient mûs de la sorte par quelque chose [autre qu'eux-mêmes], cela n'est pas manifeste, comme il arrive lorsqu'ils sont mûs contre nature. D'autre part, qu'ils se meuvent eux-mêmes, cela est évidemment impossible ; cela est vital, en effet, et propre aux êtres animés. Τὸ τε γὰς αὐτὰ ὑφ' αὐτῶν φάναι ἀ δύνατον · ζωτικόν τε γὰς τοῦτο καὶ τῶν ἐμψύχων ἴδιον. » Voici donc Aristote contraint, par ses principes, de chercher, hors du grave qui tombe, le moteur qui détermine cette chute.

Il se gardera bien, en effet, de vouloir que ce moteur soit intrinsèque au grave, qu'il soit, par exemple, la forme substantielle de ce grave. En s'unissant à la matière première pour former un corps une masse de terre, par exemple, la forme substantielle a contribué à constituer le grave, c'est-à-dire le mobile, et non pas le moteur ; le composé de la matière première et de cette forme substantielle est simplement en puissance là où le moteur cherché doit être en acte ; Aristote nous l'explique [2] par des considérations où nous reconnaissons une des théories qui lui sont chères [3], celles des matières multiples et de plus en plus déterminées que nous pouvons discerner en une même chose.

En une masse de terre, il y a matière première ; qu'est-ce à

----

1. Aristote, *Physique*, livre VIII, ch. IV.
2. Aristote, *Physique*, livre VIII, ch. IV.
3. Voir Première partie, tome I, ch. IV, § V, p. 159 ; et § XII, p, 205.

dire ? Cela signifie que cette eau peut se changer en eau, en air, en feu ; qu'elle est eau, air, feu en puissance. Dire que cette matière première est unie à la forme substantielle de la terre, c'est dire qu'elle n'est, d'une manière actuelle, ni eau ni air, ni feu, qu'elle est une masse de terre. Voilà donc cette matière première douée d'une première actualité, celle qui en fait de la terre.

Mais supposons-là maintenant invariablement liée à cette actualité, à cette forme substantielle ; imaginons, en d'autres termes, qu'elle n'ait plus possibilité de se transformer en eau, en air ou en feu. En résulte-t-il qu'elle ne soit plus en puissance d'aucun changement ? Non pas. Elle peut se rapprocher du centre du Monde, où sa forme substantielle, puisqu'elle est grave, atteindrait sa perfection. En acte, donc, lorsqu'on la considère par rapport aux changements substantiels, chimiques, dirions-nous dont elle est susceptible, cette masse de terre est en puissance, lorsqu'on la considère comme corps grave, c'est-à-dire lorsqu'on compare le lieu qu'elle occupe au lieu qui lui est naturel, le degré présent de perfection de sa forme à la perfection la plus haute que cette forme puisse atteindre. Considérée donc en tant que corps grave, toute masse de terre qui n'est pas au centre de la terre est une chose en puissance de ce lieu central ; si un moteur en acte l'y porte, il lui communiquera un mouvement naturel ; mais ce mouvement, elle ne peut se le donner à elle-même, parce qu'à l'égard du changement de lieu qu'il s'agit de produire, elle est en puissance et non pas en acte.

Tout cela est parfaitement conforme aux principes premiers du Péripatétisme ; mais la question n'en devient que plus pressante : Où donc est cette chose en acte, extérieure à la masse de terre, qui la meut dans sa chute, qui mérite vraiment le nom de gravité ou de légèreté, par opposition au corps grave ou léger, qui est le mobile ? « Car [1] c'est la gravité ou la légèreté qui meut vers le bas ou vers le haut, tandis que le mobile, c'est ce qui est, en puissance, grave ou léger. Εἰς τὸ κάτω καὶ τὸ ἄνω κινητικὸν μὲν τὸ βαρυντικὸν καὶ τὸ κουφιστικόν, κινητὸν δὲ τὸ δυνάτι βαρὺ καὶ κοῦφον. »

A cette question, Aristote ne peut donner qu'une bien insuffisante réponse.

---

1. ARISTOTE, *Traité du Ciel*, livre IV, ch. III.

A la chute d'un grave, il assigne deux moteurs [1].

Le premier est seulement un moteur accidentel ; c'est la cause par laquelle fut jeté bas l'obstacle, le support, qui retenait le grave et l'empêchait de tomber (τὸ τὰ ἐμποδίξοντα καὶ κωλύοντα λῦσαν, *removens prohibens*).

Le second, qui est le véritable moteur, c'est l'agent qui a engendré la masse de terre que nous considérons et qui, en l'engendrant, lui a conféré la forme substantielle d'un corps grave (τὸ γεννῆσαν καὶ ποιῆσαν κοῦφον ἢ βαρύ).

Solution bien insuffisante du problème posé. A la chute d'un poids, le Philophe a prétendu assigner un moteur qui, non seulement, fût extérieur au poids, mais qui, en outre, fût sans cesse en action au cours de la chute. Assurément, s'il a satisfait à la première condition, il n'a point satisfait à la seconde. La cause qui supprime l'obstacle agit uniquement, nul n'en doute, à l'instant initial de la chute. Mais l'agent qui a produit le corps grave est-il en acte au cours de cette chute ? Pas le moins du monde ; il pourrait avoir cessé d'être depuis longtemps que le mouvement n'en aurait pas moins lieu.

Ce n'est donc pas une solution qu'Aristote a laissée à ses successeurs, mais un sujet de doute et de débats. Quelles réponses indécises et variables la question a reçue d'un Averroès, nous en avons déjà une idée ; tantôt nous l'avons entendu déclarer qu'en un grave qui tombe, la forme était le moteur et la matière le mobile ; tantôt que la forme, unie à la matière pour constituer le mobile, jouait, sous un autre rapport, le rôle de moteur ; il a émis d'autres suppositions plus étranges que nous retrouverons lorsque nous étudierons l'accélération de la chute des graves [2]. Bornons-nous, pour le moment, à examiner les opinions qui ont préparé celle de Duns Scot.

Déterminer la cause de la chute des graves est un objet qui a grandement sollicité les efforts de Bacon, alors qu'il était simple maître ès-arts à l'Université de Paris. Le manuscrit conservé à la Bibliothèque municipale d'Amiens nous présente deux séries de questions sur la *Physique* d'Aristote ; dans la seconde série seule le VIIIᵉ livre est commenté ; c'est dans ce commentaire qu'on rencontre une suite de questions consacrées au problème qui nous occupe [3]. Voici les titres de ces questions ; nous y avons ajouté un numérotage qui facilitera les références.

---

1. ARISTOTE, *Physique*, livre VIII, ch. IV. *Traité du ciel*, livre IV, ch. III.
2. Voir : Cinquième partie, ch. XI, § I.
3. Bibliothèque municipale d'Amiens, ms. n° 406, fol. 70, col. a, à fol. 71, col. d.

I. — Dubitatur *utrum animalia moveantur ex se.*

II. — Dubitatur *postea de motu gravis deorsum utrum sit naturalis vel violentus.*

III. — *Consequenter* quæritur *utrum grave de se moveatur deorsum.*

IV. — Quæritur *quid est illud quod movetur, utrum materia gravis vel ipsum grave debeat dici moveri.*

V. — *Adhuc* dubitatur *circa motum gravis, et primo utrum forma gravis moveat materiam gravis vel totum grave.*

VI. — Dubitatur *postea utrum grave vel leve moveatur a forma materiali vel immateriali.*

VII. — *Supposito quod gravia et levia moveantur a forma immateriali,* quæritur *utrum a materiali aliquo modo possint moveri.*

VIII. — *Consequenter* quæritur *utrum gravia et levia moveantur a generantibus ipsa.*

IX. — Quæritur *utrum moveantur a solvente prohibens.*

X. — Quæritur *tunc utrum virtus loci moveat grave vel leve.*

Le mouvement des animaux, auquel est consacré la première question [1], fournit à Bacon l'occasion de poser les principes qui vont diriger toute sa discussion ; ces principes sont essentiellement péripatéticiens.

« Tout ce qui se meut de soi-même est divisible en deux principes dont l'un est la chose mue et dont l'autre est le moteur. » Mais la division en matière et forme ne peut être assimilée à la division en chose mue et moteur, si la forme est simplement l'actualité de la matière. Pour qu'une forme puisse jouer le rôle de moteur, il faut qu'elle soit « quelque chose en sus de l'actualité d'une matière, *aliquid præter hoc quod est actus materiæ* » Ainsi l'âme sensitive d'un animal peut mouvoir cet animal, parce que, tout en étant la forme du mobile, du corps de l'animal, elle n'est pas simplement l'acte de ce corps.

« Ce qui est mû peut être divisible en deux principes dont l'un est simplement l'acte de la matière, et n'est rien d'autre que

1. Quæst. I ; ms. cit., fol. 70, col. a.

l'acte commun à ce moteur et à ce mobile ; cette divisibilité se rencontre en tout composé ; là, en effet, il y a une matière et une forme qui, par essence diffèrent l'une de l'autre ; mais la distinction de deux tels principes ne suffit pas pour que le composé se meuve de lui-même. Pour qu'un être, puisse, à proprement parler, se mouvoir de lui-même, il suffit qu'il se puisse diviser en deux principes, essentiellement distincts, dont l'un ne soit pas simplement l'acte de la matière, mais soit quelque chose en sus. Si un être, au contraire, ne se peut diviser en deux tels principes, il ne se peut mouvoir de lui-même. »

Fort de ce principe, notre maître ès-arts aborde le problème de la nature de la pesanteur.

Il commence par se demander si la chute d'un grave doit être considérée comme un mouvement naturel ou comme un mouvement violent. C'est, pour lui, l'occasion d'émettre les curieuses réflexions que voici [1] :

« Lorsqu'un grave tombe, ses divers points se meuvent suivant des lignes parallèles, car les diverses parties de ce grave demeurent, dans le tout, équidistantes les unes des autres. Mais des lignes parallèles ne concourent pas même si on les prolonge à l'infini. Puis donc que le centre est un indivisible et que ces lignes parallèles ne peuvent concourir en ce centre indivisible, il faut, en général, qu'elles s'écartent du centre d'une certaine façon. Mais dans cet éloignement du centre, il y a une certaine violence. On voit donc que, dans la chute d'un grave, il y a de la violence.

» A ce sujet, il faut dire que la chute du grave peut être considérée à deux points de vue.

» On peut la considérer au point de vue du grave tout entier ; de cette manière, elle est naturelle.

» On peut aussi la considérer au point de vue des diverses parties du grave ; de cette manière, elle est violente, car les parties ne se dirigent pas en droite ligne vers le centre, mais s'en écartent parce qu'il leur faut garder, au sein du grave, des distances constantes.

» En tant donc que les diverses parties tendent au centre, leur mouvement est naturel ; mais comme elles ne peuvent toutes concourir au centre et qu'il leur faut s'écarter du centre, leur mouvement, en ce qui concerne cet écart, est violent.

» On voit clairement par là la solution de la précédente objec-

____

1. Quæst. II ; ms. cit., fol. 70, col. a et b.

tion ; elle conclut, en effet, qu'il y a là une certaine violence, et cela est vrai en ce que les parties du grave s'écartent du centre d'une certaine manière ; toutefois, comme ces parties tendent au centre, le mouvement de ces parties n'est pas tout à fait violent. »

De cette violence à laquelle sont soumises les diverses parties d'un grave qui tombe résultent, au gré de notre auteur [1], une production de chaleur et, partant, une dilatation du mobile.

Bacon attachait assurément grand prix à cette remarque, car il l'a reproduite plus tard dans l'*Opus majus* [2]. Nous verrons par la suite qu'elle a attiré l'attention d'Albert de Saxe et d'autres Scolastiques parisiens.

Or de cette théorie qu'il développe aussi amoureusement que si elle était sienne, il ne semble pas que Bacon soit l'auteur, car nous le trouvons, très clairement exposée, dans un des opuscules de Robert Grosse-Teste [3].

« De la chaleur, dit l'Évêque de Lincoln, s'engendre dans le corps qui tombe naturellement. Chacune des parties de ce corps, en effet, est soumise à deux forces qui le meuvent d'une manière actuelle, une force naturelle et une force violente.

» Qu'il y ait là une force naturelle, c'est évident ; mais qu'il y ait aussi une force violente, je le prouve. Toute chose pesante qui ne tombe pas directement vers le centre est mue d'une manière violente ; mais les diverses parties du grave ne se meuvent pas directement vers le centre ; donc les diverses parties du corps pesant sont mues violemment. Je prouve la mineure : Les diverses parties du grave demeurent toujours, dans le tout, à des distances constantes les unes des autres ; lors donc qu'elles sont mues par la chute du corps entier, elles sont mues suivant des lignes parallèles ; mais des lignes parallèles ne sauraient concourir lors même qu'on les prolongerait de part et d'autre à l'infini ; les diverses parties d'un grave mû de mouvement naturel tombent donc suivant des lignes non concourantes ; elles ne tombent donc pas directement vers le centre, car si elles se mouvaient directement au centre, les

---

1. Quæst. VII ; ms. cit., fol. 71, col. a.
2. Fratris ROGERI BACON *Opus majus*, Pars IV, Dist. IV, cap. XIV : An motus gravium et levium excludat omnem violentiam ? Et quomodo gignatcalorem ? Itemque de duplici modo sciendi. Ed. Jebb, pp. 103 et 104, marquées, par erreur, 99 et 100. — Ed. Bridges, Pars. IV, dist. IV, cap. XV ; vol. I, pp. 167-169.
3. ROBERTI LINCONIENSIS *Tractatus de calore Solis* (ROBERTI LINCONIENSIS *Opuscula*, Venetiis, 1514 ; fol. 3, col. c).

lignes qu'elles décrivent dans leur mouvement concourraient à ce même centre.

» Il est donc évident que chacune des parties d'un corps qui tombe de chute naturelle est soumise à deux forces qui l'inclinent en des sens différents ; mais l'opposition de ces deux inclinations est bien moindre que l'opposition qui se rencontre entre les deux inclinations auxquelles est soumise chaque partie d'un corps mû violemment. »

La théorie que nous venons de rencontrer dans les *Opuscules* de Robert Grosse-Teste aussi bien que dans les *Questions sur la Physique* discutées à Paris par Maître Roger Bacon est un exemple de la profonde et précoce influence que le premier de ces deux hommes a exercée sur le second. Nous en trouverons un autre exemple, non moins saisissant, lorsque nous étudierons la théorie des marées. A ces deux exemples, M. Ludwig Baur a joint beaucoup d'autres rapprochements [1].

Mais revenons à la théorie de la chute des corps que développe Bacon dans ses *Questions sur la Physique*. En dépit de la violence éprouvée par les diverses parties du grave qui ne peuvent toutes se diriger exactement vers le centre, un grave, considéré dans son ensemble, tombe de mouvement naturel. Mais pouvons-nous dire qu'il se meut de lui-même et par lui-même ? La réponse ne paraît pas douteuse [2] : « Tout être qui se meut de lui-même *(de se)* peut être divisé en deux principes, dont l'un est acte de l'autre pris comme matière, et est quelque chose en sus ; mais un grave ne peut être ainsi divisé ; sa forme, en effet, n'est rien d'autre qu'un acte, car elle est l'acte tout pur de la matière du grave ; un grave ne se meut donc pas de lui-même. »

Cette conclusion, cependant, ne doit pas être acceptée avant qu'une distinction en ait fixé le sens et défini la portée.

« Se mouvoir de soi-même s'entend de deux manières, soit à proprement parler, soit selon le commun usage.

» A parler proprement, on dit qu'un être se meut de lui-même *(de se)* s'il est mû par un principe qui n'est pas seulement l'acte d'une matière ; de cette façon, un grave ne se meut pas de lui-même, tandis que les animaux se meuvent d'eux-mêmes ; aussi

---

1. Ludwig Baur, *Der Einfluss der Robert Grosseteste auf die wissenschaftliche Richtung des Roger Bacon (Roger Bacon. Essays contributed by various writers on the occasion of the commemoration of the seventh centenary of his birth, Collected and edited by* A. G. Little. Oxford, 1914, II, pp. 33-54).

2. Quæst. III ; ms. cit., fol. 70, col. b.

dit-on qu'ils se meuvent par eux-mêmes *(ex se)* ; car se mouvoir par soi-même *(ex se)* implique quelque chose de plus que se mouvoir de soi-même *(de se)*, ce dernier terme étant pris au sens qu'on lui donne communément.

» Selon l'usage commun, on dit qu'un être se meut de lui-même *(de se)* lorsqu'il est mû par un principe intrinsèque à sa nature, c'est-à-dire par une forme immatérielle, que cette forme, d'ailleurs, soit ou non un acte de sa matière. De cette dernière façon, on peut dire qu'un grave se meut de lui-même, parce qu'il est mû par un principe intrinsèque, par une forme immatérielle qui n'est pas l'acte de la matière de ce grave. Il n'est pa mû par la forme matérielle qu'est l'acte de sa propre matière ; cette forme, en effet, n'est rien de plus que l'acte de la matière, elle est l'acte pur de cette matière, et une telle forme est toujours insuffisante pour qu'une chose se meuve d'elle-même. Mais le grave est mû par une forme immatérielle dont il participe ; cette forme n'est pas l'acte de la matière du grave ; c'est une vertu céleste incomplète dont le grave participe et que le lieu bas rendra plus complète.

» On voit donc que le grave se meut de lui-même, si se mouvoir de soi-même est entendu selon la commune manière de parler. Mais au sens propre, selon la signification la plus exacte de l'expression : se mouvoir de soi-même, un grave ne se meut pas de soi-même ; c'est de cette façon, au contraire, que se meuvent les animaux dont on dit qu'ils se meuvent d'eux-mêmes...

» A proprement parler, donc, les graves ne se meuvent pas d'eux-mêmes comme les animaux. Un grave, en effet, peut être divisé en deux principes, un principe moteur, qui est une forme immatérielle dont le grave participe, et le reste, qui est la chose mue ; mais cette forme immatérielle n'est aucunement acte de la matière. Dans un animal, au contraire, la forme qui meut, outre qu'elle est moteur, est acte de la matière. Ainsi, à parler proprement, les corps graves et les corps légers ne se meuvent pas d'eux-mêmes comme les animaux.

» Partant, à proprement parler, nous devons dire que les animaux se meuvent par eux-mêmes *(ex se)*, tandis que les corps graves et les corps légers se meuvent d'eux-mêmes, mais non par eux-mêmes *(de se, non ex se)* ; car se mouvoir par soi-même dit plus que se mouvoir de soi-même. Toutefois, selon la commune manière de parler, on peut dire, comme nous l'avons vu, que les graves et les animaux se meuvent d'eux-mêmes. »

On voit clairement par là [1] que la chose mue, dans un grave qui tombe, ce n'est pas seulement la matière du grave ; c'est le grave tout entier, le composé de matière et de forme.

La matière du grave ne peut se mouvoir que vers la forme qui est son acte, vers la forme que Bacon nomme la forme matérielle, que la plupart des Scolastiques nomment plus volontiers la forme substantielle ; ce mouvement-là est une génération ; ce n'est aucunement un mouvement local. Le grave tout entier, le composé de matière et de forme substantielle, est en puissance d'une autre forme, de la forme que Bacon nomme immatérielle ; il se meut vers cette dernière forme, et ce mouvement-ci est un mouvement local ; pour acquérir plus complètement cette forme, le grave doit gagner un nouveau lieu. Notre auteur, regarde sa doctrine comme conforme à celle d'Aristote, et il ne faut qu'un peu d'attention pour reconnaître qu'il en est bien ainsi [2].

Est-ce à dire que la forme matérielle ou substantielle d'un grave ne jouera d'aucune manière le rôle de moteur de ce grave ? Loin de là, comme nous l'allons voir.

Il est évident, d'abord, que la forme qui sert véritablement de moteur au grave dans sa chute n'est pas une forme matérielle, mais une forme immatérielle [3]. En effet, la cause qui fait tomber le grave de mouvement naturel est aussi la cause qui le maintient en repos lorsqu'il a atteint son lieu naturel. Or, imaginons avec Aristote que la Terre entière ait été écartée de la place qu'elle occupe et remontée jusqu'au contact de l'orbe de la Lune ; de cette Terre, détachons un fragment ; Aristote nous assure que ce fragment va se mouvoir naturellement vers le centre du Monde et que, parvenu à ce centre, il y demeurera en repos. « Il n'y sera pas maintenu en repos par une nature matérielle, puisqu'en ce centre, il n'y a plus rien de matériel ; il y sera donc maintenu par une nature immatérielle. »

Qu'est-ce que cette nature immatérielle ! C'est une forme conférée par le ciel, par ce que Bacon nomme l'agent universel. Mais alors ce qui vient d'être dit se heurte à diverses difficultés.

« A un effet universel il faut une cause universelle, et à un effet particulier, une cause particulière ; la chute d'un grave est un effet particulier qui requiert une cause particulière, tan-

---

1. Quæst. IV, ms. cit., fol. 70, col. c.
2. Voir : Première partie, Ch. IV, § XII ; t. I, pp. 207-209.
3. Quæst. VI ; ms. cit., fol. 70, col. d.

dis que la forme immatérielle est une cause universelle et non pas une cause particulière.

» En outre, cette forme immatérielle ou vertu céleste meut de mouvement circulaire, tandis que la grave se meut de mouvement rectiligne. »

En effet, cette forme immatérielle ou vertu céleste, si on la considère telle qu'elle est en elle-même est une cause universelle qui a pour propriété de mouvoir de mouvement circulaire. Considérée de cette façon, comme « absolument immatérielle », elle n'est pas le moteur du grave. Pour mouvoir le grave du mouvement rectiligne qui lui est particulier, il faut « qu'elle soit incorporée à la matière, qu'elle soit reçue sous les conditions matérielles de ce grave, qu'elle lui soit appropriée d'une certaine façon. »

Cette sorte de matérialisation de la forme immatérielle est encore nécessaire à un autre point de vue.

Un principe absolument immatériel ne saurait transformer une chose matérielle... Nous voyons donc par là que «cette forme ou force qui meut le grave n'est pas absolument immatérielle ; d'une certaine façon, en tant qu'elle est soumise aux conditions matérielles du grave, par le mode d'existence qu'elle a dans le grave, elle est matérielle. En effet, si cette forme immatérielle meut le grave, c'est par le moyen de la forme du grave, qui est l'acte de la matière et qui est une forme matérielle. »

Au cours de la question suivante [1], Bacon explicite ce que la dernière proposition vient d'indiquer sommairement.

« Il y a ici deux moteurs, écrit-il, le moteur matériel ou la forme qui est la perfection même du grave, et le moteur immatériel qui est la force céleste à laquelle le grave participe. Cette dernière force, d'ailleurs, en tant qu'elle réside dans le grave, est, d'une certaine manière, matérielle et appropriée. D'autre part, la forme matérielle, par le fait qu'elle reçoit sur elle la forme immatérielle, devient immatérielle d'une certaine façon ; elle est anoblie par la réception de cette forme immatérielle qui se superpose à elle. Elle peut donc mouvoir le grave en raison du rapport mutuel entre ce qui est matériel et ce qui est immatériel...

» Il est véritable qu'elle ne suffit pas à mouvoir, puisqu'elle est acte de la matière ; mais elle peut être cause concomitante

---

1. Quæst. VII ; ms. cit., fol. 71, col. a et b.

(concausa). Elle n'est pas l'agent moteur principal ; elle a besoin du moteur principal qui est la forme immatérielle.

» On peut dire encore que, prise en elle-même, cette forme matérielle, qui est seulement acte de la matière, ne suffit pas à mouvoir ; mais par la réception de la forme immatérielle qui se superpose à elle, la forme matérielle est anoblie ; elle devient immatérielle d'une certaine manière et suffit alors à mouvoir...

» Il y a donc ici deux moteurs. Il y a le moteur principal qui est la forme immatérielle. Il y a ensuite le moteur non principal, le moteur secondaire ; il est, pour ainsi dire, l'instrument au moyen duquel l'agent et moteur principal meut le grave ; ce moteur secondaire, c'est la forme matérielle, la forme substantielle, la forme qui constitue la perfection même du grave. »

Pour bien saisir la portée du langage que nous venons d'entendre, il faut se souvenir qu'il est tenu par un disciple d'Avicébron. Bacon est accoutumé à ces superpositions de forme de plus en plus parfaites dont chacune se comporte comme une matière à l'égard de la forme plus noble qui la vient achever. La forme substantielle du grave, moteur incomplet par elle-même, s'unit à la force céleste comme la matière s'unit à la forme, et elle devient alors moteur complet ; elle suffit à déterminer la chute du grave.

La théorie de Bacon permet d'interpréter l'affirmation d'Aristote : Le moteur du grave, c'est la cause qui l'a engendré [1]. En effet, selon l'enseignement d'Aléxandre d'Aphrodisias [2], répété par Avicenne et par Al Gazâli [3], c'est le ciel qui a engendré le grave, c'est le ciel qui a conféré aux divers éléments leurs formes substantielles ; or, nous venons de le voir, c'est aussi la force céleste qui fait tomber les corps pesants et monter les corps légers.

Mais si la force du ciel est, pour le grave, à la fois cause génératrice et cause motrice, c'est à la condition d'être considérée sous deux aspects différents ; ce n'est pas en tant que cause génératrice qu'elle est cause motrice.

En tant que cause génératrice, la vertu céleste meut la matière du grave vers la forme ; elle ne lui confère aucun mouvement local. Une fois que la matière du grave s'est unie à la forme substantielle, le composé ainsi constitué, dont la forme est susceptible de recevoir une autre forme plus noble, est, selon le

---

1. Quæst. VIII ; ms. cit., fol. 71, col. b.
2. Voir : Première partie, Ch. XIII, § XI ; t. II, p. 345-346.
3. Voir : Première partie, ch. XIII, § XI ; t. II, pp. 348 et 368.

langage de Bacon [1], à l'état de puissance actuelle ; il est apte
à se mouvoir vers cette forme plus noble et plus parfaite, et
ce mouvement est accompagné d'un changement de lieu ; c'est
en lui conférant cette forme immatérielle, non en lui donnant
la forme substantielle, que le ciel va le mouvoir de mouvement
local. « En tant qu'il est en puissance actuelle, le grave n'est
pas mû par la cause génératrice se comportant comme cause
génératrice ; il est mû par cette cause considérée sous un autre
rapport ; cette cause est motrice dans la mesure où elle maintient la forme [substantielle] dans la matière, où elle lui donne
la plénitude, où elle accompagne la complète existence du corps.
La vertu céleste, en effet, n'est pas seulement le principe de
la génération ; elle est aussi le principe qui conserve la chose
et qui en maintient la forme. Un grave donc est mû vers la
forme par sa cause génératrice lorsqu'elle se comporte comme
cause génératrice ; il est mû vers le lieu par la même cause
génératrice, mais lorsqu'elle joue le rôle du principe qui accompagne, maintient et conserve l'existence du grave. »

Nous avons retracé les grandes lignes de la doctrine par
laquelle Roger Bacon a tenté d'éclaircir toutes les difficultés
que la théorie de la pesanteur présentait à un péripatéticien.
Cette doctrine peut paraître bien étrange à l'esprit familier à
notre moderne Mécanique. Et cependant, à regarder les choses
de près et jusqu'au fond, sans se laisser piper par la diversité
des formules, y a-t-il si grande divergence entre la pensée du
maître ès-arts qui enseignait, vers 1250, et celle du physicien
qui enseigne aujourd'hui ?

Voici un morceau de plomb. C'est là, pour Bacon, le composé
pris dans son intégrité, avec sa matière et sa forme substantielle.
Si on le considère ainsi en lui-même et tout nu, Bacon déclare
qu'il ne contient aucun principe moteur. Ne sommes-nous pas
du même avis ? Ne déclarons-nous pas que, par lui-même, ce
morceau de plomb a une masse, mais n'a pas de poids.

Pour que ce morceau de plomb contienne un moteur, dit
Bacon, il faut qu'il participe à une force céleste ; ce qui le mettra
en mouvement, dirons-nous, c'est la résultante des actions
exercées par les divers astres.

Bacon ajoutera que cette force reçue du ciel est plus ou moins
parfaite, plus ou moins intense suivant que le grave est plus
ou moins rapproché de tel lieu ; n'enseignerons-nous pas, nous

1. Voir : Quatrième partie, ch. premier, § IX ; t. VI, p. 106.

aussi, que l'intensité de la pesanteur dépend de la position que le grave occupe ?

Assurément, si l'on ne voulait point se contenter de ces rapprochements d'ensemble, si l'on pénétrait dans le détail, on ne tarderait guère à mettre en évidence une multitude de différences entre la Mécanique incomplète et erronée de Bacon et notre Mécanique beaucoup plus parfaite. Il serait ridicule de vouloir faire de notre maître ès-arts un précurseur de Newton. N'est-il pas permis, cependant, de signaler ces ébauches, ces sortes de *raisons séminales* des doctrines que le labeur des siècles et la méditation des hommes de génie amèneront, un jour, à leur forme achevée ?

La théorie de la gravité proposée ou exposée par Roger Bacon eut assurément une grande vogue. Un siècle plus tard, à l'Université de Padoue, l'enseignement du Dominicain Graziadei d'Ascoli en reproduisait les traits les plus caractéristiques. Traduisons ici les principaux passages de la réponse que Graziadei fait à cette question [1] : Les graves sont-ils mus par leur cause génératrice ?

« Toute chose reçoit de la même cause une opération et ce qui la contraint d'accomplir cette opération, un mouvement, par exemple, et ce qui lui rend ce mouvement nécessaire... Or, cette nécessité [d'accomplir tel mouvement] toute chose la tient de ce qui lui donne la forme dont un semblable mouvement est conséquence. Comme toute chose reçoit sa forme de sa cause génératrice, il est nécessaire qu'elle tienne aussi, de cette cause, son mouvement et ce qui la contraint à ce mouvement.

» Mais il y a deux causes génératrices, une cause particulière et la cause universelle ; la cause particulière, d'ailleurs, engendre en vertu de la cause universelle ; car, d'une manière générale, toute cause seconde agit en vertu de la cause première. Principalement donc et surtout, c'est de la cause génératrice universelle que la chose engendrée reçoit sa forme et ce qui rend son mouvement nécessaire ; c'est donc aussi de cette cause qu'il tient principalement son mouvement. Si la cause génératrice générale était supprimée, la chose engendrée ne serait plus

---

1. *Preclarissime questiones litterales edite a fratre* GRATIA DEO ESCULANO *sacri ordinis predicatorum super libros Aristo. de physico auditu: secundum ordinem lectionum Divi Thome Aquinatis.* Lib. VIII, lect. VII, quæst. III. Ed. Venetiis, 1503, fol. 85, col. d, et fol. 86, col. a. — Cf. : *Questiones fratris* GRATIADEI DE ESCULO... *per ipsum in florentissimo studio patavino disputate.* Quæst. XIII, hac positione... ; éd. cit., fol. 123, col. d.

soumise à l'influence et à la force de cette cause ; elle ne garderait donc rien en elle-même qui la contraignît à telle opération ; partant, elle ne garderait pas non plus l'acte qu'elle
possédait auparavant, par suite de l'influence de cette cause.
En effet, l'agent générateur particulier n'est cause de la chose
engendrée qu'au seul égard du devenir, tandis que, par sa
continuelle influence, l'agent générateur universel est cause, à
la fois, de l'existence et du devenir de cette chose. Cet agent
universel, une fois supprimé, tout ce qui provenait de son
influence doit nécessairement disparaître...

» Si la cause génératrice universelle, c'est-à-dire la sphère
céleste, était supprimée, l'inclination des corps du monde
inférieur vers le bas ou vers le haut disparaîtrait nécessairement,
du moins suivant l'ordre de la nature ; les graves ne tendraient
plus à descendre ni les corps légers à monter ; les graves ne
retiendraient donc pas leur gravité, ni les corps légers leur légèreté. Partant, il est nécessaire de dire que si les graves se meuvent
vers le bas et les corps légers vers le haut, c'est par la force,
partout diffusée, de l'agent universel.

» Il faut considérer, toutefois, que la force de l'agent générateur universel n'est pas, de soi, déterminée à tel effet plutôt
qu'à tel autre, et cela à cause de sa généralité. Si elle doit produire un effet déterminé, il faut qu'elle y soit, elle-même déterminée par quelque chose. Or, c'est l'agent particulier, ce sont
les dispositions qui peuvent se rencontrer dans la matière qui
déterminent cette force universelle à produire telle forme
[substantielle] déterminée. Quant à la production de tel mouvement déterminé, cette force y est déterminée par la forme
naturelle [qu'elle a ainsi donnée] au mobile, car cette forme a
pour conséquence une certaine inclination ; c'est la pesanteur
mise dans les corps graves qui détermine la force de l'agent
universel à les mouvoir vers le bas ; c'est la légèreté des corps
légers qui détermine cette force à les mouvoir vers le haut. »

Nous retrouvons ici, à n'en pas douter, la doctrine de Roger
Bacon, encore qu'elle ait perdu de sa netteté.

Si Bacon avait amené Graziadei à son opinion, il n'avait pas
convaincu tout le monde. Qu'il faille, à côté de la forme substantielle d'un corps pesant, placer une autre forme, une gravité
engendrée par l'influence céleste ; que ce soit cette gravité,
et non la forme substantielle, qui meuve le poids dans sa chute,
certains maîtres de l'Université de Paris n'y voulaient pas
consentir ; de ce nombre était Pierre d'Auvergne.

Pierre d'Auvergne expose son sentiment dans ce qu'il a écrit pour terminer le commentaire au *De Cælo* que son maître Thomas d'Aquin avait laissé inachevé [1].

Pierre d'Auvergne nous apprend donc que certains disent ceci : « Les corps graves ou légers sont mus par l'agent qui les a produits non pas immédiatement, mais par l'intermédiaire d'une certaine force *(virtus)* qu'il leur a communiquée lorsqu'il les a engendrés. » C'est cette force qui reçoit le nom de gravité *(gravitas)* ou légèreté *(levitas)*, équivalents à ceux de βαρυντικόν, κουφιστικόν par lesquels Aristote désignait le principe actif du mouvement naturel.

Pierre d'Auvergne trouve oiseux d'introduire cette force, gravité ou légèreté, à côté de la forme substantielle du corps grave ou léger. Il lui semble que cette forme suffit à jouer le rôle de principe actif de mouvement, que l'on voudrait réserver à la force de gravité ou de légèreté. En tant que par sa forme, un corps est un grave en acte, il est le moteur de sa propre chute ; en tant que, par cette même forme, il est en puissance d'un certain lien naturel qui est le centre du Monde, il est le mobile de cette même chute. « Il apparaît donc que le principe actif du mouvement que les corps graves ou légers en acte prennent, une fois l'obstacle écarté, principe qui est le moteur proprement dit *(movens per se)*, c'est le corps grave ou léger lui-même, existant en acte ; et le principe par lequel le corps grave ou léger produit ce mouvement, c'est la forme substantielle grave *(gravitas)* ou légère *(levitas)* qui réside en ce corps par l'action de l'agent qui l'a primitivement engendré. D'autre part, les corps graves ou légers sont mus en tant qu'ils sont graves ou légers par la forme de gravité ou de légèreté ; mais ils sont mus non pas directement en tant qu'ils possèdent ces formes, mais directement en tant qu'ils sont en puissance de leurs lieux propres, ce qui leur arrive par accident », car c'est par accident qu'ils ne sont pas en ces lieux. « Ils sont donc, d'eux-mêmes, leurs propres moteurs, tandis que s'ils sont les mobiles de la chute, c'est pas accident. *Ideo per se movent se, per accidens antem moventur.* »

---

1. *Libri de celo et mundo* Aristotelis *cum expositione* Sancti Thome de Aquino. *et cum additione* Petri de Alvernia. Colophon : Uenetijs mandato et sumptibus Octaviani Scoti Civis modoetiensis. Per Bonetum Locatellum Bergomensem. Anno a saluti fero partu virginali nonagesimoquinto supra millesinum ac quadringentesimum... Lib. IV, comm. 25 : Dubitabit autem aliquis... fol. sign. K. 1, col. d et fol. sign. K. 2, col. a et b.

VI

LE MOUVEMENT SUCCESSIF D'UN GRAVE DANS LE VIDE

A. *Jean de Duns Scot*

Dieu pourrait-il faire qu'un espace fût vide ? Après 1277, tous les Scolastiques ou à peu près répondent affirmativement à cette question. S'ils diffèrent d'avis, c'est seulement lorsqu'il s'agit de décider cet autre point : Dès maintenant, existe-t-il hors du Monde un espace vide.

Un autre problème a vivement sollicité leur attention, et c'est celui-ci : S'il existait un espace vide et qu'un grave y fût abandonné à lui-même, ce grave tomberait-il instantanément au plus bas de cet espace, ou bien, au contraire, descendrait-il avec une vitesse finie ?

En la discussion de ce problème, nous ne recontrerons plus l'unanimité avec laquelle a été accueillie la solution de cette première difficulté : Le vide est-il possible ? Les désaccords, les divergences que nous remarquerons ne devrons pas nous surprendre. Non seulement, en effet, l'autorité doctrinale n'a, au sujet de cette question, qui est toute de Physique, formulé aucune décision, mais, de plus, pour trancher le litige, il fallait arriver à concevoir nettement une des notions essentielles de la Dynamique, une notion si difficile à apercevoir que toute la Philosophie hellénique n'en avait pas eu le moindre soupçon, la notion de masse.

Ce sont donc des débats bien confus, qu'il nous faudra rapporter ; à ces débats, cependant, nous devons attacher un extrême intérêt puisqu'en dégageant peu à peu l'idée de masse des nuages qui l'avaient cachée jusqu'alors, ils ont préparé le resplendissement de la Dynamique newtonienne.

Nous avons vu l'idée de masse apparaître, pour la première fois, dans ce que Saint Thomas a écrit à l'appui des raisonnements d'Ibn Bâdjâ ; pour le *Doctor communis*, la masse est essentiellement identique à la quantité de matière première.

De Thomas d'Aquin, il nous faut passer à Duns Scot pour trouver, sur la chute d'un grave dans le vide, des remarques [1]

---

1. JOANNIS DUNS SCOTI *Scriptum Oxoniense*, Dist. II, quæst. IX : Utrum angelus possit moveri de loco ad locum motu continuo. Ad argumenta.

qui vaillent d'être notées. Ces remarques sont quelque peu confuses et la conclusion n'en apparaît pas toujours formellement énoncée. Il serait étrange que l'on s'en étonnât. Le Docteur Subtil s'efforce de saisir des pensées que la Mécanique moderne pourra seule amener à la parfaite clarté. Comment ces pensées ne lui apparaîtraient-elles pas vagues encore et presque entièrement voilées par les principes de la Dynamique péripatéticienne ?

Mais une autre raison nous dissimule parfois l'intention du Docteur Subtil ; en dépit du soin avec lequel il a été édité par Maurice du Port, le texte du *Scriptum Oxoniense* paraît, ici, fort corrompu. Certaines phrases étaient demeurées, pour nous, de véritables énigmes jusqu'au jour où nous avons eu la bonne fortune de lire la *Physique* de Nicolas Bonet. Nous y avons retrouvé ces phrases presque textuellement reproduites ; mais les légères variantes qu'elles présentaient par rapport au *Scriptum Oxoniense* les rendaient maintenant parfaitement claires ; il nous a paru que Bonet avait sous les yeux l'expression correcte de la pensée de Duns Scot et avait eu l'heureuse idée de nous la conserver.

« Le Commentateur, dit Bonet [1], déclare que la succession dans le mouvement provient de la résistance du mobile au moteur et de la résistance du milieu au moteur et au mobile. Voyons ce qu'il entend par ces résistances. » Sous prétexte de nous faire connaître l'opinion d'Averroès, c'est celle de Duns Scot que notre auteur reproduit.

« Disons que la résistance du mobile au moteur [2] n'est pas telle que le moteur ne puisse mouvoir le mobile ; elle n'est pas telle, non plus, que le mobile soit sollicité à l'opposé, car il en est exclusivement ainsi dans le mouvement violent ; par cette résistance, on entend que le mobile se trouve soumis à

---

1. NICOLAI BONETI *Physica*, lib. V, cap. I. Bibl. nat., fonds latin, ms. n°6678, fol. 148, V° et 149, r° ; ms. n° 16132, fol. 116, col. d, et fol. 117, col. a.

2. Nous transcrivons ici le texte même de Bonet, le lecteur aura loisir de le comparer au texte du *Scriptum Oxoniense*.

« Dicamus autem quod resistentia mobilis ad motorem non est talis quod movens non possit movere mobile nec talis quod reinclinetur ad oppositum, quia sic precise est in motu violento ; sed tali resistentia intelligitur quod mobile est sub aliquo ubi cui non potest immediate succedere terminus intentus a motore finitæ virtutis, quoniam mobile non est in plena obedientia motoris finiti in vigore.

» Ampluis antem per resistentiam medii ad mobile et ad motorem, intelligo omne illud quod necessario præcedit inductionem termini producendi, quæ sunt media naturaliter ordinata inter formam quam habet mobile et terminum adquem ; talia inquam media resistunt mobili et motori ut mobile non statim possit poni virtute finita motoris in termino ad quem. »

un certain *ubi* auquel ne peut immédiatement succéder le terme vers lequel tend le moteur dont la force est finie ; le mobile, en effet, n'est pas pleinement obéissant à un moteur dont la force est finie.

» D'autre part, par résistance du milieu au mobile et au moteur, j'entends tout ce qui précède nécessairement l'arrivée au terme qui doit être atteint ; ce sont les intermédiaires qui se trouvent, rangés suivant leur ordre naturel, entre la forme que le mobile possède présentement et le terme à atteindre ; ces intermédiaires, dis-je, résistent au mobile et au moteur de telle sorte que la force finie du moteur ne puisse amener instantanément le mobile au terme à atteindre. »

Duns Scot a soin de marquer constamment cette restriction : La force du moteur est finie. Il demeure convaincu, en effet, de l'un des principes de la Dynamique péripatéticienne ; il croit que, toutes choses égales d'ailleurs, la vitesse du mobile est proportionnelle à la force du moteur ; c'est pourquoi il s'empresse de déclarer « qu'une force infinie pourrait amener immédiatement le mobile au terme du mouvement. »

Si nous nous bornons au cas d'un mobile de force finie, nous reconnaîtrons sans peine le lien qui unit la pensée du Docteur Subtil à celle de ses prédécesseurs. La résistance du mobile au moteur est caractérisée et distinguée de la force résistance, qui opère dans le mouvement violent en des termes presque identiques à ceux dont avait usés Thomas d'Aquin. Quant à la résistance du milieu *(medium)* ou, mieux, des intermédiaires *(media)*, si nous hésitions à y reconnaître celle que Gilles de Rome a définie afin, d'ailleurs, de la rejeter, notre hésitation prendrait fin en lisant les lignes où le *Scriptum Oxoniense* déclare que, « par ces intermédiaires qui résistent au mobile et lui permettent de ne pas être instantanément au terme, on peut entendre... la divisibilité de la forme selon laquelle se fait le mouvement, la divisibilité du chemin à parcourir.

A cette résistance, Scot associe, d'ailleurs, celle qui provient « de la divisibilité des parties du mobile ». Il est permis de voir là un souvenir de l'opinion de Thomas d'Aquin qui voulait que le mobile résistât en raison de sa matière première pourvue de dimensions, de sa *materia quanta* ou, en d'autres termes, de sa quantité de matière.

Parmi l'obscurité des propos de Duns Scot, nous percevons cependant la lueur de l'idée qui, comme un éclair, avait brillé un instant dans la raison de Thomas d'Aquin. Les efforts des disciples du Docteur Subtil dissiperont peu à peu les brumes qui voilent cette lumière.

Plus claire sera la doctrine du *Scriptum Oxoniense*, au sujet du mouvement dans le vide ; elle se conformera à celle d'Ibn Bâdjâ ; la voici :

Revenons « à cette affirmation d'Averroès : Si un grave était placé dans le vide, il descendrait en un instant par suite de l'absence de résistance du milieu. Je réponds que, selon le Philosophe, même si l'on admettait le vide, un grave ne saurait s'y mouvoir, parce que le vide ne pourrait céder place au grave et que des dimensions séparées ne peuvent coexister à un corps. Mais si l'on admettait que le vide peut céder place à un corps, qu'il est un certain espace..., je dis alors que le grave se mouvrait, dans le vide, d'un mouvement successif, ... car, dans le mouvement local, la succession existe par elle-même, et provient de l'espace en tant qu'il est une grandeur *(per se successio est in motu locali ex spatio in quantum quanto)*.

» Si donc le vide pouvait céder place et que le mouvement pût se faire en lui, par suite de la divisibilité de l'espace, ce mouvement aurait divisibilité et succession, tout comme maintenant, par suite de la divisibilité de l'espace plein, le mouvement a une succession essentielle... Et il peut y avoir égalité entre le milieu vide et le milieu plein, en tant que cause ou raison de la succession essentielle dans le mouvement... Mais à cette succession [essentielle] peut s'ajouter une certaine vitesse ou une certaine lenteur, qui a sa raison d'être dans une condition accidentelle du milieu lui-même ; celui-ci peut, en effet, promouvoir ou empêcher le mouvement, soit en raison de sa subtilité par laquelle il facilite ou, tout au moins, n'empêche pas le mouvement, soit en raison de sa densité qui fait opposition.

» Le mouvement se ferait donc, dans le vide, d'une manière successive, et on en pourrait évaluer le rapport *(proportionabilis)* au mouvement dans le plein. Je parle, ici, de la succession essentielle, et non de la vitesse ou de la lenteur surajoutée ; dans le vide, en effet, le mobile n'aurait absolument aucune vitesse ni aucune lenteur surajoutée, tandis qu'il en aurait quelqu'une dans le plein ; or, de rien à quelque chose, il n'y a, d'une manière précise, aucun rapport. A l'encontre d'un adversaire, donc, qui affirme que le mouvement se produit dans le vide, le Philosophe a seulement établi cette conclusion : Qu'il ne saurait se produire dans le vide aucun mouvement qui ait quelque vitesse ou quelque lenteur accidentelle surajoutée à sa vitesse essentielle. »

Voilà, nettement formulé, le principe d'où sortira la Dynamique de Galilée, de Descartes et de Beeckman : Ce qui est essentiel, dans le mouvement qu'un moteur imprime à un mobile, c'est la loi suivant laquelle se développerait ce mouvement dans le vide. L'influence du milieu doit être considérée comme quelque chose qui s'ajoute accidentellement au mouvement essentiel. Sans ce départ, la Dynamique moderne n'eût jamais été fondée.

Le mouvement serait donc successif, même dans le vide, parce que le chemin que le mobile doit parcourir est une quantité divisible ; mais Duns Scot nous a averti que la cause par laquelle le mouvement dure nécessairement un certain temps n'est pas là tout entière ; il faut faire intervenir une résistance qui est du mobile et qui ne lui permet pas d'être simultanément en toutes les parties de cet espace divisible. Or, au sujet de cette résistance du mobile au moteur, il n'a rien dit de clair et d'explicite. Tout au plus a-t-il sommairement indiqué qu'elle pouvait provenir de la divisibilité du mobile, ce qui nous a fait souvenir de l'opinion de Saint Thomas d'Aquin ; ce qu'il a dit ne saurait suffire, cependant, pour que nous le puissions compter au nombre des partisans du *Doctor communis*.

Le Docteur Subtil ne nous dira rien de plus sur la nature même de la masse ; mais, au sujet de la distinction, dans un poids, de la force qui meut et de la masse qui est mue, il va s'attacher à préciser la première notion ; ce sera, par contre-coup, préparer la définition de la seconde ; et nous verrons, en effet, ses disciples accomplir ce qu'il aura préparé de la sorte.

Nous avons vu comment Roger Bacon avait développé, au sujet de la nature de la pesanteur, une théorie qui semblait résoudre tous les problèmes posés par le Péripatétisme ; nous avons dit comment Pierre d'Auvergne, rejetant cette théorie, identifiait, dans un grave, la force motrice, le poids, avec la forme substantielle.

C'est contre cette théorie de Pierre d'Auvergne que Duns Scot s'élève avec vivacité. Dire qu'un corps léger monte parce qu'il est corps léger en acte, c'est, à son gré [1], énoncer une simple tautologie.

---

1. Joannis Duns Scoti *Scriptum Oxoniense*, lib. II, dist. II, quæst. X : Utrum angelus possit movere se. Et si dicatur...

Le Docteur Subtil affirme donc [1] qu'il y a, « en tout corps grave ou léger une puissance active qui les porte au lieu qu'ils sont naturellement destinés à occuper. »

Par ce principe actif intrinsèque, le corps pesant agit sur lui-même exactement de la même manière qu'il peut agir sur un autre mobile : « Supposons [2] qu'à un corps pesant soit attaché un corps léger dont la légéreté n'excède pas le poids du premier ; il meut ce corps léger et l'entraîne avec lui vers le centre ou Monde, ... il ne le meut, d'ailleurs, que par son poids...

Or, une chose qui possède une puissance active relative à une certaine forme peut causer cette forme en tout patient qui lui est proportionné et qui est suffisamment rapproché ; mais le poids a puissance active pour tirer vers le lieu inférieur, car il possède cette puissance à l'égard de ce corps léger qu'il entraîne avec lui ; d'autre part, ce grave lui-même se trouve hors de ce lieu bas, il est apte à recevoir cette forme et il en est privé ; il est proportionné à lui-même et rapproché de lui-même ; il peut donc causer cette forme en lui-même...

» Si un grave [3], placé en un lieu élevé, poussait un autre corps vers le centre, nul ne doute que ce grave ne fût le principe du mouvement de l'autre corps. Il ne joue pas moins le rôle de cause active à l'égard de sa propre descente... Le grave cause en lui-même cet effet, et il ne le produit en aucun autre corps si ce n'est qu'il le cause d'abord en lui-même. »

Qu'un grave soit le siège d'une certaine force, appelée poids ; que le poids soit ce qui meut le grave lorsqu'il tombe ; que ce poids soit toujours et exclusivement appliqué au grave lui-même ; qu'il ne puisse mouvoir directement un autre corps, mais qu'il le meuve seulement d'une manière indirecte, en mouvant d'abord le grave auquel il est appliqué et auquel cet autre corps est lié ; ce sont là manières de penser et de parler qui nous sont si familières qu'à peine pouvons-nous comprendre qu'elles soient le fruit d'un long et pénible effort. Cet effort, nous venons d'en être témoins ; nous l'avons vu, sous nos yeux, ruiner ce principe qui portait toute la Dynamique péripatéticienne : Tout corps inanimé est mû par un moteur extrinsèque, *quidquid movetur ab alio movetur.*

Duns Scot n'ignore pas que sa doctrine va à l'encontre de ce

<hr>

1. Duns Scot, *loc. cit.,* Concedo...
2. Duns Scot, *loc. cit.,* Et si dicatur...
3. Duns Scot, *loc. cit.,* Respondes...

grand principe : « Vous me ferez cette objection, dit-il [1] : Si le Philosophe accordait que le grave se meut effectivement lui-même... comment garderait-il sa proposition principale que de tels corps sont nécessairement mus par autre chose ? Car c'est cela qu'il entend surtout prouver. »

Le grave n'a pas besoin d'un moteur extrinsèque pour le mouvement par lequel il se rapproche de son lieu naturel ; mais cette activité est nécessairement précédé d'une autre mise en acte, de celle qui lui a conféré une forme substantielle douée de gravité, la forme terrestre par exemple ; or cette première mise en acte a requis un moteur, un générateur extrinsèque. Au gré de Duns Scot, cela doit suffire à Aristote, qui entendait démontrer la nécessité d'un premier moteur immobile : « Encore donc que tout corps grave ou léger se meuve effectivement lui-même de la puissance seconde à l'acte second, toutefois, de la puissance première à l'acte premier, il est simple mobile, il est mû par quelque autre chose qui lui est extrinsèque. Pour que tout ce qui est en mouvement soit mû par autrui, il n'est pas nécessaire qu'il soit mû par autrui en tous ses mouvements ; il suffit au Philosophe que cela soit vrai du premier de ces mouvements, car par là on parviendra à quelque chose qui sera autre que tous ces corps-là, qui ne pourra être mû par autrui ni en un de ses mouvements ni en aucun d'eux, mais qui sera absolument un moteur immobile. » Assurément, on sauvera ainsi la Théologie du Stagirite, mais non point sa Dynamique.

Nous voici bien loin, semble-t-il, du mouvement dans le vide et de la résistance intrinsèque qui rend ce mouvement successif. Non pas ; nous y sommes, au contraire, ramenés. Outre la matière première et la forme substantielle, Duns Scot met, en tout grave, un principe actif, la gravité, qui en est le moteur ; si l'on fait abstraction de cette gravité, ce qui reste, c'est-à-dire le composé de matière première et de forme substantielle, constitue le mobile que ce moteur doit entraîner ; c'est en ce mobile que résidera la résistance intrinsèque cherchée par les partisans d'Ibn Bâdjâ.

Comment les disciples de Scot exposaient cette pensée, nous le saurons par Marsile d'Inghen, qui reproduit cet exposé pour le combattre.

« Dans le mouvement d'un grave simple ou d'un corps léger

1. Duns Scot, *loc. cit.*, Respondes...

simple, écrit Marsile [1], il y a résistance du mobile au moteur même si l'on fait abstraction du milieu extérieur.

» Pour le prouver, on suppose, premièrement, qu'un grave simple est composé de plusieurs natures qui sont sa matière, sa forme et sa gravité suivant laquelle il est mû naturellement.

» Secondement, on admet qu'un corps doit être mû par violence pour quitter un lieu si, par sa nature, il demeure en repos en ce lieu.

» Troisièmement, on suppose que le composé de la matière et de la forme substantielle du grave, la gravité mise à part, demeurerait en repos en quelque lieu qu'on le plaçât ; et on le prouve, car il ne possèderait plus rien par quoi il pût être mû vers aucun lieu.

» Ces suppositions faites, on déclare qu'un grave simple, mis dans le vide, possède une résistance intrinsèque, et on le démontre ainsi :

» Le composé de matière et de forme substantielle demeurerait en repos en chacun des lieux où le mouvement l'amène ; par la gravité, il est tiré de chacun de ces lieux et est mû vers le bas ; donc, par la seconde supposition, ce mouvement est accompagné de violence ; par conséquent, dans le mouvement d'un grave simple, il y a une résistance intrinsèque. »

Ce que Marsile objecte à ce raisonnement scotiste, nous le dirons plus loin ; contentons-nous, pour le moment, de l'exposé qu'il en a donné.

Nous voyons clairement, désormais, qu'en un grave qui tombe, Jean de Duns Scot et ses disciples distinguent deux choses :

Premièrement, un principe actif ou, comme nous dirions, une force, qui joue le rôle de moteur, et qui est la gravité.

Secondement, un principe passif et résistant, que nous nommerions une masse, qui joue la rôle de mobile et qui est le composé de matière première et de forme substantielle.

Pour Saint Thomas d'Aquin, la masse n'impliquait pas la forme substantielle qui servait sinon de moteur, au moins d'instrument et d'intermédiaire au moteur. La masse était exclusivement constituée par la quantité de matière première.

---

1. *Quæstiones subtilissimæ* JOHANNIS MARCILII INGUEN *super octo libros Physicorum, secundum nominalium viam, cum tabula in fine libri posita; suum in lucem primum sortiuntur effectum.* — Colophon : Expliciunt quæstiones super octo libros Physicomm magistri Johannis Marcilii Inguen secundum nominalium viam. Impressæ Lugduni per honestum virum Johannem Marion. Anno Domini MCCCCCXVIII, die vero XVI mensis Julii. Deo gratias. Lib. IV, quæst. IX.

Sur la définition scotiste de la masse, cette définition thomiste présentait un avantage. On en eût immédiatement, en
effet, tiré cette conclusion : En toute corruption et génération,
en tout changement de forme substantielle ou, comme nous
dirions aujourd'hui, en toute transformation chimique, la masse
d'un corps demeure la même. De la définition Scotiste, on ne
saurait déduire cette conséquence.

A ce sujet, d'ailleurs, on n'eut pas occasion de discuter au
Moyen-âge.

B. *Guillaume d'Ockam*

En un très grand nombre de circonstances, Guillaume
d'Ockam épouse le sentiment de Duns Scot ; c'est ce qui a lieu,
en particulier, au sujet de la résistance qu'un mobile éprouve
de la part du milieu au sein duquel il se meut. Parmi ses *Questions sur le livre des Physiques*, deux questions, la quatre-vingt-
septième et la quatre-vingt-huitième, sont consacrées à ce
problème.

La quatre-vingt-septième question est ainsi formulée [1] :
« Si le mouvement de translation est successif, est-ce à cause
de la résistance du milieu au mobile ou bien à cause de la résistance du mobile au moteur ? »

Pour répondre à cette question, Ockam commence par distinguer deux sens du mot résistance.

« Tout d'abord, le mot résistance peut être pris au sens
propre, pour désigner un effort *(nisus)*, une action *(actio)*.
Une semblable action ne se produit jamais sans qu'il y ait violence exercée sur le corps qui résiste ; or, il ne se rencontre pas,
en tout mouvement local, un corps résistant à vaincre ; s'il
est vaincu, il se meut de mouvement violent, comme on le voit
lorsqu'un corps pénètre de la terre, heurte quelqu'un qui court
ou marche contre le mouvement de l'air.

» Le mot résistance peut aussi être pris d'une manière
impropre pour désigner l'impossibilité où une chose se trouve
de coexister avec une autre *(pro incompossibiliiate aliquorum
ad aliquid)*. C'est de cette façon que l'air résiste à la pierre,
parce que, d'une manière naturelle, la pierre ne saurait égale-

---

1. *Questiones magistri* GUGLELMI DE OKAM *super librum Phisicorum;* quæst.
LXXXVII : Utrum successio in motu recto sit propter resistentiam medii ad
mobile seu mobilis ad motorem (Bibliothèque Nationale, fonds latin, nouv. acq.,
ms. n° 1139, fol. 15, col. d, et fol. 16, col. a)

ment coexister avec les diverses parties de l'air ; par cette résistance, on entend tout simplement que le milieu a des parties réellement distinctes et que le mobile ne peut, d'une manière naturelle, exister simultanément en toutes ces parties. »

Cette distinction marquée, notre auteur répond à la question posée.

« Si l'on prend le mot résistance au premier sens, je dis que cette résistance opposée par le milieu soit au mobile, soit au moteur, n'est point la cause qui rend successif le mouvement local de translation ; en effet, toute résistance de ce genre une fois écartée, dès là qu'on laisse l'espace doué de grandeur et possédant des parties distinctes, le mobile se peut encore mouvoir de mouvement local [successif]...

» Mais si l'on prend le mot résistance au second sens, je dis que cette résistance suffit et qu'elle est, dans le mouvement local, la cause précise du caractère successif, comme nous le verrons plus loin, » c'est-à-dire dans la question suivante.

« De fait, poursuit notre auteur, de deux mouvements de translation, l'un n'est jamais plus vite que l'autre si ce n'est parce que, dans le premier, le milieu est divisé avec plus de force que dans le second, qu'il s'agisse, d'ailleurs, d'un milieu subtil ou d'un milieu dense *(spissum)* ; de fait, donc, comme un milieu subtil se laisse plus aisément diviser qu'un milieu dense, la résistance du milieu est plus ou moins grande et, de fait, elle est, pour le mouvement de translation, et toutes choses égales d'ailleurs, cause de ralentissement ou de vitesse. Mais s'il existait un milieu dont les parties eussent des situations distinctes et qui fût privé de toute qualité, si le mobile pouvait coexister *(esse simul)* avec ce milieu pourvu de parties distinctes, il pourrait encore se faire qu'en un tel milieu, un corps se mût plus vite qu'un autre ; cela ne serait point parce que le premier diviserait le milieu avec plus de force que le second, puisqu'ici le milieu n'est pas divisé par la puissance ; mais une puissance motrice plus grande ferait coexister le mobile avec les diverses parties du milieu plus vite qu'une puissance moindre. On voit ainsi d'une façon manifeste que le caractère successif du mouvement, la vitesse, la lenteur n'ont point pour cause nécessaire cette résistance du milieu qui provient de la subtilité ou de la densité *(spissitudo)*. »

La pensée d'Ockam est bien claire ; peut-être redoutait-il cependant qu'elle ne fût pas exactement saisie par son lecteur, car il reprend dans la question suivante, la quatre-vingt-huitième, qui est ainsi libellée [1] : « Si le mouvement local de translation est successif, est-ce précisément parce que l'espace est doué de grandeur ? » Écoutons sa réponse, qui est d'une particulière fermeté.

« Voici ce que je dis : S'il existait un espace privé de tout, sauf de la grandeur, mais qui fût doué d'une grandeur véritable, qui eût un bout distant de l'autre bout et séparé de lui par une partie intermédiaire *(medium)* distincte de tous deux ; que ce milieu, d'ailleurs, résistât ou non au mobile ; que le mobile pût coexister *(esse simul)* avec ce milieu ou qu'il ne le pût pas ; dans un tel espace, le mouvement s'accomplirait véritablement dans le temps, il serait vraiment successif ; en effet, par le fait même que le mobile ne pourrait se trouver simultanément en des lieux, distincts les uns des autres, qui lui soient égaux, il atteindrait une certaine partie qui lui soit égale avant d'en atteindre une autre ; c'est donc dans le temps qu'il franchirait l'espace et non pas en un instant. On voit donc clairement que dans le mouvement local de translation, le caractère successif provient précisément de ce que l'espace est doué de grandeur. — *Ex quo patet quod successio in motu locali recto est præcise propter quantitatem spatii.* »

Dans ces deux questions, Guillaume d'Ockam n'a pas parlé du mouvement dans le vide ; il n'a même pas prononcé le mot de vide, sans doute afin de ne point mêler des problèmes distincts, afin de n'avoir pas à discuter les difficultés soulevées par l'existence du vide et par les affirmations qu'on est en droit de formuler au sujet du vide. Il se contente de considérer un milieu doué de grandeur, possédant des parties distinctes, mais dénué de toute autre qualité et tel que le mobile puisse coexister avec lui sans le diviser. Par cela seul que ce milieu est doué de grandeur, le mouvement y sera successif. Or, lorsque les partisans du mouvement dans le vide prononcent le mot : *vide,* c'est bien un tel milieu qu'ils conçoivent. De la raison qui impose, au mouvement dans le vide, l'obligation de durer un certain temps, Guillaume d'Ockam formule avec la plus grande clarté ce que Roger Bacon avait indiqué, ce que Gilles de Rome avait rejeté, ce que Duns Scot avait repris en termes concis et obscurs.

---

1. Guglelmi de Okam *Op. laud.*, quæst. LXXXVIII : Utrum successio in motu locali recto sit precise propter quantitatem spatii. Ms. cit., fol. 16, col. a.

C. *L'Ecole Franciscaine*

Sous l'influence de Duns Scot et d'Ockam, l'Ecole franciscaine tout entière paraît avoir admis que le mouvement se pouvait faire dans le vide avec une vitesse finie.

François de Meyronnes n'a pas occasion de se prononcer à cet égard ; mais nous pouvons deviner dans quel sens il l'eût fait, par ce qu'il nous dit du principe actif de la chute des graves. Il suit l'opinion de Scot, mais il la précise et l'accentue. Non seulement il distingue le poids d'avec la forme substantielle du grave, mais il n'hésite pas à lui donner le nom d'accident. Ce sont des raisons théologiques, tirées de la transsubstantiation eucharistique, qui l'amènent à cette conclusion.

« Les corps graves et légers, dit-il [1], sont-ils mûs par quelque forme propre qui leur soit intrinsèque ? ... Je dis qu'ils sont mûs par quelque chose d'intrinsèque... Mais comment cela a-t-il lieu ?

» On peut concevoir, tout d'abord, que le grave tout entier se meut lui-même directement. Il est certain, en effet, que le grave meut tout entier ; mais nous demandons quel est le principe actif ; il est certain aussi qu'il est mû tout entier, et nous demandons quel est le principe passif.

» Une seconde réponse consiste à dire que la forme meut la matière ; mais cela ne se peut sauver dans l'Eucharistie, où il n'y a plus ni la matière, ni la forme et où les accidents demeurent seuls ; cependant l'hostie tombe exactement comme avant la consécration.

» La chute ne peut être due non plus à l'action de la matière, qui peut demeurer la même [bien qu'un corps grave se change en corps léger] ; la matière, en effet, que contient une masse de feu a été, auparavant en une masse d'eau.

» Une troisième réponse consiste à dire que la forme a une inclination propre qui est la gravité et une activité qui lui appartient. Mais voici une objection contre cette opinion : Là où est la force motrice le mouvement est plus rapide ; or [dans l'hostie consacrée] les accidents demeurés seuls continuent de se mouvoir aussi vite que devant.

» Je dis donc que la gravité est une forme accidentelle absolue ; c'est elle qui est le principe du mouvement vers le bas ; et [dans l'hostie consacrée] cette gravité demeure parmi les accidents.

» Mais alors, il faut diviser le mobile en moteur et chose mue ? Je réponds que ce qui est proprement le moteur *(movens per se)* c'est cette gravité ; quant à la chose mue, c'est tout le composé [de matière et de forme substantielle]. »

Voilà, assurément, un résumé très clair et très formel de la doctrine de Duns Scot. Meyronnes y ajoute cette remarque :

« Autre difficulté. On a montré que Dieu peut séparer l'accident de la substance. Si donc, d'une pierre, se trouvait séparé cet accident qu'est la gravité, qu'arrivera-t-il ? Je réponds : Si, du feu, on séparait la chaleur, le feu ne brûlerait plus. De même [cette pierre privée de gravité] demeurerait indifférente à tout lieu, comme l'est un ange. »

Marsile d'Inghen nous a dit quelles conséquences les partisans du mouvement dans le vide tiraient de cette proposition. Elle est, peut-on dire, l'affirmation que, selon la doctrine de Scot, la masse est représentée par le composé de matière première et de forme substantielle, dont tous les accidents ont été détachés.

Gérard d'Odon admettait, comme Duns Scot, qu'un grave tomberait dans le vide avec une vitesse finie. Nous le savons par Jean le Chanoine qui, en cette question, adopte pleinement la manière de voir du maître général de son ordre [1].

Jean le Chanoine nous dit que Gérard d'Odon réfutait les objections d'Aristote ; mais, ajoute-t-il, les réfutations de Gérard n'étaient pas celles qu'il va présenter.

Jean admet que toute résistance au mouvement ne provient pas du milieu ; mais il ne dit' rien qui laisse transparaître la notion de masse. De ses affirmations assez vagues, tirons seulement, pour le moment, celle-ci :

« Le mouvement des projectiles se ferait dans le vide mieux que dans le plein à cause de l'absence de résistance. »

Cette pensée, nous allons la retroüver, mais plus développée, en lisant la *Physique* de Nicolas Bonet. Voici comment s'exprime cet auteur [2] :

« Il ne semble pas qu'aucune impossibilité empêche le mouvement d'avoir lieu dans le vide ; le mouvement local s'y peut

---

1. Joannis Canonici *Quæstiones super VIII libros physicorum Aristotelis*, lib. IV, quæst. IV ; éd. Venetiis, 1520, fol. 43, col. a et b.
2. Nicolai Boneti *Physica*, lib. V, capp. I et II ; Bibl. Nat., fonds latin, ms. n° 6678, fol. 148, V° à fol. 150, r° ; ms. n° 16132, fol. 116, col. c, à fol. 117, col. d.

encore produire et un mouvement peut être plus vite qu'un autre.

» Il vous faut remarquer avec soin que la succession provient, dans le mouvement, de la divisibilité de l'espace et du milieu, que ce milieu soit positif ou qu'il soit privatif », comme l'est le vide selon Henri de Gand et Duns Scot.

« La vitesse ou la lenteur essentielle provient de la divisibilité ou de la diversité du moteur et de la divisibilité ou diversité du mobile.

» Quant à la vitesse [ou lenteur] accidentelle, le mouvement la tient de la résistance du mouvement plein, qui est plus rare ou plus dense, plus subtil ou plus épais, qui favorise ou empêche le mouvement.

» Disons donc que, dans le vide, il y aura mouvement successif, car il y a là espace, milieu privatif et distance privative, car les parois qui contiennent le vide ne se touchent pas. La vitesse essentielle du mouvement née de la divisibilité et de la diversité du moteur peut exister dans le vide ; quant à la vitesse qui, dans le mouvement, provient de la divisibilité et de la diversité du mobile, existe-t-elle ou non dans le vide, cela est douteux. Enfin la vitesse accidentelle que le mouvement tient de la résistance du milieu plein, plus rare ou plus dense, qui favorise ou empêche le mouvement, celle-là n'existe aucunement dans le vide. »

A l'appui de cette distinction entre la vitesse essentielle, qui dépend seulement de l'espace à franchir, du moteur et du mobile, qui est la même dans le plein que dans le vide, et la vitesse accidentelle, effet de l'action perturbatrice du milieu, qui disparaît complètement dans le vide, Nicolas Bonet expose des considérations qui sont, nous l'avons vu, textuellement empruntées à Duns Scot. Puis il conclut en ces termes :

« Disons donc d'une manière générale que tous les raisonnements d'Aristote et d'Averroès, s'ils démontrent quelque chose, ne démontrent que ceci : Dans le vide, il ne se produit aucun mouvement doué d'une vitesse accidentelle qui provienne de la résistance d'un milieu plein, plus rare ou plus dense, qui favorise ou empêche le mouvement. Mais ils ne démontrent pas qu'il ne puisse y avoir, dans le vide, un mouvement tenant d'ailleurs sa vitesse ou sa lenteur, comme il arrive dans le mouvement des corps célestes où la vitesse ou la lenteur provient de la diversité dans la force des moteurs, et non de la diversité du milieu. »

De la distinction scotiste entre la vitesse essentielle et la vitesse accidentelle, Nicolas Bonet fait successivement application [1] au mouvement naturel des graves et au mouvement violent des projectiles.

Comme la plupart de ses contemporains, il attribue à une impulsion du milieu l'accélération qui se remarque en la chute d'un grave. Il en conclut donc que, dans le vide, « le mouvement naturel ne serait pas, à la fin, plus vite qu'au début.

» Quant au mouvement violent, nous devons dire encore qu'il serait plus lent à la fin qu'au commencement ; j'entends parler du mouvement des projectiles, et à supposer qu'on l'y pût produire. Voici la raison de cette proposition : Cette force ou forme imprimée au mobile, par celui qui l'a lancé, s'atténue et s'affaiblit continuellement et, par conséquent, meut de plus en plus lentement.

» Mais, en outre, le mouvement violent accompli dans le plein est plus lent à la fin qu'au début, parce que le mobile est obligé de diviser les parties d'air qui lui résistent, qui mettent obstacle à son mouvement et le retardent ; elles rendent donc son mouvement plus lent, que si elles n'opposaient pas cette résistance. Dans le vide, au contraire, il n'y a aucune résistance, en sorte qu'en son principe comme en son milieu, le mouvement serait plus rapide dans le vide que dans le plein.

» Il en résulte évidemment que, dans le vide, le mouvement porterait plus loin, en sorte qu'il franchirait un plus grand espace et parviendrait à un terme plus éloigné ; le mouvement, en effet, à son début et en son milieu, étant plus rapide dans le vide que dans le plein, il en résulte qu'il parcourra un plus grand espace, car, en un même temps, un mobile mû plus rapidement franchit un plus grand espace.

» Cela peut être rendu manifeste par le signe que voici : L'expérience nous apprend qu'en un même temps, un mobile mû de mouvement violent parcourra un plus grand espace en un milieu plus rare qu'en un milieu plus dense ; au début comme au milieu de sa course, ce mobile mû de mouvement violent se meut plus vite [dans le premier milieu que dans le second] ; et toute la cause en est en la moindre résistance. Cela aura donc lieu également dans le vide, où il n'y a plus aucune résistance.

» Vous me demanderez peut-être si un mouvement violent,

<hr>

1. Nicolai Boneti *Op. laud.*, lib. V, cap. IV ; ms. n° 6678, fol. 150, v° et fol. 151, r° ; ms. n° 16132, fol. 118, col. c et d.

tel le mouvement des projectiles, dure plus longtemps dans le vide que dans le plein. Je vous répondrai : Cherchez la solution. »

Il peut sembler étrange de placer auprès de l'Ecole franciscaine le dominicain Robert Holkot ; mais Holkot, qui est, le plus souvent, disciple d'Ockam, se montre, dans bien des cas, partisan des doctrines en faveur chez les Franciscains ; c'est ce qui a lieu, notamment, au sujet du mouvement dans le vide ; il admet [1] que ce mouvement serait successif, qu'il exigerait une certaine durée, et cela parce que l'espace traversé par le mobile est divisible.

Le raisonnement par lequel Aristote établit que, dans le vide, tout mouvement local serait instantané lui paraît être un argument *ad hominem* dirigé contre les Atomistes, au gré desquels le mouvement serait impossible si le vide n'existait pas. Sans doute, notre auteur accorde au Stagirite qu'un mouvement s'accomplirait en un instant là où ne se rencontrerait aucune résistance. «Mais on peut dire qu'il y a deux sortes de résistances, la résistance positive et la résistance négative. La résistance positive est celle qu'un corps oppose à un autre corps ou une partie d'un corps à une autre partie de ce même corps. La résistance négative est celle qui provient de la distance entre les deux termes du mouvement.

» Si, par exemple, Dieu annihilait la sphère de l'air en son entier, nous pouvons imaginer qu'[entre les bornes de cette sphère] une distance resterait, aussi grande qu'à présent ; un espace vide demeurerait, aussi grand que l'espace maintenant occupé par l'air. Imaginons alors qu'une perche parte de la surface de la terre et atteigne jusqu'à la sphère du feu, et qu'un corps tombe le long de cette perche ; il nous faudra nécessairement admettre que ce corps arrivera devant le milieu de cette perche avant d'atteindre la surface du sol ; si ce poids, en effet, est haut d'un pied, il s'appliquera vraiment d'une manière successive à chacune des longueurs d'un pied qui composent la perche ; admettre, donc, que cette chute se fait subitement, cela répugne à l'imagination.

» Ainsi la seule distance qui se trouve entre les termes de l'espace à franchir suffit à causer une succession dans le mouvement.

» Quant à la façon dont Aristote procède au quatrième livre des *Physiques*, je ne la comprends pas. »

---

1. Roberti Holkot *Super quatuor libros sententiarum quæstiones ;* lib. II, quæst. III : Utrum dæmones libere peccaverunt. Ad rationes Hibernici.

D. *Les Maîtres séculiers de Paris*

L'Ecole Franciscaine a été à peu près unanime à suivre Duns Scot dans la voie ouverte par Ibn Bâdjâ et par Thomas d'Aquin. Elle a jugé qu'un mouvement pouvait se faire, dans le vide, avec une vitesse finie. Elle a déclaré que le mouvement vraiment naturel, que le mouvement essentiel d'un grave est celui qu'il prendrait dans le vide ; que la résistance du milieu était une perturbation accidentelle qui vient troubler ce mouvement essentiel. Pour justifier ces propositions, elle a été amenée à marquer nettement la distinction du poids et de la masse.

Les Maîtres séculiers de Paris qui, si souvent, ont suivi l'impulsion franciscaine, lui ont, en cette circonstance, opposé une invincible résistance. Contre Ibn Bâdjâ, Thomas d'Aquin et Duns Scot, ils ont tenu pour l'opinion d'Aristote et d'Averroès : Si un grave était placé dans le vide et qu'il s'y pût mouvoir, sa chute ne serait pas successive, mais instantanée. Leurs arguments sont intéressants à étudier ; ils montrent bien, en effet, tout ce qu'avait de nouveau, et de surprenant pour des Péripatéticiens, la Dynamique proposée par Avempace, par Saint Thomas, par Scot ; en s'efforçant de la réfuter, ils en marquent avec plus de précision les caractères propres ; par là, ils contribuent d'une certaine manière à la définition de l'idée de masse.

Que Jean de Jandun se range du parti d'Aristote et d'Averroès, ce n'est pas pour nous surprendre.

Jean de Jandun refuse [1] toute possibilité, dans la nature, au vide considéré comme un espace doué de dimensions, mais dénué de tout corps ; il rejette absolument l'idée de dimensions privatives qu'Henri de Gand et Duns Scot se sont efforcés de définir : « A cette question : Le vide est-il une privation ? Nous répondrons : Non. Ce n'est pas, en effet, la négation, en un certain sujet, de quelque chose que ce sujet serait naturellement apte à recevoir. Les dimensions séparées que l'on conçoit sous le nom de vide ne sont pas la négation d'une certaine manière d'être en un sujet naturellement apte à cette manière d'être ; il y a plus, de telles dimensions séparées de tout corps sensible

---

1. Joannis de Janduno *Super octo libros Aristotelis de physico auditu subtilissimae quaestiones.* Lib. IV, quæst. XV : An existente vacuo privatio foret.

ne sont, hors de l'esprit, qu'un pur non être *(omnino non ens)* car toute grandeur est sensible et mobile.»

La rigueur de cette conclusion qui, de l'existence d'un espace vide fait une pure contradiction, ôte fort de son intérêt à cette question : Si le vide existait, un grave y tomberait-il instantanément ou avec une vitesse finie ? Jean de Jandun, cependant, expose et reprend en détail les débats auxquels cette question a donné lieu.

« Certains, dit-il [1], ont paru imaginer que si le vide existait, le mouvement local s'y pourrait faire, pour les susdites raisons. »

Parmi ces raisons, notre auteur rapportait celle-ci, en empruntant presque textuellement les termes de Saint Thomas :

« Le vide étant admis, si l'on niait que le mouvement local s'y pût faire, ce serait seulement pour cette cause qu'il n'y aurait là aucune résistance du mobile au moteur ; c'est la cause qu'assigne le Commentateur. Mais cette cause n'est point. Si le vide existait et qu'un grave, une pierre par exemple, se trouvait en une partie de ce vide, [abstraction faite de sa forme motrice], il serait encore corporel ; il serait en une certaine situation opposée à une autre situation ; par cette opposition, il résisterait au moteur. Or une telle résistance suffit au mouvement local, comme le montrent les corps célestes ; un corps céleste, en effet, n'a pas, à l'égard de son moteur, d'autre résistance que celle-ci : il est corporel et se trouve dans une situation opposée à celle où son moteur tend à le placer. »

Avempace, donc, au rapport du Commentateur, a émis l'opinion que voici :

« Si un mobile [pesant ou léger] se trouvait dans le vide, il s'y mouvrait de sa vitesse propre et naturelle ; mais, dans un milieu rempli par un corps sensible quelconque, il ne se meut point de sa vitesse naturelle ; il est, au contraire, constamment empêché de prendre cette vitesse naturelle ; par l'effet de l'empêchement que constitue le milieu plein, un certain temps est ajouté à celui qui convient à la vitesse naturelle ; la vitesse qu'a le mobile dans un milieu plein, si subtil soit-il, est une vitesse accidentelle ; et, de même, la lenteur qu'il a dans un milieu moins subtil est une lenteur accidentelle.

» C'est de cette vitesse et de cette lenteur accidentelles qu'Aristote a entendu parler lorsqu'il a dit qu'entre deux

---

1. Joannis de Janduno *Op. laud.*, lib. IV, quæst. XI : An si vacuum esset, possibile esset in eo fieri motum.

milieux différents, le rapport des vitesses ou des lenteurs, est égal au rapport des subtilités ou des densités des milieux ; mais cela n'est pas vrai, comme il l'a affirmé, de la vitesse ou de la lenteur naturelle.

» Quelques-uns, comme Saint Thomas et ceux qui l'ont suivi, ajoutent ceci :

» S'il existait un tel espace vide et qu'un mobile s'y trouvât, par le fait même que ce mobile est corporel et qu'il se trouve en une situation opposée [à celle que le moteur tend à lui conférer], il opposerait une résistance suffisante au moteur ; et cette résistance, à leur avis, suffirait pour que le mouvement local eût lieu en cet espace.

» Mais tout cela semble absolument impossible et contraire à Aristote. »

Jean de Jandun rejette donc les raisons d'Ibn Bâdjâ et de Saint Thomas. Il ne peut concevoir cette résistance que le *Doctor communis* attribue au mobile du fait seul qu'il est corporel ; il ne peut concevoir d'autre résistance que celle d'une *force* résistante, qui tend vers un certain lieu, comme fait la pesanteur ou la gravité, et un tel lieu ne se trouve pas dans le vide.

« Lorsqu'on dit : Le grave lui-même est corporel et il se trouve en une situation opposée, en sorte qu'il résiste au moteur, et cela par le fait même qu'il est dans une situation opposée [à celle où le moteur tend à le mettre]. — Je réponds : Si le vide existait, il n'y aurait aucune diversité entre ses parties ; le mobile qui s'y trouverait ne serait donc pas dans une situation opposée à une autre situation ; en effet, l'opposition de situations qui suffit à déterminer une résistance du mobile à l'égard du moteur, requiert nécessairement une certaine opposition ou diversité naturelle entre les parties du lieu ou entre différents lieux ; si donc le vide existait, il n'y pourrait rencontrer aucune opposition d'une situation à une autre situation. »

Contre les remarques par lesquelles Thomas d'Aquin a fait entrevoir à ses disciples la notion de masse, Jandun répète ses coups.

« La succession [1] dans le mouvement des corps inanimés, graves ou légers, provient de ce qui résiste à leur puissance motrice propre. On peut alors faire le raisonnement suivant :

---

1. JOANNIS DE JANDUNO *Op. laud.*, :b. IV, quæst. XIII : An successio in motu gravium et levium ex resistentia medii causetur.

Dans le mouvement des corps graves ou légers, la succession provient soit de la résistance du milieu, soit de la résistance du mobile intrinsèque qui est la matière du corps grave ou léger ; il ne semble pas, en effet, que la succession puisse provenir d'un moyen autre que ces deux-là. Mais dans le mouvement d'un corps grave ou léger, la succession ne provient pas de la résistance du mobile intrinsèque au moteur, c'est-à-dire de la résistance que la matière du corps grave, matière que le Commentateur regarde ici comme la chose mue, opposerait à la forme qui est le moteur ; en effet, la matière d'un grave inanimé ne saurait être, par elle-même, le sujet propre et naturel d'un lieu *(ubi)* opposé au lieu vers lequel meut la forme, la force du grave ; or rien ne peut proprement résister à un moteur qui meut vers un certain lieu, si ce n'est une chose qui possède un lieu opposé à celui-là *(nihil autem proprie resistit motori moventi ad aliquod ubi, nisi illud quod habet ubi oppositum)...*

» En un corps inanimé grave ou léger, il n'y a donc rien qui résiste au moteur, car, en ce corps, il n'y a rien qui soit le sujet propre et naturel d'un lieu opposé [à celui vers lequel tend le moteur] ; il n'y a donc, de la part du mobile même, aucune résistance au moteur ; partant, s'il se mouvait dans le vide, il n'y aurait aucune succession dans son mouvement ; ce mouvement se ferait en un néant de temps *(in non tempore).* »

On ne saurait raisonner plus exactement selon les principes de la Dynamique péripatéticienne. Pas de mouvement successif là où le moteur ne rencontre aucune résistance ; et pas de résistance qui ne soit celle d'un corps mû par violence, d'un corps qui a un certain lieu naturel et que le moteur entraîne en un sens opposé à ce lieu.

Jean de Jandun maintient donc, contre Ibn Bâdjâ et Thomas d'Aquin, les principes de la Dynamique péripatéticienne ; partant, il en maintient les conséquences et, en particulier, celle-ci [1] : Si un même grave tombe successivement, en des milieux divers, il y prend des vitesses qui sont en raison inverse des densités de ces milieux.

La justification de cette proposition fournit, d'ailleurs, à notre auteur, l'occasion de répéter ce que, déjà, nous lui avons entendu dire :

« Sa forme substantielle, dont résulte la gravité, une fois

---

1. JOANNIS DE JANDUNO *Op. laud.*, lib. IV, quæst. XII : An velocitas aunius motus ad alterius velocitatem sit secundum medii ad medium spissitudinem et tennitatem, sive grossitiem et subtilitatem attendenda.

mise à part, un grave inanimé n'est pas un être en acte qui résiste à son moteur... Lorsque, par exemple, une pierre se trouve en haut, il n'y a pas en cette pierre, outre sa forme substantielle, un certain être en acte qui puisse être le sujet propre d'un lieu situé vers le haut et qui résiste au moteur lorsque celui-ci tend à mettre la pierre dans un lieu moins élevé. »

Jean de Jandun ferme absolument l'accès de sa raison à la notion de cette résistance d'un genre nouveau que Thomas d'Aquin a tenté de définir et qui deviendra la masse de notre Mécanique.

Il n'accorde pas davantage que le mouvement essentiel et vraiment naturel d'un grave soit le mouvement que ce corps prendrait dans le vide ; que la chute dans le plein soit un mouvement compliqué et troublé.

« Quelques-uns, dit-il [1], semblent imaginer que le milieu plein empêche constamment le mobile de prendre sa vitesse propre et naturelle ; en sorte que, si le milieu était vide, le mobile aurait sa vitesse naturelle. C'est ce que voulait Avempace et, sur ce point, Saint Thomas paraît s'accorder avec lui. Mais le Commentateur, à cette opinion, objecte ceci : Si le milieu plein empêchait les graves et les corps légers d'acquérir leurs vitesses naturelles, c'est-à-dire les vitesses qu'ils sont, par nature, aptes à prendre, alors les corps graves et légers seraient, par nature, aptes à prendre des vitesses qu'ils ne prendraient jamais... Il nous faut donc dire brièvement que le milieu plein n'empêche pas toujours un corps grave ou léger de prendre sa vitesse naturelle ; s'il en était ainsi, en effet, aucun mouvement de ces corps ne serait proprement naturel... ce qui est absurde. »

Peu d'auteurs eurent, au XVIe siècle, plus d'autorité dans les Universités italiennes que Jean de Jandun. Constamment réimprimés à Venise, ses traités étaient extrêmement lus et très fréquemment cités. On conçoit donc sans peine qu'il ait contribué pour une grande part à la résistance qu'à la Dynamique Galiléenne opposera la Scolastique italienne.

Mais il est permis de croire qu'il a également contribué à la naissance de cette Dynamique. Pour combattre les théories d'Ibn Bâdjâ et de Saint Thomas d'Aquin, il les a très clairement, très complètement, très loyalement exposées. L'ampleur qu'il

---

1. Joannis de Janduno *Op. laud.*, lib. IV, quæst. XVI : An gravium et levium motus a medio impediatur.

donne à la discussion de ces idées en marque l'importance. Ses *Questions sur la Physique* étaient admirablement propres à les faire connaître. Or Galilée avait lu les traités de Jandun ; sept fois il les cite du cours des dissertations scolastiques qui témoignent des études auxquelles sa jeunesse s'est consacrée. Comment douter qu'il n'y ait pris quelque germe des doctrines qu'il devait développer plus tard ?

Au sujet du mouvement dans le vide, Walter Burley pense à peu près comme Jean de Jandun dont il a, très certainement, lu les *Questions*.

Il interprète de la manière suivante [1] l'affirmation d'Averroès qu'en un grave, la chose mue, qui est la matière, ne saurait résister au moteur, qui est la forme substantielle : « C'est en raison de sa matière que le grave est mû et en raison de sa forme qu'il meut. Toutefois ce qui meut par soi, c'est le composé de matière et de forme tout entier, et, de même, c'est le composé tout entier qui, par soi, est mû. La matière première ne saurait être, par soi, chose mue, car elle n'est pas un être en acte. Ainsi, dans le mouvement des corps simples graves ou légers le moteur et la chose mue sont une seule et même chose ; il n'y a donc pas de résistance du moteur au mobile, en sorte que si ces corps se mouvaient dans le vide, ils se mouvraient en un instant. »

Burley restreint son affirmation aux corps, graves ou légers, qui sont simples. Rien de plus conforme à la Dynamique péripatéticienne que cette restriction. Voyons, en effet, ce qu'elle signifie.

Supposons qu'à un corps pesant soit attaché un corps léger, qui tende à monter pendant que le grave tombe ; en ce mobile complexe, nous pourrons trouver quelque chose d'intrinsèque qui résiste au moteur, c'est-à-dire au poids qui tombe ; ce mobile complexe pourrait donc, même dans le vide, tomber avec une vitesse finie.

Il en sera encore de même si le corps grave et le corps léger, au lieu d'être simplement attachés l'un à l'autre, sont mêlés entre eux. Partant un grave mixte, contenant à la fois, par exemple, de la terre et du feu, pourra tomber dans le vide avec une vitesse finie, tandis qu'un grave simple, tel que de l'eau, y tomberait en un instant, fût-il moins lourd que le grave mixte.

---

1. BURLEUS *Super octo libros physicorum*, lib. IV, tract. II, cap. IV ; éd. Venetiis, 1491 ; 3e fol. après le fol. sign. n° 4, col. d.

Telle est la théorie que Burley expose [1] avec complaisance et à laquelle nous verrons Buridan, Albert de Saxe, Marsile d'Inghen, s'attarder à l'envi.

Pas plus que Jean de Jandun, Burley ne consent [2] à regarder comme vitesse empêchée et troublée la vitesse qu'un grave prend dans un milieu plein et à réserver le nom de vitesse naturelle à celle qu'il acquérerait dans le vide.

« Un corps grave ou léger, dit-il, ne possède pas une vitesse déterminée d'une manière absolue, mais seulement une vitesse relative au milieu au sein duquel il se meut ; et quelque soit la vitesse ou la lenteur qu'il a en son mouvement naturel, elle lui est naturelle.

» Si donc un grave se meut dans un milieu dense, la vitesse avec laquelle il se meut lui est naturelle à l'égard de ce milieu ; il n'est donc pas empêché d'y prendre sa vitesse naturelle, bien qu'il soit empêché d'y prendre la vitesse qui lui serait naturelle s'il se mouvait dans un autre milieu ; il n'est pas, pour cela, entravé en son mouvement naturel, car sa nature n'est pas de prendre dans un milieu plus dense la vitesse qu'il prendrait naturellement dans un milieu plus subtil. »

Que la loi de chute d'un grave dans le vide soit la loi essentielle de ce mouvement ; que la chute dans le plein soit un mouvement complexe et troublé, cette pensée, qui devait être si féconde, répugne invinciblement à des raisons formées par la discipline péripatéticienne ; Jandun, et Burley mieux encore, viennent de nous faire entendre la protestation qu'exhale cette répugnance.

Que des esprits fermement attachés aux principes d'Aristote et du Commentateur, comme ceux de Jean de Jandun et de Walter Burley, se soient montrés réfractaires à tout ce qu'Ibn Bâdjâ, Thomas d'Aquin et Duns Scot avaient dit du mouvement dans le vide, nous ne saurions nous en étonner. Nous sommes plus vivement surpris de trouver en une attitude toute semblable, Jean Buridan et ses disciples Albert de Saxe et Marsile d'Inghen.

Après qu'aux idées insensées d'Aristote touchant le mouvement des projectiles, les Scotistes auront substitué la théorie plus raisonnable de Jean Philopon, Buridan, Albert de Saxe, Marsile d'Inghen adopteront la théorie nouvelle et la déve-

---

1. WALTER BURLEY, *loc. cit.* ; éd. cit., fol. sign. o, coll. b. c et d.
2. WALTER BURLEY, *loc. cit.*, éd. cit., folio qui précède le fol. sign. o, col. a.

lopperont magnifiquement ; là, en particulier, ils rencontreront la notion de masse, et ils la définiront en des termes tout semblables à ceux dont Newton usera un jour. Comment se fait-il que ces mêmes docteurs, trouvant, sous une autre forme, la notion de masse en ce qui a été dit du mouvement dans le vide, n'aient pas su la reconnaître et l'ait impitoyablement repoussée ? C'est que cette unique notion entrait en même temps dans la Mécanique par deux voies si différentes qu'il était bien malaisé de croire qu'elle fût, des deux manières, la même idée. De telles hésitations, de telles contradictions sont bien propres à nous faire comprendre combien les premiers principes de notre Mécanique étaient cachés, éloignés de la simple connaissance commune, difficiles à découvrir ; elles sont bien propres à accroître notre admiration pour ceux qui peu à peu, au prix de pénibles efforts, ont exhumé ces précieuses vérités.

Voici, tout d'abord, en quels termes [1] Buridan rejette la notion de masse telle que Saint Thomas l'avait conçue :

Dans la chute d'un grave, « la matière première ne résiste pas au moteur ; la matière première, en effet, n'a aucune inclination vers un lieu déterminé ni vers une certaine disposition ; si même on veut dire qu'elle a, d'une manière passive, inclination et appétit, elle incline cependant d'une manière indifférente à ce à quoi tend le moteur aussi bien qu'à l'opposé ; en ce qui est de la matière première, donc, cette inclination ne saurait empêcher que le moteur ne meuve ; partant, ce n'est pas ce que nous appelons une résistance. Une résistance, en effet, c'est une inclination qui se fait d'une manière active, qui est si bien déterminée à une chose qu'elle ne le soit pas à la chose opposée, et qui est déterminée à une chose opposée à celle vers laquelle tend le moteur ; une telle résistance ne saurait convenir à la matière car elle est indifférente à l'égard de toutes les formes, de toutes les dispositions dont, pour les choses naturelles, l'existence est possible. »

Toutefois, si Buridan rejette absolument la notion d'une résistance intrinsèque constituée par la masse même du corps, il n'a pas la même sévérité pour l'opinion d'Avempace, qu'il présente sous la forme suivante [2] d'où se trouve exclue toute considération de résistance intrinsèque. « Toute résistance

---

1. JOHANNIS BURIDANI *Acutissime questiones super octo phisicorum libros ;* lib. IV, quæst. IX ; fol. lxxiiii, col. c.
2. JEAN BURIDAN, *loc. cit.*, fol. lxxvi, col. b et c.

mise de côté, d'une puissance mouvante limitée provient un effet limité, en sorte qu'une puissance de telle grandeur ne peut produire un effet plus grand ou plus intense que tel effet. Dès lors, voici ce qu'il faudrait dire : Lors même que ni le milieu ni quoi que ce soit d'autre ne s'opposerait à la chute d'un grave, cependant si la gravité ou quelque autre moteur inclinait ce grave à tomber, le mouvement aurait une vitesse déterminée.

» Dès lors, il faudrait nier ce que disent Aristote et le Commentateur : Si le même moteur ou des moteurs égaux meuvent le même grave au travers de milieux divers et différents, les mouvements auront, entre eux, même rapport de vitesse ou de lenteur qu'ont entre elles les subtilités ou les densités des milieux ou le plus ou moins de résistance de ces milieux.

» Cela ne serait pas vrai ; si l'on imagine, en effet, que toute résistance mise à part, un certain degré de lenteur provient de la limitation *(determinatio)* du moteur, la résistance du milieu y ajoute, toutefois, certains degrés de lenteur ; alors, cette proportionnalité admise par Aristote entre la vitesse ou la lenteur du mouvement et la subtilité ou la densité du milieu ne vaudrait pas à l'égard de la lenteur provenant du moteur même, mais à la lenteur surajoutée du fait de la résistance du milieu.

» Il faudrait, dès lors, corriger ce qui a été dit précédemment, savoir : Que le mouvement est d'autant plus rapide que plus grand est le rapport de la force motrice à la résistance ; que le mouvement est d'autant plus lent que ce rappport est plus petit ; que s'il n'y avait pas de résistance, il n'y aurait pas de succession dans le mouvement. Tout cela ne serait point vrai, si ce n'est à l'égard de la lenteur ajoutée, et à condition de défalquer l'autre lenteur qui provient de la limitation même de la puissance...

» Il ne m'apparaît pas que cette imagination d'Avempace puisse être ni réfutée ni prouvée d'une manière démonstrative... Je ne nie point [la vérité de] cette imagination. »

En la question suivante, après avoir exposé une objection d'Aristote contre le mouvement dans le vide, Buridan dit encore [1] :

« Il faut remarquer que cette conclusion et les raisons qui en ont été données partent de la supposition que l'opinion d'Avempace, exposée ci-dessus, est fausse ; or, cette opinion, je ne sau-

---

1. JOHANNIS BURIDANI *Op. laud.*, lib. IV, quæst. X : Utrum si vacuum esset grave moveretur in eo ; fol. lxxvii, col. c.

rais la réfuter, et j'y consens plus volontiers qu'à l'opinion contraire *(cui magis consentio quam opinioni oppositæ)*. Si l'on accorde que l'opinion d'Avempace est vraie, on ne doit plus admettre cette conclusion et les raisons d'Aristote seraient sans valeur. »

Au premier des deux passages que nous venons de reproduire, Buridan a fort bien vu qu'admettre l'opinion qu'Ibn Bâdjâ avait empruntée à Jean Philopon, c'est rejeter toutes les règles fondamentales de la Dynamique péripatéticienne ; ces règles ne s'appliquent plus à la partie essentielle d'un mouvement qu'une force, abstraction faite de toute résistance, imprime à un mobile ; elles ne s'appliquent plus qu'à la partie accidentelle du mouvement, à celle qui dépend de la résistance du milieu. La gravité de cette conséquence n'effraye pas Buridan. Son consentement va plus volontiers à la théorie d'Ibn Bâdjâ qu'à celle d'Aristote.

Les disciples de Buridan ont été moins heureusement inspirés. Ils n'ont accordé leur confiance à la doctrine d'Avempace ni sous la forme que leur maître lui avait donnée, ni sous l'aspect que Saint Thomas d'Aquin lui avait fait prendre.

Albert de Saxe, qui énumère et discute [1] nombre de manières, plus ou moins heureusement imaginées, d'attribuer à un grave une résistance intrinsèque ou extrinsèque, ne fait aucune allusion à l'hypothèse qui place cette résistance dans le corps même, c'est-à-dire dans la matière douée de grandeur. En ses *Abbreviationes libri Physicorum*, Marsile d'Inghen ne parle pas davantage de cette hypothèse.

En ses *Questions sur la Physique*, Marsile, nous l'avons vu, rapporte [2] d'une manière très précise comment les Scotistes, en un corps pesant, distinguaient une force, la gravité, et une masse, représentée par le composé de matière et de forme dont on a abstrait la gravité ; il explique de quelle manière, à leur avis, la masse résiste au mouvement que la gravité tend à lui imprimer. Mais tout cet exposé n'a d'autre objet que de préparer la réfutation que voici :

« S'il y avait quelque résistance, ou bien elle proviendrait de la matière, et cela n'est pas, car la matière, indifférente à tout mouvement, ne résiste à aucun ; ou bien elle proviendrait

---

1. ALBERTI DE SAXONIA *Quæstiones super libros de physica auscultatione*, lib. IV, quæst. IX et quæst. X.

2. *Quæstiones subtilissimæ* JOHANNIS MARCILII INGUEN *super octo libros Physicorum*. Lib. IV, quæst. IX.

de la forme du grave, et cela n'est pas, car elle est le principe principal *(principale principium)* du mouvement du grave vers le bas et la gravité n'est que l'instrument au moyen duquel elle meut. Quant au raisonnement qui a été rapporté, il y faudrait ajouter : Lorsqu'une chose repose *d'une manière naturelle* en un lieu, elle ne peut être mue hors de ce lieu, si ce n'est par violence. Mais il n'en est pas ainsi pour le composé de la matière et de la forme substantielle du grave ; sans doute, en quelque lieu qu'on le place, il y demeurerait en repos ; mais ce ne serait pas d'une manière naturelle ; posé en un milieu élevé, en effet, il aurait une inclination à descendre ; seulement, il ne pourrait descendre, par suite de la destruction de l'instrument nécessaire. »

Albert de Saxe et Marsile d'Inghen n'ont donc pas compris le rôle que la masse devait jouer dans la chute des graves ; ils n'ont pas admis davantage la théorie d'Ibn Bâdjâ sous la forme que lui avait donnée leur maître Buridan. Voici ce qu'Albert écrit à cet égard [1] :

« Au sujet de la résistance intrinsèque, quelques-uns ont dit que tout agent naturel est de puissance finie, c'est-à-dire qu'il est, de lui-même, borné à un certain degré de vitesse qu'il ne franchirait pas lors même que toute résistance extrinsèque serait supprimée ; c'est cette limitation qu'ils posent en guise de résistance intrinsèque. Ils diraient donc que de la terre pure, placée dans le vide tomberait avec une vitesse finie, savoir : avec ce degré de vitesse auquel elle est bornée par elle-même. Ils diraient aussi que les corps plus pesants sont bornés à un degré de vitesse plus élevé que les corps moins pesants. Ils diraient enfin que si un grave simple était placé dans le vide, si le vide existait, ne s'y mouvrait point subitement, mais successivement, parce que la puissance qui meut ce grave est limitée et finie.

» Mais cette imagination est contre Aristote. » Pour la rejeter, Albert lui oppose diverses objections qui ne procèdent nullement d'une intelligence exacte de l'hypothèse émise par Buridan. Ces médiocres objections sont soigneusement reprises par Marsile d'Inghen, en son *Abrégé*, afin de prouver « que la limitation de la puissance n'est pas la cause de la succession dans le mouvement d'un grave ».

---

1. Alberti de Saxonia *Op. laud.*, lib. IV, quæst. IX.
2. Marsilii Inguen *Abbreviationes libri phisicorum*, fol. sign. l 3, col. b et c.
3. Joannis Marcilii Inguen, *Quæstiones in libros physicorum secundum nominalium viam*, lib. IV, quæst. VIII.

Marsile reproduit, d'ailleurs, cette argumentation en ses *Questions sur la Physique*.

Ainsi les Maîtres séculiers de Paris, à qui la Dynamique moderne doit tant par ailleurs, ont été unanimes à méconnaître la pensée féconde de Saint Thomas d'Aquin, de Duns Scot et des Scotistes ; leur esprit, trop accoutumé à ne considérer que la résistance active qui est une force, n'a pu concevoir cette sorte de résistance passive qu'est une masse.

La théorie même empruntée par Ibn Bâdjâ à Philopon n'a trouvé quelque faveur qu'auprès de Buridan ; Albert de Saxe et Marsile d'Inghen l'ont formellement rejetée, comme l'avaient rejetée Jean de Jandun et Walter Burley.

VII

TOUS LES CORPS TOMBENT-ILS DANS LE VIDE AVEC LA MÊME VITESSE ? — LES RÉPONSES DONNÉES A CETTE QUESTION AU MOYEN-ÂGE

En affirmant que tous les corps tombent dans le vide avec la même vitesse, Leucippe, Démocrite et Epicure avaient formulé une sorte de prophétie. Cette vérité, qui avait contre elle la vraisemblance, ils l'avaient énoncée sans qu'aucune démonstration, sans qu'aucune expérience fût à leur disposition pour l'établir.

Dans la confiance que cette loi leur avait inspirée, les Atomistes demeurèrent isolés. A tous les autres, l'affirmation que tous les corps tombent dans le vide avec la même vitesse apparût plutôt comme une proposition inadmissible. Les Péripatéticiens en firent la conséquence absurde à laquelle ils s'efforcèrent d'acculer ceux qui croyaient à la possibilité du mouvement dans le vide ; les adversaires des Péripatéticiens, au contraire, s'ingénièrent à montrer que leur opinion ne les contraignait aucunement à recevoir cette invraisemblable conséquence. Ainsi avaient fait Aristote, d'une part, et Jean Philopon, d'autre part ; ainsi continuèrent de combattre les Maîtres de la Scolastique.

L'objection faite aux partisans du mouvement dans le vide

prenait souvent cette forme plus précise : Des poids, de même substance mais de volume différent, doivent tomber dans le vide avec la même vitesse. Sous cette forme, l'affirmation s'imposait d'une manière à peu près inévitable. Il ne paraît pas qu'aucun partisan du mouvement dans le vide l'ait osé admettre formellement et explicitement ; aucun, du moins ne l'a niée.

Prenons, d'abord, l'axiome des Atomistes sous sa forme générale : Tous les corps tombent dans le vide avec la même vitesse. Rapportons en quels termes les partisans de la Physique d'Aristote l'opposaient à ceux qui admettaient la possibilité du mouvement successif dans le vide.

Voici, en premier lieu, comment Jean de Jandun formulait cette objection [1] :

« Si l'on supposait que le vide existât et que le mouvement y pût être, deux corps, dont l'un est plus pesant et dont l'autre est moins pesant, toutes choses, c'est-à-dire la grandeur et la figure, étant égales d'ailleurs, se mouvraient dans le vide avec une égale vitesse, ce qui est manifestement impossible. La conséquence résulte évidemment de la supposition faite ; si, en effet, un mobile, qui a même grandeur et même figure qu'un autre, se meut plus vite que ce dernier, c'est uniquement parce qu'il divise plus vite et plus rapidement le milieu au travers duquel se fait le mouvement ; mais ici, le vide ne saurait être plus rapidement divisé par un corps que par l'autre ; si donc le mouvement se pouvait faire dans le vide, tous les mobiles s'y mouvraient également, ce qui est impossible. »

Walter Burley n'est pas moins formel.

« Le Philosophe, dit-il [2], se propose de prouver que l'existence du vide détruit une propriété des mouvements naturels, qui est l'inégalité entre les vitesses de ces mouvements naturels. J'énonce sous cette forme la conclusion à prouver : Si le vide existait, il n'y aurait, entre les mouvements naturels, aucune inégalité de vitesse. C'est la trente-sixième conclusion de ce livre. Cette conclusion se prouve ainsi :

» Nous voyons que, toutes choses égales d'ailleurs, les corps plus pesants tombent plus vite que les corps moins pesants ;

---

1. Joannis de Janduno *Super Aristotelis libros de physico auditu subtilissimæ quæstiones*; lib. IV, quæst. XI : An si vacuum esset possibile esset in eo fieri motum.

2. Burleus *Super octo libros physicorum*, lib. IV, tract. II, cap. IV ; éd. Venetiis, 1491, fol. sign. o 2, col. b et c.

il en est de même des corps légers à l'égard du mouvement vers le haut.

» D'autre part, nous voyons qu'un corps d'une certaine figure se meut plus vite qu'un corps d'une autre figure ; par exemple, toutes choses égales d'ailleurs, un grave de figure pointue se meut plus vite qu'un grave de figure large.

» Qu'un corps donc, au travers d'un même milieu, se meuve plus vite qu'un autre, on en peut assigner deux causes ; ce peut-être en raison de sa figure ou en raison de sa gravité ou légèreté.

» Mais la raison pour laquelle, toutes choses égales d'ailleurs, un corps plus lourd ou plus léger se meut plus vite qu'un autre, sont comme la raison pour laquelle un corps d'une certaine figure se meut plus vite qu'un corps d'une autre figure, c'est que le premier a plus de force que le second pour diviser le milieu.

» Mais si l'on admet le vide, on ne peut plus donner aucune de ces deux causes, car, dans le vide, il n'y a plus de milieu résistant.

» On peut donc mettre le raisonnement sous la forme que voici :

» Si les mouvements naturels sont inégaux en vitesse, c'est uniquement à cause de la résistance du milieu ou, en d'autres termes, parce que le milieu résiste moins à un corps naturel qu'à un autre ; toutes choses égales d'ailleurs, quand la pesanteur divise un milieu, le milieu oppose, au corps plus pesant, une moindre résistance qu'au corps moins pesant. Mais si le vide existe, il n'y a plus aucune résistance de la part du milieu ; un corps ne divise pas le milieu plus aisément qu'un autre. Si donc le vide existe, il n'y a plus aucune inégalité de vitesse entre les divers mouvements naturels. »

Ni Jean de Jandun, ni Walter Burley n'ont un instant songé qu'on pût faire quelque objection à ce raisonnement d'Aristote. Saint Thomas d'Aquin, guidé peut-être par Simplicius, avait été plus perspicace ; il avait fort bien vu que toute cette argumentation tombe en défaut si l'on attribue à la résistance du milieu, dans le mouvement des graves, le rôle que lui réserve Ibn Bâdjâ.

« Il faut observer attentivement, dit-il [1], que le développement de ce raisonnement rencontre même difficulté que le

---

1. Sancti Thomæ Aquinatis *In libros physicorum Aristotelis expositio;* lib. IV, lect. XIII.

raisonnement du premier. Il paraît supposer, en effet, que la différence de vitesse entre les divers mouvements provient uniquement de la différence en la division du milieu ; cependant, entre les corps célestes, il y a des différences de vitesse, bien qu'aucun milieu plein et résistant n'ait à être divisé par les mouvements du corps céleste. »

Cette objection dressée par Saint Thomas d'Aquin contre l'argument d'Aristote a, sans doute, suggéré cette remarque de Gilles de Rome [1] :

« Il faut noter que toute la force de ce raisonnement consiste en ceci : Il est de la nature des mobiles que des mobiles différents soient inégalement vites, parce qu'ils divisent le milieu d'une manière différente. Comme cela ne saurait être gardé dans le vide, puisqu'il ne peut plus y avoir là aucune division, il est impossible que le vide soit. Si le vide existait, en effet, un morceau de plomb n'y descendrait pas plus vite qu'un fétu de paille, ce qui est tout à fait absurde ; *Si enim esset vacuum, non citius descenderet per ipsum plumbum quam palea, quod est omnino absurdum.* »

L'avertissement donné par saint Thomas d'Aquin n'a rendu ni plus prudent, ni plus réservé le Péripatétisme de Gilles de Rome.

Il sera compris, au contraire, par les Scotistes qui admettent la théorie d'Ibn Bâdjâ. Jean le Chanoine, par exemple, qu'inspire Gérard d'Odon, va, sans connaître ce qu'a écrit Jean Philopon, soutenir une conclusion toute semblable à celle qu'a proposée cet auteur :

« Comme le suppose le raisonnement [d'Aristote] dit-il [2], dans un milieu qu'on suppose indéterminé, des différences de vitesse ou de lenteur peuvent provenir des pesanteurs qui diffèrent en plus ou en moins ; je dis alors que la succession qui provient [dans le mouvement au sein du vide] de la seule diversité des lieux qu'il s'agit d'acquérir, peut devenir plus ou moins rapide par cela seul, que les mobiles sont plus ou moins pesants. »

Nous voyons clairement, par ce passage de Jean le Chanoine, que les tenants du parti d'Ibn Bâdjâ, tout en déclarant qu'un grave tombait dans le vide avec une vitesse finie, ne regar-

---

1. Egidii Romani *In libros de physico auditu Aristotelis commentaria ;* lib. IV, lect. XIV ; éd. Venetiis, 1502 ; fol. 82, col. c.

2. Joannis Canonici *Quæstiones super VIII libros physicorum Aristotelis ;* lib. IV, quæst. IV ; éd. Venetiis, 1520, fol. 43, col. b.

daient nullement comme nécessaire que tous les graves y tombassent avec la même vitesse.

Il est, du moins, une proposition qu'ils ne pouvaient guère se refuser d'admettre, et c'est celle-ci : Des graves de volumes différents, mais de même substance, doivent tous tomber dans le vide avec la même vitesse.

Cette proposition, ils étaient pressés de l'adopter par l'une de ces règles de la Dynamique péripatéticienne qu'Aristote avait formulées au septième livre de la Physique. Parmi ces règles, il en est dont Buridan et ses disciples avaient reconnu la fausseté ; mais il en est une, en particulier, que leur critique avait laissée intacte, et c'est de celle-là que nous voulons parler. Marsile d'Inghen, qui venait d'en condamner plusieurs autres, l'énonce en ces termes [1] :

« Si un moteur meut un mobile avec une certaine vitesse, une partie du moteur mouvra une partie du mobile avec la même vitesse, pourvu que ces deux parties, celle du moteur et celle du mobile, soient dénommées de même... Si l'on objectait que la force du moteur doit être moindre, parce qu'une force unie est plus puissante que la même force divisée, on ferait cette réponse : Si la force du moteur était plus puissante à cause de son union, il en serait de même de la force du mobile, et de part et d'autre demeurerait la même proportion. »

Cette règle, Marsile lui accorde pleine confiance ; pour réfuter d'autres règles de Dynamique, qu'il regarde comme fausses, il l'invoque [2] ; il rappelle qu'une moitié du moteur meut une moitié du mobile avec la même vitesse que le moteur entier communiquait au mobile entier ; il répète cet énoncé d'Aristote : Si divers moteurs meuvent divers mobiles d'un certain espace en un certain temps, l'ensemble de tous ces moteurs meut l'ensemble de tous ces mobiles du même espace dans le même temps.

Albert de Saxe, d'ailleurs, avait donné l'exemple à Marsile d'Inghen ; après avoir montré la fausseté de plusieurs des lois de la Dynamique péripatéticienne, il écrivait [3] :

« Il y a encore cette autre règle d'Aristote : Si une certaine puissance meut un certain mobile, la moitié de cette puissance

---

1. JOANNIS MARCILII INGUEN *Quæstiones super octo libros physicorum;* lib. VII, quæst. VII.

2. JOANNIS MARCILII INGUEN *Op. laud.*, lib. IV, quæst. X.

3. ALBERTI DE SAXONIA *Quæstiones in libros physicorum*, lib. VII, quæst. VIII.

mouvra la moitié de ce mobile avec la même vitesse, et cette règle-là est vraie...

» Il y a enfin une autre règle d'Aristote : Si deux puissances séparées meuvent deux mobiles séparés [avec une même vitesse] ces deux puissances réunies mouveront avec une vitesse égale ces deux mobiles réunis. »

Or, de cette règle admise sans conteste, on tirait une conclusion qu'on transformait en objection et que Buridan va nous faire connaître [1] :

« La quatrième règle était celle-ci : Si une certaine force meut un certain mobile d'un certain espace en un certain temps, la moitié de cette force mouvra la moitié de ce mobile d'un espace égal en un temps égal. Mais le poids nous manifeste le contraire. Un grand poids descend plus vite que sa moitié. C'est ce qu'on exprime en disant qu'une force unie est plus puissante que la même force dispersée. »

A cette objection, voici la réponse de Buridan :

« Si, de la pierre qui tombe, on enlève la moitié, on n'enlève pas, pour cela, la moitié de la résistance, parce que ce qui résistait, ce n'est pas la pierre, c'est le milieu, dont vous n'enlevez pas la moitié ; le mouvement ne doit donc pas garder même vitesse. »

Cette réponse vaut pour la chute d'un grave dans un milieu plein ; mais si l'on admet que le grave se peut mouvoir avec une vitesse finie dans le vide, en l'absence de toute résistance extrinsèque et parce qu'il possède de lui-même une résistance intrinsèque ; si l'on admet qu'en coupant un grave en deux parties égales on divise la résistance intrinsèque, tout comme le poids, en deux parties égales, on arrive forcément à cette conclusion : chacune des deux moitiés d'un grave homogène tombera, dans le vide, avec la même vitesse que le grave tout entier.

Cette conclusion s'impose quelle que soit la nature de la résistance intrinsèque qui rend possible, dans le vide, la chute successive du corps grave ; les maîtres de la Scolastique parisienne n'ont pas, nous l'allons voir, manqué de le reconnaître.

Dans un grave simple, il n'y a, au gré d'Albert de Saxe, aucune résistance intrinsèque ; un tel grave tomberait instantanément dans le vide ; il n'en est pas de même d'un grave

<hr>

1. Johannis Buridani *Questiones super octo phisicorum libros;* lib. VII, quæst. VIII, fol. cviii, col. b et d.

mixte, c'est-à-dire d'un grave mêlé à une certaine proportion d'un corps léger ; la pesanteur de l'une des substances composantes joue le rôle de puissance et la légéreté de l'autre le rôle de résistance ; grâce à cette résistance, le corps tombe dans le vide avec une vitesse finie. Or voici ce qu'écrit Albert de Saxe [1] :

« Des corps mixtes de même composition se meuvent également vite dans le vide, mais non pas avec une égale vitesse dans un milieu plein. La première proposition est évidente : De ce qu'ils ont même composition, il en résulte qu'en l'un comme en l'autre, il y a même rapport de la puissance motrice à la résistance totale, car il n'y a pas d'autre résistance que la résistance intrinsèque ; mais si la chute est déterminée par des rapports égaux [entre la puissance et la résistance], elle se fait avec des vitesses égales. » L'existence d'une résistance intrinsèque fait qu'il n'en est plus de même dans un milieu plein.

La même conclusion s'impose à ceux qui admettent la théorie d'Ibn Bâdjâ sous la forme que Jean Buridan lui a donnée ; c'est ce que Marsile d'Inghen va nous montrer [2] ; en cette conclusion, d'ailleurs, qu'il regarde comme inadmissible, il verra une raison de rejeter l'hypothèse proposée par son maître.

« La limitation de la puissance n'est pas la cause qui rend successif le mouvement du grave dans le vide. On le prouve, en premier lieu, par l'autorité du Philosophe ; en second lieu, par la raison. Ou bien, en effet, en un corps plus grand, la limitation serait plus grande ; et s'il en était ainsi, un grave plus grand ne descendrait pas plus vite qu'un moindre grave ; cela est évident, car autant, on ajouterait de pesanteur de la puissance, autant on ajouterait de limitation de cette même puissance ; et de la sorte le rapport demeurerait toujours le même. Ou bien non ; mais cela est impossible ; que cette limitation, en effet soit une grandeur ou qu'elle soit une forme, d'autant le corps sera plus grand, d'autant la limitation sera plus grande, car cette grandeur ou cette forme qui a pour extension l'étendue même du sujet, est augmentée dans le même rapport [que le sujet]. »

Qu'un corps grave homogène et la moitié de ce corps se meuvent dans le vide avec la même vitesse, c'est encore ce que devront accorder les partisans de Saint Thomas d'Aquin comme

---

1. Alberti de Saxonia *Quæstiones in libros physicorum*, llb. IV, quæst. XII.
2. Marsilii Inguen *Abbreviationes libri phisicorum*, fol. sign. e 3, col. b et c.

ceux de Duns Scot, tous ceux qui ont entrevu la notion de masse et qui ont fait de la masse la cause qui rend successif le mouvement d'un grave dans le vide.

Grégoire de Rimini croit, comme Duns Scot, qu'un corps grave est mû par un principe intrinsèque, par une force qui réside en lui et qui est son poids. A l'encontre de cette manière de voir, se dressent un grand nombre d'objections ; voici la dixième [1] :

« Un certain docteur ... oppose cet argument : Un poids plus grand et un poids plus petit se mouvraient alors, le long du même espace, dans le même temps ; ainsi en serait-il, par exemple, d'une grande meule et de la moitié de cette meule. Cela est faux ; le sens le reconnaît d'une manière évidente. Le raisonnement, cependant, trouve son éclaircissement en cette règle que le Philosophe énonce au septième livre des *Physiques* : Si telle force meut tel volume [de telle longueur] en tant de temps, la moitié de cette force mouvra la moitié de ce volume [de la même longueur] dans le même temps ; la raison en est que la totalité de la force a même rapport à la totalité de la chose mue que la moitié de la force à la moitié de la chose mue. Si donc la force totale de la meule meut la meule entière [de telle longueur] en tant de temps, la moitié de la force de la meule mouvra la moitié de la meule [de la même longueur] dans le même temps. On peut, de la même manière, prouver que des corps graves quelconques, égaux ou inégaux, se meuvent également. Il en est semblablement de corps légers quelconques. »

A cette objection, que répond Grégoire de Rimini ? Ce que Buridan répond à une objection toute semblable :

« Ce qui se meut naturellement, de quelque genre de mouvement qu'il se meuve, se meut en un instant, s'il n'éprouve aucune résistance ; si un grave n'était gêné ni par un milieu résistant ni par aucun autre empêchement, il tomberait en un instant. Il n'y a pas de résistance du mobile au moteur, car rien ne se résiste à soi-même...

» A la dixième objection, donc, je réponds que le raisonnement n'est pas conséquent. A la preuve qui en est donnée,

---

1. Gregorius de Arimino *In secundum sententiarum*. Dist. VI, quæst. I, art. III.

j'oppose ceci : Cette proportion doit être établie entre la force mouvante et la grandeur mise en mouvement qui résiste au moteur ; en effet, c'est seulement en vertu de cette résistance que le temps intervient dans les mouvements produits par les forces qui meuvent naturellement. Mais comme une chose ne se résiste pas à elle-même, le temps, dans les mouvements considérés n'est pas mesuré par le rapport de [la force de] toute la meule à toute la meule ou de [la force de] la moitié de la meule à la moitié de la meule ; en effet, le milieu, qui est lui-même en mouvement et qui est poussé par la meule résiste à cette meule ; et c'est à cause de cette résistance que la meule ne tombe pas en un instant, mais en un certain temps. Par conséquent, le temps doit être compté comme proportionnel au rapport de la force motrice au milieu mis en mouvement. »

A l'objection élevée contre la théorie Scotiste, Grégoire de Rimini échappe, parce qu'il n'admet que la moitié de cette théorie. Il admet bien qu'un grave possède en lui-même cette force qui est le principe actif de son mouvement et que nous nommons son poids ; il n'admet pas qu'il contienne aussi en lui-même ce principe de résistance que nous appelons sa masse. Sur ce dernier point, Grégoire reste péripatéticien ; il admet que la résistance du milieu est la seule cause de succession en la chute d'un grave ; il enseigne formellement [1] que, dans le vide, un grave tomberait instantanément des confins de l'orbe de la Lune jusqu'au centre du Monde.

Mais une telle échappatoire est fermée au Scotiste complet qui, dans un grave, met, à la fois, un principe intrinsèque de mouvement, une force, le poids, et un principe intrinsèque de résistance, la masse ; qui croit à la chute successive, et non instantanément, d'un grave dans le vide ; celui-là admet qu'en coupant une meule en deux on réduit à la fois son poids de moitié et sa masse de moitié ; une règle de la Dynamique péripatéticienne, la seule règle de cette Dynamique que tout le monde admette alors sans conteste, le contraint de déclarer que dans le vide, où ne s'exerce aucune résistance extrinsèque, la moitié de la meule tombera aussi vite que la meule tout entière ; s'il s'efforçait d'échapper à ce corollaire, ses adversaires auraient tôt fait de le lui imposer.

---

1. Gregorii de Arimino *Op. laud.*, lib. II, dist. VI, quæst. III, art. II.

VIII

CE QU'ON PENSAIT DU MOUVEMENT DANS LE VIDE, A PARIS, A LA FIN DU XIVe SIÈCLE. — PIERRE PHILARGE DE CANDIE (ALEXANDRE V)

Dès le XIIIe siècle mais, surtout, pendant toute la durée du XIVe siècle, on avait, à Paris, disputé du mouvement dans le vide ; les débats, dont nous nous sommes efforcés de raconter l'histoire, avaient été très confus ; il n'en pouvait être autrement ; d'expériences très complexes, que le sens commun avait seul conduites, auxquelles il ne savait pas donner la précision de mesures scientifiques, il s'agissait de tirer, par un prodigieux effort de simplification et d'abstraction, quelques-uns des principes de la Dynamique moderne ; une telle œuvre ne se pouvait accomplir sans beaucoup d'hésitation, sans de longs tâtonnements.

Quand le XIVe siècle prit fin, l'élaboration des principes de la Dynamique nouvelle, en particulier la définition de la notion de masse, n'étaient encore qu'à l'état d'ébauche. Du moins une vérité se trouvait-elle acquise, assez nettement formulée pour que les hommes clairvoyants ne la pussent révoquer en doute, et cette vérité, c'était celle-ci : La Dynamique d'Aristote était désormais ruinée jusque dans ses fondements.

Que cette ruine fût alors tenue pour certaine, à l'Université de Paris, nous l'allons apprendre d'un témoin particulièrement autorisé, de Pierre Philarge dit Pierre de Candie.

Pierre Philarge, né à Candie, fut, tout d'abord, un pauvre mendiant ; il prit à Paris la cure de Saint-François et y conquit le titre de Docteur en Théologie ; il devint évêque de Novare, puis archevêque de Milan ; lorsqu'en 1409, le concile de Pise eût reçu l'abdication de Grégoire XII, lorsqu'il eût déposé Jean XXIII et Benoît XIII, il élut au trône pontifical l'ancien mendiant de Candie ; Pierre Philarge, devenu Alexandre V, vit donc, en sa personne, se reconstituer l'unité de l'Église. Il mourut l'année suivante (1410).

Pour atteindre, à Paris, au grade de Docteur en Théologie, il avait, selon la règle universitaire, enseigné les *Sentences* de Pierre Lombard. A cet enseignement, nous devons un écrit comprenant onze questions, dont six portent sur le premier livre des *Sentences*, trois sur le second, une sur le troisième, une sur le quatrième. Ces onze questions sont elles-mêmes divisées en articles très étendus, dont chacun constitue, à lui seul une véritable question ; trente-trois semblables articles composent l'ouvrage.

La *Lectura Magistri* PETRI DE CANDIA débute par ces paroles [1] :

« *In principio primi sententiarum queritur utrum candida christiane religionis possessio sit a qualibet perceptiva potentia rationabiliter imitanda. Et arguo ad negativam 6 mediis...* »

La fin de l'ouvrage est la suivante [2] :

« *... licet istam conclusionem non reputem impossibilem, ut alias recolo me dixisse ; tamen hoc bene habetur, quod ex multiplicatione formaliter non haberetur veritas talium propositionum, licet possent aliter verificari. De ista materia deposui prolixam facere mentionem ; sed Deus vult quod requiescam a laboribus meis ; et ideo in hoc sit finis questionis que est in ordine totius lecture 11ᵃ. Complectitur igitur presens lectura questiones 11ᵐ per triginta-tres articulos per viam ternarii condivisa, ad laudem et honorem beatissime et gloriosissime dei genitricis marie atque sanctissimi confessoris francisci christi stimata ex speciali privilegio deferentis. Amen. Deo gratias. Amen.*

» *Explicit lectura super sententias fratris* PETRI DE CANDIA *ordinis minoris scripta parisius.* »

Comme la plupart des commentateurs des *Sentences*, si Pierre de Candie est amené à traiter de la Dynamique, c'est afin de répondre à cette question [3] : Un ange se peut-il mouvoir de mouvement successif ? Répondre affirmativement à cette question, en effet, c'était s'inscrire en faux contre toute la Dynamique péripatéticienne.

Dans l'équilibre de toute machine simple, Aristote voyait deux forces, la puissance et la résistance, s'opposer l'une à l'autre ; cette puissance et cette résistance, il les voulait retrouver en tout mouvement ; il voulait que la vitesse d'un mobile fût proportionnelle au rapport de la puissance à la résistance ; là donc où la résistance faisait défaut, le mouvement successif

------

1. Bibliothèque Nationale, fonds latin, nouv. acq., ms. nº 1467, fol. 1, col. a.
2. Ms. cit., fol. 276, coll. a et b.
3. PETRI DE CANDIA *Lectura super Sententias ;* lib. II, quæst. II, art. II : « Secundus articulus erat utrum que libet limitata intellectualis substantia possit moveri naturaliter per aliquod successive ». Ms. cit., fol. 173, col. c.

devenait inconcevable ; le déplacement du mobile ne pouvait être qu'instantané.

Pierre de Candie énumère avec une parfaite précision tout ce que la Physique d'Aristote exigeait d'un mouvement avant de le déclarer possible.

« Pour voir plus clairement, dit-il [1], en quoi consiste cette difficulté, il faut prêter attention à ce qu'Aristote pense, du moins comme il me semble, touchant la nature du mouvement successif et, surtout, du mouvement local de translation ; car le mouvement de rotation est soumis à des conditions spéciales.

» Partant, pour qu'un mouvement de rotation s'accomplisse, il nous faut imaginer que cinq conditions sont exigées.

» Est requise, en premier lieu, une divisibilité qui porte sur l'intensité aussi bien que sur l'étendue ; le mobile, en effet, doit être en partie au terme d'où il vient et, en partie, au terme où il va ; cela est nécessaire pour que le mouvement soit continu ; en effet, si le mobile, pris dans son ensemble et dans chacune de ses parties, se trouvait d'abord, tout entier, au terme d'où il vient, et se trouvait ensuite de la même façon, au terme où il va, aucune continuité n'apparaîtrait plus.

» Est requise, en second lieu, la divisibilité réelle de l'espace ; car le caractère successif du mouvement provient de ce que les parties de l'espace sont acquises les unes après les autres ; il faut donc que l'espace sur lequel se fait le mouvement soit divisible.

» Il est exigé, en troisième lieu, que le milieu oppose résistance au mobile ; sinon, le mouvement se pourrait faire dans le vide, et Aristote, au quatrième livre des *Physiques*, s'efforce de démontrer que c'est impossible.

» En quatrième lieu, pour la raison dite ci-dessus, est requise la coexistence *(exhibitio præsentialis)* du mobile avec l'espace.

» En cinquième lieu, il faut que le milieu cède devant le mobile ; en effet, dans le mouvement de translation, si un corps ne cédait pas place à l'autre, il faudrait que deux corps occupassent le même lieu, ce que les physiciens regarderaient comme impossible.

» Comme ces diverses conclusions répugnent à un objet indivisible, Aristote a pensé que le mouvement d'une chose indivisible était purement et simplement impossible.

» Mais, comme nos conclusions l'ont montré, si l'on considère, dans son essence propre, la nature du mouvement, la résistance

---

1. Pierre de Candie, *loc. cit.* ; Ms. cit., fol. 175, col. b.

est, pour le mouvement, quelque chose d'accidentel ; de même, la divisibilité, tant de l'espace que du mobile, lui est extrinsèque ; le mouvement, donc, peut être fort bien conçu hors ces conditions ; partant, il est indifférent à l'indivisibilité du mobile. »

Par une suite de conclusions, en effet, Pierre de Candie s'est attaché à déterminer la nature essentielle ou, selon son langage, la raison formelle du mouvement, en débarrassant cette raison formelle de tous les caractères accessoires que la Physique péripatéticienne y avait introduits.

La première conclusion de Pierre de Candie frappe de suite la Dynamique péripatéticienne dans ce qui en est l'idée essentielle :

« Voici notre première conclusion [1] :

» La raison formelle du changement successif, considéré d'une façon générale, ne se tire pas de la résistance du milieu au mobile.

» Cette conclusion se prouve ainsi :

» Ce qui est accidentel au mouvement considéré en général n'est pas compris dans la raison formelle du mouvement ; mais la résistance du milieu est chose accidentelle pour le mouvement pris d'une façon générale ; notre proposition est donc établie.

» Le raisonnement est certainement concluant. La majeure est évidente ; en effet, ce qui peut être ou ne pas être sans qu'il en résulte, pour un certain objet, aucun changement de condition, est totalement en dehors de la raison formelle de cet objet ; or ce qui est accidentel à un objet est de cette sorte ; la majeure est donc vraie.

» Prouvons maintenant la mineure : Le mouvement se peut faire dans le vide aussi bien que dans le plein ; si donc, lorsqu'il se fait dans le plein, il rencontre résistance, c'est par accident, en raison de la matière au sein de laquelle le mouvement s'accomplit, et non pas en raison du mouvement même.

» Ce nouveau raisonnement conclut évidemment ; quant à l'antécédent, la vérité en est évidente ; Dieu peut, en effet, mouvoir le Monde d'un mouvement de translation continue, car l'affirmation contraire est un article condamné ; mais ce mouvement, Dieu ne le produira certainement pas dans le plein ; il le produira donc dans le vide ; d'où notre proposition. »

---

1. Pierre de Candie, *loc. cit.*, fol. 173, col. c.

La Dynamique péripatéticienne voulait que la notion même de mouvement impliquât non seulement une puissance motrice, mais encore une résistance ; que cette résistance soit simplement accidentelle, mais non pas essentielle, cela résulte de la possibilité du mouvement dans le vide ; et ce qui démontre la possibilité du mouvement dans le vide, c'est une des condamnations portées en 1277.

Les condamnations portées par Etienne Tempier avaient plus d'un siècle au moment où Pierre de Candie composait ses questions sur les *Sentences*. Quoi qu'on en ait dit, elles n'avaient, on le voit, rien perdu de leur autorité ; elles continuaient à presser les maîtres de Paris de rejeter certaines affirmations essentielles de la Physique aristotélicienne, celles-là même qui eussent le plus fermement barré le passage à la science moderne.

La seconde conclusion de Pierre de Candie prêterait à des réflexions semblables ; que l'essence même du mouvement ne requière pas un espace réel et divisible dans lequel se ferait le mouvement, qu'il ne requière aucun lieu réel auquel ce mouvement soit rapporté, ce sont affirmations contre lesquelles proteste toute la Physique d'Aristote ; mais ce sont affirmations dont la toute puissance de Dieu nous garantit la véracité :

« Voici notre seconde conclusion [1] :

» La divisibilité réelle de l'espace n'entre pas dans la raison formelle du changement successif.

» En voici la preuve :

» Que Dieu conserve le premier mobile dans la disposition même qui appartient en propre à ce mobile, et qu'il détruise toute autre créature, c'est possible. Supposons qu'il l'ait fait. Ce premier mobile se mouvrait d'un mouvement de rotation et, cependant, il ne tournerait autour d'aucun espace divisible ou indivisible. Le raisonnement est évidemment concluant ; quant à la supposition faite, la vérité en est rendue visible par cela que Dieu peut conserver toute chose qui en précède d'autres sans rien qui lui serait extrinsèque et postérieur ; or, le premier mobile, aussi bien que son mouvement, précède tous les mobiles et tous les mouvements ; on ne voit donc aucune contradiction qui empêche Dieu de conserver le premier mobile avec son mouvement ; par conséquent, la proposition que nous avons supposée vraie est possible en vertu de la puissance absolue de Dieu ; d'où notre proposition.

---

1. Pierre de Candie, *loc. cit.*, ms. cit., fol. 173, col. d, et fol. 174, col. a.

» Supposons, en outre, ... que la divisibilité réelle de l'espace soit comprise dans la raison formelle du changement successif considéré d'une façon générale ; comme ce changement est plus général que le mouvement local de rotation, la divisibilité réelle de l'espace ferait partie de la raison formelle de la rotation circulaire ; mais cette conséquence est fausse ; il en est donc de même de l'antécédent.

» Le raisonnement est évidemment concluant ; quant à la fausseté de la conséquence, voici comment elle se prouve :

» Dieu peut détruire toutes les créatures, sauf la Terre et ses diverses parties ; cette Terre, il la peut mouvoir de mouvement de rotation, comme il fait à présent pour le premier mobile ; mais il est certain qu'il n'y aurait, alors, plus d'autre mouvement que le mouvement de la Terre, et ce mouvement ne se produirait, cependant, autour d'aucun lieu réel. Mais, d'autre part, une chose ne se peut concevoir en l'absence de ce qui fait partie de sa raison formelle ; puis donc que l'intelligence comprend la possibilité d'un tel mouvement, notre proposition en résulte. »

Ainsi, une à une, les conditions que le Physique d'Aristote avait imposées au mouvement comme absolument nécessaires sont reléguées par le théologien, au nom de la toute-puissance divine, au rang de circonstances accidentelles.

Ces éliminations successives amènent Pierre de Candie à réduire la notion de mouvement à ses éléments vraiment essentiels ; dire ce qu'elle est alors, c'est l'objet de sa septième conclusion [1] :

« Du changement successif, considéré comme existant d'une manière réelle ou comme simplement possible, la raison formelle résulte de ceci : La limitation intrinsèque de la puissance du mobile, limitation qui provient d'un mélange d'acte et de puissance, et qui est relative à un espace réel ou imaginaire. — *Consurgit ex limitatione intrinseca potentiæ mobilis per actum admixtum cum potentia respectu spatii ymaginarii vel realis.*

» Je veux dire que ces trois éléments composent en entier la notion de mouvement :

» Une limitation intrinsèque de la puissance ;

» Une certaine manière d'être de cette puissance à l'égard d'un espace réel ou imaginaire ;

» Enfin un acte qui n'est pas complet, mais qui demeure mélangé de puissance.

---

1. Pierre de Candie, *loc. cit. ;* ms. cit., fol. 175, col. a.

» Quant aux autres circonstances, telles que la résistance et les diverses conditions que nos conclusions énumèrent, c'est par accident qu'elles se trouvent requises.

» Voici comment on prouve cette conclusion :

» Ce qui constitue la raison formelle et complète d'un objet se caractérise ainsi : Dès là qu'on le pose, on pose aussi cet objet ; si on ne le pose pas, on a beau poser ou ne pas poser quelque autre chose que ce soit, on ne pose pas cet objet.

» Or, dès là qu'on pose une limitation de la puissance du mobile, limitation provenant d'un acte mélangé de puissance et relative à un espace réel ou imaginaire, on pose la possibilité du mouvement, l'aptitude à être mû ; au contraire, dès là qu'on ne pose pas tout cela, on ne pose pas la possibilité du mouvement. »

Contre une telle conclusion qui affirme la possibilité du mouvement, alors même que le mobile ne serait soumis à aucune force résistante, alors même qu'aucun corps réel ne lui servirait de lieu, les Péripatéticiens vont s'insurger ; ils vont reprendre les divers arguments par lesquels Aristote avait prétendu démontrer qu'aucun mouvement ne se pourrait accomplir dans le vide.

Ces arguments, Pierre de Candie les combat pied à pied ; sa discussion est, souvent, compliquée et obscure ; mais il la conclut en ces termes [1], qui sont fort clairs :

« On voit que toutes les raisons tirées des propos tenus par Aristote au quatrième livre des *Physiques*, chapitre du vide, ... sont, à parler correctement, des pétitions de principe *(correcte petunt principium)*. Elles supposent, en effet, qu'un mouvement ne saurait s'accomplir s'il n'y a résistance du mobile au moteur, ou du milieu au mobile, ou bien enfin du milieu au moteur. Or cela est faux, puisque Dieu pourrait, de mouvement de translation, mouvoir le ciel, alors que d'aucune façon, le ciel ne résisterait à Dieu, et puisque ce mouvement pourrait alors s'accomplir dans le vide, comme nous l'avons dit ci-dessus. »

C'est, en effet, cet arrêt d'Etienne Tempier qui a balayé tout ce qu'Aristote avait dit du lieu, du temps, du mouvement et du vide. Ce qui, tout d'abord, a eu raison de la Physique péripatéticienne, ce n'est pas une Physique nouvelle et plus correctement tirée de l'expérience ; c'est la Théologie. Cette vérité n'est-elle pas parfaitement claire à qui remarque que la

---

1. Pierre de Candie, *loc. cit.*, ms. cit., fol. 176, col. c.

plupart des objections contre la Dynamique d'Aristote ont été soulevées par les Maîtres en Théologie, alors que leur commentaire aux *Sentences* les amenait à traiter du mouvement des anges ? Cette remarque, d'ailleurs, Pierre de Candie ne se fait pas faute de la signaler [1] :

« En réalité, dit-il, Aristote n'a pas vu comment un être pouvait être en un lieu d'une façon définitive *(diffinitive).* » C'est ainsi qu'au gré des théologiens de l'École, un esprit angélique peut se trouver logé. « Il a nié, dès lors, qu'un indivisible pût se mouvoir de mouvement successif ; il s'imaginait, en effet, qu'aucun mobile ne pouvait résider en un lieu, si ce n'est d'une façon circonscriptive *(circumscriptive).* Mais la lumière de la foi a permis aux théologiens de voir de plus haut ; ils ont ainsi découvert aux choses nombre de manières d'être que les philosophes avaient entièrement ignorées ; on doit donc purement et simplement accorder que des intelligences séparées de la matière peuvent formellement se mouvoir de mouvement successif. »

C'est vraiment la Théologie catholique qui a brisé le joug imposé à la raison humaine par la Physique d'Aristote ; celui qui nous l'affirme, c'est le futur Alexandre V.

---

1. PIERRE DE CANDIE, *loc. cit.*, ms. cit., fol. 175, col. c.

Chapitre IX

L'HORREUR DU VIDE

I

L'impossibilité du vide et l'expérience.
Les Arabes

Pour retrouver l'origine de la théorie de l'horreur du vide, il nous faut remonter, en même temps, jusqu'à l'origine de la science expérimentale ; l'une des expériences essentiellement invoquées par cette théorie est extrêmement ancienne, puisqu'un des *Problèmes* attribués à Aristote [1] la donne comme étant d'Anaxogore ; mais Anaxagore, si nous en croyons ce même *problème* ne se proposait nullement de montrer que la nature ne souffre aucun espace vide ; il voulait seulement prouver que l'air est un corps.

A cet effet, il prenait une clepsydre. Ce que les *Problèmes* d'Aristote disent de ce vase suppose qu'il était de forme allongée ; qu'à sa partie supérieure, il portait un orifice susceptible d'être bouché, sans doute avec le doigt ; qu'à sa partie inférieure, il était percé de plusieurs petits trous.

Si, après avoir bouché l'orifice supérieur, on plonge dans l'eau la partie inférieure du vase, l'eau n'entre pas dans ce vase ; elle n'y peut pénétrer par les petits trous qu'autant que l'orifice supérieur est ouvert. Telle est, d'après les *Problèmes*, l'expérience qu'Anaxagore expliquait justement par la présence de l'air dans la clepsydre ; tant que l'air ne peut s'échapper par l'orifice supérieur, il empêche l'eau d'entrer ; Anaxagore en concluait que l'air est un corps.

Les *Problèmes* indiquent diverses expériences qui se peuvent joindre à celle d'Anaxagore. Tout en maintenant l'orifice supé-

---

1. Aristote, *Problèmes*, XVI, 8 (Aristotelis *Opera*, éd. Didot).

rieur bouché, qu'on couche la clepsydre dans l'eau ; l'eau, alors, y pénétrera sans peine ; tandis, en effet, qu'elle entrera par quelques-uns des petits trous, l'air s'échappera par les autres.

Mais il est une autre expérience qui est la raison même de l'emploi de la clepsydre. Le nom même de clepsydre (κλεψύδρα, de κλέπτω, *je vole*, ὕδωρ, *l'eau*) montre assez quel en était l'usage. Le vase, une fois rempli d'eau, on bouchait avec le doigt l'orifice supérieur ; on pouvait, alors, le sortir de l'eau, le transporter où l'on voulait, sans qu'il laissât échapper le liquide qu'il contenait. Cette observation est celle qu'on citera pour démontrer que la nature empêche la formation de tout espace vide.

L'auteur des *Problèmes* remarque que d'une telle expérience, l'explication n'est pas suffisamment donnée, si l'on se contente, avec Anaxagore, de dire que l'air en est la cause. L'air, sans doute, en est la cause, mais il convient d'indiquer de quelle manière il exerce son action. Voici donc comment il rend compte de cette observation :

« La cause en vertu de laquelle l'eau ne peut s'écouler quand l'orifice supérieur est bouché est la suivante :

» En pénétrant dans la clepsydre, l'eau en chasse violemment tout l'air qui s'y trouvait contenu ; de cela, nous trouvons la preuve dans le souffle [qui s'échappe de l'orifice] et dans les glous-glous murmurants, dont nous constatons la production dans la clepsydre pendant l'entrée de l'eau. Puis donc que l'eau, en entrant, pousse violemment l'air, elle s'enfonce dans le tuyau de la clepsydre et là, comprimée et serrée, elle adhère sans qu'aucun lien la retienne, à la façon d'une cheville de bois ou d'un clou de cuivre, jusqu'au moment où une force étrangère l'en chasse comme nous chassons un clou. »

C'est précisément ce qui arrive au moment où l'on débouche l'orifice supérieur. A ce moment, l'eau, que son poids sollicite déjà vers le bas, est, en outre pressée par l'air qui entre vivement dans le vase. Il est vrai que l'air extérieur résiste et tend à empêcher l'eau de s'échapper par les petits trous ; mais cette résistance est inférieure à la puissance de l'air, qui pénètre violemment par un orifice étroit et que seconde la gravité de l'eau.

Cette explication, on le voit, n'a point invoqué l'impossibilité du vide ; le nom même du vide n'a pas été prononcé.

Nous avons dit, dans la première partie de cet ouvrage [1], comment Aristote, dans ses écrits d'authenticité certaine, avait fait allusion à l'expérience de la clepsydre, comment ses divers commentateurs hellènes avaient longuement disserté sur cette expérience [2] ; mais nous avons fait cette remarque curieuse qu'aucun d'entre eux n'avait jamais, à ce propos, fait allusion à l'impossibilité du vide, ni même écrit le mot : vide.

Tout autre a été la pensée des mécaniciens.

Philon de Byzance, pour démontrer que l'air est un corps, a répété l'expérience d'Anaxagore ; il a reproduit et varié les expériences diverses qu'on peut faire avec une clepsydre ; mais il a eu soin de montrer comment, par tous ces effets, se trouvait évitée la production d'un espace vide. Héron d'Alexandrie, à ce sujet, s'est empressé de suivre très exactement l'exemple de Philon de Byzance, se gardant bien d'imiter la réserve d'Aristote et de ses commentateurs hellènes.

Ni Aristote, donc, ni ses commentateurs grecs n'avaient sollicité l'expérience d'apporter son concours à l'argumentation qu'ils avaient dressée contre le vide. Ce que les Alexandre d'Aphrodisias, les Thémistius, les Jean Philopon, les Simplicius n'avaient point fait, les Arabes n'ont pas manqué de le faire.

Al Gazâli, par exemple, cite [3] « divers signes naturels par lesquels est déduite la science du vide ». Parmi ces signes, il mentionne ceux que manifestent les ventouses : « Par la succion, l'air est attiré et, avec l'air, se trouve attirée la peau de l'homme auquel on veut appliquer la ventouse ; en effet, si elle n'était pas attirée, le vide interviendrait, ce qui n'a pas lieu. Il en est de même, et pour la même raison, dans le vase où l'eau se trouve retenue bien que le vase soit retourné, l'orifice en bas ; en effet, si l'eau sortait, il ne resterait plus rien au fond du vase... Il est donc impossible que le vide soit et que les surfaces de deux corps se séparent à moins que quelque chose ne se vienne interposer... Il en est de même en une foule d'inventions ingénieuses, qui prouvent l'impossibilité du vide. »

Moïse Maïmonide écrivait de même [4] :

« Sache aussi que le célèbre *Livre des artifices*, composé par les Beni-Schâkir, renferme au delà de cent artifices qui, tous,

---

1. Voir : Première Partie, Ch. V, § XIV ; t. I, pp. 323-332.
2. Voir page suivante.
3. *Philosophia* ALGAZELIS, Lib. II, tract. I, cap. VI: Ex tribus signis probatur non dari vacuum ; éd. Venetiis, 1506, fol. sign. g 2, col. b et c.
4. MOÏSE BEN MAIMOUN, dit MAÏMONIDE, *Le guide des égarés*, Première partie ch. LXXIII, III, trad. S. Munk, t. I, pp. 384-385.

sont appuyés de démonstrations et ont été mis en pratique ; or, si le vide pouvait exister, pas un seul de ces procédés ne pourrait s'effectuer, et bien des opérations hydrauliques ne pourraient avoir lieu. Cependant, on a passé la vie à argumenter pour confirmer ces propositions et d'autres semblables. »

Ces Beni-Schâkir, dont Maïmonide nous parle ici, ce sont les trois fils de Mousa-ben-Schâkir, nommés Mohammed, Ahmed et Al-Hasan ; ils florissaient au ixe siècle, et avaient acquis une grande réputation de mathématiciens et de mécaniciens ; le traité de Mathématiques qu'ils avaient composé en collaboration est demeuré célèbre sous le titre de *Livre des Trois Frères* [1].

Le *Livre des Artifices*, où les Trois Frères, prenant l'impossibilité du vide comme axiome, en déduisaient l'explication d'une foule d'appareils hydrauliques plus ou moins ingénieux, avait, sans doute, le même degré d'originalité que la plupart des traités scientifiques des Arabes ; il n'était qu'une compilation ou une adaptation des reliques de la science grecque.

Les traités de Philon de Byzance et de Héron d'Alexandrie ont été, de bonne heure, traduits en arabe ; ils ont fourni la matière de compilations telles que celle des Trois Frères ; ils ont fourni aussi des arguments aux philosophes péripatéticiens. Ceux-ci ont rejeté les considérations, par lesquelles Philon et Héron croyaient établir l'existence de pores très déliés, d'interstices vides entre les molécules qui composent les corps ; mais ils ont conservé les expériences par lesquelles ces auteurs montraient l'impossibilité de réaliser un espace vide de dimensions notables ; ces expériences, ils les ont données comme la confirmation de la doctrine du Stagirite.

Averroès n'a pas pu ignorer les divers ouvrages où les auteurs arabes s'efforçaient de démontrer par l'expérience l'impossibilité du vide ; mais il n'en a que très peu subi l'influence. Il a surtout lu les commentateurs grecs d'Aristote, et nous avons dit comment ces commentateurs faisaient complète abstraction de ce genre de démonstrations. Toutefois, malgré le désir qu'il avait, sans doute, d'imiter leur abstention, Averroès n'a pu

---

1. Le texte arabe du traité de Mécanique des Fils de Mousa est conservé en manuscrit à la Bibliothèque du Vatican. [*Le livre des appareils pneumatiques et des machines hydrauliques par* PHILON DE BYZANCE. *Edité et traduit en français par le Baron* CARRA DE VAUX. *Notices et extraits des manuscrits de la Bibliothèque Nationale et d'autres bibliothèques*, t. XXXVIII, première partie, p. 40. MDCCCCII].

se garder de toute allusion aux preuves expérimentales qui avaient cours chez ses compatriotes.

Aristote, puis Simplicius, avaient parlé de l'expérience de la clepsydre comme propre à démontrer que l'air est un corps ; ils n'avaient fait, en la rapportant, aucune allusion à l'impossibilité du vide. Dans ce qu'Averroès dit de la même expérience [1], nous trouvons une telle allusion, encore que bien fugitive :

« Ils pressaient, dit-il, des outres gonflées, au point de sentir au toucher le jet de l'air qui en sort, et ils manifestaient par là que l'air n'est pas le vide, mais bien un corps. Ils en faisaient autant à l'aide de l'entrée de l'air dans les chantepleures *(in cantaploris)* [2]. En effet, tant que cet instrument demeure clos par le haut, l'eau ne coule pas par le bas ; elle s'écoule dès qu'on en débouche le haut. Cela provient nécessairement de l'entrée de l'air dans l'instrument ; lorsque l'eau en sort, il ne demeure pas vide, mais l'air succède à l'eau. »

Averroès a lu le commentaire de Thémistius au *Traité du Ciel* ; son attention a été vivement attirée par la discussion entre l'auteur et Alexandre d'Aphrodisias au sujet de la succion de l'eau par les ventouses et les vases échauffés ; à son tour, il a repris en grand détail cette discussion [3].

En exposant, l'une des expériences dont parle Thémistius, Averroès y introduit une modification ; il suppose que l'on mette une chandelle dans un vase, qu'on en bouche aussitôt l'orifice, et qu'on enlève le couvercle après avoir plongé dans l'eau le col du vase. Cette modification ne s'expliquerait-elle pas par ceci qu'Averroès a sous les yeux le traité de Philon de Byzance et que des expériences qui y sont décrites et que nous avons rapportées, il confond la seconde avec la première ?

Averroès prend partie pour Alexandre contre Thémistius qui, dit-il, « a détruit les raisons d'Alexandre sans rien dire qui ait trait à la question *(et nihil dicit in hoc)*... Pour nous, nous dirons que la cause est ici manifeste et toute prochaine à qui prend la peine de réfléchir ; et l'on s'étonne de l'ignorance de ces hommes profonds à ce sujet.

1. Averrois Cordubensis *In libros Aristotelis de physico auditu commentaria magna.* Lib. IV, summa II, cap. I, comm. 51.

2. « *Chantepleure*, nous dit le dictionnaire de Littré, sorte d'entonnoir qui a un long tuyau percé de trous pour faire couler les liquides dans un tonneau sans les troubler. » Il est clair que, par ce nom, on a voulu désigner ici un instrument propre à répéter l'expérience que Philon réalisait avec un œuf métallique pourvu d'un goulot et, percé, dans le fond, de petits trous.

3. Averrois Cordubensis *In libros Aristotelis de Cælo commentaria magna,* lib. IV, summa III, cap. V, comm. 39, digressio.

» En effet, une partie de l'air, ayant été changée en la nature du feu, se meut vers le haut ; alors, elle est suivie par le corps qui se trouve au-dessous, que ce soit de l'air ou de l'eau... Au moment où l'on met dans l'eau l'orifice du vase, cette partie ignée s'élève vers la partie supérieure du vase... ; le vase n'est plus rempli ; c'est pourquoi l'eau suit dans l'espace vide. Un jour, j'ai brisé un vase que j'avais ainsi placé sur l'eau, et j'ai trouvé de l'eau attachée aux parois du vase. C'est aussi la cause de ce qui advient dans les ventouses où l'on met du feu ; et c'est la première cause de l'ascension de l'eau.

» Il y a une seconde cause que donne Alexandre. Après que la partie ignée de l'air aura été éteinte, l'air se refroidira, il occupera moins de place, et il attirera l'eau par la nécessité qu'il n'y ait pas de vide *(de necessitate vacui).* »

Il semble que cette explication donnée par Averroès doive beaucoup à Philon.

II

L'IMPOSSIBILITÉ DU VIDE ET L'EXPÉRIENCE *(suite).*
L'INFLUENCE DU TRAITÉ DE INANI ET VACUO
SUR LA SCOLASTIQUE CHRÉTIENNE

Instruite par les Arabes des expériences propres à démontrer l'impossibilité du vide, la Scolastique latine s'est vivement intéressée à ce genre de preuves. Nous nous proposons d'examiner sommairement comment elle les a connues et par quelles réflexions elle en a fécondé l'enseignement.

Il y aura intérêt, comme on le verra tout à l'heure, à ne pas suivre l'ordre chronologique pour exposer l'histoire de ce chapitre de Physique expérimentale. Nous plaçant d'emblée au milieu du XIVᵉ siècle, nous allons rapporter, tout d'abord, ce qu'en ont dit Jean Buridan et son disciple Marsile d'Inghen.

Jean Buridan affirme la valeur de ces démonstrations expérimentales : « En Physique *(In Scientia naturali)*, dit-il [1], il faut accorder comme un principe toute proposition universelle, qui

---

1. JOHANNIS BURIDANI *Subtilissime questiones super octo phisicorum libros;* lib. IV, quæst. VII, fol. lxxiii, col. c.

peut être prouvée par induction expérimentale, et cela de la manière suivante : En plusieurs cas particuliers de cette proposition, on trouve manifestement qu'il en est ainsi, et jamais, en aucun cas particulier, il n'apparaît d'objection. D'ailleurs, Aristote dit fort bien que beaucoup de principes doivent être reçus et connus par le sens, la mémoire et l'expérience ; jamais il ne nous a été possible de savoir que tout feu est chaud.

» Or, par une semblable induction expérimentale, il nous apparaît qu'aucun lieu n'est vide. Partout, en effet, nous rencontrons quelque corps naturel, soit l'air, soit l'eau, soit quelque autre substance. En outre, nous constatons par l'expérience que nous ne pouvons séparer un corps d'un autre, à moins qu'un troisième corps n'intervienne. Aussi, si tous les trous d'un soufflet étaient si parfaitement bouchés que l'air n'y pût pénétrer, nous ne pourrions jamais séparer l'une de l'autre les deux parois du soufflet ; et vingt chevaux, dont dix tireraient d'un côté et dix de l'autre ne le pourraient faire davantage ; jamais les deux parois du soufflet ne se sépareraient l'une de l'autre à moins qu'une rupture ou une perforation ne permit à quelque corps de se glisser entre elles. Avec un chalumeau dont vous mettez une pointe dans du vin et l'autre dans votre bouche, en aspirant l'air que contient le chalumeau, vous attirez le vin, vous le forcez à monter, encore qu'il soit grave ; il faut, en effet, que cet air que vous aspirez soit immédiatement suivi de quelque autre corps, afin qu'il n'y ait pas de vide. Il y a ainsi une foule d'autres expériences mathématiques.

» Nous devons donc accorder que le vide ne peut naturellement exister, à titre de vérité connue par ce moyen qui suffit à poser et concéder les principes en Physique. Par cette induction, il est acquis qu'il n'y a pas de vide... Toujours, en effet, nous voyons les corps naturels se suivre en demeurant contigus les uns aux autres ; entre eux, il ne se forme aucun espace dépourvu de tout corps naturel, d'air ou d'eau ou de quelque autre substance de ce genre. »

Dans son *Abrégé de Physique*, Marsile d'Inghen nous fait entendre un écho fidèle de l'enseignement de Buridan.

« Le vide, dit-il [1], ne peut exister naturellement ; on le prouve : En Physique (*in philosophia naturali*) on doit accorder comme un principe, ce qui peut être prouvé par induction expérimentale ; or, de cette manière, on peut prouver par induction expé-

---

1. Marsilii Inguen *Abbreviationes libri phisicorum*, fol. sign. e, col. d.

rimentale que le vide n'existe pas ; donc etc. La majeure est connue, car la Physique est fondée sur l'expérience *(Philosophia naturalis fundatur super experientiam)*. La mineure est évidente, car l'expérience nous enseigne que personne ne pourrait séparer un corps d'un autre, si un troisième corps ne s'interposait. Si les trous d'un soufflet étaient bien clos, de telle façon qu'aucun corps ne pût pénétrer à l'intérieur, l'expérience montre que cent chevaux ne pourraient séparer l'une de l'autre les parois du soufflet, à moins que l'une d'elles ne se rompît ou qu'il ne se fît par ailleurs quelque ouverture par laquelle un corps pût entrer. »

Dans ses *Questions*, Marsile d'Inghen prouve également par l'expérience l'impossibilité du vide :

« En second lieu, dit-il [1], cela se prouve par les expériences qui se trouvent au *Traité du vide (per experientias quæ ponuntur iu Tractatu de inani et vacuo)*. Les corps naturels, en effet, se meuvent contrairement à leurs inclinations propres, afin que le vide ne se produise pas.

» La première expérience est celle de l'eau qui monte pour éteindre une chandelle recouverte d'un vase.

» La seconde expérience est la suivante : Que l'on fasse un vase ayant deux jambes, l'une plus longue que l'autre ; si l'on plonge le plus petit bras dans l'eau et qu'on aspire l'air par le bras le plus long, l'eau montera par le bras le plus court, ce qu'elle ne ferait point si ce n'est pour empêcher qu'il n'y eût de vide.

» La troisième expérience montre qu'un grave soulevé, et que rien ne retient, ne tombe pas, afin que le vide ne se produise pas ; ainsi, dans les choses d'ici-bas, le vide ne peut être produit par un agent naturel. La prémisse se prouve ainsi : Soit un vase qui a, en bas, un grand nombre de petits trous et; en haut, un grand orifice ; on le remplit d'eau, et on bouche l'orifice supérieur ; alors, l'eau ne tombe pas par les orifices inférieurs ; cela ne saurait être, sinon pour empêcher le vide. »

Marsile d'Inghen nous rapporte donc trois expériences de Philon de Byzance, dont une est fort régulière et caractéristique ; il nous les rapporte dans l'ordre même où Philon les présente ; il ajoute qu'elles sont racontées, avec beaucoup d'autres, dans un certain *Tractatus de inani et vacuo*. Il n'en faut pas davantage

---

1. *Quæstiones* JOHANNIS MARCILII INGUEN *super octo physicomm libros ;* lib. IV, quæst. XIII.

pour nous amener à penser que ce traité était une traduction ou une adaptation du livre de Philon.

L'existence d'une traduction latine, faite d'après un texte arabe, des *Pneumatiques* de Philon n'a, d'ailleurs, rien d'hypothétique. En 1870, Valentin Rose a découvert et publié [1] une telle traduction, intitulée *Liber Philonis de ingeniis spiritualibus*; c'est même de la sorte que les historiens modernes ont, tout d'abord, connu l'œuvre de Philon.

Il se pourrait, d'ailleurs, que le *Tractatus de inani et vacuo* dont Marsile d'Inghen nous a parlé ne fût pas cette traduction même de Philon de Byzance, mais quelque traité composé, sous l'inspiration du livre de Philon, par un auteur arabe. Certain texte nous donnera occasion plus loin, de reprendre cette question et de lui donner une réponse probable.

Maintenant que nous avons constaté, aux mains des Scolastiques parisiens, durant la seconde moitié du XIVe siècle, l'existence d'un *Tractatus de inani et vacuo*, directement ou indirectement, emprunté à Philon de Byzance, nous sommes conduits à rechercher le temps où ces démonstrations expérimentales de l'impossibilité du vide furent, tout d'abord, connues par les physiciens de la Chrétienté latine.

Qu'elles l'aient été pendant toute la durée du XIVe siècle, nous n'en saurions douter.

Nous verrons, en effet, que, bien avant Marsile d'Inghen, on invoquait les expériences que cet auteur déclare empruntées au *Tractatus de inani et vacuo*. Dans un moment, nous entendrons Jean de Jandun décrire quelques-unes de ces expériences. Jean le Chanoine en fera autant et, en particulier, n'omettra pas l'expérience de la chandelle. En 1310, Pierre d'Abano, dans son célèbre *Conciliator differentiarum*, décrit avec soin cette même expérience de la chandelle. A celle-ci, on peut reconnaître une allusion dans le passage suivant de Nicolas Bonet [2] :

« Voici encore un sujet de doute : Peut-on avoir le vide naturellement ? La production du vide par la nature est-elle impossible ? On dit communément qu'elle est impossible, si bien que, pour qu'il n'y ait pas de vide dans la nature, un grave

---

1. VALENTIN ROSE *Anecdota græca et græco-latina*, vol. II, pp. 299-313. Berolini, 1870. Réimprimé dans : HERONIS ALEXANDRINI *Opera quæ supersunt omnia*, éd. W. Schmidt, vol. I, pp. 458-489.

2. NICOLAI BONETI *Physica*, Lib. V, Cap. IV ; Bibliothèque nationale, fonds latin, ms. n° 6678, fol. 151, r° ; ms. n° 16132, fol. 118, col. d.

monte et un corps léger descend ; on le voit par l'eau qui monte dans un vase après que l'air y a été transformé *(aëre corrupto)* et aussi de l'eau qui monte dans la clepsydre et dans la chantepleure *(in clepsedra et cantaplora).* »

Comme Nicolas Bonet, Walter Burley rapproche la clepsydre de la chantepleure ; il nous donne, en outre, la description de ces instruments.

« Le second signe par lequel on prouvait que l'air est quelque chose, c'est, dit-il [1], le suivant : On prenait un certain instrument ou vase que l'on appelait clepsydre ou chantepleure [2] ; ce vase a plusieurs trous ; l'un de ces trous est en haut et l'autre en bas. Si ce vase est rempli d'eau et si l'orifice supérieur est bouché, de telle sorte que l'air ne puisse entrer d'aucune manière, on peut ouvrir l'orifice inférieur sans que l'eau s'écoule par cet orifice ouvert au bas du vase. Mais si l'on ouvre l'orifice supérieur, l'eau s'écoule par le trou ou par les trous inférieurs ; et l'on voit alors que l'air entre par l'orifice supérieur. Par suite, donc, de la rentrée de l'air, l'eau s'écoule ; auparavant, elle ne pouvait s'écouler, parce que l'air ne pouvait entrer ; il apparaît, par là, que l'air est quelque chose, car il faut que la cause de cet écoulement soit quelque chose. »

Burley connaît donc deux instruments propres à faire l'expérience dont il parle ; l'un présente, dans le bas, un seul orifice et l'autre en porte plusieurs. Or Philon emploie successivement ces deux sortes de vases ; le premier lui sert à montrer que l'air est un corps, le second à réaliser l'expérience que Burley vient de décrire. Burley pouvait bien emprunter au commentaire d'Averroès les mots clepsydre et chantepleure ; mais la description de ces instruments ne s'y trouvait pas ; il est probable que, directement ou indirectement, Burley la tenait du *Tractatus de inani et vacuo.*

Les physiciens de la première moitié du XIVᵉ siècle ont donc connu le *Tractatus de inani et vacuo.* Remontons plus haut dans le passé ; nous pourrons, croyons-nous, décéler la présence de ce livre aux mains d'Albert le Grand.

Voici un passage [3] de la *Physique* d'Albert :

« On prouve que l'air est un corps et non point rien du tout,

---

1. Burleus *Super octo libros physicorum ;* lib. IV, tract. II, cap. I ; éd. Venetüs, 1491, fol. sign. n 2, col. a.

2. L'édition citée porte : *tantaphora,* au lieu de : *cantaplora.*

3. Alberti Magni *Liber physicorum,* lib. IV, tract. II, cap. I : Quod physici est tractare de vacuo et quibus rationibus probatur vacuum esse, et quibus non esse, ab antiquis ; et illi qui dicebant vacuum non esse contradicebant ad problemata.

en se servant d'outres pour le démontrer. On montre aussi la
force de l'air dans les clepsydres qui sont des instruments qui
ravissent *(furantia)* l'eau ; car *cleps* est un mot grec qui signifie
larcin et *ydros* signifie eau. Cet instrument est étroit par le
haut ; il porte un col terminé par un petit orifice que l'on peut
boucher avec le doigt ; par le bas, il est large, et le fond en est
percé de beaucoup de trous. Après qu'on l'a plongé dans l'eau,
si l'on bouche l'orifice supérieur, l'eau ne coule pas par le bas.
Ces gens disaient que cela provient de la force de l'air qui
retient l'eau. Mais ils se trompaient. S'il est vrai de dire, en effet,
que l'air est quelque chose, ce n'est pas, cependant, à cause de
la force de l'air que l'eau demeure immobile dans le vase ;
c'est parce que rien n'est vide. Il faut donc que les surfaces des
corps soient conjointes les unes aux autres ; partaut, l'eau ne
se sépare aucunement de la surface de l'air [qui reste à la partie
supérieure du vase] à moins que cet air ne la puisse suivre dans
sa chute et qu'un autre air ne puisse succéder à celui-là ; c'est
ce qui a lieu lorsque l'orifice supérieur est débouché. C'est l'un
des principes dont se servent les ingénieurs ; par ce principe,
en effet, on combine une multitude de vases et de siphons
*(Et hoc est unum principiorum quo utuntur qui faciunt ingenia ;
fiunt enim multa vasa et syphones per illud principium).* Aussi,
ceux qui veulent lever un grand poids avec un petit instrument
rendent-ils, tout d'abord, inséparables les surfaces du corps
qu'ils veulent soulever et de l'instrument ; alors, par celui-ci,
ils lèvent celui-là. »

Il n'est pas douteux qu'Albert le Grand n'ait sous les yeux,
lorsqu'il écrit ce passage, le *Tractatus de inani et vacuo* traduit
ou imité de Philon de Byzance ; non seulement il lui emprunte
la description de l'instrument propre à l'expérience dont il
parle, mais il le suit encore en affirmant que l'eau et l'air doivent
demeurer conjoints sans qu'il y ait, entre leurs surfaces, aucun
intervalle vide. De ce principe, il indique, d'ailleurs, une application qui ne se trouvait pas au livre de Philon ; il avait, sans
doute, vu des enfants qui s'amusaient à soulever un pavé à
l'aide d'une lanière de cuir, mouillée et fortemēnt appliquée
à la surface de la pierre [1].

---

1. Dans son *Traité du Ciel*, Albert le Grand parle de l'ascension de l'eau dans
les vases échauffés et du sang dans les ventouses ; mais il ne fait que paraphraser
le commentaire d'Averroès sans y rien ajouter (ALBERTI MAGNI *De Caelo et Mundo*
lib. IV, tract. II, cap. VIII : In quo probatur quod media elementa sunt in locis
suis magis gravia quam levia).

Saint Thomas d'Aquin avait lu le commentaire d'Albert le Grand ; nous reconnaissons, en effet, un souvenir très net de ce commentaire dans le passage que voici : [1]

« Ils démontrent encore que l'air est doué de force en pompant l'eau dans des clepsydres, c'est-à-dire dans des vases qui ravissent *(furantibus)* l'eau ; en effet, dans ces vases, en même temps que l'air est attiré, l'eau est également attirée. En outre, l'entrée de l'eau y est empêchée à moins que l'air n'en sorte. »

Si Thomas d'Aquin a lu Albert le Grand, il ne paraît pas, en revanche, qu'il ait lu le Traité *De inani et vacuo*. De ce que son maître avait emprunté à ce traité, il n'a rien gardé.

Au contraire, dans l'œuvre d'un disciple immédiat du *Doctor communis*, nous allons reconnaître un emprunt probable à ce traité.

Saint Thomas d'Aquin n'avait pas achevé son commentaire au *Traité du ciel* d'Aristote ; après la VIIIᵉ leçon du troisième livre, il avait laissé tomber la plume. Son fidèle élève, Pierre d'Auvergne, termina ce commentaire. C'est dans l'addition de Pierre d'Auvergne que nous trouvons ce qui suit [2] :

« Que l'on prenne un vase creux dont l'orifice soit plus étroit que le fond ; qu'on y introduise une chandelle allumée ou bien encore qu'on en chauffe fortement le fond ; puis, qu'on le renverse de telle façon que l'orifice en soit plongé dans l'eau ; l'eau est attirée vers le haut, hors de son lieu naturel. Au contraire, si le vase était appliqué de la même manière à de la terre, la terre ne s'élèverait pas.

» La cause du premier effet peut être la suivante. Par la chaleur de la chandelle ou encore par la chaleur du vase embrasé, l'air qui se trouve dans ce vase est raréfié et transformé en feu ; transformé en feu et mû vers le fond du vase, il se contracte en un moindre volume, et cela pour deux raisons », dont nous passerons le très illogique détail.

« Un signe de cette condensation de l'air peut être le suivant :

---

1. Sancti Thomæ Aquinatis *Expositio in libros physicorum Aristotelis;* lib. IV, lect. IX.

2. *Libri de celo et mundo* Aristotelis *cum expositione* Sancti Thome de Aquino *et cum additione* Petri de Alvernia. Colophon : Uenetijs mandato et sumptibus Nobilis viri domini Octaviani Scoti Civis modoetiensis. Per Bonetum Locatellum Bergomensem. Anno a salutifero partu virginali nonagesimoquinto supra millesimum ae quadringentesimum. Lib. IV, text. comm. 39, fol. 74, coll. c et d.

Si l'on brise le vase disposé comme il vient d'être dit, on trouvera de l'eau au fond ; Averroès dit qu'il en a parfois trouvé.

» Or l'air étant comprimé dans un moindre volume, l'eau se meut en même temps vers le haut, en suivant la surface de l'air, qui a avec l'eau une ressemblance naturelle ; et afin qu'il ne s'interpose aucun vide, il monte un volume d'eau égal au volume dont l'air est comprimé.

» Si alors, par l'extérieur, on échauffe le fond du vase, l'eau redescend à son lieu naturel ; par la chaleur, en effet, l'air qui avait été condensé dans le fond du vase se raréfie et revient à sa disposition première. »

Remarquons que cette expérience, telle que Pierre d'Auvergne la complète, est textuellement celle qui, au XVIIe siècle, devait donner le premier thermomètre. Or, ce complément, rien de ce qu'ont écrit les commentateurs d'Aristote ne l'a pu suggérer ; Philon, au contraire, à sa première expérience, adjoint une contre-épreuve toute semblable.

Pierre d'Auvergne poursuit en ces termes :

« Quant à la cause pour laquelle la terre ne serait pas soulevée si l'on disposait le vase à son égard comme on l'a fait pour l'eau, c'est que ses diverses parties ont peu de continuité entre elles, en sorte qu'elle n'est pas bien contiguë à la surface de l'air ; aussi, grâce à la porosité de ses parties, ne peut-elle pas bien empêcher l'entrée de l'air extérieur. Mais s'il arrivait que la terre à laquelle le vase est appliqué fût bien continue en ses diverses parties et qu'elle ne permît pas l'entrée de l'air extérieur, il serait nécessaire ou bien que le feu n'eût pas d'action pour raréfier l'air, par exemple parce qu'il s'éteindrait, ou bien que le vase se brisât, ou bien que l'on admît l'existence du vide, ou bien enfin que la terre fût soulevée ; et le plus raisonnable, c'est de penser que ce dernier effet se produirait, car c'est celui qui correspond à la moindre inclination en sens contraire. »

Albert le Grand avait fait une simple allusion à cette pensée : Les corps, dans la nature, se suivent toujours de telle sorte qu'il n'y ait aucun vide entre eux. Cette pensée se retrouve dans l'exposition de Pierre d'Auvergne, et sous une forme où nous reconnaissons les idées que professait Philon de Byzance touchant l'affinité entre l'air et l'eau. Cette pensée, amplement développée, va devenir une des doctrines favorites de Roger Bacon.

III

LA NATURE UNIVERSELLE ET LA FUITE DU VIDE SELON ROGER BACON

Appliquons-nous à suivre le développement de cette pensée au cours des divers ouvrages que Roger Bacon a composés.

Des deux séries de questions sur la Physique que conserve le manuscrit d'Amiens, examinons, d'abord, la première. Dès la première question relative au vide [1], Bacon va poser le principe dont il fera, par la suite, un fréquent usage.

Il se demande si le vide existe. Selon la méthode du *sic et non*, il commence par présenter quelques raisons en faveur de la réponse qu'il a l'intention de rejeter, c'est-à-dire de l'affirmative. Puis vient une argumentation qui conclut en sens contraire :

« Rien de ce qui, pour les choses naturelles, est privation et désordre *(inordinatio)* n'est nécessaire en la nature ; or le vide est cela ; donc, etc.

» En second lieu, on reconnaît qu'il n'existe pas dans la nature, car dans la nature il n'est rien d'oiseaux, rien qui soit en vain ; donc, etc.

» La majeure [de la première raison est évidente]. La nature, en effet, désire toujours ce qui est le meilleur ; partant, elle désire l'ordre qui est meilleur que le désordre, parce qu'il est fini et a une cause. La mineure est aussi évidente, car il est écrit dans le texte que le vide serait infini s'il existait ; il manquerait donc de premier terme et de dernier terme et, par conséquent, serait sans ordre *(inordinatum)*. »

L'appétit d'ordre qu'éprouve la nature universelle contraindra donc les corps à se mouvoir de telle manière qu'aucun espace vide ne se produise entre eux.

Ce principe, nous allons voir Bacon l'appliquer dès sa seconde question, qui traite « de la clepsydre [2] ». Il va, dit-il, chercher « le sens de ce qu'on lit dans le texte : d'une manière semblable, ils démontraient, à l'aide des clepsydres, que le vide n'existe pas ; »

Evidemment, Bacon a mal lu le texte d'Aristote ; il l'a inter-

---

1. ROGERI BACON *Questiones naturales et primo questiones libri phisicorum.* Lib. IV. Queritur de vacuo ; est igitur questio utrum vacuum sit. Bibl. municipale d'Amiens, ms. n° 406, fol. 22, col. 6.

2. ROGER BACON *Op. laud.*, lib. IV : Queritur de clepsedra ; ms. cit., fol. 22, col. c.

prêté par l'intermédiaire de quelque commentaire ; à l'aide des clepsydres, on démontrait, selon Aristote, que l'air était un corps, non que le vide n'existait pas.

« Il faut d'abord remarquer, ajoute-t-il, que le mot clepsydre a comme deux significations.

» Dans un sens, on appelle clepsydre un petit trou qu'on perce, dans un tonneau, à côté du grand trou (la bonde) par lequel on verse le vin ; on le perce afin que les vapeurs qui s'élèvent de l'humidité du vin, par l'effet de la chaleur naturelle, tandis que la fermentation s'accomplit, puissent sortir et ne brisent pas le tonneau... On appelle aussi clepsydre, ce qui sert à boucher ce trou.

» En un autre sens, la clepsydre est un vase qui, dans sa partie supérieure, a un trou ou orifice unique et qui, dans sa partie inférieure, a sept trous plus petits que l'orifice supérieur. C'est de la clepsydre prise avec cette signification, que nous entendons à présent parler. »

Il est clair que Bacon, lorsqu'il écrivait ces lignes, ignorait le sens précis du mot clepsydre ; mais il avait sans doute remarqué qu'au commentaire d'Averroès, ce mot est traduit par le mot chantepleure ; aussi s'empresse-t-il de lui assigner toutes les significations que chantepleure prend en français, y compris celles qui ne sauraient aucunement convenir à clepsydre. Ce lui sera, d'ailleurs, une occasion de consacrer une bonne partie de la question de la clepsydre à exposer ses idées sur la fermentation du vin.

D'ailleurs, au temps où Bacon discutait ses *Questions*, les clercs prenaient le mot : *clepsydre* dans une foule de sens différents. Nous le pouvons connaître par le témoignage d'Alexandre Neckham, qui écrivait vers 1220.

Sous ce titre : *De ustensilibus*, ce fécond auteur nous a laissé une sorte de dictionnaire [1] des termes usuels ; les mots dont l'explication est donnée ne sont pas rangés suivant l'ordre alphabétique, mais dans un certain ordre méthodique ; ici sont réunis les noms de tous les meubles qu'on trouve dans une chambre à coucher, là de tous les métaux et de tous les gemmes que renferme la boutique d'un orfèvre.

---

1. Bibliothèque nationale, fonds latin, ms. n° 15171. Fol. 176, col. a, inc. : Sicut dicit Tullius in principio sive in prologo sue rectorice... Fol. 199 (marquée 299), col. a, des. : Desinentia in us secunde declinationis indifferentermas culi generis ita ut saphirus.

C'est ainsi que nous trouvons l'énumération des divers objets qu'on rencontre à la cave ou au cellier [1] :

« *In promptuario sive in cellario... Sunt utres, cadi, dolia, ciphi, cophim, coclearia, clepsedra...* »

Voici, en particulier, ce que notre auteur dit de la clepsydre [2] :

« *Clessedra dicetur est videre* (?) *instrumentum per quod vinum vel liquor extrahitur a dolio,* broche *gallice. Et dicitur a* cleps, sis, *quod est* furor, ris [3], *eo quod furtim extrahitur quodammodo liquor a dolio vel a cado. Etiam alia causa dicitur a* clepo, pis, *quod est* furor, furaris, *quia antiquitus mos erat quod qui posset furari clessedram in dispensatorio ad Natale, ille providens et dispensator sederet de jactura. Item alia significatione est aliud instrumentum per quod ponitur vinum in dolio vel in cado, gallice* entonneor ; *et similiter a* cleps, sis *denominatur es quod absorbendo et sursum furatur liquorem aspiratum... Contingit dicere clepsedram media de parte foramine vas apertum doliis implendis atque lagenis* [4]. »

On voit qu'au début du XIIe siècle, on en était venu à désigner sous le nom de clepsydre à peu près tous les instruments propres à transvaser des liquides, aussi bien la broche et l'entonnoir que la pipette et la chantepleure. Ne nous étonnons donc plus d'entendre Roger Bacon donner à ce mot deux significations si disparates.

Nous allons nous attacher seulement ici à ce qu'il dit de la clepsydre entendue au second sens.

« La première question [5] est relative à ceci, qui est connu par l'expérience. Si l'on pose le doigt sur l'orifice supérieur de la clepsydre, l'eau qui s'y trouve ne s'écoule pas par les petits trous ; mais si l'on enlève le doigt, tout aussitôt l'eau en descend et tombe en pluie. »

Que cet équilibre de l'eau retenue dans la clepsydre soit contraire aux principes de la Physique d'Aristote, Bacon le montre avec insistance et par divers raisonnements. De là la difficulté qu'il voulait examiner et dont il propose la solution suivante [6] :

« De l'immobilité on équilibre de l'eau dans la clepsydre

---

1. Ms. cit., fol. 180, col. c.
2. Ms. cit., fol. 180, col. d, et fol. 181, col. a.
3. Il faudrait : *furtum, ti.*
4. Le texte porte : longenis.
5. ROGER BACON, *loc. cit.*
6. ROGER BACON, *loc. cit.*, fol. 22, col. c et d.

pendant que le doigt est appliqué [à l'orifice supérieur] il y a trois causes.

» La première est la petitesse ou l'étroitesse des trous inférieurs ; si ces trous étaient plus grands, l'eau tomberait au travers.

» La seconde cause est l'air qui entre - ou pénètre par ces petits trous ; à cause de sa fluidité, il soutient, porte et retient l'eau *(secunda causa est aer ingrediens vel subintrans hujusmodi foramina parva qui, propter sui humidum, hujusmodi aquam defert, portat et retinet).*

» Ce sont là les causes efficientes. La troisième est une cause finale ; c'est l'ordre des corps de l'Univers et la convenance de la machine du Monde *(ordinatio corporum universi et mundi machine convenientia)* savoir : Qu'il n'y ait pas de vide, qui est, pour les choses, une cause de désordre et de destruction, comme nous le verrons plus bas.

» Il est évident par là que ces trois causes se réunissent en une cause unique, qu'elles ne font qu'une seule cause, savoir : Qu'il n'y ait pas de vide *(ne sit vacuum)...*

» Tout grave tend vers le bas et se meut vers le bas s'il n'est empêché et retenu ; à ce mouvement vers le bas, il est, cependant des conditions accessoires. La nature, en effet, désire toujours le meilleur ; or qu'un grave demeure immobile en haut, supporté et retenu par l'air, il y a, à cela, moins d'inconvénient qu'à l'existence du vide qui détruirait tout l'ordre de la nature...

» De l'air et des autres corps, il y a lieu de parler de deux manières différentes. D'une première manière, en tant qu'ils sont en leurs lieux naturels ; en ce cas, l'air ne porte pas l'eau. D'une seconde manière, en tant qu'ils se trouvent en des lieux étrangers à leur nature ; en ce cas l'air peut soutenir de l'eau qui se trouve en un lieu étranger à sa nature, et cela afin qu'un plus grand inconvénient soit évité. »

Il sera de mode, à partir du xviie siècle, de plaisanter cette cause finale invoquée par Bacon à côté des causes efficientes ; mais Bacon se conformait ici aux principes essentiels du Péripatétisme qui, dans la cause finale, voit toujours la véritable cause.

Il prend, d'ailleurs, ses précautions pour qu'on n'aille pas l'accuser de faire du vide une cause efficiente, d'attribuer au vide un pouvoir d'attirer l'eau dans la clepsydre. A cette ques-

tion [1] : « Le vide est-il une cause », il répond : « Le vide n'est
rien, il n'est pas une nature ; or ce qui est cause est une certaine
nature ; le vide n'est donc pas une cause. »

A cette objection : « La ventouse vide attire le sang et, si
elle n'était pas vide, elle ne l'attirerait pas », il répond en distinguant diverses sortes d'attractions. La première qu'il mentionne est celle par laquelle l'aimant attire le fer. La dernière
« est une attraction qui se fait par le vide, grâce à l'excitation
et à la disposition produites par la chaleur. C'est de cette
manière que la ventouse attire le sang ; voilà pourquoi on
met dans la ventouse des étoupes ardentes qui y engendrent
de la chaleur ; cette chaleur échauffe l'air et attire le liquide
pour se conserver ; car le liquide est l'aliment de la chaleur.

» Il est donc évident qu'une attraction ne se produit jamais
par le vide seul et en tant que tel, mais par quelque autre cause.
Si l'eau est attirée et retenue dans la clepsydre, tandis que
le doigt est posé sur l'orifice, cela ne se fait pas par le vide,
mais par la nature même et l'ordre des corps, c'est-à-dire de
l'eau et de l'air, afin que le vide ne survienne pas, car si ce vide
se produisait, il serait, pour eux, cause de désordre et de
destruction. »

Dans ce phénomène, donc, le vide n'est pas cause efficiente ;
les causes efficientes, ce sont les corps en présence, l'air et
l'eau. Il n'est pas davantage cause finale ; la cause finale,
c'est l'ordre et la conservation des corps naturels ; c'est à cet
ordre que tend la nature ; et les corps se meuvent ou demeurent
immobiles de telle manière que cet ordre soit sauvegardé,
dussent-ils, pour cela, aller à l'encontre des lois qui règlent leurs
mouvements et repos naturels.

Telle est la doctrine que Bacon formule avec une entière
netteté dès la première série de ses questions sur la Physique.

Cette doctrine, nous allons la retrouver dans la seconde
série des questions sur la Physique ; nous l'y retrouverons plus
développée, mais aussi plus confuse.

Dans ces nouvelles questions, en effet, Bacon expose l'étude
expérimentale du vide suivant un ordre qui est conforme à la
méthode du *sic et non* et aux procédés de discussion chicanière
de la Scolastique, mais qui déroute singulièrement nos habitudes

Il s'agit de présenter une expérience où le mouvement naturel,

---

1. ROGERI BACON *Op. laud.*, lib. IV : Queritur septimo utrum vacuum sit causa
aliqua ; ms. cit., fol. 23, col. c.

annoncé par la Physique d'Aristote, ne se produit pas et où, par ce repos imprévu, la formation du vide est empêchée. Voici, à peu près, comment procède Bacon :

Il annonce l'expérience comme un moyen de faire le vide ; il la décrit comme si le mouvement naturel, annoncé par la Physique péripatéticienne, se produisait en réalité, entraînant la formation d'un espace vide.

Puis, il énumère les diverses autres manières dont on pourrait imaginer que les choses se passassent et il argumente pour ou contre ces diverses manières, toujours sans jeter le moindre regard sur la réalité.

Alors seulement il présente, à titre de solution du débat, l'expérience telle qu'elle se manifeste aux sens, et il l'explique par l'action que la nature universelle exerce afin qu'il n'y ait pas de vide.

C'est donc au travers de ces démarches compliquées qu'il nous faut suivre la pensée de Bacon.

L'étrangeté de ces démarches se manifeste de prime abord. Notre auteur, adversaire déterminé du vide, annonce son étude expérimentale en ces termes [1], peu propres, assurément, à nous en faire deviner la conclusion : « Après avoir démontré par des raisonnements qu'il faut admettre le vide, on montre également, par des exemples et des expériehces, qu'il faut admettre le vide. »

Bacon présente successivement cinq expériences ; allons d'abord à la cinquième ; c'est celle qui a été décrite et étudiée dans la première série des questions sur la Physique. « La cinquième expérience [2] est celle qu'Aristote indique dans le texte. Que l'on prenne un vase plein d'eau qui a plusieurs trous dans le bas et, dans le haut, un orifice bouché. Tout ce qui est hors de son lieu propre tend à ce lieu, pourvu qu'il n'en soit pas empêché et qu'il soit hors de ce lieu. L'eau qui est là tend donc en bas. Dès lors, il se produirait un vide en haut, près de l'orifice bouché, et l'eau ne demeurerait pas en repos, comme il paraît, afin d'empêcher que le vide ne se fasse. Car Aristote dit cela, que l'eau demeurerait en repos, afin que le vide ne se fît pas ; et il ne paraît pas que cela soit vrai, car l'eau

---

1. *Questiones supra librum phisicorum a magistro dicto* BACUUM. Ostenso per rationes quod sit ponere vacuum, item per exempla et experimenta ostenditur quod sit ponere vacuum. Ms. cit., fol. 47, col. d.

2. Ms. cit., fol. 48, col. c et d.

qui est là, étant hors de son lieu naturel, tend naturellement en bas. »

On avait bien fort accoutumé de présenter l'expérience de Philon de Byzance pour commenter la phrase où Aristote fait mention des clepsydres, car Bacon en vient à s'imaginer que l'expérience et le raisonnement de Philon sont dans le texte d'Aristote.

Après avoir ainsi mis sur le compte de l'expérience le contraire de ce qu'elle nous enseigne en réalité, Bacon nous présente des arguments contre ce que nous manifestera tout à l'heure le témoignage des sens :

« Ce que vous objectez, que l'eau ne descendrait pas afin qu'il ne se fît pas de vide, est sans valeur. C'est une pétition de principe ; il faudrait le prouver.

» En outre, une négation ne peut être la cause d'une affirmation ; or cette proposition : l'eau demeurerait en repos, est une proposition affirmative ; la cause n'en peut être cette proposition négative : afin que le vide ne se fît point.

» De même encore, la descente de l'eau est naturelle. Le concours des parois du vase est contre nature. Le repos de l'eau hors de son lieu propre est contre nature. Il vaut donc mieux admettre la descente de l'eau, puisqu'elle est naturelle, que le concours des parois ou le repos de l'eau, puisque ces deux choses sont contre nature. »

A la supposition erronée que l'eau descendrait, une nouvelle supposition erronée est venue s'ajouter d'une manière implicite : Pour empêcher la production du vide, les parois du vase pourraient se rejoindre. Au moment où Bacon nous annonce la solution du débat, il va tout d'abord parler comme s'il penchait en faveur de cette supposition erronée. C'est seulement après avoir fait ce nouveau détour qu'il nous proposera enfin l'opinion qu'il regarde comme correcte.

« Solution. Je dis qu'en vertu de l'ordre de la nature universelle, les parois se rejoindraient, afin que le vide ne se fît point *(ex ordinatione naturæ universalis... ne fieret vacuum)*. Je dis que ce n'est pas, pour cela, une pétition de principe ; car, dans les démonstrations nécessaires, il faut postuler le principe ; cela n'est pas absurde *(inconveniens)* car c'est toujours ainsi qu'Aristote argumente contre Platon.

» A l'autre argument, je réponds qu'il n'y a pas seulement là une négation, mais qu'une chose affirmative y est jointe, savoir la distance des parois et le salut de la nature. Dès lors, il est nécessaire d'admettre que l'eau demeure en repos ; il vaut mieux admettre cela que de supposer le vide. Afin donc que le vide ne se fasse pas, afin de sauver la disposition du vase et l'ordre de la nature universelle, l'eau demeure en repos ; et ce n'est pas seulement afin que le vide ne se fasse pas ; ce n'est donc pas une pure négation.

» A l'autre argument, je réponds : Bien que le vase soit un corps continu en toutes ses parties, il est contraire à sa nature particulière que ses parois se rejoignent. Partant, il ne faut pas que l'eau tombe ; alors, en effet, la figure naturelle du vase serait détruite ou bien le vide se produirait, et cela serait contraire à la nature universelle ; il faut donc que l'eau demeure en repos.

» Que l'eau ne descende pas, c'est un accident contraire à la nature. Ce repos vaut donc mieux que la destruction de la nature ou d'une disposition naturelle ; cela vaut mieux que d'admettre le vide ou la réunion des parois, car ces deux choses sont, par essence, contraire à la nature ; ce serait absolument contraire à la disposition essentielle du vase ; il peut y avoir deux sortes de réunions des parois, une réunion naturelle et une réunion contre nature ; or cette dernière réunion de deux parois est essentiellement contre nature. Il vaut donc mieux que l'eau demeure en repos, ce qui n'est qu'un accident contraire à la nature, que s'il se produisait une chose contre nature qui fût essentielle. »

Nous avons reproduit en entier la discussion de cette cinquième expérience ; non seulement, en effet, le principe de Physique que Bacon entend établir y est très clairement exposé, mais, en outre, nous y trouvons un exemple très caractéristique de la méthode que notre auteur a coutume de suivre. Nous pourrons maintenant parler d'une manière un peu plus sommaire des quatre premières expériences.

La première de ces expériences est celle-ci : Que deux disques plans soient exactement appliqués l'un sur l'autre et que l'on soulève brusquement le disque supérieur ; l'air ne pourra pénétrer instantanément au centre de l'espace compris entre les deux disques ; le vide s'y produira donc pendant un moment.

Faisons grâce au lecteur des multiples chicanes auxquelles cette proposition donne lieu. Retenons-en cependant cette phrase [1] : « Comme si la paume de ma main touchait la Seine,

____

1. Ms. cit., fol. 47, col. d.

ut si palma mea tangat Secanam. » Elle nous apprend, en effet, que la question fut discutée à Paris. Retenons-en également ce passage, qui prépare la solution : « D'autres disent que les disques ne pourront être soulevés s'ils gardent leur configuration, de telle manière que chaque partie [du disque supérieur] soit soulevée également. Au fur et à mesure que les diverses parties sont soulevées, l'air pénètre d'une manière successive ; à l'instant même où une partie est soulevée, l'air pénètre au-dessous, afin qu'il ne se fasse point de vide. »

Voici maintenant la solution que propose Bacon :

« Si les deux disques étaient superposés l'un à l'autre, on ne pourrait jamais soulever le disque supérieur à moins d'en incliner quelque partie. Il faut donc que quelque inclinaison se fasse avant qu'on puisse le soulever ; sinon le vide se produirait ; et cela provient de la nature universelle. Ils répondent donc bien, ceux qui répondent que le disque ne peut être soulevé de la sorte.

» Cela se voit, dans l'eau, d'une manière évidente. Que l'on pose sur l'eau un verre *(cyphus)* [retourné], et qu'on le soulève en gardant la même configuration, sans l'incliner d'un côté plus que de l'autre ; il n'y a pas d'homme au monde qui le pourrait lever ; aussi, comme il est manifeste aux sens, faut-il, pour le lever, l'incliner d'abord d'un certain côté. Il en est de même dans l'air, bien qu'avec les deux disques, ce ne soit pas aussi manifeste aux sens qu'avec le verre. C'est pourquoi, donc, il ne faut pas admettre le vide. »

On aime à faire de Roger Bacon un adepte précoce de la méthode expérimentale ; des pages comme celles-ci nous montrent assez qu'il expérimentait seulement en imagination. Chacun sait qu'un verre plongé dans l'eau se laisse soulever sans grand effort ; au contraire, l'adhérence de deux disques plans se peut observer sans aucune difficulté. Il est clair que notre auteur n'avait tenté ni l'une ni l'autre des deux épreuves.

La troisième expérience [1] se fait au moyen d'un vase pansu que Bacon appelle une marmite *(olla)* ; mais il ajoute que l'orifice en est de petite dimension *(modicum orificium).* Que l'on remplisse d'eau ce vase, et qu'on le renverse ; si l'eau s'écoule, l'espace contenu dans la panse demeurera vide.

Que se passe-t-il en réalité ? « L'eau doit plutôt demeurer immobile, comme l'expérience le montre. »

---

1. Ms. cit., fol. 47, col. d, et fol. 48, col. a.

Cette expérience fait double emploi avec celle que Bacon avait décrite en sa première série de questions et à laquelle il va donner ici le cinquième rang ; il ne l'ignore pas puisque, pour préparer la réponse que nous venons de citer, il écrit : « Prenons un vase perforé dont le fond porte une foule de petits trous ; emplissons-le et bouchons l'orifice supérieur ; rien ne sortira par les trous inférieurs, bien qu'ils ne soient pas bouchés, car le vide se ferait à la partie supérieure du vase ; partant l'eau demeure en repos ; elle ne descend point ni ne se raréfie ; l'eau donc demeurera purement et simplement en repos ; elle ne se répandra pas, afin que le vide ne se produise pas en ce lieu. »

La présence, dans la discussion de Bacon, de ces deux expériences qui sont, au fond, identiques, semble pouvoir s'expliquer par la lecture du traité de Philon de Byzance ; l'expérience « de la marmite » serait suggérée par celle au moyen de laquelle Philon démontre que l'air est un corps.

Nous n'insisterons pas sur ce que Bacon dit de la troisième expérience et de la quatrième ; ces expériences, en effet, telles qu'elles sont décrites, sont dénuées de toute signification réelle. Par exemple [2], « la troisième expérience est celle du tonneau de bronze plein d'eau et bien clos. Si on le garde pendant un an, on trouve qu'il contient, à la fin, moins d'eau qu'au commencement. Cependant rien n'a pu en sortir ni y entrer. Là donc, il y a le vide. »

Dans le traité de Philon de Byzance, il ne se trouve rien qui ait pu suggérer semblable affirmation. Mais on n'en peut dire autant du traité de Héron d'Alexandrie ; là, en effet, nous lisons [1] : « Si l'on enferme cette eau dans un récipient de verre, de bronze ou d'une autre matière solide, et si on la place longtemps au soleil, cette eau ne diminue point, si ce n'est d'une toute petite fraction (οὐκ ἐλαττοῦται, εἰ μὴ παρὰ μικρὸν μόριον παντάπασιν αὐτοῦ), ». Serait-ce là la source de la fausse expérience affirmée par Bacon ? En ce cas, le *Tractatus de inani et vacuo* auquel Bacon, comme la plupart des Scolastiques, paraît avoir emprunté ses connaissances expérimentales ne serait pas simplement cette traduction du traité de Philon de Byzance que Valentin Rose a exhumé ; ce serait une compilation, d'origine arabe, où les souvenirs de Héron d'Alexandrie se mêleraient à

1. Ms. cit., fol. 48, col. a.
2. Heronis Alexandrini *Spiritalium liber* a Federico Commandino Conversus. Urbini, MDLXXV. fol. 5, r°. — Heronis Alexandrini *Opera quæ supersunt omnia ;* éd. W. Schmidt, vol. I, pp. 14-15.

ceux de Philon. De cette supposition, nous trouverons bientôt
une confirmation.

Ce que Bacon a dit des expériences relatives au vide, dans ses
deux séries de *Questions sur la Physique*, fournit la matière des
considérations qu'il reprend dans ses divers ouvrages.

Voici, d'abord, dans l'*Opus majus* [1], l'expérience des deux
disques appliqués l'un à l'autre et que l'on ne peut séparer. Nous
retrouvons, presque dans les mêmes termes, les considérations
que nous avions déjà lues dans la seconde série des *Questions*,
y compris celle-ci : « Il faut dire que l'on ne peut élever l'un des
disques au-dessus de l'autre en leur gardant même configuration ; pour que l'un d'eux puisse être soulevé au-dessus de
l'autre, il faut qu'on l'incline ; l'air entre ainsi peu à peu. Cela
se peut fort aisément éprouver au moyen d'un verre plongé dans
l'eau ; car pour rien au monde *(pro mundo)*, il ne peut être levé
si l'on garde même configuration à ses parties ; la cause en est
que l'eau doit venir peu à peu en occuper le lieu. C'est là la
cause positive *(affirmativa)* en conséquence de laquelle le vide
se trouve exclu. »

Dans l'*Opus majus*, Bacon n'avait parlé du vide que d'une
manière incidente ; il en traite *ex professo* au cours de l'*Opus
tertium*. Là nous retrouvons [2] l'expérience du vase dont le
fond est criblé de petits trous ; là aussi, l'auteur rappelle qu'il
a parlé, dans l'*Opus majus*, de l'adhérence de deux disques exactement appliqués l'un contre l'autre.

La raison de cette adhérence, c'est que [3], de la séparation des
deux plaques, « résulterait une discontinuité *(discontinuatio)*
de la nature et, entre les parties de l'Univers, discontinuité à
laquelle le vide se trouve attaché *(annexum)*. ...Aussi, qu'un
homme essaye de soulever le disque supérieur en le maintenant
parallèle à l'autre *(æqualiter)* ; il n'y parviendra jamais... Dans
l'eau, cela apparaît bien. Si quelqu'un pose sur l'eau la concavité d'un verre, en tenant ce verre par le pied, il peut expérimenter qu'en maintenant la figure bien égale de tous côtés, il
ne parviendra par aucune violence à le tirer de l'eau. »

L'expérience du vase perforé donne à Bacon l'occasion d'exposer ses idées sur la fuite du vide avec une précision et une
ampleur qu'il ne leur avait pas encore accordées.

---

1. FRATRIS ROGERI BACON *Opus majus.* Ed. Jebb. Pars IV, Dist. IV, cap. IX:
An corpora se tangant in puncto ; p. 93.
2. ROGERI BACONIS *Opus tertium*, éd. Brewer, cap. XLIII, pp. 155-156.
3. ROGERI BACONIS *Op. laud.*, Cap. XLV, p. 166.

« Rien, dit-il [1], n'empêche l'eau de couler ni ne le lui défend ;
c'est par sa propre nature qu'elle demeure en repos bien que
soulevée, en vue de la continuité de la nature commune à tous
les corps, continuité qui doit être conservée [2] entre les diverses
parties de l'Univers. L'eau, en effet, est une certaine nature qui a
deux sortes de rapports. L'un est le rapport qu'elle a à son lieu
propre. L'autre est le rapport qu'elle a en vertu de la continuité
du milieu *(medii)* naturel, afin de garder cette continuité avec
les autres corps naturels. Cela, elle ne le ferait pas si elle tombait, car l'air ne peut entrer par l'orifice bouché. Or le rapport
qu'à l'eau à cette continuité qu'il s'agit de sauver, prime le
rapport qu'elle a à l'égard de son lieu propre ; le premier de ces
rapports, en effet, lui est dû en tant qu'elle est une partie de
l'Univers ; le second, celui qui concerne son mouvement de descente, lui est seulement dû en tant qu'elle est apte à être logée,
qu'elle peut être entourée par un lieu qui lui convient mieux
qu'un autre lieu. Mais être une partie de l'Univers, c'est une
propriété qui, pour l'eau, passe avant la propriété d'être logée
et entourée par quelque chose qui lui convienne, une propriété
qui lui est plus essentielle ; elle peut, en effet, continuer d'être
de l'eau lors même qu'elle ne serait pas entourée par un tel lieu
qui lui convînt ; mais elle ne pourrait continuer d'être de l'eau
si elle n'était plus une partie de l'Univers. Si donc l'eau demeure
immobile en l'air, ce n'est pas, d'une façon première et proprement dite, afin que le vide ne soit pas *(propter negationem vacui)* ;
c'est afin de sauver la continuité de la nature dans le Monde ; et
de cette continuité, la privation du vide découle à titre secondaire. Ainsi ce n'est pas une négation qui est, ici, cause d'une
affirmation, mais une affirmation. Qu'à cette affirmation une
négation soit annexée, cela n'a pas d'inconvénient, car toute
affirmation entraîne avec elle une infinité de négations qui lui
sont adjointes... Mais une négation ne saurait, d'une façon première et principale, importer une affirmation ; elle n'en peut
être la cause ; elle en peut seulement accompagner la cause,
comme il arrive ici. »

Après avoir assisté, en lisant les deux séries de *Questions
sur la Physique* et l'*Opus majus* aux tâtonnements et aux essais
de la théorie baconienne, nous la contemplons maintenant en
son plein achèvement ; Bacon, en effet, ne la perfectionnera

---

1. ROGERI BACONIS *Op. laud*, cap. XLV, pp. 165-166.
2. Le texte publié par Brewer porte : *salvatæ ;* un ms. porte : *salvandæ ;* il faut,
croyons-nous : *salvandam.*

» Cette nature universelle, c'est une force qui réside dans la substance céleste, c'est-à-dire dans cette intelligence créée qui, au-dessous du Créateur béni, gouverne et modère toute la nature corporelle et inférieure...

» Avec cette nature universelle, conspirent toutes les choses qui gisent au-dessous d'elle, qui plongent en elle leur racine, qui, par elle, ont reçu en partage la propriété d'agir ; ces choses conspirent avec la nature universelle au point de suspendre, parfois, les natures qui accompagnent, en elles, la nature universelle, les propriétés qui leurs sont particulières, et d'empêcher les actions et les effets qui leur sont propres.

» Cette particularité qui distingue la nature particulière de la nature universelle n'est pas une particularité individuelle, si ce n'est, peut-être, par accident ; c'est une pure propriété opérative qui accompagne toutes les choses d'une même espèce... Toute espèce, en effet, peut être appelée particulière à l'égard du genre auquel elle appartient..., bien qu'elle soit véritablement universelle à l'égard de ses individus.

» La nature particulière, donc, est une force, une propriété opérative qui accompagne l'espèce, bien que l'effet qu'elle produit ne se rencontre pas toujours en tout individu de cette espèce. Par exemple, de ce que l'homme est raisonnable, il n'en résulte pas que tout homme, nécessairement et d'une manière habituelle, use de la raison, mais plutôt qu'il est naturellement apte à en user. De même, le feu, par sa nature particulière, est chaud et tend à être placé aussi haut que possible ; il se peut, cependant, que le feu soit, parfois, privé de chaleur, et qu'il se trouve en un lieu bas. »

« La nature universelle, poursuit notre auteur [1], a une première action qui lui est propre et qui tend à un but bien déterminé ; mais elle a aussi une autre action qui se trouve répandue en toute opération de la nature particulière ; celle-ci ne meut aucunement, en effet, qu'elle ne soit mue, tout d'abord, par la nature universelle.

» Ainsi, d'une manière universelle, causale, première, mouvoir et opérer sont choses qui appartiennent à la force et à la nature universelle ; mais il leur appartient également de produire des effets contraires à ceux de la nature particulière, et cela de multiple façon.

» C'est le propre de la terre d'occuper le lieu le plus bas ; il

---

1. LINCOLNIENSIS *Summa*, cap. CCXLV ; éd. Baur, p. 591.

est parfois possible, cependant, qu'elle se trouve logée au sein
de la sphère de l'air, voire au suprême faîte de la sphère du
feu... L'air et le feu peuvent se trouver transportés fort loin de
leurs sphères respectives ; l'eau, qui a pour propriété de surpasser la sphère de la terre, a pu être en partie renfermée dans
les entrailles de la terre, afin de laisser apparaître la terre ferme. »

De ces mouvements, contraires aux mouvements naturels,
que détermine la nature universelle, notre auteur aurait pu
prendre exemple en citant les expériences où cette nature
universelle met obstacle à la production du vide. Ces exemples,
il les laisse à son maître Roger Bacon, et il en cite un autre,
que nous n'avons jamais rencontré hors de sa *Somme de
Philosophie*.

Nous avons vu comment Aristote cherchait dans l'air ébranlé
la force motrice qui maintient le mouvement du projectile,
après que celui-ci a quitté la main ou la machine balistique.
Le prochain chapitre nous montrera qu'au XIIIe siècle, la Scolastique tout entière admettait cette étrange théorie. Notre auteur
n'a pas manqué de lui donner son assentiment [1] ; et cependant,
elle l'étonne. Que l'air, qui est grave, puisse porter un projectile
vers le haut, cela ne saurait être un effet de sa nature particulière ; il faut donc qu'il tienne cette propriété de la nature
universelle. Mais citons le curieux passage [2] où se développe
cette explication :

« Aristote affirme qu'entre deux mouvements contraires,
comme l'ascension d'un grave et la chute de ce même grave,
un repos intermédiaire doit s'intercaler nécessairement, d'une
nécessité de nature ; aussi voit-on que les graves jetés en l'air
demeurent en repos lorsqu'ils parviennent au terme de leur
trajectoire vers le haut. Or voilà deux choses [l'ascension et
le repos en l'air] qui sont fort contraires à la nature particulière
du grave.

» De même, dans le jet d'une pierre, d'une flèche ou d'un
objet quelconque mû de mouvement violent, l'air, qui est très
mobile et très léger, reçoit, de la violence du premier moteur,
une impression par laquelle il puisse conduire le mobile jusqu'au
terme du mouvement. Suivant Aristote, à la fin du mouvement
aussi bien qu'au milieu, c'est ce même air, mis en branle au
début par le moteur violent, qui meut naturellement le mobile,

---

1. Lincolniensis *Summa*, cap. CLXXXI ; éd. Baur, p. 590.
2. Lincolniensis *Summa*, cap. CCXLV ; éd. Baur, pp. 591-592,

complexe, mais plus compréhensive ; Roger Bacon a construit cette théorie nouvelle.

La théorie proposée par Roger Bacon était une bonne théorie physique ; à partir d'un petit nombre de principes simples, elle rendait compte de tous les phénomènes d'équilibre et de mouvement que l'on connaissait alors, aussi bien de ceux qu'interprétait déjà la théorie d'Aristote que de ceux dont Philon avait donné la description. Aussi cette théorie a-t-elle joui d'une faveur longue et méritée. Au milieu du XVIᵉ siècle, Jules-César Scaliger se plaira à la développer [1] dans ses diatribes contre Cardan.

Un jour, cependant, l'hypothèse de la continuité universelle, proposée par Roger Bacon, connaîtra le sort qu'a connu l'hypothèse du lieu naturel, proposée par Aristote ; l'observation révélera des phénomènes dont elle ne peut rendre compte ; les fontainiers de Florence remarqueront qu'une pompe aspirante ne peut soulever l'eau au delà de trente-deux pieds ; Evangelista Torricelli réalisera l'expérience du vif argent.

Alors, après avoir été longtemps une bonne théorie de Physique, le système de Bacon deviendra à son tour, une théorie insuffisante, que les faits contredisent, qu'il faut rejeter et remplacer par une doctrine plus compréhensive. Ceux qui s'obstineront à professer cette théorie en dépit du démenti de l'expérience, feront preuve d'une illogique routine ; c'est ce que, durement mais justement, Pascal reprochera au P. Noël.

Mais le temps où le système de Bacon devra être abandonné est bien éloigné de celui où l'auteur de cette théorie la formule. Voyons comment l'idée nouvelle a été accueillie par les successeurs immédiats du franciscain anglais.

IV

LA TRADITION DE ROGER BACON ET L'HORREUR DU VIDE

Nous chercherons d'abord la trace de la doctrine de Bacon dans cette *Summa philosophiae* que certains manuscrits attribuent à Robert Grosse-Teste, mais où nous avons reconnu l'œuvre d'un disciple de Roger Bacon.

---

1. JULII CAESARIS SCALIGERI *Exotericarum exercitationum liber* V. *De Subtilitate adversus Cardanum*. Exercitatio V : De materia. De vacuo.

Voici un premier passage intéressant [1], que nous relevons dans ce que cette *Somme* dit du vide :

« Héron, cet éminent philosophe, s'efforce, à l'aide de clepsydres, de siphons et d'autres instruments, de mettre en évidence l'existence du vide ; ce n'est pas chose qu'il faille réprouver de toute façon. Il ne se propose, en effet, d'établir qu'une chose, c'est que, par un certain artifice, le plein peut être ôté d'un lieu ; cela fait, il faudra nécessairement que le vide reste en ce lieu. Mais c'est seulement pendant la durée instantanée de la transformation que cela se peut faire véritablement. La cause de cet effet, c'est la vertu du lieu naturel qui, de la circonférence au centre, est partout répandue. »

Ce texte nous apprend, tout d'abord, que le *Tractatus de 'inani et vacuo* où Bacon avait lu les expériences qui se font avec des clepsydres et des siphons était donné sous le nom de Héron d'Alexandrie ou, tout au moins, citait ce nom. Nous avons reconnu qu'il devait contenir certaines expériences faites par Philon et ignorées de Héron ; qu'il devait également décrire des expériences que Héron rapporte et dont Philon ne parle pas. Nous sommes ainsi conduits à penser que les Arabes avaient donné aux Chrétiens, sous le nom de Héron d'Alexandrie, une compilation où les emprunts faits à cet auteur se mêlaient à ceux que Philon avait fournis.

Nous voyons, en outre (et la lecture de Bacon nous le faisait déjà soupçonner) que ce traité décrivait les expériences de Héron et de Philon à l'envers, si l'on peut dire, et, par ce retournement, présentait des effets contraires à ceux que les mécaniciens ont observé comme des artifices propres à réaliser un espace vide.

Le disciple de Bacon paraît avoir été vivement frappé par l'hypothèse de cette nature universelle, à laquelle son maître attribuait les mouvements qui violentent les natures particulières, afin d'empêcher le vide de se produire. Il en met la notion à la base même de sa Cosmologie.

« La nature, dit-il [2], en tant qu'elle est même chose que la force active et que la forme..., est ou bien nature universelle ou bien nature particulière...

---

1. LINCOLNIENSIS *Summa*, cap. CXVIII ; éd. Baur, p. 417. [LUDWIG BAUR, *Die philosophischen Werke des Robert Grosse-Teste Bischofs von Lincoln (Beiträge zur Geschichte der Philosophie des Mittelalters*, Bd, IX, Münster, 1912)].
2. LINCOLNIENSIS *Summa*, cap. CCXLIV ; éd. Baur, pp. 590-591.

pas davantage ; aux *Communia naturalium*, il formulera encore quelques propositions utiles à recueillir, mais il ne donnera plus, de son système, l'exposé dogmatique qu'il a présenté dans l'*Opus tertium*.

Nous retrouvons, aux *Communia naturalium*, l'expérience des deux disques adhérents [1], enfin débarrassée de la fausse expérience du verre renversé sur l'eau ; nous y retrouvons aussi [2] l'expérience que Philon de Byzance faisait avec un vase au fond criblé de petits trous.

C'est à propos de cette dernière expérience que sont émises les réflexions suivantes :

« Ce n'est pas d'elle-même que la nature particulière de l'eau demeure en l'air, mais par la force de la nature universelle qui, sans cesse, requiert et conserve la continuité des corps naturels, continuité que le vide dissout. On voit donc quelle est ici la cause efficiente : C'est la nature universelle à laquelle obéit la nature particulière. On voit aussi quelle est la cause finale : C'est la continuité naturelle des corps de ce Monde. Voilà l'affirmation dont résulte la négation du vide. Nous ne posons donc pas une négation comme cause d'une affirmation, mais au contraire... »

« Si l'on disait que l'eau ne descend pas afin que le vide ne se produise pas, ce ne serait pas une solution, car une négation ne peut être la cause d'une affirmation. Il faut dire que l'eau est retenue en l'air par la loi de la nature universelle, afin qu'il y ait continuité entre les corps de la nature ; de cette continuité, l'exclusion du vide découle à titre secondaire. C'est donc une affirmation, savoir la continuité, qui est cause d'une affirmation, savoir le repos de l'eau dans le vase. »

La doctrine dont nous avons suivi le développement au travers des écrits de Roger Bacon semble bien lui appartenir en propre. A peine, croyons-nous, en avait-il trouvé chez ses prédécesseurs un germe presque infime. Albert le Grand, répétant le propos de Philon de Byzance, s'était borné à dire, au sujet de l'immobilité de l'eau dans la clepsydre : « C'est parce que rien n'est vide. Il faut donc que les surfaces des corps soient conjointes les unes aux autres. *Quia nihil est vacuum ; et ideo oportet superficies corporum esse conjunctas.* »

---

1. *Opera hactenus inedita* ROGERI BACONI. Fasc. III. *Liber primus communium naturalium* FRATRIS ROGERI. Pars III, dist. II, cap. VI ; éd. Steele, pp. 221-223.
2. ROGER BACON, *loc. cit.*, pp. 219-220 et p. 224.

A partir de cette minime indication, Roger Bacon a développé toute une théorie ; et, de cette théorie, il convient de marquer l'importance.

Aristote avait expliqué tous les mouvements des corps inanimés que contient l'orbe de la Lune, à partir de la supposition du lieu naturel. A chaque corps, correspond un lieu propre où sa forme substantielle atteint la perfection ; ce lieu est le centre du Monde pour les corps graves, la région contiguë à l'orbe de la Lune pour les corps légers. Placé dans son lieu naturel, un corps y demeure en repos. Mis hors de son lieu, il tend à s'y rendre ; s'il n'est retenu, il se meut vers lui.

Or les expériences que décrivent Philon de Byzance ou Héron d'Alexandrie mettent constamment cette Mécanique en défaut ; on y voit des corps que rien ne retient et qui demeurent immobiles, bien qu'ils ne se trouvent pas en leur lieu naturel ; on y voit monter des corps graves et descendre des corps légers. La Mécanique d'Aristote réclame donc une modification ou un complément.

Avant d'être corps de telle nature, corps céleste, corps grave ou corps léger, un corps est, tout simplement, une partie de l'Univers corporel ; avant la nature particulière que lui confère sa forme substantielle, il a une nature universelle qui, selon la doctrine d'Avicébron, chère à Bacon, lui est donnée par la corporéité. En vertu de sa nature particulière, le corps tend à son lieu propre ; mais en vertu de la nature universelle qu'il possède, il a une autre tendance ; il tend à demeurer soudé aux corps qui lui sont immédiats, afin que toutes les parties de l'Univers demeurent unies et contiguës. Comme la nature universelle surpasse, en excellence, la nature particulière, la seconde tendance est plus puissante que la première. On peut donc observer des repos et des mouvements qui contredisent aux lois de la gravité et de la légéreté ; ces repos ont pour cause la tendance de la nature universelle, qui assure la parfaite et perpétuelle continuité entre les divers corps du Monde.

La théorie du lieu naturel, telle qu'Aristote l'avait proposée, était une bonne théorie de Physique, car, au moyen d'un petit nombre d'hypothèses, elle permettait de classer une multitude de phénomènes connus, de prévoir une foule de repos ou de mouvements.

Cependant, peu à peu, les expériences dont la théorie péripatéticienne ne pouvait rendre compte se sont multipliées et précisées. Alors, il a fallu la remplacer par une théorie plus

lors même que la pierre lancée serait de la taille d'une meule
de moulin ou incomparablement plus grande. Platon pensait
que le premier air ébranlé en mouvait un second, et ainsi de
suite jusqu'à la fin ; mais un mouvement de cette sorte serait
un mouvement violent. Selon ce qu'affirme Aristote, au contraire,
tant au milieu du mouvement qu'à la fin, la force motrice
active, en ce qui concerne l'air qui maintient le mouvement,
serait naturelle. Le même Aristote et les autres Péripatéticiens
attribuent à l'eau une nature qui a même facilité pour recevoir
d'un moteur violent une impression quelconque, et même
propriété de mouvoir ensuite par sa nature.

» Mais cela ne peut appartenir uniquement à la nature particulière de l'air et de l'eau ; c'est une propriété que la nature
universelle a imprimée à l'élément fluide.

» En effet, de deux objets opposés, il en est toujours un
auquel tend la nature particulière ; la nature universelle, au
contraire, regarde de même façon ces deux objets opposés ;
lors donc que la nature particulière agit, la nature universelle
collabore avec elle ; mais elle pourra aussi opérer en sens contraire
de la nature particulière. »

C'est bien la théorie imaginée par Roger Bacon ; l'inventeur
ne l'avait appliquée qu'aux expériences où les corps graves
suspendent leurs mouvements naturels pour éviter le vide ;
audacieusement, son disciple a tenté de la généraliser et d'en
tirer une explication du mouvement des projectiles. Les physiciens qui viendront après l'auteur de la *Summa philosophiæ*
ne renouvelleront pas sa tentative ; comme Bacon, c'est seulement aux expériences relatives à la fuite du vide qu'ils appli-
queront la notion de nature universelle ; seul, Jean de Dumbleton
écrira, au sujet du mouvement des projectiles, une page où
l'on pourra peut-être reconnaître un souvenir de la *Summa
Lincolniensis*.

Les *Commentaires sur la Physique d'Aristote*, composés par
Gilles de Rome, sont le premier écrit où nous remarquions,
au sujet du vide, l'influence des idées émises par Bacon.

Cette influence se devine déjà, croyons-nous, dans ce que
Gilles de Rome dit de l'expérience de la clepsydre :

« On prouve, écrit-il [1], que l'air est quelque chose au moyen
d'un certain vase qu'on appelle clepsydre ; il a un trou dans

---

1. ÆGIDII ROMANI *In libros de physico auditu Aristotelis commentaria*, lib. **IV**
lect. X ; éd. Venetiis, 1502 ; fol. 76, col. a.

la partie supérieure et un grand nombre de trous dans la partie
inférieure. Le vase, une fois rempli, si l'on ouvre les trous
inférieurs, tout en maintenant bouché l'orifice supérieur, l'eau
ne s'écoule pas ; l'air, en effet, voulant entrer par ces trous, ne
permet pas à l'eau de sortir. C'est par là qu'on démontrait que
l'air est quelque chose ; en effet, si l'eau sortait de ce vase
artificieusement combiné, et si l'air n'y entrait pas, il y resterait
le vide. L'air donc, en voulant entrer par les trous d'où l'eau
s'échapperait, empêche la sortie de l'eau. Partant, disaient-ils,
l'air est quelque chose. »

Dans l'insistance avec laquelle Gilles de Rome, en l'air qui
veut entrer, met la cause qui empêche l'eau de sortir, peut-être
reconnaîtra-t-on un souvenir de ce que Bacon disait de la clepsydre, dans la première série de ses *Questions de Physique*.
Mais l'influence de Bacon se marque avec une tout autre netteté
dans ce que Gilles dit de la traction exercée par le vide *(tractus
a vacuo)*.

« On se demanderait peut-être, écrit-il [1], s'il y a une traction
exercée par le vide... Il faut répondre que la traction par le
vide se peut entendre de deux manières. En premier lieu, le
mot vide peut désigner d'une manière positive une certaine
nature, par laquelle serait exercée une attraction proprement
dite ; imaginer de la sorte la traction du vide, c'est purement
fantastique... On peut entendre d'une autre manière la traction
du vide, et désigner par là une traction exercée afin qu'il n'y ait
pas de vide ; de cette manière, il s'exerce, en effet, une traction
du vide, car la nature ne souffre pas le vide. De cette façon,
dans une foule de circonstances, il se produit une traction
afin qu'il n'y ait pas de vide.

» C'est manifeste pour la ventouse. Si l'on y met de l'étoupe
enflammée, ce feu raréfie l'air contenu dans la ventouse ;
qu'on pose alors la ventouse sur la chair ; comme le feu s'éteint,
cet air se refroidit et occupe moins de place ; alors, pour que le
vide ne se produise pas, il se fait une attraction de la chair.

» Toutefois, dans la ventouse où l'on met de l'étoupe allumée,
il y a peut être concours de deux attractions, celle de la chaleur
et celle du vide. Maintes fois, cependant, la traction provient
du vide seul ; cela se voit dans ces tuyaux recourbés *(fistulæ*

1. ÆGIDII ROMANI *In libros de physico auditu Aristotelis commentaria*, lib. IV,
lect. XII, dubitatio 5ᵃ ; éd. Venetiis, 1502, fol. 79, col. b et c.

impossible, en vertu de la force qui régit l'ensemble de l'Univers, de soulever un disque au-dessus de l'autre. »

De la bouche de Jean le Chanoine, nous venons d'entendre cette expression qui, après les découvertes de Torricelli, et de Pascal, excitera tant de sarcasmes : La nature a horreur du vide. Cette expression, il n'en était pas l'inventeur, car nous verrons qu'en 1310, Pierre d'Abano l'employait déjà. Elle était, en fait, courante depuis longtemps ; elle constituait une sorte de dicton. Guillaume d'Auvergne, par exemple, veut [1] qu'entre Dieu le Créateur et l'âme raisonnable, il y ait des intelligences pures bien que créées ; « sinon, il y aurait un vide, ce dont la nature a horreur. *Si non..., esset ibi vacuum, abhorret quod natura.* »

Rien n'indique, d'ailleurs, que notre auteur, en usant de cette expression, sous-entende toutes les pensées ridicules qu'on y a, plus tard, reconnues ; rien ne laisse supposer qu'il fasse, de la nature, un être doué de sentiment, capable de sympathie ou d'antipathie ; il est clair qu'il n'a rien voulu signifier, sinon la théorie que Roger Bacon et Gilles de Rome avaient exposée plus en détail.

Albert de Saxe, lui aussi, use de cette expression ; mais le sens qu'il lui confère anime encore moins la nature. Il examine [2] cette objection : « Le plein existe ; donc le vide existe ; la conséquence résulte bien de l'antécédent, car si, de deux choses opposées, l'une existe dans la nature, l'autre, dit-on, y existe aussi. » Il répond : « On l'accorde dans le cas où la nature n'aurait horreur ni de l'une ni de l'autre des deux choses ; mais il n'en est pas ainsi dans le cas proposé, car la nature a horreur du vide *(natura abhorret vacuum)* ; l'objection donc est sans valeur. »

Or à cette expression : « la nature a horreur du vide », Albert attribue exactement le même sens qu'à celle-ci : « Par aucune puissance naturelle, le vide ne peut être *(Per nullam potentiam naturalem possibile est esse vacuum)* ». Nous en avons l'assurance par les lignes suivantes, qui se lisent entre l'objection et la réponse rapportées ci-dessus : « Par aucune puissance naturelle, il n'est possible que le vide soit... On le prouve par certaines expériences.

---

1. GULIERMI PARISIENSIS EPISCOPI *De Universo* secunda pars principalis, pars I, cap. XLV (GULIERMI PARISIENSIS EPISCOPI *Opera*, éd. 1516, t. II, fol. CCXIV, col. c.

2. ALBERTI DE SAXONIA *Quæstiones super libros de physica auscultatione*, lib. IV, quæst. VIII.

» Premièrement, si l'on bouchait toutes les ouvertures d'un soufflet, aucune puissance ne pourrait soulever un des battants pour le séparer de l'autre, à moins qu'il ne se fît quelque rupture par où l'air pût pénétrer ; cette rupture faite, il devient facile de soulever un des battants en le séparant de l'autre, car il y a alors quelque chose qui peut être admis entre les parois du soufflet ; cela semble un signe que la nature abhorre le vide *(hoc videtur esse signum naturam abhorrere vacuum)*.

» Secondement, on peut prouver la même chose au moyen de la clepsydre. »

Albert de Saxe se borne, d'ailleurs, à cette affirmation : Aucune puissance naturelle ne saurait produire un espace vide. Pas plus que Jean Buridan, pas plus que Marsile d'Inghen, il ne spécule sur les forces que la nature met en jeu afin d'empêcher, au prix de mouvements contraires aux propres tendances des corps, la formation d'un intervalle vide.

Évidemment, au fur et à mesure que le xiiie siècle recule dans le passé, les physiciens de Paris se montrent plus oublieux des enseignements de Roger Bacon. Peu à peu, toute la théorie que ce dernier avait développée se condense en cette brève formule : La nature a horreur du vide. Ce sont bien encore les pensées de Frère Roger qu'on entend confusément exprimer par cet aphorisme ; mais on ne prend plus la peine de les déclarer d'une manière explicite.

Il est cependant, dans les écrits d'Albert de Saxe, un autre passage où semble s'exprimer une pensée plus voisine de celle qu'avait émise le grand Franciscain. Voici ce passage [1] :

« Il est impossible qu'un même corps simple se meuve successivement de plusieurs mouvements simples spécifiquement différents. Mais, contre ce principe, on peut élever le doute suivant : L'eau descend naturellement ; et avec cela, il arrive qu'elle monte naturellement lorsqu'elle suit l'air qui, dans une pipette *(fistula)*, est violemment attiré vers le haut.

» Répondons qu'on peut entendre dans deux sens différents cette proposition : Un corps simple se meut successivement de plusieurs mouvements simples spécifiquement distincts. On peut entendre, en effet, ou bien que chacun de ces mouvements lui est propre, ou bien que l'un d'eux lui est propre, tandis que l'autre, au lieu de lui être propre, lui est commun avec tout autre corps. Je dis alors, qu'au premier sens, il est impossible qu'un

1. ALBERTI DE SAXONIA *Quæstiones in libros de Cælo et Mundo ;* lib. I, quæst. I.

tomber par les trous qui sont au bas du vase. Mais qu'est-ce donc qui la retiendra ? On répondra que c'est la nature universelle, car cette nature ne permet point le vide qui se produirait nécessairement si l'eau tombait ; il y a moindre mal, en effet, à ce que l'eau soit ainsi retenue en haut qu'à la production du vide en ce lieu... »

Voici une autre expérience, dont Jean Buridan et Marsile d'Inghen se plairont à invoquer le témoignage :

« Supposons qu'en un vase très épais et très résistant, il y ait une seule ouverture ; qu'en cette ouverture, on introduise le bec d'un soufflet, et que ce soufflet n'ait aucun trou dans ses parois... Jamais aucune force ne pourrait soulever les parois du soufflet ni les séparer l'une de l'autre. Qu'est-ce qui l'empêcherait ? La nature universelle, en vue de la fuite du vide...

» Voilà ce qu'on peut dire au sujet de ces expériences, et je n'ai pas entendu de meilleures raisons.

» Mais quelle est cette nature universelle, qui produit ces empêchements ? Cela n'est pas absolument manifeste. »

En revanche, ce qui est absolument manifeste, c'est que Jean de Jandun emprunte aux *Questions de Physique* de Roger Bacon, et cela d'une façon presque textuelle, tout ce qu'il dit de cette nature universelle. Il ne paraît pas, d'ailleurs, qu'il ait connu l'*Opus tertium ;* il y eût trouvé des considérations propres à dissiper quelque peu le doute qui est demeuré dans son esprit.

Après Jean de Jandun, l'École de Paris ne nous présente plus, au XIVe siècle, de physicien qui ait très fidèlement suivi, au sujet du vide, l'opinion de Roger Bacon.

François de Meyronnes écrit [1] :

« Que faut-il penser de la traction du vide *(tractus vacui),* car le vide ne cause rien ?... Il ne semble pas qu'une intelligence produise cette traction. Je ne vois donc point de cause, à moins de recourir au premier Agent universel ; car on voit un corps de même nature se mouvoir tantôt vers le haut, tantôt vers le bas. »

Il semble par là que François de Meyronnes voit une action directe de Dieu en tout mouvement qui tend à éviter le vide ; à moins que par premier Agent, il n'entende le ciel ; sa pensée

---

1. FRANCISCI MAYRONIS *Scriptum in secundum Sententiarum,* dist. XIV, quæst. VI ; éd. Venetiis, 1520, p. 151, col. b.

rejoindrait alors celle de Gilles de Rome dont, visiblement, il s'est inspiré.

À l'imitation de Jean de Jandun, Jean le Chanoine énumère [1] les diverses expériences que renfermait le *Tractatus de inani et vacuo*. Comme son prédécesseur, il les présente d'abord sous la forme de procédés propres à réaliser un espace vide, puis il explique comment les choses se passeront afin que ce vide ne se produise pas :

« Qu'on fixe une chandelle au fond d'un vase plein d'eau, de telle sorte que la flamme se trouve bien à la hauteur d'une palme au-dessus de l'eau ; puis qu'on la recouvre d'un vase ; on constate que la chandelle s'éteint.

» Qu'on prenne quelque vase de dur métal ; qu'on l'emplisse d'eau par un temps froid ; si la congélation survient, l'eau congelée occupera moins de place ; entre les parois du vase, il demeurera un espace vide...

» Qu'on prenne deux disques parfaitement plans et qu'on les applique l'un sur l'autre sans rien d'interposé... Supposons ensuite qu'on attache un fil au centre du disque supérieur ; si l'on soulève ce disque au moyen du fil, il se produira un vide dans les parties centrales ;... l'air, en effet, parviendra aux parties voisines de la circonférence avant d'atteindre les parties centrales. »

« Au sujet de la chandelle, je dis » qu'il ne se produirait pas de vide « car l'eau monterait et l'air se raréfierait. — Mais cela ne peut être, car il est contraire à la nature que l'eau monte, puisqu'elle est grave. — Je réponds que l'ascension d'un grave est contraire à la nature particulière ; mais la nature particulière doit naturellement obéir à la nature universelle et au régime de l'Univers total, qui a horreur *(abhorret)* d'être dissous et interrompu ; cela se fait donc afin qu'il ne reste pas de vide.

» À propos de l'expérience suivante, je dis que s'il y avait un tel vase dans lequel l'air ne pût entrer, ce vase serait brisé par la force de l'Univers entier, car la nature aurait, à ce point, horreur du vide *(et in tantum natura vacuum abhorreret)*.

» À propos de l'expérience suivante, je dis... que l'air se raréfie, en sorte qu'avec l'air environnant, il suffit à remplir l'intervalle des deux disques. Et si cela était impossible, il serait également

---

1. JOANNIS CANONICI *Quæstiones super VIII libros Physicorum Aristotelis;* lib. IV, quæst. IV. Ed. Venetiis, 1520, fol. 42, col. c et d ; fol. 43, col. b.

tortuosæ) que certains appellent des serpents [1] ; si on les plonge dans un tonneau de vin, le tonneau se trouve vidé presque en entier ; cela provient de ce que ces tuyaux sont recourbés, en sorte que si l'écoulement s'arrêtait, il resterait au milieu un espace vide.

» Mais peut-être concevra-t-on, en outre, le doute que voici [2] : Attirer est un certain effet positif ; à un effet positif, il faut assigner une cause positive ; quelle est donc cette cause positive qui tire afin qu'il n'y ait pas de vide ?

» Il faut répondre que nous ne pouvons supposer que cette cause soit quelque corps mixte ; en effet, au sein d'un élément pur, où il n'y aurait aucun corps mixte, il pourrait arriver qu'une telle traction se produisît. A cette traction, nous ne pouvons, non plus, assigner comme cause quelqu'un des éléments ; il arrive, en effet, que cette traction s'exerce de n'importe quel côté et en n'importe quelle direction ; or, il n'advient à aucun des éléments d'avoir, par lui-même, un tel mouvement. Il reste donc que cette traction provient de la force du ciel.

» Ainsi, en effet, nous devons imaginer que toute la sphère des choses sujettes à l'action et à la passion tient sa connexion de la force du ciel ; or, ce qui a la propriété de conjoindre a aussi la propriété d'attirer, afin qu'il ne survienne pas quelque division là [où la connexion doit être maintenue] ; donc la force céleste, dont c'est le propre de conjoindre toutes ces choses, tire afin qu'elles ne se séparent pas les unes des autres, et qu'il n'arrive pas à l'intervalle compris entre elles de demeurer vide. Ainsi, en effet, en est-il de l'aimant, qui a la propriété de s'unir le fer à lui-même ; aussi, de quelque côté qu'on le place, le fer est-il attiré par l'aimant. De même, comme le ciel a la propriété d'unir entre elles les diverses parties de l'Univers, en tout endroit où se produirait une séparation et un espace vide, en ce même endroit, par la force céleste, s'exerce une attraction afin que cela n'ait pas lieu. »

La Physique péripatéticienne enseignait que les corps célestes ont communiqué aux corps sublunaires deux sortes de forces, la gravité et la légèreté ; par l'une ou par l'autre de ces forces, chaque corps se meut, de mouvement naturel, vers le lieu où sa forme atteint la perfection qui lui est propre. A cette action, génératrice de la gravité et de la légèreté, Gilles de Rome propose

---

1. Au lieu de : serpents *(serpentes)*, ne faut-il pas lire : siphons *(siphones)* ?
2. ÆGIDIUS ROMANUS, *loc. cit.*, dubitatio 6ª ; éd. cit., fol. 79, col. c.

d'adjoindre une autre action, plus générale, qui a pour objet de maintenir la continuité du monde sublunaire ; cette action, dans chaque cas où une discontinuité, où un vide tendrait à se produire, met en jeu une force capable d'empêcher cette discontinuité, de prohiber ce vide ; c'est à cette force qu'on donne, assez improprement, le nom de traction exercée par le vide, *tractus a vacuo*.

Cette théorie, fort logiquement reliée aux principes généraux de la Physique péripatéticienne, la complétait d'heureuse manière ; elle permettait de rendre compte d'une foule d'expériences qui semblaient contredire aux lois du grave et du léger ; qu'elle ait été entièrement inspirée par la doctrine de Bacon, cela saute aux yeux.

Jean de Jandun n'est pas moins intéressé que Gilles de Rome par les expériences où l'on voit la nature fuir le vide ; mais il se montre moins affirmatif au sujet de l'explication qu'elles comportent.

« Certains disent, écrit Jean de Jandun [1], que si deux corps absolument plans étaient appliqués l'un à l'autre sans quelque intermédiaire que ce soit, jamais ils ne pourraient être séparés simultanément en toutes leurs parties ; pour qu'ils pussent être disjoints, il faudrait que ce fût successivement, d'abord une partie, puis une autre ; et autant il y aurait d'espace entre ces parties, autant d'air entrerait ; l'air se glisserait ainsi successivement, au fur et à mesure que ces deux corps seraient disjoints. En effet, à cause de la fuite du vide, il serait impossible que toutes les parties se séparassent également et au même instant. Considérez bien cette question, car elle est assez belle. Peut-être, moyennant la supposition faite, ces deux corps ne pourraient-ils jamais être séparés l'un de l'autre ; mais peut-être aussi dirait-on que la supposition est impossible. »

Jean de Jandun rapporte une des expériences qui figuraient, nous a dit Marsile d'Inghen, au *Tractatus de inani et vacuo :*

« Qu'on fasse un vase gros et large par le bas, étroit par le haut ; qu'il ait une petite ouverture en la partie étroite et, en la partie large, plusieurs ouvertures ; si l'on plonge ce vase dans l'eau, il est manifeste que l'eau le remplira ; qu'on bouche alors, d'une manière très parfaite, l'ouverture supérieure et qu'on retire le vase de l'eau... Pour la cause susdite, l'eau ne pourra

---

1. JOANNIS DE JANDUNO *Super octo libros Aristotelis de physico auditu quæstiones;* lib. IV, quæst. X : An vacuum esse sit necessarium.

même corps simple ait plusieurs mouvements naturels, mais que cela est bien possible au second sens.

» L'eau monte, afin que le vide ne se produise pas, quand l'air, devant elle, est tirée vers le haut par violence ; mais cela n'est pas particulier à l'eau ; il en adviendrait autant à tout autre corps qui serait placé de la même façon par rapport à l'air violemment mû de la sorte.

» Cette même solution, d'autres la formulent en des termes différents. Le mouvement naturel, disent-ils, qui convient à un corps simple unique en vertu de sa nature propre, est d'une seule espèce ; néanmoins un corps simple spécifiquement unique peut fort bien avoir plusieurs mouvements [naturels] spécifiquement distincts ; de ces mouvements, l'un lui serait naturel en vertu de sa nature propre, tandis que l'autre lui serait naturel en vertu d'une nature ou inclination qu'il posséderait en commun avec les autres corps. »

Nous retrouvons ici la distinction, chère à Roger Bacon, entre la nature particulière que l'eau possède en tant qu'elle est tel élément déterminé et la nature universelle qu'elle possède par cela seul qu'elle est corps. Albert de Saxe n'ignore pas cette distinction ; mais il n'en fait pas l'objet d'une théorie autonome et complète ; c'est au cours d'une discussion qu'il y fait, en passant, une brève allusion ; peut-être en faut-il conclure qu'on n'y attachait plus, à Paris, grande importance ; plus probablement devons-nous croire que le recours à la nature universelle était une de ces doctrines sur lesquelles personne n'insiste plus parce que personne ne les conteste plus.

Nous pourrions être confirmé dans cette pensée par la lecture du traité d'Henri de Hesse *Sur la réduction des effets spéciaux aux forces communes et aux causes naturelles.*

Dans ce traité, Henri de Hesse explique [1] que l'âme d'un être vivant doit demeurer dans la matière qu'elle informe tant que l'organisation de cette matière permet l'accomplissement de quelque fonction vitale. « La séparation de la forme et de la matière à une cause qui consiste tout entière en ceci : Il ne faut pas que, dans la nature, rien demeure oisif. De cela, en effet, la nature a horreur comme du vide. *Hoc enim sic natura abhorret sicut vacuum.* »

Que cette horreur du vide soit, au gré de notre auteur, un

___

1. *Tractatus de reductione effectuum specialium in virtutes communes et causas generales a Magistro* HENRICO DE HASSIA *Parisius factus*, cap. VII. Bibliothèque Nationale, fonds latin, ms. nº 2831, fol. 105, vº ; ms. nº 14580, fol. 206, col. b.

effet de la nature universelle, nous n'en douterons guère lorsque nous aurons lu le début de sa comparaison entre le macrocosme et le microcosme.

« Le macrocosme, dit Henri de Hesse [1], est réglé par deux natures, la nature commune et la nature particulière.

» En vertu de sa nature particulière, chaque partie du microcosme aime non seulement à demeurer dans sa disposition habituelle, mais encore à y demeurer d'une manière parfaite. Aussitôt donc qu'elle est libre ou débarrassée de tout empêchement, elle est apte à reprendre la disposition qualitative qui lui est due et qui lui assure la perfection... Aussi voyons-nous que toutes les parties du Monde, en vertu de leur inclination propre et particulière, possèdent des forces propres à les ramener à la figure qui leur est due, qui convient à toutes en vue de l'ordre que présente chacune d'elles à l'égard des autres parties et à l'égard de l'Univers entier.

» Quant à la nature commune, nous en observons, au sein du macrocosme, plusieurs effets que la nature particulière des différentes parties et espèces de l'Univers ne suffirait pas à sauver ; c'est ce qu'on montre dans un certain *Traité de la nature commune.— Ut ostensum est in tractatu quodam de natura communi.* »

Ainsi, à la fin du xive siècle, la doctrine de la nature universelle était classique dans les écoles de Paris au point qu'on y lisait un traité spécialement consacré à l'exposition de cette théorie.

Sans doute, pendant tout le xive siècle, elle n'était pas moins répandue à l'Université d'Oxford, où l'influence de Roger Bacon paraît s'être exercée plus puissamment encore qu'à Paris. De cette vogue, Jean de Dumbleton va nous apporter le témoignage.

Au chapitre de sa *Summa* où il traite de l'impossibilité du vide dans la nature, Jean de Dumbleton écrit ce qui suit [2] :

« Un corps naturel peut avoir des mouvements de deux sortes.

---

1. HENRICI DE HASSIA *Op. laud.*, cap. IX. Bibliothèque Nationale, fonds latin, ms. n° 2831, fol. 106, v° ; ms. n° 14580, fol. 207, col. a.

2. JOHANNIS DE DUMBLETON *Summa*, pars sexta, cap. III ; Bibliothèque Nationale, fonds latin, ms. n° 16621, fol. 60, col. c. et d, et fol. 61, col. a. A l'aide de cet exemplaire, nous avons donné une description de cette *Somme* dans : *Etudes sur Léonard de Vinci et les précurseurs parisiens de Galilée*, 3e série, pp. 411-412 et pp. 460-464.

» Un de ces mouvements lui advient parce qu'il est de telle espèce ; ainsi au feu, en tant qu'il est feu, il advient d'être mû par sa forme vers la concavité de l'orbe lunaire.

» Le second mouvement lui appartient en tant qu'il est un corps naturel ; et, sous ce rapport, tous les corps se comportent de même.

» Pour comprendre la seconde proposition, il faut supposer ce principe tiré de l'expérience : Tout corps, lors même qu'il serait en son lieu naturel, désire être conjoint à un autre corps. Et cela se prouve de la manière suivante : Il répugne que le vide soit, tandis qu'il ne répugne pas qu'un corps se trouve hors de son lieu propre. Il est donc plus naturel qu'un corps se meuve pour demeurer au contact immédiat d'un autre corps plutôt que pour gagner son lieu propre ; la nature d'un corps est d'être conjoint à un autre corps avant que d'être en son lieu propre. Ce mouvement, par lequel un corps demeure au contact immédiat d'un autre corps, n'advient pas à un élément en tant qu'il est élément, mais en tant qu'il est simplement corps naturel. De cette manière, tout corps naturel est mobile vers tout lieu, que ce lieu soit en haut ou en bas ; tout élément est indifféremment mobile vers tout lieu afin de demeurer conjoint à un corps naturel. De même que l'aimant induit dans le fer une forme grâce à laquelle le fer suit le mouvement de l'aimant, de même le corps qui en suit un autre corps par ce mouvement, s'arrête lorsque cet autre corps demeure en repos, comme on le voit lorsque l'eau monte dans une pipette *(in fistulam)*.

» Mais le but de ce mouvement n'est point naturel à un corps, si ce n'est en vue de le maintenir immédiatement contigu à un autre corps. »

C'est donc par une attraction comparable à l'attraction magnétique que tout corps qui délaisse un lieu entraîne, à sa suite, le corps qui lui est contigu, dût-il, pour cela, contrarier les tendances naturelles de ce dernier corps ; s'il en est ainsi, c'est afin qu'il n'y ait jamais, dans la nature, aucun espace vide.

Cette loi ne s'impose pas seulement aux éléments ; elle régit même la substance céleste. Dumbleton prévoit, en effet, qu'on lui adressera l'objection que voici :

« Il résulte de cette supposition qu'afin de rester conjoint à un corps, le ciel est susceptible de mouvement rectiligne ; si, par exemple, le feu descendait, le ciel le suivrait, afin qu'il n'y eût pas de vide entre eux ; en effet, l'existence du vide ne répugne pas moins au très noble corps du ciel qu'à quelque autre corps inférieur. »

Cette conséquence de sa théorie, notre auteur l'admet pleinement :

« Si tout l'élément qui se trouve au-dessous de la dernière surface concave du ciel venait à descendre, le ciel le suivrait naturellement, de telle façon qu'il serait impossible de séparer le feu d'avec le ciel ; en effet, si le ciel ne suivait pas le mouvement du feu, le vide se produirait entre eux ; et il répugne à la nature que le vide soit, plus que ne lui répugne la présence d'une partie du ciel au lieu de la terre. En ce lieu, toutefois, le ciel continuerait à se mouvoir circulairement, car le mouvement circulaire appartient au ciel en tant qu'il est d'une certaine nature spécifique. » Au contraire, comme nous l'avons vu, s'il est capable, pour éviter la production du vide, de se mouvoir de mouvement rectiligne, ce n'est pas en tant qu'il est formé de substance céleste mais, d'une manière plus générale, en tant qu'il est corps.

Déjà Gilles de Rome avait établi une comparaison entre les mouvements qui ont pour objet la fuite du vide et les mouvements du fer vers l'aimant ; vraisemblablement, la pensée du célèbre Augustin a inspiré Jean de Dumbleton ; elle lui a suggéré l'hypothèse de cette attraction mutuelle par laquelle les corps se retiennent les uns les autres afin de demeurer contigus.

Mais si l'influence de Gilles de Rome se peut soupçonner dans ce que nous avons cité de Dumbleton, il est une autre influence qui y a laissé une trace bien plus profonde ; cette influence est celle de Roger Bacon ; certainement, l'auteur de la *Summa* a lu l'*Opus tertium*.

Si Jean de Dumbleton rappelle, à l'Université d'Oxford, ce que Bacon a enseigné touchant la fuite du vide, il est, à l'Université de Padoue, un professeur qui donne, à ce même enseignement, d'amples développements ; ce professeur, c'est le dominicain Graziadei d'Ascoli.

De bonne heure, à l'Université de Padoue, on avait entendu parler, mais bien sommairement, de l'action par laquelle la nature universelle empêche la formation de tout espace vide.

En 1310, le célèbre Pierre d'Abano terminait à Padoue le commentaire, qu'il y avait commencé, des *Problèmes* d'Aristote. Dans ce commentaire, l'expérience de la clepsydre est rapportée avec les explications que l'auteur des *Problèmes* s'est efforcé d'en donner ; mais, parmi ces explications, le Médecin padouan a glissé la remarque suivante [1] :

« Lorsque, pour la susdite cause, l'air sort de la clepsydre, au même instant, l'eau y pénètre, afin qu'il n'intervienne pas de vide ; la nature universelle, en effet, a horreur du vide plus que de toute autre chose ; si bien qu'on prête ce propos à Avicenne : [Plutôt que de laisser se produire un espace vide] ; le ciel aimerait mieux descendre pour remplir le lieu — *Cum autem propter de prædictam causam aër egreditur ex clepsedra, in eodem instanti aqua subingreditur, ne vacuum intercidat, quod natura præ aliis abhorret universalis ; ita quod Avicennæ adscribatur quod cælum mallet descendere in repletionem loci.* »

Pierre d'Abano nous montre, en ce passage, qu'il avait ouï parler de la théorie qui attribue à la nature universelle les mouvements propres à empêcher la formation de tout espace vide ; mais il nous est aisé de deviner que cette théorie ne le séduisait guère. C'est ainsi qu'il n'invoque aucunement cette horreur de la nature universelle pour le vide, lorsqu'il s'agit d'expliquer comment l'eau demeure dans la clepsydre, sans s'écouler par les petits trous, tant que l'orifice supérieur demeure bouché ; il se contente des raisons données par l'auteur des *Problèmes*.

Le peu de goût qu'avait notre médecin pour les explications, où l'on fait intervenir l'horreur du vide se montre encore dans une autre circonstance. Dans le plus célèbre de ses écrits, *Le conciliateur des différences entre les philosophes et, particulièrement, entre les médecins*, achevé également en 1310, il examine [2] si l'air est pesant lorsqu'il se trouve dans son propre lieu. Il croit, comme Aristote, que l'air est pesant ; il écrit à ce sujet :

« Lorsque la terre ou l'eau quittent un lieu, l'air tend naturellement à occuper ce lieu, par l'inclination de son poids, et non par la nécessité d'éviter le vide *(et non necessitate vacui)* comme on le dira peut-être...

---

1. *Problemata* ARISTOTELIS *cum duplici translatione antiqua videlicet et nova scilicet* THEODORI GAZE : *cum expositione* PETRI APONI. *Tabula secundum magistrum* PETRUM DE TUSSIGNANO *per alphabetum. Problemata* ALEXANDRI APHRODISEI. *Problemata* PLUTARCHI. *Cum gratia.* Colophon : Expliciunt problemata Plutarchi, perquam emendatissime impressa Venetiis per Bonetum Locatellum presbyterum. Anno salutis 1501. Tertio Kalendas sextiles. *Expositio preclarissimi atque eximii artium ac medicine doctoris* PETRI DE EBANO PATAVINI *in librum problematum Aristotelis.* Particula XVI, problema, VI, fol. 103, col. a.

2. *Conciliator differentiarum philisophorum et præcipue medicorum clarissimi viri* PETRI DE ABANO PATAVINI. Differentia XIV, adjunctum.

» Si deux corps ont une même surface, ils tendent l'un vers l'autre, car il y a composition entre eux ; or il y a une surface commune à l'air et à l'eau...

» L'air descend donc naturellement vers l'eau ; mais l'eau ne monte pas naturellement vers l'air, car elle est plus lourde que lui ; c'est plutôt par violence que l'eau monte vers l'air, avec l'aide, toutefois, de cette surface commune dont nous avons parlé.

» C'est pour cette raison qu'au moyen d'engins faciles à construire *(facilia ingenia)*, on peut tirer l'un de ces corps vers l'autre ; parce que l'air est détruit dans un vase fortement chauffé, l'eau y est attirée [1].

» Qu'on prenne, en effet, un vase en verre épais, conformé à peu près comme une ventouse, présentant un orifice plus effilé que le reste du corps, et terminé par une pause arrondie ; qu'on y place une chandelle suffisamment allumée et, lorsque l'orifice de ce vase est échauffé, qu'on le plonge vivement dans l'eau, de telle sorte que l'air ne puisse pénétrer d'aucune manière ; vous verrez alors l'eau s'élever rapidement dans le vase, à tel point qu'elle finira par éteindre la chandelle. »

Après avoir ainsi rappelé l'expérience de Philon de Byzance, Pierre d'Abano rappelle, d'après Averroès, qu'il cite, les opinions contraires émises par Alexandre d'Aphrodisias et par Thémistius pour expliquer l'action de la ventouse ; mais pas plus que ces auteurs, il ne prononce même, à cette occasion, le mot de vide.

Pierre d'Abano, comme nous le montre le récit de l'expérience de la chandelle, paraît avoir lu le *Tractatus de inani et vacuo ;* certainement, il a entendu parler de la théorie qui, pour rendre compte des expériences présentées par ce traité, invoque la nature universelle et l'action par laquelle elle évite le vide ; mais il est clair que ces nouveautés ne lui plaisent point ; comme Averroès, dont il se proclame le disciple, il les dédaigne et s'en tient aux explications d'Aristote et de ses commentateurs anciens. Son enseignement n'avait donc guère préparé l'Université de Padoue à celui que Graziadei devait un jour y donner.

Plusieurs fois déjà, au cours du précédent chapitre, nous avons été conduits à signaler l'influence que la pensée de Bacon

---

1. Cette phrase est à peu près incompréhensible dans le texte, parce qu'au mot : *aer*, un copiste a substitué : *Ar.*, abréviation d'*Aristoteles*.

a exercée sur celle de Graziadei ; cette influence a été particulièrement puissante dans le cas qui va nous occuper.

Dans son commentaire au quatrième livre de la *Physique*, Graziadei consacre toute une leçon, la XIIe, à traiter ces trois questions :

Les causes particulières qui résident dans le monde des êtres soumis à l'action et à la passion peuvent-elles produire le vide ?

L'action d'une intelligence créée peut-elle faire un espace vide ?

Le vide, enfin, peut-il être produit par la puissance de la Cause première ?

A la première question, voici la réponse de notre auteur [1] :

« Le vide ne peut être produit par l'action d'aucune cause génératrice particulière.

» Pour comprendre cette réponse, il faut considérer ceci : Toutes les choses qui se trouvent dans la sphère des êtres soumis à l'action et à la passion concourent naturellement entre elles, grâce à la cause génératrice universelle qui est le ciel, enveloppe de toutes ces choses. Réunir des choses entre elles, cela revient à les tirer pour qu'elles demeurent connexes, à agir afin d'éviter que quelque séparation ne vienne à tomber entre elles ; nécessairement, donc, la cause génératrice universelle agit pour empêcher toute interruption au sein de la sphère où règnent l'action et la passion. Puis donc que le vide implique séparation et suppression de la connexité, il est nécessaire que l'action de la cause génératrice universelle et naturelle s'oppose à la formation de tout espace vide dans cette sphère ; et comme un agent naturel agit toujours de tout son pouvoir, nous devons conclure que la cause génératrice universelle, qui est un agent naturel, agit de tout son pouvoir pour empêcher le vide dans la sphère des êtres sujets à l'action et à la passion.

» Cela vu, voici une seconde considération : Si deux agents sont tels que la force de l'un soit beaucoup plus puissante que la force de l'autre, si l'un d'entre eux agit dans un sens et l'autre en sens contraire, l'effet qui se produira est celui en vue duquel l'agent doué de la force la plus puissante agit de tout son pouvoir. Mais, de toute manière, la cause génératrice universelle passe en force tout agent particulier ; il agit, d'ailleurs, de tout son

---

1. *Preclarissime questiones litterales edite a fratre* GRATIADEO ESCULANO... *super libros Aristo de physico auditu...* Lib. IV, lect. XII, quœst. I ; éd. Venetiis, 1503, fol. 49, col. c et d.

pouvoir pour empêcher le vide. Puis donc que les causes génératrices particulières ont des forces très débiles en comparaison
de la cause génératrice universelle, en quelque nombre qu'elles
unissent leurs actions en vue de produire le vide, elles ne par-
viendront jamais à l'engendrer...

» En outre, un instrument ne peut agir que dans le but pour
lequel il est mis en mouvement par l'agent principal. Or une
cause génératrice particulière se comporte, à l'égard de la cause
génératrice universelle comme un instrument à l'égard d'un
agent principal, et en voici la raison : De même qu'un instrument agit en vertu de l'agent principal, de même les causes
génératrices particulières agissent en vertu de la cause génératrice universelle. Toute cause génératrice naturelle et particulière agit donc dans le but pour lequel elle est mue par la
cause génératrice universelle. Mais, nous l'avons dit, la cause
génératrice universelle agit de tout son pouvoir contre la production du vide ; il faut donc qu'elle mette en mouvement
vers ce même objet chaque cause génératrice particulière.
Dès lors, non seulement le vide ne saurait provenir de l'action
d'une cause génératrice particulière, mais, qui plus est, ces
causes génératrices particulières ne sauraient agir d'aucune
manière en vue de produire le vide. »

Que nous ayions sous les yeux un reflet particulièrement
clair et fidèle de la doctrine de Bacon, il est superflu de le
remarquer.

Graziadei complète, d'ailleurs, ces considérations.

Une intelligence créée ne saurait déterminer, dans l'Univers,
la production d'un espace vide [1]. L'existence d'un tel espace
détruirait les diverses connexions qui font la perfection du
Monde ; « or la perfection de l'Univers n'est au pouvoir d'aucune
de ses parties, et toute intelligence créée est une partie de
l'Univers »

Seule, « la Cause première pourrait, par sa force, introduire
un espace vide dans le Monde [2]. Un agent naturel, en effet,
n'est pas le maître de l'acte qu'il accomplit ; il ne pourrait pas
ne pas agir comme il agit ; aussi la cause génératrice universelle,
qui est un agent naturel, ne pourrait-elle pas ne pas agir comme
elle le fait en vue de maintenir la connexité des choses d'ici-

---

1. GRATIADEI *Op. laud.*, lib. IV, lect. XII, quœst. II ; éd. cit. fol. 50, col. a et b.
2. GRATIADEI *Op. laud*, lib. IV, lect. XII, quœst III ; éd. cit., fol. 50, col. b.

bas. Au contraire, un agent volontaire est libre dans son action, et le plus haut degré de liberté se trouve dans celui qui est le premier Prince ; s'il agit donc en vue de maintenir la connexité des corps, il pourrait aussi, s'il le voulait, ne pas accomplir cette action. Partant, il pourrait ôter l'existence à tout ce qui se trouve dans la sphère sujette à l'action et à la passion, sans ôter l'existence aux choses qui sont dans la sphère des orbes célestes ; car ce n'est pas par nécessité, c'est par une volonté libre qu'il confère l'existence à ce à quoi il la veut donner. »

Réunissons en un faisceau tout ce que Roger Bacon, Gilles de Rome, Jean de Dumbleton et Gratiadei d'Ascoli ont dit de l'action par laquelle la nature assure la contiguïté de tous les corps de l'Univers, et nous aurons l'exposé complet de cette doctrine qui complétait si heureusement la théorie péripatéticienne du grave et du léger et qui devait durer jusqu'à la découverte de la pression atmosphérique.

Chapitre X

LE MOUVEMENT DES PROJECTILES

I

Averroès et le mouvement des projectiles

De toutes les doctrines qui constituent la Physique d'Aristote, s'il en est une qui fût vraiment insoutenable, c'est bien celle qui attribue à l'air ébranlé la persistance du mouvement des projectiles. Il n'en est pas, cependant, qui semble avoir trouvé une faveur plus unanime. Durant toute l'Antiquité, dans le concert d'acquiescements qui salue cette hypothèse, nulle voix discordante ne se fait entendre, si ce n'est celle de Jean Philopon ; et les critiques du Grammairien n'obtiennent même pas l'honneur d'une allusion de la part d'un commentateur comme Simplicius, qui n'a pu les ignorer.

Le Moyen-Age chrétien, ne paraît pas avoir connu les écrits que Philopon avait composés sur la *Physique* d'Aristote. Il a donc cru que les Anciens avaient, sans aucune exception, regardé l'air ébranlé comme le moteur du projectile. Et pour accroître encore l'imposant cortège des autorités qui patronnaient cette étrange supposition, voici qu'Averroès s'en fait le défenseur convaincu.

Pour démontrer l'impossibilité du vide, Aristote a indiqué, sans choisir entre elles, deux explications du mouvement des projectiles ; l'une qu'il rejettera plus tard, invoque un mouvement tourbillonnaire, une ἀντιπερίστασις de l'air ; l'autre, à laquelle il finira par accorder la préférence, considère un ébranlement qui se propage en avant du projectile et plus vite que lui.

En commentant ce passage, Averroès, lui aussi, rapporte [1]

---

1. Averrois Cordubensis *In libros physicorum Aristotelis commentaria magna.* Lib. IV, summa II : De vacuo ; cap. III, comm. 68.

ces deux explications sans décider entre elles ; c'est au sujet
de la seconde qu'il tient le langage suivant :

« L'air qui porte le projectile est encore mû par l'instrument
de jet même après qu'il se trouve séparé de cet instrument ;
voici pourquoi : Il est dans la nature de l'air de recevoir d'un
autre corps la propriété d'être en mouvement et de la retenir
longtemps après qu'il est séparé du moteur. Il la retient en
vertu de sa forme. C'est-à-dire qu'après qu'il est séparé de
l'instrument de jet, il continue d'être mû par sa propre forme
naturelle, tandis qu'avant cette séparation il était mû par deux
moteurs à la fois, par l'instrument de jet et par sa propre forme.
C'est pourquoi son mouvement est nécessairement plus rapide
que le mouvement du projectile. Le projectile, en effet, n'a pas
en soi le principe de son mouvement ; son mouvement est
purement violent. L'air, au contraire, a en soi un principe de
mouvement, comme nous l'expliquons ailleurs. »

Attribuer à l'air une forme qui lui permet de rester en mouvement après que l'instrument balistique est retombé au repos,
refuser au projectile la possession d'une forme semblable, c'est
assurément le point le plus scabreux de la théorie d'Aristote.
A l'envi, les commentateurs grecs du Philosophe se sont efforcés
de rendre vraisemblable l'attribution à l'air d'une telle propriété ; cette forme, cette énergie cinétique communiquée, ils
l'ont successivement comparée à l'aimantation et à la chaleur ;
mais ils n'ont rien dit qui fût propre à écarter cette objection :
Pourquoi le projectile solide ne recevrait-il pas, lui aussi, une
telle énergie cinétique ? Pourquoi la possession de cette énergie
est-elle réservée aux fluides ?

Averroès, à son tour, va s'efforcer de dire ce qu'est cette
forme qui entretient le mouvement de l'air ; sur les explications
de ses prédécesseurs, les considérations qu'il développera
auront du moins un avantage ; elles rattacheront la possession
de cette forme à une propriété que l'air possède et que le projectile rigide ne possède pas ; elles en feront une conséquence
de la compressibilité et de l'élasticité de l'air.

Si l'on veut bien comprendre les considérations d'Averroès,
il faut lui accorder une proposition dont il ignorait la fausseté :
C'est que l'eau est compressible à la façon de l'air, en sorte
qu'une compressibilité et une élasticité notables sont l'apanage
de tous les fluides, tandis que les solides en sont privés.

La pensée qu'il veut expliquer, Averroès déclare [1] qu'« elle est manifeste aux sens dans le mouvement de l'eau où l'on a jeté une pierre. Nous voyons, en effet, la partie de l'eau qui est contigüe à la pierre se mouvoir tout autour de ce corps ; puis le mouvement passe de cette partie à la suivante, de celle-ci à une autre, et ainsi de suite jusqu'à ce que ce mouvement prenne fin. Les parties de l'eau ne se meuvent pas toutes ensemble comme se mouvraient les parties d'un corps de figure invariable ; cela se voit par les rides circulaires qui se font dans l'eau où une pierre est tombée. »

Si ce mouvement était semblable au mouvement des corps mobiles que terminent des figures invariables, il faudrait que toutes les parties de l'eau ou de l'air, du commencement à la fin, fussent mues en même temps et qu'elles se trouvassent chassées à la fois dans le Monde entier, de telle sorte qu'il y eût dans tout l'Univers une onde instantanée ; sinon, il y aurait pénétration mutuelle des corps, ce qui est impossible. Mais les corps dont il s'agit peuvent être condensés ou raréfiés par l'action des corps extérieurs ; lorsqu'ils sont condensés, ils éprouvent une certaine pénétration en leurs propres parties. En effet, si elles n'éprouvaient aucune pénétration, il faudrait que le mouvement de toutes ces parties fût simultané et que la borne ultime du Monde fût-elle même chassée. Si, au contraire, ces parties se pénétraient parfaitement les unes les autres, il n'y aurait mise en mouvement que d'un volume d'eau égal au volume que la pierre vient occuper.

Averroès a fort bien reconnu cette vérité que Descartes devait retrouver sans la faire admettre de la plupart de ses contemporains, et qui est devenue une des propositions essentielles de notre Hydrodynamique : Pour qu'au sein d'un fluide, une onde se propage avec une vitesse finie, il faut que le fluide soit compressible ; dans la masse d'un fluide incompressible, une perturbation se fait sentir instantanément à toute distance, si grande soit-elle. Seulement, il n'a pas su se garer d'une fausse analogie. Des ondes qui se peuvent propager, telles les ondes sonores, dans l'intérieur même d'une masse fluide, il a rapproché les ondulations qui se montrent à la surface d'un liquide ; et comme ces ondulations se propagent avec une vitesse finie, il s'est cru autorisé à en conclure que l'eau était compressible comme l'air. Peut-on lui reprocher cette comparaison fâcheuse ? N'entend-

---

1. Averrois Cordubensis *Op. land.*, lib. VIII, summa IV, comm. 82.

on pas bien souvent, même aujourd'hui, prendre les rides circulaires qu'une pierre engendre dans l'eau tranquille où elle tombe comme un exemple propre à faire comprendre la propagation des ondes sonores ?

Revenons au texte d'Averroès. Le Commentateur va reconnaître ce qu'aucun péripatéticien hellène n'avait osé avouer, qu'attribuer à la compressibilité de l'air le pouvoir qu'a cet air de se mouvoir un certain temps sans l'aide d'aucun moteur étranger, c'est faire de cette compressibilité une sorte de propriété vitale.

« Le fluide, écrit Averroès, est donc une sorte de moyen terme entre une substance spirituelle et une substance corporelle *(quasi medium inter esse spirituale et corporale)*. En tant qu'il tient de la nature spirituelle, ses parties admettent une certaine compénétration ; c'est pourquoi nous voyons que, dans l'eau, des mouvements différents les uns des autres ne se gênent pas les uns les autres. En tant qu'il possède la nature corporelle, ses parties se chassent les unes les autres.

» Par suite de ces deux propriétés, nous jugeons que l'air mis en mouvement se déplace de lui-même tandis que la pierre lancée est nécessairement portée par la translation même de la partie de l'air qui transporte le mouvement ; lorsque cette partie s'arrête, la pierre s'arrête également.

» Cette partie de l'air, d'ailleurs, n'est pas toujours la même ; le mouvement ne se fait pas davantage dans plusieurs parties à la fois ; il se fait, pour ainsi dire d'une manière successive et par transmission d'une partie à une autre partie, tout comme il arrive en ces corps où la chaleur est transmise d'une partie à une autre. D'une manière générale, le mouvement d'une flèche dans l'air ressemble beaucoup au mouvement d'un navire sur l'eau qui le porte ; on croit que ce dernier mouvement est unique, tandis que par suite des ondes qui se produisent dans l'eau, il se compose d'une succession de mouvements ; dans l'air aussi, il se produit une telle succession d'ondes *(inundatio)*.

» Manifestement donc la cause de ce fait que les parties du fluide ne sont pas mises en mouvement toutes ensemble, c'est la pénétration mutuelle dont elles sont capables. »

Averroès revendique pour lui-même la priorité de cette explication : « Il vous faut savoir, dit-il, que l'intelligence de notre exposition ne se tire pas de l'exposition donnée par Thémistius en cet endroit ; et il nous semble que nous n'avons pu, nous même, comprendre parfaitement ce passage que par notre propre labeur pour exposer tout ce livre d'Aristote. »

Le Commentateur pouvait, sans ridicule, tirer quelque vanité de ce qu'il avait dit en faveur de la théorie d'Aristote ; mieux qu'aucun de ses prédécesseurs, il avait su pallier l'une des invraisemblances de cette théorie, et pour y parvenir, il avait émis, au sujet du mouvement des fluides, certaines réflexions pleines de justesse.

II

AL BITROGI ET LA MOUVEMENT DES PROJECTILES

Tandis qu'elle trouvait, dans les *Commentaires* d'Averroès, cette remarquable exposition de la Dynamique péripatéticienne, la Scolastique latine du XIIIe siècle n'avait, semble-t-il, aucune connaissance des objections que Jean Philopon avait élevées contre cette Dynamique. Tout au plus, à l'hypothèse du Grammairien, trouvait-elle, en un des livres qu'elle lisait, une allusion brève et peu explicite. Cette allusion se rencontrait dans la *Théorie des planètes* d'Al Bitrogi.

Voici, en effet, ce qu'écrivait Alpétragius [1]

« Le corps suprême se trouve séparé de la vertu qu'il a conférée aux orbes célestes tout comme celui qui a lancé une pierre ou une flèche se trouve séparé de cette pierre ou de cette flèche ; celui-ci ne demeure pas uni à la vertu qu'il a conférée à la pierre ou à la flèche afin de la mouvoir ; il continue à la mouvoir, mais au moyen d'une vertu qui demeure appliquée à la pierre ou à la flèche après que le projecteur l'a lancée ; plus la flèche se trouve éloignée de son moteur, plus cette vertu s'affaiblit ; de même que cette vertu se trouve consumée lorsque la flèche tombe, de même la vertu que le mobile suprême confère aux orbes inférieurs va continuellement en s'affaiblissant jusqu'à ce qu'elle parvienne à la terre qui demeure naturellement immobile. »

C'est peu de chose que ce texte. Cependant, la pensée essen-

---

1. ALPETRAGII ARABI *Planetarum theorica phisicis rationibus probata, imperrime latinis litteris mandata a Calo Calonymos Hebreo Neapolitano.* In fine : Veneliis in ædibus Luceantonii iunte Florentini anno Domini MDXXXI. Mense Ianuario- Fol. 9, recto.

tielle de Jean Philopon s'y trouvait condensée. Peut-être est-il le seul germe qui ait semé cette pensée au sein de la Scolastique latine où elle devait, au xivᵉ siècle, prendre un si magnifique développement.

Hors ce texte, en effet, les Latins du xiiiᵉ et du xivᵉ siècle n'en ont, semble-t-il, point connu où le mouvement du projectile fût formellement mis au compte d'une vertu appliquée à la pierre ou à la flèche, *ex virtute extensa sagittæ*. Ceux qu'ils lisaient se partageaient en deux groupes. Les uns qui étaient, à la fois, les plus nombreux, les plus clairs et les plus autorisés, leur répétaient à l'envi que l'air seul entretenait le mouvement du projectile ; ainsi parlaient les écrits d'Aristote, d'Alexandre d'Aphrodisias, de Thémistius, de Simplicius, d'Averroès. Les autres, usant du commun langage, se laissaient aussi bien interpréter dans ce sens que dans le sens opposé. Tel était le court passage écrit par Hipparque, rapporté par Simplicius, que nous avons examiné [1]. Tel était encore un texte que nous allons citer et qui est de Chalcidius.

Il se trouve dans le *Commentaire au Timée de Platon* composé par cet auteur.

Chalcidius vient d'esquisser l'une des preuves péripatéticiennes de la rotondité de la terre, celle qui se tire de la chute des graves, toujours dirigée vers le centre du Monde. Il poursuit en ces termes [2] :

« Que tous les corps, quel qu'en soit le poids, se dirigent en hâte vers le centre, voici qui le prouve : La plupart des poids, alors même qu'une violence *(vis)* venue de l'extérieur leur a été appliquée, sont portés de haut en bas vers la terre, conformément à la nature, aussitôt que la violence a disparu. Ainsi en est-il dans les traits lancés par les machines de guerre [3] ; tant que l'impulsion *(pulsus)* garde sa vigueur, ces traits volent suspendus, et on les voit couper l'air ; mais lorsque cette violence *(vis)* qui les poussait vient à faire défaut, ils tournent leur pointe vers le bas et se mettent à descendre, se hâtant vers la terre, qui est le centre du Monde. »

Ce passage est de tout point conforme à celui d'Hipparque que Simplicius nous a conservé. Il convient de l'interpréter

---

1. Voir : Première partie, ch. VI, § VI ; t. I, pp. 386-387.
2. Chalcidii V. C. *In Platonis Timæum commentarius*, LX. (*Fragmenta philosophorum græcorum* collegit F.G.A. Mullachius ; Parisiis, Ambrosius Firmin Didot 1867 ; p. 195.)
3. Le texte dit : *In jaculorum tormentis* ; il semble qu'il faille lire : *In jaculis tormentorum*.

avec la même réserve. On ne saurait affirmer que la force *(vis)*
ou l'impulsion *(pulsus)* réside plutôt dans le projectile que
dans l'air.

III

LES PARTISANS DE LA DYNAMIQUE PÉRIPATÉTICIENNE AU XIIIᵉ SIÈCLE ET AU XIVᵉ SIÈCLE

La doctrine que Philopon avait soutenue ne fut point, tout
d'abord, celle de la Scolastique latine ; l'autorité d'Aristote,
de ses commentateurs hellènes, d'Averroès imposait trop fortement l'adhésion à la Dynamique péripatéticienne pour qu'il
fut aisé de la refuser ; cette Dynamique pendant longtemps, ne
rencontra aucun contradicteur dans les écoles chrétiennes.

Il y a lieu, toutefois, d'établir une très grande différence
entre les commentateurs grecs ou arabes d'Aristote et les maîtres
de la Scolastique latine.

Si l'on excepte Jean Philopon, aucun des commentateurs
grecs ou arabes d'Aristote n'a admis que le mouvement du
projectile fût maintenu par une énergie imprimée au mobile par
la main ou l'instrument qui l'a lancé. Il y a plus ; non seulement aucun d'eux n'a admis cette hypothèse, mais aucun d'eux,
sauf peut-être Al Bitrogi, n'y a fait seulement l'ombre d'une
allusion. Partant, de tous les ouvrages grecs ou arabes que nous
connaissons, les commentaires à la *Physique* d'Aristote composés par Jean d'Alexandrie et la *Théorie des planètes* d'Al Bitrogi
étaient les seuls qui affirmassent ou insinuassent la possibilité
d'expliquer le mouvement des projectiles autrement que les
Péripatéticiens ne l'avaient fait ; mais la *Théorie des planètes*
ne suggérait cette pensée que d'une manière bien fugitive,
dans le seul but de développer une comparaison ; quant aux
commentaires de Philopon sur la *Physique* d'Aristote, il ne
semble pas que la Chrétienté latine du Moyen-Age en ait eu
connaissance.

Cependant, dès le milieu du XIIIᵉ siècle, nous l'allons voir,
on connaît et discute, à Paris, l'hypothèse du Grammairien.
D'où avait-on tiré cette connaissance, c'est ce qu'il nous a été
impossible de reconnaître.

Qu'au voisinage de l'an 1250, cette hypothèse fût débattue à l'Université de Paris, c'est Bacon qui va nous l'apprendre. Des deux séries de *Questions sur la Physique d'Aristote*, composées par Roger Bacon et conservées par un manuscrit de la Bibliothèque d'Amiens, la seconde série nous présente, à propos du septième livre, quatre questions qui ont trait au mouvement des projectiles.

Le commencement de la première question fait défaut ; ce qui reste de cette question suffit, cependant, à nous faire connaître l'intention de l'auteur. Celui-ci y soutenait que le moteur doit être présent au mobile par sa substance même, et non pas seulement par l'infusion, au sein de ce mobile de quelque vertu ou qualité. Le moteur, disait-il [1], doit être « avec le mobile par sa substance ; il ne suffit pas qu'il soit avec lui par l'influence de sa vertu. Il en est de même dans la chute des graves et l'ascension des corps légers ; [la forme du corps], étant excitée [2], meut le corps grave ou léger, et elle lui est substantiellement présente. De même [dans le mouvement du projectile], les parties de l'air qui, divisées et rejetées en arrière *(reinclinantes)*, poussent le grave ou le corps léger, lui sont continuellement conjointes par leur substance. Ainsi, si l'on entend parler du moteur et du mobile d'une manière naturelle, tout moteur est substantiellement conjoint au mobile ; il ne suffit pas qu'il lui soit conjoint par l'influence d'une certaine vertu. Au mouvement de projection, donc, ne suffit pas la continuation, au sein du projectile, de la vertu de l'instrument de jet ; il faut que le moteur soit substantiellement uni, toujours et d'une manière continue, au mobile ; c'est chose qu'il faut accorder.

» Voici ce qu'il faut répondre à la première objection : Ce qui pousse le projectile est toujours substantiellement voisin de ce projectile ; en effet, comme on l'a dit, il y a ici plusieurs moteurs qui se succèdent d'une manière continue ; ce sont les parties de l'air rejetées en arrière ; en sorte que le moteur prochain est toujours substantiellement uni au projectile. Il n'est point nécessaire que le premier instrument de projection continue d'exercer sa force ; avec le dernier mobile, il n'est uni ni par sa substance ni par l'influence d'une vertu ; il n'est uni au projectile, et cela d'une manière substantielle, qu'au moment où le

---

1. *Questiones supra librum phisicorum a magistro dicto* BACUUN. Bibliothèque municipale d'Amiens, ms. n° 406, fol. 65, col. a.
2. Voir : plus haut, ch, VIII, § V.

projectile commence à se mouvoir ; mais ensuite, pour les raisons susdites, il ne peut plus lui communiquer sa force. »

Bacon examine ensuite cette objection : L'aimant meut le fer sans lui être conjoint d'une manière substantielle. Voici sa réponse :

« Il n'y a pas analogie. Il y a, en effet, une traction naturelle ; telle est cette traction exercée sur le fer par l'aimant, grâce à cette vertu céleste que le fer reçoit de l'aimant d'une manière complète ou incomplète. Mais, comme on l'a vu, toute projection est violente. Pour que la comparaison fût valable, il faudrait prendre une traction entièrement violente, comme la projection est, elle-même, violente ; on ne devrait pas prendre la traction du fer par l'aimant qui, nous l'avons dit, est naturelle jusqu'à un certain point.

» On peut dire aussi que l'aimant ne meut pas le fer ; il excite seulement et fortifie la vertu même du fer ; ainsi excitée, cette vertu devient un moteur suffisant et meut le fer jusqu'au contact de l'aimant ; partant, dans un tel mouvement, le moteur est encore conjoint au mobile par sa substance et sa force ; ce n'est pas, en effet, l'aimant qui est le moteur du fer ; c'est la vertu du fer qui, excitée par l'aimant, meut le fer... Il en est de même dans le cas qui nous est proposé ; le moteur demeure sans cesse substantiellement conjoint au mobile ; il ne meut pas par l'influence d'une vertu. »

Le mouvement d'altération est le seul où l'agent qui détermine l'altération puisse ne pas être substantiellement conjoint au patient qui éprouve cette altération. « Cela est rendu évident par le ciel qui altère les choses d'ici-bas et par le feu qui altère l'air. Dans le mouvement local, il ne saurait y avoir ainsi continuation de vertu ; une semblable continuation de vertu ne peut se rencontrer que dans le mouvement d'altération. La raison en est que toute émission ou toute inimission de vertu est accompagnée d'une altération. Il est donc évident qu'en tout mouvement local, le moteur est substantiellement conjoint au mobile. »

Bacon n'ignore donc pas, touchant le mouvement des projectiles, l'hypothèse proposée par Jean Philopon et insinuée par Al Bitrogi ; mais il rejette cette hypothèse ; si le projectile est maintenu en mouvement, c'est grâce à l'agitation de l'air ; c'est cette dernière supposition qu'il va approfondir dans les trois questions suivantes.

La première de ces questions est ainsi libellée [1] : DUBITATUR *adhuc de continuatione motus projectionis et videtur quod motus iste non possit continuari a medio.*

Après l'énumération de diverses objections, notre auteur écrit :

« La continuation de ce mouvement vient du milieu, et non du premier instrument de jet.

» Toutefois, il y a, à cet égard, deux thèses différentes.

» Selon la première thèse, lorsque l'instrument de jet a cessé son action, le projectile divise les parties du milieu ; ces parties divisées sont impétueusement rejetées en arrière *(reinclinantes)* à la partie postérieure du projectile ; elles peuvent alors, l'une après l'autre, continuer de le mouvoir.

» La seconde thèse prend que le milieu est fluide et ne se termine pas de lui-même par une surface bien définie *(male terminabile proprio termino)* ; aussi retient-il tout mouvement produit en lui et le cède-t-il aux autres corps ; c'est ainsi qu'il meut le projectile par un mouvement qu'il retient en vertu de sa nature propre, parce qu'il est fluide. »

Cette dernière supposition se trouve, d'ailleurs, tout aussitôt explicitée par ce qui suit :

« Il y a deux sortes de moteurs et de mobiles.

» Il y en a qui sont terminés [d'eux-mêmes par une surface rigide]. Pour ceux-là, il est vrai de dire que tous s'arrêtent quand le premier moteur s'arrête.

» Il en est qui sont fluides et non terminés ; pour ceux-là, il n'est plus nécessaire qu'il en soit ainsi ; comme ils sont fluides, ils peuvent, par nature, retenir le mouvement et le céder à autrui. Tels sont les milieux, l'eau et l'air, au travers desquels se meuvent les projectiles. »

Bacon montre, d'ailleurs, que chacune des deux thèses est propre à résoudre les diverses objections qu'il avait, tout d'abord présentées.

Reste à choisir entre ces deux thèses ; c'est à quoi Bacon consacre ces deux dernières questions.

La première de ces questions examine la théorie qui attribue la continuation, l'entretien du mouvement des projectiles au retour en arrière *(reinclinatio)* des parties de l'air qui ont été divisées.

---

1. Ms. cit., loc. cit.

« Le projectile, écrit notre maître ès-arts [1], divise les parties du milieu qui est continu ; ces parties reviennent en arrière *(reinclinantur)* avec impétuosité ; elles poussent donc le projectile impétueusement et avec quelque violence. Ainsi la-dite thèse est bonne. »

Si nous voulons, d'ailleurs, connaître exactement de quelle façon notre auteur imagine ce retour en arrière, cette *réinclinatio* des parties de l'air, il nous suffira de lire la réponse qu'il fait tout aussitôt à une objection.

Cette objection était la suivante : Ce retour en arrière des particules de l'air est un retour de ces parties à leur lieu naturel ; c'est un mouvement naturel, partant un mouvement accéléré ; il devra donc communiquer au projectile un mouvement accéléré, ce qui n'est pas.

A cette objection, voici la réponse :

« Ce retour en arrière des parties de l'air se peut faire de deux manières.

» Supposons, par exemple, que le projectile se meuve de l'occident vers l'orient. Certaines parties du milieu, divisées, sont rejetées en arrière *(reinclinantur)* sur les côtés, sur le côté boréal et sur le côté austral ; la division et la séparation faites dans cette région sont violentes ; alors, le retour en arrière des parties de l'air à partir de ces points latéraux est naturel ; il est accéléré ; aussi n'est-ce pas lui qui produit le mouvement continu du projectile ; c'est lui qui donne sujet à l'objection.

» Mais les parties de l'air peuvent aussi être rejetées en arrière *(reinclinari)* dans le sens de la marche du projectile, c'est-à-dire vers l'orient, puisque c'est vers l'orient que se meut le projectile ; il en est ainsi, dis-je, derrière le projectile ; ce retour en arrière est impétueux et accompagné d'une certaine violence ; c'est lui qui est cause du mouvement de projection ; il ne s'accélère pas vers la fin, mais, au contraire, va s'affaiblissant, attendu qu'il est produit avec impétuosité et violence ; semblablement, le mouvement du projectile, qui doit sa continuation à ce retour en arrière, s'affaiblit vers la fin et vient à défaillir. »

Il est clair que ce que Bacon nomme *reinclinatio*, c'est ce qu'Aristote nomme ἀντιπερίστασις ; l'explication du mouvement des projectiles par l'ἀντιπερίστασις, rejetée par Aristote et par Averroès, est celle qu'il déclare bonne.

Il lui faut, dès lors, convaincre d'erreur la thèse que soutenait

1. Ms. cit. ; fol. 65, col. b.

le Commentateur, celle qui attribue aux fluides, à l'exclusion des solides, le pouvoir de garder le mouvement qui leur a été communiqué, et qui confie à cette propriété le soin d'entretenir le mouvement des projectiles. C'est ce qu'il fait dans sa dernière question.

« Le milieu, dit-il [1], ne reçoit pas immédiatement le mouvement de l'instrument qui a produit le jet ; il le reçoit du projectile ; il se meut donc du même mouvement que le projectile, partant, à la partie antérieure du projectile, devant le projectile ; mais un tel mouvement, qui précède le projectile, qui se fait dans sa partie antérieure ne saurait causer le mouvement du projectile ; il l'empêche plutôt.

» En outre, le milieu ainsi mû de son mouvement propre, parce qu'il est fluide, se meut en tout sens, tandis que le projectile est supposé se mouvoir de l'occident vers l'orient. Mais ce n'est pas n'importe quel mouvement qui peut être cause du mouvement du projectile ; il faut que ce soit un mouvement accompli dans le sens de la marche du projectile, et non pas devant ce corps, mais derrière ; ce mouvement n'est donc pas autre chose que le rejet en arrière des parties du milieu qui se fait à la partie postérieure du projectile et dans le sens où marche celui-ci. Evidemment donc le mouvement que le milieu possède ou retient en lui ou dans ses parties, se faisant en tout sens, ne peut être la cause du mouvement du projectile, qui se fait dans un sens bien déterminé. A moins que les tenants de cette opinion n'appellent mouvement du milieu ce retour en arrière des parties du milieu qui, seul, se fait dans le sens où va le projectile, c'est-à-dire vers l'orient, et cela à la partie postérieure... Si donc on n'entend pas le langage du Commentateur et de ceux qui soutiennent cette thèse comme désignant ce retour en arrière des parties dans le sens de la marche du projectile, ce qu'ils admettent n'est point exact. Partant, bien que le milieu, parce qu'il est fluide, puisse retenir le mouvement et le communiquer à ses diverses parties, ce n'est pas, cependant, par ce mouvement-là, qu'il meut le projectile ; car ce mouvement-là se fait en tout sens, et celui du projectile, non. »

Au cours des ouvrages composés après son entrée dans l'ordre des mineurs, Roger Bacon n'a pas, à notre connaissance, traité spécialement du mouvement des projectiles ; mais il lui arrive de laisser deviner incidemment quelle est son opinion à ce sujet ;

____

1. Ms. cit., fol. 65, col. c.

nous voyons alors qu'il continue d'attribuer à l'air ébranlé la continuation de ce mouvement.

C'est ainsi qu'en l'*Opus majus*, il étudie les·propriétés de la balance. Pourquoi un fléau de balance, écarté de son état d'équilibre puis abandonné à lui-même, au lieu de revenir purement et simplement à la position horizontale, dépasse-t-il cette position et exécute-t-il, de part et d'autre, de nombreuses oscillations ? « Cette descente du bras supérieur au delà de la position horizontale, dit Bacon [1], ne provient pas de la nature du poids suspendu au fléau, mais des retours en arrière *(reinclinationes)* de l'air. En effet, lorsque l'air a reçu un certain mouvement, il le retient fort bien ; aussi ses parties titubent-elles longtemps, alternativement dans un sens et dans l'autre, et ne permettent-elles pas au poids suspendu de se reposer de suite en sa position d'équilibre. »

L'auteur de l'*Opus majus* était, nous le voyons, demeuré fidèle à la théorie de l'ἀντιπερίστασις qu'il avait défendue dans sa jeunesse.

Lorsqu'il traite de l'impossibilité du vide, Albert le Grand ne dit que quelques mots [2] du mouvement des projectiles ; mais ces quelques mots sont une simple paraphrase des propos d'Aristote. Au huitième livre de sa *Physique*, Albert examine plus longuement la même question [3] ; le chapitre qu'il lui consacre ne fait que délayer le commentaire d'Averroès ; aucune allusion ne s'y rencontre à la théorie de Jean Philopon.

Saint Thomas d'Aquin s'explique, à diverses reprises, au sujet du mouvement des projectiles.

En commentant soit le quatrième livre de la *Physique*, soit le huitième livre [4], Saint Thomas expose la pensée d'Aristote sans aucune objection, sans aucune restriction.

Il est vrai qu'en d'autres parties de la même exposition, lorsqu'il ne s'agit pas directement de la théorie du mouvement des projectiles et que ce mouvement est simplement pris comme exemple, il arrive au *Doctor communis* de s'exprimer suivant le langage courant ; il semble accorder alors au projectile une

---

1. ROGERI BACON *Opus majus*, Pars. IV, dist. IV, cap. XV ; éd. Jebb, p. 108.
2. ALBERTI MAGNI *Liber physicorum sive auditus physici;* lib. IV, tract. II, cap. V : Quod ex rationibus quibus antiqui probabant esse vacuum locum accidit contrarium dicere.
3. ALBERTI MAGNI *Op. land.*, lib. VIII, tract. IV, cap. IV : De solutione dubitationis quæ est in his quæ feruntur expulsa.
4. *Sancti* THOMÆ AQUINATIS *In libros physicorum Aristotelis expositio;* lib. IV, lect. XI, et lib. VIII, lect. XXII.

certaine vertu motrice imprimée par celui qui l'a lancé, un certain *impetus* en vertu duquel ce corps continue de progresser pendant un certain temps. Ainsi en est-il dans le passage suivant [1] :

« De même si un ballon ou une balle est renvoyée par une muraille, la muraille ne meut ce corps que par accident, et non à proprement parler *(per se)* ; ce qui le meut à proprement parler, c'est celui qui l'a lancé ; ce n'est pas la muraille, en effet, qui lui a donné un *impetus* capable de le mouvoir, mais celui qui l'a lancé ; mais, par accident, il est arrivé que la muraille l'a empêché de se mouvoir selon cet *impetus;* et comme ce même *impetus* subsistait, il a rebondi d'un mouvement contraire. »

L'emploi, au cours de semblables comparaisons, d'expressions conformes au sens commun mais contraires à la Physique d'Aristote a pu, parfois, tromper sur la pensée véritable de Saint Thomas d'Aquin.

Certains de ses disciples, tel, au xvie siècle, l'illustre frère prêcheur Dominique Soto, avaient renoncé à l'étrange Dynamique d'Aristote ; avec Jean Philopon, avec les physiciens de l'École parisienne du xive siècle, ils attribuaient le mouvement du projectile non pas à l'air mis en branle, mais à un *impetus* imprimé au mobile par celui qui l'a lancé. Ils souhaitaient d'attribuer à leur maître vénéré cette opinion qui avait leurs préférences ; et il leur arrivait de rencontrer des textes qui paraissaient les y autoriser, tels les deux suivants, qu'invoque Dominique Soto [2] :

En l'un comme en l'autre de ces deux textes, il s'agit, pour Thomas d'Aquin, d'expliquer comment la semence conserve la puissance d'engendrer que le mâle lui a communiquée.

Voici le premier passage [3] :

« On regarde un instrument comme mû par l'agent qui a été le principe de son mouvement, tant qu'il retient la vertu qui a été imprimée en lui par cet agent principal ; ainsi la flèche est mue, parce qui l'a lancée tant que dure la force de l'impulsion de l'agent qui l'a lancée. De même, parmi les corps

---

1. *Sancti* Thomæ Aquinatis *Op. laud.*, lib. VIII, lect. VIII.

2. *Reverendi Patris* Dominici Soto Segobiensis *Theologi ordinis prædicatorum Super octo libros Physicorum Aristotelis Quæstiones.* Salmanticæ. In ædibus Dominici a Portonariis, Cath. M. Typographi. MDLXXII. In lib. VIII quæst. III ; fol. 100, col. d. (La première édition de cet ouvrage a été donnée à Salamanque en 1545).

3. *Sancti* Thomæ Aquinatis *Quæstiones disputatæ. De potentia Dei quæst.* III : *De creatione.* Art. XI : Utrum anima sensibilis vel vegetabilis sit per creationem vel traducatur ex semine.

graves ou légers, un corps engendré est mû par la cause qui l'a engendré tant qu'il retient en lui la forme qui lui a été donnée par cette cause ; ainsi en est-il de la semence... Il faut que la chose qui meut et la chose mue soient jointes ensemble au début du mouvement, mais non pas pendant toute la durée du mouvement, comme on le voit dans le mouvement des projectiles... »

Voici maintenant le second texte [1] :

« Cette vertu qui provient du père et se trouve dans la semence est une vertu permanente et d'origine intrinsèque ; elle ne provient pas de l'extérieur, comme la vertu provenant de la cause motrice qui se trouve dans les projectiles... Toutefois elle est, par un certain côté, semblable à cette dernière. De même, en effet, que la vertu de la cause projetante, parce qu'elle est une vertu finie, ne meut de mouvement local que jusqu'à une distance déterminée, de même la vertu de celui qui engendre ne meut du mouvement de génération que jusqu'à une forme déterminée. »

L'authenticité de ces textes n'est pas douteuse [2]. Or, ils contredisent nettement ceux où Thomas d'Aquin, traitant *ex professo* du mouvement des projectiles, admet pleinement la théorie péripatéticienne. Cette contradiction n'a pas été sans jeter en quelque embarras divers auteurs qui, après Soto, ont voulu retrouver, aux *Quæstiones disputatæ*, des allusions à l'hypothèse de l'*impetus ;* tel Jean de Saint Thomas [3].

Des discours où Thomas d'Aquin, pour éclairer une proposition qui n'est pas de Mécanique, parle du mouvement des projectiles comme tout le monde en parle ne doivent pas, croyons-nous, être mis en balance avec des textes où le même auteur raisonne en physicien et adhère, en termes explicites et motivés, au système d'Aristote.

De ces textes, il en est un dont la précision ne laisse rien à désirer ; il se trouve en ce commentaire au troisième livre du

---

1. *Sancti* Thomæ Aquinatis *Quæstiones disputatæ. De anima quæstio unica ;* art. XI : Utrum in homine anima rationalis, sensibilis et vegetabilis sit una substantia.

2. Sur l'authenticité des *Quæstiones disputatæ,* voir : J. Quétif et J. Échard, *Scriptores ordinis Prædicatorum,* t. I, pp. 288-289. P. Mandonnet, *Des écrits authentiques de Saint Thomas d'Aquin.* (*Revue Thomiste,* 1909-1910).

3. Rᵐⁱ P. Joannis a Sancto Thoma, *ordinis prædicatorum, Cursus philosophicus Thomisticus, secundum exactam, veram et genuinam Aristotelis et Doctoris Angelici mentem.* Quæstiones et articuli super octo libros physicorum. Circa librum octavum, de motus æternitate et reductione in primum motorem, qæst. XXIII : De motu naturalium et projectorum. Art. 2 : Qua vi moveantur projecta ?

Traité du Ciel que Saint Thomas a laissé inachevé ; on peut donc dire qu'il nous apporte la pensée dernière et définitive du *Doctor communis*. Voici ce texte [1] :

« Il ne faut point supposer que le moteur qui produit la violence imprime dans la pierre mue violemment une certaine vertu qui meuve cette pierre, de même que la chose qui engendre produit dans la chose engendrée une forme dont dépend le mouvement naturel de celle-ci. S'il en était ainsi, en effet, le mouvement violent proviendrait d'un principe intrinsèque au mobile, ce qui est contraire à la notion même de mouvement violent. En outre, il en résulterait que la pierre, par le fait même qu'elle se meut de mouvement local, serait altérée dans sa forme substantielle, ce qui est contraire au bon sens.

» Le moteur qui meut violemment imprime donc à la pierre seulement le mouvement, ce qui a lieu pendant que le moteur est au contact de la pierre. Mais l'air est plus susceptible de recevoir une telle impression, soit parce qu'il est plus subtil, soit parce qu'il est doué d'une sorte de légèreté ; il est donc mû plus rapidement que la pierre par l'impression que lui communique le moteur, producteur de la violence ; lorsque ce moteur violent cesse d'agir, l'air mû par lui pousse la pierre et la fait avancer ; il pousse aussi l'air qui lui est conjoint, et celui-ci pousse la pierre plus loin ; et cela a lieu tant que dure l'impression du premier moteur violent comme il est dit au VIIIe livre des *Physiques*. Il revient au même de dire ceci : Bien que le moteur qui a produit la violence ne suive pas le mobile qui est transporté par cette violence, la pierre, par exemple, de telle manière qu'il la meuve en lui demeurant présent, il la meut, toutefois, par l'impression communiquée à l'air *(per impressionem aëris)* ; s'il n'existait pas de corps tel que l'air, il n'y aurait pas de mouvement violent. Il est donc évident que l'air est l'instrument nécessaire du mouvement violent ; il ne contribue pas seulement à la perfection *(propter bene esse)* de ce mouvement. »

Maintenant, il est impossible, croyons-nous, de méconnaître la pensée de Thomas d'Aquin. Dans la pierre lancée, il n'y a aucune qualité, aucune forme, aucun *impetus* imprimé par le moteur. Mais le moteur imprime une telle qualité à l'air qui entoure le projectile. Toutes les comparaisons où le langage vulgaire parle de la vertu conférée au mobile par celui qui le

---

1. *Sancti* THOMÆ AQUINATIS *Commentaria in libros Aristotelis de Cælo et Mundo ;* ib. III, lect. VII.

lance doivent, pour le physicien, s'entendre de l'impression communiquée à l'air par le moteur ; ces comparaisons peuvent alors être reçues sans que l'on commette la moindre infidélité à la Mécanique d'Aristote et d'Averroès.

Saint Thomas n'a pas admis l'hypothèse qui met dans le projectile même la cause par laquelle celui-ci continue de se mouvoir après qu'il s'est séparé de l'instrument balistique ; du moins a-t-il fait mention de cette hypothèse ; de tous les commentateurs d'Aristote, si l'on en excepte Jean Philopon, Roger Bacon et Thomas d'Aquin sont les seuls qui aient daigné y faire allusion ; les autres n'ont même pas paru songer qu'elle pût venir à l'esprit.

Il est vrai que si le *Doctor communis* a parlé de cette supposition, c'est pour mettre son lecteur en garde contre la tentation de l'admettre. Aussi ses disciples ne cèderont-ils pas à cette tentation ; ils garderont fidèlement la tradition de la Dynamique péripatéticienne.

Pierre d'Auvergne, par exemple, a terminé le commentaire au *Traité du Ciel* que son maître avait laissé inachevé ; en un passage où il est fait allusion au rôle que l'air joue dans le mouvement des projectiles, il renvoie purement et simplement [1] à ce qui en a été dit précédemment, c'est-à-dire à l'exposition de Saint Thomas.

Ulric de Strasbourg veut [2] que le moteur demeure toujours conjoint au mobile, aussi bien dans le mouvement d'impulsion que dans le mouvement d'expulsion. « Le mouvement d'impulsion, c'est celui où le moteur ne se sépare jamais de ce qu'il meut ; ainsi en est-il lorsqu'on pousse une pierre en gardant la main sans cesse posée sur cette pierre. Le mouvement d'expulsion c'est celui où ce qui produit l'expulsion abandonne ce qu'il meut ; ainsi en est-il lorsqu'on jette une pierre.

» Dans le premier cas, le moteur, avec sa propre force, demeure toujours conjoint au mobile.

» Dans le second cas, la force de celui qui a jeté la pierre se trouve dans l'air qui meut la pierre à l'aide de cette force ; et cet air demeure toujours conjoint à la pierre. »

1. *Libri de celo et mundo* ARISTOTELIS *cum expositione Sancti* THOME DE AQUINO *et cum additione* PETRI DE ALVERNIA. Colophon : Uenetijs mandato et sumptibus Nobilis viri domini Octaviani Scoti Civis modoetiensis. Per Bonetum Locatellum Bergomensem. Anno a salutifero partu virginali nonagesimoquinto supra millesimum ac quadringentesimum. Lib. IV, text. comm. 39, fol. 75, col. a.
2. ULRICI DE ARGENTINA *Tractatus de summo bono*, lib. IX, tract. II, cap. XXI ; Bibliothèque nationale, fonds latin, ms. n° 15900, fol. 280, col. a.

La théorie de Gilles de Rome est composée de la pensée d'Averroès et de celle de Saint Thomas ; elle a toute la clarté dont le Maître augustin est coutumier.

Gilles procède en posant et résolvant certaines questions qu'il nomme doutes *(dubia)*.

Premier doute : Un moteur ne meut que parce qu'il est lui-même en mouvement. S'il vient à s'arrêter, l'objet qu'il mouvait devra-t-il, lui aussi s'arrêter aussitôt ?

Gilles pose une distinction : Ou bien ce moteur communique un mouvement purement local ; ou bien le mouvement local qu'il communique est associé à un mouvement d'altération, à un mouvement qui consiste en l'introduction d'une forme nouvelle dans le mobile [1].

Dans le premier cas, dans le cas où le mouvement communiqué par le moteur est purement local, le mobile doit s'arrêter au moment même où le moteur s'arrête.

Il n'en est plus de même lorsque le moteur altère le mobile, lui confère une nouvelle forme.

Par exemple, la cause qui engendre un corps grave lui confère une certaine forme ; aussi ce corps continuera-t-il de se mouvoir vers le bas même après que la cause génératrice aura cessé d'agir.

De même qu'en frottant deux corps l'un contre l'autre, on échauffe l'air qui les environne ; cet air échauffé va monter, et il continuera de monter même après que l'on aura arrêté le frottement ; le mouvement se poursuit après l'arrêt du moteur par cette forme, la chaleur, qui a été conférée au mobile.

Second doute : L'air et l'eau continueront-ils à se mouvoir par l'impulsion reçue, après arrêt du moteur qui a communiqué cette impulsion ?

Ils ne s'arrêteront pas instantanément, parce que le mouvement qui leur a été communiqué n'est pas un mouvement purement local ; il est mêlé d'un mouvement d'altération, d'un mouvement dont une forme est le terme. « En effet, par suite de l'impulsion reçue, les corps de ce genre se trouvent dilatés en certaines de leurs parties et condensés en d'autres. L'impulsion cessant, chacune de ces parties revient à son état naturel, comme l'eau échauffée reprend sa froideur lorsqu'on l'éloigne du feu ; ces parties de l'air qui ont été dilatées au delà

---

1. ÆGIDII ROMANI *In libros de physico auditu Aristotelis commentaria* ; lib. VIII lect. XXIX, et dubia 1, 2, 3 et 4. Ed: Venetiis, 1502, fol. 193, r° et v°, et fol. 194, col. a.

de la mesure qui leur convient reviennent à leur juste densité ; celles qui ont été condensées reviennent à leurs dilatations normales. »

Ainsi s'expliquera la continuation du mouvement des projectiles lancés au sein de l'air :

« Un corps qui a été condensé ne se peut dilater sans communiquer une impulsion aux corps voisin. Lors donc que le moteur balistique cesse d'agir, la partie de l'air qui a été condensée par l'impulsion se dilate ; en se dilatant, elle pousse à la fois le projectile et la partie de l'air qui lui est voisine ; celle-ci, à son tour, pousse simultanément le projectile et une nouvelle partie de l'air. Il en est ainsi jusqu'au moment où l'impulsion devient si faible que le mouvement du projectile prend nécessairement fin. »

A l'exemple d'Averroès, Gilles compare ce mouvement de dilatations et de condensations alternatives qui se propage dans l'air aux ondes circulaires qu'engendre la chute d'une pierre dans une eau tranquille.

Ce mouvement n'est pas, d'ailleurs, le seul qui agite l'air au voisinage du projectile. Le projectile fend l'air ; cet air, écarté, se referme avec violence à l'arrière du projectile ; en se refermant ainsi, il exerce sur le projectile une pression qui contribue à la continuation du mouvement. C'est là l'ἀντιπερίστασις. L'*antipéristasis* n'est pas capable de rendre compte, à elle seule, de la prolongation du mouvement des projectiles, mais elle y joue un rôle.

Henri de Gand avait rédigé une *Exposition de la Physique d'Aristote*. De cette exposition, nous ne possédons plus qu'un fragment ; le texte conservé [1] commence au milieu d'une discussion relative au cinquième livre ; il se poursuit jusqu'à la fin de l'ouvrage.

Cette exposition se propose seulement d'éclaircir la pensée d'Aristote, et nullement de la discuter. Aussi, le commentaire qu'annonce ce texte [2] : *De hiis autem que feruntur* explique-t-il ce qu'Aristote a dit du mouvement des projectiles sans formuler aucune objection, sans faire aucune allusion à l'hypothèse de l'*impetus*.

---

1. Bibliothèque Nationale, fonds latin, ms. n° 16609. Fol. 62, dans la marge supérieure, d'une écriture plus récente : Henrici de Gandavo *Super* 4ᵒʳ *ultimos libros phisicorum literalis expositio valde bona.* Fol. 62, col. a, inc. : Passio in patiente. Fol. 108, col. b, des : ..... est intentum et patet. *Explicit. a magistro* Henrico de Gandavo *edita anno domini* mᵒ ccᵒ *septuagesimo viiiᵒ.*

2. Ms. cit., fol. 107, col. c et d.

Fidèle péripatéticien, Jean de Jandun ne manque pas de partager le sentiment d'Aristote et du Commentateur au sujet du mouvement des projectiles. « La première cause du jet [1], tel que l'arc ou la main, meut le projectile et meut, en même temps, une certaine partie du milieu, c'est-à-dire de l'air ou de l'eau ; et cette partie garde la force motrice *(virtus movendi)* lorsque la première cause du jet s'est arrêtée. En effet, en ces corps qui n'ont pas de termes fixes, comme l'air et l'eau, il peut arriver, au dire d'Aristote et du Commentateur, qu'ils reçoivent la vertu de mouvoir même lorsque le premier moteur s'est arrêté. »

Averroès avait dit que l'air, même lorsqu'il n'est plus au contact de l'instrument de jet, continue à être mû par sa forme propre. Cette forme propre, c'était, pour lui, la compressibilité. Gilles de Rome a très exactement interprété dans ce sens la théorie du Commentateur. Lorsqu'il prétend reproduire cette théorie [2], Walter Burley est moins heureusement inspiré ; il veut que cette forme naturelle par laquelle l'air se maintient en mouvement, ce soit « cette puissance de légéreté qui est innée en lui. » Le mouvement du projectile est donc entretenu par le mouvement de l'air, soit que l'on invoque l'ἀντιπερίστασις, soit « que le projectile séparé de la machine de jet soit mû par l'air que meut sa forme naturelle, c'est-à-dire sa légéreté. »

En un autre passage [3], il est vrai, Burley ne parle plus de cette légèreté de l'air. Il explique le mouvement du projectile par l'onde qui se propage dans l'air, onde qu'il assimile, comme le Commentateur, à celles qui rident la surface de l'eau. « Et si l'on demande par quoi le milieu est mû lorsque le premier moteur est revenu au repos, je réponds qu'après l'arrêt de ce moteur, la première partie du milieu se meut elle-même en se raréfiant ; elle meut ainsi la seconde partie, et aussi le projectile ; il en est de même des parties suivantes. »

Tout aussitôt, d'ailleurs, Burley ajoute : « Selon quelques-uns, on doit entendre que le mouvement du projectile se fait de la manière suivante : Après qu'il s'est séparé du premier moteur, le projectile, par sa partie antérieure, divise l'air vio-

---

1. JOANNIS DE JANDUNO *Super octo libros Aristotelis de physico auditu subtilissimæ quæstiones ;* lib. VII, quæst. IV. Ed. Venetiis, 1551, fol. 97, col. b.

2. BURLEUS *Super octo libros physicorum,* lib. IV, tract. II, cap. III ; éd. Venetiis, 1491, premier fol. après le fol. sign. n. 4, col. c.

3. BURLEUS *Op. laud.,* lib. VIII, tract. IV, cap. unicum ; éd. cit., fol. sign. DD. 3., col. d.

lemment ; cet air divisé se referme à l'arrière du mobile et, en se refermant, pousse en avant le projectile ; simultanément, donc, il se produit une division d'une partie de l'air tandis qu'une autre partie se referme violemment. »

Par ce passage, nous voyons que Burley avait lu Gilles de Rome à qui l'on devait assurément l'exposé le plus clair et le plus complet de la théorie péripatéticienne du mouvement des projectiles.

IV

LA RÉACTION CONTRE LA DYNAMIQUE PÉRIPATÉTICIENNE. GUILLAUME D'OCKAM

Nous savons que Walter Burley avait du penchant pour les opinions que leur antiquité rendait vénérables ; il accueillait d'assez mauvaise grâce les innovations des modernes ; par ce nom de modernes, il désignait volontiers, d'ailleurs, Guillaume d'Ockam et ses disciples.

Or, au moment où Burley se faisait le défenseur de la Dynamique péripatéticienne, Guillaume d'Ockam venait, contre cette Dynamique, de mener l'attaque la plus vive ; et cette attaque était, en même temps, conduite à l'aide d'arguments si justes et si saisissants qu'il n'était plus guère possible à un homme de bon sens de répéter, au sujet du mouvement des projectiles, ce qu'en avait dit Aristote.

La Dynamique péripatéticienne était fondée sur ces axiomes :

Un mobile inanimé ne peut être en mouvement s'il n'est, tant qu'il se meut, mû par un moteur extrinsèque.. — *Quidquid movetur ab alio movetur.* Si le moteur ne meut que parce qu'il est lui-même en mouvement, il ne peut mouvoir un mobile qu'en ayant avec lui un contact géométrique immédiat. — *Oportet movens esse simul cum moto.*

Ces axiomes obligeaient Aristote et ses disciples à chercher, en tout mouvement, le moteur extrinsèque et contigu au mobile qui le meut sans cesse.

Ces principes qui, dans toute la philosophie du Stagirite, jouent un rôle si important, Guillaume d'Ockam refuse purement et simplement de les recevoir : « Je dis [1] qu'il n'est pas vrai d'une manière universelle que le moteur et le mobile soient joints l'un à l'autre par un contact mathématique. »

Comme la plupart des réactions, la réaction d'Ockam contre ce principe ne connaît pas de mesure ; avec les corollaires inadmissibles que le Péripatétisme en avait déduit, elle emporte même les conséquences heureuses qu'il en avait quelquefois tirées.

Ainsi, ne pouvant admettre que l'aimant mût directement le morceau de fer qu'il ne touche pas, Averroès avait conçu une vertu magnétique développée par l'aimant dans l'air qui lui est immédiatement contigu ; cette vertu ou forme se propage de proche en proche dans l'air à la façon du son, jusqu'à ce qu'elle atteigne le morceau de fer ; développée alors dans le fer, la vertu magnétique le meut vers l'aimant.

Ockam s'insurge contre cette explication, que nos modernes théories nous font regarder comme si clairvoyante.

« Ce fer dont il est localement distant, l'aimant, dis-je [2] le tire d'une manière immédiate et non par quelque vertu qui existerait dans le milieu ou dans le fer. La pierre agit donc immédiatement à distance sans agir sur le milieu.

» Le bon sens suffit à rendre ce raisonnement évident. En effet, si le fer était mû d'une manière effective par une certaine vertu que l'aimant a causée dans ce fer, je raisonnerais ainsi :

» Là où il y a même agent et même patient, toujours aussi, toutes choses égales d'ailleurs, il y a même effet. Si donc c'était une vertu siégeant dans le fer, et non l'aimant, qui meut le fer, la puissance divine pourrait détruire l'aimant, et le fer continuerait de se mouvoir par la vertu qui lui a été communiquée. Je demande alors vers quelle partie du Monde il se mouvrait. Est-ce vers le haut ? Est-ce horizontalement ? Ni l'un ni l'autre. Je le prouve : Cette vertu, en effet, ne meut vers le haut que si la pierre se trouve au-dessus du fer, et il en est de même pour les autres directions. Mais après que la pierre a été anéantie par la puissance divine tandis que la vertu est conservée dans la pierre, la pierre n'est ni en haut ni ailleurs. Le principe qui

---

1. *Opus Magistri* GUIHELMI DE OCKAM *supra quatuor libros sententiarum.* Lib. II, quæst. XVIII : Utrum sensibile imprimat speciem suam in medio distinctam ab eo realiter.

2. GUILLAUME D'OCKAM, *loc. cit.* Cf. Lib. II, quæst. XXVI : Utrum potentiæ sensitivæ differant realiter ab ipsa anima sensitiva et inter se.

meut le fer, ce n'est donc pas la vertu qui existe dans le fer ; c'est la pierre d'aimant elle-même...

» Vous direz peut-être : Ce raisonnement démontre que ni la vertu qui réside dans le milieu ni celle qui siège dans le fer ne meut le fer à titre de cause totale ; mais il ne prouve pas que cette vertu ne soit pas cause partielle du mouvement. A cela, je réponds : Elle peut, en effet, mouvoir à titre de cause partielle, à condition d'admettre que la pierre, elle aussi, meut, d'une manière immédiate, à titre de cause partielle principale. Or, que la pierre puisse agir sans intermédiaire sur un objet distant, c'est ce que nous nous proposions de démontrer. »

Par cette critique, Ockam s'insurge malencontrusement contre la théorie averroïste des actions magnétiques, si conforme à celle que nous admettons depuis Maxwell ; mais en revanche, il prépare les esprits à regarder comme possible l'action qu'un corps exercerait à distance sur un autre corps sans emprunter l'intermédiaire d'aucun milieu ; or c'est une semblable action que Newton concevra pour expliquer l'universelle gravité ; ce sont de semblables actions que Coulomb, Poisson, Ampère supposeront entre deux corps électrisés, entre deux aimants, entre deux courants électriques, entre un courant et un aimant ; en rejetant l'axiome péripatéticien au gré duquel aucune action ne se produit s'il n'y a contact mathématique entre l'agent et le patient, le *Venerabilis inceptor* ouvre une voie où la science fera plus tard d'immenses progrès.

Ockam s'attache à établir de toutes manières qu'une chose peut agir sans intermédiaire sur une autre chose éloignée, alors que cette proposition répugnait aux axiomes de la Dynamique péripatéticienne. « Un agent, dit-il [1] peut agir immédiatement sur un objet distant sans agir sur le milieu, lors même que le milieu est susceptible d'éprouver un effet de même nature...

» Le soleil, par exemple, échauffe la terre et la partie de l'air qui avoisine le sol ; cependant, il n'échauffe pas la région moyenne de l'air, car c'est là que le froid atteint son maximum ; or l'air est susceptible d'être échauffé, puisqu'il est naturellement chaud. »

Que le soleil échauffe et éclaire directement la terre ; que sa lumière, pour venir jusqu'à nous, n'emprunte aucun intermédiaire, qu'elle ne soit pas propagée par l'air, Ockam en donnait une preuve qu'un de ses disciples anonymes nous rapporte.

---

1. Guillaume d'Ockam, *loc. cit.*

Dans sa curieuse compilation, que nous avons maintes fois citée, ce disciple écrit [1] :

« Il [Ockam] admet que l'agent ne coexiste pas toujours au patient en vertu d'une simultanéité mathématique et dimensive... mais qu'il est parfois localement distant du patient...

» Supposons, en effet, que le soleil envoie un rayon sur une fenêtre et qu'il éclaire une salle. C'est une chose assurée que la lumière est plus vive dans la partie de la salle qui s'offre directement à la fenêtre qu'elle ne l'est sur les côtés. Alors, cette lumière qui est dans la salle, en deçà de la fenêtre, je demande si elle est causée par le Soleil. Si oui, on tient ce qu'on se proposait de démontrer, car il est bien certain que le Soleil est localement distant de cette salle. Dira-t-on qu'elle est seulement causée par la lumière qui se trouve en la fenêtre ? Mais cela ne se peut dire, car une cause qui agit naturellement excerce même action sur un même patient placé à une même distance, dans quelque direction que ce patient se trouve situé ; partant la lumière qui réside en la fenêtre éclairerait avec la même intensité l'air qui se trouve sur les côtés de la salle et l'air qui se présente directement à elle ; or cette conséquence est fausse, comme l'expérience nous le montre. »

L'objection formulée par Ockam n'est pas insoluble. La théorie ondulatoire de la lumière réussit à prouver qu'au delà d'une fenêtre éclairée par un point lumineux, la lumière se trouve presque exclusivement dans le cône dont le point lumineux est le sommet et dont le contour de la fenêtre dessine la directrice ; mais la démonstration n'est ni aisée ni fort ancienne ; et le seul fait d'avoir signalé la difficulté et posé le problème fait honneur à la sagacité d'Ockam.

En développant ce principe : Pour agir sur le patient, l'agent n'a pas besoin d'être en contact avec lui, Ockam est amené à bouleverser la théorie péripatéticienne du mouvement des projectiles. Contre cette théorie, voici ce qu'il va affirmer : La main ou la machine qui a lancé un projectile est, pendant toute la durée du mouvement, le véritable et seul moteur du projectile, bien qu'il n'y ait plus aucun contact entre ce corps et ce qui l'a jeté.

---

1. *Operis anonymi* cap. II, prop. 50ª (non num.). Bibliothèque Nationale, fonds latin, ms. nº 16130, fol. 130, col. b.

« Dans le mouvement des projectiles, écrit-il [1], comment le moteur et le mobile demeureraient-ils toujours conjoints ?

» L'instrument de jet n'est pas toujours conjoint au projectile il pourrait même être anéanti pendant que le mouvement se poursuit.

» On ne peut dire non plus que c'est l'air qui, d'abord par une de ses parties, puis par une autre, meut le projectile. Deux hommes, en effet, peuvent tirer des flèches l'un contre l'autre, en sorte que les corps qu'ils lancent se peuvent croiser ; si donc c'était l'air mis en mouvement qui meut chacune des deux flèches [au lieu de croisement], le même air se mouvrait simultanément de deux mouvements contraires. »

Depuis le temps de Jean Philopon, on n'avait pas entendu pareil langage ; on n'avait pas vu le sens commun mettre si clairement en évidence ce qu'il y a d'inadmissible dans la théorie péripatéticienne du mouvement des projectiles.

Mais Guillaume d'Ockam va dépasser d'emblée le point où s'était arrêté Jean le Grammairien. Au mouvement du projectile, celui-ci assignait un moteur continuellement présent ; c'était une activité, une forme, une énergie que l'instrument de jet avait mise dans le mobile. Ockam n'admettra même pas l'existence de cette vertu motrice.

« Dans l'étude du mouvement de projection, dit-il [2], se rencontre une grande difficulté au sujet du principe moteur et effectif de ce mouvement.

» Ce principe, ce ne peut être l'instrument de jet ; il pourrait, en effet, être détruit tandis que le mouvement continuerait d'exister.

» Ce ne peut, non plus être l'air, car lorsqu'une flèche et une pierre se croisent, il faudrait qu'il pût se mouvoir de mouvements contraires.

» Enfin, ce ne peut être une vertu qui réside en la pierre car, je vous le demande, par quoi cette vertu serait-elle causée ?

» Elle ne saurait être causée par l'instrument de projection. En effet, un agent naturel, qu'en des circonstances diverses, on approche également du patient, y produit toujours également son effet. Mais l'instrument de projection peut être approché de la pierre, de telle façon que tout ce qu'il y a en lui d'absolu ou de relatif soit aussi voisin de cette pierre que lorsqu'il la

---

1. *Opus Magistri* GUILHELMI DE OCKAM *super quatuor libros sententiarum.* Lib. II, quæst. XVIII.
2. GUILHELMI DE OCKAM *Op. laud.*, quæst. XXVI.

mouvait, et cependant ne la point mouvoir. Ma main, par
exemple peut s'approcher d'un corps en se mouvant lentement ;
alors elle ne le mouvra pas de mouvement local ; elle peut aussi
se mouvoir vivement et avec impétuosité, et alors, en s'approchant de ce corps tout comme précédemment, elle le. mettra en
mouvement.

» Cette vertu que vous admettez ne peut donc avoir pour·
cause rien d'absolu ni de relatif qui existe dans l'instrument de
jet. Elle n'est pas causée davantage par le mouvement local de
cet instrument, car le mouvement local ne contribue aucunement aux divers effets, si ce n'est en approchant les agents des
patients, comme nous l'avons dit bien souvent ; mais tout ce
qu'il y a de positif dans l'instrument de jet se trouve également
approché du projectile par un mouvement lent ou par un mouvement vif.

» Je dis donc qu'en ce mouvement, après que le mobile s'est
séparé de l'instrument qui a produit le premier jet, le moteur,
c'est le corps mû, considéré en lui-même et non pas selon une
certaine vertu absolue ou relative qui résiderait en lui ; en
sorte qu'ici, le moteur et le mobile sont une même chose absolument indistincte. — *Ideo dico quod ipsum movens in tali motu
post separationem mobilis a primo projiciente est ipsum motum
secundum se, et non per aliquam virtutem absolutam in eo seu
respectivam ; ita quod hic movens et motum est penitus indis-
tinctum.* » On ne saurait plus résolument contredire à toute la
Physique d'Aristote.

Si Guillaume d'Ockam pose, avec tant de fermeté, des
affirmations contraires à celles de la Dynamique péripatéticienne, c'est que la notion même du mouvement local est,
pour lui, tout autre qu'elle n'était pour le Stagirite. Voici, en
effet, en quels termes il poursuit. :

« Direz-vous qu'un effet nouveau requiert une cause nouvelle, et que le mouvement local est un effet nouveau ? — Je
réponds : Le mouvement local n'est pas un effet nouveau ; ni
effet absolu, ni effet relatif ; je le dis en niant la réalité de l'*ubi ;*
le mouvement local, c'est seulement ceci, que le mobile coexiste
à diverses parties de l'espace, en sorte qu'il n'est aucune partie
de l'espace à laquelle, prise toute seule, il coexiste ; en effet,
deux propositions contradictoires ne peuvent être vraies
ensemble. Aussi, bien que chacune des parties de l'espace que
traverse le mobile soit nouvelle à l'égard du mobile qui la traverse, en tant que le mobile passe présentement par telles par-

ties et qu'auparavant il n'y passait pas, cette partie, toutefois, n'est pas nouvelle d'une manière absolue. — *Dico quod motus localis non est effectus novus absolutus nec respectivus, et hoc negando ubi ; quia non est aliud nisi quod mobile coexistat diversis partibus spatii, ita quod cum nulla una coexistat, dum duo contradictoria non verificantur. Unde licet quælibet pars spatii quam transit mobile sit nova respectu mobilis transcuntis, quatenus mobile nunc transeat per illas partes et prius non, tamen illa pars non est nova simpliciter. »*

Examinons un instant ce texte pour en bien saisir l'audacieuse nouveauté.

Qu'est-ce, pour Aristote, que le mouvement ? C'est l'incessante mise en acte de quelque chose qui était en puissance ; à chaque instant, au cours d'un mouvement, il y a innovation d'une actualité, d'une forme. C'est précisément parce qu'il y a, à chaque instant, innovation d'une actualité, que la présence d'un moteur déjà en acte est, à chaque instant requise. Ce principe, Aristote n'hésite pas à l'étendre même au mouvement local, bien qu'ici, l'actualité incessamment innovée ne soit plus une forme intrinsèque au mobile, mais un lieu, qui est extrinsèque à ce même mobile, puisque le lieu, c'est le corps immédiatement contigu au mobile.

Dans la théorie même d'Aristote, l'extension au mouvement local du principe admis pour les autres mouvements eût pu prêter à contestation. Afin de ressserrer ce lien trop lâche, les Scotistes avaient imaginé que le lieu, extrinsèque à un corps, correspondit à une forme intrinsèque à ce corps et qui en fût l'*ubi*. Le mouvement local devenait alors, comme les autres mouvements, l'incessante innovation d'une forme, la génération continuelle d'un nouvel *ubi*. Il devenait, dès lors, entièrement clair qu'aucun mouvement, même local, ne se pouvait poursuivre hors de l'action ininterrompue d'un moteur.

C'est tout ce système que Guillaume d'Ockam ruine par la base. Il nie l'*ubi*. Il nie qu'au cours d'un mouvement local, aucun effet nouveau, de quelque nature qu'il soit, soit incessamment produit.

Sans doute, on dira que le mobile traverse, à chaque instant, une nouvelle partie de l'espace. Elle est nouvelle *pour lui ;* il la traverse maintenant ; il ne la traversait pas tout à l'heure. Mais, considérée en elle-même, cette partie de l'espace n'est pas nouvelle ; elle est maintenant, mais elle était déjà tout à l'heure ; elle n'a pas eu à être engendrée à l'instant présent ;

il n'y a donc pas à chercher, en cet instant, la cause capable de la produire.

Le mouvement local n'étant plus la continuelle innovation d'un effet réel, l'incessante mise en acte de quelque chose, ce mouvement peut se poursuivre sans qu'aucune cause efficiente, aucun moteur soit requis pour en assurer la continuation.

Qu'est-ce que cette affirmation ? C'est, au lieu du principe fondamental de la Dynamique péripatéticienne, la pensée essentielle de ce qui sera le principe fondamental de la Dynamique moderne, la loi de l'inertie.

V

LES PREMIERS INDICES DE LA THÉORIE DE L'IMPETUS

Si l'on eût compris et admis la pensée que Guillaume d'Ockam formulait si nettement, mais si sommairement, on eût cessé de répéter le fameux axiome : *Quidquid movetur ab alio movetur.* On lui eût substitué celui-ci [1] : « Si un corps a commencé une fois de se mouvoir, nous devons conclure qu'il continue par après de se mouvoir, et que jamais il ne s'arrête de soi-même. » C'est-à-dire qu'on eût sauté brusquement de la Dynamique d'Aristote à la Dynamique de Descartes.

Le progrès des connaissances humaines ne se fait pas par de tels bonds. Les critiques d'Ockam ont mis à terre la Dynamique péripatéticienne ; sur les ruines de celle-ci, la Dynamique nouvelle va s'élever ; mais elle se bâtira très lentement, en suivant autant que possible le plan de la science qu'elle est appelée à remplacer, empruntant aux ruines de celle-ci tous les matériaux qui ne lui semblent pas trop impropres à un nouvel usage.

Ce qui va diriger la nouvelle théorie du mouvement des projectiles, ce n'est pas la pensée d'Ockam ; elle est trop différente de tout ce qui avait été enseigné jusqu'alors pour être admise avant qu'un long travail y ait préparé les esprits. L'hypothèse qui va être reprise, c'est celle dont Roger Bacon et, Saint Thomas d'Aquin redoutaient déjà la séduction, celle que Jean

---

1. DESCARTES, *Les Principes de la Philosophie*, seconde partie, XXXVII.

Philopon avait autrefois exposée, celle qui accorde à la flèche, pendant toute la durée de son mouvement, un moteur conjoint, et qui cherche ce moteur dans une force imprimée *(virtus impressa)* par l'arc au projectile ; le nom le plus communément donné par les Parisiens à cette force imprimée est celui d'*impetus*.

Dès le temps où Guillaume d'Ockam enseignait à Paris, et mieux encore au temps qui suivit immédiatement sa fuite, l'explication du mouvement des projectiles par l'hypothèse de l'*impetus* comptait des partisans aussi bien que des adversaires parmi les disciples de Scot. Divers textes nous en donneront la certitude.

L'un de ces textes est du franciscain François de Meyronnes, le *Magister formalitatum*. Il se trouve au commentaire cómposé par cet auteur sur le second livre des *Sentences*. Du commentaire au premier livre des *Sentences*, écrit par François de Meyronnes, on possède deux rédactions distinctes ; l'une est datée de 1320, l'autre, nommée *Conflatus*, de 1321 ; le commentaire au second livre fut, sans doute, écrit vers le même temps ; il le fut, en tout cas, avant 1327, date de la mort de l'auteur.

Donc, à propos du second livre de Pierre Lombard, François pose cette question [1] :

« Les projectiles sont-ils mûs par quelque forme intrinsèque ? »

« Il semble que oui, répond notre auteur, car le moteur est conjoint au mobile ; donc, etc. Mais à l'encontre est cette raison qu'ils seraient alors mûs naturellement.

» Quelques personnes disent, à ce propos, que les projectiles sont mûs par une certaine forme imprimée et que le projectile est en mouvement, tant que meut cette forme ; le mouvement continue, en effet, même si celui qui a lancé le projectile [2] vient à être anéanti.

» Mais, contre cette opinion, on peut argumenter de quatre manières :

» En premier lieu, il est impossible qu'une forme de même nature incline le mobile en des sens contraires ; or c'est la même forme et de même nature qui serait imprimée que le mobile

---

1. *Preclarissima ac multum subtilia egregiaque scripta illuminati doc. F. Francisci de Mayronis ordinis Minorum in quatuor libros sententiarum. Ac quolibeta eiusdem. Cum tractatibus Formalitatum. Et de primo principio. Insuper explanatione divinorum terminorum. Et tractatu de univocatione entis. Colophon :* Venetijs Impensa Heredum quondam domini Octaviani Scoti. Modoetiensis : ac Sociorum, 24 April. 1520. In Secundum sententiarum luculentissimum scriptum. Dist. XIV, quæst. VII, fol. 151, col. b. et c.

2. Le texte porte : *prohibente*, au lieu de : *projiciente*.

soit mû vers le haut ou qu'il soit mû vers le bas, car, dans les deux cas, l'agent est de même nature et le patient de même nature.

» En second lieu : Nous observons que le mouvement de projection produit par un choc brusque *(impellendo)* est plus violent ; le contraire aurait lieu si cette projection se faisait par impression d'une forme.

» En troisième lieu : Nous voyons que le mouvement prend de la force à une certaine distance ; en effet, lorsque celui qui le lance est tout près, le mobile est mû d'un mouvement plus faible.

» En quatrième lieu : aucune puissance exécutive ne contient une forme absolue ; en effet, la plus parfaite des puissances exécutives est celle de l'ange ; l'ange, cependant, ne produit aucune forme absolue ; il peut, toutefois, projeter plus fortement que tout autre.

» Je dis donc que les projectiles sont mûs par le milieu. Il faut savoir, toutefois, que quatre choses sont rangées dans l'ordre que voici : Premièrement, le mouvement de ce qui projette. En second lieu, cet être qui projette divise violemment le milieu. Puis, à l'arrière du mobile, le milieu se referme, afin qu'il n'y ait pas de vide. C'est par ce mouvement de fermeture que le mobile est poussé. De même, la division du milieu à l'avant du mobile est requise afin que deux corps ne se trouvent pas en un même lieu. »

Nicolas Bonet subit volontiers l'influence de François de Meyronnes ; aussi sa *Physique* nous apporte-t-elle un texte qui confirme celui que nous avons emprunté à François.

Après avoir déclaré que l'absence de l'air, indispensable au transport du projectile entraîne, dans le vide, l'impossibilité du mouvement violent, Bonet poursuit en ces termes [1] :

« Quelques-uns rapportent, cependant que le mouvement violent peut avoir lieu dans le vide, sans que le moteur primitif ou l'instrument de projection soit conjoint au mobile ni réellement, ni virtuellement. Voici quelle est la raison de cette affirmation : Dans le mouvement violent, une certaine forme est imprimée au mobile. Ce n'est pas une forme qui demeure longtemps ; elle ne fait, pour ainsi dire, que passer. Tant que

---

1. Nicolai Boneti *Physica*, lib. V, cap. III (Bibl. Nat., fonds latin, ms. nᵒ 6678, fol. 150, rᵒ ; ms. nᵒ 16132, fol. 118, col. a).

cette forme dure, le mouvement peut se poursuivre dans le
vide ; lorsqu'elle vient à manquer, le mouvement s'arrête. »

Il ne semble pas que Bonet admette la théorie qu'il vient
de décrire ; un peu plus loin [1], en effet, il se propose d'expliquer
pourquoi le mouvement violent est, vers la fin, plus lent qu'au
commencement ; voici ce qu'il dit à ce sujet :

« Jamais, dans le mouvement violent, les parties de l'air ne
mouvraient violemment la pierre vers le haut, si le grave ne
les avait, tout d'abord, mises en mouvement en divisant continuellement l'air. Que le grave, donc, cesse de diviser l'air, d'en
mettre en mouvement les diverses parties, et ces parties cesse-
ront, à leur tour, de mouvoir le grave. Comme, vers la fin du
mouvement violent, le grave meut les parties de l'air avec plus
de lenteur et de faiblesse, ces parties, mues plus lentement,
meuvent plus lentement. Voilà pourquoi le mouvement violent
est, vers la fin, plus lent qu'au commencement. »

C'est parler en homme qui explique le mouvement des projectiles à l'aide de l'ἀντιπερίστασις ; et c'est bien aussi cette
hypothèse que recevait François de Meyronnes.

De la nouvelle théorie du mouvement des projectiles, nous
venons d'entendre faire mention par deux physiciens qui ne
l'adoptent pas. Au contraire, dans la très courte allusion que
Jean le Chanoine fait à cette hypothèse, c'est le langage d'un
partisan convaincu que nous reconnaissons.

Les *Questions sur la Physique* de Jean le Chanoine ont été
écrites alors que Gérard d'Odon était maître général de l'ordre
franciscain, donc entre 1329 et 1342. Afin de réfuter les objections que le Péripatétisme élevait contre la possibilité du vide,
Jean le Chanoine, en une de ces questions, écrit ce qui suit [2] :

« Quant au mouvement des projectiles, je dis que, par suite
du manque de résistance, il se ferait mieux dans le vide que
dans le plein. Lorsqu'on dit : le projectile ne trouverait pas
dans le vide de quoi être mû, comme il le trouve dans le plein,
je réponds que le projectile est mû naturellement par la vertu

---

1. Nicolas Bonet, *loc. cit.*, ms. n° 6678, fol. 150, v° ; ms. n° 16132, fol. 118,
col. b.

2. Joannis Canonici *questiones super VIII lib. phy. Aristo. perutiles : nuperrime
correcte et emendate : additis textibus Commentorum in margine : una cum utili
Repertorio cunctorum anctoris notabilium indice.* Colophon : ... Venetiis mandato
heredum quondam domini Octaviani Scoti civis ac patricij Modoetiensis : et sociorum. Anno a dominica incarnatione 1520 die 8 Maij. Lib. IV, quæst. IV, fol. 43,
col. a.

de ce qui l'a lancé et non pas par les diverses parties du milieu
au travers duquel il se trouve porté ; cela se montre en la flèche
lancée au travers de l'air ; on ne saurait comprendre ni prétendre que cette flèche soit mue par suite de l'impulsion qu'exer-
ceraient les diverses parties de l'air ; il apparaît, en effet, d'une
manière sensible, que l'air ne produit pas ce mouvement, mais,
bien plutôt, qu'il lui offre un obstacle. »

Ainsi, entre les années 1320 et 1340, il y avait déjà, à Paris,
des physiciens qui attribuaient le mouvement des projectiles
à une certaine vertu motrice, à un certain *impetus* imprimé
dans le mobile au moment du jet. Jusqu'où avaient-ils poussé
les conséquences de cette hypothèse ? Les trop minces renseignements que nous possédons ne nous permettent pas de le
dire. Mais voici que Jean Buridan va tirer de cette supposition
un système complet de Dynamique

VI

LA DYNAMIQUE DE JEAN BURIDAN

Le système de Dynamique que Jean Buridan développe,
dans ses *Questions sur la Physique*, va, pendant deux siècles,
s'imposer à la pensée de l'École nominaliste de Paris ; les
maîtres de cette École, d'ailleurs, se borneront à exposer ce
système, plus ou moins clairement, plus ou moins complètement, sans y rien ajouter d'essentiel, comme s'il était sorti
pleinement achevé du génie du physicien de Béthune. Accueilli,
non sans grande résistance, par les Géomètres italiens qui, au
temps de la Renaissance, luttaient contre l'Aristotélisme et
l'Averroïsme routinier des Universités, il se développera sous
l'influence de leur science mathématique pour engendrer la
doctrine mécanique de Galilée et de ses émules. La Mécanique
de Galilée, c'est, peut-on dire, la forme adulte d'une science
vivante dont la Mécanique de Buridan était la larve. C'est assez
dire quelle attention l'historien de la Cosmologie doit accorder
à la théorie de l'*impetus* enseignée par le vieux maître parisien.

Cette théorie fait l'objet de la douzième question posée à propos du huitième livre de la *Physique* d'Aristote [1].

Cette question est ainsi formulée : « Le projectile, après qu'il a quitté la main de celui qui le lance, est-il mû par l'air ? Sinon, par quoi est-il mû ? »

En la table qui se trouve, dans le manuscrit, au début du huitième livre [2], les matières traitées en cette question sont énumérées dans les termes suivants :

« DUODECIMA QUESTIO. *Utrum projectum post exitum a manu projicientis moveatur ab aere, vel a quo moevatur? Quare longius projicio lapidem quam plumam vel tantumdem de ligno? Quod movetur ab impetu ei impresso a motore. Quare motus naturales gravium sunt velociores in fine quam in principio. An oportet ponere intelligentias ad movendum corpora celestia? Que res est ille motus? Quare pila de chora(?) longius reflectitur quam lapis velocius motus?* »

Ce sommaire donne, dès l'abord, une idée de la gravité des problèmes qu'aborde Buridan en cette partie de son œuvre. Les solutions qu'il propose de donner à ces problèmes font de cette douzième question l'un des monuments les plus imposants de la Science médiévale. Aussi croyons-nous devoir en donner la traduction textuelle et complète. Deux courts passages seront seuls omis ; ces passages, nous les retrouverons aux deux chapitres suivants et nous en verrons l'extrême importance.

« *Il paraît* », dit Buridan, que le projectile, après avoir quitté la main qui le lance, « ne peut être mû par l'air ; l'air, en effet, qui doit être divisé par ce projectile, semble plutôt résister à son mouvement.

» En outre, vous direz peut-être que celui qui lance le projectile meut, au début du mouvement, non seulement ce projectile, mais aussi l'air voisin, et que cet air ébranlé meut ensuite le projectile jusqu'à une certaine distance. Mais, à cela, on fera cette réponse : Qu'est-ce qui meut cet air après qu'il n'est plus mû par celui qui lance le projectile ? La difficulté est la même pour cet air que pour la pierre projetée.

» Aristote, au VIIIe livre du présent ouvrage, soutient l'opi-

---

1. *Magistri* JOHANNIS BURIDAM *Questiones octavi libri physicorum.* Queritur 12° utrum projectum post exitum a manu projicientis moveatur ab aere vel a quo moveatur. Bibliothèque Nationale, fonds latin, ms. n° 14723, fol. 106, col. a, à fol. 107, col. b. — *Acutissimi philosophi reverendi Magistri* JOHANNIS BURIDANI *subtilissime questiones super octo physicorum libros Aristotelis...* Parisiis, MDIX. Fol. cxx, col. b, à fol. cxxi, col. b.

2. Ms. cit., fol. 95, col. b.

nion contraire, et cela en ces termes : Si les projectiles continuent de se mouvoir après qu'ils ont subi le contact de ce qui les lance, c'est ou bien par ἀντιπερίστασις, comme certains le prétendent, ou bien parce que l'air pressé par le projectile pousse, à son tour, d'un mouvement plus rapide, l'air qui se trouve devant lui. Aristote répète la même chose au VIIe livre du présent ouvrage, en ce VIIIe livre et au IIIe livre du *De Cælo*.

» Cette question est, à mon avis, fort difficile, car, à ce qu'il me semble, Aristote ne l'a pas bien résolue.

» Aristote examine deux opinions.

» La première invoque ce qu'il nomme l'ἀντιπερίστασις. Le projectile quitte rapidement le lieu où il se trouvait. La Nature, qui ne permet pas l'existence d'un espace vide, envoie avec la même vitesse de l'air derrière le projectile. Cet air, animé d'un vif mouvement, rencontrant le projectile, le pousse en avant ; le même effet se reproduit jusqu'à ce que le corps mû parvienne à une certaine distance.

» Cette théorie n'a pas l'approbation d'Aristote ; il la réfute au VIIIe livre de cet ouvrage, disant : L'ἀντιπερίστασις meut et fait mouvoir toutes choses. Ce que l'on doit, semble-t-il, comprendre ainsi : Si l'on n'invoque aucun autre procédé que la dite ἀντιπερίστασις, il faut que tous les corps qui se trouvent derrière le projectile, y compris le Ciel même, suivent le mouvement du projectile ; l'air, en effet, qui vient occuper la place du projectile, quitte lui aussi le lieu où il se trouvait ; il faut donc qu'un autre corps le remplace, et ainsi de suite, indéfiniment. Mais on peut immédiatement répondre à cela ce que l'on a dit, au IVe livre du présent ouvrage, du mouvement de progression ; on objectait, en effet, qu'il ne peut se produire de mouvement rectiligne sans vide, à moins que tous les corps placés devant le mobile ne se mettent en mouvement, puisque les corps ne se peuvent compénétrer ; on a résolu cette difficulté en répondant que les corps placés au-devant du mobile n'avaient pas tous besoin de progresser, qu'il suffisait que quelques-uns d'entre eux éprouvassent une certaine condensation. De même, nous dirions ici qu'il se produit une certaine raréfaction des corps placés en arrière du projectile, en sorte qu'il n'est pas nécessaire que tous les corps situés derrière le mobile suivent le mouvement.

» Mais, en dépit de cette explication, il me semble que la théorie proposée ne valait rien, et cela résulte de diverses expériences.

» La *première expérience* est celle de la toupie ou de la meule du forgeron ; ce corps tourne très longtemps ; cependant, ce corps ne sort pas du lieu qu'il occupe, en sorte que l'air n'a pas à la suivre pour remplir la place abandonnée ; cette théorie ne peut donc dire ce qui meut cette toupie ou cette meule.

» *Seconde expérience.* Qu'on lance un javelot dont la partie postérieure est armée d'une pointe aussi aiguë que la partie antérieure. Ce trait va se mouvoir aussi rapidement que s'il ne portait pas, en arrière, une pointe aiguë ; cependant, l'air qui suit le javelot ne saurait pousser fortement cette pointe, car il serait aisément divisé par son acuité.

» *Troisième expérience.* Un navire que l'on hale rapidement en un fleuve, contre le cours du fleuve, ne peut s'arrêter instantanément ; il continue à se mouvoir longtemps après qu'on a cessé de le haler. Cependant, le batelier qui se tient debout sur le pont ne sent nullement que l'air le pousse par derrière ; il sent seulement, par devant, l'air qui résiste. Supposons, en outre, que ce bateau soit chargé de foin ou de bois, et que le batelier se trouve à l'arrière, contre le chargement ; si l'air avait une impétuosité si grande qu'il lui fût possible de pousser le navire avec tant de force, cet homme se trouverait violemment comprimé entre le chargement et l'air qui suit le bateau, l'expérience montre que cela n'est pas. Si le bateau était chargé de foin ou de paille, l'air qui le suit infléchirait, dans le sens du mouvement, les fétus qui se trouvent à l'arrière ; et tout cela est faux.

» La seconde opinion est celle qu'Aristote semble approuver. Selon cette opinion, celui qui lance le projectile meut, en même temps, l'air ambiant ; et cet air, violemment ébranlé, a puissance pour mouvoir à son tour ce projectile ; il ne faut pas entendre par là que le même air se déplace du point où la projection a eu lieu jusqu'au point où cesse le mouvement du projectile, mais que l'air conjoint au projectile est mû par celui qui lance le mobile, que cet air en meut un autre, et ainsi de suite jusqu'à une certaine distance ; la première masse d'air meut donc le projectile jusqu'à ce qu'il parvienne à une seconde masse d'air, cette seconde masse jusqu'à une troisième et ainsi de suite ; aussi Aristote dit-il qu'il n'y a pas là un seul mobile, mais des mobiles successifs ; Aristote dit également que le mouvement n'est pas un mouvement continu, mais une série de mouvements consécutifs ou contigus.

» Mais, sans aucun doute, cette opinion et cette hypothèse

me semblent également impossibles à admettre, tout comme l'opinion et l'hypothèse précédentes. Cette explication ne permet pas de dire ce qui fait tourner la meule du forgeron ou la toupie lorsque s'est retirée la main qui les a mises en mouvement ; en effet, si l'on recouvrait entièrement la meule à l'aide d'un linge qui la séparât de l'air ambiant, la meule ne cesserait cependant pas de tourner ; elle continuerait très longtemps à se mouvoir ; ce n'est donc pas cet air qui la meut.

» *Item*, un bateau mû rapidement demeure en mouvement après que les haleurs ont cessé de tirer ; ce n'est pas l'air ambiant qui meut ce bateau ; s'il était couvert d'une bâche, que l'on enlevât cette bâche et, en même temps, l'air qui lui est contigu, le bateau ne s'arrêterait pas pour cela ; en outre, si le bateau était chargé de foin ou de paille et qu'il fut mû par l'air ambiant, cet air infléchirait vers l'avant les fétus qui se trouvent à la surface du chargement ; bien au contraire, ces fétus s'infléchissent vers l'arrière par suite de la résistance de l'air qui les entoure.

» *Item*, si vivement que l'air soit mû, il reste facile à diviser ; on ne voit donc pas comment il pourrait porter une pierre du poids de mille livres lancée par une fronde ou par une machine.

» *Item*, avec votre main, sans rien tenir en cette main, vous pouvez mouvoir l'air voisin aussi vite et même plus vite que si vous aviez en cette même main une pierre que vous voulez lancer ; supposons donc que cet air, grâce à la vitesse de son mouvement, ait assez d'impétuosité pour mouvoir rapidement cette pierre ; il semble que si je poussais cet air vers vous avec cette même vitesse, il devrait vous faire subir une impulsion impétueuse et très sensible ; or, nous ne percevons pas qu'il en soit ainsi.

» *Item*, il en résulterait que vous projetteriez une plume plus loin qu'une pierre, et un corps moins pesant plus loin qu'un corps de plus grande pesanteur, leurs figures et leurs volumes étant d'ailleurs identiques ; or, nous expérimentons que cela est faux ; et, cependant, la conséquence découle manifestement des principes, car l'air ébranlé soutiendrait, porterait et mouvrait plus aisément une plume qu'une pierre, un corps léger qu'un corps lourd.

» *Item*, à cette explication, on objectērait cette question : Par quoi l'air est-il mû après que celui qui a lancé le projectile a cessé de le mouvoir ? A cette question, le Commentateur répondra que cet air est mû par sa légéreté, qu'il est dans la nature de l'air de retenir la force motrice lorsqu'il est ébranlé ; ainsi, c'est par ce mouvement de l'air que le son, avec le temps, se propage au loin ; nous devons, en effet, nous représenter ce phénomène à l'image de ce que nous voyons dans l'eau ; que l'on projette une pierre en l'eau d'un étang parfaitement tranquille ; l'eau en laquelle tombe la pierre meut tout autour d'elle l'eau qui lui est voisine, celle-ci en meut une autre, et nous voyons se former ainsi des ondes circulaires qui se succèdent jusqu'à ce qu'elles atteignent la rive ; en l'air donc, il se forme des ondes du même genre, et ces ondes se propagent plus rapidement qu'en l'eau dans la proportion où l'air est plus subtil et plus aisément mobile que l'eau.

» A cette réponse nous objecterons que la légéreté n'a point la propriété de mouvoir si ce n'est vers le haut, tandis qu'un mobile peut être projeté en toute direction, vers le haut, vers le bas, ou de n'importe quel côté.

» *Item*, ou bien cette légéreté est celle-là même que l'air possédait avant que le mobile fût lancé et qu'il conservera après le mouvement du projectile, ou bien elle est une autre chose, une disposition différente imprimée à l'air ébranlé par celui qui a projeté le mobile, disposition qu'il a plu au Commentateur de nommer légéreté. Si cette légéreté est celle-là même que l'air possédait auparavant et qu'il gardera ensuite, l'air avait donc, avant le moment où le mobile a été lancé, la même force motrice qu'à ce moment ; il devait donc, avant ce moment, mouvoir le projectile comme il le meut après, car, en la nature, toute puissance active, dès là qu'elle est appliquée au patient, doit agir et agit en effet. Si, au contraire, cette légéreté est autre chose, si c'est une disposition nouvelle, propre à mouvoir l'air, qui lui est imprimée par celui qui lance le projectile, nous pouvons et nous devons dire de même qu'une telle chose est imprimée à la pierre ou au mobile projeté, et que cette chose est la vertu qui meut ce corps ; il est clair qu'il vaut mieux faire cette supposition que de recourir à l'air qui mouvrait le projectile ; bien plutôt, en effet, l'air semble résister.

» Voici donc, ce me semble, ce que l'on doit dire : Tandis que le moteur meut le mobile, il lui imprime un certain *impetus*, une certaine puissance capable de mouvoir ce mobile dans la direction même où le moteur meut le mobile, que ce soit vers le haut, ou vers le bas, ou de côté, ou circulairement. Plus grande est la vitesse avec laquelle le moteur meut le mobile, plus puissant est l'*impetus* qu'il imprime en lui. C'est cet *impetus* qui meut la pierre après que celui qui la lance a cessé de la mouvoir ; mais, par la résistance de l'air, et aussi par la pesanteur qui incline la pierre à se mouvoir en un sens contraire à celui vers lequel l'*impetus* a puissance de mouvoir, cet *impetus* s'affaiblit continuellement ; dès lors, le mouvement de la pierre se ralentit sans cesse ; cet *impetus* finit par être vaincu et détruit à tel point que la gravité l'emporte sur lui et, désormais, meut la pierre vers son lieu naturel.

» On doit, ce me semble, tenir pour cette explication, d'une part, parce que les autres explications se montrent fausses et, d'autre part, parce que tous les phénomènes s'accordent avec cette explication-ci.

» Dira-t-on, par exemple : Je puis lancer une pierre plus loin qu'une plume, et un morceau de fer ou de plomb adapté à ma main plus loin qu'un morceau de bois de même grandeur. Je réponds que la cause en est la suivante : Toutes les formes et dispositions naturelles sont reçues en la matière et en proportion naturelles sont reçues en la matière et en proportion de la [quantité de] matière ; partant, plus un corps contient de matière, plus il peut recevoir de cet *impetus*, et plus grande est l'intensité avec laquelle il peut le recevoir ; or, dans un corps dense et grave, il y a, toutes choses égales d'ailleurs, plus de matière première qu'en un corps rare et léger ; un corps dense et grave reçoit donc davantage de cet *impetus*, et il le reçoit avec plus d'intensité [qu'un corps rare et léger] ; de même, un certain volume de fer peut recevoir plus de chaleur qu'un égal volume de bois ou d'eau. Une plume reçoit un *impetus* si faible, que cet *impetus* se trouve détruit aussitôt par la résistance de l'air. De même, si celui qui lance des projectiles meut avec une égale vitesse un léger morceau de bois et un lourd morceau de fer, ces deux morceaux ayant d'ailleurs même volume et même figure, le morceau de fer ira plus loin parce que l'*impetus* qui se trouve imprimé en lui est plus intense. C'est pour la même cause qu'il est plus difficile d'arrêter une grande meule de forgeron, mue rapidement, qu'une meule plus petite ; en la grande meule, en effet, il y a, toutes choses égales d'ailleurs, plus d'*impetus* qu'en la petite. Toujours en vertu de la même cause, vous pourrez lancer plus loin une pierre d'une livre ou d'une demi-livre que la millième partie de cette pierre ; en cette millième partie, en effet, l'*impetus* est si petit qu'il est tout aussitôt vaincu par la résistance de l'air.

. . . .

» Celui qui veut sauter loin recule et court avec vivacité,
afin d'acquérir par cette course un *impetus* qui, durant le saut,
le porte à une grande distance. D'ailleurs, durant qu'il court
et saute, il ne sent nullement que l'air le meuve, mais il sent,
au-devant de lui, l'air qui lui résiste avec force.

. . . .

» Mais à l'occasion de cette opinion se présentent des difficultés qui ne sont pas petites.

» *Première difficulté*. La pierre jetée en l'air est mue par un
principe intrinsèque, à savoir par l'*impetus* qui lui a été imprimé ;
il ne paraît pas que cela soit vrai, car tout le monde s'accorde
à regarder ce mouvement comme un mouvement violent ;
or, selon le IIIe livre de l'*Éthique*, ce qui est violent provient
non d'un principe actif intrinsèque, mais d'un principe
extrinsèque.

» *Deuxième difficulté*. Cet *impetus*, qu'est-il ? Est-ce le mouvement lui-même, est-ce autre chose ? Si c'est autre chose
que le mouvement, est-ce une réalité purement successive,
comme le mouvement lui-même, ou bien une chose de nature
permanente ? Quelle que soit, en effet, l'affirmation que l'on
adopte, on voit apparaître des arguments en sens contraire
qui sont difficiles à résoudre.

» *Au sujet de la première difficulté*, on peut dire que le grave
jeté en l'air se meut bien par un principe intrinsèque qui lui
est inhérent ; on dit toutefois que ce mouvement est violent,
parce que ce principe, savoir l'*impetus*, est violent et non naturel au mobile ; il ne convient pas à la nature formelle de ce
corps ; c'est un principe extrinsèque qui l'a imprimé par violence en ce grave ; la nature du grave incline au mouvement
opposé et à la destruction de cet *impetus*.

» *Au sujet du second doute*, qui est fort difficile à dissiper,
il me paraît que l'on doit répondre en posant trois conclusions.

» La *première conclusion* est la suivante : Cet *impetus* n'est
pas simplement le mouvement local selon lequel se meut le
projectile. Cet *impetus*, en effet, meut le projectile, et le moteur
engendre le mouvement ; cet *impetus* produit donc le mouvement, tandis que le mouvement ne saurait s'engendrer lui-
même.

» *Item*, tout mouvement provient d'un moteur qui est présent au mobile, qui coexiste à ce mobile ; si donc cet *impetus* était mouvement, il faudrait assigner un autre moteur dont ce mouvement pût provenir, et l'on serait ainsi ramené à la difficulté du début ; il n'aurait servi à rien de poser l'existence d'un tel *impetus*.

» Quelques-uns ergotent à ce sujet. Ils prétendent que la première partie du mouvement, celle qui lance le projectile, engendre une autre partie du mouvement, celle qui suit immédiatement la première ; et ainsi de suite jusqu'à la cessation de tout mouvement. Mais cette opinion ne saurait être approuvée ; ce qui produit une autre chose doit exister au moment où cette autre chose est faite ; or, la première partie du mouvement n'est plus lorsque la seconde partie existe, comme nous l'avons dit ailleurs. La conséquence que nous établissons ainsi peut encore être rendue évidente par ceci, que nous avons dit ailleurs : Être mû consiste uniquement dans le fait même d'être produit ou d'être détruit ; le mouvement n'existe donc pas quand il est fait, mais bien quand il se fait *(Motum esse nihil aliud est quam ipsum fieri et ipsum corrumpi ; unde motus non est quando factus est, sed quando fit)*.

» Voici la *seconde conclusion* : Cet *impetus* n'est pas une chose purement successive ; le mouvement, en effet, est une réalité purement successive, comme nous l'avons dit ailleurs, et nous venons de déclarer que cet *impetus* n'était pas identique au mouvement local.

» *Item*, toute réalité purement successive se détruit continuellement, il lui faut donc être sans cesse produite ; or, on ne peut assigner à cet *impetus* quelque chose qui l'engendre sans cesse, car ce quelque chose lui serait semblable.

» La *troisième conclusion* est donc que cet *impetus* est une réalité permanente distincte du mouvement local selon lequel se meut le projectile. Cette conclusion résulte des deux précédentes et de ce qui a été dit auparavant. Il est vraisemblable que cet *impetus* est une qualité dont la nature est de mouvoir le corps auquel elle a été imprimée ; de même dit-on qu'une qualité imprimée dans le fer par l'aimant meut ce fer vers cet aimant. Ceci est également vraisemblable : De même que cette qualité a été imprimée dans le mobile par le moteur en même temps que le mouvement, de même est-elle affaiblie, détruite et empêchée par toute résistance et toute inclination contraire qui affaiblit, empêche et détruit le mouvement.

» De même qu'un corps lucide qui engendre de la lumière donne de la lumière réfléchie si un obstacle lui est opposé, de même, à la rencontre d'un obstacle, cet *impetus* produit un mouvement réfléchi. Il est vrai que d'autres causes concourent avec cet *impetus* à produire un mouvement réfléchi de long parcóurs. Par exemple, une de ces causes est celle grâce à laquelle une de ces balles dont nous nous servons pour jouer à la paume rebondit plus haut qu'une pierre, après avoir frappé la terre, et cela alors même que la pierre est tombée à terre avec plus de vitesse et d'impétuosité. Beaucoup de corps, en effet, peuvent être courbés ou comprimés sur eux-mêmes par violence ; ces corps ont la propriété de revenir très rapidement à leur rectitude première ou à la disposition qui leur convient ; en ce retour, ils peuvent tirer ou pousser avec impétuosité un corps qui leur est joint ; c'est ce qui apparaît en l'arc. Ainsi, lorsque la balle frappe la terre dure, elle est comprimée sur elle-même à cause de l'*impetus* de son mouvement ; immédiatement après, elle revient à sa sphéricité ; en se relevant ainsi, elle acquiert un *impetus* qui la meut en l'air à une grande hauteur.

» De même une corde de cithare que l'on a fortement tendue et que l'on a frappée demeure longtemps agitée d'un tremblement grâce auquel elle émet un son d'une certaine durée, et voici comment cela se fait : Après que le coup dont elle a été frappée l'a incurvée violemment d'un certain côté, elle revient si rapidement à sa rectitude première qu'elle dépasse cette rectitude, à cause de l'*impetus*, et s'en écarte en sens contraire ; elle revient alors en arrière et recommence un grand nombre de fois. C'est par une cause semblable qu'une cloche continue à se mouvoir tantôt d'un côté, tantôt de l'autre, fort longtemps après qu'on a cessé d'en tirer la corde ; on ne peut l'arrêter facilement ni rapidement.

» Voilà ce que j'avais à dire sur cette question ; je me réjouirais que d'autres trouvassent à lui faire une réponse plus probable. »

Dans ses *Questions sur le traité du Ciel et du Monde*, Buridan examinait de nouveau ce problème [1] :

« La pierre jetée, la flèche lancée par l'arc, et les autres corps semblables, sont-ils, après avoir quitté le moteur qui les pro-

---

1. *Questiones super libris de Celo et Mundo magistri* Johannis Byridani, *rectoris Parisius*. Lib. III, quæst. II. Utrum lapis projectus vel sagitta projecta ab arcu, et sic de consimilibus moveatur a principio intrinseco vel a principio extrinseco. Bibliothèque Royale de Munich, Cod. lat. 19551, fol. 101, col. b, c. et d.

jette, mû par un principe intrinsèque ou par un principe extrinsèque ? »

Il commençait par discuter, à peu près dans les termes dont avaient usé ses *Questions sur la Physique*, les diverses explications que les Péripatéticiens avaient proposées du mouvement des projectiles ; puis, il concluait en ces termes :

« Comme ces apparences et plusieurs autres ne peuvent être sauvées par cette opinion, je crois plutôt qu'au mobile, le moteur n'imprime pas seulement le mouvement, mais, par voie de conséquence, un certain *impetus* ou une certaine force *(vis)* ou une certaine qualité (le nom qu'on lui donne importe peu). Cet *impetus* a pour nature de mouvoir ce à quoi il est imprimé, de même que l'aimant imprime au fer une vertu qui meut le fer vers l'aimant. Plus le mouvement est vite, plus cet *impetus* se fait intense. Dans le projectile ou dans la flèche, cet *impetus* se trouve continuellement diminué par la résistance qui lui est contraire, jusqu'à ce qu'il ne puisse plus mouvoir le projectile.

» Si vous trouviez une autre manière qui puisse sauver, à la fois, l'opinion d'Aristote et les apparences, je tiendrais volontiers cette autre explication. — *Si alium modum invenietis ad salvandum opinionem Aristotelis et apparentias simul, ego libenter tenerem modum illum.*

» Conformément à ce qui vient d'être dit se résolvent les objections. Il n'y en a pas d'autres que l'autorité, et celle-ci : Il semblerait que ce mouvement n'est pas violent, mais naturel, puisqu'il vient d'un principe intrinsèque et inhérent au mobile. Mais à cela on répond qu'au corps pesant, l'*impetus* a été imprimé par une violence, et qu'il incline ce grave en sens contraire de son inclination naturelle ; cet *impetus* a été imprimé par un principe extrinsèque auquel le patient ne conférait aucune force ; tont, ici, doit donc être regardé comme violent, l'*impetus* et le mouvement qui en provient.

» Quant aux autorités, je ne vois qu'un moyen de les résoudre ; c'est de les nier. — *Auctoritates nescirem solvere nisi negando eas.* »

Arrêtons-nous un instant à examiner la théorie du mouvement des projectiles que nous venons d'entendre développer.

On ne saurait trop admirer la précision avec laquelle Buridan a défini cette qualité à laquelle il donne le nom d'*impetus*.

Pour un mobile donné, cet *impetus* est d'autant plus grand que la vitesse communiquée à ce corps est plus grande. « Plus grande est la vitesse avec laquelle le corps meut le mobile, plus est puissant l'*impetus* qu'il imprime en lui. »

D'autre part, à vitesse égale, à volume égal, l'*impetus* est plus grand en un corps lourd qu'en un corps léger : « Si celui qui lance des projectiles meut avec une vitesse égale a un léger morceau de bois et un lourd morceau de fer, ces deux morceaux ayant, d'ailleurs, même volume et même figure, le morceau de fer ira plus loin parce que l'*impetus* qui se trouve imprimé en lui est plus intense. »

En effet « toutes les formes et dispositions naturelles sont reçues dans la matière, et en proportion de la [quantité de] matière ; partant, plus un corps contient de matière, plus il peut recevoir de cet *impetus* et plus grande est l'intensité avec laquelle il peut le recevoir. »

Le sens de cette phrase est bien net : En des mobiles différents, lancés avec une même vitesse, les intensités de l'*impetus* sont entre elles comme les quantités de matière que renferment ces divers mobiles.

Cette matière, qu'est-elle ? Buridan la nomme matière première, *materia prima*. Ce n'est pas, cependant, ce ne saurait être la matière première d'Aristote. Absolument indéterminée, celle-ci n'est pas quantifiable. La matière première dont parle Buridan, c'est donc cette matière première déjà pourvue de dimensions et quantifiable en laquelle Saint Thomas place le principe d'individuation.

Comment se mesurera cette quantité de matière première contenue dans un corps déterminé ? « Dans un corps dense et grave, il y a, toutes choses égales d'ailleurs, plus de matière première qu'en un corps rare et léger. *Modo in denso et gravi, cæteris paribus, est plus de materia prima quam in raro et levi.* »

Forcerions-nous la pensée de Buridan en traduisant ainsi cette proposition : La quantité de matière contenue dans un corps est proportionnelle au volume et à la densité de ce corps ? Si nous éprouvions quelque crainte à cet égard, il serait aisé de calmer cette crainte. Dans une de ses questions sur la Métaphysique d'Aristote, Buridan se pose à lui-même cette objection [1] :

« La densité et la rareté sont en raison de la quantité de matière *(ratione materiæ)* ; un corps dense est celui qui a beau-

----

1. *In Metaphysicen Aristotelis Quæstiones argutissimæ Magistri* JOANNIS BURIDANI. Lib. VIII, quæst. unica : Utrum cælum habeat materiam subjectam formæ substantiali sibi inhærenti. Éd. cit., fol. LV et LVI.

coup de matière sous un faible volume *(sub pauca magnitudine seu quantitate)*, un corps rare est celui qui contient peu de matière sous un grand volume. »

A cette objection, le Maître répond :

« On peut fort bien accorder que les corps qui ont une matière dense sont ceux qui contiennent plus de matière sous un moindre volume. »

Mais cette densité elle-même, par quoi se mesure-t-elle ? Au temps où Jean Buridan composait ses questions, on étudiait couramment dans les Écoles un petit ouvrage qui provenait certainement de la science hellène et qu'on attribuait faussement à Archimède. Ce *Liber Archimedis de ponderibus*, nommé parfois : *Archimedis de incidentibus in humidum*, se trouve reproduit par un grand nombre de manuscrits du XIII⁰ siècle et du XIV⁰ siècle [1].

---

1. Par exemple, aux manuscrits suivants du fonds latin de la Bibliothèque nationale : Ms. 8680 A (XIII⁰ siècle) ; Mss. 7215 et 7377 B (XIV⁰ siècle). — Il a été imprimé à deux reprises, au cours du XVI⁰ siècle, dans les ouvrages suivants :

Sphera cum commentis in hoc volumine contentis : Cichi Esculani cum textu, etc. Venetiis, hered. Octaviani Scoti ac soc. 1518.

IORDANI *opusculum de ponderositate Nicolai Tartaleæ studio correctum*. Venetiis apud Curtium Troianum. MDLXV. Fol. 16, v⁰, à fol. 19, v⁰.

En 1565, l'abbé Forcadel, de Béziers, en publiait une traduction française, dont les démonstrations étaient légèrement paraphrasées, sous le titre suivant :

*Le livre d'*ARCHIMEDE *des pois qui aussi est dict des choses tombantes en l'humide, traduict et commenté par* PIERRE FORCADEL *de Bezies lecteur ordinaire du Roy es Mathematiques en l'Université de Paris. Ensemble ce qui se trouve du Livre d'*EUCLIDE *intitulé du leger et du pesant traduict et commenté par le mesme* FORCADEL. *A Paris. Chez Charles Perier...* 1565.

Le titre adopté par Forcadel est la traduction exacte de celui-ci, qu'une main du XIII⁰ siècle a mis en marge du texte contenu au Ms. 8680 A de la Bibliothèque nationale (fol. 12, r⁰) : *De ponderibus Archimedis et intitulatur de incidentibus in humidum.* Ce titre est relatif à un passage où il est traité de la vitesse des corps tombant dans les fluides. Ce passage manque à tous les textes imprimés et à la plupart des textes manuscrits, notamment à celui que renferme le Ms. 8680 A du fonds latin de la Bibliothèque nationale. Il termine le texte contenu au Ms. 7377 B du même fonds.

Ce titre est également celui que Blaise de Parme, en son *Tractatus de ponderibus*, donne au même écrit : « *Nullum elementum in ejus propria regione ponderat. Hoc dicit Alaminides in tractatu de incidentibus in liquido* ». (Bibliothèque nationale, fonds latin, Ms. 10252, fol. 157, v⁰).

Tout semble indiquer que cet ouvrage, comme le *De levi et ponderoso* attribué à Euclide, est d'origine antique. Il est visiblement incomplet et se terminait sans doute par une description de l'aréomètre. Le texte complet existait peut-être encore au XIV⁰ siècle et au XV⁰ siècle, car Albert de Saxe et Blaise de Parme font suivre d'une grossière description de l'aréomètre les considérations théoriques qu'ils empruntent au soi-disant traité d'Archimède.

Ainsi complété, ce traité représenterait probablement la source à laquelle a puisé l'auteur latin du *Carmen de ponderibus* [a].

Maximilian Curtze, qui ignorait tout de cette histoire, a publié [b], en le donnant comme un monument inédit de la Science du XIV⁰ siècle, le texte qui nous occupe ;

Ce traité a été paraphrasé, d'une façon assez malheureuse d'ailleurs, par Jean de Murs ; sous ce titre : *De ponderibus et metallis*, il forme la quatrième partie de l'*Opus quadripartitum numerorum* [1] auquel le géomètre normand mit la dernière main, comme il nous l'apprend lui-même, le 13 novembre 1343.

Ce même texte a été cité par Albert de Saxe [2] en ses questions sur le *De Cælo* d'Aristote.

Enfin, au début du xve siècle, Blaise de Parme l'a cité à son tour [3] et s'en est inspiré dans la rédaction de la troisième partie de son *Tractatus de ponderibus*.

Tous ces traités définissaient la notion de poids spécifique, qu'ils nommaient *gravitas secundum speciem;* ils enseignaient à comparer les poids spécifiques des divers corps soit par la méthode dite de la balance hydrostatique, soit à l'aide de l'aréomètre.

Nul doute que Jean Buridan n'ait, en son esprit, rapproché la notion de densité, au moins pour les solides, les liquides et les gaz, de la notion de poids spécifique, si bien élucidée au temps où il enseignait ; nul doute qu'il n'ait admis l'égalité entre le rapport des densités de deux corps et le rapport des poids spécifiques de ces deux mêmes corps. Voilà pourquoi, dans la question dont nous avons reproduit la traduction, nous le voyons unir, comme synonymes, les deux adjectifs : *densum* et *grave*, et, aussi, les deux adjectifs : *rarum* et *leve*.

On pourrait donc très certainement traduire en langage moderne ce que Jean Buridan pensait de l'*impetus* communiqué à un projectile pesant en disant que l'intensité de cet *impetus* était égale, pour lui, au produit de trois facteurs : une fonction croissante de la vitesse, le volume du corps, et une densité proportionnelle au poids spécifique.

A ce produit de la densité par le volume, donnons sans hésiter le nom de *masse*. Newton ne proposera pas, de la masse, une

---

1. *Quadripatitum numerorum Magistri* Johannis de Muris (Bibliothèque nationale, fonds lat., Ms. n° 7190).

2. *Quæstiones subtilissimæ Magistri* Alberti de Saxonia *in libros De Cælo et Mundo;* lib. I, quæst. III.

3. *Tractatus de ponderibus secundum Magistrum* Blasium de Parma. (Bibl. nat., fonds lat., Ms. n° 10252.)

---

ce texte était extrait du Ms. Db. 86 de la Bibliothèque de Dresde, où il porte le titre *De insidentibus aquae.*

a) *Metrologicorum scriptorum reliquiæ.* Éd. F. Hultsch, Lipsiæ, 1866 ; vol. II, pp. 96-200.

b) Maximilian Curtze, *Ein Beitrag zur Geschichte der Physik im 14. Jahrhundert.* (*Bibliotheca Mathematica*, 1890, p. 43)

définition différente des considérations que Buridan vient de développer ; voici, en effet, comment il formule cette définition de la *masse* ou *quantité de matière* par laquelle débute le livre des *Principes* :

« *La quantité de matière est la mesure de cette matière obtenue en multipliant la densité par le volume.* La quantité d'air de densité double que contient un espace double est quadruple ; un espace triple en contient une quantité sextriple. Entendez la même chose de la neige et des poussières que l'on peut condenser par liquifaction ou par compression. Il en est de même de tous les corps qui sont susceptibles de se condenser de diverses manières par l'effet de causes quelconques... C'est cette quantité qu'en ce qui va suivre, je désignerai parfois par les noms de *corps* et de *masse*. Elle se manifeste, en chaque corps, par le poids de ce corps ; en effet, à l'aide d'expériences très exactement faites sur des pendules, j'ai trouvé qu'elle était proportionnelle au poids. »

La masse est donc, pour Buridan comme pour Newton, identique à la quantité de matière première ; la proposition qui l'introduit dans la Dynamique du Maître parisien est celle-ci : Pour lancer avec des vitesses égales des corps divers, il leur faut communiquer des *impetus* proportionnels à leurs masses respectives.

La masse, identifiée à la quantité de matière première, avait déjà été rencontrée par Saint Thomas d'Aquin lorsqu'il avait soutenu qu'une force finie tirerait un mobile dans le vide avec une vitesse finie. Il avait reconnu, en cette masse, la résistance intrinsèque au mobile qui, même en l'absence de toute force résistante extérieure, empêche le mouvement d'être instantané. Le point de vue d'où il avait découvert la notion de masse différait fort de celui où Buridan s'était placé pour apercevoir cette même notion. Cette notion qu'il a si bien décrite telle qu'il l'apercevait de son point de vue, Buridan ne l'a plus reconnue lorsqu'il l'a considérée du côté par où Saint Thomas l'avait regardée, et ses disciples immédiats n'ont pas été plus clairvoyants que lui ; par là, la Dynamique parisienne s'est vue privée d'un important complément.

Tout en affirmant que, pour un corps donné, l'*impetus* est d'autant plus grand que la vitesse est, elle-même, plus grande, Buridan s'est gardé de préciser la relation mathématique qui unit l'*impetus* et la vitesse. En se tenant sur cette réserve que l'état de sa science ne lui eût point permis d'abandonner sans témérité, il a fort sagement agi. Sans doute, il a condamné par là sa Dynamique à demeurer purement qualitative, il lui a refusé le droit de donner à ses propositions une forme mathématique dont, d'ailleurs, les géomètres du temps n'étaient pas capables de tirer parti. Mais à cette Dynamique toute qualitative, il a assuré une parfaite justesse qui, même aujourd'hui, ne réclame aucune correction.

Si l'on eût contraint Buridan de donner une forme mathématique déterminée à la relation entre l'*impetus* et la vitesse, il eût choisi, sans doute, la forme qui se présentait comme la plus simple et la plus naturelle, celle de la proportionnalité. Ainsi feront plus tard Galilée et Descartes. Ce que celui-là appellera *impeto*, ce que celui-ci nommera *quantité de mouvement*, c'est l'*impetus* de Buridan, que les traités scolastiques étudiés en leur jeunesse ont fait connaître à ces deux maîtres ; mais c'est l'*impetus* mathématiquement déterminé par l'hypothèse qu'il est proportionnel à la vitesse.

Or, cette détermination était malencontreuse. Par la plupart des propriétés que lui attribue Buridan, que lui attribueront les successeurs de ce physicien jusqu'à Galilée et à Descartes, cet élément fondamental de la Dynamique qu'ils nomment *impetus, impeto, quantité de mouvement*, s'identifie avec ce que Leibniz devait un jour appeler *force vive ;* et Leibniz aura la tâche d'établir, contre les disciples de Galilée et de Descartes, que la force vive est proportionnelle au carré de la vitesse, non pas à la simple vitesse. Mais cette correction de Leibniz, en modifiant les énoncés mathématiques donnés par Galilée et par Descartes, laissera intactes les proportions purement qualitatives de Jean Buridan.

VII

La Dynamique de Jean Buridan a l'Université de Paris. Albert de Saxe, Nicole Oresme, Marsile d'Inghen

L'enseignement si clair et si sensé que Jean Buridan donnait touchant le mouvement des projectiles a certainement exercé, à l'Université de Paris, une très forte influence. Les prédécesseurs du philosophe de Béthune ne nous ont laissé que de rares et courtes allusions à la théorie de l'*impetus* et, parmi eux, nous n'en avons rencontré qu'un, Jean le Chanoine, qui ait accepté cette théorie. Après Buridan, au contraire, tous les maîtres en renom à Paris, les Albert de Saxe, les Nicole Oresme, les Marsile d'Inghen développent à l'envi cette théorie qui devient, grâce à eux, une des doctrines caractéristiques de la Physique parisienne.

L'enseignement de Jean Buridan avait pleinement convaincu Albert de Saxe ; en deux de ses ouvrages, en ses *Questions sur la Physique d'Aristote* et en ses *Questions sur le De Cælo*, Albert expose avec plus ou moins de détails la théorie de l'*impetus*. Or, l'adhésion qu'il a donnée à cette doctrine a grandement contribué à la propager au temps où elle devait produire la Dynamique moderne ; en effet, tandis que les *Questions* de Buridan sur la *Physique* d'Aristote ont été imprimées une seule fois, à Paris, en 1509, les divers ouvrages d'Albert de Saxe ont eu, à la fin du xvᵉ siècle et au commencement du xvɪᵉ siècle, un grand nombre d'éditions, particulièrement en Italie ; aussi est-ce surtout par ces ouvrages que les Italiens de la Renaissance ont connu l'explication parisienne du mouvement des projectiles ; il leur est parfois arrivé de croire et de dire qu'Albertutius en était l'inventeur.

C'est par l'étude du mouvement des projectiles qu'Albert de Saxe termine ses *Questions sur la Physique d'Aristote* [1]. Selon la méthode scolastique, il expose et discute tout d'abord les opinions qu'il entend rejeter.

La première de ces opinions, c'est celle qui attribue le mouvement des projectiles à l'*antiperistasis*. Albert lui oppose des arguments qui avaient déjà cours auprès des péripatéticiens ; puis il en introduit de nouveaux. « Cette opinion, dit-il, n'a pas lieu d'être admise au sujet du mouvement de la meule du forgeron ou bien encore du mouvement du toton *(trochus)*. Nous voyons, en effet, que le toton, longtemps après avoir quitté la main de celui qui l'a lancé, continue à tourner, bien qu'aucun air ne le suive en son mouvement ; il se meut, en effet, sans cesse et point pour point, dans le même espace.

» Voici une autre expérience semblable : Un homme assis sur une charrette de foin ne sent aucunement que l'air se meuve à sa suite ; bien au contraire, il sent que l'air lui résiste ; et cependant, si les bêtes attelées à cette charrette cessent de

---

1. *Acutissimæ quæstiones super libros de physica auscultatione ab* ALBERTO DE SAXONIA *editæ*. Lib. VIII, quæst. XIII : A quo moveatur projectum sursum post separationem illius a quo projicitur.

tirer, la charrette se meut encore quelque peu ; cela ne serait point s'il lui fallait alors être mue par l'air qui la suit.

» Voici encore une autre expérience semblable : si quelqu'un lance une balle de foin ou d'étoupe, nous voyons quelques brins de cette substance qui s'étirent en arrière, du côté de l'homme qui a lancé la balle ; cela ne serait pas si ce projectile était mû par l'air qui le suit ; bien plus, c'est de l'autre côté que ces brins devraient alors s'étirer.

» Autre expérience semblable : Nous voyons une flèche très grêle se mouvoir avec une grande vitesse, après qu'elle a quitté l'instrument de jet ; il n'en devrait pas être ainsi si elle était mue par l'air qui la suit, car l'air qui la suit est en très modique et petite quantité. »

Au lieu d'agir par *antiperistasis*, l'air pourrait agir comme l'imagine Aristote ; ébranlé au devant du projectile, il l'entraîne par la propagation de son propre mouvement. Mais « contre cette opinion, il y a quelques expériences.

» Supposons que l'air qui entoure une meule de forgeron que l'on a lancée soit enfermé de toutes parts ; la meule, on le voit, continuerait néanmoins de se mouvoir après que le premier moteur a mis fin à son propre mouvement ; on voit donc que si le projectile est mû, ce n'est pas qu'il soit porté par l'air qui l'entoure.

» D'ailleurs, s'il en était ainsi, il en résulterait que nous pourrions lancer une plume plus loin qu'une pierre. Or, cela est évidemment faux. Cette conséquence, cependant, est logiquement déduite, car la plume résisterait moins qu'une lourde pierre à l'air qui la transporte.

» Enfin admettons que la susdite opinion soit vraie ; il en résulterait ceci : Si je poussais l'air vers vous de la même façon que si je lançais un corps, cet air devrait produire contre vous un choc violent. Ce n'est pas, cependant, ce que l'expérience nous enseigne.

» Il y a une autre opinion que, pour le présent, je regarde comme plus vraie ; la voici : Ce qui lance un corps imprime au projectile une certaine force motrice *(virtus motiva)*; c'est une certaine qualité qui est naturellement apte, s'il ne survient pas d'ailleurs quelque empêchement, à mouvoir dans la direction suivant laquelle l'instrument de jet a lancé le corps.

» Selon cette opinion, on peut rendre raison, de certaines expériences, dont voici la première : Une pierre a plus de matière et est plus dense qu'une plume ; aussi, de cette force motrice, reçoit-elle plus que n'en reçoit la plume et la garde-t-elle plus longtemps que la plume ; c'est pourquoi, après avoir quitté celui qui l'a lancée, elle se meut plus longtemps que la plume. C'est aussi parce qu'elle possède davantage de cette force motrice qui lui a été imprimée qu'elle frappe plus fort.

» Comme, par sa nature, le projectile tend au mouvement de sens contraire à celui que lui impose cette force imprimée, cette force finit par être détruite et le mobile cesse alors d'être mû de ce dernier mouvement.

» Autre expérience : Pourquoi une longue lance frappe-t-elle plus fort qu'une lance courte ? La cause en est qu'elle possède davantage de cette vertu imprimée. »

En ses *Questions sur le Traité du Ciel*, Albert de Saxe reprend [1], un peu plus sommairement, la même discussion et l'exposé de la même théorie. Là aussi, il attribue le mouvement du projectile à une force *(vis)* ou à un *impetus* qu'a imprimé en lui l'instrument de jet. Là aussi, il montre que l'on peut, suivant cette opinion, « sauver les apparences » relatives au mouvement des projectiles. « Une pierre a plus de matière qu'une plume, et cette matière y est plus compacte ; aussi imprime-t-on à la pierre une force motrice plus puissante et plus grande qu'à la plume ; en outre, elle y est plus longtemps retenue. De même voyons-nous qu'on imprime au fer une chaleur plus forte qu'au bois, et cela parce que la matière du fer est plus dense et plus compacte.

» D'après cette même opinion, on donne la cause de ce fait qu'une longue lance perce plus avant que ne le ferait le fer privé de hampe ; de ce fait, la cause est celle-ci : la longue lance reçoit plus de cet *impetus* que n'en recevrait le fer seul. »

Ainsi la notion de masse s'offre à l'esprit d'Albert de Saxe exactement sous la forme où elle a été présentée par Buridan.

« Peut-être demandera-t-on ce que c'est que cet *impetus*, poursuit Albert ? Assurément, cette question est objet de recherche métaphysique plutôt que de recherche physique. De ce qui précède, il résulte évidemment que le mouvement d'un projectile n'est pas un mouvement naturel, mais un mouvement violent ; cela est clair, car ce mouvement provient d'une chose qui a été imprimée au projectile par un moteur extrinsèque. Mais, direz-vous, ce mouvement provient d'un

1. *Quæstiones subtilissima* ALBERTI DE SAXONIA *in libros de Cælo et Mundo.* Lib. III, quæst. XII : Utrum aer naturaliter moveatur in projectione lapidis vel alterius projecti in eo.

principe qui est intrinsèque au mobile ; il est donc naturel. Je répondrai en niant que la conséquence résulte de la prémisse ; [pour que le mouvement soit naturel], en effet, il est en outre requis que l'inclination naturelle du mobile ne soit pas de sens opposé [au mouvement causé par le principe intrinsèque]. »

Les *Subtilissimæ quæstiones in libros de Cælo et Mundo* composées par Maître Albert de Saxe sont datées de 1368. En 1377, Nicole Oresme commentait en français le même *Traité du Ciel et du Monde*. Ce commentaire lui donnait occasion de présenter [1], au sujet du mouvement des projectiles, une théorie que nous analyserons en détail au prochain chapitre. Il attribue la continuation du mouvement des projectiles à « une qualité motive novelle, laquelle nous povons nommer force ou rèdeur » ou encore impétuosité.

« Et par ceste manière, et non par autre quelconque, l'on peut rendre cause de toutez les enpériences que l'on voit en mouvemens viollens, soit droit en haut ou droit en bas ou en travers ou circulaires, quant à leur isnelleté [2] ou tardifveté, et réflexion et retour, et quant à telles toutez chouses desquelles l'en ne peut assigner autre cause suffisante, si comme j'ay autrefois [3] déclairé plus à plain. »

Des diverses expériences dont l'Évêque de Lisieux rend compte, retenons seulement celles qui ont trait à la notion de masse.

« Par ce appert, dit-il, pourquoy une chouse qui est compacte et plus pesante, si comme pierre ou fer ou plum, donne plus fort coup et plus fort ject que une moins compacte, si comme seroit drap ou laine, car la cause est pour ce que telle chouse compacte reçoit plus l'impression de ceste qualité nouvelle qui fait la cressence de l'isnelleté, comme dit, que ne fait autre chose.

» *Item*, et pourquoy la chouse qui peut estre jectée par une vertu mieux que quelconque autre chouse est de certain pois, tellement que la vertu ne porroit si bien geeter plus pesante ne moins pesante ; et aussi pourquoy plus grande vertu requiert chouse plus pesante quant au mieulx getter, et mendre vertu, moins pesante.

» Et la cause est : car si la chose est trop petite ou trop légière,

---

1. Nicole Oresme, *Traité du Ciel et du Monde*, livre II, ch. XIII ; Bibliothèque nationale, fonds français, n° 1083, fol. 66, col. c. et d., et fol. 67, col. a., b. et c.
2. Isnelleté = vitesse.
3. Oresme fait allusion à son commentaire à la *Physique*, aujourd'hui inconnu.

elle ne peut tant recevoir de celle impression ou qualité nou‾
velle que j'ay devant nommée rèdeur.

» Et si la chouse gettée est trop pesante, la vertu ne peut
faire grant violence à si grant pesanteur, et pour ce, qui veult
très bien gecter une chouse ; il convient que la vertu qui giecte
et la chouse soient deuement proporcionnées une avec l'autre. »

L'*Abrégé du livre des Physiques* composé par Marsile d'Inghen
est, fort souvent, une sorte d'extrait des *Questions sur la Physique* discutée par Jean Buridan ; Marsile s'est, en particulier,
grandement inspiré, au sujet de la théorie du mouvement des
projectiles de ce qu'avait exposé le philosophe de Béthune.

Le projectile, dit-il d'abord [1], ne peut-être mû par *antiperistasis*. « Cela est rendu évident par des expériences. On ne
pourrait rendre raison de ce fait qu'une balle, lancée vers le sol,
rebondit vers le haut ; en effet, l'air qui suit cette balle afin
qu'il n'y ait pas de vide, empêcherait le rebondissement, bien
loin de le promouvoir.

» En second lieu, on ne saurait dire ce qui meut le toton avec
lequel jouent les enfants lorsqu'il est mû d'un mouvement de
révolution sans changer de place ; ici, en effet, l'air n'aurait
pas besoin de suivre le mouvement pour empêcher la production
du vide, puisque le toton occupe continuellement le même lieu.

» En troisième lieu, on ne pourrait expliquer comment une
meule de forgeron qu'on a longtemps fait tourner continue à se
mouvoir après que celui qui la tournait s'est retiré ; l'air ne la
suivrait pas, en effet, d'un mouvement circulaire. »

L'explication proposée par Aristote est tout aussi incapable
de soutenir l'épreuve de l'expérience.

« Vous ne sauriez, avec votre main, lorsque vous ne lancez pas
un corps grave, ébranler l'air à une distance de vingt ou trente
pieds ; vous ne sauriez donc non plus l'ébranler lorsque vous
lancez un poids. Le raisonnement est logiquement construit
selon le lieu : *a fortiori*, car vous devriez ébranler l'air davantage
lorsque le grave n'oppose pas de résistance à cet ébranlement.
Quant à la prémisse, elle est évidente. Mettez, en effet, une
chandelle contre un mur distant de vous de vingt ou trente
pieds, et poussez l'air vers cette chandelle ; vous n'en ferez pas
vaciller la flamme.

---

1. *Abbreviationes libri phisicorum edite... a* Marsilio Inguen ; les deux derniers fol.

» En second lieu, vous devriez jeter une fève plus loin qu'une balle ou une pierre d'une livre. »

A ces deux expériences, Marsile adjoint celles qu'avait invoquées Buridan.

« Et si l'on me dit que tout cela va à l'encontre du Philosophe, je réponds que je ne suis pas astreint à tenir son parti dès là que son dire est expressément contraire à la vérité. — *Et si dicatur quod hoc est contra Philosophum, dicetur quod non sum astrictus tenere eum ubi expresse dictum suum dissonum fuerit veritati.* »

« Voici maintenant la conclusion qui répond à la question : Le projectile est mû par une force *(virtus)* qui lui a été imprimée ; cette force, quelques-uns l'appellent *impetus*, et c'est ainsi qu'on la nomme communément. »

Cette conclusion s'impose, d'abord parce que les autres explications sont insoutenables, puis parce que « toutes les expériences sur le mouvement des projectiles qui ont été invoquées précédemment concordent avec ce mode d'explication... »

« Par cet *impetus*, en effet, toute les apparences sont sauvées.

» C'est par lui qu'une balle rebondit lorsqu'elle tombe sur le sol. L'*impetus*, en effet, a pour nature de mouvoir ; lorsqu'il ne peut mouvoir vers le bas ; il meut vers le haut.

» De même, c'est par cet *impetus* que se meut la meule du forgeron lorsque cesse d'agir l'homme qui la tournait ; de même, le sabot lorsque l'enfant cesse de le frapper ; de même, le bateau qui remonte le courant lorsque les chevaux cessent de le hâler. Lorsque tous les autres moteurs cessent de mouvoir, la force *(fortitudo)* de l'*impetus* suffit à mouvoir.

» Mais pourquoi, demanderez-vous, cet *impetus* ne meut-il pas au delà d'un certain terme ? Cela provient, répondra-t-on, de ce qu'il est violent à l'égard des corps qu'il meut ; ceux-ci l'atténuent sans cesse et finissent par le détruire, à moins qu'il ne soit conservé de l'extérieur.

» C'est par défaut d'*impetus* qu'une fève ne peut, par le même homme, être lancée aussi loin qu'une demie livre de plomb... Un *impetus* aussi grand que celui qui est requis pour un jet à longue distance ne saurait être reçu dans un aussi petit corps. »

Plus que ses prédécesseurs, Marsile d'Inghen se montre soucieux de préciser la nature de cet *impetus*.

En premier lieu, cet *impetus* est-il distinct du mouvement ? « C'est, dit notre auteur, une qualité imprimée dans le mobile et, dans ce mobile, produisant le mouvement ; cette qualité est donc distincte du mouvement local comme la cause l'est de l'effet. »

En second lieu, cette qualité doit-elle être rangée au nombre des réalités successives ou bien doit-elle être considérée comme une réalité permanente ? Marsile tient ce dernier parti, et voici pourquoi : « Lorsqu'une balle frappe le sol, elle y demeure quelque temps en repos avant de rebondir. Il est vrai, ajouta-t-il, qu'elle n'y reste pas longtemps. » On voit que le maître parisien a reconnu à cet *impetus* l'aptitude à demeurer un certain temps dans un corps à l'état latent ; nous dirions aujourd'hui à l'état d'énergie interne ; pendant ce temps, l'*impetus* ne se manifeste par aucun mouvement local ; puis, après ce repos, il peut de nouveau mouvoir le corps.

Tous les *impetus* sont-ils essentiellement semblables, sont-ils de la même espèce spécialissime ? « Il est évident que non. Considérons l'*impetus* qui meut un grave vers le haut ; la forme du grave, unie à la gravité détruit cet *impetus*. Au contraire, dans un grave qui tombe l'*impetus* qui accélère le mouvement de ce grave vers le bas est conservé et produit par cette même forme. Cela ne serait pas si ces deux *impetus* étaient essentiellement semblables et de même espèce spécialissime.

» En outre, des formes de même espèce spécialissime ont même effet ultime ; mais il n'en est pas ainsi des *impetus*... Un *impetus*, celui du projectile lancé vers le haut, pousse en haut ; un autre, celui du grave qui tombe, pousse en bas.

» Mais, direz-vous, l'*impetus* de la balle qui tombe meut aussi vers le haut [lorsque cette balle rebondit]. On vous répondra : C'est par accident ; par nature, en effet, l'*impetus* meut toujours pourvu qu'il le puisse faire ; si donc, à l'aide d'un obstacle, on l'empêche de mouvoir vers le bas, il mouvra désormais vers le haut, mais par accident. Ainsi, de lui-même, le rayon incident marcherait toujours en ligne droite ; mais s'il en est empêché par un milieu réfléchissant ou réfringent, il se réfléchit vers la région d'où il vient ou, du moins, il ne passe qu'en se brisant...

» Les *impetus* violents eux-mêmes ne sont pas tous de même espèce... Tel de ces *impetus*, en effet, est de nature telle qu'il meuve de soi en ligne droite ; ainsi en est-il de l'*impetus* de la flèche. Tel autre meut circulairement ; ainsi en est-il de l'*impetus* de la meule du forgeron...

» Souvent la différence essentielle et spécialissime entre ces *impetus* violents provient de la façon diverse dont ils sont imprimés. Cela est évident. Si vous lancez un toton en ligne droite, vous ne lui imprimerez pas l'*impetus* qui est, par nature, apte à le faire tomber ; mais si vous lui donnez un mouvement gyratoire, un *impetus* sera imprimé, qui donnera au toton un mouvement de rotation.

» Mais, direz-vous, puisque la puissance active est la même et que le patient est le même, d'où vient donc cette diversité spécifique ? Elle vient, répondrai-je, de ce que le mouvement de celui qui lance le toton appartient à des modes d'espèces diverses, suivant que la main est appliquée au mobile d'une façon ou d'une autre. »

Quelle est la nature de l'*impetus* : Quelles en sont les différentes espèces ? Les contemporains de Marsile d'Inghen paraissent s'être, comme ce docteur, appliqués à résoudre ces questions ; c'est, du moins, ce que semble montrer le *Traité de la réduction des effets spéciaux en forces communes et causes générales* composé par Henri de Hesse.

« Les qualités secondes sensibles, écrit cet auteur [1], forment un genre qui se subdivise en deux catégories ; d'une part, sont les qualités qui transforment les corps par voie d'altération ; d'autre part, sont les qualités qui meuvent les corps de mouvement local. Les premières sont assez manifestes et assez connues. Quant aux secondes, ce sont la gravité, la légèreté... et autres qualités de même sorte.

» Selon que l'agent d'où part la violence est appliqué au mobile, est disposé à l'égard du mobile d'une façon ou d'une autre, on voit se développer très aisément dans ce mobile diverses espèces de qualités motrices. Telles sont ces qualités qu'on nomme *impetus* moteurs. De ces *impetus*, il en est un qui donne un mouvement de rotation, comme le montre la meule du forgeron ; un autre meut en droite ligne ; un autre obliquement. Tel *impetus* rapproche le mobile du moteur et tel autre l'en éloigne, tout cela selon le mode d'application.

» Une légère percussion sur un corps disposé à rendre un son suffit à engendrer un son qui met toute la cloche en mouvement ; ce mouvement est un tremblement qui consiste en une étrange dilatation alternant avec une condensation. La cloche pourrait être si solidement fixée qu'un cheval ne parviendrait pas à la transporter à quelque distance de la place qu'elle occupe ; et cependant, tandis qu'elle rend un son, elle serait mue de ce

---

1. *Tractatus de reductione effectuum specialium in virtutes communes et causas generales a Magistro* HENRICO DE HASSIA *Parisius factus*, cap. XVI. Bibliothèque nationale, fonds latin, ms. n° 2831, fol. 110, r° ; ms. n° 14580, fol. 209, col. b. et c.

mouvement vibratoire *(motus tremitus)* ; elle serait mue d'un mouvement [alternatif] de dilatation et de condensation, par l'effet d'une certaine espèce de qualité propre à mouvoir de cette manière ; en elle cette qualité aurait pour causes la percussion et la disposition du patient ; à moins que le son ne soit la qualité même qui meut de la sorte.

» Nous voyons donc que ces diverses espèces de qualités propres à mouvoir de mouvement local sont engendrées par les différentes façons dont s'exerce l'action violente. De semblable manière, tout le monde doit admettre que l'action des qualités naturellement actives qui se trouvent diversement combinées entre elles dans un agent naturel peuvent, selon la variété du mode d'application et selon la disposition du patient, développer différentes espèces de qualités naturellement aptes à mouvoir les corps d'ici-bas. De ces qualités, il en est qui meuvent le mobile vers l'agent, d'autres qui l'en écartent, comme si elles le chassaient loin de l'agent et du moteur. Toutes ces espèces de qualités méritent, aussi bien que la gravité, que la légéreté, que l'*impetus*, d'être appelées qualités sensibles ; il est bien certain, en effet, que nous les sentons, comme nous sentons la gravité ou la légéreté, savoir, par le mouvement qu'elles produisent. »

A deux reprises, Henri de Hesse a parlé de qualités motrices qui rapprochent le mobile du moteur ; il songeait à la qualité que l'aimant engendre dans le fer ; c'est, en effet, à cette qualité qu'il consacre le chapitre suivant de son traité.

Gravité, légèreté, attraction magnétique, *impetus* sont choses que notre auteur rapproche les unes des autres comme les diverses espèces d'un même genre ; ce sont, en effet, autant de causes qui déterminent ou entretiennent un mouvement local.

La notion d'*impetus*, qui porte, au XIVe siècle, toute la Dynamique des Parisiens, est une notion très complexe. Nombre des caractères que lui attribuent Jean Buridan, Albert de Saxe, Nicole Oresme, Marsile d'Inghen sont de ceux que nous regardons aujourd'hui comme propres à la force vive. D'autres, parmi lesquels se rangent ceux que Marsile et Henri de Hesse viennent d'énumérer, conviennent à la quantité de mouvement dans une direction donnée, ou bien encore au moment de la quantité de mouvement autour d'un axe. Le progrès de la Dynamique aura pour effet d'analyser cette notion d'*impetus*, de distinguer les divers éléments qui y sont confondus et de marquer, par des théorèmes précis, le rôle que chacun de ces

éléments doit jouer dans la théorie du mouvement des corps.
Mais ce progrès s'accomplira fort tard, au milieu du xviie siècle ;
les Leibniz, les Huygens, les Newton en seront les principaux
artisans. Jusque-là, les Mécaniciens continueront de mêler
ensemble plusieurs idées mal définies ; l'*impeto* ou *momento*
de Galilée, la *quantité de mouvement* de Descartes impliqueront
encore toutes les pensées diverses que les Maîtres de Paris, au
milieu du xive siècle, confondaient sous le nom d'*impetus*.

VIII

La théorie du mouvement des projectiles
a l'École d'Oxford. — Jean de Dumbleton

La Dynamique que l'on enseignait à Paris, à partir du milieu
du xive siècle, n'était pas encore la Dynamique de Leibniz,
de Huygens et de Newton, qui donc s'en étonnerait ? Mais elle
était déjà beaucoup plus qu'une ébauche de la Dynamique de
Galilée et de Descartes ; n'est-ce pas assez pour gagner notre
admiration à ceux qui l'ont substituée à la Dynamique ridicule
du Péripatétisme ? n'est-ce pas assez pour leur mériter le titre
de précurseurs de la Mécanique moderne ?

La théorie soutenue par Buridan, par Albert de Saxe et par
Marsile d'Inghen au sujet du mouvement des projectiles recevra,
des Italiens de la Renaissance, le nom de Mécanique parisienne.
Il semble bien que ce nom soit justifié. Au temps où Jean
Buridan exposait cette théorie avec tant d'ampleur et de
clarté, elle était sans doute ignorée des maîtres de l'Université
d'Oxford ; c'est, du moins, la conclusion que nous suggère la
lecture de la *Summa* de Jean de Dumbleton.

Pour rendre compte du mouvement du projectile, Jean de
Dumbleton recourt à l'horreur du vide. Si le projectile continue
de progresser, c'est pour demeurer contigu à l'air ébranlé qui
se meut devant lui et ne pas permettre la production du vide ;
ce mouvement s'explique, comme tous ceux qui empêchent la
formation d'un espace vide, par l'action de la nature universelle. C'est donc à cette action de la nature universelle que Jean
de Dumbleton attribue en dernière analyse le mouvement d'un

corps projeté ; peut-être cette pensée lui est-elle inspirée par la lecture de la *Summa Lincolniensis*.

Voici un passage [1] où notre auteur développe son opinion :

« Les projectiles suivent l'air, grâce à la forme qui leur est donnée en propre, afin qu'en un tel mouvement, il ne se produise pas de vide ; en effet, suivant ce qui a été démontré, tout corps est naturellement mobile afin qu'il demeure au contact d'un autre corps naturel... De même que l'eau suit l'eau, que la fumée, qui est un corps igné, suit la fumée, et que la flamme suit la flamme, de même les projectiles suivent l'air ou tout autre corps qui est mû devant eux, comme le fer suit l'aimant...

» Tout corps naturel a un double mouvement ; un premier mouvement qui appartient à ce corps en tant qu'il est de telle espèce, et un second mouvement par lequel ce corps suit un autre corps. C'est par ce second mouvement que les projectiles se meuvent en suivant l'eau ou l'air lancé devant eux ; ensuite, l'eau ou l'air suit le projectile par derrière et, par là, contribue à le pousser. Cette pierre présente une surface qui est immédiatement contiguë à l'air ; lorsque l'air qui se trouve en avant de la pierre a été ébranlée par la main et que la main est retirée, cet air continue à se mouvoir ; si la pierre demeurait immobile, l'air ne pourrait, en un instant, se précipiter dans toute l'étendue de la face antérieure de la pierre ; donc, pour que la pierre ne cesse pas d'être immédiatement contiguë à un autre corps, il faut qu'elle se meuve. »

A la fin de son exposé, Jean de Dumbleton énumère quelques observations, fort contestables, d'ailleurs, qui sembleraient réclamer, du mouvement des projectiles, une explication différente de celle qu'il a donnée. « Mais, ajoute-t-il [2], pour expliquer comment le milieu se meut lorsque l'impulsion a cessé, il faut donner une autre réponse, savoir la dernière, qui est la plus commune. »

Il était donc courant, dans l'École d'Oxford, de donner, du mouvement des projectiles, cette théorie où l'hypothèse d'Aristote reçoit un renfort de la doctrine proposée par Bacon touchant l'horreur du vide. Certes, il y a loin de cette théorie au fécond système de l'*impetus* que l'on enseignait alors à Paris.

---

1. JOHANNIS DE DUMBLETON *Summa de logicis et naturalibus*, Pars sexta, cap. IVᵐ. Bibliothèque nationale, fonds latin, ms. n° 16146, fol. 61, col. c. et d.
2. JEAN DE DUMBLETON, *loc. cit.* ; ms. cit., fol. 62, col. a.

IX

LA THÉORIE DU MOUVEMENT DES PROJECTILES A L'UNIVERSITÉ DE PADOUE. GRAZIADEI D'ASCOLI

Si l'hypothèse de *l'impetus* semble avoir été ignorée à l'Université d'Oxford, elle ne paraît pas avoir été reçue avec faveur à l'Université de Padoue, du moins si nous en jugeons par l'enseignement de Graziadei d'Ascoli. Celui-ci la rejette [1] pour s'en tenir, au sujet du mouvement des projectiles, à la théorie d'Averroès et de Saint Thomas d'Aquin ; à titre de souvenir des doctrines physiques de Roger Bacon, dont il semble s'être profondément pénétré, il complique cette théorie par l'intervention de la cause génératrice universelle, c'est-à-dire de l'influence céleste.

« Il ne semble pas, dit notre auteur, qu'on puisse sauver le mouvement des projectiles, parce que les parties de l'air se pousseraient les unes les autres en même temps qu'elles pousseraient la pierre ou la flèche ; supposons, en effet, qu'une flèche soit lancée contre le souffle impétueux d'un grand vent ; elle se mouvra contre l'impétuosité de ce grand vent ; il ne semble pas, cependant, que les parties de l'air se puissent mouvoir l'une l'autre, contre l'impétuosité du vent qui pousse l'air en sens contraire, pendant toute la durée du mouvement de la flèche.

» Aussi, pour cette raison et pour d'autres semblables, certains prétendent que le mouvement des projectiles ne se sauve pas, comme le veut Aristote, au moyen de cette impulsion successive de l'air par l'air ; il se sauve, à leur gré, au moyen d'une certaine force qui est imprimée *(vis impressa)* dans le projectile, par ce qui le lance. Cela se voit, disent-ils, d'une façon plus manifeste dans le mouvement de la toupie ; comme ce mouvement n'est pas rectiligne, on ne saurait dire qu'il est ainsi produit au moyen d'une impulsion successive de l'air par l'air. »

Graziadei trouve cette supposition insuffisante. Le mouve-

---

1. *Preclarissime questiones litterales edite a fratre* GRATIADEO ESCULANO *sacri ordinis predicatorum super libros Aristo. de physico auditu : secundum ordinem lectionum Divi Thome Aquinatis.* Lib. VIII, lect. VIII, quæst. II ; éd. Venetiis, 1503, fol. 94, verso, et fol. 95, col. a.

ment d'un corps requiert la présence actuelle du mobile. « Une
fois le projectile lâché, l'instrument de jet ne lui infuse plus le
mouvement d'une manière actuelle. Quant à la force d'impulsion *(virtus impulsionis)*, elle ne saurait jouer le rôle de moteur ;
elle n'est qu'un accident reçu par le mobile ; elle peut bien, pour
ce mobile, être la raison pour laquelle il est mû par autrui ; elle
ne peut être la raison en vertu de laquelle il se mouvrait lui-
même. Il est d'autant plus nécessaire de parler ainsi de cette
vertu qu'elle ne pose, dans le mobile, aucune réalité ; elle y
met seulement une intention *(intentio)* déterminée qui a pour
objet le lieu auquel tend le projectile... A cause de sa faiblesse,
une telle intention périrait aussitôt, si elle n'était conservée
par quelque agent qui la maintient. »

Notre auteur songe alors à une supposition qu'à l'imitation
de Bacon, il a développé au sujet de la chute des graves ; ne
pourrait-on supposer que cette intention, moteur insuffisant par
lui-même, devient capable de mouvoir le projectile si l'influence
céleste lui donne force et persistance ?

« On ne saurait dire que le corps céleste conserve cette vertu
imprimée et qu'il conserve le mouvement du projectile, en
vertu de la détermination que lui a conférée l'instrument de
jet par la direction qu'il a choisie. La cause génératrice universelle, en effet, ne conserve l'existence d'une chose que par la
continuelle influence qu'elle exerce sur cette chose... Or, pour
qu'une chose puisse éprouver l'influence de la cause génératrice
universelle, qui est un agent naturel, il faut que ce soit une
chose naturelle ; mais la vertu imprimée au projectile par
l'instrument de jet ne pose rien de naturel ; sinon le mouvement
de projection serait un mouvement naturel ; car nous appelons
mouvement naturel tout mouvement qui résulte d'une forme
naturelle. Puis donc que le mouvement de projection n'est pas
un mouvement naturel, il nous faut dire que la force d'impulsion imprimée par le corps projetant n'est pas, directement et
principalement, maintenue dans le mobile par l'influence de
la cause génératrice universelle ; dans ce maintien, toutefois,
cette influence intervient, mais d'une manière secondaire et
indirecte, comme nous le verrons plus loin...

» Etant donné que la cause génératrice universelle n'agit pas
directement, il nous faut trouver quelque chose d'autre ; or
seule, semble-t-il, le milieu peut agir pour conserver cette
vertu ; c'est donc lui qui infuse le mouvement au projectile,
tant que dure le mouvement de projection. »

Graziadei expose alors la théorie d'Aristote telle que l'ont comprise Averroès et Saint Thomas d'Aquin ; il la complète en un seul point ; si chacune des parties de l'air, après avoir été comprimée par le projectile en mouvement, revient à sa densité naturelle, c'est sous l'influence de la cause génératrice universelle.

« Il y a donc trois choses dont la coopération est nécessaire à la conservation du mouvement du projectile, après qu'il a quitté l'instrument de jet : La raréfaction ou la condensation des parties du milieu au delà de leur état naturel. La réaction élastique *(diffusio)* des parties les unes sur les autres, réaction par laquelle les parties poussent le projectile et se poussent les unes les autres. Enfin la vitesse du mouvement du milieu qui surpasse la vitesse du mouvement naturel du mobile.

» Or cette réaction élastique des parties les unes sur les autres s'opère, nous l'avons dit, sous l'influence de la cause génératrice universelle ; celle-ci coopère donc, d'une manière secondaire et indirecte, à la conservation de la force d'impulsion qui a été imprimée dans le projectile.

» D'autres disent qu'au mouvement rectiligne de projection, concourt la contre résistance de l'air qui est attiré vers le lieu où le mobile l'a divisé. Cet air que la division a fait sortir de l'état qui lui convient se referme avec véhémence ; il est attiré vers le lieu où la division s'est produite. Cette traction est due à l'action du premier agent qui contient toutes choses ; celui-ci, en effet, agit de tout son pouvoir pour empêcher la production de tout espace vide, et toute séparation entre les corps contenus dans sa concavité. Cet air, violemment tiré et refermé, appuie sur le projectile et le contrepousse. Ici encore, la cause génératrice universelle, par son action, coopère d'une manière secondaire et indirecte, à la conservation de la vertu que l'instrument de jet a imprimée dans le mobile. »

Cette dernière théorie, c'est celle que Jean de Dumbleton enseignait, celle qui était communément reçue à l'Université d'Oxford ; elle était toute imprégnée des doctrines physiques de Roger Bacon.

Contre l'explication qui devait ravir sa préférence, Graziadei a, d'abord, fait valoir certaines objections ; il les lui faut maintenant résoudre ; voici comment il le fait.

La première objection, dit-il, « procède d'une crédulité erronée et d'un soupçon mal fondé. Sans doute, l'impétuosité du vent retarde quelque peu le mouvement de l'air mû en sens contraire et, par conséquent, le mouvement de la flèche ;

toutefois, suivant la trajectoire de la flèche, nous devons croire que le souffle du vent est vaincu par le cours très fort et très violent de l'air qui contribue au mouvement de la flèche ; suivant cette ligne, on doit juger que le mouvement violent de l'air est plus fort que l'impulsion du vent, encore que dans les autres directions ou régions, l'impétuosité du vent ait le dessus.

» Quant à ce qu'on dit de la toupie, c'est sans valeur. Au moment où les tours de ficelle qui ceignent la toupie se déroulent fortement, violemment et vivement, ce rapide déroulement produit une forte et vive rotation, non seulement de la toupie, mais encore de l'air qui l'entoure ; une fois ce déroulement achevé, la rotation de l'air et la réaction élastique circulaire de ses parties les unes sur les autres ne prend pas fin aussitôt ; elle ne prend pas fin non plus, la raréfaction ou la condensation de l'air qui se fait en rond, dans cette partie ou dans ces parties de l'air ; elle demeure un certain temps ; toutefois, elle tend peu à peu à défaillir ; c'est pourquoi la rotation de la toupie prend nécessairement fin.

» Il y a encore beaucoup d'autres imaginations qui peuvent jeter le doute sur notre explication ; il serait fort long de les expliquer toutes ; mais le lecteur diligent et attentif pourra bien aisément les comprendre à l'aide de ce qui a été dit. »

Au temps où Oxford, avec Jean de Dumbleton, ignorait la Dynamique de l'*impetus*, Padoue, avec Graziadei d'Ascoli, la rejetait ; décidément, cette Dynamique était bien celle des Parisiens.

Chapitre XI

LA CHUTE ACCÉLÉRÉE DES GRAVES

I

Averroès et la chute des graves

La chute accélérée des graves jouera, dans la création de la Dynamique moderne, un rôle d'une extraordinaire importance ; c'est en étudiant cette chute que les mécaniciens seront amenés à formuler cette proposition, qui porte, pour ainsi dire toute leur science : Une force constante produit un mouvement uniformément accéléré.

Or, nous l'avons dit [1], les Anciens n'avaient rien écrit qui pût, si peu que ce fût, soulever le voile qui leur cachait cette vérité. Leur raison continuait à regarder comme évidente la proposition qui servait d'axiome à la Dynamique d'Aristote : En agissant sur un mobile immuable, une force constante lui communique un mouvement uniforme ; d'un tel mouvement, la vitesse est proportionnelle à la force agissante. Lors donc qu'ils voyaient croître d'un instant à l'autre la vitesse avec laquelle tombe un corps grave, ils en concluaient que le poids de ce grave croît, lui aussi, d'un instant à l'autre ; c'est une conséquence que Simplicius et Thémistius n'hésitaient pas à formuler. Le seul problème qui se posât à leur esprit était alors la recherche de la cause qui communique au poids cet accroissement incessant.

Si la lecture d'Aristote et de ses commentateurs ne pouvait suggérer aux maîtres de la Scolastique latine une saine théorie de la chute des graves, l'étude des commentaires d'Averroès en était encore moins capable. Le philosophe de Cordoue se montre fort peu prodigue de renseignements au sujet de l'accé-

---

1. Voir première partie, ch. VI, § VII ; t. I, p. 397.

lération que les Anciens avaient observée dans la chute des poids.

Averroès ne nous dit pas comment il rendait compte de cette accélération et ce qu'il dit nous le laisserait malaisément deviner.

En termes presque aussi explicites que ceux de Thémistius, il déclare [1] « que la cause pour laquelle des choses diverses se meuvent avec des vitesses différentes est la diversité qui existe en leur inclination, c'est-à-dire en leur gravité ou en leur légèreté ; il en résulte que plus un corps est grave ou léger, plus il se meut rapidement ; il est, d'ailleurs, manifeste que cette proposition peut être renversée et que, plus le corps est rapide en son mouvement, plus il doit être grave ou léger; s'il en est ainsi, lorsque la vitesse sera infinie, la pesanteur ou la légèreté sera aussi infinie. »

Mais Averroès ne suit pas davantage l'avis de Thémistius et de Simplicius ; il n'admet pas que le poids d'un corps varie avec sa distance au centre du Monde. « Sachez à ce sujet », dit-il [2], « que la proximité et l'éloignement n'ont aucune influence, si ce n'est dans les mouvements des corps qui se meuvent sous l'action d'une cause extérieure, car alors ces corps peuvent être proches ou éloignés de leur moteur. » Lorsqu'un morceau de fer est attiré par l'aimant, l'attraction qu'il éprouve est d'autant plus grande qu'il est rapproché de la pierre qui le meut. On n'observe rien d'analogue lorsque l'on considère le poids d'un grave, car le grave porte en lui-même le principe de son mouvement.

Il ne faut pas, en effet, au dire du Commentateur [3], confondre l'attraction que le lieu exerce sur le grave avec l'attraction que l'aimant exerce sur le fer ; encore que ces deux actions portent improprement l'une et l'autre le nom d'attractions, elles diffèrent grandement l'une de l'autre : « Toute attraction en laquelle le corps attirant demeure immobile, tandis que le corps attiré se meut n'est pas, en réalité, une attraction. Le corps attiré se meut de lui-même vers ce qui l'attire, en vue de sa propre perfection. Ainsi en est-il de la pierre qui descend, du feu qui monte ; et l'on doit entendre qu'il en est de même du mouvement du fer vers l'aimant... Mais il existe une différence entre

1. ARISTOTELIS *De Cælo... cum* AVERROIS CORDUBENSIS *variis... commentariis,* lib. I, summa VIII, cap. IV, comm. 88.
2. AVERROÈS, *loc. cit.,* cap. III, comm. 81.
3. ARISTOTELIS *De physico auditu libri octo cum* AVERROIS CORDUBENSIS *variis in eosdem commentariis;* lib. VII, summa III, comm. 10.

ce cas et celui des corps qui se meuvent vers leurs lieux naturels. Un quelconque de ces corps, en effet, se meut de même vers son lieu, qu'il en soit proche ou éloigné... Le fer, au contraire, ne se meut vers l'aimant que lorsqu'il se trouve doué d'une certaine qualité qui émane de l'aimant ; aussi, si l'on frotte l'aimant avec de l'ail, il perd sa vertu, car alors le fer ne reçoit plus de la pierre ainsi disposée cette qualité qui le rend apte à se mouvoir vers elle. »

D'où vient donc, au gré d'Averroès, le continuel accroissement de gravité grâce auquel un corps pesant tombe de plus en plus vite ? Bien qu'il ne nous dise pas explicitement quelle supposition bénéficiait de ses préférences, peut-être nous est-il possible de le deviner.

Aristote, dans son traité *Du Ciel*, avait fait une allusion à son étrange théorie du mouvement des projectiles [1]. L'air, y disait-il, est l'instrument nécessaire de tout mouvement violent d'un projectile, aussi bien du mouvement qui entraîne un corps pesant vers le haut que du mouvement qui pousse un corps léger vers le bas ; l'action de l'air est également apte à jouer le rôle de légèreté ou celui de pesanteur ; l'air est moteur léger, lorsqu'il produit un mouvement vers le haut, parce que la force projetante l'a ébranlé dans cette direction ; il est moteur lourd lorsqu'il détermine un mouvement de descente.

Ce passage d'Aristote suggère à Averroès les réflexions suivantes [2] :

« Aristote prend exemple du mouvement naturel et dit que la pierre tombe rapidement [lorsqu'on l'a lancée vers le bas]. En effet, bien que la pierre soit mue rapidement vers le bas par une puissance extrinsèque, cela se fait avec l'aide de la nature, en sorte que ce mouvement est un mouvement composé, ou un mouvement quasi composé [de mouvement violent et de mouvement naturel].

» Il parle ensuite du mouvement accidentel. Dans le mouvement violent, tel le mouvement de la pierre qui a été lancée vers le haut, il n'y a plus rien qui appartienne à la nature, comme il arrivait dans le mouvement de la pierre jetée vers le bas. Aristote entend donc qu'un tel mouvement violent est

---

1. Aristote *De Cælo* lib. III, cap. II (Aristotelis *Opera*, éd. Didot, t. II, p. 415 ; éd. Bekker, vol. I, p. 301, col. b) — Cf. : Première partie, ch. VI, § III, t. I, p. 372.

2. Averrois Cordubensis *In Aristotelis libros de Cælo commentarii*, lib. III, cap. II, comm. 28.

un mouvement simple ; on n'y rencontre aucun mouvement composé, tandis que dans les mouvements naturels, on trouvait le mouvement simple et le mouvement composé [de naturel et de violent].

» Ce mouvement violent simple, celui de la pierre qui est lancée vers le haut, s'arrêterait au moment où la pierre quitte la main qui la projette ; aussi Aristote dit-il que, dans ces deux mouvements, la puissance de l'air est employée à titre d'instrument.

» Par *ces deux mouvements*, il entend le mouvement naturel et le mouvement violent. L'air, en effet, vient en aide au moteur qui meut de mouvement naturel, et il vient aussi en aide à ce qui, dans le mouvement violent, produit la violence.

» Il y a lieu d'examiner si l'air vient seulement en aide au mouvement naturel ou bien s'il est nécessaire dans ce mouvement naturel.

» On a pensé, en effet, qu'un corps pouvait, sans le secours de l'air, se mouvoir de mouvement naturel ; on a jugé aussi qu'il en était de même du mouvement violent. Selon cette opinion, l'air, dans ces deux mouvements, serait seulement un adjuvant ; il ne serait pas nécessaire.

» Et en effet, lorsqu'on use d'un instrument pour mouvoir quelque chose, il peut arriver qu'on en use seulement pour mouvoir mieux et plus facilement ; il peut arriver aussi qu'on en use par nécessité, parce que, sans le secours de cet instrument, on ne pourrait produire le mouvement désiré.

» C'est aussi le lieu de rechercher pourquoi le mouvement est impossible dans le vide ; pourquoi il est également impossible au sein d'un corps qui ne pâtit aucunement de la part du mobile, qui n'est pas divisé par ce mobile. S'il en est ainsi, en effet, il est nécessaire que tout mouvement ait lieu au sein d'un corps qui possède la disposition de l'air ou de l'eau.

» Mais si le mouvement est possible dans l'air en tant que l'air se laisse diviser par le mobile, l'air sera, pour le mouvement, un adjuvant, car la division de cet air sera une condition de l'existence du mouvement ; en outre, il sera nécessaire à ce mouvement, car s'il n'y avait pas division de l'air, il n'y aurait pas mouvement.

» D'autre part, en tant qu'il se meut avec le corps qui est mû de manière naturelle ou par violence, l'air paraît jouer, dans ces deux mouvements, le rôle d'adjuvant ; parce qu'à son tour, il meut le mobile. Certains pensent que le mouvement

serait possible sans ce secours, mais que cette aide améliore
le mouvement.

» Ce secours de l'air est manifeste dans le mouvement d'un
corps qui est mû violemment ; mais, dans le cas du corps mû
violemment, il est également manifeste que cet adjuvant est
nécessaire, attendu que le corps continue de se mouvoir après
que le moteur est revenu au repos.

» Laissons cette discussion jusqu'au moment où nous aurons
achevé l'exposition du chapitre. »

Averroès présente alors la théorie péripatéticienne du mouvement violent des projectiles :

« L'air, dit-il, est, à la fois, grave et léger ; bien que les deux
mouvements soient en sens contraire, il les aide tous deux
parce qu'en lui, existent, en même temps, la pesanteur et la
légèreté ; par sa pesanteur, donc, il vient en aide au grave,
et par sa légèreté, au léger. Lorsque celui qui lance une pierre la
meut de bas en haut, il pousse en même temps vers le haut
l'air qui porte la pierre, en vertu de la légèreté qui réside dans
cet air ; après qu'il est séparé de celui qui a lancé la pierre,
l'air garde en lui le mouvement qui lui a été communiqué,
et cela en vertu du principe de légèreté qu'il possède en lui-
même ; il est chassé par la pierre et, en retour, il la chasse...

» Nous disons que l'air est, à la fois, grave et léger parce qu'il
est intermédiaire entre le grave et le léger... Parce qu'il est à
la fois grave et léger, il vient en aide aux deux sortes de mouvements...

» Ainsi le moteur n'a pas besoin d'accompagner le corps mû
de mouvement accidentel ; il n'est pas nécessaire que le moteur
demeure avec le mobile jusqu'à la fin du mouvement ; lors
même que le moteur sera revenu au repos, le mobile continuera
d'être mû, parce que l'air le maintiendra en mouvement ;
dans cet air, en effet, le principe du mouvement qu'il a reçu
du moteur extrinsèque demeure après l'éloignement de ce
moteur ; l'air demeure en mouvement par lui-même, en vertu
du principe naturel, de la gravité ou de la légèreté, qui réside
en lui ; s'il n'en était pas ainsi, la pierre tomberait au moment
même qu'elle quitte le moteur qui la lance, car la pierre n'a
point en elle un principe de légèreté. »

L'air mis en branle ne vient donc pas seulement en aide
au mouvement violent ; il est, de ce mouvement, l'instrument
nécessaire ; en l'affirmant, Averroès ne fait que reproduire

l'enseignement très certain et très constant d'Aristote. Mais il ne se contente pas de cet enseignement ; il va plus loin.

« Il semble, dit-il, que l'air, par son mouvement propre, soit nécessaire à l'existence même du mouvement naturel ; et là est la difficulté. »

Le Commentateur rappelle qu'Aristote, au septième livre de sa *Physique*, exige, en tout mouvement, la distinction du moteur et du mobile. Un être ne pourra se mouvoir de lui-même que s'il est possible, en lui, de distinguer ce qui meut de ce qui est mû ; les êtres vivants sont les seuls où ne se puisse marquer une telle séparation.

« Mais, nous l'avons dit, on ne peut diviser une pierre en moteur et mobile, de telle façon que chacun d'eux existe d'une manière actuelle.

» La pierre ne peut être mue que de façon accidentelle par le principe qui existe en elle, car elle n'a d'existence que par ce principe. Si la pierre, en effet, est mobile, c'est parce qu'elle est en puissance d'un lieu inférieur, et si elle est moteur, c'est parce qu'elle est pesante. Si donc elle était mue essentiellement et par elle-même, c'est en tant que grave qu'elle serait chose mue ; mais nous avons déjà admis que, si elle est essentiellement moteur, c'est seulement en tant que grave ; c'est donc de la même manière qu'elle serait essentiellement moteur et chose mue, ce qui est impossible.

» Partant, ici, la pierre n'est pas chose mue d'une manière essentielle, et elle n'est pas non plus moteur qui meuve d'une manière essentielle.

» Mais, dès lors [il faut qu'elle se meuve elle-même d'une manière accidentelle]. Or une chose ne peut se mouvoir elle-même d'une manière accidentelle, à moins de mouvoir essentiellement un mobile autre qu'elle-même. Par exemple, l'homme qui est dans un bateau ne se peut mouvoir accidentellement lui-même, à moins de mouvoir le bateau d'une manière essentielle. La pierre, donc, ne peut mouvoir essentiellement que l'air au sein duquel elle est plongée et, par là, elle se meut [accidentellement] elle-même, parce que le mouvement qu'elle se donne est conséquence du mouvement de l'air, comme le mouvement de l'homme dans le bateau [est conséquence du mouvement du bateau].

» S'il en est ainsi, l'air ou l'eau est nécessaire au mouvement [naturel] de la pierre. Voilà ce que nous avions, dans notre exposition des *Physiques*, promis d'expliquer ici ; cet endroit-ci, en effet, convenait mieux à cette explication. »

Arrêtons-nous un instant à méditer cette théorie ; assurément, elle en vaut la peine.

Aristote a posé un axiome de Mécanique que lui suggérait l'observation courante et quotidienne — c'est-à-dire l'observation complexe et confuse, dont aucune réflexion, aucune analyse n'a distingué et démêlé les divers éléments, en un mot le principe le plus mal choisi pour une théorie scientifique. Cet axiome était le suivant : Toute chose mue est, pendant toute la durée de son mouvement, associée à un moteur qui est lui-même en mouvement, et qui est réellement distinct du mobile.

Cet axiome, dont se réclame toute la Dynamique péripatéticienne, a produit ses conséquences.

Aristote a vu la flèche voler après qu'elle a quitté l'arc ; à cette flèche, il a fallu chercher un moteur qui fût lui-même en mouvement, qui accompagnât la flèche pendant toute la durée de son vol et qui, cependant, fût réellement distinct de la flèche ; ce moteur, on a cru le découvrir dans l'air ébranlé. Ainsi s'est trouvée formulée la théorie péripatéticienne du mouvement violent des projectiles.

La chute des graves ne semblait pas se plier aisément à l'axiome posé par le Stagirite ; il semblait que la pierre qui tombe fût, à la fois, moteur et chose mue. Pour fuir cette inadmissible affirmation, Aristote avait eu recours aux considérations les plus délicates de sa Physique. Mais voici qu'Averroès proposait une explication plus brutale, calquée sur la théorie du mouvement des projectiles. Le moteur de la pierre qui tombe, c'est l'air ambiant ; quant à cet air, c'est la pierre même qui le meut. Ainsi le batelier meut sa barque et la barque mise en mouvement emporte, à son tour, le batelier.

Telle est la Dynamique insensée que le Péripatétisme et l'Averroïsme ont léguée à la Chrétienté latine ; telles sont les folies, autorisées des deux grands noms d'Aristote et du Commentateur, auxquelles les physiciens de Paris devront attacher leur raison, afin qu'elle devienne capable de concevoir la Mécanique des temps modernes.

Parmi les diverses explications de la chute accélérée des graves, nous pouvons deviner maintenant quelle est celle qui eût ravi l'assentiment d'Averroès.

L'air, par son mouvement, est l'instrument nécessaire de la

chute de la pierre ; mais il est aussi l'instrument qui améliore cette chute, qui la rend plus rapide. Or, au fur et à mesure que se poursuit et se prolonge le mouvement de la pierre, l'ébranlement communiqué à l'air croît en force et en étendue. Cet air va donc rendre de plus en plus facile, de plus en plus vite la chute de la pierre. On obtient ainsi, de l'accélération qui s'observe en cette chute, l'explication que l'Antiquité hellénique avait connue, qu'elle avait proposée dans le *Liber de ponderibus*, qui devait être publié en 1565 sous le nom de Jordanus [1].

Averroès connaissait sans doute cette théorie ; c'est à elle, semble-t-il, qu'il faisait allusion lorsqu'il parlait de ceux qui regardent l'air comme un adjuvant de la chute des graves, sans en faire l'instrument nécessaire de cette chute ; il est même permis de croire que cette théorie lui a suggéré le singulier système que nous venons d'exposer.

Ajoutons toutefois, pour être complet, qu'en une circonstance où il faisait à l'accélération des mouvements naturels une très rapide allusion, il s'est exprimé comme l'eût fait un disciple de Thémistius ou de Jean Philopon [2]. « Il est des mobiles qui prennent plus de vigueur quand ils approchent du terme, à cause du très grand désir qui les porte vers ce terme... Ces corps qui prennent plus de vigueur à la fin du mouvement sont ceux qui se meuvent naturellement, c'est-à-dire les graves et les corps légers. »

II

L'EXPLICATION DE LA CHUTE ACCÉLÉRÉE DES GRAVES
AU XIIIᵉ SIÈCLE. — ADOPTION DE LA THÉORIE DE THÉMISTIUS

L'étrange théorie de la chute des graves, proposée par Averroès, ne trouva, semble-t-il, aucun partisan parmi les Scolastiques du xiiiᵉ et du xivᵉ siècles ; pour trouver un physicien qui la reçoive avec faveur, il nous faudra chercher parmi les Averroïstes italiens du xvᵉ siècle, un homme aussi follement épris des thèses du Commentateur que Nicolò Vernias de Chieti.

---

1. Voir : Première partie, ch. VI, § VII ; t. I, pp. 389-393 et pp. 395-396.
2. AVERROIS CORDUBENSIS *Commentaria in libros Aristotelis de Cælo et Mundo*, lib. II, summa II, quæst. V, comm. 35.

L'opinion qui paraît avoir été, tout d'abord, admise d'une manière à peu près unanime, dans les écoles de la Chrétienté latine, c'est celle que Thémistius proposait comme interprétation de la pensée d'Aristote : Un grave, dans sa chute, marche de plus en plus vite, parce que son poids augmente au fur et à mesure qu'il approche de son lieu naturel, qui est le centre du Monde.

Cette explication a été admise par Roger Bacon, dès le temps où, simple maître ès-arts, il commentait la *Physique* d'Aristote à l'Université de Paris ; Bacon l'a enchâssée, d'une façon qui dût alors sembler fort heureuse, dans sa théorie de la pesanteur ; rappelons, en deux mots, ce qu'était cette théorie, que nous avons exposée en son temps [1].

Dans un grave, Bacon distingue deux formes.

Il considère, en premier lieu, la forme qui est l'acte même de la matière de ce corps ; c'est la forme que les Scolastiques nomment habituellement forme substantielle ; Bacon lui donne le nom de forme matérielle.

Il considère, en second lieu, une forme immatérielle, qui survient à la forme matérielle et que celle-ci reçoit par une certaine participation à la nature céleste.

Cette forme immatérielle est, dans la chute du grave, le véritable moteur, tandis que la chose mue, c'est la substance entière du grave, composée de la matière et de la forme matérielle.

Ce n'est pas, d'ailleurs, que la forme matérielle ne contribue, elle aussi, à mouvoir le grave ; incapable, par elle-même et prise isolément, de jouer le rôle de moteur, elle en devient capable après qu'elle a été perfectionnée et excitée par la forme immatérielle et céleste.

C'est au cours de sa seconde série de questions sur la *Physique*, en commentant le huitième livre de cet ouvrage d'Aristote, que Bacon développe cette théorie de la gravité ; c'est aussi à cette occasion qu'il propose son explication de la chute accélérée.

Il est communément admis par tous les Scolastiques qu'une forme substantielle n'est pas susceptible d'être plus ou moins intense ; de la terre, en effet, ne saurait être plus ou moins terre, ni du plomb plus ou moins plomb ; si donc le poids d'un grave était constitué par la forme substantielle, ce poids ne pourrait augmenter au fur et à mesure que le grave s'approcherait de son lieu naturel ; on ne pourrait, au sujet de la forme

---

1. Voir : Cinquième partie, ch. V, § V.

substantielle, formuler cet adage : Autant le corps reçoit de lieu, autant il reçoit de forme.

Mais si la forme substantielle ou matérielle du grave n'est pas susceptible d'acquérir une intensité plus ou moins grande, il en est tout autrement de la forme immatérielle ou céleste qui, dans la chute du poids, est le véritable moteur ; rien n'empêche ce moteur d'être d'autant plus puissant que le grave est plus voisin du centre du Monde ; rien n'empêche le corps pesant de recevoir d'autant plus de cette forme immatérielle qu'il reçoit davantage de lieu naturel ; le lieu jouera, à l'égard de cette forme, le rôle de cause excitatrice.

C'est bien ce qu'admet Bacon ; c'est ce qu'il formule déjà, pour répondre à une objection, au cours de la question qui est ainsi libellée : *Quæritur utrum gravia et levia moveantur a generantibus ipsa.*

« Cette proposition, dit-il [1] : Autant un corps acquiert de forme, autant il acquiert de lieu, est vraie de la forme immatérielle, qui participe du lieu plus que du corps logé. C'est pourquoi le corps se meut plus vite lorsqu'il approche de son lieu propre ; alors, en effet, la vertu ou forme immatérielle qui existe dans le mobile se trouve plus fortement excitée par la vertu du lieu. »

La doctrine qui est simplement esquissée dans ce passage se trouve exposée, sous forme achevée, dans la dernière des questions que Roger Bacon consacre à la chute des graves. Cette question [2] est ainsi formulée : *Quæritur utrum virtus loci moveat grave vel leve.* — Cette question mérite d'être ici traduite en entier.

« Est-ce la vertu du lieu qui meut tout corps grave ou léger ? Voici un argument pour l'affirmative : Au quatrième livre des *Physiques*, il est dit : Elle est bien manifeste, la puissance par laquelle tout corps, lorsqu'il n'en est pas empêché, se meut vers son lieu. Par là, il est évident que le lieu meut tout corps, grave ou léger.

» *Item.* Au quatrième livre *Du Ciel et du Monde*, il est dit : C'est par la même nature qu'un corps est mû vers son lieu et qu'il se repose en ce lieu, ou inversement. Mais c'est par la nature du lieu qu'un grave repose en son lieu. C'est donc aussi par la nature et la vertu du lieu qu'il se meut vers ce lieu.

---

1. Bibliothèque municipale d'Amiens, ms. nº 406, fol. 71, col. b.
2. Ms. cit., fol. 71, col. c. et d.

» *Item*. Ce qui reçoit intensité ou affaiblissement [dans son mouvement] selon qu'il s'approche ou s'éloigne d'une chose est mû par cette chose ; mais un grave se comporte de cette façon à l'égard de son lieu ; ce grave est donc mû par son lieu. La mineure [de ce syllogisme] est évidente ; en effet, plus le grave approche de son lieu naturel, plus vite il se meut et, partant, plus intense est son mouvement ; au contraire, plus il est distant de son lieu, plus il se meut lentement et, partant, plus faible est son mouvement.

» Au contraire : La fin ne meut pas en vérité ; elle n'est motrice que d'une manière métaphysique. Or le lieu meut à titre de fin. Il ne meut donc pas en vérité.

» *Item*. Le lieu est extérieur au corps logé ; il mouvrait donc ce corps, alors qu'il lui est extrinsèque ; un tel mouvement serait un mouvement violent, et non pas un mouvement naturel, ce qui est faux.

» Pour répondre à cette question, il faut observer que, pour un corps grave ou léger, il y a deux moteurs ; l'un meut en vérité, l'autre meut seulement d'une manière métaphysique et selon notre conception. A son tour, le moteur qui meut en vérité est double ; il comprend le moteur principal et un moteur qui excite seulement.

» Nous dirons donc que le lieu meut un corps grave ou léger, d'une part, d'une manière métaphysique et, d'autre part, non pas à titre de moteur principal, mais seulement à titre d'excitateur. Quant à l'agent ou moteur principal, c'est la forme matérielle ou immatérielle du grave.

» Que le lieu meuve d'une manière véritable, tout au moins à titre d'excitateur, cela est rendu évident par la troisième raison. En effet, par la plus grande proximité du lieu, la vertu du grave se trouve excitée par la vertu du lieu, et le grave se meut plus facilement et plus vite.

» Ce que nous venons de dire fournit la solution des raisons invoquées de part et d'autre.

» A la première raison, on répondra que le lieu est cause du mouvement non seulement à titre de cause finale, mais encore à titre de cause efficiente excitatrice. Or la proposition invoquée doit être entendue de la cause efficiente. Le raisonnement procède donc d'une manière concluante.

» Semblablement, la réponse à l'autre argument est évidente. Le lieu meut, en effet, d'une part, à titre de cause finale et, d'autre part, à titre de cause efficiente excitatrice ; mais c'est la forme qui meut d'une manière immédiate et à titre d'agent principal.

» Mais, à ce sujet, on proposera peut-être l'argument suivant : Le lieu attire le corps logé comme l'aimant attire le fer ; or c'est par sa propre vertu que l'aimant attire le fer ; il en est donc de même du lieu et du corps logé.

» Nous répondrons qu'il n'y a pas similitude. Si la vertu de l'aimant se trouvait répandue dans tout l'espace au travers duquel se fait le mouvement de la même manière qu'elle est contenue dans l'aimant, il n'y aurait aucune nécessité que cette vertu de l'aimant se propageât. Le fer, alors, se mouvrait de lui-même vers l'aimant, au travers de ce milieu tout rempli de la vertu magnétique, car, en chaque partie de ce milieu, il recevrait ou acquerrait une existence nouvelle et plus complète.

» Comme il n'en est pas ainsi, il est nécessaire que l'aimant émette une vertu qui excite le fer et le tire vers lui. Mieux encore dira-t-on, comme on le voit au septième livre des *Physiques :* Il faut que la vertu de l'aimant excite la forme même du fer et l'anoblisse ; ainsi anoblie, elle deviendra capable de mouvoir le fer vers l'aimant, tandis que de soi, et sans cette excitation, elle ne le pourrait mouvoir.

» Mais il n'en est pas de même de la vertu du lieu ; de cette vertu, en effet, toute partie de l'espace possède quelque chose, car cette vertu est diffusée dans toutes les parties de l'espace ; il n'est donc pas nécessaire que le lieu émette une vertu par laquelle il attire le corps logé ; c'est de soi que le mobile se meut au travers du milieu, selon que dans ce milieu qu'il traverse par son mouvement, il trouve plus ou moins de l'existence qui lui convient.

» En voilà assez touchant le mouvement des corps graves et des corps légers. — *Et hæc de motu gravium et levium sufficiant.* »

Les dernières remarques, où Bacon compare l'action du lieu naturel sur un corps grave à l'attraction que l'aimant exerce sur le fer, reproduisent la pensée d'Averroès ; nous avons dit autrefois [1] combien ces vues du Commentateur sur les actions magnétiques, vues que tout le Moyen Age a acceptées, étaient, en vérité, prophétiques.

A l'exemple du maître ès-arts Roger Bacon, les physiciens vont, pendant la plus grande partie du XIIIᵉ siècle, expliquer,

---

1. Voir : Première partie, ch. IV, § XVII ; t. I, p. 239.

comme l'avait fait Thémistius, l'accélération qui s'observe dans la chute des graves.

Albert le Grand démontre [1], comme l'ont fait Aristote et Thémistius, qu'un corps grave ou léger ne peut poursuivre son mouvement rectiligne à l'infini. « La terre, le feu et, d'une manière générale, tout corps grave ou léger nous montrent que le mouvement [naturel] ne peut progresser à l'infini. Tous ces corps, en effet, se meuvent plus vite vers la fin de leur mouvement, et leur vitesse devient d'autant plus intense qu'ils s'éloignent davantage du point de départ ; nous en avons, aux *Physiques*, indiqué la cause. Si donc le mouvement de ces corps se poursuivait à l'infini, il faudrait que la vitesse crût aussi à l'infini ; comme, d'ailleurs, aucun accroissement de vitesse ne peut provenir d'autre chose que d'un accroissement de gravité ou de légèreté, il faudrait que la gravité ou la légèreté devînt infinie ; et nous avons précédemment démontré que cela est impossible. »

Le corps qui se meut vers son lieu naturel devient donc continuellement plus pesant ou plus léger ; cet accroissement de pesanteur ou de légèreté n'est pas un accroissement accidentel dû, par exemple, à quelque action du milieu ; c'est un accroissement véritable de la forme naturelle qui constitue la pesanteur ou la légèreté : « Le mouvement naturel, en effet [2], est un progrès vers la forme naturelle ou le lieu *(ubi)* naturel ; plus donc le mobile s'avance, plus sa forme naturelle acquiert de vigueur ; dès lors, puisque le mouvement résulte de la forme naturelle, il faut bien accorder que plus le mobile acquiert de cette forme, plus il se meut avec vigueur et vitesse ; aussi tout mouvement naturel, qui est purement naturel, est-il plus rapide à la fin qu'au commencement ou au milieu, et plus rapide au milieu qu'au commencement. Dans le mouvement violent, l'inverse se produit ; toute chose mue par violence perd quelque peu de la vigueur de sa forme ; lorsque la forme reprend sa vigueur, le mobile revient au mouvement naturel. »

Averroès déclarait impossible cet accroissement que la forme constituant la gravité ou la légèreté éprouverait par suite de l'approche du lieu naturel ; Albert n'admet pas cette impossi-

---

1. Beati ALBERTI MAGNI, Ratisponensis episcopi, *De Cælo et Mundo;* lib. I, tract. III, cap. III : Illorum qui dicunt elementa mundorum non moveri adinvicem eo quod distent in infinitum.

2. B. ALBERTI MAGNI, Ratisponensis episcopi, *Liber physicorum sive physici auditus;* lib. V, tract. III, cap. VIII : De solutione quarumdam dubitationum quae oriuntur ex præhabitis.

bilité ; selon lui, cet accroissement de forme a même cause que la forme elle-même, et cette cause est celle qui a engendré le corps grave ou léger : « On peut démontrer d'une manière naturelle [1], à l'aide des mouvements des corps simples et des corps physiques, comme la terre, et le feu et autres corps semblables, que le lieu est une réalité. Du mouvement de ces corps, en effet, on tire la preuve non seulement que le lieu est une réalité, mais encore qu'il possède une certaine propriété par laquelle la forme des corps qui se meuvent vers lui reçoit son complément. Tout corps physique, en effet, dès là qu'il n'en est pas empêché, se meut vers son lieu propre et naturel comme vers ce qui doit lui donner sa forme parfaite. *Autant donc ce corps reçoit de forme de la part de sa cause génératrice, autant il reçoit de lieu.* Une seule et même cause génératrice, en même temps qu'elle donne une forme à ce corps, lui donne un lieu où cette forme sera complétée et conservée. »

Saint Thomas d'Aquin, comme tous les péripatéticiens qui lui ont succédé, invoque [2] l'accélération du mouvement naturel afin de prouver que ce mouvement ne saurait se poursuivre à l'infini. Il ajoute les considérations suivantes, où nous reconnaissons un résumé des commentaires de Simplicius [3] : « Il faut savoir qu'à cet accident, à ce fait que la terre se meut d'autant plus vite qu'elle descend davantage, Hipparque a assigné pour cause cela même qui a mû violemment le corps ; plus, en effet, le mouvement se prolonge, moins il demeure de la vertu du moteur, et ainsi le mouvement se ralentit. C'est pour cette cause que le mouvement violent est plus puissant au début ; vers la fin, il s'affaiblit de plus en plus, et un moment arrive où le grave ne peut plus être porté vers le haut ; il commence alors à descendre, à cause de la petitesse de ce qui demeure de la vertu communiquée par le moteur, auteur du mouvement violent ; plus cette vertu va s'affaiblissant, plus le mouvement contraire devient rapide.

» Mais cette raison n'est pas générale ; elle s'applique seulement aux corps qui, après un mouvement violent, se meuvent

---

1. B. Alberti Magni *Op. laud.*, lib. I, tract. I, cap. II : De probatione quod locus sit aliquod in natura.

2. Sancti Thomæ ab Aquino *Commentaria in libros Aristotelis de Cælo et Mundo*, lib. I, lect. XVII.

3. Les commentaires au *De Cælo* composés par Simplicius avaient été, en 1271, traduits du grec en latin par Guillaume de Morbeka, qui était l'ami de Saint Thomas d'Aquin. Celui-ci put donc les utiliser et les utilisa largement, en son propre commentaire au *De Cælo*. Ce commentaire fut, en effet, le dernier ouvrage du Docteur Angélique ; lorsque celui-ci mourut, en 1274, cet écrit demeura inachevé.

de mouvement naturel ; elle ne s'applique pas à ceux qui se meuvent de mouvement naturel, parce qu'ils ont été engendrés hors de leurs lieux propres.

» D'autres ont cherché la cause de cet effet dans la quantité du milieu, de l'air par exemple, au travers duquel se produit le mouvement ; ils ont admis que cet air résistait d'autant moins que le mouvement naturel progressait davantage et, par conséquent, qu'il mettait de moins en moins obstacle à ce mouvement naturel. Mais cette raison serait aussi valable pour les mouvements violents que pour les mouvements naturels ; et en ces mouvements violents, c'est l'effet contraire qui se produit.

» Disons donc avec Aristote que la cause de cet effet est la suivante : Plus le corps pesant descend, plus sa gravité prend de force parce que ce corps s'approche de son lieu propre. On prouve ainsi que pour que la vitesse crût à l'infini, il faudrait que la pesanteur crût à l'infini. On en peut dire autant de la légèreté. »

Il est probable que Saint Thomas rendait de cet accroissement de gravité ou de légèreté par l'approche du lieu naturel la même raison qu'Albert le Grand. C'est du moins ce que faisait Pierre d'Auvergne, qui a terminé le commentaire au *De Cælo* interrompu par la mort du Docteur Angélique, son maître. « Les corps graves », disait-il [1], « ou légers sont en puissance du lieu naturel, comme ils le sont de la forme ; ils sont donc mus par la cause génératrice qui leur donne leur forme ; dans la mesure où cette cause leur donne la forme, en la même mesure elle leur donne le lieu. » Cette proposition reproduit textuellement une affirmation d'Albert le Grand et de Roger Bacon. Cette proposition était dans l'enseignement des Scolastiques, un axiome courant.

C'était un homme d'une inlassable curiosité que Roger Bacon. Lorsqu'il avait, une première fois, résolu un problème, il était rare qu'il se tînt pour satisfait de la solution qu'il avait proposée. Presque toujours, il la reprenait et la retravaillait d'une manière incessante, pour la retoucher, l'améliorer, la modifier. Au temps où, simple maître ès-arts, il commentait Aristote à l'Université

---

1. *Libri de celo et mundo* Aristotelis *cum expositione* Sancti Thome de aquino, *et cum additione* Petri de Alvernia. Colophon : Venetiis mandato et sumptibus Nobilis viri domini Octaviani Scoti Civis modoetiensis. Per Bonetum Locatellum Bergomensem. Anno a salutifero partu virginali nonagesimo supra millesimum ac quadringentesimum. Sub Felici ducatu Serenissimi principis Domini Augustini Barbadici. Quinto decimo kalendas Septembres. Liv. IV, comm. 24, fol. 71, col. c.

de Paris, il avait proposé une explication de la chute accélérée des graves ; nous ne nous étonnerons pas que de longues années plus tard, en composant les *Communia naturalium*, il propose une théorie nouvelle, sensiblement différente de l'ancienne.

Aux *Communia naturalium*, Roger Bacon s'est longuement étendu [1] au sujet de l'explication, admise par Thémistius, de la chute accélérée des graves, et des objections que le Commentateur avait élevées contre cette explication. La discussion qu'il développe le conduit à l'adoption d'une sorte de moyen terme. Tout d'abord, de loin comme de près, le grave désire atteindre son lieu naturel ; ce lieu le meut à titre de cause finale, et la puissance motrice qui en résulte a une intensité qui ne varie pas avec la distance. D'autre part, à partir d'une certaine distance, le lieu meut comme cause efficiente, de même que l'aimant meut le fer ; il exerce sur le grave une action qui vient renforcer la première puissance, et cela d'autant plus que le corps pesant est plus près du terme auquel il tend.

Cette supposition compliquée n'est cependant qu'une simplification de l'hypothèse émise par saint Bonaventure. « Pour expliquer le mouvement du grave », dit le Docteur Séraphique [2], « il ne suffit pas d'invoquer la gravité, qualité propre au mobile ; une vertu émanée du lieu qui attire et une autre vertu émanée du lieu qui repousse concourent à ce mouvement. »

Des trois causes invoquées par Saint Bonaventure, Bacon en a supprimé une, l'action répulsive du lieu dont le mobile s'éloigne. Mais laissons la parole au célèbre Franciscain :

« Cette vertu, par laquelle le mobile se porte naturellement vers son lieu, existe-t-elle en ce mobile en vertu d'une influence émanée du lieu ? *Il semble qu'il en soit ainsi*, car, selon le dire d'Aristote, elle est admirable, cette puissance du lieu, par laquelle tout corps, lorsqu'il n'en est pas empêché, se porte vers son lieu propre.

» *Item*, le mouvement du corps vers le lieu est semblable au mouvement du fer vers l'aimant ; on le dit communément ; Averroès en parle au VIIᵉ livre des *Physiques* et ailleurs ; or ce dernier mouvement est produit par l'influence d'une certaine vertu.

---

1. *Liber primus communium naturalium* fratris Rogeri Bacon ; pars III, dist. II, cap. III : De loco ut est res naturalis conservans locatum. (Bibl. Mazarine, ms. 3576, fol. 58.

2. Celebratissimi Patris Domini Bonaventuræ, Doctoris Seraphici, *In secundum librum Sententiarum disputata*. Dist. XIV, pars I, art. III, quæst. II : Utrum motus cælorum sit a propria forma vel ab intelligentia.

» *Item*, le mouvement naturel est plus puissant vers la fin ; plus le grave descend, plus il descend rapidement, comme il arrive pour le fer qui s'approche de l'aimant ; mais la cause de cette plus grande rapidité est la plus grande proximité entre le mobile et le lieu ; pour que le lieu puisse causer cette rapidité, il faut, semble-t-il, qu'il exerce une certaine influence.

» *Item*, la force avec laquelle se meut le grave se renouvelle continuellement lorsque le mobile approche de son terme ; cela provient de ce qu'une certaine disposition se renouvelle en ce corps ; mais il n'est chose dont on puisse dire qu'elle se renouvelle en ce grave si ce n'est la vertu du lieu.

» *Sed contra :* Ce qui meut un corps par l'influence d'une certaine vertu ne le meut pas tant que ce corps ne se trouve pas en deçà d'une distance convenable par rapport à la source de cette influence ; c'est ce qui a lieu pour l'aimant ; l'aimant ne meut pas le fer tant que celui-ci ne se trouve pas, par rapport à celui-là, à une distance convenable, afin qu'il puisse recevoir l'impression de cette vertu par laquelle se produit en lui l'altération qui l'oblige à se mouvoir. Le grave, au contraire, descend vers son lieu à quelque distance de ce lieu qu'on le place, et cela, comme le dit Aristote au IVᵉ livre *Du Ciel et du Monde*, lors même qu'on le placerait en la concavité de l'orbe de la Lune. Il est donc manifeste que le lieu n'exerce aucune influence sur le corps qui se meut vers lui. C'est bien là l'avis d'Averroès au VIIᵉ livre des *Physiques*. Encore qu'il y établisse un rapprochement entre le mouvement du fer vers l'aimant et le mouvement du corps mobile vers le lieu, il y a cependant, entre ces deux mouvements, cette différence que le fer, placé à une distance convenable de l'aimant, en reçoit une certaine altération, tandis que le mobile n'en reçoit aucune de la part du lieu.

» *Item*, à la fin, la matière a, pour la forme, un appétit plus puissant qu'au commencement ; cependant la forme ne meut pas la matière à titre de cause efficiente ; il se peut donc qu'ici il en soit de même.

» *Voici ce qu'il faut dire :* De près comme de loin, la vertu du lieu meut le corps à titre de fin aimée et désirée ; mais de loin, cette vertu ne meut pas le mobile à titre de cause efficiente ; elle ne le meut à ce titre qu'en deçà d'une certaine distance. Par suite de la convenance qui existe entre le grave et son lieu propre, le grave se meut à toute distance vers ce lieu ; il y tend naturellement, il se meut vers lui à quelque distance qu'on le place. Mais, à partir du moment où le grave n'est plus qu'à une distance déterminée du lieu, il reçoit de ce lieu une certaine vertu qui produit en lui une altération par laquelle il se meut plus rapidement. Le fer n'a pas, de soi, un tel appétit vers l'aimant ; il est seulement apte à éprouver cet appétit ; entre sa nature et celle de l'aimant, il n'y a pas une convenance telle qu'il désire de soi-même se joindre à l'aimant et qu'il se meuve vers ce but ; la convenance qu'il y a entre le fer et l'aimant rend seulement le fer apte à recevoir la vertu émanée de l'aimant ; c'est seulement lorsqu'il a reçu cette vertu qu'il désire l'aimant et se meut vers lui. »

III

LA PRÉTENDUE ACCÉLÉRATION INITIALE DU MOUVEMENT DES PROJECTILES. SAINT THOMAS D'AQUIN

En lisant ce que les physiciens du XIIIe siècle ont dit de l'accélération qui s'observe dans la chute des graves, nous n'avons rencontré aucune allusion à l'explication qu'un auteur grec anonyme en avait donnée au *Tractatus de ponderibus ;* cependant, la traduction se trouvait vraisemblablement, dès le temps du Docteur Angélique, aux mains des Scolastiques d'Occident. Cette explication, Saint Thomas d'Aquin va la reprendre et la transposer afin de rendre compte d'un fait, purement illusoire, que l'Antiquité, le Moyen-Age, le temps de la Renaissance ont regardé comme réel.

Aristote a écrit [1] :

« Tout mouvement local qui n'est pas uniforme comporte diminution d'intensité (ἄνεσις), accroissement d'intensité (ἐπίτασις) et maximum d'intensité (ἀκμή) [2]. Le maximum d'intensité a lieu soit au point de départ du mouvement, soit au point d'arrivée, soit au milieu (Ἀκμὴ δ' ἐστίν ἢ ὅθεν φέρεται ἢ οἷ ἢ ἀνὰ

---

1. ARISTOTE, *Traité du ciel*, livre II, ch. VI (ARISTOTELIS *Opera*, éd. Didot, vol. II, p. 395 ; éd. Becker, vol. I, p. 288, col. a.).

2. La traduction de Jean Argyropoulo (Joannes Argyropylus) que suivent l'éd. Didot *(loc. cit.)* et l'éd. Bekker (vol. III, p. 153, col. a) rend ἀκμή par *status ;* c'est un contre sens qui déforme complètement la pensée d'Aristote. Le dictionnaire de Bailly, avec exemples à l'appui, traduit ἀκμή par : le plus haut point (de force, de puissance, etc.). La version dont usait Saint Thomas traduisait ἀκμή par *virtus.*

μέσον). Ainsi, pour les corps qui sont mus de mouvement naturel, il a lieu au terme du mouvement ; pour ceux qui sont mus de mouvement violent, au point de départ ; enfin, pour les projectiles, au milieu (τοῖς δὲ ῥιπτουμένοις ἀνὰ μέσον). »

Aristote enseigne qu'un projectile n'a pas, au début de sa course, sa plus grande vitesse ; cette vitesse maximum, il ne l'atteint qu'au bout d'un certain temps. C'est une grossière erreur, mais c'est une erreur tenace. De nos jours encore, parmi les personnes peu instruites de la Mécanique, il s'en trouve, et en grand nombre, pour croire que le projectile lancé par une arme à feu ne prend toute sa force qu'à une certaine distance de l'orifice du canon.

Les commentateurs d'Aristote se sont montrés fort embarrassés, lorsqu'il leur a fallu expliquer ce passage du Stagirite. Simplicius nous a gardé le souvenir des hésitations d'Alexandre d'Aphrodisias [1].

« Pour les projectiles, dit Aristote, la plus grande puissance est au milieu. Mais qu'entend-il par projectiles ? Ce ne peut être tout simplement les corps physiques, car ceux-ci ont été déjà considérés, soit comme mus de mouvement naturel, soit comme mus de mouvement violent. » Et le philosophe d'Aphrodisias émet l'hypothèse qu'il s'agit des corps vivants ; lorsqu'un être vivant se meut, ce n'est, dit-il, ni au début de son mouvement ni à la fin qu'il a sa plus grande agilité ; c'est au milieu ; les exercices du gymnase le laissent aisément constater.

A cette première explication, Alexandre en fait succéder une autre qu'il donne, comme plus vraisemblable. En parlant, d'abord, des corps qui sont mus soit par nature, soit par violence, Aristote aurait entendu traiter des corps dont la trajectoire est verticale, soit que leur pesanteur ou leur légèreté les entraîne seule, soit qu'ils aient été lancés de bas en haut ou de haut en bas. « Mais les projectiles (ῥιπτούμενα), ce sont les corps qui ne sont mus ni de bas en haut, ni de haut en bas ; ce sont ceux qui sont mus au milieu (ἐπὶ τὸ μέσον) ; c'est aussi au milieu que leur mouvement possède sa plus grande intensité ; le lieu dans lequel un corps est mû est aussi le lieu où se produit le maximum de puissance du mouvement (ἐν ᾧ γὰς κινεῖται ἕκαστον τόπῳ , ἐν τούτῳ καὶ τὴν ἀκμὴν ἴσχει τῆς κινήσεως) ; or les projectiles se meuvent dans une direction intermédiaire entre la verticale

---

1. Simplicii *In Aristotelis de Caelo commentaria ;* in lib. II, cap. VI ; éd. Karsten, p. 190, col. b ; éd. Heiberg, pp. 423-424.

dirigée vers le haut et la verticale dirigée vers le bas. Ainsi en est-il des traits et des flèches... »

« En disant que les projectiles ont au milieu la plus grande intensité de leur mouvement, Aristote n'entendrait pas parler du milieu du mouvement même dont chaque projectile se meut, mais ce terme se rapporterait au caractère local du mouvement dont il est mû (ὅτι τοῖς ῥιπτουμένοις ἀνὰ μέσον λέγοι ἂν οὐ τῆς ἰδίας αὐτῶν κινήσεως, ἣν κινοῦνται, τὸ μέσον λαμβάνων ἀλλὰ τῆς κατὰ τόπον, ἐν ᾧ κινοῦνται.) »

Si tel était vraiment le sens des paroles d'Aristote, il serait permis de penser qu'il a parlé pour ne rien dire, et ce n'était guère son habitude.

Simplicius a donc raison de dire : « Ce n'est point du tout par rapport au lieu qu'Aristote prend le commencement, le milieu et la fin, mais bien par rapport au temps, et à l'égard du mouvement. » Mais en rejetant l'explication d'Alexandre, il n'en propose aucune qui lui soit propre.

Thémistius avait, en quelques mots, fidèlement exprimé la pensée d'Aristote [1] : « Par contre, les corps qui se meuvent de côté [c'est-à-dire horizontalement], comme les flèches qu'on lance, ont leur plus grande vigueur au milieu du mouvement. »

Pour Averroès, interprète fort peu perspicace, en cette circonstance, de la pensée d'Aristote, « les corps qui prennent de la vigueur au milieu de leur mouvement sont les corps qui sont mus par la volonté [2]. »

Non moins infidèle à l'intention du Stagirite, mais imitateur d'Alexandre d'Aphrodisias, Albert le Grand pense [3] que les mouvements qui présentent, au milieu, leur plus grande puissance sont les mouvements des animaux.

Saint Thomas d'Aquin, qui cite les commentaires de Simplicius, leur emprunte l'exposé des opinions d'Alexandre d'Aphrodisias.

---

1. THEMISTII Peripatetici Lucidissimi *Paraphrasis In Libros Quatuor Aristotelis de Cælo nunc primum in lucem edita.* MOYSE ALATINO *Hebraeo Spoletino Medico, ac Philosopho Interprete.* Venetiis, apud Simonem Galignanum de Karera. MDLXXIIII. Fol. 29, r°. — THEMISTII *In libros Aristotelis de Caelo paraphrasis Hebraice et Latine.* Edidit Samuel Landauer. Borolini, MCMII. Trad. latine, p. 105.

2. AVERROIS CORDUBENSIS *In libros Aristotelis de Cælo commentaria*, lib. II, summa II, quæsitum V, comm. 35.

3. B. ALBERTI MAGNI *De Cælo et Mundo*, lib II, tract. II, cap. V : De qualitate motus cæli et qualiter motus inferiorum orbium colligitur ex motibus multis ; et in eo est digressio tangens diversitatem opinionum circa causam diversitatis motuum sphœrarum inferiorum.

« Alexandre, écrit le *Doctor communis* [1], nous dit que le milieu ne doit pas être pris au point de vue du temps, mais au point de vue du lieu. En effet, le mouvement de la flèche et des autres projectiles n'est dirigé ni vers le haut, ni vers le bas ; mais c'est dans une direction intermédiaire entre ces deux-là que se trouve la plus grande vitesse de tels mouvements.

» Toutefois, même en considérant, dans ces mouvements, le milieu au point de vue du temps, nous pouvons encore dire : C'est vers le milieu que de tels projectiles se meuvent le plus vite.

» En effet, comme on le voit au VIIIe livre des *Physiques*, le mouvement de ces projectiles est causé par l'impulsion du milieu qui les transporte, car ce milieu reçoit l'impression du moteur plus facilement que le corps pesant qui est projeté. Partant, lorsqu'une grande quantité d'air a été ébranlée, c'est-à-dire au milieu du mouvement, ce mouvement est plus vite qu'au début, alors qu'une petite quantité d'air était seule mise en branle, ou qu'à la fin, alors que l'impression de l'instrument projetant commence à s'affaiblir. Cela se marque de la façon suivante : Un tel projectile ne produit pas un coup aussi fort sur un obstacle tout-à-fait proche ou sur un obstacle très éloigné que sur un obstacle placé à une médiocre distance. »

Voilà, clairement affirmée, l'idée fausse, mais très répandue, qui se trouvait certainement dans la pensée d'Aristote ; en faveur de cette erreur, l'autorité de Saint Thomas d'Aquin corrobore désormais celle du Stagirite ; de cette prétendue accélération initiale du mouvement des projectiles, le Docteur Angélique a donné une explication calquée sur celle que le *Tractatus de ponderibus* avait donnée de la chute accélérée des graves. La loi illusoire et l'explication étrange vont avoir, l'une et l'autre, une longue fortune au milieu du xvie siècle, lorsque Nicolò Tartaglia et Jérôme Cardan traiteront du mouvement des projectiles, ils auront grand soin de garder l'une et l'autre.

---

1. S. Thomæ Aquinatis *Expositio in libros Aristotelis de Cælo et Mundo*, lib. II lect. VIII.

IV

CE N'EST PAS LA DISTANCE D'UN GRAVE À SON LIEU NATUREL QUI DÉTERMINE LA VITESSE DE CHUTE DE CE GRAVE. RICHARD DE MIDDLETON

Revenons à la chute accélérée des graves et au débat suscité par l'explication de ce phénomène.

Les propositions formulées par les divers auteurs qui ont pris part à ce débat pourraient, dans le langage de la Mécanique moderne, se formuler à peu près ainsi :

Selon Thémistius et ses sectateurs, le poids d'un grave varie avec la distance de ce grave au centre du Monde ; il diminue lorsque cette distance augmente ; les affirmations de Simplicius reviennent à déclarer que le poids est inversement proportionnel à la distance au centre.

Selon Averroès, si une force d'attraction augmente lorsque le mobile se rapproche du centre attirant, cette force doit s'annuler lorsque la distance du mobile au centre surpasse une certaine limite ; c'est, croit-il, ce qui a lieu pour l'attraction exercée par l'aimant sur le fer ; il admet, d'autre part, qu'une pierre demeure pesante à toute distance du centre du Monde ; il faut donc que le poids de cette pierre demeure indépendant de la distance au centre du Monde.

Par une synthèse des deux opinions, Roger Bacon admet que le poids d'un grave est la somme de deux forces : l'une de ces forces est indépendante de la distance du grave au centre du Monde ; l'autre est nulle tant que cette distance surpasse une certaine limite ; lorsque, inférieure à cette limite, cette distance diminue, la seconde force devient de plus en plus grande.

Ces discussions ont été d'un grand intérêt en ce qu'elles ont habitué les philosophes à considérer des forces attractives variables avec la distance ; au jour où les Képler et les Gilbert tenteront de fonder une Mécanique céleste sur l'emploi de telles forces, ils trouveront, soigneusement conservées par l'enseignement des Écoles, les idées que les discussions du XIIIe siècle avaient analysées et éclaircies, et ces idées fourniront les matéraux premiers et essentiels de leurs théories.

Mais en revanche, la théorie de Thémistius, inspirée par

Aristote et généralement adoptée au xiiie siècle, donnait de
la chute accélérée des graves une image entièrement fausse.
Selon cette théorie, la vitesse d'un poids qui tombe dépendrait
non pas de la durée écoulée depuis le début de la chute ni du
chemin parcouru pendant ce temps, mais de la distance du
corps pesant au centre du Monde. Les observations les plus
courantes suffisaient à prouver qu'une telle conséquence était
grossièrement erronée ; nous ne voyons pas, cependant, qu'aucun maître de Scolastique en ait fait la remarque avant Richard
de Middleton ; mais celui-ci a donné à cette remarque une
précision extrême.

Voici, en effet, ce que le Franciscain anglais écrivait [1], dans
les dernières années du xiiie siècle, en commentant les *Livres
des Sentences* :

« Certains prétendent que les corps sont mus par une vertu
émanée du lieu opposé à leur lieu naturel, vertu qui les
repousserait.

» Mais on ne peut dire que ce soit là la cause propre du mouvement des corps pesants ; plus, en effet, ces corps seraient
éloignés du centre, plus ils se mouvraient rapidement, car ils
seraient plus fortement atteints par la cause qui les meut ; or,
il est certain que le mouvement des corps graves ou légers est
plus rapide vers la fin qu'au commencement.

» D'autres disent que la cause de leur mouvement est une
vertu attractive émanée du lieu naturel, en sorte que le mouvement des éléments vers leur lieu propre est un mouvement
de traction.

» Mais, à l'encontre de cette opinion, on peut produire l'argument que voici : Le Commentateur dit qu'une attraction en
laquelle le corps attirant demeure immobile, tandis que le
corps attiré est seul en mouvement n'est pas une attraction
réelle et véritable ; en ce cas, le corps attiré se meut de lui-même
vers le corps attirant, afin d'atteindre sa perfection, tout comme
la pierre se meut vers le bas et le feu vers le haut. »

---

1. *Clarissimi theologi Masgistri* RICARDI DE MEDIA VILLA *Seraphici ord. min.
convent. Super quatuor libros Sententiarum Petri Lombardi Quæstiones subtilissimæ.*
Nunc demum post alias editiones diligentius, ac laboriosius (quod fieri potuit)
recognitæ, et ab erroribus innumeris castigatæ, necnon conclusionibus, ac quotationibus ad singulas Quæstiones adauctæ, et illustratæ, a R. P. F. Ludovico Sil-
vestrio a S. Angelo in Vado, Doctore Theologo, et ejusdem instituti professore.
Cum indice generali, ac locupletissimo totius operis. Ad Illustrissimum et Reve-
rendiss. D. D. Marcum Antonium Gonzagam, Marchionem, Principemq. Rom.
Imperii, et Episcopum Casalensem. Brixiæ, de consensu Superiorum, MDXCI.
Lib. II, dist. XIV, art. III, quæt. IV ; tomus secundus, p. 180.

Contre la théorie de Thémistius, visée dans les lignes que l'on vient de lire, Richard de Middleton produit cet argument tiré de l'expérience :

« Prenons deux corps de même poids et de même figure ; faisons commencer la chute du premier d'un lieu élevé et la chute du second d'un lieu plus bas, et cela de telle sorte qu'au moment où le second (celui qui part du lieu le plus bas) commencera à descendre, le premier (celui qui part du lieu le plus élevé) soit déjà parvenu à une distance du sol égale à celle à partir de laquelle le second commence à se mouvoir. Le grave qui est parti du lieu le plus élevé viendra à terre plus rapidement que l'autre grave ; et cependant lorsqu'ils se trouvaient à égale distance du sol, ces deux corps se comportaient de même à l'égard de l'influence du lieu. »

Cette objection ruine l'explication que Thémistius avait proposé de donner de l'accélération en la chute des graves. A cette explication, quelle est celle qu'il convient de substituer, au gré de Richard de Middleton ? Celle qu'en son traité *De ponderibus*, donnait le Mécanicien grec inconnu. Richard écrit, en effet :

« Voici donc, à mon avis, ce qu'il faut dire : Bien que les divers éléments aient été déterminés par ce qui les a engendrés aux mouvements qui leur sont naturels, cependant c'est par leur propre vertu et [non pas] par la participation de quelque influence siégeant en leurs lieux naturels, qu'ils exécutent les mouvements auxquels la cause génératrice les a déterminés... Mais l'efficacité de ce mouvement est aidée par l'ébranlement du milieu même, ébranlement produit par le corps grave ou léger qui se meut. »

Voilà donc qu'un grand progrès s'est accompli dans la connaissance de la chute des graves. La vitesse avec laquelle un poids tombe à un instant donné peut bien dépendre du temps écoulé depuis le début de la chute ou du chemin parcouru depuis le point de départ ; elle ne dépend pas de la hauteur absolue du grave au-dessus du sol.

Mais le premier effet de ce progrès vers la vérité, c'est de mettre en faveur une erreur, l'explication de l'accélération qui affecte la chute d'un poids par l'agitation de plus en plus intense du milieu ambiant. Par les physiciens qui viendront aussitôt après Richard de Middleton, nous allons voir cette explication généralement reçue.

V

Le prétendu repos intermédiaire entre l'ascension et la chute d'un projectile. — Roger Bacon. — Robert Grosse-Teste. — Richard de Middleton

Pour bien comprendre ce que vont nous dire ces physiciens, il nous faut exposer un problème qui a grandement préoccupé les mécaniciens de la Scolastique ; comme toujours, ce problème avait été posé par Aristote. La Logique d'Aristote, si puissante et si sûre lorsqu'elle se proposait d'analyser les notions et les raisonnements dont l'homme use communément, s'est montrée, dans la plupart des cas, singulièrement incapable de suivre les pensées plus déliées qui composent la Mathématique ; jamais, peut-être, cette incapacité ne s'est montrée plus à nu qu'en la circonstance dont nous allons parler.

Imaginons qu'un point mobile se meuve sur une droite, dans un certain sens, jusqu'au point A puis, qu'arrivé au point A, il rebrousse chemin.

Nous n'éprouvons, aujourd'hui, aucune difficulté à concevoir qu'en A, le mouvement se réfléchisse brusquement ; jusqu'à l'instant où le mobile arrive en A, la vitesse garde une valeur finie et dirigée vers A ; à partir du moment où le mobile a rencontré le point A, la vitesse prend une nouvelle valeur finie, mais sons sens est renversé.

Nous n'éprouvons, non plus, aucun embarras à concevoir qu'en A, le mouvement change de sens sans discontinuité de la vitesse ; tandis que le mobile tend vers A, la vitesse, tout en demeurant dirigée vers A, tend vers zéro ; elle part de zéro, et croît dans un sens opposé au précédent, à partir du moment où le mobile a rencontré le point A.

Ces propositions, qui nous paraissent si simples et si aisées à recevoir, épouvantaient la raison du Stagirite ; elle y voyait des contradictions. Selon le Philosophe, il fallait nécessairement que le mobile, parvenu au point A, y demeurât en repos pendant un certain temps, avant de rebrousser chemin. « Le mobile qui revient en arrière sur une droite doit nécessairement s'arrêter [1]. — Ἀνάγκη ἄρα στῆναι τὸ ἀνακάμπτον ἐπὶ τῆς εὐθείας. »

---

1. Aristote, *Physique*, l. VIII, ch. VIII (Aristotelis *Opera*, éd. Didot, t. II ; éd. Bekker, vol. I, p. 263, col. a).

D'où vient cette nécessité ? Le voici [1] :

« Il n'est pas possible qu'en même temps, le mobile A arrive au point B et en reparte. — 'Α δύνατον γὰρ τὸ Α ἅμα γεγονέναι τε ἐπὶ τοῦ Β καὶ ἀπο γεγονέναι. — Il arrivera et repartira certainement en des instants différents. Assurément, il y aura un certain temps intermédiaire, en sorte que le mobile A se reposera en B. — Χρόνος ἄρα ἔσται ὁ ἐν μέσῳ. Ὥστε ἠρεμήσει τὸ Α ἐπὶ τοῦ Β. »

Ces affirmations, Aristote les accompagne de démonstrations compliquées qui ne parviennent pas à les rendre moins choquantes pour la saine raison.

Elles ont vivement attiré l'attention des Scolastiques ; elles ont, pour une grande part, contribué à grossir l'importance que les logiciens d'Oxford et de Paris ont attribuée aux sophismes en *incipit* et *desinit*, aux discussions sur le *primum instans* et l'*ultimum instans ;* ces controverses nous semblent, aujourd'hui, singulièrement épineuses ; n'allons pas, cependant, les réputer vaines ; ce sont elles, sans doute, qui ont accoutumé notre raison à juger très naturelles des propositions qu'Aristote croyait contradictoires.

Qu'entre deux mouvements de sens contraires, il y eût nécessairement un repos intermédiaire, il s'est rencontré, de très bonne heure, des Scolastiques pour le nier ; les *Questions* de Maître Roger Bacon nous font connaître la forme sous laquelle ils présentaient leurs arguments.

Dans la seconde série de *Questions sur la Physique d'Aristote* conservées par le manuscrit d'Amiens, à propos du huitième livre de cet ouvrage, nous trouvons une question ainsi formulée [2] : QUERITUR *tunc an solus motus localis sit continuus, ut ipse videtur innuere, et etiam circularis.* Parmi les arguments produits au début de la discussion, se lit celui-ci :

« Aristote dit qu'en tout mouvement local autre que le mouvement circulaire se rencontre un repos intermédiaire ; on le voit clairement dans la pierre qui est jetée en l'air et qui, ensuite, retombe à terre. Il semble que ce soit faux et que cela ne prouve pas l'existence nécessaire d'une discontinuité dans le mouvement rectiligne. Imaginons, en effet, qu'une flèche, à l'aide d'un arc, soit tirée vers le haut, et qu'elle rencontre une tour qui tombe ; la tour, assurément, ne se reposera pas au milieu de sa chute ; la flèche qui la heurte ne pourra donc, non plus demeu-

---

1. ARISTOTE, *loc. cit.* (ARISTOTELIS *Opera*, éd. Didot, éd. Bekker, vol. I, p. 262, coll. a et b).
2. Bibliothèque municipale d'Amiens, ms. n° 406, fol. 73, col. b et c.

rer en repos ; partant, le mouvement de la flèche sera un mouvement où ne se rencontre aucun repos intermédiaire. »

Bacon ne regarde pas cet argument comme valable :

« Quant à l'objection tirée de la flèche, il y faut répondre que le mouvement de cette flèche ne peut être continu, car un repos intermédiaire se trouve compris dans ce mouvement. A celui qui le nie, parce que la tour ne se repose pas, au milieu de son mouvement, au moment où la flèche la heurte, nous dirons : Il est vrai que la tour ne demeure pas en repos ; mais grâce à la grande et puissante impulsion produite par la tour qui tombe, l'air est épaissi et condensé ; aussi résiste-t-il à la flèche ; et bien que celle-ci ne demeure immobile que pendant un temps imperceptible, cependant, elle reste nécessairement en repos avant de retomber ; sinon, en effet, le même mobile se mouvrait, en même temps, de deux mouvements contraires, ce qui est absurde, comme Aristote le dit dans le texte. Le mouvement en question est donc discontinu, il n'est point unique, car un repos intermédiaire l'interrompt. »

Au temps où Bacon affirmait ainsi l'existence d'un repos intermédiaire entre l'ascension et la descente d'un projectile, Robert Grosse-Teste, évêque de Lincoln, voulait reconnaître un semblable repos au cours des vibrations d'un corps élastique.

Ce que Grosse-Teste dit de ces vibrations mérite d'être rapporté ici. En effet, les vibrations multiples qu'un corps, écarté de sa position d'équilibre, exécute avant d'y revenir, seront souvent considérées par les Scolastiques, lorsqu'ils chercheront la raison de la chute accélérée des graves ; et c'est fort justement que leur attention se portera, en cette circonstance, sur ce phénomène, dont les oscillations du pendule fournissent l'exemple le plus simple.

Voici donc ce qu'écrit Robert de Lincoln dans son *Traité des arts libéraux* [1] :

« Lorsqu'un corps est frappé fortement, les parties qui ont été frappées et comprimées s'écartent de leur situation naturelle ; ces parties, la vertu naturelle, qui incline fortement à la situation naturelle, leur fait dépasser la juste mesure ; c'est par cette impulsion naturelle *(ipso impulsu naturali)* qu'elles

---

1. Ruberti Linconiensis *bonarum artium optimi interpretis opuscula dignissima nunc primum in lucem edita et accuratissime emendata.* Colophon : ... Mandato et impensis heredum nobilis viri domini Octaviani scoti civis Modoetiensis et sociorum summa diligentia impressa Uenetijs per Georgium arrivabenum anno reconciliate nativitatis 1514 die 4 Februarij. — *Tractatus domini* Linconiensis *de artibus liberalibus;* fol. 2, col. b.

s'écartent de nouveau de leur situation naturelle ; mais après avoir dépassé cette situation ; elles y reviennent par une inclination naturelle. C'est de cette façon qu'un tremblement est engendré dans les très petites parties du corps frappé. Il en est ainsi jusqu'au moment où, enfin, l'inclination naturelle ne chasse plus ces parties au delà de la position qui leur est assignée.

» Dans ce tremblement, dans ce mouvement local des parties ébranlées, voici ce qui a nécessairement lieu : Lorsqu'une partie passe par sa position naturelle, son diamètre longitudinal est à son maximum de contraction, tandis que ses diamètres transversaux atteignent le maximum de leur dilatation. A partir du moment où elle a dépassé sa position naturelle, son diamètre longitudinal se dilate et ses diamètres transversaux se contractent, jusqu'à ce que la particule atteigne le terme de son mouvement local. [Le diamètre longitudinal est alors au maximum de sa dilatation et] les diamètres transversaux au maximum de leur contraction. Lorsqu'ensuite la particule reviendra en arrière ; il y aura dilatation et contraction des divers diamètres suivant une voie inverse de la précédente.

» Cette extension et cette contraction pénétrant la profondeur d'une matière et, surtout, dans un corps, ce qui est aérien et subtil, c'est cela que j'entends par mouvement sonore.

» Or, entre deux mouvements contraires quelconques, il y a un repos intermédiaire ; un mouvement sonore, si petit soit-il et fût-il invisible [1], n'est donc pas continu ; il est interrompu et divisé en parties qui se peuvent compter *(numerosum)*, bien que ce caractère ne se puisse percevoir. »

A côté de l'affirmation erronée du repos intermédiaire, il y a, dans cette analyse du mouvement vibratoire, bien des remarques dont la justesse et la précision sembleront surprenantes pour le temps où elles ont été écrites. Après les avoir lues, nous ne nous étonnerons plus d'entendre, dans la seconde moitié du XIVe siècle, Jean Buridan et ses disciples traiter avec exactitude des oscillations d'un corps écarté de sa position d'équilibre.

Mais, en ce moment, un seul point doit retenir notre attention : L'affirmation, par Robert Grosse-Teste, qu'un repos intermédiaire sépare nécessairement deux mouvements de sens contraires accomplis par un même mobile.

A l'appui de cette proposition d'Aristote, Bacon invoquait l'observation ; lorsqu'un projectile, lancé verticalement, par-

---

1. Le texte, au lieu de : *invisibilem*, met : *indivisibilem*.

vient au somment de sa course, sa vitesse, s'annule ; pendant un certain temps, elle demeure fort petite, en sorte qu'à nos yeux, le mobile semble s'arrêter quelque peu, comme s'il hésitait à retomber. Cette constatation d'une vue peu précise semblait propre à justifier la théorie du Stagirite, qui l'avait peut-être suggérée.

Or la variation de la vitesse d'une flèche qui monte et retombe avait été fort justement décrite et expliquée par Hipparque [1], dont Simplicius, en commentant le *Traité du Ciel*, nous a rapporté la théorie.

Cette théorie d'Hipparque était, sans doute, bien connue dans les écoles au moment où écrivait Richard de Middleton. En 1271, Guillaume de Moerbeke avait traduit le commentaire de Simplicius sur le *De Cælo*. De cette traduction, Saint Thomas d'Aquin avait fait un constant usage en rédigeant ses propres leçons sur le *De Cælo ;* et dans ces leçons, les considérations du grand astronome sur l'ascension et la chute des projectiles n'avaient pas été oubliées [2]. Nous ne nous étonnerons donc pas de retrouver ces considérations sous la plume de Richard de Middleton ; mais nous les y rencontrerons mêlées à la supposition Aristotélicienne du repos intermédiaire, dont Hipparque n'avait pas parlé.

La question examinée par Richard rappelle celle que Bacon avait discutée[3]; un très léger projectile, jeté en l'air, se heurte à une lourde masse qui tombe ; mais ici, le mobile qui monte ne sera plus une flèche ; ce sera une fève ; quant à la masse qui tombe, de tour qu'elle était, elle sera réduite aux proportions plus modestes d'une meule de moulin.

C'est à propos de cette question que Richard écrit les lignes suivantes :

« Il faut savoir que le mouvement ascensionnel de la fève est un mouvement violent ; je dis donc qu'après que le mouvement de la fève est devenu quelque peu éloigné de son principe, la vertu grâce à laquelle la fève monte va en s'affaiblissant ; aussi le mouvement violent est-il plus lent vers la fin qu'il n'était au commencement ; cette vertu finit par être tellement

1. Voir : Première partie, ch. VI, § VI et § VII ; t. I, p. 386 et p. 394.
2. Sancti Thomæ Aquinatis *Expositio in libros Aristotelis de Cælo et Mundo*, lib. I, lect. XVII.
3. *Quodlibeta Doctoris eximii* Ricardi de Media Villa, *ordinis minorum, quæstiones octuaginta continentia.* Brixiæ, apud Vincentium Sabium, MDXCI. Quodlibetum II, art. II, quæst. XVI : Utrum faba ascendens obvians lapidi molari quiescat ; pp. 54-56.

affaiblie qu'elle ne suffit plus à mouvoir la fève vers le haut ;
elle suffit encore, cependant, à en empêcher la descente ; et
alors il faut que le fève demeure, de soi, immobile ; plus tard,
cette vertu s'affaiblit au point qu'elle ne peut plus empêcher
la descente ; la vertu naturelle de la fève l'emporte alors sur
celle-là, et la fève tombe. »

Ajoutons que Richard n'admet plus le repos absolu de la
fève ou de la flèche au moment où elle frappe la lourde masse
qui tombe ; à ce moment, elle demeure en repos par elle-même
(per se) ; mais elle est mue par accident du mouvement que lui
communique l'énorme poids qu'elle a choqué.

L'union, accomplie par Richard de Middleton, entre la
théorie du mouvement des projectiles qu'avait donnée Hipparque et la supposition du repos intermédiaire qu'avait conçue
Aristote aura, pour les progrès de la Dynamique, une très
grande importance ; par l'intermédiaire de la doctrine de
l'*impeto* composé que formulera Léonard de Vinci, elle prépa-
rera l'explication du mouvement des projectiles qu'un jour
développera Galilée ; mais que de méandres va décrire la pensée
des mécaniciens avant d'aboutir à cette théorie du génial
Pisan !

VI

L'EXPLICATION DE LA CHUTE ACCÉLÉRÉE DES GRAVES
PAR L'ÉBRANLEMENT DE L'AIR, AU DÉBUT DU XIVᵉ SIÈCLE

La théorie de Thémistius semble bien avoir été frappée
à mort par les objections de Richard de Middleton ; les auteurs
qui écrivent un peu avant l'an 1300 ou après cette date ne
l'invoquent plus pour rendre compte de l'accélération que
l'on observe en la chute des graves.

Gilles de Rome enseigne [1] que le mouvement naturel est plus

---

1. EGIDII ROMANI *In libros de physico auditu Aristotelis commentaria accuratissime
emendata : et in marginibus ornata quotationibus textuum et comentorum. ac aliis quam-
plurimis annotationibus : Cum tabula questionum in fine.* Ejusdem *questio de gradibus
formarum. Cum privilegio.* Colophon : Preclarissimi summique philosophi Egidii
Romani De gradibus formarum tractatus Venetiis impressus mandato et expensis
Heredum Nobilis viri domini Octaviani Scoti civis Modoetiensis. per Bonetum
Locatellum presbyterum. 12ᵉ kal. Octobr. 1502. Lib. VIII, lectio XXVI, comm. 76,
fol. 189, col. *c.*

rapide vers la fin, tandis que le mouvement violent est plus vite au commencement. « Il faut remarquer », ajoute-t-il, « que le mouvement naturel commence à partir d'un repos violent, tandis que le mouvement violent part d'un repos naturel. Donc plus le mouvement naturel s'éloigne du repos à partir duquel il a commencé, plus il s'approche du centre ; c'est pourquoi ce mouvement se fortifie sans cesse par l'éloignement de l'état de repos d'où il est parti. Dans le mouvement violent, c'est le contraire qui a lieu. »

Peut-être serait-on tenté de voir, dans les lignes que nous venons de citer, une vague allusion à la théorie de Thémistius ; on est porté toutefois à les interpréter d'une tout autre manière lorsqu'on les rapproche de celles-ci [1], où Gilles de Rome examine « ce que c'est qu'un repos violent et comment un tel repos peut être engendré :

« Il faut dire que ce repos violent est engendré par le mouvement violent. Mais on admet en général que tout ce qui est engendré par un tel mouvement a plutôt une cause négative *(privativa)* qu'une cause positive. Si, par exemple, une pierre est jetée en l'air, elle se reposera au sommet de sa course ; mais ce repos provient d'un principe négatif, savoir du manque d'impulsion, bien plutôt que d'un principe effectif et positif. Nous devons imaginer, en effet, que lorsqu'une pierre est jetée en l'air, il lui faut, pour se mouvoir rapidement, une impulsion plus forte que pour se mouvoir lentement, et aussi qu'une impulsion plus forte est nécessaire pour la faire progresser vers le haut que pour la maintenir seulement au lieu qu'elle a déjà atteint. Or, au début, l'impulsion est grande et forte ; puis elle s'affaiblit continuellement ; la pierre donc, ou tout autre objet qu'on lance violemment vers le haut, se meut tout d'abord avec force ; puis, au fur et à mesure que l'impulsion fait défaut, le projectile se meut plus faiblement ; il arrive que cette impulsion devient si faible que l'air ainsi poussé ne suffit plus à faire monter la pierre davantage, bien qu'il suffise à la maintenir en la place élevée qu'elle a atteint ; enfin, en une dernière période, la poussée de l'air s'affaiblit tellement qu'elle ne peut plus soutenir le corps grave que l'on avait lancé vers le haut ; il faut, dès lors, que ce corps retombe. On voit bien qu'un tel repos est causé par une privation et un défaut bien plutôt qu'il

---

1. ÆGIDII ROMANI *Op. laud.*, lib. VI, lectio XI, comm. 64, dubium primum ; éd. cit., fol. 117, col. *d*.

ne procède d'une cause positive et efficiente... Par là, on peut résoudre les objections qui ont été faites précédemment. Lorsqu'on dit : Le mouvement est toujours plus fort lorsqu'il approche de son terme, il faut entendre que ce terme ou ce repos final est engendré par un mouvement dont la cause est positive et non pas négative, ce qui n'est pas vrai du repos violent. » Cela est vrai, au contraire, du repos naturel qu'un corps atteint lorsqu'il parvient à son lieu propre ; « dans ce cas, en effet, le repos engendré par le mouvement naturel est le terme où tend le mobile, car ce terme convient à la nature même de ce mobile ; ce repos a donc une cause positive et n'est pas engendré par la privation. »

Ce passage de Gilles de Rome est remarquable à bien des égards.

Nous y trouvons, en premier lieu, comme nous l'avons trouvé en un *Quodlibet* de Richard de Middleton, l'idée qu'un temps de repos sépare la période pendant laquelle un projectile s'élève de la période pendant laquelle il retombe. Nous y trouvons également un exposé bien reconnaissable de la théorie d'Hipparque ; mais, dans cet exposé, la continuation du mouvement du projectile vers le haut est formellement attribuée à l'impulsion de l'air ébranlé ; il est donc bien vrai que l'adoption de la théorie d'Hipparque ne suppose nullement qu'un *impetus*, imprimé au projectile par la main qui l'a lancé, continue de mouvoir le corps après qu'il a quitté cette main.

Nous ne trouvons pas, cependant, en ces lignes écrites par Gilles, la définition explicite de la cause qui accélère la chute d'un grave. Cette définition, est-il bien malaisé de la deviner ? Au cours des deux passages que nous avons cités, Gilles n'a cessé de comparer, comme le faisait Hipparque, la chute accélérée du grave à l'ascension ralentie du projectile ; ce qui est *positif* en l'un de ces mouvements est *privatif* en l'autre ; nous dirions aujourd'hui que notre auteur passe de l'un de ces mouvements à l'autre par un simple changement de signe ; or, le ralentissement qu'on observe en la montée du projectile, il l'attribue formellement à la diminution de la poussée que l'air exerce sur ce corps ; n'est-il pas clair qu'en sa pensée, l'accélération qui se produit en la chute d'un poids a pour cause l'impulsion croissante d'un air de plus en plus ébranlé ? Comme Richard de Middleton, Gilles s'est rallié à la théorie qu'avait proposée le *Tractatus de ponderibus ;* dès maintenant, il nous est difficile d'en douter ; cela nous sera impossible lorsque nous aurons lu les commentaires adjoints par Walter Burley à la pensée de Gilles de Rome.

C'est au milieu traversé par le grave que Jean de Jandun attribue l'accélération éprouvée par la chute de ce corps ; mais, en ses divers écrits, il fait jouer au milieu des rôles différents.

Lisons d'abord le commentaire au *De Cælo* [1] ; à la théorie de Thémistius, Jandun objecte diverses raisons ; il lui reproche, en particulier, de détruire l'un des arguments dirigés par Aristote contre la pluralité des mondes ; il termine par ces paroles : « Nous accordons que le mouvement naturel est plus rapide à la fin qu'au commencement et qu'un grave, libre de tout empêchement, se meut d'autant plus vite qu'il est plus proche de son lieu naturel. Mais on prétend que cela ne saurait être si la chute de ce poids ne tirait son principe d'une vertu du lieu ; cette proposition, nous la nions ; cela ne se produit pas parce que le poids est mû effectivement par la vertu du lieu, mais parce que la pierre qui approche du centre est suivie d'une plus grande quantité d'air qu'elle ne le serait en un autre lieu, et cet air donne à la pierre une plus forte impulsion ; voilà pourquoi cette pierre se meut alors plus rapidement. »

Jean de Jandun, en ce passage, paraît attribuer l'accélération de la chute des graves à la quantité d'air qui surmonte le mobile; et non pas à l'agitation de cet air. Nous l'allons voir préciser son opinion à ce sujet et la rapprocher de celle du *Tractatus de ponderibus*. C'est dans ses *Questions sur la Physique*, probablement postérieures aux *Questions sur le traité du Ciel*, que nous l'entendrons donner plus de précision à son explication de la chute accélérée des graves.

Au sujet du huitième livre des *Physiques*, Jean de Jandun examine cette question [2] : Un grave inanimé se meut-il de lui-même ? La discussion à laquelle il soumet cette question est une des plus développées que nous trouvions en l'œuvre de notre auteur ; elle a été aussi l'une des plus remarquées de la part des maîtres de la Scolastique, l'une de celles à propos desquelles le nom de l'Averroïste parisien était le plus souvent cité.

---

1. JOANNIS DE JANDUNO *In libros Aristotelis de Cælo et Mundo Quæstiones subtilissimæ.* Lib. IV, quæst. XIX : An grave inanimatum quoquomodo moveatur virtute existente in loco.

2. JOANNIS DE JANDUNO *Super octo libros Aristotelis de physico auditu acutissimæ quæstiones;* sup. lib. VIII quæst. XI : An grave inanimatum moveat seipsum.

Jandun ne méritait cependant pas qu'on lui fît honneur de cette importante question, car voici l'aveu, plein de bonne foi, par lequel il la termine :

« Qu'en notre postérité, ceux qui, du fond de l'âme, seront les amis de la vérité plus que de la renommée sachent bien une chose: Les preuves ici données de la doctrine que je soutiens ne sont pas entièrement de mon invention ; je les tiens d'un théologien que je crois être, parmi mes contemporains, l'un de ceux qui exposent Aristote et le Commentateur avec le plus de subtilité. Toutefois, j'ai ajouté diverses choses qui servent à mettre de l'ordre dans l'explication et la confirmation de cette thèse. »

C'est donc à ce théologien anonyme, et non pas à Jandun lui-même, que nous devons attribuer le passage suivant, où la théorie de Thémistius est, tout d'abord, réfutée à peu près comme elle l'a été par Richard de Middleton :

« Ils disent que la vitesse de chute du grave, plus grande lorsque ce grave est voisin du centre que lorsqu'il en est éloigné, n'a pas d'autre cause qu'une certaine vertu, émanée du lieu naturel dont le mobile est plus proche dans le premier cas que dans le second. Cette proposition peut être niée ; il en résulterait, en effet, la conséquence suivante : Si l'on prenait deux corps de même gravité, dont l'un commencerait à descendre depuis la sphère du feu, tandis que le point de départ de l'autre serait voisin de la terre, à la fin du mouvement, ces deux graves parcourraient des espaces égaux avec des vitesses égales ; manifestement, c'est le contraire qui est vrai.

» Si l'on vient dire ensuite que la vitesse plus grande est due à la plus grande quantité d'air qui suit le mobile tombant d'un lieu plus élevé », — c'est précisément ce qu'enseignait Jandun en ses questions sur le *De Cælo* — « ce n'est plus la vertu du lieu ni le voisinage de ce lieu qui cause cette vitesse ; on s'écarte donc de la première affirmation.

» Mais si l'approche du lieu naturel n'est pas cause de cette vitesse plus grande, on va demander quelle est cette cause. Peut-être faut-il dire, comme certains le font, que cela provient de ce que les parties de l'air que le grave a divisées et qui le suivent sont plus nombreuses à la fin du mouvement qu'au commencement. Il en résulte, affirment-ils, que le grave acquiert une vitesse accidentelle plus grande d'un instant à l'autre. »

Les mots : *propter scissuram plurium partium aeris insequentium* semblent bien indiquer que la cause ici invoquée n'est pas l'épaisseur de la masse d'air qui surmonte le grave, mais l'agitation de la couche d'air qu'il a traversée.

La théorie d'Hipparque a sollicité l'attention de notre Averroïste ; comme Gilles de Rome, il l'expose [1] en admettant formellement que le mouvement d'un projectile est entretenu par l'agitation de l'air ambiant ; mais entre les deux mouvements opposés, il hésite fort à placer la période de repos intermédiaire dont Richard de Middleton et Gilles de Rome ont prétendu démontrer l'existence :

« Vous direz peut-être que cette partie de l'air qui, avec la pierre, s'est mue jusqu'au lieu élevé où prend fin le mouvement d'ascension, soutient ce grave en l'air pendant un certain temps. Nous demanderons par quelle cause cet air retient ainsi le mobile ; alors, en effet, que cet air est très aisément divisible et qu'il cède très facilement, il ne paraît pas raisonnable qu'il puisse empêcher la chute du grave... Peut-être faut-il dire ceci : La partie de l'air qui, par violence, a monté en même temps que le grave conserve, pendant une certaine durée, la vertu de mouvoir d'autres parties de l'air, bien qu'en cette partie même, la vertu capable de mouvoir directement le grave ait cessé d'être ; pendant toute cette durée, elle retient le grave en sa position élevée ; lorsqu'en cette partie de l'air, la première de ces deux vertus prend fin, à son tour le grave se meut lui-même et meut cet air. Mais quelle est cette vertu, pourquoi dure-t-elle tant de temps, ni plus ni moins, enfin par quoi est-elle détruite ? C'est ce qui reste à éclaircir. »

Lorsqu'en son commentaire aux *Livres des Sentences*, Durand de Saint-Pourçain cite Thomas d'Aquin, il le nomme [2] : *Sanctus Thomas;* l'ouvrage est donc postérieur à 1323. D'ailleurs, en terminant cet écrit, Durand nous apprend [3] qu'il l'a commencé dans sa jeunesse et terminé dans sa vieillesse : « *Scripturam super quatuor Sententiarum libros juvenis inchoavi, sed senex complevi.* » Or Durand est mort en 1332. C'est donc après les écrits de Jean de Jandun qu'il nous faut placer le Commentaire aux *Sentences* composé par le Docteur Dominicain.

1. JOANNIS DE JANDUNO *Op. laud.*, sup. lib. VIII quæst. XVII : An motus reflexus continuus esse valeat.

2. D. DURANDI A SANCTO PORTIANO *Super sententias theologicas Petri Lombardi commentariorum Libri quatuor, per fratem Iacobum Albertum Castrensem ad fidem veterum exemplarium diligenter recogniti.* Venundantur Parisiis apud Ioannem Roigny sub basilisco, et quatuor elementis, via ad divum Iacobum. 1539. Lib. I, dist. XVII, quæst. VII, fol. 45, col. *a*.

3. DURANDI A SANCTO PORTIANO *Op. laud.* conclusio Operis ; éd. cit., fol. 324, verso.

Touchant la chute accélérée des graves, l'opinion de Durand de Saint-Pourçain est très voisine de celle que Simplicius attribuait à bon nombre de physiciens dont, d'ailleurs, il taisait les noms.

« Que la distance au lieu naturel diminue ·l'inclination du mobile vers ce lieu, c'est faux », dit Durand [1]. « L'inclination qu'a le corps grave ou léger vers son lieu propre résulte de la forme de ce corps ; tant que cette forme demeure la même, l'inclination ne subit aucun changement ; la distance plus ou moins grande au lieu naturel ne fait rien par elle-même. Si le mouvement naturel est plus intense à la fin qu'au commencement, la cause en est que la résistance du milieu devient moindre, tandis que l'inclination du mobile est supposée constante. En effet, plus l'air est voisin de la terre, moins il a de légèreté et moins il lutte contre le mouvement du grave. On doit en dire autant du mouvement du corps léger. »

Durand de Saint-Pourçain ne voit pas que son explication est aussi fautive que l'explication de Thémistius ; comme celle-ci, elle attribue au poids qui tombe une vitesse qui dépend seulement de la distance au sol.

Avec Walter Burley, nous retrouvons les pensées de Gilles de Rome ; mais nous les retrouvons accompagnées de précisions qui en dégagent nettement le sens, et ce sens est celui que nous leur avons attribué.

Voici, d'abord, un passage [2] concernant la théorie d'Hipparque et le *repos violent* qui sépare, selon Gilles de Rome, les deux mouvements opposés du projectile jeté en l'air :

« La génération du repos violent ne se fait pas de la même manière que la génération du repos naturel. Ce qui cause le repos naturel, c'est la nature même du mobile ; c'est elle aussi qui cause le mouvement naturel ; le repos naturel et le mouvement naturel ont donc pour cause une même nature. Le repos violent, au contraire, est causé par une vertu violente, lors-

---

1. DURANDI A SANCTO PORTIANO *Op. laud.*, lib. II, dist. XIV, quæst. I : Utrum aliquæ aquæ sint super cœlos.

2. BURLEUS *Super octo libros physicorum.* Colophon : Et in hoc finitur expositio excellentissimi philosophi Gualterii de burley anglici in libros octo de physico auditu. Aristo. stagerite. emendata diligentissime. Impressa arte et diligentia Boneti locatelli bergomensis. sumptibus vero et expensis Nobilis viri Octaviani scoti modoetiensis. Et humato Jesu ejusque genitrici virgini Marie sint gratie infinite. Venetiis. Anno salutis nonagesimoprimo supra millesimum et quadringentesimum. Quarto nonas decembris. Tractatus tertius quinti libri in quo agitur de contrarietate motuum et quietum. Caput 2 m tractatus tertii : et est de contrarietate motus, ad quietem et quietum ad invicem ; fol. sign. v 2, col. a.

qu'elle vient à faire défaut. La vertu violente est très forte au commencement du mouvement ; elle est assez puissante pour empêcher le mobile de se mouvoir vers son lieu naturel et pour le mouvoir en sens contraire. Plus tard, à la fin du mouvement [ascensionnel], la vertu violente est tellement affaiblie qu'elle ne suffit plus à mouvoir le mobile dans la même direction ; elle suffit seulement à le maintenir au lieu qu'il occupe ; elle lui donne alors un repos violent. En effet, pour empêcher le mobile de prendre le mouvement naturel, il faut une moindre vertu que pour le mouvoir d'un mouvement contraire ; lors donc que la vertu qui violente le mobile est tellement débilitée qu'elle ne peut plus le faire progresser, elle empêche encore le mouvement en sens contraire et oblige le mobile à demeurer en repos. Lorsqu'ensuite la vertu qui violente le mobile devient si faible qu'elle ne peut plus obliger ce corps à progresser dans le sens primitif, ni empêcher le mouvement naturel alors le mobile commence à se mouvoir de son mouvement naturel. Voilà pourquoi la pierre, jetée en l'air, se repose au point de réflexion, à moins qu'elle n'en soit empêchée. La force projetante est cause de ce repos en ce qu'elle ne suffit plus à faire monter le mobile, mais seulement à l'empêcher de quitter le lieu qu'il occupe et de se mouvoir vers son lieu naturel. C'est sans doute ce qu'entendent certains philosophes lorsqu'ils disent que dans le mouvement violent le repos est engendré *par défaut*, tandis que dans le mouvement naturel, la génération du repos est *effective*. »

Toutes ces considérations sur le repos violent portent, très profondément imprimé, le sceau de Gilles de Rome.

Venons au passage [1] où Walter Burley explique la chute accélérée des graves. Ce passage débute par une phrase textuellement empruntée à Gilles de Rome :

« Il faut remarquer que le mouvement naturel commence à partir d'un repos violent, tandis que le mouvement violent part d'un repos naturel. Donc, plus le mouvement naturel s'éloigne du repos à partir duquel il a commencé [2], plus ce mouvement devient rapide, par suite de la distance à l'état

---

1. GUALTERII BURLÆI *Op. laud.*, lib. VIII, tract. III, cap. III, in quo ostenditur quod motus localis est primus motuum ; éd. cit., fol. sign. DD, col. c. et d.
2. Le texte de Gilles de Rome intercalait ici ces mots : « Plus il s'approche da centre », qui pouvaient sembler une allusion à la théorie de Thémistius. Burley a effacé ces mots qui prêtaient à confusion.

de repos d'où il est issu. Dans le mouvement violent, c'est le contraire qui arrive. »

Ce texte de Gilles, Burley le commente en ces termes :

« Cette proposition, donc : tout mobile se meut d'autant plus vite qu'il s'éloigne davantage du repos, doit s'entendre du mouvement naturel ; en effet, tout corps qui se meut de mouvement naturel se meut d'autant plus vite qu'il s'éloigne davantage du repos, c'est-à-dire du lieu où il demeurait immobile par violence. On peut aussi l'appliquer aussi bien au mouvement violent qu'au mouvement naturel ; il faut alors l'entendre ainsi : Tout corps mû de mouvement naturel se meut d'autant plus vite qu'il est plus distant du repos violent à partir duquel il a commencé à se mouvoir ; et tout corps mû de mouvement violent se meut d'autant plus vite qu'il est plus distant du repos naturel auquel tend son mouvement.

» On dit communément que le mouvement naturel s'accélère vers la fin par suite de la proximité du terme auquel il tend ; il faut bien comprendre que cela n'est pas vrai ; ce n'est pas uniquement parce qu'il s'approche du centre qu'un grave se meut plus rapidement. Prenons, en effet, deux corps de même poids, et supposons toutes choses égales d'ailleurs ; nous voulons dire par là que ces deux corps sont de même figure, de même grandeur, et qu'ils possèdent au même degré tous les caractères qui ont rapport au mouvement ; soient A et B ces deux corps ; plaçons le corps A très haut en l'air, en un lieu dont la distance à la terre soit de dix stades, et soit C ce lieu ; quant à B, plaçons-le en un lieu dont la distance à la terre soit seulement d'un stade, et soit D ce lieu. Que le corps A tombe et, au moment où ce corps A viendra en un lieu qu'un stade sépare du sol, que le corps B commence à descendre ; soit E l'instant où ces corps A et B sont séparés du sol par la distance d'un stade. Il est clair qu'après l'instant E, le corps A descendra plus rapidement que le corps B ; et cependant, à l'instant E, ces deux corps sont également près de la terre. Ce n'est donc pas le plus proche voisinage du lieu naturel qui cause la plus grande vitesse du mouvement naturel, mais bien la plus grande distance au repos violent à partir duquel le mouvement a débuté. A l'instant E, en effet, et pendant toute la durée du mouvement après cet instant, le corps A est plus éloigné du repos violent à partir duquel il a commencé à se mouvoir que ne l'est le corps B du repos violent d'où sa chute a débuté ; aussi, après l'instant E, le corps A se meut-il plus rapidement que le corps B, bien que ces deux corps se trouvent équidistants de la terre et équidistants de leur lieu naturel. C'est donc cette distance au repos violent à partir duquel le corps s'est mis en mouvement qui est la cause de la continuelle accélération du mouvement naturel.

» Mais c'en est là, semble-t-il, la cause éloignée ; aussi faut-il en assigner une cause plus prochaine et plus explicite.

» C'est pourquoi certains prétendent que le grave, dans sa chute, acquiert continuellement une nouvelle gravité accidentelle ; il devient continuellement de plus en plus lourd ; son mouvement s'accélère donc sans cesse. Il en est de même d'un corps léger ; dans son mouvement vers le haut, il acquiert sans cesse une nouvelle légèreté accidentelle. Partant, plus ces corps sont éloignés de l'état de repos violent à partir duquel ils ont commencé à se mouvoir, plus ils se meuvent rapidement.

» Pour moi, il me semble que l'air est grave avec les corps graves et léger avec les corps légers. Lorsqu'un corps grave tombe, la masse d'air qui se trouve devant lui et qu'il pousse vers le bas est toujours de plus en plus grande, tandis que la masse d'air qui suit son mouvement croît, elle aussi, continuellement ; le mouvement s'accélère parce que le milieu qui se trouve en avant du mobile et qui lui cède le passage est de plus en plus grave, et que le milieu qui suit le poids devient, lui aussi, de plus en plus grave et donne à ce corps une impulsion de plus en plus forte ; ainsi le mobile se meut d'autant plus vite qu'il vient de plus loin, parce que son mouvement est, de plus en plus, secondé par le milieu, aussi bien en avant qu'en arrière. »

L'explication que Burley vient de développer est une sorte de synthèse où concourent les pensées de maint auteur de l'antiquité.

Nous y reconnaissons, tout d'abord, la théorie péripatéticienne qui attribue au milieu la continuation du mouvement des projectiles.

Nous y retrouvons, ensuite, l'analogie entre l'accélération du mouvement naturel et le ralentissement du mouvement violent, telle qu'Hipparque l'avait signalée, au dire de Simplicius.

La résistance décroissante du milieu qui précède le mobile y est invoquée comme elle l'était par certains physiciens antérieurs à Simplicius et, plus récemment, par Durand de Saint-Pourçain.

Enfin, l'impulsion croissante du fluide qui suit le grave y est admise comme elle l'était par le *Tractatus de ponderibus*.

Cette synthèse est le résultat d'efforts continus dont l'œuvre de Richard de Middleton, d'abord, les écrits de Gilles de Rome, de Jean de Jandun et de Durand de Saint-Pourçain, ensuite, nous ont apporté le témoignage.

Ces efforts remplissent toute une période du lent développement qu'a subi la théorie de la chute accélérée des graves.

Dans une période précédente, illustrée par les grands docteurs scolastiques du xiiiᵉ siècle, l'explication de Thémistius avait été généralement admise.

De Richard de Middleton à Walter Burley, les maîtres dont les tentatives caractérisent la seconde période débarrassent la science de cette doctrine inadmissible de Thémistius ; ils mettent clairement en évidence cette vérité : La vitesse de chute d'un grave ne dépend pas de la distance de ce grave au centre du Monde, mais bien de la distance du poids qui tombe à sa position initiale ; ils sont moins heureux lorsqu'il s'agit d'expliquer l'accroissement de cette vitesse ; tous, ils en cherchent la raison dans l'influence du milieu.

Aucun d'eux, cependant, n'imite la folie d'Averroès et ne cherche, dans le milieu ébranlé, la cause efficiente de la chute du grave.

Gilles de Rome [1] voit, dans le principe qui a engendré le corps pesant, la cause efficiente du mouvement naturel de ce corps vers le bas ; dans la forme du grave, il voit la cause formelle du même mouvement ; mais à l'étrange théorie d'Averroès, il ne fait même pas allusion.

La longue question empruntée par Jean de Jandun à un docteur qu'il ne nomme pas, et insérée par lui dans ses *Questions sur la Physique d'Aristote* [2], formule cette conclusion : Il est probable qu'un grave inanimé est son propre moteur. — Elle discute avec soin la singulière supposition d'Averroès ; de cette discussion, voici le passage essentiel :

« Il semble impossible à qui ne se mouvrait pas au préalable de mouvement local qu'il puisse mouvoir immédiatement, de mouvement local, un autre corps. Comment la main mouvrait-elle le bâton de mouvement local, si elle ne se mouvait, tout d'abord, d'un mouvement de même sorte ? Et comment la corde de l'arc mouvrait-elle la flèche, si cette corde n'avait un mou-

---

1. Ægidii Romani *Op. laud.*, lib. VIII, lect. X, comm. 30, dubium secundum éd. cit., fol. 168, col. b et c.

2. Joannis de Janduno *Super octo libros de physico auditu Aristotelis subtilissimæ quæstiones;* lib. VIII, quæst. XI : an grave inanimatum moveat seipsum.

vement préalable ? De même, le corps actuellement grave ne donnerait pas au milieu un mouvement local, s'il ne se mouvait auparavant de mouvement naturel. Le mouvement du grave précède donc naturellement le mouvement du milieu. Or, l'effet d'une cause qui est active par elle-même ne paraît pas pouvoir naturellement précéder sa cause.

» En second lieu, quand deux mouvements s'accompagnent l'un l'autre, dont l'un est naturel et l'autre violent et hors nature, il semble plus raisonnable d'admettre que le mouvement naturel est cause du mouvement violent et non naturel que de supposer le contraire. Ainsi le mouvement du ciel et le mouvement de la sphère du feu sont concomitants ; le mouvement du ciel, qui est naturel, est la cause active du mouvement non naturel du feu qui prend un mouvement circulaire étranger à sa nature ; c'est ce qui est démontré au premier livre des *Météores*. Or, tout le monde admet que la chute du grave est naturelle ; la descente de l'air, c'est manifeste, n'est point un mouvement naturel à cet air ; il paraît donc plus raisonnable d'admettre que le mouvement du grave est cause du mouvement de l'air que de supposer le contraire.

» Reste donc qu'aucune chose n'est, par elle-même, et d'une manière immédiate, principe actif du mouvement du grave, si ce n'est la pesanteur même de ce corps. »

Walter Burley tient un langage analogue. Contre Gilles de Rome, il tient que la cause qui a engendré le grave n'est point cause efficiente du mouvement de ce corps. Comme l'auteur dont Jean de Jandun emprunte l'opinion, il met cette cause dans la forme ou gravité du corps pesant. Il énumère, pour les réfuter, les opinions contraires à la sienne ; dans cette énumération, se rencontre le passage suivant [1] :

« La quatrième opinion paraît être celle du Commentateur au commentaire 28 sur le troisième livre *Du Ciel* et au commentaire 42 sur le quatrième livre du même ouvrage. Il y admet que, d'une manière essentielle, les éléments meuvent le milieu et [par là] se meuvent eux-mêmes ; se mouvoir soi-même, en effet, est, pour eux, conséquence du mouvement du milieu ; il prend pour exemple un homme qui se trouve dans une barque ; cet homme, essentiellement, meut la barque, et il se meut lui-même en prenant part au mouvement de la barque.

» Mais c'est le contraire qui semble vrai...

1. BURLEI *Op. laud.*, lib. VIII, tract. II, cap. II, in fine.

» En effet, le mouvement ne meut la pierre qui tombe ni par pression *(pulsus)* ni par traction *(vectio)* ni par rotation *(vertigo)*; partant, puisqu'il est moteur extrinsèque, il ne le meut d'aucune façon ; ce raisonnement conclut évidemment par ce qui est dit au septième livre du présent ouvrage, dans le texte du commentaire 10.

» Peut-être dira-t-on que la pierre est poussée vers le bas par l'air qui la surmonte ou qui l'entoure. Mais, qu'on place cette pierre au sein d'un milieu plus léger que pesant ; elle tomberait encore ; il ne semble pas, cependant, qu'un tel milieu la pousse vers le bas...

» La nature est le principe moteur de ce en quoi elle réside tout d'abord, comme on le voit par le texte du commentaire 3, au second livre du présent ouvrage. C'est donc la forme du corps grave ou léger qui, tout d'abord, meut le corps tout entier ou qui en meut la matière ; ce n'est pas le milieu. »

A Paris, la singulière pensée d'Averroès n'a pu trouver aucun crédit.

VII

FRANÇOIS DE MEYRONNES NIE LE REPOS INTERMÉDIAIRE. — NICOLAS BONET ET GRÉGOIRE DE RIMINI RÉVOQUENT EN DOUTE TOUTES LES EXPLICATIONS, DONNÉES JUSQU'ALORS, DE LA CHUTE ACCÉLÉRÉE DES GRAVES

Le courant des pensées émises, au début du XIVᵉ siècle, au sujet de la chute accélérée des graves, roule une importante vérité pêle-mêle avec plusieurs erreurs. Mais voici que deux des penseurs les plus audacieux de l'ordre franciscain, François de Meyronnes et Nicolas Bonet, vont signaler ces erreurs.

C'est à la supposition péripatéticienne du repos intermédiaire entre l'ascension et la chute d'un projectile que s'attaque François de Meyronnes ; à la combattre, il consacre toute une question de son commentaire aux *Sentences* [1].

---

1. *Preclarissima ac multum subtilia egregiaque Scripta illuminati doc.* F. FRANCISCI DE MAYRONIS *ordinis Minorum in quatuor libros sententiarum...* Colophon : Venetijs Impensa Heredum quondam domini Octaviani Scoti Modoetiensis : Ac Sociorum. 24 April. 1520. Lib. II, dist. XIV ; quæst. VIII : Utrum inter duos motus contrarios intercidat necessario quies. Fol. 151 col. *c.* et *d.*

François de Meyronnes s'en prend à Aristote. Il montre, d'abord, par des exemples tirés de l'Astronomie, que deux mouvements, que deux changements opposés ne requièrent aucunement un repos intermédiaire :

« La lumière de la Lune subit un accroissement, puis un déclin, selon que la Lune s'éloigne ou s'approche du Soleil ; mais entre ces deux actes contraires, on ne saurait assigner un arrêt intermédiaire ; la lumière de la Lune augmente tandis que la Lune s'approche du Soleil et décroît durant que les deux astres s'éloignent l'un de l'autre ; mais on ne saurait donner un temps pendant lequel la Lune ne serait pas en train de s'approcher ou de s'éloigner du Soleil...

» Une même planète tantôt s'approche du Soleil et tantôt s'en éloigne, sans aucun repos intermédiaire. Direz-vous qu'il s'agit seulement d'un mouvement apparent dû à la diversité des positions relatives ? L'objection ne vaut pas ; car il y a bien là deux mouvements contraires, et il n'y a pas de repos intermédiaire... »

» Je dis donc que le mobile n'est à son terme que durant un état instantané *(mutatum esse)*... Mais alors le même mobile ne se meut-il pas, en même temps, de deux mouvements contraires ?... Je dis que les deux mouvements contraires ne sont pas simultanés ; le premier mouvement a pour mesure le temps qui précède [cet instant terminal], et le second mouvement a pour mesure le temps qui suit ; au terme même, il n'y a ni repos ni mouvement. »

Le bon sens de François de Meyronnes a fait justice des paralogismes d'Aristote.

Mais notre franciscain s'en prend aussi à Walter Burley. Celui-ci, pour expliquer le prétendu repos qui sépare la descente d'un projectile de l'ascension, avait tenu ce langage :

« Plus tard, à la fin du mouvement [ascensionnel], la vertu violente est tellement affaiblie qu'elle ne suffit plus à mouvoir le mobile dans la même direction ; elle suffit seulement à le maintenir au lieu qu'il occupe ; elle lui donne alors un repos violent. »

Voici en quels termes Meyronnes met à nu le vice caché de cette explication :

« Je jette une pierre en l'air et je pose la question suivante : Si cette pierre demeure en repos [au sommet de sa course], la cause du repos ne sera-t-elle pas la même que celle du mouvement ?

» Certains disent que la force [projetante], affaiblie, ne suffit pas au mouvement, mais qu'elle empêche la descente.

» A cela je réponds :... Vous admettez l'existence d'une disposition qui va s'affaiblissant. Si cette disposition demeurait un certain temps sans éprouver d'affaiblissement, votre raisonnement pourrait tenir. Mais si elle va s'affaiblissant, [et si, pendant la première moitié du temps de repos que vous considérez, elle suffit à empêcher la chute du projectile], elle n'y suffira plus pendant la seconde moitié de ce temps ; et ainsi à l'infini. »

Ces remarques si précises méritaient de faire bonne et rigoureuse justice du prétendu repos intermédiaire ; mais les erreurs ont la vie dure ; et, de celle-ci, nous verrons de multiples résurrections.

Meyronnes, d'ailleurs ne se débarrasse pas de toutes les idées fausses qui encombraient la Dynamique de son temps. Dans la question même que nous venons d'analyser, il fait allusion à la théorie qui attribue à l'air ébranlé la persistance du mouvement des projectiles. Nous avons dit [1] qu'en une autre question, il enseignait formellement cette théorie et qu'en sa faveur, il citait l'argument suivant : « Nous voyons que le mouvement prend de la force à une certaine distance ; en effet, lorsque celui qui le lance est tout près, le mobile est mû d'un mouvement plus faible. » Au sujet de la prétendue accélération initiale du mouvement des projectiles, Meyronnes partageait donc le préjugé d'Aristote et, de ce phénomène illusoire, il donnait la même explication que Saint Thomas d'Aquin.

Tout en attribuant à l'agitation du milieu nombre d'effets qu'elle ne saurait produire, notre auteur ne suit pas Averroès jusqu'au bout de ses divagations ; il n'admet pas que l'air ébranlé soit la cause de la chute des graves. Traitant des diverses explications de la pesanteur, il écrit [2] :

« Certains disent que le grave meut le milieu et, par cet intermédiaire, se meut lui-même.

» A quoi je réponds : La division du milieu a pour cause la chute du grave ; la division du milieu n'est donc pas la cause de la chute du grave.

» En second lieu, les corps qui sont mus de cette façon sont mus de mouvements violents ; [les graves qui tombent seraient

---

1. *Vide supra.*
2. Francisci de Mayronis *Op. laud.*, lib. II, dist. XIV, quæst. VI : Utrum gravia et levia moveantur a propria forma intrinseca. Ed. cit., fol. 151, col. a.

donc mus de mouvements violents], puisque la division du milieu jouerait ici le même rôle. »

Meyronnes ne nous a pas dit, d'ailleurs, quelle explication il recevait de la chute accélérée des graves ; peut-être n'admettait-il aucune de celles qui avaient été proposées jusqu'alors ; ainsi faisait, nous l'allons voir, son disciple Nicolas Bonet.

Voici ce qu'écrivait ce dernier [1] :

« De ce fait que le mouvement naturel est plus vite à la fin qu'au commencement, il y a, dit-on, deux causes.

» La première, c'est que les moteurs sont, ici, plus nombreux à la fin qu'au commencement et, par conséquent, qu'ils meuvent plus fortement.

» On prend le grave pour exemple. Quand un grave tombe, il divise l'air et, par là, met en mouvement les parties de cet air ; ces parties séparées, afin qu'il n'y ait pas de vide, courent l'une vers l'autre et se rejoignent de suite ; ces parties mises en mouvement meuvent le grave à leur tour. Comme, à la fin du mouvement, le nombre est plus grand des parties qui sont mues et, partant, qui sont motrices, elles mouvront le grave, à la fin du mouvement, plus vite qu'au commencement.

» La seconde cause qu'on assigne est la suivante : Dans le mouvement naturel, le mobile désire sans cesse le terme qui lui est naturel et incline vers ce terme ; le terme naturel paraît ainsi tirer, en quelque sorte, le mobile ; partant, plus le mobile est voisin du terme, plus il le désire et plus fortement il est tiré par lui. »

De ces deux causes, quelle est la plus puissante ? Bonet traite, d'abord, cette question au sujet du mouvement violent ; au précédent chapitre, nous avons rapporté [2] ce qu'il en dit. C'est seulement ensuite qu'il aborde le mouvement naturel, et cela en ces termes [3] :

« Revenons au doute précédent ; on y demande si, dans le vide, le mouvement naturel serait plus vite, et le mouvement violent plus lent, à la fin qu'au commencement.

» Au sujet du mouvement naturel, on dit, avec raison *(et bene)*, que la première cause fait, ici, défaut ; il n'y a pas plus de moteurs [à la fin qu'au commencement].

---

1. Nicolai Boneti *Physica*, Lib. V, cap. III (Bibl. Nat., fonds latin, ms. n° 6678, fol. 150, V° ; ms. n° 16132, fol. 118, col. a et b.)

2. *Vide Supra*, pp. 198-199.

3. Nicolai Boneti *Physica*, Lib. V, cap. IV (Bibl. Nat., fonds latin, ms. n° 6678, fol. 150, V°, et fol. 151, r° ; ms. n° 16132, fol. 118, col. c).

» Par la seconde cause, qui est l'inclinaison naturelle vers le terme, il n'apparaît pas, d'autre part, que le mouvement doive être plus vite [à la fin qu'au commencement]. Le terme, en effet, ne paraît avoir aucune influence locative sur le corps qui s'y doit loger. Ainsi en semble-t-il être du centre du Monde à l'égard du corps grave ; si l'on supposait, en effet, que la terre entière fût anéantie, le grave se mouvrait, de même qu'avant, vers le centre purement conçu ; c'est pourquoi nous disons que le mouvement naturel ne serait pas de ce chef, plus vite à la fin qu'au commencement. »

Bonet s'est contenté de rejeter d'une manière sommaire la théorie qui attribue à l'ébranlement de l'air l'accélération qui s'observe dans la chute d'un grave. Grégoire de Rimini va développer une argumentation plus détaillée ; cette argumentation aura pour principal objet de ruiner la thèse du Commentateur, qui attribue au mouvement du milieu non seulement l'accélération, mais la chute même du grave ; mais, par contre coup, elle vaudra contre la thèse moins absolue du *Liber de ponderibus*.

Voici donc ce que Grégoire de Rimini enseignait à Paris en 1344 [1] :

« Les corps ne sont pas mus par les milieux au sein desquels ils se trouvent. En effet, s'il en était ainsi, le même agent naturel mouvrait, de lui-même, dans des directions différentes et produirait des mouvements contraires. Or cela répugne à un agent naturel qui, de lui-même, est déterminé à une action unique. Prouvons cette conséquence : La même partie du milieu qui produit la descente d'un grave produirait l'ascension d'un corps léger ; il arrive en effet qu'en même temps, un corps léger monte au travers d'une partie du milieu et qu'un grave tombe au travers d'une partie absolument semblable à la précédente et toute proche d'elle.

» En second lieu, s'il en était ainsi, ou bien le corps serait mû, du commencement du mouvement jusqu'à la fin, par la même partie du milieu, ou bien des parties différentes le mouvraient l'une après l'autre. Ce dernier cas est celui qui se présente, disent certaines personnes, dans le mouvement des projectiles.

» La première proposition ne se peut affirmer raisonnablement ; voici, en effet, ce qui en résulterait : Qu'un corps pesant, de la grêle ou de la neige, par exemple, se forme dans la région supé-

---

1. Gregorii de Arimino *In secundum Sententiarum.* Dist. VI, quæst. I, artic. III.

rieure de l'air ; pendant sa chute, une certaine partie de l'air descendrait de cette région supérieure jusqu'à terre, ce qu'on ne saurait, semble-t-il, convenablement prétendre.

» La seconde proposition ne peut, non plus, être soutenue ; s'il en était ainsi, en effet, plus le grave descendrait, plus sa descente serait lente, ce qui est faux ; et la conséquence résulte évidemment de la prémisse, car, en un tel mouvement, le second moteur meut avec moins de force que le premier, le troisième avec moins de force que le second, et ainsi de suite, comme on le voit dans le mouvement des projectiles...

» Ces corps se meuvent eux-mêmes et par eux-mêmes, et non pas simplement par accident. Je pose cette conclusion à cause de l'autorité du Commentateur qui, au troisième livre *Du Ciel*, veut que ces corps ne se meuvent pas eux-mêmes, si ce n'est par contre coup. » Grégoire de Rimini cite alors le texte d'Averroès que nous avons étudié au § I, puis il poursuit en ces termes :

« Je vais prouver le contraire :

» En premier lieu, il est certain, et cela résulte des paroles mêmes d'Averroès, qu'en un semblable mouvement, l'air n'est mu que par l'impulsion de la pierre ; il cède place à la pierre ; dans l'ordre de la causalité, donc, la pierre est mue avant l'air, bien que ces deux corps soient mus en même temps ; ainsi, ce n'est pas parce que l'air est en mouvement que la pierre est mue, mais, au contraire, l'air est en mouvement parce que la pierre est mue ; et derechef, c'est parce que la pierre est mue qu'elle meut l'air ; ce n'est point le contraire qui est vrai...

» En second lieu, si l'on supprimait tout l'air qui se trouve entre la pierre et la terre, et si après avoir attaché la pierre à un fil fin, on l'abandonnait à sa nature, il n'est pas douteux qu'à la suite de la rupture du fil, la pierre tomberait à terre, soit instantanément, soit en un certain temps...

» Enfin, l'exemple allégué par Averroès, si l'on veut l'appliquer pleinement, va contre l'avis de cet auteur. Le batelier, en effet, ne saurait mouvoir son bateau, si auparavant, du moins suivant l'ordre des causes, il ne se mouvait lui-même en totalité ou s'il ne mouvait ses membres ; c'est par suite de ces mouvements que le bateau se meut. Par conséquent, bien que d'une certaine façon, par voie de transport, le batelier soit mû par suite du mouvement du bateau, auparavant, toutefois, du moins selon l'ordre des causes, il se meut lui-même et, par l'impulsion qu'il lui donne, meut le bateau. »

Contre l'explication, proposée par Thémistius, de l'accéléra-

tion qui affecte la chute d'un poids, Grégoire de Rimini dresse-
rait la même objection que Nicolas Bonet : Cette explication
suppose à faux que le lieu naturel agisse sur le grave par une
attraction.

« Les corps naturels ne sont pas mus d'une manière active
par les lieux auxquels ils tendent, comme certains anciens l'ont
pensé. Prouvons cette proposition : S'il en était ainsi, un corps
moins lourd se mouvrait vers le centre, toutes choses égales
d'ailleurs, plus vite qu'un corps plus lourd. La conséquence est
évidemment fausse. Le raisonnement se justifierait cependant
comme on l'a fait ci-dessus. »

Auparavant, en effet, dans une autre circonstance, Grégoire
avait dit :

« Là où les mobiles se comportent d'une manière purement
passive, comme on le suppose dans le cas considéré, et toutes
choses égales d'ailleurs, un corps plus grand ne saurait, par un
même agent naturel, être transformé plus vite qu'un corps
moindre. »

Il ne vient aucunement à l'esprit de notre auteur que l'attraction exercée par le lieu sur le grave pourrait être proportionnelle
en intensité à la masse de ce corps.

Bien qu'il ne se fût, à aucun moment, proposé de traiter des
théories données de l'accélération qui affecte la chute des
graves, Grégoire de Rimini a été conduit à confirmer toutes les
critiques que Nicolas Bonet avait adressées à ces théories.

Mécontent de toutes les explications qui avaient été proposées
de la chute accélérée des graves, Bonet devait souhaiter qu'une
théorie nouvelle fût donnée de cet important phénomène.
Voici que ce désir va recevoir satisfaction.

VIII

JEAN BURIDAN EXPLIQUE PAR L'impetus
LA CHUTE ACCÉLÉRÉE DES GRAVES

En effet, le texte de Burley, que nous avons cité au § VI, nous
annonçait l'ouverture d'une nouvelle période de l'histoire que
nous retraçons ici.

Burley a fait allusion à certains philosophes qui attribuent l'accélération du mouvement naturel au continuel accroissement d'une *gravité accidentelle*. Or, au Moyen-Age, ce nom de *gravité accidentelle* était assurément pris comme synonyme d'*impetus*. « Certains », dit Gaëtan de Tiène [1], « donnent le nom de *gravité* ou de *légéreté accidentelle* à cette vertu communiquée par le moteur au mobile, mais on l'appelle plus communément *impetus*. » Gaëtan était, d'ailleurs, un lecteur assidu de Burley que ses écrits citent constamment. Donc, au temps de Burley, il était des physiciens qui demandaient à un *impetus* croissant d'accélérer la chute des graves.

Quels étaient ces physiciens ?

Nommé chanoine d'Evreux en 1342 [2] Walter Burley vivait certainement encore en 1343 ; il terminait sa carrière alors que Jean Buridan commençait la sienne ; l'allusion que contiennent les commentaires aux *Physiques* composés par le Maître anglais pourrait donc, à la rigueur, viser l'enseignement du Maître picard ; il est plus probable qu'elle a trait à l'opinion de physiciens plus âgés, contemporains de Burley, dont Buridan a été le disciple et dont il a reçu et développé les doctrines.

Comme Bonet, et mieux que Bonet, Buridan réfute les deux explications de la chute accélérée des graves qui avaient eu vogue jusqu'alors.

Voici d'abord [3] pour l'explication du *Liber de ponderibus* et d'Averroès :

« Le grave soulevé n'est pas mû par le milieu, car le milieu résiste. Si je me promène, celui qui me résiste et qui retarde mon mouvement ne me meut assurément pas. C'est bien plutôt le grave qui meut le milieu en le divisant.

» On ne voit pas, d'ailleurs, comment le milieu mouvrait la pierre qui tombe ; il ne semble pas que ce puisse être en la tirant à soi non plus qu'en la chassant devant soi ; et il ne nous apparaît aucun autre moyen par lequel on pourrait dire raisonnablement que le milieu meut cette pierre.

» Contre cette conclusion, il ne sert à rien d'invoquer l'autorité du Commentateur qui dit, au troisième livre *Du Ciel* : Le grave est mû par le mouvement du milieu comme un homme

---

1. *Recollectæ* Gaietani *super octo libros Physicorum cum annotationibus textuum*, fol. 51. Colophon : Impressum est hoc opus per Bonetum Locatellum, jussu et expensis nobilis viri Domini Octaviani Scoti civis Modoetiensis. Anno Salutis 1496.

2. Denifle et Chatelain, *Chartularium Universitatis Parisiensis*, tomus II, pars prior, p. 154.

3. Johannis Buridani *Subtilissime questiones super octo phisicorum libros Aristotelis*, lib. VIII, quæst. IX ; éd. Parisiis, 1509, fol. cxiiii, col. b.

qui se trouve dans un navire est mû par le mouvement du navire... Il y a dissemblance en ceci que le navire mis en mouvement emporte l'homme avec lui, tandis que le milieu n'emporte pas avec lui le grave qui le divise ; d'autre part, l'homme qui se meut dans le navire ne divise pas le navire comme le grave, mû au sein d'un milieu, divise ce milieu. »

Voici maintenant pour la théorie de Thémistius [2] :

« Le grave qui se trouve en l'air n'est pas mû par son lieu naturel, c'est-à-dire par le lieu situé vers le bas, à l'aide d'une attraction, comme l'aimant meut et attire le fer. En effet, il ne faut pas s'imaginer qu'un corps puisse ainsi tirer un autre corps qui ne lui est pas attaché ; à moins cependant qu'il n'imprime dans le milieu et jusqu'à ce dernier corps une vertu ou qualité par laquelle celui-ci soit mis en mouvement ; c'est justement ce que nous dirions du fer mû vers l'aimant ; mais cela ne peut être dit dans le cas qui nous occupe, car alors, près du lieu, cette impression serait plus forte qu'au loin ; partant, le grave se mouvrait plus vite vers son lieu de près que de loin, comme il arrive pour le fer et l'aimant ; or on reconnaît que cela est faux.

» Mais, direz-vous, cet argument doit être retourné en sens contraire ; il est manifeste, en effet, que le grave qui tombe se meut d'autant plus vite qu'il approche davantage du lieu inférieur ; cela ne peut s'expliquer, semble-t-il, que parce que le lieu a, de près, une force d'attraction plus grande que de loin.

» A cela je réponds : Toutes choses égales d'ailleurs, un grave qui est rapproché de son lieu, qui n'en est distant que de trois pieds ou de dix pieds, ne tombe pas plus vite que s'il en était éloigné de cent pieds ou de mille pieds. Qu'un homme se trouve au sommet d'une tour de Notre-Dame, et qu'il reçoive une pierre tombant de dix pieds plus haut ; il n'en éprouvera ni plus ni moins de mal que s'il était au fond d'un puits et que la même pierre lui tombât dessus d'une hauteur de dix pieds ; on voit donc que dans ce lieu-ci, qui est si bas, la pierre ne tombe pas plus vite que dans ce lieu-là, qui est si haut. Partant, il est manifeste que si un grave se meut plus vite ou plus lentement, ce n'est pas parce qu'il est plus proche ou plus éloigné du lieu inférieur. »

Cette critique reprend, en la précisant, la pensée de Richard de Middleton.

---

1. Jean Buridan, *loc. cit.* ; éd. cit., fol. cxiiii, col. a.

De l'accélération qui s'observe en la chute d'un grave, quelle est donc l'explication ? Buridan va nous le dire, car, tout aussitôt, il poursuit en ces termes [1] :

» Partant, il est manifeste que si un grave se meut plus vite ou plus lentement, ce n'est pas parce qu'il est plus proche ou plus éloigné de son lieu ; mais, comme nous le disons plus loin, c'est parce que le corps pesant acquiert de soi-même un certain *impetus* qui se joint à sa gravité pour le mouvoir ; le mouvement devient ainsi plus rapide qu'au temps où le corps pesant était mû par sa seule gravité ; plus le mouvement devient rapide, plus l'*impetus* devient vigoureux ; au fur et à mesure donc que le poids continue à descendre, son mouvement devient de plus en plus rapide, parce qu'en continuant à descendre, il s'éloigne de plus en plus du point à partir duquel il a commencé de tomber ; que cette chute se produise, d'ailleurs, en un lieu plus haut ou en un lieu plus bas, il n'importe. »

Dans ce passage, Buridan promet de revenir à cette explication ; voici en quels termes il tient sa promesse. Après qu'il a montré comment l'*impetus* explique le mouvement des projectiles, il ajoute [2] :

« Cela semble aussi être la cause pour laquelle la chute naturelle des graves va en s'accélérant sans cesse. Au début de cette chute, en effet, la gravité mouvait seule le corps ; il tombait donc plus lentement ; mais, bientôt, cette gravité imprime un certain *impetus* au corps pesant, *impetus* qui meut le corps en même temps que la gravité ; le mouvement devient alors plus rapide ; mais plus il devient rapide, plus l'*impetus* devient intense ; on voit donc que le mouvement ira continuellement en s'accélérant. »

Rappelons maintenant ce que nous avons dit au chapitre précédent : De l'*impetus*, Buridan ne donne qu'une description qualitative ; mais au XVIIe siècle, cette notion cherchera la précision d'une définition quantitative et, après les tentatives erronées de Galilée et de Descartes, elle deviendra enfin la *force-vive* de Leibniz ; nous voyons alors que ce que nous venons de lire est une première aperception de cette vérité : La chute d'un grave doit aller en s'accélérant parce que, dans un mouvement naturel, dans un mouvement conforme à la tendance de la pesanteur, la force-vive doit croître sans cesse. De même, au gré de

---

1. Jean Buridan, *loc. cit.*, coll. a et b.
2. Johannis Buridani *Op. laud.*, lib. VIII, quæst. XII, éd. cit., fol. cxx, col. d.

Buridan, l'*impetus*, au cours d'un mouvement violent, est sans cesse affaibli par la gravité du mobile ; cela se peut, si l'on veut, énoncer ainsi : Dans un mouvement qui contrarie la tendance naturelle de la pesanteur, la force vive diminue sans cesse, en sorte que la vitesse, elle aussi, décroît continuellement.

Nous avons donc là comme une première esquisse, purement qualitative et encore bien indécise, de l'équation que la Dynamique établira plus tard entre le travail et l'accroisement de la force vive.

Nous n'avons pas fini d'interroger Buridan au sujet du mouvement des graves ; en effet, ce qu'il a dit sommairement dans sa *Physique*, il le développait bien plus complètement dans une de ses *questions* sur le *De Cælo* d'Aristote [1] ; il convient de donner ici une analyse de cet important exposé.

Buridan remarque, d'abord, que la réalité de l'accélération dans la chute d'un grave ne fait l'objet d'aucun doute ; mais ce qui est fort douteux, c'est le pourquoi de cette accélération. « Au second livre du traité *Du Ciel et du Monde*, le Commentateur admet, en termes obscurs, qu'en approchant du terme de son mouvement, le grave se meut plus vite à cause du grand désir qu'il a d'atteindre ce terme et à cause de l'échauffement produit par le mouvement même. De ces paroles, ont pullulé deux opinions. »

La première prétend que le mouvement du grave échauffe de plus en plus l'air ambiant et, par conséquent, qu'il le raréfie ; cet air raréfié devient plus aisé à diviser et moins résistant ; la résistance devenant moindre, il est raisonnable que le mouvement devienne plus rapide.

Mais voit-on qu'une pierre tombe notablement plus vite en été qu'en hiver ? L'échauffement de l'air ne peut donc être la raison qui accélère la chute d'un grave.

« L'autre opinion, qui est née des dires du Commentateur, est la suivante : Le lieu est la fin à laquelle tend le corps logé. A quoi quelques-uns ajoutent que le lieu est la cause qui meut le grave par une sorte d'attraction, de même que l'aimant attire le fer. D'une manière comme de l'autre, il semble raisonnable que le grave se meuve d'autant plus vite qu'il s'approche davantage de son lieu naturel. »

---

1. *Questiones super libris de celo et mundo magistri* JOHANNIS BYRIDANI *rectoris Parisius*. Lib. II, quæst. XII : Utrum motus naturalis debet esse velocior in fine quam in principio. Bibliothèque Royale de Munich, Cod. lat. 19551, fol. 90, col. c, à fol. 91, col. c.

Au cours d'une précédente question, Buridan avait déjà rencontré cette explication ; il l'avait rejetée de la manière suivante [1] :

« Prenez deux mouvements, l'un d'une pierre qui se trouve en bas, l'autre d'une pierre qui se trouve en haut, au faîte de Notre-Dame ; laissez tomber ces deux pierres ; l'expérience vous montrera que la pierre d'en bas n'aura pas une plus grande vitesse que la pierre d'en haut. D'ailleurs, elles sont aussi faciles à soulever l'une que l'autre. »

C'est cette argumentation que notre auteur reprend maintenant, avec plus de détails, contre l'opinion qu'il vient d'énoncer.

« Il est manifeste, dit-il, que cette opinion est contraire à l'expérience. Vous soulèverez aussi facilement la même pierre soit qu'elle se trouve en un lieu bas, soit qu'elle se trouve en un lieu élevé, par exemple au sommet d'une tour ; cela ne serait pas si elle inclinait plus fortement vers le bas quand elle est en bas que lorsqu'elle est en haut.

» Cette inclination est plus grande en effet, répondra-t-on, mais l'accroissement n'en est pas assez grand pour être perçu par le sens.

» Cette réponse ne vaut pas. En effet, que cette pierre tombe du sommet de la tour jusqu'à terre ; près de la terre, le sens percevra fort bien une vitesse double ou triple et éprouvera une lésion double ou triple de la vitesse qu'il percevrait, de la lésion qu'il éprouverait en haut, près de l'origine du mouvement ; la cause de la vitesse doit donc être double ou triple ; partant, cette accroissement d'inclination que vous supposiez n'être ni notable ni sensible n'est pas la cause d'une si grande augmentation de vitesse.

» D'ailleurs, qu'une pierre commence à tomber à terre depuis un lieu élevé et qu'une autre pierre semblable commence à tomber à terre à partir d'un lieu bas ; lorsque ces deux pierres se trouvent à un pied au-dessus du sol, elles devraient se mouvoir avec la même vitesse, et point l'une plus vite que l'autre, si la plus grande vitesse provenait uniquement de la proximité au lieu naturel ; ces deux pierres, en effet, seraient alors également proches de leur lieu naturel ; cependant, il est manifeste au sens que celle qui tombe de haut se meut plus vite que celle qui

---

1. Joannis Buridani *Op. laud.*, lib. I, quæst. XVII : Utrum si essent plures mundi, terra unius moveretur naturaliter ad terram alternius ; ms. cit., fol. 78, col. b.

tombe de bas ; celle-là tuerait un homme alors que celle-ci ne le blesserait même pas.

{« » Supposons, en outre, que, d'un lieu très élevé, une pierre parcoure, en tombant, une longueur de dix pieds et rencontre alors un obstacle qui l'arrête ; qu'une autre pierre toute semblable, tombant d'un lieu bas, parcoure de même un espace de dix pieds jusqu'au sol ; on ne percevrait pas qu'un de ces mouvements fût plus vite que l'autre ; l'un, cependant, se fait plus près de la terre, qui est le lieu naturel, et l'autre plus loin.

» De tout cela je conclus donc que ce n'est pas une proximité plus grande au lieu naturel qui rend plus vites les mouvements des corps graves ou légers ; cet accroissement de vitesse provient de quelque autre chose qui s'ajoute ou se retranche en raison de la longueur du mouvement accompli *(sed ex aliquo alio apposito vel remoto ratione longitudinis motus.* »

On propose alors une troisième opinion : « Plus le grave descend, moins il y a d'air au-dessous de lui », et, partant, la résistance qu'il éprouve va en diminuant. Mais, dit Buridan, « cette opinion tombe dans les mêmes inconséquences que la précédente. Nous l'avons dit, en effet ; si deux graves absolument semblables commencent à tomber l'un d'un lieu très élevé et l'autre d'un lieu très bas, de dix pieds au-dessous de terre par exemple, au commencement de leur mouvement, ces deux graves se mouveront avec une égale vitesse *(illa gravia in principio sui motus æque velociter moventur)*, bien que l'un d'eux ait sous lui beaucoup plus d'air que l'autre. »

Notre auteur arrive alors à l'exposé de la théorie qu'il admet :

« Ces diverses explications une fois rejetées, il reste une imagination qui, me paraît-il, est nécessaire.

» Je suppose que la gravité naturelle demeure toujours la même ; qu'elle est absolument semblable avant le mouvement, pendant le mouvement et après le mouvement ; après le mouvement, une pierre se trouve être aussi lourde qu'avant.

» Je suppose, en second lieu, que la résistance provenant du milieu demeure toujours la même et toute semblable ; en effet, comme je l'ai dit, il ne me paraît pas que l'air inférieur qui se trouve près du sol doive moins résister que l'air supérieur ; peut-être, au contraire, est-ce l'air supérieur qui résisterait moins, parce qu'il est plus subtil.

» En troisième lieu, je suppose que si le mobile est le même, si le moteur total est le même, si la résistance est la même ou toute semblable, le mouvement demeurera d'égale vitesse, car le rapport du moteur au mobile et à la résistance demeurera le même.

» J'ajoute alors que, dans la chute d'un grave, le mouvement ne demeure pas également vite, mais qu'il devient continuellement plus vite.

» De tout cela, il faut conclure qu'à ce mouvement concourt quelque moteur autre que la gravité naturelle qui mouvait au début et qui demeure toujours la même.

» Je dis en outre que cet autre moteur n'est pas le lieu qui attirerait [le mobile] à la façon dont l'aimant attire le fer ; ce n'est pas, non plus, une vertu qui existerait dans le lieu, dans le ciel ou dans quelque autre chose...

» De ces propositions, il suit qu'il faut nécessairement imaginer ceci : De son moteur principal, qui est la pesanteur, un grave n'acquiert pas seulement du mouvement ; avec ce mouvement, il acquiert, en outre, un certain *impetus*, qui a vertu pour mouvoir le grave en même temps que la gravité naturelle permanente. Cet *impetus* est acquis à titre de conséquence du mouvement ; aussi, plus le mouvement est vite, plus cet *impetus* est grand et fort. Le grave est donc mû, à la fois, par sa gravité naturelle et par cet *impetus* croissant ; partant, son mouvement s'accélère continuellement jusqu'à la fin. De même que cet *impetus* est acquis en conséquence du mouvement, de même, il s'affaiblit ou fait défaut lorsque le mouvement vient à s'atténuer ou à s'évanouir...

» Il faut remarquer que certaines personnes, à cet *impetus*, ont donné le nom de *gravité accidentelle* ; les dénominations, en effet, sont arbitraires. Cela semble s'accorder avec le sentiment exprimé par Aristote et par le Commentateur au premier livre de cet ouvrage. Ils disent, en effet, que si un grave se mouvait à l'infini, sa pesanteur deviendrait infinie ; plus un grave se meut, en effet, plus vite il se meut ; et plus vite il se meut, plus la pesanteur en est grande. Si cette opinion est vraie, il faut que le grave, tandis qu'il se meut, acquierre continuellement une gravité plus grande ; cette gravité [acquise] ne peut être de même nature que la première gravité naturelle, car celle-ci demeure toujours, même lorsque le mouvement prend fin, tandis que la gravité acquise ne demeure pas [après la cessation du mouvement]. »

Ainsi, dans ses *Questions sur les livres du Ciel et du Monde*, Buridan précise et développe la théorie de la chute accélérée des graves qu'il avait esquissée en divers endroits de ses *Questions sur la Physique.*

Nous allons revenir maintenant à ce dernier ouvrage. Nous allons lui demander si, en tout mouvement qui se réfléchit sur lui-même, un temps de repos sépare l'aller du retour.

Il ne semble pas, nous dira-t-il [1], que ce temps de repos existe. « Si une meule très lourde tombait de haut et qu'une fève fut lancée contre elle, la fève, en touchant la meule, serait réfléchie vers le bas ; pour qu'elle demeurât en repos au terme où se produit la réflexion, il faudrait que la meule demeurât immobile pendant le temps de repos de la fève, ou bien que la fève entrât dans la meule ; mais la pénétration de la meule par la fève est impossible et il serait absurde que cette fève arrêtât cette meule ; la fève ne demeurerait donc pas en repos au terme où son mouvement se réfléchit.

» *Item.* Une balle qu'on lance par terre se réfléchit. Si elle est demeurée en repos, je demande ce qui la meut au moment où elle se réfléchit vers le haut. Elle n'est certainement pas mue par la terre ; il faudrait, en effet, que ce fût par une traction ou par une impulsion ; et c'est impossible, car nous admettons que la terre demeure immobile, et ce qui tire ou pousse doit être en mouvement. D'autre part, ce n'est pas l'air qui meut la balle vers le haut, car, nous le verrons plus loin, ce n'est pas ainsi que sont mus les projectiles. Enfin, elle n'est pas mue par l'*impetus* que lui a imprimé celui qui l'a lancé ; (c'est ainsi, on le dira plus loin, que sont mus les projectiles) ; en effet, si un tel *impetus* est imprimé au projectile, il cesse, toutefois, lorsque le corps qu'il mouvait vient à demeurer en repos. Si donc la balle demeurait en repos et, après ce repos, se mettait en mouvement, elle ne serait mue par rien.

» *Item.* Supposons qu'une pierre ou une flèche, lancée verticalement, demeure en repos en l'air. Qu'est-ce qui la retiendrait en ce lieu pendant le temps de son repos ? Ce n'est assurément pas le mouvement précédent qui l'empêcherait de tomber, puisque ce mouvement n'existe plus. Ce n'est pas davantage l'*impetus*, puisque l'*impetus* a pris fin avec la cessation du mouvement. Or, rien d'autre n'interviendrait ici, qui suffît à maintenir cette pierre en l'air à l'état de repos...

» Aristote paraît affirmer le contraire.

---

1. Johannis Buridani *Subtilissime questiones super octo phisicorum libros Aristotelis*, lib. VIII, quæst. VIII ; éd. cit., fol. cxvi, col. b, c et d.

« A moi, il me semble qu'il faut absolument accorder la conclusion suivante : Sur une même ligne droite dont les extrémités sont B et C, le mobile A peut se mouvoir de B vers C, puis réfléchir son mouvement vers B, sans aucun repos intermédiaire, comme le prouvaient les arguments précédents. »

Le bon sens des physiciens de Paris a eu raison du paralogisme d'Aristote ; c'est ce même bon sens, d'ailleurs, qui, aux théories péripatéticiennes du mouvement des projectiles et de la chute des graves a fini par substituer des doctrines raisonnables où la Dynamique moderne se trouve en germe.

IX

ALBERT DE SAXE
TENTE DE FORMULER LA LOI DE LA CHUTE DES GRAVES

Albert de Saxe est un élève de Jean Buridan ; de la Dynamique de celui-ci, il garde tout, ou presque tout ; la question du repos intermédiaire est la seule où nous le verrons s'écarter d'une façon malencontreuse de ce que son maître avait enseigné ; par contre, en nombre de points, nous aurons à marquer un progrès de la Mécanique d'Albert sur la Mécanique du philosophe de Béthune.

Comme tous les physiciens qui, de Richard de Middleton à Buridan, se sont succédés, Albert de Saxe ne veut pas que le poids du grave varie avec la distance de ce grave au centre de la terre. Il écrit, à ce sujet, une phrase remarquable, en ce que l'intensité de la pesanteur y est donnée non point comme déterminant la vitesse avec laquelle un grave *se meut*, mais seulement comme déterminant la vitesse avec laquelle il *commence à se mouvoir*. De l'hypothèse que le poids est d'autant plus grand que le grave est plus près du centre du Monde, « on tirerait », dit-il [1], « cette conclusion : Toutes choses égales d'ailleurs, un grave ne commencerait pas à se mouvoir avec la même vitesse lorsqu'il partirait de points situés à des dis-

---

1. ALBERTI DE SAXONIA *Subtilissimæ quæstiones in libros de Cælo et Mundo*, lib. II, quæst. XIV (apud edd. Venetiis, 1492 et 1520. Cette importante question est omise dans les éditions données à Paris en 1516 et 1518).

tances différentes de son lieu naturel *(Non a quacunque distantia a suo loco ipsum grave inciperet moveri æque velociter cæteris paribus)*. Cette conséquence est contraire à l'expérience et, pourtant, elle est logiquement déduite ; la vertu attractive serait plus forte de près que de loin ; si donc un corps commençait à se mouvoir près de son lieu naturel, le début de son mouvement serait plus rapide que s'il avait commencé à se mouvoir loin de ce même lieu. *(Virtus attractiva est fortior prope quam longe; ideo si aliquod corpus naturale inciperet moveri prope suum locum naturalem, velocius inciperet moveri quam si incepisset moveri remotius a suo loco naturali.)* »

Entre ces propos d'Albert de Saxe et notre proposition moderne : Des forces diverses agissant sur le même mobile sont entre elles comme les accélérations qu'elles impriment à ce mobile, quelle différence y a-t-il ? Visiblement, la pensée est la même ; mais pour la formuler et la préciser, nous disposons du merveilleux langage qu'a créé le calcul infinitésimal.

Dans trois de ses ouvrages, les *Questions sur la Physique*, les *Questions sur le Traité du Ciel*, enfin le *Tractatus proportionum*, Albert a, comme Buridan, ramené à la continuelle croissance de l'*impetus* l'accélération qui affecte la chute d'un poids.

Dans ses *Questions sur la Physique*, après avoir proposé la théorie de l'*impetus* pour expliquer le mouvement des projectiles, il écrit [1] :

« On peut expliquer de la même manière pourquoi le mouvement naturel est plus rapide à la fin qu'au commencement ; il faut dire à ce sujet que le mobile mû de mouvement naturel acquiert une certaine aptitude à ce mouvement, et cette aptitude acquise, en s'unissant à la gravité, meut plus rapidement le mobile. »

En commentant le *Traité du Ciel et du Monde*, dans la question même que nous citions il y a un instant, Albert s'exprime en ces termes [2] :

« Il est une autre opinion au sujet de l'accélération du mouvement naturel, et c'est cette opinion que j'approuve. Selon cette opinion, il faut imaginer qu'un grave qui tombe acquiert,

---

1. ALBERTI DE SAXONIA *Quæstiones in libros de physica auscultatione ;* lib. VIII, quæst. XIII.
2. ALBERTI DE SAXONIA *Quæstiones in libros de Cælo et Mundo ;* lib. II, quæst. XIV (apud edd. Venetiis, 1492 et 1520. — Comme nous l'avons dit, cette question fait défaut dans les éditions données à Paris en 1516 et en 1518).

outre sa gravité naturelle, un certain *impetus* ou gravité accidentelle *(gravitas accidentalis) ;* cette gravité accidentelle vient
en aide à la gravité naturelle pour mouvoir le grave d'un mouvement plus rapide. On en doit dire autant de la légèreté.
Plus longtemps le corps naturel se meut, plus grand est l'*impetus*
qu'il acquiert par là ; par suite, il se meut, continuellement,
de plus en plus vite ; à moins toutefois que cet accroissement
de vitesse ne soit empêché parce que la résistance éprouve une
croissance plus grande que celle de l'*impetus* acquis. — *Secundum
quod ipsum corpus naturale movetur diutius et diutius, secundum
hoc sibi acquiritur major et major impetus, et secundum hoc
movetur velocius et velocius; nisi tamen hoc impediretur per
majorem crescentiam ipsius resistentiæ quam esset impetus sic
acquisitus.* »

Albert insiste sur ce rôle de la résistance du milieu ; ce qu'il
en dit, et que nous allons rapporter, suppose que cette résistance dépende seulement de la densité du milieu ; que la vitesse
du mobile y ait sa part, notre auteur ne le soupçonne assurément
pas.

C'est pourquoi il écrit : « Seconde conclusion : Tout mouvement local naturel qui se fait dans un milieu homogène *(medium
uniforme)* est plus vite à la fin qu'au commencement. On le
prouve : La résistance demeure constamment la même par
hypothèse, puisque le milieu est homogène, et la puissance
motrice augmente par l'effet de l'*impetus* acquis qui vient en
aide à cette puissance pour produire le mouvement...

» Quatrième conclusion : Le milieu au sein duquel le mouvement doit s'accomplir peut être disposé de telle sorte que le
mobile tomberait, à la fin, précisément avec la même vitesse
qu'au commencement ; il en serait évidemment ainsi si le milieu
n'était pas de résistence uniforme et si la résistance de la partie
inférieure surpassait la résistance de la partie supérieure d'une
quantité égale à l'aide que l'*impetus* pourrait apporter à l'intensité de l'accélération du mouvement ; dans ce cas, en effet,
le grave traverserait tout le milieu d'un mouvement uniforme.

» Qui plus est, on pourrait disposer un milieu de telle façon
qu'un mouvement naturel s'y fît, à la fin, plus lentement qu'au
commencement ; cela aurait évidemment lieu, si la partie
inférieure du milieu résistait plus que la partie supérieure, et
cela de telle manière que cet accroissement de résistance fût,
pour affaiblir le mouvement, plus puissant que l'*impetus* acquis
ne l'est pour accroître l'intensité de ce même mouvement. »

Ce sont là exercices d'une Mécanique encore bien puérile et bien encombrée d'idées fausses ; et cependant, cette Mécanique surpasse singulièrement celle du *Liber de ponderibus* qui attribuait à l'ébranlement de l'air l'accélération de la chute du grave.

Dans la question que nous étudions, Albert écrit encore :

« Il faut imaginer que cet *impetus*, de même qu'il est acquis par suite du mouvement, diminue de même ou fait défaut quand le mouvement diminue ou fait défaut...

» Selon cette opinion, on peut poser certaines conclusions :

» La première est la suivante : La cause de l'accélération *(velocitatio)* du mouvement naturel est l'*impetus* acquis dans le mobile ; cet *impetus* est acquis par suite de ce mouvement naturel *(consequenter ad motum naturalem)*... On le prouve par similitude avec la course de l'homme. Après qu'il a commencé de courir et qu'il a couru très vite, cet homme ne peut plus bien s'arrêter quand il veut ; cela n'a lieu, semble-t-il, qu'à cause de l'*impetus* qui continue de l'incliner au mouvement. »

Enfin nous lisons au *Tractatus proportionum* de notre auteur :

« Un grave qui descend en milieu uniforme descend plus vite à la fin qu'au commencement ; cela ne provient pas, cependant, d'un plus grand rapport de la puissance à la résistance, puisqu'on a supposé que la résistance était uniforme... A cet argument, je réponds ceci : Lorsque le grave a, pendant un certain temps, exercé son mouvement en descendant dans le milieu uniforme, le rapport de la puissance motrice totale à la résistance n'a plus, à la fin, même valeur qu'au commencement ; tandis, en effet, que la résistance demeure uniforme, la puissance devient plus intense grâce à l'*impetus* qui est acquis par ce grave au fur et à mesure qu'il descend ; cet *impetus*, joint à la puissance motrice principale de la pierre, la meut plus vite à la fin qu'au commencement. »

Comme son maître Buridan, Albert de Saxe invoque l'*impetus* pour expliquer le rebondissement d'une balle qui a frappé le sol :

« Suivant cette opinion, dit-il [1], on peut rendre cause de ce fait qu'un grave qui tombe avec force et qui rencontre une résistance, est réfléchi du côté par où il était venu. En voici la cause : En tombant, le grave acquiert un *impetus* qui ne se détruit pas d'une façon subite ; lorsqu'il rencontre un obstacle, l'*impetus* qui n'est pas encore détruit et qui continue d'incliner

---

1. Alberti de Saxonia *Quæstiones in libros de Cælo et Mundo;* quæst. cit.

au mouvement, ne pouvant plus mouvoir le grave vers le bas, le meut, au contraire, vers le haut ; et ce dernier mouvement se poursuit jusqu'à ce que l'*impetus* soit détruit. »

Dans la belle question où il développait la théorie de l'*impetus*, Jean Buridan, après avoir expliqué le rebondissement de la balle qui frappe le sol, écrivait :

« De même une corde de cithare que l'on a fortement tendue et que l'on a frappée demeure longtemps agitée d'un tremblement grâce auquel elle émet un son d'une certaine durée, et voici comment cela se fait : Après que le coup dont elle a été frappée l'a incurvée violemment d'un certain côté, elle revient si rapidement à sa rectitude première qu'elle dépasse cette rectitude, à cause de l'*impetus*, et s'en écarte en sens contraire ; elle revient alors en arrière et recommence un grand nombre de fois. C'est par une cause semblable qu'une cloche continue à se mouvoir tantôt d'un côté, tantôt de l'autre, fort longtemps après qu'on a cessé d'en tirer la corde ; on ne peut l'arrêter facilement ni rapidement. »

Dans ce passage, le philosophe de Béthune indiquait sommairement comment l'*impetus* doit intervenir lorsqu'on veut expliquer les oscillations d'un corps écarté de sa position d'équilibre, les vibrations d'une corde sonore ou le va-et-vient d'un pendule.

De même, Albert de Saxe, tout aussitôt après qu'il a expliqué la réflexion qui suit le choc, poursuit en ces termes [1] :

« Selon la théorie précédente, on dirait encore ceci : Supposons que la terre soit percée d'outre en outre et que, par ce trou, un grave descendit vers le centre avec une grande vitesse ; au moment où le centre de gravité de ce corps qui tombe deviendrait le centre du Monde, le corps poursuivrait son mouvement vers l'autre côté du ciel, parce que son *impetus* ne serait pas encore détruit, et, par conséquent, il irait en montant ; quand cet *impetus* viendrait à faire défaut, le grave se mettrait à descendre ; dans cette descente, il acquerrait de nouveau un certain *impetus* qui lui ferait, derechef, dépasser le centre ; cet *impetus* une fois détruit, il retomberait encore ; il se mouvrait ainsi en oscillant de part et d'autre du centre, jusqu'à ce qu'il n'y eût plus en lui aucun *impetus ;* alors, il demeurerait en repos. »

Ainsi la Dynamique de Buridan est recueillie, développée, précisée par Albert de Saxe. Celui-ci ne délaisse quelque peu

---

1. ALBERT DE SAXE, *loc. cit.*

l'enseignement de son maître qu'au sujet du problème célèbre du repos intermédiaire.

Sans doute, Albert, comme Buridan, admet cette conclusion contraire à la doctrine d'Aristote [1] : « Entre le mouvement naturel et le mouvement violent d'un corps, il n'y a pas toujours repos intermédiaire. » Cette conclusion, il la justifie par les raisons mêmes dont son maître avait usé. Il ne pense donc pas que l'existence d'un temps d'immobilité entre l'ascension et la descente d'une flèche soit nécessaire de nécessité logique. Mais il croit que ce repos se produit réellement ; il en explique le maintien par la théorie suivante :

« Lorsqu'une pierre ou une flèche est lancée en l'air, entre l'ascension et la descente de ce corps, il se doit rencontrer un repos intermédiaire, à moins que l'opposition de quelque obstacle ne vienne empêcher ce repos de se produire ; c'est ce qui a lieu dans le cas, dont on tire argument, où une meule qui tombe rencontre une fève lancée vers le haut. Lorsqu'il n'y a aucun obstacle de ce genre, il y a repos intermédiaire entre l'ascension violente et la descente naturelle du projectile. On le prouve de la manière suivante :

» Lorsqu'un corps grave est lancé violemment de bas en haut, pour que ce corps cesse de monter, il faut que le mouvement *(motus)* qui l'entraîne vers le haut cesse de surpasser [la somme de] la résistance du milieu et [de] la pesanteur du projectile. Mais alors, ce projectile ne se met pas aussitôt à descendre ; pour qu'il descende, en effet, il faut que la force impulsive *(virtus impulsiva)* soit tellement affaiblie que le poids du projectile surpasse non seulement cette force, mais la somme de cette force et de la résistance ; et pour cela, il faut un temps pendant lequel le projectile ne monte ni ne descend, mais demeure en repos. »

Le raisonnement d'Albert de Saxe est caduc parce que, comme l'a remarqué Buridan, la force impulsive, l'*impetus* est nul dès là que le projectile demeure en repos ; parce que la résistance de l'air s'annule, elle aussi, dans ce cas. Mais, en soi, ce raisonnement n'était pas absurde ; qu'on l'applique au cas où la force motrice ne s'évanouit pas avec la vitesse du mobile, où la résistance est un frottement qui ne tend pas vers zéro avec cette vitesse ; le *repos intermédiaire* dont ce raisonnement

---

1. ALBERTI DE SAXONIA *Quæstiones in libros de physica auscultatione ;* lib. VIII, quæst. XII.

prouvera l'existence sera ce qu'on nomme souvent aujourd'hui un état de *faux-équilibre.*

Il n'en est pas moins vrai qu'Albert avait été mal inspiré en rendant aux projectiles ce temps de repos intermédiaire que son maître leur avait sagement refusé : nous verrons, cependant, quel rôle la théorie que nous venons d'entendre exposer a joué dans l'analyse du mouvement des projectiles.

Parfois, en innovant sur Buridan, Albert est plus heureux ; il l'est, par exemple, et à un très haut degré, lorsqu'il veut préciser la loi mathématique qui régit la chute accélérée des graves [1].

Albert remarque, d'abord, que cette proposition : Le mouvement devient plus intense vers la fin, peut s'entendre de diverses manières. Selon un premier sens, le mouvement (et par ce mot : *motus*, Albert, comme tous ses contemporains, entend ce que nous entendons par *vitesse instantanée*) peut croître en devenant double, triple, quadruple, etc. Selon un second sens, il peut croître de telle manière qu'à sa valeur première s'ajoute la moitié de cette valeur, puis la moitié de cette moitié, etc. En langage moderne, on dirait que la vitesse peut croître suivant une progression arithmétique, ou bien que les accroissements successifs de cette vitesse peuvent former une progression géométrique décroissante.

Ces énoncés nous paraissent incomplets. Quelle est la variable indépendante à laquelle sont rapportées les valeurs de la vitesse dont il y est fait mention ? Le silence d'Albert à cet égard provient de ce qu'il suppose son lecteur au courant de la science de son temps, et la connaissance de cette science nous permet de suppléer à ce silence. Lorsque les scolastiques du xive siècle traitaient de l'intensité d'une propriété quelconque *(intensio formæ)*, ils la regardaient comme fonction de l'extension *(extensio)* de la même propriété ; dans le cas du mouvement, ils distinguaient deux sortes d'extensions, l'extension selon le chemin parcouru *(extensio secundum distantiam)* et l'extension selon la durée *(extensio secundum tempus).*

Les énoncés abrégés d'Albert doivent donc s'entendre ainsi :

Lorsqu'on range suivant une progression arithmétique croissante soit les chemins parcourus par le grave, soit les durées de chute, on peut supposer ou bien que les valeurs de la vitesse

---

1. ALBERTI DE SAXONIA *Quæstiones in libros de Cælo et Mundo;* lib. II, quæst. XIV : Utrum omnis motus naturalis sit velocior in fine quam in principio ? — Comme nous l'avons dit, cette question manque dans les éditions données à Paris en 1516 et en 1518.

croissent suivant une progression arithmétique, ou bien que les accroissements successifs de ces valeurs suivent une progression géométrique de raison inférieure à l'unité.

Admettre que la loi de la chute des corps appartient nécessairement à l'un de ces quatre types, c'est faire une supposition qui nous semble singulièrement étroite ; une infinité d'autres lois nous apparaissent comme également possibles. Que l'on puisse concevoir d'autres lois de la chute des graves, Albert ne l'ignore pas et, tout à l'heure, il va en définir qu'il discutera. Mais ces quatre-là, par leur plus grande simplicité, séduisent particulièrement son attention et lui semblent les plus probables. Et d'ailleurs, Huygens, en 1646 [1], ne regardait-il pas encore comme certain que la chute des corps dût suivre l'une de ces quatre lois, et ne lui paraissait-il pas suffisant de décider, par l'exclusion de trois d'entre elles, que la quatrième était exacte ?

Albert de Saxe se propose un objet analogue à celui que Christian Huygens devait, un jour, s'efforcer d'atteindre.

Pour fixer son choix, il invoque, à titre d'axiome, une proposition qu'il regarde comme l'expression de la pensée d'Aristote : Si un grave était placé infiniment loin du centre du Monde et si on le laissait tomber, la vitesse de ce grave croîtrait au delà de toute limite, et elle deviendrait infinie avant que le mobile eût atteint le centre de l'Univers.

Fort de cet axiome, notre auteur exclut les lois de chute de la seconde forme, car selon ces lois, quelque grande que soit la durée de la chute ou quelque long que soit le chemin parcouru par le mobile, la vitesse ne pourrait jamais dépasser une certaine limite assignable d'avance.

Une considération du même genre lui permet d'exclure certaines autres lois que l'on pourrait proposer ; on pourrait imaginer que la vitesse crût en progression arithmétique alors que les accroissements successifs du temps formeraient une progression géométrique de raison fractionnaire, de raison 1/2 par exemple, ou bien encore, alors que les accroissements successifs de l'espace parcouru suivraient une semblable progression. Ces hypothèses, en effet, permettraient à la vitesse de chute de prendre toute valeur, si grande soit-elle, avant la fin du mouvement, et cela quelque petite que soit la durée

---

1. *Huygens et Roberval, Documents nouveaux*, par C. HENRY ; Leyde, 1880. Lettre de Christian Huygens à Mersenne en date du 28 octobre 1646.

de ce mouvement ou quelque petit que soit l'espace parcouru, ce qui est absurde : « *Nam tunc sequeretur quod quilibet motus naturalis qui per quantumcunque tempus parvum duraret, vel quo quantumcunque parvum spatium pertransiretur, ad quemcunque gradum velocitatis pertingeret ante finem ; modo est falsum.* »

Il est permis d'admirer la finesse et la précision avec laquelle, au milieu du xiv⁰ siècle, un maître ès-arts savait mettre en évidence l'absurdité de certaines suppositions touchant la loi de la chute accélérée des graves.

A la discussion que nous venons d'analyser, Albert donne la conclusion suivante :

« Il faut donc entendre que l'intensité du mouvement du grave devient double, triple, etc., dans le sens suivant : Quand un certain espace a été parcouru, ce mouvement a une certaine intensité (vitesse) ; quand un espace double a été parcouru, la vitesse est double ; quand l'espace parcouru est triple, elle est triple, et ainsi de suite. *Et ideo tertia conclusio intelligitur, quod intenditur per duplum, triplum etc., ad istum intellectum quod, quando ipso pertransitum est aliquod spatium, est aliquantus ; et quando ipso est pertransitum duplum spatium, est in duplo velocior ; et quando ipso pertransitum est triplum spatium, est in triplo velocior ; et sic ultra.* »

La loi ainsi formulée par Albert de Saxe comme loi possible de la chute des graves n'est pas la proportionnalité de la vitesse à la durée de la chute ; c'est la proportionnalité de la vitesse à l'espace parcouru par le mobile. On sait que cette loi devait séduire Galilée dans sa jeunesse et qu'il en devait, plus tard, démontrer l'absurdité. Avant Galilée, Léonard de Vinci devait connaître la même hésitation. Mais on doit remarquer qu'en l'analyse d'Albert, l'*extensio secundum tempus* est, constamment, mise en parallèle de l'*extensio secundum distantiam ;* sauf en la conclusion que nous venons de citer, notre auteur a toujours soin de répéter de l'une ce qu'il a dit de l'autre ; la concision seule de son exposé l'a, sans doute, détourné de prolonger cette répétition jusqu'à la fin, et de signaler comme également recevable la proportionnalité de la vitesse à la durée de la chute ; entre cette loi exacte et la loi erronée, son choix, très certainement, demeurait suspendu ; l'attention d'un lecteur intelligent pouvait se porter aussi bien sur la loi exacte qu'Albert n'avait pas formulée que sur la loi erronée dont il avait donné l'énoncé explicite.

Chez aucun des contemporains ni des successeurs immédiats

d'Albert de Saxe nous n'avons rien trouvé qui précisât la loi selon laquelle croît la vitesse de chute d'un grave. Mais la grande vogue des *Quæstiones in libros de Cælo* composées par notre auteur suffit à nous assurer que l'École de Paris, au cours du Moyen-Age, ne demeura pas ignorante de ce qu'il avait enseigné touchant cette importante question. L'imprimerie se chargea d'ailleurs, au moment de la Renaissance, de donner à cet enseignement une plus grande extension. A la vérité, deux éditions des *Quæstiones in libros de Cælo*, celles qui furent données à Paris en 1516 et en 1518, ont omis la question où se trouve étudiée la loi d'accroissement de la vitesse en la chute accélérée d'un grave ; mais les éditions données à Pavie en 1481, à Venise en 1492, en 1497 et en 1520 suffisaient à réparer cette omission.

Qu'à la fin du XVᵉ siècle, qu'au début du XVIᵉ siècle, on lût attentivement les *Questions* rédigées par Maître Albert de Saxe, les témoignages en sont innombrables ; que le passage dont nous venons de faire l'analyse eût, à cette époque, attiré l'attention de certains scolastiques, nous en pouvons citer une preuve convaincante.

Vers la fin du XVᵉ siècle, le Parisien Pierre Tataret rédige un manuel de Philosophie intitulé : *Clarissima singularisque totius Philosophiæ necnon Metaphysicæ Aristotelis expositio*, ou bien encore : *Commentationes in libros Aristotelis secundum Subtilissimi Doctoris Scoti sententiam*. Comme bon nombre de ceux qui, au XVᵉ siècle, enseignaient la Théologie en Sorbonne, Pierre Tataret, par ses doctrines métaphysiques, se rattache à l'École scotiste, tandis qu'il emprunte ses théories de Mécanique à l'École nominaliste parisienne et, en particulier, à Albert de Saxe ou à Marsile d'Inghen. C'est ainsi que son manuel, en ce qui touche la loi suivant laquelle s'accélère la chute d'un grave, se borne à reproduire textuellement [1] ce qu'Albert avait écrit en ses *Quæstiones in libros de Cælo et Mundo*.

Or le résumé de Philosophie composé par Pierre Tataret eut une vogue extrême ; le *Repertorium bibliographicum* de Hain en mentionne sept éditions incunables, et d'autres éditions, fort nombreuses, furent imprimées pendant le premier tiers du XVIᵉ siècle. Par là, la doctrine d'Albert de Saxe reçut une nouvelle et très considérable diffusion. Nul ne l'ignorait,

---

1. PETRI TATARETI *Op. laud.*, *De Cælo et Mundo* lib. IIᵘˢ, tract. II, circa finem.

sans doute, parmi les maîtres parisiens, au temps où Léonard
de Vinci vint en France terminer sa glorieuse existence, au
temps où Soto recueillit les enseignements de l'Université parisienne. Lors donc que nous entendrons Léonard de Vinci d'abord,
Dominique Soto, ensuite, enseigner que la chute d'un grave est
un mouvement uniformément accéléré, nous serons en droit
de penser que leur affirmation a été suggérée par les suppositions qu'Albert de Saxe avait indiquées.

Nous aurons ainsi, semble-t-il, découvert la source de l'une
des lois essentielles de la chute des corps.

Mais au moment où Albert de Saxe composait ses *Questions
sur les livres du Ciel et du Monde,* on connaissait, à Paris et à
Oxford, ce qu'on nomme, ordinairement, la seconde loi de la
chute des corps, bien qu'il s'agisse d'un pur théorème de Ciné-
matique ; on savait comment se calcule le chemin parcouru
pendant un certain temps par un corps mû de mouvement uniformément varié ; cette règle, Nicole Oresme l'avait justifiée,
à l'aide de sa méthode géométrique, dans son traité *De difformitate qualitatum.*

En 1368, Albert de Saxe rédigeait ses *Quæstiones in libros de
Cælo et Mundo ;* en 1371, Nicole Oresme regardait déjà comme
ancien son traité *De difformitate qualitatum.* Avant l'an 1370,
donc, deux grandes vérités avaient été l'une entrevue, l'autre
découverte ; on avait émis l'hypothèse que la chute des graves
était un mouvement uniformément accéléré ; on avait formulé
la loi qui, en un tel mouvement, lie l'espace parcouru au temps
employé à le parcourir. Il suffisait de donner la première proposition comme assurée et de la comparer à la seconde pour
que les deux lois essentielles de la chute des corps se trouvassent formulées. Le fruit, semble-t-il, était mûr ; le plus léger
attouchement allait suffire à le détacher.

Or, en dépit de cette prévision, plus d'un siècle et demi va
s'écouler avant que ce fruit soit cueilli ; c'est seulement dans
les écrits de Dominique Soto que la supposition d'Albert de
Saxe d'une part, que la découverte d'Oresme d'autre part, se
compléteront en se rejoignant ; jusqu'au jour où elles seront
réunies par le savant dominicain, ces deux idées vont se transmettre d'âge en âge et d'école en école, mais en demeurant
séparées l'une de l'autre.

Mais détournons nos yeux de la route qui reste à parcourir
pour mesurer du regard le chemin déjà fait.

Au moment où Albert de Saxe compose ses *Questions sur*

le Traité du Ciel, il n'y a pas encore cent ans que Saint Thomas d'Aquin a commencé, pour ne les point achever, ses *Leçons* sur le même ouvrage. Durant ce laps de temps, qui n'est pas d'un siècle, quel progrès a été accompli, et avec quelle régulière continuité !

Dans les *Leçons* du *Doctor communis,* ce que nous entendons professer de la manière la plus formelle, c'est la Dynamique péripatéticienne, c'est-à-dire la doctrine la plus gravement erronée qu'ait professée le Stagirite.

Si un projectile continue à se mouvoir après avoir quitté l'engin ou la main qui l'a lancé, c'est qu'il est entraîné et transporté par l'air ébranlé ; l'air, en effet, parce qu'il est fluide, est apte à garder, pendant un certain temps, l'impulsion que lui a communiqué le moteur initial ; mais ce serait une grave erreur d'attribuer une semblable aptitude au projectile solide, de croire que ce dernier continue à se mouvoir en vertu d'une certaine force ou énergie qu'on y aurait infusée lorsqu'on l'a lancé.

Si un poids qui tombe descend avec une vitesse croissante, c'est que, d'instant en instant, il est plus voisin du centre du Monde, qui est son lieu naturel, et que, par là, son poids va, sans cesse, en croissant.

Un projectile, au commencement de sa course, va aussi d'un mouvement accéléré ; et de cette accélération purement fantaisiste, on donne une explication non moins fantaisiste en invoquant l'ébranlement du milieu que traverse le projectile.

Fermons les *Leçons* de Saint Thomas d'Aquin et ouvrons les *Questions* d'Albert de Saxe. Qu'y lisons-nous ?

Ce n'est pas l'air ébranlé qui maintient en mouvement le projectile ; l'air que le projectile doit diviser dans sa course n'a pas de force motrice ; il joue seulement le rôle de résistance. Ce qui meut le projectile, c'est l'*impetus* que l'instrument de jet a communiqué à ce corps ; cet *impetus* est d'autant plus grand que la vitesse est plus grande ; à vitesse égale, pour des corps différents, l'*impetus* est proportionnel à la masse du corps.

Le mouvement violent ne dure pas indéfiniment, parce que l'*impetus,* en luttant contre la pesanteur naturelle du projectile et contre la résistance du milieu, va sans cesse en s'affaiblissant.

Il en est tout autrement dans le mouvement naturel ; là, l'*impetus* croît sans cesse et, partant, il en est de même de la vitesse du mobile ; c'est cette raison, et non pas un continuel accroissement de pesanteur, qui accélère incessamment la chute d'un grave. De cette accélération, d'ailleurs, on entrevoit déjà la formule mathématique.

Les alternatives de croissance et de décroissance de l'*impetus* dans un mouvement qui, alternativement, est naturel et violent, rendent compte des oscillations d'un corps de part et d'autre de sa position d'équilibre.

Tel est, en quelques mots, la bilan des acquisitions faites, par la Science mécanique des Parisiens, entre le temps de Saint Thomas d'Aquin et le temps d'Albert de Saxe. La Dynamique d'Aristote a été renversée de fond en comble ; on a posé les fondements d'une Dynamique qui sera celle de Galilée, de Descartes, de Pierre Gassendi, de Torricelli, en attendant qu'elle soit celle de Huygens, de Leibniz et de Newton.

X

LE PREMIER DÉCLIN DE LA DYNAMIQUE A L'UNIVERSITÉ DE PARIS. NICOLE ORESME

Avec Jean Buridan et Albert de Saxe, la Dynamique parisienne est parvenue au plus haut point de son développement ; et tout de suite, sans temps d'arrêt, sans « repos intermédiaire », elle va se mettre à décliner ; ce déclin sera, d'abord, très lent ; déjà, cependant, il se laissera décèler dans les écrits de Nicole Oresme et de Marsile d'Inghen.

De la cause qui accélère la chute des graves, Oresme pense exactement comme Jean Buridan et comme Albert de Saxe. De son opinion, il donne un exposé qui nous rappellera, de très près, celui d'Albertutius. Nous trouverons cet exposé en lisant le commentaire que notre auteur a donné, en français, au *Traité du Ciel et du Monde* [1] ; cette lecture nous apprendra, en même temps, qu'Oresme tenait le même parti dans un commentaire, aujourd'hui perdu, qu'il avait composé sur les *Physiques* d'Aristote.

Oresme se propose de commenter un texte du Stagirite, texte qu'il traduit de la manière suivante :

____

1. NICOLE ORESME, *Traité du Ciel et du Monde*, livre I, ch. XVIII ; Bibl. Nat. fonds français, ms. n° 1083. fol. 16, col. d.

« Si l'isnelté [1] estoit infinie, il conviendroit que la pesanteur fust infinie, et ainsi de la légièreté ; car tant plus descent la chose pesante, tant est l'isnelté plus grande, et de tant est la pesanteur plus grande et l'isnelté est plus grande. Et doncques se l'addicion de la pesanteur est infinie, l'addicion de l'isnelté sera infinie. »

A ce texte, voici la « glouse » qu'adjoint le Doyen du Chapitre de Rouen [2] :

« Et *econverso*. Et il fu dit, en le xıᵉ chapitre, que pesanteur infinie ne puet estre.

» Mes ici est à noter premièrement que l'isnelté du mouvement de la chose pesante ne croist pas tousjours en descendant, car se le moien par quoy il est fait estoit plus aspès ou plus fort à deviser en bas que en hault, ce pourroit estre tellement que le mouvement serait plus tardif en la fin que au commencement, et tellement que l'isnelté sooit tousjours équale.

» *Item*. De ce qu'il dit que la pesanteur est plus grande de tant comme l'isnelté est plus grande, ce n'est pas à entendre de la pesanteur à prendre là pour qualité naturelle qui encline en bas.

» Car se une pierre d'une livre descendoit d'une lieue de hault et que le mouvement fust grandement plus isnel en la fin que au commencement, nientmoins la pierre ne auroit de pesanteur naturele plus à une fois que à autre.

» Mes l'en doit entendre par ceste pesanteur qui croist en descendant, une qualité accidentele, laquelle est causée par l'enforcement et l'accessement de l'isnelté, sicomme Je ay autres fois desclaré ou VIIᵉ de Phisique, et ceste qualité peut estre appelé impétuosité.

» Et n'est pas proprement pesanteur ; car se un pertuis estoit decy iusques au centre de la terre et encor oultre, et une chose pesante descendoit par cest pertuis ou treu, quant elle vendroit au centre, elle passeroit oultre et monteroit par ceste qualité accidentele et aquise, et puis redescendroit et iroit et vendroit plusieurs fois en la manière que nous voions d'une chose pesante qui pent par une longue corde, et doncques n'est ce pas proprement pesanteur puis qu'elle fait monter en hault.

» Et telle qualité est en tout mouvement et naturel et violent toutteffois que l'isnelté va en croissant, fors ou mouvement du ciel.

<hr>

1. Isnelté = vitesse ; isnel = rapide ; isnelment = vivement.
2. Nicole Oresme, *loc. cit.*, fol. 17, col. a.

» Et tele qualité est cause des choses jettées quant elles sont hors de la main ou de l'instrument sicomme J'ay monstré autreffois sus le VIIe de Phisiques. »

Nous retrouvons, en ce passage, tous les principes de Dynamique que professent et défendent les écrits de Buridan et d'Albert de Saxe ; nous y trouvons même des considérations sur les oscillations d'une pierre qu'on laisse tomber en un trou qui perce la terre de part en part ; ces considérations, fort analogues à une remarque faite par Albert de Saxe, devinrent sans doute classiques à l'Université de Paris, où elles piquaient vivement la curiosité des étudiants ; Didier Érasme, qui les avait apprises à Montaigu, les reproduira en ses *Colloques*, et Maurolycus les empruntera aux *Colloques* d'Érasme.

Elles plaisaient singulièrement, d'ailleurs, à Maître Nicole Oresme, car il les a développées une seconde fois d'une manière un peu plus détaillée.

« Je pose », dit-il [1], « que la terre fust percée et que l'en veist par un grand treu tout de oultre en oultre sicques de l'autre part où seroient les antipodes si la terre estoit partout habitée. Je di premièrement si l'en lessoit cheoir une pierre par ce treu, elle descendroit et passeroit oultre ce centre en montant tout droit vers l'autre partie sicques à un terme, et puis retourneroit sicques oultre le centre par deçà, et après redescendroit arière et passeroit le centre moins que devant, et iroit et vendroit pluseurs foiz en appetiçant telles réflexions, sicques à tant finablement qu'elle reposeroit au centre.

» Et la cause est pour l'impétuosité et embruissement qu'elle a acquis par la cressance de l'isnelté de son movement jouxt ce que fut dit plus à plain ou XIIIe chapitre.

» Et ce peut-l-en entendre légièrement par une chose que nous veions sensiblement ; car si une chose pesante est pendue à une longue corde, si l'en la boute avant, elle branle et vient et fait plusieurs réflexions tant que finablement elle repose au plus droit et au plus près du centre qu'elle peut. »

De l'enseignement de Buridan et d'Albert de Saxe, Nicole Oresme a très clairement et très correctement conclu comment l'*impetus* intervenait dans l'explication des mouvements du pendule.

Il s'est montré moins fidèle disciple de Buridan, moins exact imitateur d'Albert, dans ce qu'il dit du mouvement des projec-

---

1. Nicole Oresme, *Op. laud.*, livre II, ch. XXXI ; ms. cit., fol. 95, col. b et c.

tiles ; des considérations qu'il consacre à ce problème, nous avons déjà, au chapitre précédent, cité quelques passages ; donnons ici le texte en son entier [1] ; nous dirons ensuite quelles remarques il suggère.

« Pour ce proprement entendre, l'an doit savoir que des mouvemens localz qui ont commencement ou fin sont quatre manières.

» Les uns sont purement naturelz, si comme quant la chouse pesante descent de hault en bas.

» Les autres purement viollens, si comme quant chouse pesante monte en hault.

» Les autres sont viollens et non pas purement, si comme quant une chose est gettée ou traicte en travers, si comme seroit une saecte [2].

» Les autres sont par vertu de beste ou de homme, si comme aller, voller, noer.

» Les premiers ou le premier qui est pur naturel va toziours en efforcent et en cressence de isnelleté, si les autres chouses sont pareilles, si comme quant une pierre descent tout droit par l'aer.

» Le secunt, si comme quant d'une saecte traicte droit en haut, va au commencement en efforcent et vers la fin en affebliant et retardant.

» Et le tiers auxi, fors que il va plus longuement en efforsant, et est sa grant vertu ou force plus loing du commencement que en celuy qui est pur viollent.

» Et le quart est plus fors vers le milieu.

» Et pour entendre les causes de ces chouses, je di premièrement que tout mouvement de chose pesante ou légière quelconques, il soit commencé en efforsant tellement que quelconque degré de isnelleté soit en luy, il convient que il eust devant mendre isnelleté, et mendre oultre toute proportion, et est ce que l'an seul appeler : Commencer *a non gradu*.

» Et la cause est en général, car les excès de la vertu motive sur la résistance ou l'aplicacion d'elle à la résistance ne peuvent estre faictes soudainement, mes convient que telles chouses soient faictes partie après autre, et chascune partie auxi, et rien n'en peus estre fait soudainement.

» Et se aucun obiçoit de ce que si aucune pesante meulle

---

1. Nicole Oresme, *Traité du Ciel et du Monde*, livre II, chapitre XIII ; ms. cit., fol. 66, col. *c* et *d*, fol. 67, col. a, b et c.
2. Saecte = flèche *(sagitta)*.

descendoit et trouvast en sa voie une feuve ou une petite pierre reposante soubs soy, cette meule commenceroit à mouvoir cette pierre par certain et grant degré de isnelleté, et non pas *a non gradu.*

» Je respon et di que par aventure seroit elle meue plus tardifvement que la meulle vers ce commencement, et commenceroit *a non gradu* avant que la meulle la touchast.

» Et pousé que elle commençast à certain degré, ce ne seroit pas contre ce que dit est, car ceste pierrette conioincte à la meulle fait un corps mobille ouvecques elle, et un meisme mouvement est du tout et de sa partie, et cest mouvement commença tout *a non gradu* pour les causes dessus dictes.

» *Item,* par l'accroissement de ceste isnelleté est acquise et causée en la chouse mue une qualité motive novelle, laquelle nous povons nommer force ou rèdeur ; et ceste qualité ou rèdeur fait aide en mouvement naturel, et meut la chouse meue viollentement quant elle est séparée du premier moteur ou mottif.

» *Item,* la génération de ceste qualité ou rèdeur croist et enforce toziours tant comme l'acressement de l'isnelleté croist et efforce ; et quant l'acroissement de l'isnelté afaiblist, non obstant que tel acressement dure auxi, appetice l'acroissement de ceste qualité, non obstant qu'elle cresse [1].

» Et pour ce, mouvement viollent a trois estaz ou trois parties.

» Une est quant la chouse meue est conioincte ouvecques l'instrument qui fait la viollence, et lors le isnelleté va en cressant, et la génération ou cressement de isnelleté [2] va aussi en cressant, se il n'y a empeschement par accident ; et par ce que dit est, s'ensuit que l'acressement de ceste quallité ou rèdeur va auxi en cressant.

» Secondement, quant la chouse meue viollentement est séparée de tel instrument ou premier motif, encor va isnelté en cressant ; mes la généracion ou forcement ou cressence de ceste isnelleté vient en appetissant et finablement cesse ; et lors le isnellté ne croist plus, ne celle qualité ou rèdeur [3].

» Et commence le tiers estat ; et lors, la qualité naturelle de la chouse meue, si comme est pesanteur, fait appeticer ceste

1. Ce passage doit se comprendre ainsi : Non seulement l'*impetus* croît en même temps que la vitesse du mobile, mais la vitesse avec laquelle croît l'*impetus* augmente ou diminue en même temps que l'accélération du mobile augmente ou diminue.
2. C'est-à-dire l'accélération.
3. Traduite en langage moderne, cette phrase devient : « la vitesse et l'*impetus* atteignent, chacun, leur valeur maximum lorsque l'accélération s'annule. »

qualité ou rèdeur qui enclinoit contre le movement naturel de la chouse, et va le mouvement en retardant et la viollence en appetissant, et finablement cesse.

» Et par ceste manière, et non par autre quelconque, l'an peut rendre cause de toutez les apparences et de toutez les expériences que l'an voit en mouvemens viollens, soit droit en haut ou droit en bas ou en travers ou circulaires, quant à leur isnelleté ou tardifveté, et réflexion et retour, et quant à telles toutez chouses desquelles l'en ne peut assigner autre cause suffisante, si comme J'ay autrefoiz déclairé plus à plain.

» *Item*, par ce appert que le coup d'une chouse gettée ou traicte est plus grant non pas ou commencement du mouvement ne en la fin, et pourquoy aucunes foiz près du commencement, si comme de ce qui est traict droit en haut, et aucunez foiz plus loing du commencement et plus vers le milieu, si comme de ce qui est traict en travers ; car le coup est plus fort là où l'isnelleté est plus grande.

» *Item*, et pourquoy une chouse qui est compacte et plus pesante, si comme pierre ou fer ou plum, donne plus fort coup et plus fort ject que une moins compacte, si comme seroit drap ou laine, car la cause est pour ce que telle chouse compacte reçoit plus l'impression de ceste qualité nouvelle qui fait la cressence de l'isnelleté, comme dit, que ne fait autre chose.

» *Item*, et pourquoy la chouse qui peut estre jectée par une vertu mieux que quelconque autre chouse est de certain pois, tellement que la vertu ne porroit si bien gecter plus pesante ne moins pesante ; et auxi pourquoy plus grande vertu requiert chouse plus pesante quant au mieulx getter, et mendre vertu, moins pesante.

» Et la cause est : car si la chose est trop petite ou trop légière, elle ne peut tant recevoir de celle impression ou qualité nouvelle que j'ay devant nommée rèdeur.

» Et si la chouse gettée est trop pesante, la vertu ne peut faire grant violence à si grant pesanteür, et pour ce, qui veult tres bien gecter une chouse, il convient que la vertu qui giecte et la chouse soient deuement proporcionnées une avec l'autre.

» *Item*, en mouvement naturel, si comme quant une pierre descent, ceste qualité est toziours conioincte ouvecques la pesanteur naturelle, et c'est la cause pourquoy la généracion de l'isnelté et de ceste qualité viennent toziours en cressant, car la pesanteur et la nouelle qualité tendent à un terme.

» *Item*, et pour ce dit Aristote, ou xviii⁰ chapitre, que si une chouse pesante descendoit toziours sans fin, l'isnelleté d'elle croistroit toziours sans fin, et auxi la pesanteur de elle. Et par ceste pesanteur doit estre entendue ceste qualité nouelle, car elle est comme pesanteur accidentelle, pource que, en ce cas, elle encline à descendre, combien que, en autre cas, elle enclinast en haut ou en travers ou autrement.

» Or avons doncques que nul mouvement de chouse pesante ou légière ne peut estre régullier du tout, car il est moins isnel au commencement que après ; combien que il soit possible, au moins selon ymagination, que la vertu mottive et la résistance soient tellement proporcionnées et modérées que aucune partie de tel mouvement seroit régulière, non obstant celle qualité dessus dicte. »

Comparée à la doctrine de Buridan, la doctrine d'Oresme telle que ce texte la présente, offre avec celle-là de nombreuses analogies ; mais elle offre aussi une différence qui met au compte d'Oresme la reprise d'une grave erreur abandonnée par ses prédécesseurs.

Aristote croyait que la vitesse d'un projectile continue de croître pendant un certain temps après que ce corps a quitté la main ou l'instrument qui l'a lancé. Saint Thomas d'Aquin n'avait pas hésité à recevoir cette opinion erronée du Stagirite.

Buridan, dans sa *Physique*, et Albert de Saxe avaient eu la prudence de passer sous silence cette prétendue accélération initiale du mouvement des projectiles ; on peut penser qu'ils n'y croyaient pas.

Dans ses *Questions sur le traité du Ciel et du Monde*, Buridan avait formellement nié toute accélération initiale du mouvement d'un projectile, et manifesté son scepticisme à l'endroit de l'observation qu'on invoquait comme preuve de cette accélération.

Au cours de cet ouvrage, il avait consacré une question tout entière à examiner : Si les projectiles se meuvent plus vite au milieu de leur mouvement qu'au commencement ou à la fin [1].

Après avoir longuement discuté ce problème au sujet des animaux, notre auteur écrit :

« Parlons maintenant des projectiles proprement dits.

---

1. *Questiones super libris de celo et mundo magistri.* JOHANNIS BYRIDANI *rectoris Parisius.* Lib. II, quæst. XIII : Utrum projecta moventur velocius in medio quam in principio vel in fine. Bibl. Royale de Munich, Cod. lat. 19551, fol. 91, col. c et d.

» Il est clair que ce qui lance le projectile demeure quelque temps uni avec ce projectile ; pendant ce temps, et avant le départ du projectile, il le pousse continuellement. Un homme, par exemple, qui lance une pierre, meut sa main en même temps que la pierre. De même, lorsqu'on tire de l'arc, la corde se meut quelque temps avec la flèche, poussant la flèche. Il en est de même de la fronde qui lance une pierre et des machines qui lancent de très grosses pierres.

» Alors, tant que l'instrument de projection pousse le projectile en lui demeurant uni, le mouvement est plus lent au début, parce que le moteur extrinsèque est alors seul à mouvoir la pierre ou la flèche ; mais, durant le mouvement, un *impetus* est continuellement acquis, qui s'unit au moteur extrinsèque pour mouvoir la pierre ou la flèche ; partaut [ces deux moteurs réunis] meuvent plus vite.

» Mais, après le départ du projectile, l'instrument projetant ne meut plus ; seul, l'*impetus* acquis continue de mouvoir, comme on le verra ailleurs ; et à cause de la résistance du milieu, cet *impetus* s'affaiblit continuellement ; le mouvement devient donc continuellement plus lent.

« Que le mouvement d'un projectile est plus vite au début qu'au milieu ou à la fin, on doit donc l'entendre, de cette manière là, c'est-à-dire en faisant abstraction de cette partie du mouvement pendant laquelle l'instrument projetant est uni au projectile. Si l'on prend, en effet, le mouvement restant comme étant un seul mouvement, la plus grande vitesse s'y rencontre au début...

» Toutefois, il me reste un doute à ce sujet. Certains disent, en effet, que la flèche lancée par un arc perce mieux à la distance de vingt pieds qu'à la distance de deux pieds ; ainsi donc après que la flèche a quitté l'arc, la plus grande vitesse ne serait pas au début.

» Je n'ai pas expérimenté ce fait ; je ne sais donc s'il est vrai *(et ego hoc non sum expertus; ideo nescio si sit verum)*. Au cas, toutefois, où il serait vrai, quelques-uns disent que l'*impetus* n'est pas immédiatement engendré par le mouvement, mais qu'il est engendré d'une manière continue à titre de conséquence du mouvement. Il n'est donc pas parfaitement engendré au moment où la flèche quitte l'arc, mais il se perfectionne encore pendant quelque temps. Ainsi, de l'échauffement, résultent la raréfaction et l'évaporation ; mais elles ne sont pas instantanément parfaites ; que l'échauffement cesse, que l'eau soit

retirée du feu, et l'on voit, pendant un certain temps, se poursuivre la raréfaction et l'évaporation. »

Cette explication que Buridan mentionne sans y attacher
créance, nous verrons bientôt Marsile d'Inghen l'admettre et
la développer.

Buridan nous a bien montré pourquoi il révoquait en doute
l'accélération initiale du mouvement d'un projectile. Cette accélération, Oresme y croyait si bien qu'il ne s'est pas contenté
d'en affirmer la réalité dans le passage que nous rapportions il
y a un instant ; mais il y revenait ailleurs, après avoir cité ce
texte d'Aristote [1] : « Une chose pesante ne seroit pas meue plus
isnelment en la fin du mouvement que au commencement, si elle
estoit meue par violence et par trusion, car toutes choses meues
par violence sont meues plus tardivement quand elles sont plus
loing », il ajoute ceci : « C'est assavoir vers la fin du mouvement ;
car vers le commencement, leur isnelté va en croissant, si comme
d'un dart ou d'un vireton, comme il est meu par violence, et
est une distance certaine où l'isnelté est la plus grande, et illuec
seroit le plus grant coup ; et après, l'isnelté va en appetissant. »

En accordant à ce phénomène imaginaire sa confiance très
autorisée, Oresme l'a, semble-t-il, accrédité dans l'enseignement
parisien ; aussitôt après lui, nous voyons Marsile d'Inghen
s'efforcer d'expliquer comment l'*impetus*, en se distribuant de
meilleure manière au sein du mobile, commence par accélérer
la marche de ce corps.

Ce fut, il faut bien le reconnaître, un fâcheux service qu'Oresme
rendit par là au progrès de la Dynamique. Convaincus que la
vitesse d'un mobile continuait à croître après l'instant de la
projection et, d'autre part, mécontents de la théorie visiblement
insuffisante de Marsile d'Inghen, les mécaniciens cherchèrent
quelque autre explication de ce phénomène, dont la réalité
leur semblait hors de doute ; ils furent ainsi conduits à mettre
sur le compte de l'ébranlement de l'air cette prétendue accélération initiale du projectile ; puis, tout naturellement, ils furent
tentés d'attribuer à la même cause l'accélération qui se produit
très réellement en la chute d'un corps grave ; ils en vinrent de
de la sorte à méconnaître l'heureuse et féconde explication de
cette accélération telle que l'on pouvait la lire dans les écrits de

1. NICOLE ORESME, *Traité du Ciel et du Monde*, livre I, chap. XVIII ; ms. cit.,
fol. 19, col. b et c.

Jean Buridan, d'Albert de Saxe et de Nicole Oresme lui-même.
Nous verrons comment cette tendance malheureuse, à laquelle
le Doyen de Rouen avait communiqué un regain de puissance,
a pu entraîner d'abord Léonard de Vinci, puis Tartaglia, Cardan
et Dominique Soto.

XI

LE PREMIER DÉCLIN DE LA DYNAMIQUE
A L'UNIVERSITÉ DE PARIS *(suite)*. — MARSILE D'INGHEN

Au prétendu temps d'arrêt qui, pour un projectile lancé
verticalement de haut en bas, séparerait l'ascension de la
descente, Albert de Saxe a cru ; de ce repos intermédiaire, il a
proposé une explication ; en revanche, il n'a pas admis qu'un
projectile lancé horizontalement commençât par accélérer sa
course ; du moins n'a-t-il rien dit de cette supposition inexacte.

Cette opinion erronée, au contraire, a été formellement
professée par Nicole Oresme ; par contre, dans les écrits de
celui-ci qui nous sont parvenus, nous ne trouvons aucune allusion
au repos intermédiaire entre l'ascension et la chute d'un
projectile.

Ainsi, parmi les erreurs qui viciaient la Dynamique avant
Jean Buridan et que celui-ci a formellement repoussées, il en
est deux que nous voyons, aussitôt après lui, reparaître dans
l'enseignement de l'Université de Paris, l'une sous le patronnage
d'Albert de Saxe, l'autre sous l'autorité de Nicole Oresme.

Ces erreurs, nous allons voir Marsile d'Inghen les adopter
toutes deux à la fois et tenter de les justifier.

Que la théorie de l'*impetus* permette d'expliquer pourquoi la
chute d'un grave est accélérée, il ne semble pas que Marsile
d'Inghen s'en soit beaucoup soucié ; il n'en parle aucunement
dans ses *Questions sur la Physique* d'Aristote ; d'ailleurs, en
ces questions, c'est à peine si l'on découvre quelques vagues
et rares allusions à la Dynamique de l'*impetus*.

Cette Dynamique trouve au contraire un exposé assez étendu,
et visiblement inspiré de Buridan et d'Albert de Saxe, dans

les *Abbreviationes libri Physicorum* [1] du même Marsile d'Inghen. Aussi rencontre-t-on, en cet ouvrage, une allusion à la chute accélérée des graves et à l'explication qu'en donne la théorie de l'*impetus*. Marsile d'Inghen vient d'affirmer que la pesanteur n'était pas une attraction du lieu naturel ; il ajoute : « On demandera peut-être si ce n'est pas parce qu'il est attiré par le lieu que le grave se meut plus rapidement vers la fin de sa course. Nous répondrons que cet effet provient de l'*impetus* acquis par suite du mouvement. » Mais que cette allusion est brève et peu explicite [2] !

Deux autres passages, également fort courts, sont, cependant, très nets ; les voici :

« Tous les *impetus* ne sont pas essentiellement semblables d'une manière spécialissime [3] ; on le voit, car la forme du grave unie à son poids détruit l'*impetus* qui meut ce grave vers le haut ; il en est d'autres, au contraire qui accélèrent *(velocitant)*, le mouvement ; ainsi, lorsqu'un grave tombe, cette même forme conserve et produit l'*impetus* [4] dirigé vers le bas ; cela n'aurait pas lieu si ces *impetus* étaient essentiellement semblables d'une manière spécialissime. »

« Lorsqu'on lance un corps pesant vers le haut, on lui imprime un *impetus* violent [5] ; lorsque la même main lance le corps vers le bas, elle lui imprime un *impetus* naturel ; cela est visible, car le mobile confère alors de la force à cet *impetus*, attendu qu'il a une inclination naturelle à se mouvoir de la sorte lorsqu'il est hors de son lieu. »

Si Marsile d'Inghen a glissé rapidement sur la chute accélérée des graves, en revanche, il s'efforce [6] d'expliquer un phénomène tout imaginaire, la prétendue accélération qu'éprouverait un projectile après qu'il vient de quitter la main ou l'instrument qui l'a lancé. Albert de Saxe n'avait pas parlé de cette accélération dont, probablement, l'existence lui paraissait douteuse ou niable ; Jean Buridan l'avait niée. Marsile d'Inghen n'a

---

1. *Incipiunt subtiles doctrinaque plene abbreviationes libri phisicorum edite a prestantissimo philosopho* MARSILIO INGUEN *doctore parisiensi.* (Ce livre, imprimé avant l'an 1500, ne porte aucune indication touchant le nom de l'éditeur, la date ni le lieu de l'édition. Les feuillets ne sont pas paginés.) La théorie de l'*impetus* occupe les deux derniers feuillets.
2. MARSILE D'INGHEN, *Op. laud.*, col. *a* du fol. qui suit le folio signé K. 3.
3. MARSILE D'INGHEN, *Op. laud.*, avant dernier folio, col. *c.*
4. Le texte dit : *motus.*
5. MARSILE D'INGHEN, *Op. laud.*, avant dernier folio, col. *d.*
6. MARSILE D'INGHEN, *Op. laud.*, dernier folio, col. *a.*

garde d'imiter leur prudente réserve ; voici le passage qui termine ses *Abbreviationes :*

« Mais, direz-vous, l'*impetus* a sa plus grande puissance auprès de ce qui produit la projection ; la flèche devrait donc frapper, tout près de l'arc, plus fort qu'à une certaine distance ; or cela est contraire à l'expérience.

» Cette question est bien difficile ; aussi ne lui donnerons-nous qu'une réponse évasive et probable.

» On peut, en premier lieu, répondre que celui qui lance un projectile lui imprime un *impetus* en commençant à partir du degré nul ; que, tandis qu'il le lance, il imprime une certaine puissance à l'air ambiant ; que cet air se meut avec le projectile, et que, jusqu'à une certaine distance, il augmente l'intensité et la force de l'*impetus* communiqué au mobile par celui qui a projeté ce corps.

» On peut répondre, en second lieu, que l'*impetus* a, en effet, sa plus grande puissance au moment où celui qui lance le projectile cesse de toucher ce corps, mais qu'il ne lui est pas aussi bien appliqué que plus tard ; ce mode d'application s'améliore sans cesse jusqu'à ce que le mobile ait parcouru une certaine distance ; or, une meilleure application de la force aide grandement à la vitesse du mouvement. On dirait donc que c'est la nature même de l'*impetus* qui détermine, à une certaine distance, cette meilleure application.

» En troisième lieu on pourrait dire ceci : au début du mouvement, un *impetus* très fort est imprimé à la partie du mobile qui touche celui qui le lance ; mais, dans les parties plus éloignées, l'*impetus* est faible et peu intense. De même, si l'on poussait Socrate, et Platon par l'intermédiaire de Socrate, l'*impetus* communiqué serait, au début, confiné en Socrate, puis, par l'intermédiaire de celui-ci, il passerait en Platon. Ainsi, au début du mouvement, les parties du projectile qui se trouvent les plus éloignées du moteur se mouvraient, il est vrai, aussi vite que les parties les plus rapprochées du moteur ; mais il en serait ainsi parce que les parties postérieures porteraient, pour ainsi dire, et pousseraient en avant, par leur propre vertu, les parties antérieures. Dans la suite, les parties postérieures imprimeraient aux parties antérieures un *impetus* aussi fort que celui qu'elle possèdent elles-mêmes, ou n'en différant pas d'une manière notable ; alors le projectile se mouvrait avec plus de vitesse et d'impétuosité. Cet effet proviendrait donc de ce qu'au début, l'*impetus* n'était pas partout également fort, mais de ce qu'il était débile au sein des parties éloignées du moteur ; puis il est devenu plus fort en se répartissant d'une manière uniforme dans tout le mobile. C'est là, je crois, l'explication la plus probable et la plus aisément soutenable. »

L'effet que Marsile d'Inghen se proposait d'expliquer est dénué de toute réalité ; il est donc oiseux de rechercher si la cause invoquée en pourrait rendre compte ; mais il n'est pas sans intérêt de s'arrêter un instant aux considérations que nous venons de lire.

La première des trois explications proposées est celle de Saint Thomas d'Aquin ; elle n'a point la préférence de notre auteur.

La seconde s'inspire semble-t-il de celle que Buridan avait esquissée, sans y croire, dans ses *Questions* sur le *De Cælo*.

Marsile, comme Buridan, voit en l'*impetus* une réalité permanente distincte du mouvement local ; il peut donc, sans illogisme, examiner comment cette *forme* se distribue à chaque instant dans la masse du mobile, et cela indépendamment de la distribution qu'y affectent les vitesses locales.

Venons à la troisième, qui a les préférences de notre auteur ; elle est suggérée, semble-t-il, par ce *Tractatus de ponderibus* que l'Antiquité grecque avait produite [1], et que les écoles du xivᵉ siècle connaissaient bien, comme en font foi les manuscrits [2]. Voici, en effet, ce que dit la treizième proposition du quatrième livre de cet ouvrage [3] :

« *Ce qui reçoit une plus forte impulsion devient plus cohérent.*

— L'impulsion est produite par les parties postérieures qui ont à pousser celles qui se trouvent devant elles ; comme celles-ci opposent, grâce à leur poids, une certaine résistance, celles qui se trouvent au milieu sont obligées de se resserrer ; parfois, aussi, elles s'échappent sur les côtés. Il arrive de la sorte que les parties inférieures, qui sont fixées aux parties supérieures, s'appliquent plus étroitement contre ces parties lorsque celles-ci reçoivent une impulsion. »

Ce théorème du *Tractatus de ponderibus* semble destiné à préparer celui qui vient aussitôt après et que voici [4] :

1. Voir : Première partie, ch. VI, § VII ; t. I, pp. 390-391.
2. Les mss. 7378 A et 8680 A du fonds latin de la Bibliothèque Nationale qui, tous deux, nous conservent ce traité, sont du xivᵉ siècle.
3. IORDANI *Opusculum de ponderositate* NICOLAI TARTALEÆ *Studio correctum.* Venetiis, apud Curtium Troianum. MDLXV. Quæst. 42, fol. 15, vº.
4. IORDANI *Op. laud.*, quæst. 43, fol. 16, rº.

« *Un corps dont les parties sont cohérentes se rejette directement en arrière, s'il est heurté dans son mouvement.* — Cela se produit par l'effet du milieu au sein duquel le corps se meut, que ce milieu soit l'eau ou l'air, et aussi à cause de la plus grande raréfaction des parties [du projectile].

» Soient A le projectile, B le milieu qu'il traverse et C l'obstacle qu'il vient heurter. A met B en mouvement ; puis donc que A quitte le lieu qu'il occupait et chasse B du lieu où il se trouvait, il faut que B se retourne en arrière pour remplir le lieu que A laisse derrière lui. La même impulsion a donc pour effet et de chasser B en avant et de le rejeter en arrière par un mouvement tournant, et cela d'autant plus que l'impulsion est plus forte. Au moment où A vient heurter C, B ne peut plus avancer ; le poids qui le surmonte le comprime, alors et le rend plus pesant ; mais l'impétuosité de A se trouve brisée par l'obstacle C ; B n'est plus pressé que par le poids seul de A ; il est alors en état de rejeter en arrière ce projectile, à moins que le poids n'en soit trop fort ; il le rejette normalement, car B recule également de tous côtés.

» La dilatation des parties du mobile produit le même résultat ; en effet, les parties du mobile A qui se trouvent en avant sont les premières qui heurtent l'obstacle C ; elles se trouvent alors pressées par la masse et par l'impétuosité des parties qui se trouvent derrière elles, ce qui les oblige à se condenser ; l'impétuosité des parties postérieures se trouve ainsi amortie ; les parties antérieures, reprenant leur volume primitif, reviennent en arrière en communiquant aux autres une impulsion. Si les parties qui ont été ainsi comprimées sont susceptibles de se détacher les unes des autres, elles rejaillissent de-ci et de-là. »

Du rebondissement qui suit le choc, nous avons ici, successivement, et comme l'auteur même a pris soin de nous l'annoncer, deux explications bien différentes.

La première résulte des tendances générales de la Dynamique péripatéticienne, de cette Dynamique qui, sur le compte de l'agitation du milieu fluide, veut mettre toutes les particularités du mouvement d'un corps solide qui le traverse. A cette agitation du milieu, Aristote et bon nombre de ses commentateurs ont attribué la persistance du mouvement des projectiles ; le *Tractatus de ponderibus* lui attribue l'accélération qui affecte la chute des graves ; Averroès y cherchera l'explication même de cette chute et Saint Thomas d'Aquin celle de la prétendue accélération initiale du mouvement d'un projectile ; à cette agitation si complaisante, le *Tractatus de ponderibus* demande maintenant de dire pourquoi un mobile rebondit après qu'il a heurté un obstacle.

A cette explication qui, comme toutes les tentatives analogues de la Dynamique péripatéticienne, nous semble, aujourd'hui, puérile et ridicule, le *Tractatus de ponderibus* en joint une autre qui est beaucoup plus sensée ; celle-ci fait intervenir les déformations que les diverses parties du mobile éprouvent au moment du choc et les réactions élastiques engendrées par ces déformations.

Cette explication, où l'on ne remarque rien que de correct, était bien propre à solliciter l'attention de ceux qui professaient la Physique, à Paris, au xive siècle. De cette attention, la trace, déjà, se laisse peut-être reconnaître dans les quelques lignes que Jean Buridan consacre au rebondissement après le choc [1] ; elle se trahit certainement dans ce que Marsile d'Inghen dit de ce même effet.

C'est à propos du prétendu repos intermédiaire entre deux mouvements contraires que Marsile d'Inghen parle du rebondissement des corps élastiques. A la théorie de ce repos intermédiaire, notre auteur attribue certainement une grande importance ; dans son *Abrégé du livre des Physiques*, il la développe au long de cinq colonnes [2] ; dans ses *Questions sur les huit livres des Physiques selon la méthode des Nominalistes*, il lui consacre toute une question, la dernière [3].

L'opinion de Marsile suit et développe celle d'Albert de Saxe.

Comme Jean Buridan, comme Albert de Saxe, il tient pour non convaincants les raisonnements par lesquels, sous peine de contradiction, un repos intermédiaire doit nécessairement séparer deux mouvements contraires l'un à l'autre. Mais il croit qu'en nombre de circonstances, un tel repos intermédiaire est vraiment réalisé, et il en donne des raisons physiques.

Ainsi, lorsqu'un projectile est lancé verticalement de bas en haut, un certain temps de repos s'écoule, croit-il, entre le mouvement d'ascension et le mouvement de descente. Le raisonnement par lequel, dans ses *Questions*, il prétend justifier cette conclusion est la reproduction presque textuelle de celui qu'avait

---

1. *Vide Supra*, p. 209.

2. *Abbreviationes libri phisicorum edite a prestantissimo philosopho* MARSILIO INGUEN *doctore parisiensi ;* fol. avant le fol. sign. l, col. b, c et d ; fol. sign. l, col. a et b.

3. *Questiones subtilissime* JOHANNIS MARCILII INGUEN ; *Super octo libros Physicorum secundum nominalium viam ;* lib. VIII, quæst. VIII.

donné Albert de Saxe. Dans son *Abrégé*, il s'efforce de conférer à ce raisonnement toute la rigueur d'une déduction mathématique.

« Supposons, dit-il, qu'une pierre lancée vers le haut pèse **3** et que la résistance du milieu qu'elle doit traverser soit 1 ; la résistance totale au mouvement vers le haut sera 4. Aucune action ne peut être effectuée si la puissance est égale ou inférieure à la résistance ; il faut donc, pour que la pierre monte, que l'*impetus* qui la pousse vers le haut surpasse 4. Or il s'écoulera un certain temps pendant lequel cet *impetus* sera inférieur à 4 et supérieur à 2 ; pendant ce temps, la pierre ne pourra ni monter ni descendre ; en effet, puisque l'*impetus* est plus petit que 4, il est inférieur à la résistance qui s'oppose au mouvement vers le haut ; d'autre part, comme il surpasse 2, en s'unissant à la résistance du milieu, il donne, à l'encontre du mouvement vers le bas, une résistance qui surpasse 3 ; comme le poids de la pierre est précisément égal à 3, il ne suffit pas à faire descendre la pierre. »

On voit clairement ici quels sont les deux principes erronés dont se réclame l'argumentation d'Albert de Saxe et de Marsile d'Inghen.

Leur première erreur consiste à méconnaître que la résistance du milieu s'annule en même temps que la vitesse du mobile, et à considérer cette résistance à la manière d'un frottement.

Leur seconde erreur, qui est plus lourde, est de méconnaître que l'*impetus* s'évanouit au moment même que le mobile tombe au repos.

De ces deux erreurs, leur maître Jean Buridan avait fort bien su se garder.

« Dans le mouvement réfléchi d'un grave qui tombe à terre et qui rebondit, il y a un repos intermédiaire. » Marsile, qui formule cette conclusion dans son *Abrégé*, la prouve à l'aide d'un raisonnement où percent les souvenirs très nets du *Tractatus de ponderibus*. Voici ce raisonnement :

« Dans le mouvement d'une bille *(terra sperica)* qui rebondit de la sorte, il y a un repos intermédiaire ; donc etc. Il est clair que le syllogisme est concluant ; prouvons la prémisse.

» Durant le mouvement de la bille, la partie par laquelle elle a frappé le sol se trouve comprimée et refoulée vers le centre ; or cette compression s'accomplit nécessairement en un certain temps, car elle est un mouvement local des parties extrêmes vers le centre de la bille ; il en résulte que, pendant tout ce temps, la bille demeure au contact du corps dur qui en comprime les parties ; par conséquent, ou la bille entière, ou quelqu'une de ses parties, contiguë au corps dur, demeure privée de mouvement local et en repos ; c'est ce qu'il fallait prouver.

» Confirmons le raisonnement : Cette bille ne peut commencer à remonter dans l'instant même où elle touche terre ; donc, dans ce cas, il y a un repos intermédiaire. Que le syllogisme soit concluant, quiconque l'examinera avec soin en sera assuré. Quant à la prémisse, je la prouve.

» Autant l'*impetus* de la partie inférieure de la bille, venue au contact du sol, peut pousser vers le haut, autant l'*impetus* de la moitié supérieure pousse vers le bas ; [l'*impetus*] de la moitié inférieure ne peut donc résister aussi fortement que ne résiste à cette moitié inférieure, [l'*impetus* du reste de] la bille et, avec cela, le poids de cette bille. Donc, tant que dure la poussée vers le bas produite par l'*impetus* des parties supérieures, la cause de repos surpasse la cause de mouvement.

» Par suite de leurs *impetus*, les diverses parties se heurtent les unes les autres ; et c'est par ces heurts que les pierres les plus dures se brisent quand elles tombent de haut ; c'est par la force des *impetus* qui s'opposent les uns aux autres. »

Ces considérations, évidemment inspirées par le *Tractatus de ponderibus*, se retrouvent dans ce que dit Marsile d'un problème célèbre dans les écoles, celui de la fève qui, lancée en l'air, heurte une meule qui tombe.

Au moment où cette fève rencontre la meule, elle renverse sa course sans qu'il se puisse trouver, entre les deux mouvements contraires, le moindre temps de repos ; c'était, contre l'affirmation d'Aristote, l'objection favorite.

A cet argument, nous dit Marsile dans ses *Questions*, « on a coutume de répondre ainsi : La meule comprime fortement l'air devant elle, et cet air comprimé arrête la fève avant qu'elle n'atteigne la meule. » C'est, en effet, la réponse que donnait déjà Roger Bacon, au temps où il était simple maître ès-arts. Il est vrai qu'à cette réponse, on ripostait ; cette résistance propre à arrêter le mouvement de la fève vers le haut sans, toutefois, déterminer la chute de ce petit corps, on montrait que l'air comprimé ne la pouvait opposer, si ce n'est pendant un instant indivisible ; il ne pouvait donc se produire un repos qui durât un certain temps.

Aussi à la réponse de Roger Bacon, Marsile en préférait-il une autre qu'il nous expose dans son *Abrégé*.

« On dit d'une autre manière, et que je crois vraie : La meule commence à repousser la fève avec une force infiniment petite ; les actions naturelles, en effet, commencent à partir de zéro *(a non gradu)* ; dès lors, durant un certain temps, l'*impetus* des parties postérieures [de la fève] a plus de force pour comprimer les parties antérieures que la meule n'a de force répulsive ; pendant ce temps, donc, les parties antérieures de la fève se condensent et, par certaines de ses parties, la fève demeure en repos, tandis que la meule poursuit sa chute. »

Sous l'influence du *Tractatus de ponderibus*, Marsile d'Inghen a émis de judicieuses considérations touchant le choc des corps élastiques ; mais ces passages heureux de la Physique qu'il professait, ne nous peuvent faire oublier les erreurs graves que sa Dynamique a recueillies et développées. Ces erreurs, Albert de Saxe d'une part, Nicole Oresme d'autre part, avaient commencé de les insinuer parmi les principes si justes d'où Jean Buridan tirait sa théorie du mouvement des projectiles pesants ; désormais, elles se trouvent fortement encastrées dans cette théorie ; pendant longtemps, elles vont en ralentir ou en fausser le progrès ; les mécaniciens du xvɪᵉ siècle et du xvɪɪᵉ siècle auront grand peine à les disjoindre de la vérité et à les chasser de la Science.

XII

La chute accélérée des graves a l'Université d'Oxford.

L'explication, par un *impetus* uni au mobile, du mouvement des projectiles et de la chute accélérée des graves, paraît être une doctrine essentiellement parisienne ; elle est née, elle s'est développée à l'Université de Paris ; si elle a été adoptée par d'autres universités, c'est après un long retard, et à la suite d'une tenace résistance.

S'il est une question où l'Université d'Oxford paraît être demeurée en arrière de l'Université de Paris, c'est assurément

---

1. *Tractatus de sex inconvenientibus*, Quæst. IV : Utrum in motu locali sit certa assignanda velocitas ; Bibl. Nat., fonds latin, ms. nº 6559, fol. 28, col. c. seqq. ; ms. nº 6527, fol. 158, col. c seqq.

pour le problème posé par l'accélération qui se remarque dans la chute des graves.

L'explication de cette accélération à l'aide d'un *impetus* graduellement croissant paraît avoir trouvé peu de faveur en l'Université anglaise, si nous en jugeons, du moins, par les dires du *Traité des six inconvénients*.

Un important article [1] de ce traité est consacré à l'examen de cette question : L'accélération du mouvement d'un grave provient-elle d'une cause certaine ?

L'auteur énumère les diverses causes qui peuvent être invoquées, qui ont été effectivement invoquées pour rendre compte de cette accélération : La diminution de la résistance du milieu, la continuation du mouvement, la proximité croissante du mobile à son lieu naturel, l'impulsion du milieu ébranlé, la gravité accidentelle que le poids acquiert en descendant, enfin l'appétit par lequel il désire son lieu.

A l'encontre de chacune de ces hypothèses, se dressent des objections que le *Traité des six inconvénients* examine et discute.

Cette discussion n'est pas exempte de paralogismes ; en particulier, les principes de la Statique formulés par Jordanus de Nemore y jouent un rôle que des confusions verbales autorisent seules. Ainsi, pour démontrer que la pesanteur d'un grave ne saurait croître lorsque ce grave, en descendant, se rapproche de son lieu naturel, notre auteur emprunte à Jordanus cette proposition : La *gravitas secundum situm* d'un poids pendu à l'extrémité d'un fléau de balance diminue lorsque l'on relève ce fléau. Ailleurs il identifie formellement la *gravitas secundum situm* de Jordanus avec la gravité accidentelle que les Parisiens nommaient aussi *impetus;* la même proposition lui sert alors à prouver que la gravité accidentelle ne peut croître tandis que le grave descend, comme le prétendent ceux qui invoquent cet accroissement de la gravité accidentelle pour expliquer l'accélération.

Cette discussion, confuse et peu logique, conduit à la conclusion suivante :

« Comme conclusion de cet article, voici ce que je réponds à cette question : L'accélération du mouvement d'un grave dépend-elle d'une cause certaine ? Si ce terme *certaine* est entendu avec une telle précision qu'il signifie : il y a une seule

---

1. *Op. cit.*, quæst. cit., Articulus I : Utrum velocitatio motus gravis sit ab aliqua causa certa, Ms. n° 6559, fol. 31, col. d, à fol. 33, col. d.

cause précise de l'accélération du grave, alors, à la question
posée, je réponds : non. En effet, l'accélération que le grave
éprouve en sa descente dépend de plusieurs causes. Mais il est
une cause qui l'emporte sur les autres ; aussi dis-je, avec Maître
Adam de Pippewell, que la cause principale est la diminution
de la résistance ; quant à la continuation du mouvement, à
l'approche du milieu, à la gravité accidentelle, à cette inclination naturelle qu'est l'appétit, ce sont des causes partielles ;
chacune d'elles est une cause partielle et auxiliaire ; mais aucune
d'entre elles n'est une cause nécessairement requise pour l'accélération du mouvement du grave. »

L'auteur du *Liber sex inconvenientium* s'est défendu de
donner une conclusion précise ; il est permis de penser qu'il
s'en est trop bien gardé, et qu'il eût agi plus sagement en concluant nettement dans le sens que lui prescrivaient les Buridan
et les Albert de Saxe.

En revanche, il est un point où il eût été bien inspiré d'imiter
la sage réserve de ces deux auteurs ; il n'hésite pas à croire, en
effet, qu'une flèche accélère son mouvement après qu'elle a
quitté l'arc ; voici comment il termine l'article que nous
analysons :

« J'accorde qu'une flèche frappe plus fort un objet placé
à une distance plus grande qu'un objet placé à une distance
moindre ; dans ce cas, la continuation du mouvement contri-
buerait beaucoup à cet effet ; la puissance qui meut la flèche
serait plus grande à plus grande distance, et croîtrait par la
continuation du mouvement. »

L'enseignement de la Mécanique parisienne touchant la
chute accélérée des graves, méconnu par l'auteur du *Liber sex
inconvenientium*, semble être demeuré tout à fait inconnu du
Calculateur.

Jean Buridan, Albert de Saxe, Nicole Oresme ont su fort
habilement user de la notion d'*impetus* pour expliquer comment un grave oscille de part et d'autre de sa position d'équilibre lorsqu'il en a été uns fois écarté. Albert de Saxe et Oresme
ont décrit, en particulier, comment un grave, écarté du centre
du Monde, exécuterait des oscillations de part et d'autre de
ce centre.

La Terre serait immobile si son centre coïncidait avec le
centre du Monde ; écartée de cette position, elle se mettrait
en mouvement afin que le centre de gravité regagnât le centre
du Monde ; ces deux points arriveraient-ils jamais à coïncider ?

C'est la question que le Calculateur formule en ces termes [1] :
Utrum omni elemento locus naturalis aliquis conveniat, omnibus-que elementis ejusdem speciei. Il arrive à cette conclusion que
le centre de la masse terrestre se rapprocherait indéfiniment
du centre du Monde sans jamais l'atteindre ; au lieu d'être
périodique, comme l'ont admis Albert de Saxe et Nicole Oresme,
le mouvement de la Terre serait apériodique. Si Magister
Riccardus de Ghlymi Eshedi obtient ainsi un résultat qui
contredit à l'enseignement des Parisiens, c'est qu'il ne tient
aucun compte de l'*impetus.*

Dans la partie du *Tractatus de sex inconvenientibus* que nos
textes manuscrits ne contiennent plus, une question, la septième, avait pour titre [2] : *Utrum omne corpus naturale habeat
locum naturalem.* A cette question, l'auteur répondait-il comme
le Calculateur répond à la question qu'il formule presque dans
les mêmes termes ? Il est permis de le croire.

XIII

LA CHUTE ACCÉLÉRÉE DES GRAVES A L'UNIVERSITÉ DE PADOUE
GRAZADEI D'ASCOLI

Pour nous dire quelles opinions, au xive siècle, avaient cours
à l'Université d'Oxford, touchant la chute accélérée des graves,
nous ne possédions que peu de renseignements ; nous serons
plus pauvres encore de documents venus de l'Université de
Padoue ; nous ne pourrons invoquer que les *Questions sur la
Physique* composées par Grazadei d'Ascoli.

De la chute même des graves, Grazadei n'admet pas [3] l'étrange
explication proposée par le Commentateur.

« Dans le corps qui meut de mouvement local, le mouvement
doit précéder, d'une priorité de nature, le mouvement qui réside
dans le corps qu'il meut ; et de même faut-il que le mouvement

---

1. *Subtilissimi Doctoris Anglici* Suiset *Calculationum Liber.* Éd. Paduæ, ea.
1480 ; 43ᵉ fol.
2. Voir la table au fol. 194, vᵒ, du ms. nᵒ 6559, du fonds latin de la Bibl. nat.
3. *Preclarissime questiones litterales edite a fratre* GRATIADEO ESCULANO *sacri
ordinis predicatorum super libros Aristo. de physico auditu: secundum ordinem
lectionum Divi Thome Aquinatis.* Lib. VIII, lect. VII, quæst. II ; éd. Venetiis,
1503, fol. 83, col. c.

convienne au premier de ces deux corps en propre *(per se)*, et non par accident.

» Ainsi le grave, en tombant meut le milieu ; de ce mouvement résulte ensuite, dans le milieu, une certaine condensation ; partant, c'est à lui que, d'une priorité de nature, le mouvement est dû avant d'être dû au milieu. »

Touchant l'existence d'un temps de repos entre deux mouvements opposés d'un même mobile, Grazadei soutient [1], avec de grands développements, la solution péripatéticienne ; à son avis, il est contradictoire que deux mouvements de sens contraire ne soient pas séparés l'un de l'autre par un temps de repos.

A l'encontre de cette solution, il trouve [2] l'objection classique de la flèche, tirée en l'air, qui heurte une roue en train de tomber. Pour montrer qu'il y a, même en ce cas, un repos intermédiaire entre l'ascension et la descente de la flèche, il raisonne ainsi : « Si la flèche, au moment où elle touche la roue qui tombe, est repoussée par elle, et si cette répulsion la fait retomber, cette répulsion, cependant, ne se peut produire assez subitement pour empêcher la flèche de se reposer pendant un certain temps. » Marsile d'Inghen, dans ses *Questions*, s'est contenté, de même, d'un aussi pauvre raisonnement.

Au sujet de la chute accélérée des graves, Grazadei reproduit [3] toutes les opinions que fait connaître Simplicius, dont il a soin, d'ailleurs, d'invoquer l'autorité ; la discussion de ces opinions le conduit à cette conclusion : « Avec Aristote et Alexandre, nous dirons qu'en approchant de leurs lieux naturels, les corps graves ou légers reçoivent un accroissement de pesanteur ou de légéreté. »

Le nom de Thémistius, que Grazadei ne prononce pas, eût été, ici, mieux à sa place que le nom d'Alexandre. Alexandre d'Aphrodisias n'admettait pas que le voisinage du centre accrût le poids d'un grave ; il admettait que ce grave, pendant qu'il était violemment détenu hors de son lieu, perdait quelque chose de son poids, et qu'il réparait graduellement cette perte au cours de sa chute. Grazadei, qui expose également cette explication, ne semble pas la distinguer de celle de Thémistius ; et d'ailleurs, il est bien vrai qu'elles reviennent au même.

---

1. GRATIADEI ESCULANI *Op. laud.*, lib. VIII, lect. XIV, quæsrt. I et II ; lec. XV, quæstt. I, II et III ; éd. cit., fol. 89, col. c et d ; fol. 90, col. a, b et c.

2. GRATIADEI ESCULANI *Op land.*, lect. XV, quæst. I ; éd. cit., fol. 90, coll. a et b.

3. GRATIADEI ESCULANI *Op. laud.*, lib. VIII, lect. VII, quæst. IV ; éd. cit., fol. 86, col. a, b et c.

Que l'accroissement éprouvé par la vitesse d'un grave qui tombe manifeste un accroissement correspondant du poids de ce grave, cela ne fait pas, pour notre dominicain, l'ombre d'un doute. Voici qui va nous le montrer.

Simplicius avait conçu un projet d'épreuve expérimentale de cette proposition ; ce projet, il le décrivait en ces termes [1] :

« S'il y a accroissement de poids ou de légéreté [par suite d'une proximité plus grande au lieu naturel], il arrivera ce qui suit

» Qu'on pèse un corps sur une tour élevée, sur un arbre ou au sommet d'un rocher taillé à pic, en le laissant pendre dans l'air au dehors (ἑαυτὸν ἐκτείνας ἐν ἀέρι) ; il paraîtra plus lourd que si celui qui le pèse se tenait sur le sol. »

Simplicius suppose évidemment que, dans les deux cas, le corps pesé se trouve également voisin du sol ; on doit donc admettre que, dans le premier cas, quelque long fil le rattache à la balance ; ce corps aura alors même poids dans les deux pesées ; mais il paraîtra plus lourd dans la première que dans la seconde, parce que le poids marqué aura une moindre gravité dans celle-ci que dans celle-là.

Ainsi comprise, l'expérience de Simplicius est fort sensée ; on sait que, de nos jours, une expérience semblable a été réalisée par M. von Jolly

Or Grazadei ne comprend nullement l'utilité de l'épreuve proposée par Simplicius ; pour nous assurer que le poids d'un corps croît par suite d'un plus grand voisinage du centre, n'avons-nous pas l'accélération qui se marque dans la chute de ce corps ? « Quand une pierre tombe d'un lieu élevé, si elle vient à toucher aussitôt la tête de quelqu'un qui se tient en ce lieu, elle ne le frappe pas aussi fortement qu'elle le ferait si, après une longue chute, elle l'atteignait près du sol. La force plus grande de ce coup nous donne à comprendre d'une manière assez évidente que l'impétuosité *(impetus)* est plus fort et le mouvement de la pierre plus vite à la fin qu'au commencement. C'est de cette façon que Simplicius aurait dû expérimenter, s'il voulait reconnaître d'une manière sensible que les corps graves, qui tendent vers le bas, tombent d'autant plus vite qu'ils approchent davantage de leurs lieux naturels. »

Le mot *impetus*, employé dans ce passage, ne saurait assurément passer pour une allusion à la théorie qui explique la

---

1. Simplicius *De Cælo*, lib. I, cap. VIII.

chute accélérée des graves par un *impetus* croissant. De cette théorie, Grazadei ne dit pas un mot. Ce silence ne saurait beaucoup nous étonner ; nous le remarquons tout aussi bien chez Jean le Chanoine, dont notre dominicain s'est inspiré à plusieurs reprises, chez Nicolas Bonet, qui fut sans doute son contemporain. Avant ces auteurs, cependant, cette théorie trouvait déjà des défenseurs ; Walter Burley nous l'a appris.

D'ailleurs, notre auteur eût-il connu la théorie qui met l'accélération de la chute des graves au compte d'un *impetus* croissant, qu'il ne l'eût pas adoptée ; nous avons vu, en effet, au chapitre précédent, qu'il se refusait à rendre compte par l'*impetus* du mouvement persistant des projectiles.

Il est, chez Grazadei, une autre ignorance qui paraît moins excusable. On sait, depuis Richard de Middleton, que la théorie de Thémistius est insoutenable et, en fait, elle ne trouve plus, à Paris, de défenseur. En la soutenant si fermement à l'Université de Padoue, notre dominicain y donnait un enseignement fort en retard sur la Science mécanique de son temps.

Chapitre XII

LA PREMIÈRE CHIQUENAUDE

I

Les intelligences motrices des cieux. — D'Aristote a Guillaume d'Ockam. — François de la Marche

Quand un corps inanimé se meut, c'est qu'il est mû par un moteur qui lui est extrinsèque ; chaque orbe céleste, corps inanimé, doit donc posséder, hors de lui, son moteur.

Chaque orbe céleste se meut d'un mouvement de rotation qui est uniforme et éternel ; partant, son moteur doit être éternel, toujours identique à lui-même, exempt de tout mouvement et de tout changement.

Dans un être éternel, absolument immuable, exempt de tout mouvement et de tout changement, il n'y a rien qui soit en puissance ; dès lors, cet être est exempt de toute matière ; il est intelligence pure.

Ainsi, à chaque orbe céleste correspond une pure intelligence, absolument séparée de la matière, immuable, immobile, qui est le moteur de cet orbe ; et cette intelligence est un dieu.

Voilà la doctrine théologique qui résume le huitième livre de la *Physique* et le onzième livre de la *Métaphysique* d'Aristote, qui couronne toute la Cosmologie péripatéticienne.

Ces intelligences, chargées de mouvoir les cieux, toutes les philosophies néoplatoniciennes continueront d'en admettre l'existence ; elles seront seulement quelque peu déchues du rang suprême où Aristote les avait placées. Au-dessus d'elles, il faudra contempler les dieux supérieurs ; Plotin, dans ce domaine suréminent, mettra trois hypostases, l'Un, l'Intelligence et l'Ame ; Proclus en comptera quatre, l'Un, l'Être, l'Intelligence et l'Ame ; mais au-dessous de ces trois ou quatre hypostases qui seront, pour ainsi dire, les dieux de premier rang, les intelligences députées aux mouvements des cieux seront encore des intelligences divines.

Sur la relation qui unit l'intelligence à l'orbe qu'elle meut, les Néo-platoniciens grecs et arabes exerceront l'ingéniosité de leur esprit ; à chaque orbe, ils en viendront à conjoindre une âme qui en sera le moteur immédiat ; cette âme connaîtra, admirera, aimera l'intelligence séparée, désirera de lui devenir semblable, et ce désir éternel maintiendra la perpétuité du mouvement céleste.

Comment faut-il concevoir les rapports de l'orbe qui est un corps, de son moteur conjoint qui est une âme, de son moteur séparé qui est une intelligence ? A ce sujet, philosophes musulmans, philosophes juifs, philosophes chrétiens disserteront à l'envi, non sans que de vives discussions mettent aux prises leurs divers systèmes. Mais l'existence des intelligences célestes leur paraîtra toujours hors de doute. Du polythéisme astral des Grecs, leur monothéisme recueillera cet héritage ; pour imposer silence à ses scrupules, il se contentera de donner le nom d'anges aux intelligences et aux âmes célestes, que le Néo-platonisme héllénique appelait divines.

Une partie du xivᵉ siècle était déjà écoulée que la Scolastique chrétienne n'avait encore rien fait pour repousser loin d'elle cette théorie d'un Paganisme à peine déguisé. Dans la dernière discussion philosophique à laquelle il ait pris part, dans son septième *Quolibet*, le plus audacieux novateur de l'École, Guillaume d'Ockam, tenait encore le langage suivant [1]:

« Le Commentateur parle de la durée finie ou infinie qu'un mouvement possède par soi, et il l'entend de la manière suivante :

» Le moteur conjoint réside d'une certaine façon dans la matière du ciel, comme l'implique ce mot : conjoint ; il est en puissance de mouvoir, mais aussi, pour ce qui est de lui, il est en puissance de repos ; ainsi, quant à ce qui est de lui, il pourrait cesser d'exercer l'action par laquelle il meut le Ciel, et cela, selon le Commentateur, parce qu'il est une forme qui, d'une certaine manière, est conjointe à une matière. En mouvant d'ailleurs, il meut d'une manière accidentelle, comme le montre la suite du même commentaire. Il n'a donc pas une action motrice *(motio)* de durée infinie, mais seulement de

---

1. *Quolibeta septem Venerabilis inceptoris fratris* GUILHELMI DE OCKAM ; quotlib. VII, quæst. XXII : Utrum intentio Philosophi et Commentatoris sit quod Deus sit infinitus intensive.

durée finie ; en effet, s'il était abandonné à sa nature par le premier moteur, en vertu de la cause susdite, il cesserait de mouvoir.

» Je dis par conséquent que l'infinitude [en durée] de cette action motrice *(motio)* provient nécessairement d'un autre moteur dans lequel il n'y a absolument aucune puissance de demeurer en repos, ni d'une manière essentielle ni d'une manière accidentelle, attendu que ce moteur n'est mû ni de cette manière ci ni de celle-là. Ce moteur, c'est un premier moteur absolument séparé de toute matière, comme le montre la suite de ce même commentaire. C'est parce qu'il est séparé de la matière que ce premier moteur a une action motrice de durée infinie. *Illud autem primum, propter suam separationem a materia, est infinitæ motionis secundum durationem.* »

Le docteur qui s'est montré le plus complètement indépendant de la tradition péripatéticienne, celui que les Nominalistes parisiens ont salué du titre de *Venerabilis inceptor*, n'a, dans cette doctrine, rien innové ; il admet dans toute sa plénitude l'axiome formulé par Aristote : Un mouvement de durée infinie requiert un moteur qui soit éternel et immuable, qui soit une intelligence séparée de toute matière.

Un contemporain de Guillaume d'Ockam, qui porta, comme lui, la bure franciscaine, qui partagea ses erreurs dans le domaine religieux, François de la Marche comprit peut-être mieux que Guillaume combien la position péripatéticienne était intenable ; mais les efforts qu'il fit pour s'en évader ne le conduisirent pas bien loin. Nous allons reproduire ici toute la discussion qu'en son commentaire aux *Sentences*, il consacre à l'existence des intelligences célestes ; cette pièce, peu commune, mérite d'être connue, car elle nous marquera le point qu'avaient atteint les philosophes les plus novateurs lorsque Jean Buridan parut.

« Le mouvement du Ciel, demande François de la Marche [1], a-t-il pour cause efficiente un principe intrinsèque, la forme du Ciel, ou bien un principe extrinsèque, c'est-à-dire une intelligence ? »

« Je réponds, dit notre auteur, que ce mouvement n'a pas pour cause efficiente la forme du Ciel, mais une intelligence. Mais cela est difficile à prouver. Tous les raisonnements de ces

---

1. *Secundus liber Sententiarum Magistri* FRANCISCI DE MARCHIA ; dist. III, quæst. III : Deinde quæritur utrum cœlum moveatur effective a principio intrinseco, puta a forma ejus, vel ab extrinseco, videlicet ab intelligentia. Bibl. Nat., fonds latin, ms. nº 3071, fol. 107, col. b et c.

philosophes qu'on rassemble pour démontrer cette proposition sont sans valeur.

» Avicenne, au deuxième chapitre du IXe livre de sa *Métaphysique* prouve cette proposition de la manière suivante : Tout mouvement naturel va d'une certaine disposition naturelle ou d'un certain terme à un certain autre terme. Mais le mouvement du Ciel ne va pas d'un terme à un autre. Donc etc.

» Mais cela ne vaut pas ; on pourrait répondre, en effet, que le principe admis n'est vrai que du mouvement de translation.

» D'autres ont donné cette preuve : La nature est déterminée à quelque chose d'unique ; lorsqu'elle le possède, elle demeure en repos. Mais le mouvement du Ciel n'est pas déterminé à quelque chose d'unique.

» Cet argument n'est point véritable. En effet, lorsqu'on dit : La nature est déterminée à quelque chose d'unique, ou bien on veut dire qu'elle est déterminée à quelque chose d'individuel, et dans ce cas, c'est faux ; ou bien on veut dire qu'elle est déterminée à une seule manière d'agir ; cela, je l'accorde ; mais, de cette façon-là, le Ciel est déterminé, car il a une seule manière d'agir ; c'est-à-dire de mouvoir.

» D'autres raisonnent ainsi : Tout ce qui est mû naturellement vers un certain terme, et qui a quelque principe intrinsèque pour cause efficiente de ce mouvement, revient ou s'écarte de ce terme par mouvement violent ; mais lorsque le Ciel revient ou s'éloigne de quelque position, de quelque *ubi*, ce n'est pas par mouvement violent ; donc etc.

» Mais cela non plus n'a pas de valeur. Quand on dit : Tout ce qui est mû naturellement vers un certain terme etc., ou bien, par terme, on entend un terme ultime ; dans ce cas, j'accorde cette majeure ; ou bien on entend un terme intermédiaire ; dans ce cas, je la nie ; un mobile, en effet, se meut naturellement vers un terme intermédiaire ; mais cependant, ce n'est pas par mouvement violent qu'il le quitte. Alors, à la mineure je fais cette réponse : Comme le Ciel se meut d'un mouvement de rotation, où donc est le terme ultime ?

» Je prouve donc notre proposition d'une autre manière, et voici comment :

» Je considère une partie du Ciel, soit A, et deux de ses positions, soient B et C, et je forme cet argument :

» Ou bien A est, par nature, également apte à se mouvoir vers B et vers C, ou bien il n'en est pas ainsi, mais A se meut vers un de ces deux termes plutôt que vers l'autre. Quelque soit le parti qu'on adopte, je prouve que ce mouvement ne provient pas de la forme du Ciel.

» Imaginons qu'on admette la première supposition : Par nature, A est également adpte à se mouvoir vers chacun de ces deux lieux. Si on place A au milieu entre deux, A ne se meut naturellement ni vers l'un ni vers l'autre ; et si A se meut, [hors ce cas], vers l'un des deux lieux, il se meut vers celui dont il est le plus voisin. C'est ce que montre avec évidence le mouvement des graves et des corps légers. Si donc A se meut également vers B et vers C, il faut aussi qu'il demeure naturellement en repos au milieu entre B et C. Or cela est faux. Donc etc.

» Direz-vous que, par nature, A est plus apte à résider en un de ces termes qu'en l'autre ? Dans ce cas, si on le place dans le premier, il ne pourra, si ce n'est par mouvement violent, se mouvoir vers le terme vers lequel sa nature le rend moins apte à se mouvoir, ou bien où elle le rend moins apte à résider. Mais cela est faux. Donc etc.

» Ce raisonnement paraît conclure que le Ciel est mû par une intelligence ; mais elle ne le meut point nécessairement, comme les philosophes l'ont pensé ; elle le meut d'une manière contingente.

» Cette nouvelle proposition, je la déduis d'une manière semblable.

» Cette intelligence, en effet, ou bien sa nature la rend également apte à mouvoir une partie du Ciel, A par exemple, vers B et vers C ; ou bien il n'en est pas ainsi, mais elle est plus apte à mouvoir A vers l'un de ces lieux que vers l'autre.

» Qu'on se donne la première supposition. J'argumente ainsi : Aucun moteur agissant d'une manière nécessaire, également apte à mouvoir son mobile vers deux termes, ne se déterminera de lui-même à le mouvoir vers l'un d'eux. Si donc une certaine partie du Ciel est déterminée à se mouvoir vers B et vers C, et si cette détermination est égale de part et d'autre ; si, en outre, l'intelligence, par sa nature, est également apte à mouvoir cette partie du Ciel vers chacun de ces deux termes, il en résulte que l'intelligence agissant d'une manière nécessaire ne pourra se déterminer à mouvoir le Ciel vers un des deux termes plutôt que vers l'autre ; il faudra donc qu'elle le meuve vers tous deux à la fois, ce qui est impossible, ou bien qu'elle ne le meuve ni vers l'un ni vers l'autre. Donc etc.

» Si l'on se donne, au contraire, la seconde supposition, j'argumente comme suit : Tout moteur qui meut quelque mobile d'une manière nécessaire, le conduit au terme vers lequel sa nature le rend le plus apte à mouvoir ; ce terme une fois atteint, il y demeure en repos. Si donc tel ciel ou telle partie du Ciel est apte, par nature, à se mouvoir plutôt vers tel lieu que vers tel autre, ou bien encore si l'intelligence est plus apte à mouvoir vers ce lieu-là que vers celui-ci, si, en outre, l'intelligence meut d'une manière nécessaire, il en résulte que l'intelligence mouvra d'abord vers le premier de ces deux lieux ; lorsque le mobile l'aura atteint, il y demeura naturellement en repos et ne le pourra quitter que par mouvement violent. Donc etc. »

On peut, croyons-nous, exprimer de la manière suivante ce qu'il y a d'essentiel dans ces raisonnements de François de la Marche :

Il n'y a aucune raison qui détermine un orbe céleste à se mouvoir dans un sens plutôt qu'en sens contraire ; si donc cet orbe tourne dans tel sens, et non pas en sens opposé, c'est que le moteur de cet orbe est capable de choisir entre deux mouvements équivalents, c'est qu'il est libre, qu'il est doué de liberté d'indifférence.

Notre auteur était bien loin de concevoir que l'orbe céleste fût, à chaque instant, contraint de tourner dans un sens bien déterminé, et cela, par cela seul qu'à l'instant précédent, il tournait déjà dans ce sens.

II

JEAN BURIDAN ATTRIBUE LE MOUVEMENT DES ORBES CÉLESTES À UNE IMPULSION INITIALE ET À LA LOI D'INERTIE

Guillaume d'Ockam vivait peut-être encore lorsque Jean Buridan commença de composer ses *Questions sur la Physique* d'Aristote. Ouvrons donc ces *Questions* et lisons-les.

« Il est une imagination », dit Buridan [1], « que je ne saurais réfuter d'une manière démonstrative. Selon cette imagination, dès la création du Monde, Dieu a mû les Cieux de mouvements

___

1. *Magistri* JOHANNIS BURIDAM *Questiones quarti libri Phisicorum.* Queritur nono utrum in motibus gravium et levium ad sua loca naturalia tota successio proveniat ex resistentia medii. Bibl. Nat., fonds latin, ms. 14723, fol. 68, col. c. — *Acutissimi philosophi reverendi Magistri* JOHANNIS BURIDANI *Subtilissime questiones super octo phisicorum libros Aristotelis.* Ed. Parhisiis, 1509, fol. lxxvi, col. c.

identiques à ceux dont ils se meuvent actuellement ; il leur a imprimé alors des *impetus* par lesquels ils continuent à être mus uniformément ; ces *impetus*, en effet, ne rencontrant aucune résistance qui leur soit contraire, ne sont jamais ni détruits ni affaiblis. De même disons-nous qu'une pierre lancée en l'air est mue, après qu'elle a quitté la main qui l'a jetée, par un *impetus* imprimé en elle ; mais la grande résistance qui provient tant du milieu que de l'inclination de la pierre vers un autre lieu, affaiblit continuellement cet *impetus* et finit par le détruire. Selon cette imagination, il n'est pas nécessaire de poser l'existence d'intelligences qui meuvent les corps célestes d'une manière appropriée ; bien plus, il n'est pas nécessaire que Dieu les meuve, si ce n'est sous forme d'une influence générale, de cette influence par laquelle nous disons qu'il coopère à tout ce qui est. »

Vers la fin du même ouvrage, Buridan reproduit une seconde fois cette explication du mouvement perpétuel des sphères célestes, et voici ce qu'il en dit [1] :

« On ne voit pas dans la Bible qu'il existe des intelligences chargées de communiquer aux orbes célestes le mouvement qui leur est propre ; il est donc permis de montrer qu'il n'y a aucune nécessité à supposer l'existence de telles intelligences. On pourrait dire, en effet, que Dieu, lorsqu'il a créé le Monde, a mû comme il lui a plu chacun des orbes célestes ; il a imprimé à chacun d'eux un *impetus* qui le meut depuis lors ; en sorte que Dieu n'a plus à mouvoir ces orbes, si ce n'est en exerçant une influence générale, semblable à celle par laquelle il donne son concours à toutes les actions qui se produisent ; c'est ainsi qu'il put se reposer, le septième jour, de l'œuvre qu'il avait achevée, en confiant aux choses créées des actions et des passions mutuelles. Ces *impetus* que Dieu a imprimés aux corps célestes, ne se sont pas affaiblis ni détruits par la suite du temps parce qu'il n'y avait, en ces corps célestes, aucune inclination vers d'autres mouvements, et qu'il n'y avait, non plus, aucune résistance qui pût corrompre et réprimer ces *impetus*. Tout cela, je ne le donne pas comme assuré ; je demanderai seulement à Messieurs les Théologiens de m'enseigner comment peuvent se produire toutes ces choses. »

---

1. *Magistri* JOHANNIS BURIDAM *Questiones octavi libri physicorum.* Queritur 12° utrum projectum post exitum a manu projicientis moveatur ab aere, vel a quo moveatur. Ms. cit., fol. 106, col. *d.* — JOHANNIS BURIDANI *Subtilissime questiones super octo phisicorum libros Aristotelis,* éd. cit., fol. cxx, col. d, et fol. cxxi, col. *a.*

Cette explication du mouvement des sphères célestes tient si fort à cœur à notre philosophe, qu'en un autre de ses écrits, il en donne une troisième exposition. Le commentaire de la *Métaphysique* d'Aristote l'amène à discuter la doctrine du Stagirite selon laquelle chaque orbe céleste est mû par une intelligence spéciale. En cette discussion, il faut, selon Buridan, distinguer les suppositions de la sagesse profane de l'enseignement de la foi catholique. Aussi, après avoir examiné les opinions d'Aristote et de ses commentateurs, poursuit-il en ces termes [1] :

« On peut encore imaginer une autre hypothèse, mais je ne sais si elle n'est pas extravagante *(nescio an sit fatua)*. Beaucoup de physiciens, vous le savez, supposent que le projectile, après avoir quitté le moteur qui l'a lancé, est mû par un *impetus* que ce moteur lui a donné ; il se meut tant que l'*impetus* reste plus fort que la résistance ; cet *impetus* durerait indéfiniment *(in infinitum duraret impetus)* s'il n'était diminué et détruit par quelque chose de contraire qui lui résiste ou bien par quelque chose qui incline le mobile à un mouvement contraire. Or, dans les mouvements célestes, il n'y a rien de contraire qui résiste. En la création du Monde, donc, Dieu mut chaque sphère avec la vitesse que sa volonté lui assignait, puis il cessa de la mouvoir ; dans la suite des temps, ces mouvements ont toujours persisté en vertu des *impetus* imprimés aux sphères elles-mêmes. C'est pourquoi il est dit que Dieu se reposa, le septième jour, de toute l'œuvre qu'il avait achevée. Je ne dis pas, toutefois, qu'il cessât d'agir au point de ne pas continuer cette influence générale hors laquelle un homme même, Socrate par exemple, ne pourrait marcher ; on dirait une erreur, en effet, si l'on prétendait que quelque chose peut se mouvoir, ou même seulement exister, hors de cette influence générale. »

Buridan conclut cet exposé de son audacieuse hypothèse par les mots suivants : « Vous voyez que les opinions des philosophes, précédemment rapportées, diffèrent grandement de

---

1. *In Metaphysicen Aristotelis. Quæstiones argutissimæ Magistri* JOANNIS BURIDANI *in ultima prælectione ab ipso recognitæ et emissæ: ac ad archetypon diligenter repositæ: cum duplice indicio: materiarum videlicet in fronte; et quæstionum in operis calce. Vænundantur Badio.* Colophon : Hic terminantur Metaphysicales quæstiones breves et utiles super libros Metaphysice Aristotelis quæ ab excellentissimo magistro Ioanne Buridano diligentissima cura et correctione ac emendatione in formam redactæ fuerunt in ultima prælectione ipsius Recognitæ rursus accuratione et impensis Iodoci Badii Ascensii ad quartum idus Octobris MDXVIII. Deo gratias. Lib. XII, quæst. IX : Utrum quot sint motus cœlestes, tot sint intelligentiæ et econverso. Édit. cit., fol. LXXIII, col. a.

la vérité de la foi catholique. » Sa théorie du mouvement des sphères célestes, où notre principe de l'inertie se trouve en puissance, paraît à ses yeux comme le commentaire mécanique du texte où la *Genèse* contemple le repos divin, au septième jour de la Création.

De la doctrine qui vient d'être formulée, Buridan donnait encore un rapide exposé dans ses *Questions sur le traité du Ciel et du Monde*. Après avoir expliqué la chute accélérée des graves par un *impetus* que le mouvement fait croître sans cesse, il écrivait [1] :

« De même que cet *impetus* est acquis à titre de conséquence du mouvement, de même s'affaiblit-il ou s'évanouit-il par suite de l'affaiblissement ou de l'évanouissement du mouvement.

» On peut faire l'expérience suivante : Mouvez vivement, d'un mouvement de révolution, une meule de forgeron grande et très lourde, puis cessez de la mouvoir ; longtemps encore elle demeurera en mouvement à cause de *l'impetus* acquis ; et qui plus est vous ne sauriez l'arrêter instantanément. Toutefois, à cause de la résistance de la meule, cet *impetus* irait sans cesse en diminuant. Si la meule durait toujours, sans éprouver aucune diminution ni aucune altération, et si aucune résistance ne venait corrompre *l'impetus*, peut-être la meule recevrait-elle de cet *impetus* un mouvement perpétuel.

» Ainsi pourrait-on imaginer qu'il ne faut pas supposer d'intelligences motrices des orbes célestes. On peut dire, en effet, ceci : Au moment où Dieu a créé les sphères célestes, il a mû chacune d'elles comme il a voulu ; et elles se meuvent encore par *l'impetus* qu'il leur a donné ; car cet *impetus*, qui ne rencontre aucune résistance, n'est ni détruit ni diminué. »

· Avant de mesurer du regard l'importance de la doctrine que Buridan vient de formuler, il nous faut assurer qu'elle est logiquement construite et, pour cela, procéder à l'examen d'une difficulté.

Cette doctrine consiste essentiellement à regarder un corps céleste comme doué d'un *impetus* analogue à celui qui réside au sein d'un corps sublunaire en mouvement. Or cette analogie est-elle admissible? La notion d'*impetus*, telle que Buridan l'a définie pour les corps graves ou légers, se laisse-t-elle étendre aux orbes célestes?

---

1. *Questiones super libris de Celo et Mundo magistri* JOHANNIS BYRIDANI *rectoris Parisius*. Lib. II, quæst. XII : Utrum motus naturalis debet esse velocior in fine quam in principio. Bibl. Royale de Munich, Cod. lat. 19551, fol. 91, b.

Comme nous l'avons dit au chapitre X [1], on pourrait donc très certainement traduire en langage moderne ce que Jean Buridan pensait de *l'impetus* communiqué à un corps pesant en disant que l'intensité de cet *impetus* était égale, pour lui, au produit de trois facteurs : une fonction croissante de la vitesse, le volume du corps, et une densité proportionnelle au poids spécifique. Si on lui eût demandé de préciser la forme du premier facteur, il l'eût sans doute pris proportionnel à la vitesse, et il eût ainsi identifié l'*impetus* à ce que Galilée devait nommer un jour *impeto* ou *momento*, et Descartes *quantité de mouvement*. Toutefois, il a eu la prudence d'éviter toute évaluation prématurée, qu'il n'eût pas été en état de justifier ; par là, il a évité l'erreur où une trop grande hâte d'évaluer quantitativement l'*impetus* devait conduire Galilée et Descartes.

Mais tous les corps ne sont pas pesants ; la substance céleste, en particulier, ne l'est pas ; et cependant, Buridan n'hésite pas à attribuer un *impetus* aux orbites du Ciel. L'intensité de cet *impetus* est-il, pour ces orbites, déterminable par une règle semblable à celle qui a été imposée aux corps pesants?

La solution de cette question est rendue singulièrement délicate par l'opinion que notre auteur professe au sujet de la substance céleste.

Nous avons vu combien, au Moyen-Age, les opinions avaient été divergentes touchant la nature de la cinquième essence. On peut les réduire à trois chefs principaux :

1º Le Ciel n'est pas composé de matière et de forme ; c'est une substance simple. C'est la doctrine d'Averroès, reprise par Jean de Jandun en certains de ses ouvrages.

2º Le Ciel est composé de matière et de forme ; mais il n'y a pas identité de la nature entre la matière céleste et la matière sublunaire ; ces deux matières sont seulement analogues. C'est l'avis de Saint Thomas d'Aquin auquel Jean de Jandun s'est parfois rangé.

3º Le Ciel est composé de matière et de forme ; la matière du Ciel est de même nature que la matière des corps soumis à la génération et à la corruption. C'est l'hypothèse soutenue avec une précision croissante par Saint Bonaventure, par Gilles de Rome, par Jean de Duns Scot et par Guillaume d'Ockam. Jean Buridan rompt nettement avec cette doctrine qui paraissait avoir triomphé à l'Université de Paris.

---

1. *Vide Supra*, pp. 213-215.

« Gilles, » dit-il [1], « oppose à Saint Thomas des arguments très forts ; il lui prouve que la matière du Ciel et la matière des être inférieurs ne peuvent pas être substantiellement différentes. Mais on peut prouver aussi contre Gilles que ces deux matières ne sauraient être de même nature.

» Gilles, en effet, se persuade bien que cette matière céleste n'est affectée d'aucune privation, qu'elle ne désire aucune forme autre que la sienne, parce que celle-ci contient virtuellement en elle-même toutes les autres formes. Mais il est une difficulté à laquelle il ne saurait échapper, et voici quelle elle est : La matière des êtres inférieurs est privée de cette forme céleste et, cependant, elle a une puissance naturelle à la recevoir ; elle ne possède pas cette forme, et, cependant, sa nature intrinsèque la rend apte à être soumise à cette forme céleste ou à une forme analogue, tout comme y est soumise la matière que Gilles place dans le Ciel, puisque ces deux matières sont de même nature. Ainsi la matière de ces êtres inférieurs aurait appétit à acquérir la forme substantielle des corps célestes ; et comme il est impossible qu'elle soit jamais soumise à cette forme, sa puissance et son appétit naturels se trouveraient frustrés pour l'éternité, ce que nul ne peut admettre. »

La solution à une telle difficulté paraît tout indiqué ; elle consiste à revenir à la doctrine du Commentateur et à nier qu'il y ait, en la substance céleste, une matière soumise à une forme.

D'ailleurs, la seule raison pour laquelle Aristote a admis une matière dans les êtres sublunaires est tirée des transformations substantielles auxquelles ces êtres sont soumis ; la supposition d'une semblable matière paraît superflue au sein des Cieux, exempts de toute génération et de toute corruption.

Le Ciel n'est donc pas composé par une matière soumise à une forme ; c'est une substance simple qui est en acte d'elle-même. « Elle est dite simple dans le sens où ce mot s'oppose à ceux-ci : composé de matière et de forme ; mais elle est composée de parties douées de grandeur... Il est permis de lui donner le nom de matière, si l'on entend, par ce mot : matière, désigner le sujet du mouvement local, quelque chose qui soit capable de se trouver ici en ce moment et ailleurs à un autre moment. »

---

1. *In Metaphysicen Aristotelis Quæstiones argutissimæ Magistri* JOANNIS BURIDANI. Lib. VIII, quæst. unica : Utrum cælum habeat materiam subjectam formæ substantiali sibi inhærenti. Éd. cit., fol. LV et LVI.

Moyennant ces définitions on peut, pour une partie déterminée du Ciel, considérer la vitesse avec laquelle elle se meut, la quantité de matière qui la forme ; Buridan ne se contredira donc pas, en attribuant un certain *impetus* à cette partie.

Tout en continuant à nier que la substance céleste soit composée de matière et de forme, il pourra continuer à parler de la densité de cette substance : « Dans le Ciel, une partie est d'autant plus dense qu'elle renferme, sous un moindre volume, davantage de cette substance céleste ; il n'est pas nécessaire, pour cela, d'y supposer l'existence d'une matière. »

Buridan tient, d'ailleurs, le même langage dans ses *Questions sur le traité du Ciel et du Monde* ; après s'être demandé si le Ciel a une matière, et avoir répondu à cette question comme il le fait dans sa *Métaphysique*, il écrit [1]:

« Nous avons dit souvent qu'il n'y a pas, au Ciel, une rareté et une densité de même nature que la rareté et la densité des corps inférieurs ; il ne faut pas définir la rareté et la densité par la matière dont nous nous enquiérions, » c'est-à-dire par le sujet de la génération et de la corruption substantielles, « mais par la substance qui est le sujet de la grandeur, quelle que soit cette substance ; le rare, donc, c'est ce qui a peu de cette substance sous un grand volume, et il en est au contraire du dense. »

L'intensité de l'*impetus* se doit donc mesurer, selon la pensée de Buridan, par le produit d'une fonction croissante de la vitesse, du volume du mobile et de la densité de la substance qui forme ce mobile. Pour les corps pesants, cette densité est, sans doute, proportionnelle à la pesanteur spécifique. Mais elle représente un attribut bien plus général que la pesanteur spécifique. Il y a une densité même pour les corps célestes qui sont exempts de toute gravité comme de toute légèreté ; ces corps, eux aussi, peuvent se mouvoir en vertu de l'*impetus* qui leur est imprimé.

Maintenant que nous avons reconnu la rigueur logique de la doctrine de Buridan, il est temps de montrer à quel point cette doctrine était neuve et féconde.

Buridan a dit [2] :

«C'est l'*impetus* qui meut la pierre après que celui qui la lance

---

1. *Questiones super libris de Celo et Mundo Magistri* JOHANNIS BYRIDANI *rectoris Parisius ;* lib. I, quæst. X : Utrum cælum habeat materiam. Bibl. Royale de Munich, Cod. lat. 19551, fol. 75, col. a.
2. *Vide Supra*, pp. 205-206.

a cessé de la mouvoir ; mais par la résistance de l'air, et aussi par la pesanteur qui incline la pierre à se mouvoir en un sens contraire à celui vers lequel l'*impetus* a puissance de mouvoir, cet *impetus* s'affaiblit continuellement ; dès lors, le mouvement de la pierre se ralentit sans cesse. »

Il vient de répéter [1] :

« Une pierre lancée en l'air est mue, après qu'elle a quitté la main qui l'a jetée, par un *impetus* imprimé en elle ; mais la grande résistance qui provient tant du milieu que de l'inclination de la pierre vers un autre lieu, affaiblit continuellement cet *impetus* et finit par le détruire. »

L'affirmation est donc claire : Deux causes contribuent à détruire l'*impetus* primitivement conféré à un mobile ; ces deux causes sont :

1º Toute tendance analogue à la pesanteur qui incline le mobile à un autre mouvement que celui qui lui a été imprimé ;

2º Toute résistance du milieu.

Cette affirmation implique une contre-partie qui est celle-ci :

Si ces deux causes d'affaiblissement de l'*impetus* font simultanément défaut, l'*impetus* se conservera indéfiniment sans changement ni diminution.

Que Buridan admette l'exactitude de cette contre-partie, nous en avons également l'aveu de sa bouche [2] :

« Beaucoup de physiciens, vous le savez, supposent que le projectile, après avoir quitté le moteur qui l'a lancé, est mû par un *impetus* que ce moteur lui a donné ; il se meut tant que l'*impetus* est plus fort que la résistance ; cet *impetus* durerait indéfiniment s'il n'était diminué et détruit par quelque chose de contraire qui lui résiste ou bien quelque chose qui incline le mobile à un mouvement contraire. — *Et in infinitum duraret impetus, nisi diminueretur et corrumperetur a resistente contrario vel ab inclinante ad contrarium motum.* »

Dire que l'*impetus* demeure immuable, c'est dire que le mouvement, lui aussi, demeure immuable ; dans un mobile donné, les variations de grandeur de l'*impetus* suivent exactement les variations du mouvement. « De même que cette qualité [3] a été imprimée dans le mobile par le moteur, en même temps que le

---

1. *Vide Supra*, p. 329.
2. *In Metaphysicen Aristotelis Quæstiones argutissimæ Magistri* JOANNIS BURIDANI. Lib. XII, quæst. IX : Utrum quot sint motus cælestes, tot sint intelligentiæ et econverso. Ed. cit., fol. LXXIII, col. a. *Vide Supra*, p. 330.
3. *Vide Supra*, p. 208.

mouvement, de même est-elle affaiblie, détruite et empêchée par toute résistance et toute inclination contraire qui affaiblit, empêche et détruit le mouvement. »

Dès lors si un mobile est exempt de toute tendance interne, telle que la gravité ou la légèreté, qui l'incline à un mouvement différent de celui qui lui a été imprimé ; si ce mobile ne rencontre aucune résistance de la part des corps qui l'entourent, il va se mouvoir indéfiniment d'un mouvement uniforme.

Que cette conclusion soit bien celle de Buridan, celui-ci nous le montre parce qu'il dit du mouvement des orbes célestes :

« Les *impetus* que Dieu a imprimés aux corps célestes [1] ne se sont pas affaiblis ni détruits par la suite du temps, parce qu'il n'y avait, dans ces corps célestes, aucune inclination vers d'autres mouvements, et qu'il n'y avait, non plus, aucune résistance qui pût corrompre et réprimer ces *impetus*. »

« Dès la création du Monde [2], Dieu a mû les Cieux de mouvements identiques à ceux dont ils se meuvent actuellement ; il leur a imprimé alors des *impetus* par lesquels ils continuent à être mûs uniformément ; ces *impetus*, en effet, ne rencontrant aucune résistance qui leur soit contraire, ne sont jamais ni détruits ni affaiblis. — *A creatione Mundi, Deus movit cælos tot et talibus motibus sicut nunc moventur, et movendo impressit eis impetus per quos postea movebantur uniformiter propter hoc quod illi impetus, cum non habeant resistentiam, nunquam corrumpuntur et diminuuntur.* »

Nous avons sous les yeux l'expression très claire de la *loi d'inertie* telle que Jean Buridan la concevait.

Cette loi n'est pas encore celle que formulera la Dynamique moderne ; pour se transformer en celle-ci, il lui faut acquérir une précision nouvelle ; il lui faut indiquer que toutes les parties du mobile ont reçu des vitesses initiales de même grandeur et de même direction ; il lui faut déclarer que le mouvement qui, dans ce cas, persiste uniformément, est un mouvement rectiligne.

Buridan n'a pas dit que, pour ne jamais tomber en défaut, la loi d'inertie devait être restreinte à ce point. Doit-on croire, cependant, que les conditions non formulées demeuraient implicites au sein de sa raison? Assurément non. Si on l'eût pressé de questions à ce sujet, il eût certainement déclaré que la loi

---

1. *Vide Supra*, p. 329.
2. *Vide Supra*, pp. 328-329.

d'inertie se devait entendre des deux mouvements simples que considérait la Physique péripatéticienne, du mouvement rectiligne, c'est-à-dire du mouvement de translation, et du mouvement de rotation.

Buridan admet, en effet, que l'impulsion initiale communiquée au mobile peut être rectiligne ou circulaire ; que, dans le premier cas, elle communique au mobile un *impetus* qui continuera à le mouvoir d'un mouvement de translation ; dans le second cas, elle lui donne un *impetus* qui continuera à le mouvoir d'une mouvement de rotation. « Tandis que le moteur meut le mobile, dit-il [1], il lui imprime un certain *impetus*, une certaine puissance capable de mouvoir ce mobile dans la direction même où le moteur meut le mobile, que ce soit vers le haut, ou vers le bas, ou de côté, ou circulairement *(vel circulariter)*. »

Si nous doutions qu'à ce simple adverbe, il faille attribuer le sens et l'importance que nous venons de détailler, nous aurions, pour nous rassurer, le témoignage d'un disciple et d'un grand admirateur de Buridan, de Marsile d'Inghen.

« Les *impetus* violents eux-mêmes, nous dit Marsile [2], ne sont pas tous de même espèce... Tel de ces *impetus*, en effet, est de nature telle qu'il meuve de soi en ligne droite ; ainsi en est-il de l'*impetus* de la flèche. Tel autre meut circulairement ; ainsi en est-il de l'*impetus* de la meule du forgeron...

» Souvent la différence essentielle et spécialissime entre ces *impetus* violents provient de la façon diverse dont ils sont imprimés. Cela est évident. Si vous lancez un toton en ligne droite, vous ne lui imprimez pas l'*impetus* qui est, par nature, apte à le faire tourner ; mais si vous lui donnez un mouvement gyratoire, un *impetus* sera imprimé, qui donnera au toton un mouvement gyratoire. »

On eût probablement étonné Buridan en lui affirmant que sa doctrine n'était vraie que des *impetus* rectilignes ; que c'est en ligne droite, et seulement en ligne droite, qu'un corps se meut indéfiniment et uniformément lorsqu'aucune tendance interne aucune résistance externe ne contrarie son mouvement. A cette affirmation, il eût opposé les exemples du toton, de la meule du forgeron, que nous venons d'entendre citer par Marsile d'Inghen.

Buridan ne savait pas que, dans ces cas, chaque particule

1. *Vide Supra*, p. 205.
2. *Vide Supra*, pp. 222-223.

du mobile tend à se mouvoir indéfiniment et uniformément en ligne droite dans la direction de la vitesse qui lui a été, tout d'abord, imprimée ; mais que cette tendance est à chaque instant contrariée par les liens qui unissent cette particule au reste du corps ; que du confflit entre la tendance au mouvement rectiligne uniforme et la résistance introduites par les liaisons, naît le mouvement de rotation uniforme de l'ensemble du mobile.

Qu'un maître ès-arts de l'Université de Paris ait été, au xive siècle, incapable d'apercevoir ces vérités, on ne saurait s'en étonner ; la découverte en sera très lente et très pénible.

De ces vérités, Léonard de Vinci commencera peut-être à concevoir quelque vague soupçon [1]. Gianbattista Benedetti sera le premier qui en recoive une claire aperception, et il s'efforcera d'en convaincre les mécaniciens de son temps [2]. Sa parole ne rencontrera, d'ailleurs, qu'un faible écho ; pour que la loi d'inertie soit correctement énoncée et exactement appliquée, il nous faudra attendre la venue de Descartes.

La loi de l'inertie n'a donc pas encore reçu de Jean Buridan son énoncé complet et définitif. Mais la part de vérité que ce maître a reconnue est déjà bien grande, assez grande pour bouleverser les fondements mêmes de la Philosophie péripatéticienne.

Toute la Dynamique d'Aristote repose sur cet axiome [3] :

« Tout ce qui est en mouvement est nécessairement mû par quelque chose. Si donc il n'a pas en lui-même le principe de son mouvement, il est évidemment mû par un autre. » Par cette formule, d'ailleurs, Aristote entendait que le moteur donnât son assistance au mobile tant que dure le mouvement de celui-ci.

A cette formule, voici que Buridan substitue cette autre :

Après qu'un corps a été mis en mouvement, il n'a plus, pour se mouvoir, besoin d'aucun moteur extrinsèque ; l'*impetus* qu'il a reçu une fois pour toute y suffit. Ce n'est pas à la persistance du mouvement qu'il faut chercher des causes ; c'est à l'affai-

---

1. P. DUHEM, *Études sur Léonard de Vinci*, Troisième série : *Les précurseurs parisiens de Galilée*. Paris, 1913. pp. 222-224.

2. GIOVANNI VAILATI, *Le speculazioni di Giovanni Benedetti sul moto dei gravi*. (*Accademia Reale delle Scienze di Torino*, vol. XXXIII, Adunanza del 27 marzo 1898. *Scritti di G. VAILATI*, Leipzig e Firenze, 1911, pp. 161-178.) P. DUHEM, *Op. laud.*, pp. 214-220.

3. Voir : Première partie, ch. IV, § VI ; t. I, pp. 174-175.

blissement et à la destruction du mouvement. Cet affaiblissement, cette destruction, requièrent une tendance propre au mobile, telle que la pesanteur, ou une résistance opposée par les corps extérieurs.

Voilà donc que s'écroule toute la Dynamique d'Aristote.

Mais ce n'est pas seulement la Dynamique du Stagirite qui est jetée bas ; c'est aussi la Théologie de ce philosophe.

De son axiome, Aristote avait déduit ce corollaire : A un mouvement éternel, il faut un moteur éternel et immuable, partant exempt de matière. Le mouvement éternel des orbes célestes met en évidence l'existence d'intelligences pures qui sont des dieux. De la Φνσικὴ ἀκρόασις au *Guide des égarés* et à la *Summa contra gentiles*, tous les Péripatéticiens et les Néo-platoniciens, qu'ils soient païens, musulmans, juifs ou chrétiens avaient reproduit ou imité ce raisonnement, en s'efforçant de l'accommoder aux exigences de leur orthodoxie.

Les philosophes péripatéticiens, en effet, demandent à Dieu, pour maintenir le mouvement dans le Monde, d'exercer une action motrice perpétuelle ; Buridan lui demande seulement de donner aux orbes célestes une impulsion initiale ; Dieu pourra ensuite se reposer de toute action motrice ; en vertu de cette *première chiquenaude,* les choses créées, « soumises aux actions et aux passions mutuelles » dont il les a douées, continueront à se mouvoir indéfiniment.

Ce n'est pas la doctrine du païen Aristote, c'est cette doctrine nouvelle, dont la loi d'inertie est l'axiome essentiel, qui paraît à notre auteur, conforme aux enseignements de la foi catholique. Cette conclusion, toutefois, il ne l'affirmera pas d'une manière catègorique, car il manquerait aux engagements que les maîtres ès-arts étaient, par les règlements universitaires, tenus de prendre [1] ; aùssi, pour ne pas s'exposer aux reproches qu'il s'était parfois attirés de la part des docteurs en Théologie, aura-t-il soin d'écrire [2] :

« Tout cela, je ne le donne pas comme assuré ; je demanderai seulement à Messieurs les Théologiens de m'enseigner comment peuvent se produire toutes ces choses. »

La révolution que la loi d'inertie accomplit en Dynamique n'a pas seulement de graves conséquences dans le domaine de

1. *Vide Supra,* p. 55.
2. *Vide Supra,* p. 329.

la Théologie ; elle transforme entièrement l'idée que les Sages s'étaient faite jusque-là de la Mécanique.

Pour Aristote et pour ses continuateurs, il y avait une Mécanique sublunaire ; les divers corps du monde de·la génération et de la mort étaient soumis à des puissances et à des résistances variables et mesurables ; on pouvait chercher suivant quelles règles les grandeurs et les directions de ces puissances et de ces résistances déterminaient les mouvements des corps auxquelles elles étaient appliquées ; Aristote lui-même, au VIIe livre de sa *Physique*, s'était essayé à une semblable recherche.

Mais pour Aristote, pour les Péripatéticiens, pour les Néoplatoniciens, il n'y avait pas de Mécanique céleste ; les intelligences séparées de la matière et les âmes incorporées aux Cieux donnaient à chaque orbe le mouvement de rotation uniforme qui convenait à la nature de cette trinité constituée par l'intelligence, l'âme et l'orbe ; cette nature divine n'était pas accessible aux mesures humaines ; l'homme devait se borner à observer le mouvement de rotation qui lui était approprié ; c'eût été folie de sa part que de prétendre soumettre ce mouvement aux règles que l'étude des mouvements d'ici-bas lui avaient fait découvrir ; les lois dont dépendent les choses périssables contenues dans l'orbe de la Lune, ne sauraient être, sans impiété, imposées aux choses célestes qui sont éternelles et divines.

Or Jean Buridan a l'incroyable audace de dire : Les mouvements des Cieux sont soumis aux mêmes lois que les mouvements des choses d'ici-bas ; la cause qui entretient les révolutions des orbes célestes est aussi celle qui maintient la rotation de la meule du forgeron ; il y a une Mécanique unique par laquelle sont régies toutes les choses créées, l'orbe du Soleil comme le toton qu'un enfant fait tourner.

Jamais, peut-être, dans le domaine de la Science physique, il n'y eut une révolution aussi profonde, aussi féconde que celle-là.

Un jour, à la dernière page du livre des *Principes*, Newton écrira : « Par la force de la gravité, j'ai rendu compte des phénomènes qu'offrent les cieux et de ceux que présente notre mer. — *Hactenus phænomena cælorum et maris nostri per vim gravitatis exposui.* » Ce jour-là, il annoncera le plein épanouissement d'une fleur dont Jean Buridan avait semé la graine. Et le jour où cette graine fut semée est, peut-on dire, celui où naquit la Science moderne.

III

LES DISCIPLES DE BURIDAN.
ALBERT DE SAXE ET NICOLE ORESME

Albert de Saxe a pleinement adopté l'opinion de Jean Buridan
sur le mouvement des sphères célestes ; par deux fois, il l'a
exposée avec la plus grande clarté.

Les *Questions sur la Physique d'Aristote*, rédigées par cet
auteur s'achèvent par une question [1] où l'on montre comment
on doit, par l'hypothèse de l'*impetus*, rendre compte du mouvement des projectiles ; et voici en quels termes cette question
prend fin :

« Selon cette opinion, on peut dire qu'il n'est pas nécessaire
de supposer autant d'intelligences qu'il y a d'orbes célestes ;
on peut prétendre que la Cause première a imprimé à chacun
d'eux une certaine qualité motrice, qui meuve cette orbite d'une
manière déterminée ; et cette vertu ne se détruit pas, parce que
cet orbe n'a rien qui le dispose au mouvement en sens contraire.»

Dans les *Questions sur le Traité du Ciel*, qui portent la date
précise de 1368 [2], Albert de Saxe reprend, avec plus de détails,
la même pensée. Après avoir expliqué l'accélération qui affecte
la chute d'un grave par un continuel accroissement d'*impetus*
dans le corps qui tombe, il poursuit en ces termes [3]:

« En faveur de cette opinion, nous pouvons citer l'expérience
que voici : Supposons qu'une meule de forgeron, très grande et
très lourde, ait été tournée jusqu'à ce qu'elle se meuve très rapidement, et qu'on cesse alors de la tourner ; elle demeurera
longtemps en mouvement. Cela ne peut provenir que d'un
impetus acquisitus qui vient du dehors et qui lui a été imprimé
par l'homme chargé de la tourner. Lorsqu'on cesse de tourner
cette meule, cet *impetus* diminue continuellement, si bien que
la meule finit pas s'arrêter ; cela est dû à ce que la forme naturelle de cette meule à une tendance opposée à celle de l'*impetus*.

---

1. ALBERTI DE SAXONIA *Quæstiones in libros de physica auscultatione ;* lib. VIII,
quæst. XIII.

2. P. DUHEM, *Études sur Léonard de Vinci.* Troisième série : *Les précurseurs
parisiens de Galilée ;* Paris, 1913, pp. 3-6.

3. ALBERTI DE SAXONIA *Subtilissimæ quæstiones in libros de Cælo et Mundo ;*
lib. II, quæst. XIV, ap. éd. Venetiis 1492 et 1520. Cette importante question
est omise dans les éditions données à Paris en 1516 et en 1518.

» Il faut concevoir qu'il en est ainsi, toute proportion gardée *(proportionaliter)* dans le cas, que nous considérons, du mouvement naturel d'un corps naturel vers son lieu propre. » Par là Albert entend évidemment qu'en ce cas, les deux tendances de la forme naturelle et de l'*impetus* étant de même sens, l'*impetus* croît constamment.

« Si cette meule pouvait durer indéfiniment sans diminution ni altération, si aucune résistance ne venait corrompre cet *impetus* qui a été engendré dans la meule, peut-être que cet *impetus* lui communiquerait un mouvement perpétuel.

» Si l'on admettait cette manière de voir, il serait inutile d'imaginer des intelligences propres à mouvoir les orbes célestes. On pourrait, en effet, tenir le langage suivant : Lorsque Dieu créa les sphères célestes, il mit chacune d'elles en mouvement comme il lui plut ; et elles se meuvent, maintenant encore, par l'*impetus* qu'il leur a communiqué de la sorte ; cet *impetus* ne subit ni corruption ni diminution, car le mobile n'a aucune inclination qui lui soit contraire, en sorte qu'il n'y a ici aucune cause de corruption. »

Toute la fin de ce passage reproduit presque mot pour mot ce que Buridan avait écrit dans ses *Questions* sur le *Traité de Ciel*.

Nicole Oresme admet, lui aussi, la théorie de Buridan ; mais dans l'énoncé qu'il en donne, une nuance s'est introduite, dont il convient de rendre compte.

Lorsqu'on jette un grave en l'air, a dit Buridan [1], « l'*impetus* est violent et non naturel au mobile ; il ne convient pas à la nature formelle de ce corps. »

L'*impetus* du grave jeté en l'air est donc violent parce qu'il est contrarié par la pesanteur, par la forme naturelle du projectile. Mais, dès lors, si l'*impetus*, au lieu de contrarier cette forme naturelle, en secondait la tendance, s'il avait même direction qu'elle, il faudrait l'appeler naturel ; c'est, en effet, ce que déclare Marsile d'Inghen [2] :

« Lorsqu'on lance un corps pesant vers le haut, on lui imprime un *impetus* violent ; lorsque la même main lance ce corps vers le bas, elle lui communique un *impetus* naturel ; cela est visible, car le mobile confère alors de la force à cet *impetus*, attendu

---

1. Voir : Cinquième partie, ch. X, § VI, p. 207.
2. *Abbreviationes libri phisicorum edite a* MARSILIO INGUEN, avant-dernier fol., col. d.

qu'il a une inclination naturelle à se mouvoir de la sorte lorsqu'il est hors de son lieu. »

L'impetus qu'au moment de la création, Dieu a communiqué
à un orbe céleste ne trouve, dans cet orbe, aucune inclination
qui lui soit contraire ; on devra donc dire que cet *impetus* est
naturel, que c'est une vertu ou propriété naturelle que Dieu a
conférée à l'orbe en même temps qu'il lui a donné l'existence.

Cette propriété ou vertu naturelle, à quoi la comparera-t-on ?

Nous avons vu [1] que l'*impetus* communiqué à un projectile
recevait volontiers le nom de légèreté accidentelle s'il était
dirigé vers le haut, de gravité accidentelle s'il était dirigé vers
le bas.

Dès lors, l'*impetus* naturel donné par Dieu aux sphères célestes
pourra être comparé à la pesanteur et à la légéreté naturelles
qu'ont reçues en apanage les corps de ce bas monde ; on pourra
dire que le mouvement incessant des Cieux, dû à cette vertu
naturelle, est un mouvement naturel au même titre que le
mouvement par lequel un corps grave ou léger regagne le lieu
propre dont il a été violemment écarté.

Cette proposition : Les Cieux sont mus de mouvement naturel, doit, en vertu des principes admis par la Physique parisienne
du xıv^e siècle, être regardée comme l'exact équivalent de cette
autre proposition : Les cieux sont mus par l'*impetus* que Dieu
leur a communiqué au moment de la Création.

Or, la nouvelle forme de cette proposition ne heurte pas la
tradition péripatéticienne moins fortement que la première.

Que les Cieux fussent mus de mouvement naturel tout comme
le grave qui tombe ou le corps léger qui monte, c'est une supposition qu'Avicenne avait formellement condamnée. « Le mouvement n'advient à la nature, disait-il [2], qu'en vertu de l'existence d'une disposition non naturelle. Ce peut être une disposition qualitative ; ainsi de l'eau a pu être échauffée par violence. Ce peut être une disposition quantitative... Ce peut-être
une disposition locale ; ainsi en est-il quand une pierre est jetée
en l'air. Il en est semblablement des mouvements relatifs aux
autres catégories... Dès lors, le mouvement circulaire ne peut être
un mouvement naturel ; s'il en était un, en effet, il irait d'une
disposition non naturelle à une disposition naturelle et, lors-

1. *Vide Supra*, p. 279.
2. *Metaphysica* Avicenne *Sive eius prima philosophia*, lib. II, tract. IX, cap. II :
Quod propinquus motor celestium non est natura nec intelligentia, sed anima, et
quod principium longinquum est intelligentia.

qu'il aurait atteint celle-ci ; il demeurerait en repos ; il ne pourrait, de lui-même, revenir à cette disposition non naturelle. »

Al Gazâli avait dit de même [1] :

« Le Ciel incline à changer ses parties de place par une rotation autour d'un centre. Or l'inclination qu'à le Ciel a un mouvement de cette sorte, il est impossible qu'elle soit en lui l'effet de la nature et non l'effet de la volonté. Le mouvement naturel, en effet, c'est seulement la fuite d'une situation et la recherche d'une autre situation ; lorsque le mobile est parvenue à cette dernière, il y demeure en repos ; il est impossible qu'il revienne naturellement à celle qu'il a quittée. »

Cette doctrine d'Avicenne et d'Al Gazâli fut, peut-on dire, universellement adoptée par la Scolastique latine. Il serait fastidieux de reproduire ici les témoignages nombreux que nous pourrions recueillir de cet accord. Nous avons, autrefois, cité [2] celui de Bernard de Trille, qui était particulièrement explicite.

On conçoit, d'ailleurs, que le Péripatétisme se soit montré sévère pour cette proposition : Les Cieux se meuvent de mouvement naturel. L'admettre, c'était renverser toute la Théologie d'Aristote et des Néo-platoniciens. Que la rotation d'un orbe céleste fût due à un *impetus* ou à une force naturelle analogue à la pesanteur, il devenait également inutile d'attribuer, à cet orbe, ni âme ni intelligence.

Or Nicole Oresme propose précisément de formuler la pensée de Buridan de la manière que voici : Les orbes célestes sont mus par des vertus naturelles analogues à la pesanteur et à la légéreté.

Le chanoine de Rouen vient d'examiner quelques difficultés relatives aux intelligences célestes dont la Physique péripatéticienne admettait l'existence ; il a raisonné « posé que les cielz soient meus par intelligences. Car », poursuit Oresme [3], « par aventure quand Dieu les créa, il mist en eulz qualitez et vertus mottives auxi comme il mist pesanteur es chouses terrestres, et mist en eulz résistences contre ces vertus mottives.

» Et sont ces vertus et ces résistences d'autre nature et d'autre matière que quelconque chouse sensible ou qualité qui sont icy bas.

» Et sont ces vertus contre ces résistences tellement modé-

<hr>

1. *Philosophia* ALGAZELIS, Lib. I, tract. IV ; éd. Venetiis, 1506, fol. sign. f 2, col. c.

2. Voir : Quatrième partie ; t. VI, ch. I, § VI (B), pp. 44-46.

3. NICOLE ORESME, *Le traité du Ciel et du Monde*, livre II, ch. II ; Bibliothèque nationale, fonds français, ms. nᵒ 1083, fol. 40, col. c.

rées, atrempées et accordées que les mouvemens sont faiz sans violence.

» Et excepté la violence, c'est aucunement semblable quant un homme a fait une horloge, et le lesse aller et estre meu par soy ; auxi lessa Dieu les cielz estre meus continuellement selon les proporcions que les vertus motives ont aux résistences et selon l'ordrenance establie.

» Et pource, quant le Prophète eut dit de Dieu : *Laudate eum cæli cælorum*, il dist après : *Statuit ea in æternum, et in sæculum sæculi præceptum posuit, et non præteribit.* »

Simple maître-ès-Arts, Jean Buridan avait humblement soumis son hypothèse au jugement de « Messieurs les Théologiens ». Par la bouche de Nicole Oresme, les Théologiens [1] déclarent cette hypothèse recevable.

Mais, en même temps et de cette même bouche, nous entendons la déclaration que voici : L'étude des mouvements de l'Univers est un problème qui dépend tout entier des mêmes principes de Mécanique, de ceux qui règleraient une horloge immense et compliquée. En effet, un jour, dans son traité *De horologio oscillatorio*, Huygens posera les théorèmes qui permettront à Newton d'analyser le mécanisme de l'Univers.

---

1. Oresme avait, à Paris, enseigné la Théologie et commenté les *Sentences* de Pierre Lombard. En effet, au chapitre même que nous venons de citer, il écrit : « Si comme J'ay monstré pieta sur *Sentences...* » (Nicole Oresme, *Traité du Ciel et du Monde*, livre II, chapitre II ; ms. cit., fol. 41, col. d.)

Chapitre XIII

L'ASTROLOGIE CHRÉTIENNE

I

Guillaume d'Auxerre. — les Théologiens du xiiie siècle
et l'Astrologie. — Alexandre de Alès. — Albert le
Grand.— Saint Bonaventure

Les théologiens les plus autorisés qui se rencontrent au
xiiie siècle gardent tous, à l'égard de l'Astrologie, une même
attitude.

Tous, ils admettent que les mouvements des astres exercent,
sur les corps d'ici-bas, de multiples actions et y déterminent
de nombreux changements.

Tous, ils leur refusent aucune efficace sur les âmes raisonnables dont les volontés demeurent, à l'égard des phénomènes
célestes, exemptes de toute contrainte.

D'ailleurs, le libre choix de notre volonté serait chose vaine
si, dans le monde des corps, certaines opérations n'étaient en
notre pouvoir ; il faut donc que le monde même des corps inférieurs échappe en partie à la loi nécessaire imposée par les
circulations des orbes, il faut qu'il y reste quelque contingence.

En revanche, s'il est vrai que notre volonté n'éprouve, de
la part des astres, aucune influence qui la détermine directement,
il est véritable aussi que les mouvements célestes modifient
le tempérament et la complexion de notre corps et, par là,
peuvent incliner notre libre arbitre en tel sens ou en tel autre,
sans aller cependant jusqu'à lui imposer le choix qu'il fait.

Telles sont les quatre thèses que les théologiens s'accordent
à soutenir ; ils ne se distinguent guère les uns des autres que
par des nuances, selon que la divination astrologique exerce
sur leur raison un attrait plus ou moins fort.

Ecoutons, tout d'abord, un contemporain de Guillaume

d'Auvergne, celui qui, plus indulgent que l'Évêque de Paris aux doctrines professées par Aristote et par ceux de sa suite, souhaitait d'allier ces doctrines au dogme catholique et avait été, par Grégoire IX, chargé de réaliser cette alliance ; nous avons nommé Guillaume d'Auxerre.

Guillaume d'Auxerre ne met pas en doute l'action exercée par les astres sur les choses d'ici-bas ; le principe sur lequel repose l'Astrologie judiciaire lui paraît donc exact ; mais, dans la pratique, les astrologues se trompent souvent dans leurs prédictions, à cause de l'extrême complication des influences qui concourent ou qui se contrarient.

C'est bien le sens d'un premier passage [1].

Au cours des objections qu'il prévoit contre une opinion qu'il entend soutenir, Guillaume écrit :

« De même qu'en un miroir, les anges connaissent l'avenir, de même, dans les étoiles et dans les astres errants, les hommes peuvent connaître les évènements futurs. Or un astronome pourrait être si parfait, si pleinement illuminé, qu'il connût tous les évènements futurs. »

A cette affirmation, la solution de l'objection se contente d'apporter la restriction que voici :

« Aucun homme ne saurait être si expert en astronomie qu'il ne se trompât fréquemment, à cause de la multitude infinie des circonstances particulières qu'il lui serait nécessaire d'observer. Cela, Dieu l'a fait en vue d'instruire cet astronome, de le rendre humble, afin qu'il y trouve une marque de son imperfection. »

La pensée qu'exprime ce passage se retrouve un peu plus loin, et sous une forme plus explicite [2].

« Par ce qui précède, écrit Guillaume, il est manifeste que les choses d'ici-bas, en tant qu'elles sont douées de la végétation et du sens, végètent et reçoivent le sens selon le cours des choses d'en haut. Ceux donc qui, de ce qui doit advenir à celles-là, jugent celles-ci, jugent avec rectitude, car ils jugent des effets par les causes. — *Manifestum est quod inferiora, inquantum*

---

1. *Summa aurea in quatuor libros sententiarum : a subtilissimo doctore Magistro* GUILLERMO ALTISSIODORENSI *edita...* Colophon : Explicit summa aurea in quatuor libros sententiarum : a subtilissimo doctore magistro Guillermo altissiodorensi edita : impressa parisijs impensis Nicolai vaultier et Durandi gelier : alme universitatis parisiensis librariorum. Anno domini millesimo quingentesimo die tertia mensis. Aprilis ante pascha. — Lib. II, tract. V, quæst. IV : Utrum aliquis angelus adeo limpidum habeat visum quod in speculo videat omnia ; fol. XLVII, col. *d*.

2. GUILLERMI ALTISSIODORENSIS *Op. laud.*, lib. II, tract. VII : De operibus sextæ diei ; éd. cit., fol. LV, col. d, et fol. LVI, col. a.

sunt vegetabilia et sensibilia, vegetantur et sensificantur secundum motus superiorum. Ergo qui de illorum eventibus judicant secundum illa, recte judicant tanquam de effectibus per causas. »

A cette doctrine, notre auteur fait une objection qu'il emprunte à Saint Augustin ; tous les grains qui, à la même heure, ont été serrés dans un champ ne se développent pas de la même manière ; il semble donc que la végétation de ces grains ne soit pas régie par le cours des astres.

« A cela, poursuit-il, il faut répondre que ceux qui, sur l'avenir portent de semblables jugements méritent reproche à deux sujets.

» Le premier sujet de reproche, c'est la curiosité. Ils dépensent une étude excessive et une recherche plus que vaine à poursuivre ce qu'il est impossible ou très difficile, dans l'état où nous sommes, de connaître avec certitude. Sans doute, certaines choses d'ici-bas sont, sous un certain rapport *(secundum aliquid)*, causées par les choses d'en-haut ; mais tant d'accidents, tant de circonstances accessoires viennent mettre entraves que c'est à peine si la vérité peut être discernée et examinée.

» Ainsi les astronomes disent qu'on doit juger de la complexion d'un homme par le signe qui est ascendant au moment de la naissance de cet homme... Cela peut bien être vrai et n'est pas en opposition avec la vérité *(Quod bene potest esse verum nec abhorret a veritate)*. Mais cette action du signe ascendant peut être empêchée par des circonstances fortuites presque innombrables. C'est donc curiosité inutile que de trop scruter ces questions et d'accorder à ces jugements une confiance trop grande. Ces empêchements qui surgissent de divers côtés sont la raison pour laquelle Saint Augustin fait l'objection des semences...

» En second lieu, parmi ceux qui se vantent d'avoir quelque connaissance de l'avenir, il en est dont il nous faut réfuter les prétentions ; ce sont ceux qui, comme les généthliaques, ne se contentent pas d'affirmer qu'un ordre naturel règne sur les choses naturelles, mais qui font de la nature l'ordinatrice et la dominatrice des mouvements volontaires ; ceux-ci encourent l'accusation d'infidélité, car ils bannissent le libre arbitre ; au contraire, il est véritable et certain, il est très connu en Astronomie, que Dieu et l'esprit *(animus)* ont domination sur les astres. » Et Guillaume d'Auxerre d'emprunter à Saint Augustin la réfutation du fatalisme des généthliaques.

Que l'astrologue, donc, ne prétende pas soumettre à ses pré-

dictions les décisions du libre arbitre ; on le laissera libre de
porter des jugements sur tous les autres évènements d'ici-bas ;
on reconnaître la justesse du principe auquel s'appuie son art ;
on l'avertira seulement que l'extrême complexité des circonstances dont il lui faudrait tenir compte lui permet malaisément,
de ce principe juste, de tirer des conclusions certaines. Telle
paraît être l'opinion de Guillaume d'Auxerre touchant l'Astrologie.

Alexandre de Alès se demande [1], à propos de la création des
luminaires et des étoiles. « comment ils sont dans le ciel à titre
de signes... En outre, si le soleil, la lune et les planètes sont
signes des évènements qui se produisent dans les choses d'ici-
bas, ne déterminent-ils pas les causes de ces évènements ? Et
s'ils sont causes ou signes de ces évènements, desquels le sont-
ils ? N'est-ce pas de tous ? »

En faveur du dogme astrologique qui soumet le monde inférieur tout entier au gouvernement des orbes, Alexandre invoque
quelques raisons, banales en son temps. A l'encontre de ces
raisons, il invoque l'autorité de Saint Jean Damascène, dont il
rapporte en entier le texte que nous avons précédemment cité.

Que les astres soient signes de certains évènements sublunaires, il ne le met pas en doute : « Parmi les signes qui sont au
Ciel, il faut distinguer les signes principaux, qui sont dans le
Zodiaque, et ceux qui, vers le Nord ou vers le Sud, s'écartent
du Zodiaque ; ils sont tous déterminés par des étoiles ; on les
nomme images parce qu'ils sont formés par des constellations.
On dit qu'ils sont des signes parce qu'ils fournissent certaines
indications touchant les choses d'ici-bas. De même, selon la
diversité de leur mouvement et de leur disposition relative,
les cinq planètes ont une certaine signification touchant les
choses d'ici-bas. Mais ce sont surtout le Soleil et la Lune qui
jouent le rôle de signes. »

Mais les astres sont-ils simplement signes des changements
qui se manifestent dans le monde sublunaire, ou bien en sont-
ils causes ? Saint Jean Damascène avait formellement rejeté
cette proposition-ci pour s'en tenir à celle-là ; Alexandre de Alès
veut, avec les « philosophes », accorder que les astres sont véritablement causes de certains évènements d'ici-bas ; il ne veut
pas, cependant, méconnaître l'autorité de Jean de Damas ;

---

1. ALEXANDRI DE ALÈS *Summa*, pars secunda, quæst LII, art. II.

voici donc par quelle distinction il pense concilier les deux opinions :

« Sauf avis meilleur, on doit, ce me semble, dire ceci : Le mot cause se dit de deux façon. D'une première façon, on appelle cause ce qui, infailliblement et toujours, produit son effet ; ou, tout au moins ce, faute de quoi l'effet ne se produit point. D'une autre façon, on appelle cause une chose par le moyen de laquelle un effet est produit la plupart du temps.

» De la première façon, je ne crois pas que les astres soient causes des évènements d'ici-bas ; en effet, ils ne produisent pas toujours ces effets conformément à la disposition qu'ils affectent ; parfois, lorsqu'il est utile de le faire, la volonté de Dieu produit ces effets sans que les astres aient la disposition appropriée.

» Mais de la seconde façon, on peut dire que les astres sont causes [des changements sublunaires], car ils coopèrent à la génération ou à la destruction de certaines choses.

» Par là, on peut résoudre la contradiction entre Jean Damascène et les philosophes. Damascène parle de la cause considérée d'une manière absolue *(simpliciter)*. Les philosophes, au contraire, parlent de la cause prochaine, qui produit son effet fréquemment, [mais non toujours] ; il arrive, par exemple, qu'il y ait sécheresse en hiver et abondance de pluie en été ; on en peut dire autant de la chaleur et du froid. »

Les astres, donc, sont non seulement signes de certains changements du monde inférieur, mais encore ils en sont causes, pourvu que l'on entende par là des causes qui ne sont pas entièrement nécessitantes et dont l'efficace souffre des exceptions. « Toutefois, ils ne sont ni signes ni causes de toutes choses. Comme le dit Jean Damascène, ils sont signes de la sécheresse du froid, etc ; mais, comme le dit le même Damascène dans le texte qui a été cité ci-dessus, ils ne sont pas signes de ce qui provient en propre de l'âme raisonnable.

» Les philosophes trouvent que les astres signifient, en certains hommes, la colère, la folie, le larcin. Voici ce qu'il faut répondre : Les luminaires déterminent un certain changement dans l'air et dans les autres corps ; par là, ils produisent aussi un changement dans notre propre corps ; mais, par son libre arbitre, l'âme raisonnable incline à suivre le changement que le corps éprouve ; de ce changement, donc, peuvent résulter, du côté de l'âme, certaines dispositions ; mais de ces dispositions, c'est l'âme même qui est cause ; ce n'est pas d'une manière nécessaire, en effet, qu'elle penche dans le sens des impressions et des passions éprouvées par le corps et qu'elle les suit. »

Dans la doctrine d'Alexandre de Alès, nous reconnaissons nettement les quatre thèses que nous avions formulées.

Que les astres ne soient pas les causes nécessitantes et uniques de tout ce qui se fait sous la sphère de la Lune ; que l'action de ces causes se combine avec l'efficace d'autres causes, indépendantes des premières et qui ont leur siège dans le monde inférieur, c'est une doctrine qu'Alexandre de Alès avait déjà rencontré l'occasion d'émettre. Il avait, en effet rappelé cette opinion qu'il attribuait au Philosophe [1] :

« Les corps supérieurs ont chacun leur révolution ; selon la diversité que présente la disposition de ces corps les uns par rapport aux autres, des effets différents en proviennent. »

« Si donc des positions et configurations semblables se reproduisent, poursuit notre auteur, est-ce qu'il en proviendra, de nouveau, un effet semblable ? S'il en était ainsi, toutes choses se trouveraient rappelées à leur état primitif lorsque la Grande Année serait révolue ; on appelle, en effet, Grande Année, le temps au bout duquel toutes les étoiles atteignent de nouveau l'état à partir duquel elles ont, pour la première fois, commencé de se mouvoir. »

A l'encontre d'une telle doctrine, Alexandre fait cette objection :

« Les effets qui procèdent en ce monde-ci ne procèdent pas seulement des causes supérieures, mais aussi des causes inférieures ; lors-même, donc, que les causes supérieures reviendraient toutes à un état semblable, les causes inférieures ne reviendraient pas semblablement et, par conséquent, l'effet ne serait point le même ; car en cette circonstance, les effets suivent plutôt la cause inférieure que la cause supérieure. »

Dès là que les astres ne sont plus que d'une manière partielle causes des évènements de ce monde ; qu'il y a, sous la sphère de la Lune, des causes autonomes soustraites au gouvernement nécessaire des circulations d'en-haut, l'axiome péripatéticien sur lequel reposait l'Astrologie perd sa rigidité ; il devient compatible avec une religion qui croit au libre arbitre humain et requiert, dans le Monde, une part de contingence.

C'est bien ce qu'admettait Albert le Grand.

---

1. ALEXANDRI DE ALES *Summa*, pars secunda, quæst. XIV, art. L.

Les astres, se demande-t-il [1], sont-ils signes des évènements qui se produisent ici-bas? A l'encontre de la réponse affirmative, il prévoit cette objection :

« Ou bien ils jouent le rôle de signe parce qu'ils jouent celui de cause, ou bien non.

» Si oui, comme leur mouvement est nécessaire, il semble que ce signe soit la cause nécessaire des évènements, ce que ne dit aucun catholique.

» Si, au contraire, ils sont signes mais non causes, ce qu'ils signifient se doit ramener à quelque autre chose qui soit cause de l'évènement signifié ; ce quelque chose ne peut être qu'un corps immortel, perpétuel et premier ; avant le Ciel, donc, il existe un tel corps, ce qui est faux. »

En dépit de cette objection, Albert répond à la question posée :

« Je pense devoir accorder que les astres sont, à la fois, signes et causes motrices des êtres soumis à la génération qui réside ici-bas.

» Quant à cette objection : Ce sont donc des causes nécessaires, disons qu'elle est sans valeur. En effet, bien que les étoiles se meuvent toujours de la même manière, elles ne sont pas toujours disposées de la même manière à l'égard des choses d'ici-bas ; pourtant, les effets des étoiles peuvent se trouver empêchés par des dispositions contraires. C'est ce qu'entend Ptolémée, dans son *Centiloquium*, lorsqu'il dit : « Le savant a domination sur les astres. » Il exerce cette domination en communiquant aux corps des dispositions contraires à celles que produisent le mouvement des étoiles. »

La solution de cette question conduit Albert le Grand à l'examen de cette autre : « Les étoiles ont-elles domination sur le libre arbitre. [2] »

« Selon l'enseignement des Saints, répond-t-il, elles ne jouent nullement le rôle de causes à l'égard du libre arbitre ; les philosophes ne disent pas non plus qu'elles jouent le rôle de causes à l'égard du libre arbitre, si ce n'est de la manière qui a été prouvée en premier lieu. » — Cette action des astres sur la volonté, admise par les philosophes, avait été caractérisée de la manière suivante : « La volonté dépend à un haut degré de la complexion de l'homme ; si donc les astres ont pouvoir sur

---

1. ALBERTI MAGNI *Scriptum in secundo Sententiarum*. Dist. XV, art. IV : Qualiter sol et Luna sint in signa et tempora.

2. ALBERTI MAGNI *Op. laud.*, art. VI : Utrum stellæ habeant dominium super liberum arbitrium.

les complexions des corps, il paraît qu'elles ont aussi pouvoir
sur la complexion de l'âme et sur le libre arbitre. » — L'action
des astres sur le libre arbitre ne s'exerce donc « que par contre-
coup *(per consequens)*, en tant que la complexion [du corps]
entraîne et incline le libre arbitre vers certains actes. »

» Partant si les astrologues peuvent pronostiquer les évènements qui surviendront dans la vie d'un homme, il faut
répéter avec Saint Augustin que ces connaissances « leur ont
été plutôt révélées par les démons que par les mouvements
des corps supérieurs. Nous pouvons dire, toutefois, que rien
n'empêche la faiblesse qui doit affecter le développement d'une
certaine vie d'être marquée de force et d'être soutenue par
les astres ou bien, au contraire, de trouver en eux un empêchement ; mais on n'en peut dire autant du libre arbitre ; en
sorte que l'action causale des astres commence par le corps et
n'atteigne point l'âme si ce n'est par l'intermédiaire de l'inclination qui vient du corps. »

Ces propos d'Albert le Grand sont extrêmement semblables
à ceux que tient Saint Bonaventure.

« Les divers luminaires, demande Saint Bonaventure [1], pro-
duisent-t-ils sur les choses corporelles, des impressions
diverses ? »

« Les luminaires célestes, répond-t-il, font impression sur
les éléments et sur les corps formés au moyen de ces éléments;
et je ne dis pas une impression unique, mais une impression
aux modes multiples...

» On objecte qu'ils ne font aucune impression parce qu'ils
ne sont que des signes. A cela, il nous faut répondre : L'Écriture ne dit pas qu'ils aient seulement pour objet de signifier ;
non seulement ils ont le pouvoir de signifier la cause, mais
ils en ont l'efficace. Si l'Écriture exprime qu'ils sont des signes
plutôt que des causes, c'est parce qu'ils ne sont ni causes
nécessaires ni causes suffisantes ; voilà pourquoi elle leur attribue de préférence le rôle de signes. »

« Ces impressions [2] des luminaires ont-elles quelque effet
sur la diversité des mœurs humaines ? »

« Que les astres jouent le rôle de causes dans les mœurs des

---

1. Sancti BONAVENTURÆ *In secundum librum Sententiarum disputata*, dist. XIV,
pars V, quæst. II : Utrum diversa luminaria habeant diversas impressiones super
corporalia.

2. Saint BONAVENTURE, *loc. cit.*, quæst. III : Utrumex impressionibus luminarium
causetur in hominibus diversitas morum.

hommes et dans la venue des évènements futurs, cela se peut
entendre de deux manières ; ou bien on peut entendre qu'ils
sont causes nécessaires et suffisantes; ou bien on peut entendre
qu'ils sont seulement causes prédisposantes et contingentes.

« Si on l'entend de la première manière, il est faux [qu'ils
soient causes des mœurs des hommes et des évènements futurs] ;
il y a plus ; c'est une opinion hérétique et diabolique ; elle répugne à la fois à la Religion chrétienne, au témoignage du
sens et à la raison...

» Si l'on dit, au contraire, que les diverses configurations
des astres changent les mœurs des hommes, mais d'une manière
contingeante et par les dispositions qu'elles produisent, cette
affirmation peut contenir une vérité qui ne répugne ni à la foi
ni à la raison ; il est évident, en effet, que les changements
dans la disposition du corps font beaucoup pour les variations
qu'éprouvent les affections et les mœurs de l'âme; car, la plupart du temps, l'âme imite la complexion du corps. »

II

LES THÉOLOGIENS DU XIIIe SIÈCLE ET L'ASTROLOGIE (suite)
SAINT THOMAS D'AQUIN

La doctrine qu'Alexandre de Alès, Albert le Grand, Saint
Bonaventure ont esquissée touchant l'Astrologie a été amplement développée par Saint Thomas d'Aquin. Au perfection-
nement de cette doctrine, le *Doctor communis* revient dans
nombre d'ouvrages ; il en est un, en particulier, où elle est présentée sous forme d'un système coordonné, dont toutes les
parties sont exactement reliées les unes aux autres; c'est la
Somme contre les Gentils [1] ; c'est donc à cet ouvrage que
nous demanderons le plan suivant lequel il nous la faut
disposer, quittes à enrichir notre analyse de maint détail
emprunté aux autres écrits de Thomas d'Aquin [2].

1. Sancti THOMÆ AQUINATIS *Summa contra Gentiles*, lib. III, capp. LXXXII
ad XCIII.

2. Nous nous garderons soigneusement de rien emprunter à l'opuscule intitulé :
De fato, car cet opuscule est apocryphe (P. MANDONNET, *Des écrits authentiques
de Saint Thomas d'Aquin*, Extrait de la *Revue Thomiste*, 1909-1910, p. 130 du
tirage à part). Le ms. n° 238 de la Bibliothèque Sainte-Geneviève l'intitule : *De
fato secundum Albertum*.

La première proposition que l'auteur s'attache à établir, c'est celle-ci [1] : « Les corps du nom inférieur sont régis par Dieu au moyen des corps célestes. » Quelques-unes des preuves invoquées se peuvent, par l'intermédiaire du *Livre des causes* ou d'Avicenne, se rattacher à la tradition néo-platonicienne ; mais la partie essentielle de l'argumentation reproduit celle qu'Aristote avait donnée à la fin du VIIIe livre de sa *Physique*.

Mais à ces preuves philosophiques, Thomas d'Aquin, afin d'établir l'orthodoxie de sa doctrine, joint le recours à l'autorité des Docteurs catholiques [2] ; il cite cite divers textes, parmi lesquels ceux-ci, qui sont de Denys le pseudo-Aréopagite, et qu'il reprend souvent dans ses autres ouvrages :

« Les essences célestes intellectuelles [3] émettent d'abord en elles-mêmes l'illumination reçue de Dieu ; puis elles nous transmettent les manifestations qui nous sont supérieures. »

« Le Soleil confère le pouvoir d'engendrer aux corps visibles [4] ; il les meut vers la vie, les nourrit, les accroît, les perfectionne, les purifie et les renouvelle. »

Pour rendre chrétienne la supposition que les astres meuvent les corps de ce bas monde, ces textes peuvent sembler des preuves médiocres. Thomas d'Aquin s'en contente.

Dans la *Somme contre les Gentils*, il se borne à déclarer que Dieu gouverne les corps du monde sublunaire par l'intermédiaire des corps célestes ; il ne pénètre pas dans le détail de ce gouvernement ; il le fait dans d'autres ouvrages.

Dieu, ne se borne pas à gouverner les corps inférieurs par l'intermédiaire des corps supérieurs, mais encore il gouverne les créatures corporelles par les créatures raisonnables. « Parmi ces créatures [5], les plus proches de Dieu sont les créatures raisonnables, qui sont, vivent et connaissent à la ressemblance de Dieu ; aussi la divine Bonté leur confère-t-elle non seulement le pouvoir d'influer sur les autres êtres, mais encore le privilège de garder le mode même d'influence que Dieu emploie, le pouvoir d'influer d'une manière volontaire et non par nécessité de nature. Dieu gouverne donc, toutes les créatures

---

1. Sancti THOMÆ AQUINATIS *Summa contra Gentiles*, lib. III, cap. LXXXII : Quod inferiora corpora reguntur a Deo per corpora cælestia.
2. Sancti THOMÆ AQUINATIS *Op. laud.*, lib. III, cap. LXXXIII : Epilogus prædictorum.
3. DIONYSII AREOPAGITÆ *De cælesti hierarchia*, cap. III.
4. DIONYSII AREOPAGITÆ *De divinis nominibus*, cap. III.
5. Sancti THOMÆ AQUINATIS *Quæstio disputata de providentia*, art. VIII : Num universa corporalis creatura divina Providentia gubernatur media angelica creatura.

inférieures par les créatures spirituelles en même temps que par les créatures corporelles les plus élevées en dignité.

. . . .

» La providence des anges est universelle et s'étend à toutes les créatures corporelles. Aussi les Saints aussi bien que les philosophes disent-ils que la divine Providence régit et gouverne toutes les choses corporelles par l'intermédiaire des anges.

» Il est un point, cependant, où il nous faut, séparer des philosophes ; certains d'entre eux admettent non seulement que la providence des anges administre les choses corporelles, mais encore qu'elle les a créées, ce qui est contraire à la foi. Selon les avis des Saints, donc, il nous faut admettre que ces choses corporelles sont seulement administrées par l'intermédiaire des anges ; cette administration ne s'exerce que par le moyen du mouvement ; les anges meuvent les corps supérieurs, et les mouvements de ceux-ci causent les mouvements des corps inférieurs. »

C'est donc par deux degrés intermédiaires que l'action de Dieu s'exerce sur les corps du monde sublunaire ; Dieu gouverne directement les anges ; ceux-ci, à leur tour, meuvent les orbes célestes qui mettent en branle les choses corporelles d'ici-bas.

Cette doctrine se trouve affirmée avec une particulière netteté dans quelques unes des réponses données par Saint Thomas d'Aquin à quarante-deux questions que lui avait posées Jean de Verceil, maître général des Frères Prêcheurs [1].

« Dieu [2] meut-il immédiatement quelque corps ? — L'ordre commun institué par Dieu présente ce caractère que Dieu meuve la créature corporelle par l'intermédiaire de la créature spirituelle... Toutefois, la puissance divine n'est pas tellement enchaînée à cet ordre qu'elle ne puisse, quand il lui plaît, produire une action en dehors de l'ordre des causes secondes. »

« Tout [3] ce qui se meut naturellement est-il mû par le ministère des anges moteurs des corps célestes ? Les anges sont-ils, d'ailleurs, les moteurs des corps célestes ? ... Si c'est par l'intermédiaire de la créature spirituelle que Dieu régit

1. *Responsio* Sancti Thomæ *ad Magistrum Joannem Vercellensem de articulis* XLII (S. Thomæ Aquinatis *Opusculum* X). — La plupart de ces réponses sont reprises dans : *Responsio* Sancti Thomæ *ad quemdam lectorem venetum de articulis* XXXVI (S. Thomæ Aquinatis *Opusculum* XI).

2. Sancti Thomæ Aquinatis *Opusculum* X, art. I. — Cf. *Opusculum* XI, art. XIII.

3. Sancti Thomæ Aquinatis *Opusculum* X, art. II et III. — Cf. *Opusculum* XI, art. I.

les corps, comme, d'autre part, la mise en mouvement appartient à l'œuvre du gouvernement divin, ... il en résulte que Dieu doit mouvoir les corps célestes par l'intermédiaire de la créature spirituelle... Et en effet, je n'ai pas souvenir d'avoir, dans mes lectures, entendu un saint ou un philosophe nier que les corps célestes fussent mûs par la créature spirituelle. Cette supposition admise, que les anges meuvent les corps célestes, il n'est pas un savant qui révoque en doute cette proposition : Tous les mouvements naturels des corps inférieurs sont causés par le mouvement du corps céleste. Cette proposition est prouvée par le raisonnement des philosophes, l'expérience la rend évidente et les autorités des saints la confirment... Il en résulte donc que tout ce qui se meut naturellement est mû par le ministère des anges qui meuvent les corps célestes. »

Mais [1] « y a-t-il des gens qui aient infailliblement prouvé cette proposition : Ce sont des anges qui meuvent des corps célestes ? » ou, du moins, « a-t-on prouvé d'une manière infaillible que les anges sont les moteurs célestes, une fois admis que Dieu n'est pas le moteur immédiat de ces corps ? — A ces questions, voici ma réponse : Les philosophes, qu'ils soient platoniciens ou péripatéticiens, se sont efforcés de prouver cette proposition par des raisonnements qu'ils regardent comme efficaces ; leurs raisonnements sont fondés sur l'ordre des choses dont il a été parlé précédemment, savoir, que Dieu gouverne les choses inférieures par les choses supérieures ; c'est aussi ce qu'enseignent les saints Docteurs... Si donc ils ne sont pas mûs immédiatement par Dieu, il faut que les corps célestes soient animés et mûs par leurs propres âmes, ou bien qu'ils soient mûs par les anges ; ce second avis est le meilleur. Quelques philosophes, toutefois, ont admis que Dieu ne mouvait pas le premier des corps célestes par l'intermédiaire d'une intelligence, mais par l'intermédiaire de l'âme propre à ce corps ; d'autres ont supposé que les corps célestes étaient mûs par l'intermédiaire d'intelligences et d'âmes. »

« Tous les corps d'ici-bas (²) qui sont engendrés par le moyen du mouvement sont-ils régis par les anges, auxquels les mouvements des corps célestes servent d'intermédiaires ? Tous ces corps, les anges les produisent-ils par l'intermédiaire des

----

1. Sancti Thomæ Aquinatis *Opusculum* X, art. IV et V. — Cf. *Opusculum* XI, art. II.
2. Sancti Thomæ Aquinatis *Opusculum* X, art. VI et VII. — Cf. *Opusculum* XI, art. VIII.

mouvements des corps célestes, en tant qu'il s'agit de la production attribuée aux causes naturelles, de celle qui tire à l'acte ce qui était en puissance ? — La réponse à ces questions dépend de ce qui a été précédemment établi. Dès là que, par leurs mouvements, les corps célestes sont causes de la génération, de la destruction, de tous les mouvements naturels des corps d'ici-bas, dès là que, d'autre part, les anges sont causes des mouvements du Ciel, il en résulte que les anges sont causes de la génération, de la destruction, de tous les mouvements naturels des corps d'ici-bas... Tous les précédents articles, dirai-je brièvement, importent peu ou point à la doctrine de la foi ; ce sont entièrement des articles de Physique.

« Selon l'ordre de la nature [1], un forgeron ne pourrait-il donc mouvoir la main sans le ministère des anges qui meuvent les corps célestes ?... Si le mouvement du Ciel s'arrêtait, aucun organe du corps ne pourrait plus être mû par l'âme, car le corps ne demeurerait pas vivant ; ce sont, en effet, les corps célestes qui communiquent le mouvement vital aux corps d'ici-bas... » « En effet, que l'existence des corps mixtes soit conservée par les mouvements des corps célestes, voici qui le rend manifeste : Ils sont engendrés ou détruits suivant une certaine période du mouvement céleste, selon l'approche ou l'éloignement de certains corps célestes. Il est donc vrai de dire que si le mouvement du Ciel s'arrêtait, il n'y aurait plus ni forgerons ni marteaux. »

« Les anges qui meuvent les corps célestes [2], par l'intermédiaire des mouvements de ces corps, font-ils les corps humains qui parviennent naturellement à l'existence, dans le sens ou faire se peut attribuer aux causes naturelles ? En d'autres termes, sont-ce eux qui font passer ces corps de la puissance à l'existence actuelle ? Ces anges qui meuvent les corps célestes font-ils, par l'intermédiaire des mouvements de ces corps, tous les animaux dénués de raison qui vivent et se meuvent sur terre et dans la mer, après avoir été amenés à l'existence par voie naturelle ? Font-ils de même tout ce qui naît sur terre ? Font-ils tous les métaux ? — A toutes ces questions s'applique une seule et même réponse : Les corps célestes sont la cause qui engendre tous les corps d'ici-bas...

---

1. Sancti Thomæ Aquinatis *Opusculum* X, art. VIII. — *Opusculum* XI, art. X.
2. Sancti Thomæ Aquinatis *Opusculum* X, art. XI, XII, XIII, XIV. — Cf. *Opusculum* XI, art. IX.

Par conséquent, les anges qui meuvent les corps célestes sont
la cause de cette génération. »

On ne saurait souhaiter doctrine plus claire, plus formelle,
plus générale : Tous les mouvements et changements qui s'observent ici-bas, dans le monde des corps, sont produits par les
circulations célestes ; tous les mouvements des astres, à leur
tour, sont produits par les anges. Pour gouverner le monde
des corps inférieurs, Dieu emploie donc exclusivement le ministère des anges qui, à leur tour, se servent comme intermédiaires
des mouvements des orbes célestes.

Mais, maintenant, une nouvelle question se pose : Ces corps
célestes, comment exercent-ils leur action sur les corps d'ici-bas ?

Saint Thomas d'Aquin pense que les astres peuvent, sur les
corps de ce monde, opérer de deux manières distincres [1].

Le premier mode d'opération est semblable à celui par lequel
l'aimant attire le fer. Par l'intermédiaire du milieu, l'aimant
transmet au fer une certaine forme ; quand cette forme ou qualité a été imprimée dans un morceau de fer, celui-ci suit l'aimant ;
si l'on vient, d'ailleurs, à éloigner la pierre magnétique, le fer
garde quelque temps la qualité qu'il en a reçue. Notre auteur
croit que, de même, certaines actions exercées par les astres
sur les corps que composent les éléments « seraient conséquences
de certaines formes ou vertus imprimées dans les corps composés
d'éléments par les agents supérieurs. » De ces actions là, d'ailleurs, il ne cite point d'exemple.

Les agents supérieurs peuvent, croît-il, mouvoir d'une autre
façon les corps composés par les éléments. « Les agents supérieurs, ceux qui surpassent la nature des éléments et des corps
que forment ceux-ci, ce ne sont pas seulement les corps célestes,
mais aussi les substances séparées supérieures. De la part
de celles-ci, comme de la part de ceux-là, on rencontre, dans
les corps inférieurs, des actions qui ne procèdent point d'une
forme imprimée dans ces corps inférieurs, mais qui proviennent
uniquement de la force motrice *(motio)* émanée des agents
supérieurs. Lorsque l'eau de la mer flue et reflue, si elle reçoit
en partage ce mouvement, ce n'est pas à cause d'une propriété
que l'élément aqueux tiendrait de la vertu de la Lune par le
moyen d'une certaine forme qui lui serait imprimée ; c'est seu-

---

1. Sancti Thomæ Aquinatis *Opusculum* XXXIV : *De occultis operibus naturæ,
ad quemdam militem.*

lement par suite de la forme motrice *(motio)* qui provient
de la Lune ; c'est par cette force que la Lune meut l'eau. »

Celui qui posait cette distinction ne manquait point de clairvoyance. A côté des actions électriques ou magnétiques que
les astres peuvent exercer sur les corps terrestres, à condition
de les électriser ou de les aimanter par influence, ne consi-
dérons-nous pas la force de gravitation par laquelle ils meuvent
ces corps sans leur communiquer aucune propriété nouvelle,
et ne croyons-nous pas que les marées sont un effet de cette
force ?

Nous voici pleinement instruits de tout ce que Saint Thomas
entendait affirmer lorsqu'il formulait sa première thèse : « Les
corps du monde inférieur sont régis par Dieu au moyen des
corps célestes. »

A cette première thèse, le *Doctor communis* fait succéder
celle que voici [1] : « Les corps célestes ne peuvent être causes
de ce qui concerne l'intelligence. »

La raison qui justifiait la première thèse justifie également
la seconde. L'ordre providentiel veut que les êtres inférieurs
soient régis par les êtres supérieurs ; voilà pourquoi les corps
sublunaires obéissent au gouvernement des astres ; mais voilà
en même temps pourquoi les intelligences ne sauraient être
dirigées par les corps célestes.

Les corps, d'ailleurs, n'agissent que par le mouvement ; les
intelligences et les âmes qui, par elles-mêmes, sont hors du
mouvement, n'en sauraient éprouver aucune influence. Les
effets des mouvements célestes sont soumis au temps ; l'intelligence, dont l'opération fait abstraction du temps aussi bien que
du lieu, ne saurait être soumise aux mouvements célestes.

« De tout cela, voici ce qu'il faut conclure : Admettre que les
corps célestes sont la cause qui nous fait connaître, c'est une
suite de l'opinion des philosophes qui regardaient l'intelligence
comme ne différant point du sens... Or il est manifeste que cette
opinion est fausse. Elle est donc également fausse celle qui
regarde les corps célestes comme étant la cause directe de notre
opération intellectuelle. »

La thèse que Saint Thomas a établie en second lieu, conduit
tout aussitôt à celle qu'il formule en troisième lieu [2] : « Les corps

---

1. Sancti Thomæ Aquinatis *Summa contra Gentiles*, lib. III, cap. LXXXIV :
Quod corpora cælestia non imprimant in intellectus nostros.

2. Sancti Thomæ Aquinatis *Op. laud.*, lib. III, cap. LXXXV : Quod corpora
cælestia non sunt causæ voluntatum et elctionum nostrarum.

célestes ne sont pas causes de nos vouloirs et de nos choix. »

« La volonté, en effet, réside en la partie intellectuelle de l'âme ; si donc les corps célestes ne peuvent produire directement aucune impression dans notre intelligence, comme nous l'avons montré, ils ne pourront, non plus, rien imprimer dans notre volonté. »

A cet argument en faveur de sa thèse, Saint Thomas d'Aquin en joint bon nombre d'autres ; n'en citons qu'un, qui nous fera souvenir d'Alexandre d'Aphrodisias [1] :

« Nulle faculté n'est donnée en vain à quelque chose que ce soit. Mais, à l'égard de toutes choses, l'homme a la faculté d'examiner et de juger quelle œuvre il lui est loisible d'accomplir, soit qu'il se propose d'user des choses extérieures, soit qu'il s'agisse d'admettre ou de repousser les passions intérieures ; or cette faculté serait vaine si notre choix était causé par les corps célestes qui ne tombent pas sous notre pouvoir ; il n'est donc pas possible que les corps célestes soient causes de notre choix. »

Saint Thomas d'Aquin a déclaré que les corps célestes ne peuvent rien imprimer *directement* dans notre intelligence, qu'ils ne peuvent *directement* faire impression sur notre volonté et en déterminer les choix. Prenons bien garde à la présence de cet adverbe : *directement* ; aux propositions précédentes ; cette présence apporte de graves restrictions.

« Bien que les corps célestes [2] ne puissent être, *directement*, causes de notre opération intellectuelle, il faut savoir, toutefois, qu'ils y coopèrent *indirectement* dans une certaine mesure. Sans doute, notre intelligence n'est pas une faculté corporelle ; cependant, en nous, l'opération de l'intelligence ne peut s'accomplir sans la coopération de facultés corporelles qui sont l'imagination, la mémoire et l'attention... Si quelque indisposition du corps vient gêner l'œuvre de ces facultés, l'opération de l'intelligence s'en trouve entravée ; c'est ce qu'on voit chez les gens atteints de folie, de léthargie ou d'autre chose semblable. Pour la même raison, la bonne disposition du corps rend l'homme apte à faire œuvre d'intelligence, parce que les dites facultés sont alors plus vigoureuses...

» Or la disposition du corps humain est soumise aux mouve-

---

1. Voir : Première partie, ch. XIII, § V ; t. II, p. 302.
2. Sancti Thomæ Aquinatis *Op. laud.*, lib. III, cap. LXXXIV.

ments célestes... Les corps célestes coopèrent donc *indirecte-ment* au bon fonctionnement de l'intelligence.

» Partant, de même que le médecin peut juger du bon fonc-tionnement de l'intelligence par la complexion du corps, qui en est une disposition prochaine, de même l'astrologue en peut juger par le mouvement des astres, qui est la cause éloignée de cette disposition prochaine. »

Ce qu'on vient de dire de l'opération de notre intelligence, on peut le répéter de l'œuvre de notre volonté [2].

« Les corps célestes ne sont point *directement* causes de nos choix ; ils ne peuvent *directement* faire impression sur notre volonté ; sachons, toutefois, qu'il leur peut arriver de fournir *indirectement* des occasions à ces choix par l'impression qu'ils font sur les corps.

» Cela peut, d'ailleurs, arriver de deux manières.

» Cela peut se faire, tout d'abord, parce que les impressions produites par les corps célestes sur les corps qui nous sont exté-rieurs deviennent, pour nous, causes d'un certain choix ; si, par exemple, la disposition communiquée à l'air par les corps célestes est un froid intense, nous choisissons de nous chauffer auprès du feu ou de faire quelque autre chose qui convient à la température.

» Cela peut se faire, en second lieu, parce que le changement imprimé par les astres à notre corps fait surgir en nous quelque mouvement des passions ; ainsi les bilieux sont-ils prompts à la colère. Ou bien encore l'impression des astres cause en nous une disposition qui devient l'occasion d'un certain choix ; si elle nous rend malades, par exemple, nous choisissons de prendre médecine.

» Parfois, encore, les astres sont causes de certains actes humains ; ainsi en est-il pour les déments qu'une indisposition du corps a privés de l'usage de la raison ; en eux, il n'y a plus de choix à proprement parler ; ils sont mûs, comme les brutes, par une sorte d'instinct naturel. »

Les astres, donc, peuvent avoir une influence indirecte sur les déterminations de notre volonté ; mais il est une proposi-tion que Saint Thomas prend soin d'adjoindre à celle-là ; jamais cette influence n'est assez puissante pour forcer notre choix et enchaîner notre liberté.

« Il est manifeste, dit-il, et connu par l'expérience que ces

---

1. Sancti Thomæ Aquinatis *Op. laud.*, lib. III, cap. LXXXV.

occasions, qu'elle soient extérieures ou intérieures, ne sont pas la cause nécessaire de notre choix ; par sa raison, l'homme peut soit leur résister, soit leur obéir. »

Bien rares, cependant, sont ceux qui trouvent dans leur raison la force de résister à ces impressions astrales ; le grand nombre se laisse entraîner par elles.

« Ils sont nombreux, ceux qui suivent ces impulsions naturelles ; ce sont seulement les sages, c'est-à-dire le petit nombre, qui ne suivent point les occasions de mal agir. »

« La plupart du temps, dit encore Saint Thomas [1], la multitude suit les inclinations naturelles, car la foule des hommes acquiesce à ses passions ; les sages, toutefois, surmontent les passions et les inclinations dont nous venons de parler. Partant, que l'action se produise dans le sens où incline le corps céleste, cela est plus probable lorsqu'il est question d'une multitude que lorsqu'il s'agit d'un homme particulier, qui peut-être, par sa raison, surmonte cette inclination. Il en serait de même si l'on considérait une multitude d'hommes bilieux ; il arriverait difficilement qu'elle ne se laissât pas entraîner à la colère, bien que cela puisse arriver plus facilement pour un seul homme. »

Quelle conclusion doit-on tirer de là touchant la légitimité des prédictions astrologiques ? Cette conclusion, elle se trouve formulée dans un livre attribué à Ptolémée :

« Voilà pourquoi, écrit Saint Thomas [2], Ptolémée dit dans le *Centiloquium* :

« L'âme du sage vient en aide aux étoiles. » Et aussi :

« L'astrologue ne pourra, par l'inspection des étoiles, donner » des jugements, s'il ne connaît bien la force et la complexion » de l'âme. »

Et encore :

« L'astrologue ne doit pas prédire des effets particuliers, mais des effets universels. »

» Car, l'impression des étoiles produit tout son effet dans la majorité des hommes qui ne résistent point à l'impression venue du corps ; mais elle ne le produit pas toujours en tel ou tel qui peut-être, par sa raison, résiste à l'inclination naturelle. »

Voilà donc les astrologues autorisés à donner des prédictions même au sujet de faits où la volonté humaine intervient, pourvu

---

1. Sancti Thomæ Aquinatis *Quæstio disputata de Providentia*, art. X : Num humani actus a divina Providentia gubernentur mediis corporibus cælestibus.
2. Sancti Thomæ Aquinatis *Summa contra Gentiles*, lib. III, cap. LXXXV.

qu'ils se contentent de prédictions d'ordre général et qu'ils admettent la possibilité d'exceptions particulières.

A plus forte raison seront-ils en droit d'émettre des pronostics dans les circonstances où la libre détermination de la volonté humaine n'a point de part ; à plus forte raison, par exemple, pourront-ils annoncer à l'homme la bonne ou la mauvaise fortune.

La fortune, bonne ou mauvaise, qui doit se rencontrer dans la vie d'un homme est, en effet, régie par les constellations.

« Les bonheurs extérieurs qui nous arrivent naturellement, par réduction à l'acte de quelque puissance, les tenons-nous des anges qui meuvent les corps célestes ? » demande Jean de Verceil [1]. Et Saint Thomas de déclarer : «Je dis que la réponse à cette question-là dépend encore de ce qui a été précédemment posé. Être amené naturellement de la puissance à l'acte, c'est la même chose que d'être mû naturellement ; si donc tout mouvement naturel des corps inférieurs est causé par le mouvement des corps supérieurs, il en résulte que les bonheurs de ce genre proviennent du ministère des anges qui meuvent les corps célestes. »

La doctrine contenue dans cette courte réponse se trouve détaillée par la *Somme contre les Gentils*. L'auteur examine [2] « en quel sens on peut dire d'un homme qu'il a une heureuse fortune, et comment les causes supérieures viennent en aide à l'homme. »

« On dit qu'un homme a une bonne fortune lorsqu'il lui arrive quelque bien sans qu'il ait eu l'intention de l'acquérir ; ainsi en est-il si, fouillant dans un champ, il trouve un trésor qu'il ne cherchait pas...

» Par son corps, l'homme est subordonné aux corps célestes, par son intelligence aux anges, par sa volonté à Dieu. Une chose lui peut donc advenir sans qu'il en ait l'intention, parce que cette chose est conforme à l'ordre des corps célestes ou à une disposition voulue des anges ou encore à la volonté de Dieu. Dieu seul, en effet, coopère directement aux choix que fait un homme ; l'action des anges, toutefois, coopère à un certain degré, sous forme de persuasion, au choix de cet homme ;

---

1. Sancti THOMÆ AQUINATIS *Opusculum* X : *Responsio ad Magistrum Joannem Vercellensem de articulis* XLII ; art. IX.

2. Sancti THOMÆ AQUINATIS *Summa contra Gentiles*, lib. III, cap. XCII : Quomodo dicitur aliquis bene fortunatus, et quo modo adjuvatur homo ex superioribus causis.

l'action des corps célestes y coopère également comme prédisposante ; en effet, les impressions corporelles produites par les corps célestes dans notre corps nous disposent à faire certains choix.

» Quand donc un homme, par l'impression des corps célestes et des causes supérieures, se trouve, de la manière qui vient d'être dite, incliné à prendre quelque détermination qui lui sera utile et dont, cependant, il ignore l'utilité, ... on dit que cet homme a une bonne fortune ; il a, au contraire, une mauvaise fortune quand les causes supérieures l'inclinent à choisir quelque chose qui lui doit être fâcheux.

. . . . . .'. . . . .

» Il est un point à considérer : Les impressions que les corps célestes font en notre corps y sont causes de certaines dispositions naturelles ; aussi, en vertu de la disposition que le corps céleste a laissée dans son propre corps, un homme n'est pas seulement dit objet d'une bonne ou d'une mauvaise fortune ; il est dit bien né ou mal né...

» Il est un autre point à considérer. Le corps céleste ne nous dispose à faire tel ou tel choix qu'en produisant dans notre corps des impressions qui nous incitent à choisir à la façon dont les passions nous poussent à prendre une détermination ; partant, la disposition qui provient, en nous, des corps célestes y est sous la forme d'une passion ; ainsi en est-il quand la haine, l'amour, la colère ou quelque sentiment analogue nous induit à faire un certain choix...

» Les événements fortuits sont ceux qui nous adviennent sans que nous en ayons l'intention ; or les biens de l'ordre moral ne peuvent exister en l'absence d'intention, car c'est dans l'intention même qu'ils consistent ; à l'égard de ces biens, donc, un homme ne peut être l'objet d'une bonne ou d'une mauvaise fortune. Mais sous le rapport de ces biens, un homme peut être bien né ou mal né, parce que la disposition naturelle de son corps le rend apte à choisir ce qui est vertueux ou ce qui est vicieux. Au contraire, à l'égard des biens extérieurs qui peuvent advenir à un homme sans qu'il ait eu l'intention de les acquérir, on peut dire d'un homme qu'il est l'objet d'une bonne fortune, et qu'il est bien né, et qu'il est gardé par les anges, et qu'il est gouverné par Dieu.

» Des causes supérieures, l'homme peut encore recevoir un secours d'un autre genre touchant l'issue de ses actions.

» L'homme, en effet, n'a pas seulement à prendre une détermination ; il lui faut aussi exécuter ce qu'il a décidé de faire ; dans l'une comme dans l'autre de ces opérations, il peut être soit aidé, soit empêché par les causes supérieures.

» Il est dans son choix comme nous l'avons dit précédemment, soit parce que les corps célestes le prédisposent à faire un certain choix, soit que la garde des anges éclaire son intelligence, soit que l'opération divine l'incline dans un certain sens.

» Il l'est aussi dans l'exécution de sa décision parce qu'une cause supérieure lui peut communiquer la force et l'efficace propres à accomplir son choix. Cette efficace lui peut venir non seulement de Dieu ou des anges, mais aussi des corps célestes, en tant, du moins, que cette efficace est susceptible de résider dans un corps. Il est manifeste, en effet, que les corps inanimés eux-mêmes peuvent recevoir des corps célestes certaines forces, certaines efficaces en sus de celles qui résultent des qualités actives et passives des éléments ; il n'est pas douteux, d'ailleurs, que celles-ci même ne soient soumises aux corps célestes ; si l'aimant attire le fer, il le doit à une vertu du corps céleste ; de même en est-il d'autres vertus occultes que possèdent certaines herbes et certaines pierres. Rien n'empêche donc qu'un homme tienne de l'impression faite par le corps céleste quelque efficace, propre à l'exécution de certaines opérations, que les autres n'ont pas ; qu'un médecin, par exemple, ait une efficace particulière pour guérir, un cultivateur pour planter, un soldat pour vaincre. »

Nous avons ici une justification complète et systématique des croyances dont se réclament les astrologues ; celui qui, par un horoscope, juge si un homme est bien né ou mal né ; celui qui, par l'inspection des astres, prétend découvrir les trésors cachés peuvent également s'autoriser de Saint Thomas d'Aquin.

Celui-ci, d'ailleurs, déclare formellement qu'il est licite de recourir aux prédictions des astrologues pourvu qu'on ait soin de sauvegarder le libre arbitre.

« Sachez tout d'abord, écrit-il à un de ses frères en Saint Dominique [1], que la vertu des corps célestes va jusqu'à produire des changements dans les corps d'ici-bas. Aussi Saint Augustin dit-il, dans *La Cité de Dieu* : « On peut prétendre sans une » absurdité absolue que certaines influences astrales atteignent » les seules propriétés des corps. » Il n'y a donc aucun péché

---

1. Sancti THOMÆ AQUINATIS *Opusculum* XXVI : *De judiciis astrorum ad fratrem Reginaldum Ordinis Prædicatorum, socium suum charissimum.*

à user des jugements astrologiques pour pronostiquer des effets corporels, tels la tempête ou le temps serein ; la santé du corps ou la maladie ; la fécondité ou la stérilité des moissons, et autres choses semblables qui dépendent de causes naturelles et corporelles. Tous les hommes, en vue de prévoir de semblables effets, usent de quelque observation des corps célestes ; le cultivateur sème ou moissonne à certaines époques qu'il reconnaît par le mouvement du Soleil ; les marins évitent de prendre la mer dans la pleine lune ou dans la nouvelle lune ; les médecins, dans l'étude des maladies, observent des jours critiques qui sont déterminés par le cours du Soleil et de la Lune. Il n'y a donc aucun inconvénient à user de jugements astrologiques qui concernent des effets corporels et qui ont pour fondement l'observation de propriétés plus cachées des étoiles.

» Mais voici ce qu'il faut tenir pour absolument sûr : La volonté de l'homme n'est pas soumise à une nécessité imposée par les astres ; sinon le libre arbitre périrait ; les bonnes œuvres ne pourraient plus être imputées à l'homme comme méritoires ni les œuvres mauvaises comme coupables. Tout chrétien doit donc tenir pour très certain que ce qui dépend de la volonté de l'homme, telles toutes les œuvres humaines, ne saurait être soumis à la volonté imposée par les astres. »

Saint Thomas d'Aquin a invoqué l'autorité de Saint Augustin. Il est un point, en effet, où s'accordent ces deux saints, et ce point est celui-ci : Les principes de l'Astrologie n'intéressent la doctrine chrétienne que dans la limite où, à la volonté libre de l'homme, ils substitueraient une inéluctable nécessité ; l'Église aurait alors à les condamner formellement. Que si les droits du libre arbitre humain sont sauvegardés, la justesse ou la fausseté des jugements astrologiques reste un objet de discussion pour la science humaine ; elle n'a plus rien à faire avec la foi.

Saint Augustin et Saint Thomas tiennent, à ce sujet, le même langage. Mais, aux astrologues, Saint Augustin est disposé à refuser, au nom de la raison humaine, même les croyances que l'Église les laisse libres de professer ; il réduit au minimum l'action des corps célestes sur les chose d'ici-bas. Saint Thomas, au contraire, concède à l'Astrologie tout ce que sa foi de Chrétien ne l'oblige pas strictement à lui refuser ; il soumet sans aucune exception le monde des corps sublunaires au gouvernement des circulations supérieures.

Très certainement, le Péripatétisme de Thomas d'Aquin est tenté de souscrire au célèbre axiome d'Aristote : « Ce monde-ci est lié en quelque sorte, et d'une manière nécessaire, aux mouvements locaux du monde supérieur, en sorte que toute la puissance qui réside en notre monde est gouvernée par ces mouvements. » Mais dans cet axiome, il est deux mots que son Christianisme l'oblige à biffer ; ce sont les mots : ἐξ ἀνάγκης, d'une manière nécessaire. Pour que nous soyons libre, en effet, il ne suffit pas qu'en notre for intérieur, nous puissions, entre deux partis, choisir sans contrainte celui que nous préférons ; il faut encore que nous ayons l'assurance de voir les mouvements de notre corps obéir à la détermination de notre volonté et, par là, imposer aux corps extérieurs des changements prévus et voulus par cette détermination ; il faut donc que, dans les mouvements et changements du monde corporel, il y en ait qui soient à notre disposition (ἐη' ἡμῖν) ; il faut que l'avenir soit riche d'évènements contingents, de mouvements qui sont également et indifféremment possibles dans un sens ou en sens contraire (ὁπότερα) et dont notre libre choix déterminera l'orientation ; ainsi se trouve affirmée l'existence d'une certaine contingence même dans le monde des corps.

D'où provient cette contingence? Après Plutarque, Claude Ptolémée et Alexandre d'Aphrodisias, Saint Thomas d'Aquin va s'efforcer de nous le montrer [1].

« On dira peut-être, écrit-il, que les effets des corps célestes se doivent accomplir nécessairement, et que, toutefois, la possibilité n'est pas, par là, enlevée aux choses d'ici-bas ; car, avant qu'il soit accompli, tout effet est en puissance, et on dit alors qu'il est possible ; puis, au moment où il se trouve mis en acte, il passe de la possibilité à la nécessité ; et tout cela demeure soumis aux mouvements célestes ; qu'un effet, donc, doive être, un jour, produit nécessairement, cela n'empêche pas que cet effet ne soit possible. »

Saint Thomas se trompe lorsqu'il ajoute : « C'est ainsi qu'Albumasar, au premier livre de son *Introductorium*, tente de défendre la possibilité. » Cette prétendue conciliation de la nécessité et de la possibilité est de Chrysippe ; Cicéron et Alexandre d'Aphrodisias en ont montré l'inanité ; mais Abou Masar ne l'a même pas rapportée ; de la contingence, il a donné [2] la défi-

---

1. Sancti Thomæ Aquinatis *Summa contra Gentiles*, lib. III, cap. LXXXVI : Quod corporales effectus in istis inferioribus non sequuntur ex necessitate a corporibus cœlestibus.

2. Voir : Première partie, ch. XIII, § XIV ; t. II, p. 374.

nition qu'Aristote avait proposée au traité *De l'interprétation*, que Plutarque et Alexandre d'Aphrodísias avaient admise.

Si Thomas d'Aquin se trompe en attribuant cette théorie à Abou Masar, il ne se trompe pas en la déclarant vaine, et en formulant cette conclusion :

« S'il résulte des mouvements célestes que leurs effets doivent un jour s'accomplir d'une manière nécessaire, par là se trouve supprimée la contingence, qui est l'opposée de la nécessité. »

Il rapelle alors qu'Avicenne, conséquent avec l'axiome d'Aristote, proclamait l'absolue nécessité de l'action des astres sur les choses d'ici-bas :

« Pour démontrer que les effets des corps célestes se produisent nécessairement, Avicenne, dans sa *Métaphysique* [1], use du raisonnement suivant : Si quelque effet des corps célestes se trouvait empêché, il faudrait que ce fût par une cause volontaire ou par une cause naturelle ; mais toute cause volontaire ou naturelle se ramène à quelque principe céleste ; tout empêchement des effets des corps célestes provient ainsi de quelque principe céleste ; si donc on considère dans son ensemble l'ordre entier des corps célestes, il est impossible que son effet total cesse, à aucun moment, de se produire. Il conclut de là, que les corps célestes font que tous les effets, tant naturels que volontaires, qui se produisent ici-bas, doivent exister nécessairement. »

Saint Thomas fait, à juste titre, ce rapprochement : « Ce raisonnement fut aussi, comme Aristote nous l'apprend au second livre de la *Physique*, celui de quelques anciens qui niaient le hasard et la fortune ; car ils disaient : Tout cela provient d'une cause bien déterminée ; or, la cause une fois posée, l'effet est aussi posé d'une manière nécessaire ; puis donc que tout arrive par nécessité, rien n'est casuel ni fortuit...

» Mais il n'est pas vrai qu'une cause quelconque étant posée, l'effet en soit, lui aussi, nécessairement posé. Cela n'a pas lieu pour toutes les causes ; parfois, bien qu'une cause soit, par elle-même, la cause propre et suffisante d'un certain effet, elle peut être empêchée par l'intervention de quelque autre cause, de telle façon que son effet ne se produise pas...

» Si donc on nous propose quelque effet nous dirons qu'il

---

1. *Metaphysica* AVICENNE *Sive ejus prima philosophia.* — Colophon : Explicit metaphysica Avicenne... impressa Venetiis per Bernardinum Venetum expensis viri Jeronymi duranti anno domini 1499. Lib. II, tract. X, cap. I, fol. suivant le fol. sign. i III, col. b.

a eu une cause, mais qu'il n'en résultait pas d'une manière
nécessaire, car il eût pu être empêché par le concours accidentel
de quelque autre cause. Bien que cette cause-ci se doive, de
son côté, ramener à quelque cause plus élevée, toutefois, le
concours des deux causes, qui a produit l'empêchement, ne
se peut ramener à aucune cause. On ne peut donc pas dire
que ce qui a empêché tel ou tel effet de se produire procède
de quelque principe céleste. Partant, il ne faut point dire
que les effets des corps célestes se produisent nécessairement
ici-bas. »

A l'appui de cet opinion, Thomas d'Aquin rappelle ce que
Ptolémée disait dans la *Syntaxe en quatre livres* [1]. Le rapprochement est légitime. La pensée du théologien est, ici, évidemment la même que celle de l'astrologue.

Cette pensée, un déterministe comme Chrysippe ou Avicenne
ne la tiendrait pas pour vérité ; des deux causes qui s'empêchent
l'une l'autre, il nierait que le concours fût irréductible à une
cause plus élevée ; de l'existence de ces deux causes et de leur
concurrence, il demanderait la raison à la loi universelle du
Destin ou au gouvernement que les mouvements célestes
exercent sur toutes les choses d'ici-bas. Pour échapper à leur
riposte, il faut rejeter le principe même dont ces philosophes
s'autorisent ; il faut admettre que certaines causes sont libres
de produire ou de ne pas produire certains mouvements au
sein du monde sublunaire et que, des deux séries de causes
qui interfèrent, l'une au moins, à son point de départ, présente
une des ces causes données de liberté ; à cette condition, mais
à cette condition seulement, on pourra déclarer que le concours
de ces deux séries de causes n'est point nécessité par une autre
cause plus haut placée, qu'il est purement contingent.

Dans le monde sublunaire, donc, tout serait nécessaire et la
contingence se trouverait aucune place s'il ne s'y rencontrait
des êtres doués de libre arbitre. Il ne semble pas que Saint
Thomas d'Aquin soit prêt à souscrire à cette affirmation. Il
paraît vouloir admettre une certaine indétermination au sein
de la sphère des éléments, et l'y laisser subsister même en l'absence de toute volonté libre ; les corps doués de matières, les
corps soumis à la génération et à la destruction, ne sont pas,
à son gré, susceptibles de suivre les règles immuables d'un
déterminisme absolu.

---

1. Voir : Première partie, ch. XIII, § IV ; t. II, p. 292.

« Non seulement, écrit-il, les corps célestes ne sauraient imposer la nécessité au choix de l'homme, mais encore, au sein des choses d'ici-bas, les effets corporels ne procèdent pas des corps célestes d'une manière nécessaire. En effet, les impressions des causes naturelles se trouvent, dans les effets qu'elles produisent, de la manière qui convient aux sujets qui les reçoivent. Or les choses d'ici-bas sont choses coulantes ; elles ne se comportent pas toujours de la même façon, à cause de la matière qui est en puissance de formes diverses, à cause de la contrariété qui oppose entre elles leurs formes et leurs vertus. Partant, les impressions des corps célestes ne sauraient être reçues dans les choses d'ici-bas à la façon d'une nécessité.

» D'une cause éloignée, l'effet ne résulte pas nécessairement, à moins que la cause intermédiaire ne soit, elle aussi, nécessaire... Or les corps célestes ne sont que des causes éloignées ; les causes prochaines des effets qui se manifestent ici-bas sont les vertus actives et passives qui se rencontrent dans les corps inférieurs ; ces vertus ne sont pas causes nécessaires mais contingentes ; elles peuvent, du moins dans quelques cas, faire défaut ; les effets des corps célestes ne procèdent donc pas d'une manière nécessaire dans les corps d'ici-bas...

» D'une multitude de choses contingentes, on ne saurait faire un ensemble nécessaire ; chacune des choses contingentes pouvant manquer de produire son effet, il en est de même de leur ensemble ; or chacun des effets qui, dans le monde sublunaire, sont produits par l'impression des corps célestes, est un effet contingent ; la connexion mutuelle de tous les effets produits ici-bas par l'impression des corps célestes ne peut donc être nécessaire ; il est manifeste, en effet, que chacun de ces effets peut être empêché.

» Enfin les corps célestes agissent d'une manière naturelle ; ils requièrent une matière sur laquelle s'exerce leur action ; partant, ce que requiert cette matière ne peut être ôté de l'action des corps célestes. Mais la matière sur laquelle agissent les corps célestes, ce sont les corps inférieurs qui, par leur nature, sont sujets à la corruption ; de même qu'ils peuvent cesser d'exister, ils peuvent cesser d'agir ; il est dans leur nature de ne pas produire leurs effets d'une manière nécessaire. Dès lors, les effets des corps célestes dans les corps d'ici-bas n'arrivent pas d'une manière nécessaire. »

Si le monde sublunaire ne se soumet pas aux lois d'un inflexible destin, ce n'est pas seulement parce qu'il contient des êtres doués de libre arbitre ; c'est encore parce que les corps doués de matière, les corps soumis à la génération et à la corruption sont incapables, par nature, de prendre place dans l'ordre prescrit par un déterminisme absolu. C'est ce que Saint Thomas vient de nous expliquer. C'est ce qu'il répète dans un de ses *quolibets* [1].

En ce *Quolibet*, le *Doctor communis* examine ce que c'est que le Destin et si toutes choses y sont soumises.

Il rappelle comment « certains philosophes réduisent le Destin à n'être qu'un enchaînement de causes. Ainsi les Stoïciens disent qu'il n'est rien qui n'ait sa cause, et que la cause une fois posée, il est nécessaire de poser également l'effet. Si donc tel ou tel effet s'est produit, c'est que cet effet avait une cause ; cette cause avait une cause à son tour, et ainsi de suite...

» D'autres réduisent tout cela à une autre cause que constituent les corps célestes ; ils prétendent que tout arrive nécessairement en vertu de l'action de ces corps ; le Destin, disent-ils, n'est pas autre chose que la force qui provient de la position des astres.

» Mais cette thèse est fausse de deux manières.

» Elle est fausse, d'abord, en ce qui concerne les choses humaines qui proviennent de l'intelligence. L'intelligence, en effet, étant une vertu incorporelle, n'est soumise à l'action d'aucun corps. Supposer que l'âme est soumise à la force des corps célestes, c'est tout simplement admettre que l'intelligence ne diffère point du sens... Toutefois, d'une manière accidentelle et occasionnelle, l'âme est soumise au Ciel ; l'intelligence, en effet, est affectée par les passions du corps ; elle n'est cependant pas mue par le corps d'une manière nécessaire.

» Cette thèse est fausse, en second lieu, parce que, dans les choses naturelles, beaucoup d'événements se produisent qui n'arrivent pas en vertu de l'action nécessitante du Ciel, mais qui adviennent accidentellement et n'ont pas de cause. — 2º *Quia multa in rebus naturalibus contingunt quæ non accidunt ex necessitate cæli, sed per accidens, et non habent causam.* »

A l'enchaînement fatal du déterminisme stoïcien, Alexandre d'Aphrodisias ne soustrayait que les actes humains, résultats d'un libre choix de la volonté [2]. « Ce qui est ainsi produit, disait-il, n'est pas produit sans cause ; il a sa cause en nous ; car l'homme

---

1. Sancti Thomæ Aquinatis *Quæstiones quodlibetales*, Quodlib. XII, art. IV : Utrum omnia subsint fato.

2. Voir : Première partie, ch. XIII, § V ; t. II, pp. 300-302.

est principe et cause des actions qu'il accomplit ; être homme, c'est posséder en soi-même le principe d'une telle manière d'agir. »

Saint Thomas d'Aquin va beaucoup plus loin qu'Alexandre d'Aphrodisias ; même si le monde sublunaire ne contenait point d'homme, point d'être doué de volonté libre, même s'il ne renfermait que des corps, les changements qui s'y produisent ne suivraient pas la règle inflexible du déterminisme ; il y adviendrait parfois des changements sans cause. Ainsi, dans le monde des corps sublunaires, Thomas d'Aquin admet le hasard ; non pas le hasard tel que le définissait Aristote [1], mais le hasard-caprice, le hasard tel que le concevaient les Atomistes.

Ce ne sont pas, d'ailleurs, les Atomistes qui le persuadent d'attribuer des mouvements fortuits aux corps formés par les éléments, de refuser à la matière l'aptitude à produire toujours les mêmes effets lorsqu'on la soumet aux mêmes causes. La pensée qui le guide, c'est cette pensée néoplatonicienne que la matière sublunaire est un principe de désordre, qu'elle échappe sans cesse, par son incessante aptitude au changement, aux lois fixes que l'action des corps célestes tend à lui imposer. Ce qu'il formule clairement, c'est ce que Ptolémée [2] et, surtout, Galien [3] laissaient entendre.

Sans doute, les perturbations fortuites qui interrompent la marche régulière des lois imposées par les astres aux corps sublunaires sont rares ; elles ne surviennent que dans le plus petit nombre des cas, « *in paucioribus* »; dans la majorité des circonstances, ces lois sont obéies ; il n'en est pas moins certain que les règles de la Physique sublunaire ne devront pas être tenues pour toujours exactes ; elles sont seulement vraies la plupart du temps. Cette conclusion découle forcément de la doctrine que professe Saint Thomas d'Aquin ; Proclus l'en avait autrefois déduite [4] : « Lorsqu'il s'agit des choses sublunaires, disait-il, nous nous contentons, à cause de l'instabilité de la matière qui les forme, de prendre ce qui se produit dans la plupart des cas. »

1. Voir : Première partie, ch. XIII, § V ; t. II, p. 295.
2. Voir : Première partie, ch. XIII, § IV ; t. II, p. 291.
3. Voir : Première partie, ch. XIII, § XIII ; t. II, p. 366.
4. Voir : Première partie, ch. X, § V ; t. II, pp. 106-107.

III

ROGER BACON ET L'ASTROLOGIE

La doctrine que Roger Bacon professe au sujet des principes de l'Astrologie est identiquement celle que Saint Thomas d'Aquin enseignait ; pour soutenir les mêmes thèses, elle invoque, la plupart du temps, les mêmes autorités profanes ou sacrées et, bien souvent, elle s'exprime dans les mêmes termes.

L'objet que Bacon se propose lorsqu'au cours de l'*Opus Majus*, il traite des jugements astrologiques [1], c'est de distinguer l'Astrologie licite de l'Astrologie illicite, ou, selon son langage, la Mathématique véritable de la fausse Mathématique, de la Mathématique des magiciens.

« C'est surtout, dit-il [2], au sujet des jugements d'Astronomie qu'on attaque la Mathématique. Beaucoup de gens qui ignorent le pouvoir de la philosophie et la grande utilité qu'elle offre à la Théologie, repoussent, aussi bien d'une façon relative que d'une manière absolue, les considérations des mathématiciens ; leur hostilité met obstacle à l'étude de la Sagesse et lui cause, en cette partie, un grave dommage ; aussi veux-je ici ramener leur intention à la vérité et faire disparaître l'infamie dont ils notent la véritable Mathématique.

» Dans les écrits des Saints, donc, les théologiens ont trouvé nombre de propos contre les mathématiciens ; quelques-uns d'entre eux, ignorant également la Mathématique véritable et la fausse Mathématique, ne savent, de la fausse, distinguer la véritable, et alors ils s'autorisent des Saints pour inculper la véritable en même temps que la fausse. »

Quelles sont donc les marques de la fausse Mathématique, de la Mathématique des magiciens ?

La fausse Mathématique « suppose [3] que tout arrive nécessairement par la force des étoiles, que rien n'est contingent *(ad utrumlibet)*, que rien ne provient du hasard ni de la fortune, rien du choix volontaire. Tout cela se trouve expressément affirmé dans les livres de la Magie.

---

1. Fratris ROGERI BACON *Opus Majus ad Clementem* IV, *pontificem Romanum*, Pars IV, Ed. Jebb, pp. 150-159. — Ed. Bridges, vol. I, pp. 238-269.
2. ROGER BACON, *loc. cit.;* éd. Jebb, p. 150 ; éd. Bridges, vol. I, p. 239. — Cf. éd. Jebb, p. 156 ; éd. Bridges, vol. I, p. 248.
3. ROGER BACON, *loc. cit.*, éd. Jebb, p. 151 ; éd. Bridges, t. I, pp. 240-241.

» Cette science admet donc que tout arrive nécessairement par l'action du Ciel, et, en vertu de cette nécessité, elle s'attribue le pouvoir de juger infailliblement de tous les événements futurs.

» Mais cette Mathématique-là n'est pas seulement condamnée par les Saints ; elle l'est aussi par les Philosophes. Ptolémée, Aristote, Avicenne, Messehalac, Haly, Albumasar, qui ont parlé de ces questions avec plus d'autorité que tous les autres, n'admettent point qu'une absolue nécessité soit imposée aux choses d'ici-bas par la vertu du Ciel, car le libre arbitre n'est point soumis aux choses naturelles ; ils ne pensent pas qu'on puisse, [par l'Astrologie], rendre des jugements infaillibles ; bien loin d'imposer au libre arbitre une nécessité quelconque, ils n'assignent même pas, comme on le verra, une nécessité aux choses naturelles. »

En dépit de l'affirmation de Roger Bacon, il est permis de contester que tous les auteurs qu'il cite aient imposé à l'Astrologie qu'ils croyaient légitime les restrictions à l'aide desquelles notre auteur définit la véritable Mathématique ; mais, dès maintenant, nous voyons que ces restrictions sont aussi celles à l'aide desquelles Saint Thomas d'Aquin délimitait l'Astrologie licite.

Bacon va donc, par de nombreuses citations, nous apprendre ce qu'enseignent, touchant la portée de leur art, « les véritables mathématiciens [1] qu'il nomme, en cette partie, astronomes ou astrologues, car Ptolémée, Avicenne et plusieurs autres les appellent indifféremment de l'une et de l'autre manière. »

Au *Centiloquium* de Ptolémée, Bacon emprunte [2] l'affirmation que l'astronome ne doit pas prononcer de jugements particuliers, mais seulement des jugements universels ; au *De judicius astrorum* d'Hali, il demande ce texte : « Cette science ne procède que par probabilité et opinion, car la matière, sur laquelle porte toute l'opération des astres, peut être tournée soit dans un sens, soit dans le sens opposé. » D'autres citations d'Hali et de Ptolémée préparent la conclusion suivante [3] :

« Par ces paroles et par d'autres semblables, il est manifeste que Ptolémée n'a pas eu l'intention d'autoriser l'astrologue à donner un jugement qui soit certain dans le particulier et qui suffise à tous les cas singuliers ; s'il peut formuler un

---

1. ROGER BACON, *loc. cit.*, éd. Jebb, p. 152 ; éd. Bridges, vol. I, p. 242.
2. ROGER BACON, *loc. cit.*, éd. Jebb, p. 152 ; éd. Bridges, vol. I, p. 242.
3. ROGER BACON, *loc. cit.*, éd. Jebb, p. 154 ; éd. Bridges, vol. I, pp. 245-246.

jugement, c'est d'une manière universelle ; il ne peut donner qu'un jugement intermédiaire entre le nécessaire et l'impossible, et il ne saurait donner, dans tous les cas un jugement arrêté. Aussi Avicenne qui a complété les œuvres de Ptolémée, comme il le dit lui-même au prologue de son livre intitulé *Sufficienta*, Avicenne, dis-je, montre au deuxième traité de sa Métaphysique, que l'Astrologue ne peut ni ne doit donner de jugement certain dans tous les cas, à cause de l'instabilité de la matière soumise à la génération et à la corruption ; celle-ci, en effet, n'obéit pas en toutes circonstances à la force céleste. »

Dans son désir de présenter sa doctrine comme la pensée commune où aboutissent tous les enseignements des philosophes et des astronomes, Bacon renverse entièrement le sens des propos d'Avicenne, dont Saint Thomas d'Aquin avait beaucoup plus justement signalé le fatalisme absolu. En effet, au lieu même [1] que cite le Franciscain anglais, voici quelles sont les propres paroles d'Ibn Sinâ :

« Nos volontés sont après n'avoir pas été ; or, toute chose qui existe après n'avoir pas existé a une cause ; donc toute volonté qui est en nous a une cause ; les causes de notre volonté ne peuvent former une série qui tende à l'infini ; elles aboutissent à des extérieures, c'est-à-dire à des causes terrestres ou célestes ; mais les causes terrestres remontent aux causes célestes; la collection de toutes ces choses provient donc nécessairement de la nécessité qui caractérise la volonté divine.

» Le hasard provient simplement du concours de toutes ces causes; si vous analysez toutes choses, toutes choses se trouveront assurément ramenées à des principes dont la nécessité descend de Dieu...

» S'il était possible qu'un homme connût toutes les choses qui se produisent [en ce moment] au Ciel et sur la terre et sût quelles sont les natures de ces choses, il saurait certainement quels sont les événements futurs et quelles en sont les particularités. — *Si autem possibile esset alicui hominum scire omnia es quæ fiunt in cælo et in terra et naturas eorum, sciret utique quæ et qualiter sunt futura.* »

A ce fatalisme si formel et si précis, rien de plus opposé que la faculté, accordée à la matière, de se soumettre ou d'échapper,

---

1. *Metaphysica* Avicenne *sive ejus prima philosophia.* Colophon : Explicit metaphysica Avicenne... impressa Venetiis per Bernardinum Venetum expensis viri Jeronymi duranti, anno domini 1499. Lib. II, tract. X, cap. I, fol. suivant le fol. sign. i III, col. b.

selon les capricieuses fantaisies de son instabilité, à l'action des corps célestes ; cette supposition eût été certainement rejetée par Avicenne ; en la lui prêtant, c'est sa propre pensée que Bacon nous fait connaître et qu'il veut renforcer d'une puissante autorité ; cette pensée de Bacon, c'était également, nous l'avons vu, celle de Saint Thomas d'Aquin.

Bacon poursuit en ces termes [1] :

Les mathématiciens véritables « savent que Dieu peut, par son ordre, changer toutes choses selon sa propre volonté ; aussi, à la fin des avis qu'ils émettent, ont-ils toujours soin d'adjoindre cette formule : Il en sera ainsi, si telle est la volonté de Dieu.

» D'autre part, ils savent et attestent que l'âme raisonnable peut changer ou empêcher une bonne part des effets des étoiles, de ceux, par exemple, qui concernent les maladies, les épidémies causées par le chaud ou le froid, la famine et nombre d'autres calamités...

» Tout cela, et toutes autres choses de ce genre, bien considérés, il est manifeste que les véritables mathématiciens, astronomes ou astrologues, qui sont en même temps philosophes, n'admettent aucunement la nécessité ni le jugement infaillible au sujet des événements contingents que renferme l'avenir. Partant, quiconque leur attribue ces opinions est manifestement convaincu d'ignorance en philosophie ; il condamne la vérité qu'il ignore ; par là, il pèche de deux manières, car il parle de ce qu'il ne sait pas et, en outre, il blasphème contre la vérité.

» Mais ceux qui gardent la vérité et rejettent l'erreur condamnent les mathématiciens adonnés à la Magie, qui ne sont pas des philosophes, mais qui contredisent à la philosophie aussi bien qu'à la foi... C'est contre eux, et non contre les véritables mathématiciens que les Saints ont parlé. Cela est manifeste, si l'on observe ce que ces Saints ont dit. La seule chose qu'ils réprouvent est celle-ci : Les étoiles imposent une nécessité aux choses contingentes et particulièrement aux mœurs et aux actes des hommes ; elles permettent d'en donner, dans tous les cas, un jugement infaillible. »

Au sujet de la prévision des actes humains par les astrologues, Bacon tient un langage entièrement conforme aux opinions de Saint Thomas.

---

1. ROGER BACON, *loc. cit.*, éd. Jebb, pp. 154-155 ; éd. Bridges, vol. I, p. 246.

« Lors même, dit-il [1], qu'on aurait à tenir pour coupable la partie de l'art judiciaire qui traite des choses humaines, l'autre partie de cet art, celle qui traite des choses naturelles et des choses célestes, n'offre rien qui contredise à la foi.

» Mais, touchant les choses humaines, les mathématiciens véritables n'ont pas la présomption de rien affirmer comme certain ; ils se bornent à considérer comment l'action du Ciel altère le corps et comment l'altération du corps excite l'âme à l'accomplissement de certains actes soit privés, soit publics, bien que la liberté de notre choix demeure sauve en toutes ces circonstances *(salva tamen in omnibus arbitrii libertate)*. L'âme raisonnable, en effet, n'est jamais forcée d'accomplir les actes qu'elle produit ; mais elle peut être puissamment induite et excitée à consentir *(ut gratis velit)* aux choses vers lesquelles incline la force céleste ; ainsi voyons-nous les hommes, sous l'influence de la société, des conseils, de la crainte, de l'amour, d'autres mobiles de ce genre, apporter de grands changements à ce qu'ils avaient, d'abord, décidé, et consentir enfin à ce qu'ils ne voulaient point faire, sans qu'ils y soient cependant contraints...

» Ne voyons-nous pas, d'ailleurs, que les espèces et vertus émanées des choses d'ici-bas et qui apportent à nos sens quelques changements, que même les espèces émanées des choses visibles ou des sources sonores qui modifient si faiblement le corps, suffisent, cependant, à exciter les hommes, à leur faire vouloir ce dont ils n'avaient, jusque-là, nul souci, et, parfois, à leur faire vouloir si fortement qu'ils ne tiennent plus compte ni de la mort, ni de l'infamie, ni d'aucun sujet de crainte, pourvu qu'ils accomplissent leurs volontés...

» Combien plus puissantes sont les vertus des Cieux, les espèces qui émanent des Cieux et des astres, pour faire impression sur le corps et sur les organes ! L'altération profonde des organes excitera fortement l'homme à quelque acte, dont tout d'abord, il ne se souciait pas ; et toutefois, son libre arbitre demeurera sauf. Les vertus des Cieux, en effet sont plus fortes que celles des choses d'ici-bas, qu'elles agissent sur la vue, sur l'ouïe ou sur les autres sens ; ces vertus des Cieux, en effet, peuvent changer non seulement les accidents, mais encore les substances ; elles sont capables de corrompre et de détruire toutes choses ici-bas...

1. ROGER BACON, *loc. cit.*, éd. Jebb, pp. 156-159 ; éd. Bridges, pp. 249-253.

» Bien profonde est donc l'altération que notre corps éprouve de la part des vertus célestes ; partant, l'esprit est fortement excité à produire certains actes, encore qu'il n'y soit pas contraint. C'est là ce qui donne cours au jugement de l'astronome, et non l'infaillibilité ni la nécessité.

» Et voici qui vient grandement au secours de l'astronome : Il voit les hommes, dans leurs actions, suivre la plupart du temps les complexions qu'ils possèdent ; le bilieux se met facilement en colère ; il ne peut toujours réfréner son premier mouvement ; et il en est de même des autres hommes, selon la diversité de leurs complexions. L'astronome voit les hommes suivre leurs complexions qui, comme le monde de la génération tout entier, ont l'opération des Cieux pour origine ; il n'est donc pas étonnant qu'il étende ses considérations jusqu'aux actes humains...

» Ainsi, non seulement touchant les phénomènes naturels, mais aussi touchant les actes humains, l'astronome expérimenté peut considérer beaucoup de choses passées, présentes et futures. Tout au moins, touchant les royaumes et républiques, il peut formuler des jugements soit d'après les corps célestes, soit d'après les corps qui suivent les corps célestes et sont renouvelés par des vertus spéciales des Cieux ; telles sont les comètes, tels les autres météores de même sorte. Il est plus facile, en effet, de porter un jugement sur une communauté que sur une personne isolée, car le jugement relatif à la communauté est un jugement universel, et l'astronome a bon pouvoir pour les jugements universels...

» L'astronome prudent peut donc produire, dans ce domaine, nombre de considérations utiles touchant les mœurs, les religions, les sectes, les guerres, la paix, et autres choses de ce genre ; il rencontre une plus grande difficulté lorsqu'il lui faut juger des actions d'une personne isolée...

» Toutefois, les complexions, les infirmités, la santé, font varier les volontés des hommes, leurs désirs, leurs considérations ; sans les contraindre, elles les sollicitent fortement ; c'est manifeste ; alors, l'astronome prudent peut, avec prudence, juger des actes moraux, qu'accomplira une personne isolée, le libre arbitre de cette personne demeurant sauf, toutefois, en toutes circonstances ; dans nombre de cas, il pourra formuler un jugement aussi certain que le comporte la matière traitée ; cette matière, en effet, n'est point nécessaire, mais contingente ; on ne peut donc dire que tel ou tel événement adviendra d'une manière nécessaire ; on peut dire, toutefois, qu'il adviendra la plupart du temps, en sorte que ce qu'on préjuge de l'avenir est vrai, mais point nécessaire. C'est là un jugement intermédiaire entre l'impossible et le nécessaire.

» Dans les circonstances où l'on ne peut formuler un jugement de ce genre, on pourra facilement, toutefois, rendre un jugement universel ou bien un jugement intermédiaire entre l'universel et le particulier. Ainsi par le jugement universel qu'on a porté, dans la mesure du possible, sur une personne publique comme le prince ou comme le conseiller du prince dans un certain état ou dans un certain pays, on pourra, bien souvent, formuler un jugement particulier touchant les faits de cette république ; car, nous l'avons dit, il est plus facile de juger d'une communauté que d'une personne isolée...

» Voilà ce que j'ai voulu dire pour écarter de la Mathématique, au sujet de ces jugements, toute note d'infamie. Par là, tout savant voit clairement qu'en ce domaine, la véritable Mathématique ne mérite aucun blâme ; qu'il la faut, au contraire, pleinement embrasser et chérir, à cause des glorieux services que peuvent rendre les jugements de la Mathématique véritable, qui ne contredit en rien à la vérité. »

Roger Bacon vient de présenter, de ce qu'il appelle la véritable Mathématique, une défense qu'eût pu contresigner Saint Thomas d'Aquin ; des considérations exposées par l'*Opus majus*, il n'en est aucune qui ne se retrouve très exactement dans la *Summa contra Gentiles.*

Au pape Clément IV, Bacon va maintenant soumettre une pensée à laquelle Saint Thomas d'Aquin n'avait pas fait la moindre allusion.

« J'ai montré, dit-il [1], quelle est la puissance de la Mathématique à l'égard de la Philosophie, de la Science des choses d'ici-bas, de la Théologie, partant de la Science tout entière ; je l'ai montré en considérant la Mathématique en elle-même et d'une manière absolue ; je le veux montrer maintenant en considérant ce par quoi cette science a trait à l'Église de Dieu, à la république des fidèles, à la conversion des infidèles, à la répression de ceux qu'on ne peut convertir.

» La Mathématique est utile à l'Église en une foule de circonstances qu'il n'est pas possible d'énumérer à présent ; je

---

1. ROGER BACON, *loc. cit.*, éd. Jebb, p. 160 ; éd. Bridges, pp. 253-254.

veux donc me borner à proposer l'exemple de trois cas qui sont d'une merveille infinie et d'une indicible utilité.

» Le premier consiste en une preuve de la foi que l'Église tient pour vraie.

» Nous pouvons, en effet, trouver une grande consolation pour notre foi dans ce fait que des philosophes, conduits par le seul mouvement de la raison, épousent notre sentiment, confirment la religion ou profession de la foi chrétienne, et s'accordent avec nous pour consolider cette religion ; ce n'est pas que nous nous proposions de raisonner avant de croire ; nous voulons seulement raisonner après avoir cru, afin qu'assurés de la vérité par une double confirmation, nous louions Dieu de notre salut, dont nous tenons l'indubitable certitude.

» Par la voie de la Mathématique, nous ne sommes pas seulement assurés de la foi, dont nous faisons profession ; nous sommes encore prémunis contre la secte de l'Antichrist, qui se trouve, dans la Mathématique, considérée en même temps que la religion du Christ. Cette très noble recherche se fait en étudiant la révolution de toutes les principales religions qui se sont succédées depuis le commencement du Monde. »

C'est donc de l'horoscope des religions que Bacon va, d'après Albumasar, entretenir le pape Clément IV ; c'est cet horoscope qu'il lui va présenter comme une des preuves les plus convaincantes données par la raison humaine en faveur de la foi chrétienne.

Une telle pensée porte bien la marque de Bacon. Un des grands soucis de ce docteur est d'amener à l'Apologétique les auxiliaires les plus inattendus.

Ici, nous le voyons découvrir, dans les écrits des philosophes païens, des textes qui enseignent [1]. « Dieu, la bienheureuse Trinité, l'Incarnation du Fils de Dieu, le Christ, la sainte Vierge, les anges, les démons, le jugement dernier, la gloire céleste, les peines infernales, la condamnation des mauvaises religions, quelle est la bonne, comment elle doit être prouvée, quelles en sont les conditions, quels sont les articles de foi, comment on

1. ROGERI BACON, *Compendium studii Philosophiæ* (ROGERI BACON *Opera quaedam hactenus inedita*. Ed. J.-S. Brewer, London 1859, p. 424). — Cf. *Opera hactenus inedita* ROGERI BACONI. Fasc. I. *Metaphysica* FRATRIS ROGERI *Ordinis Fratrum Minorum. De viciis contractis in studio Theologie*. Omnia quæ supersunt nunc primum edidit Robert Steele. London, s. d. — Fratris ROGERI BACON *Operis majoris*, Septima pars principalis : Moralis philosophia. Pars I, éd. Bridges, vol. II, pp. 228-249 ; pars IV, ibid, pp. 381-396.

la doit garder défendre et promulguer, de celui qui y est législateur et de son successeur. »

Là, nous entendons Bacon décrire un certain nombre d'effets curieux que les lois de l'Optique permettent de produire au moyen de miroirs, puis, à cette description, joindre la conclusion que voici [1] :

« Ces merveilles oat grande valeur pour convertir les infidèles et à repousser ceux qui ne peuvent être convertis. Un homme, en effet, ne les comprendrait pas d'emblée ; il les lui faudrait croire d'abord, afin qu'une fois exercé dans l'étude de la Science, il en pût voir les raisons ; il serait ainsi conduit, comme par la main, vers les choses divines ; il serait amené à soumettre son cou à leur joug, à les croire d'abord, jusqu'au moment où, pétri en elles, il percevrait enfin la raison qui le ferait comprendre et savoir. En voyant, en effet, que son intelligence ne peut atteindre même aux vérités relatives aux créatures, qui ne sont rien au regard des vérités divines, l'homme se doit estimer bien plus heureux, de croire les choses divines que les choses créées... Cette manière de persuader de la foi serait plus puissante et meilleure que les paroles de prédication, car l'exemple est plus que le discours. Ce mode de persuasion opère à la façon des miracles ; il est donc bien plus puissant que la parole. »

L'homme qui découvrait dans les écrits d'Aristote ou d'Avicenne la formule des dogmes les plus particuliers du Christianisme ; l'homme qui regardait des jeux d'optique comme le moyen le plus efficace de convertir les infidèles, était assurément d'accord avec lui-même, lorsqu'il voyait dans l'horoscope des religions une preuve convaincante en faveur du Christianisme.

Mais comment va-t-il s'y prendre pour faire perdre à cette doctrine astrologique le relent d'impiété qui, contre elle, irritait si fort Guillaume d'Auvergne ?

« Les astrologues, dit-il [2], parlent des religions et les religions dépendent de la liberté de la raison ; toutefois, ils n'imposent aucune nécessité au libre arbitre lorsqu'ils disent : Les planètes sont des signes ; elles nous indiquent les événement dont Dieu, de toute éternité, a préparé l'accomplissement soit par la nature, soit par la volonté humaine, soit par sa propre raison, en vertu

---

1. *Un fragment inédit de l'Opus tertium de* Roger Bacon, Ad Claras Aquas (Quaracchi), 1909, pp. 97-98. — *Part of the Opus tertium of* Roger Bacon, edited by A.-G. Little, Aberdeen, 1912, pp. 41-42.

2. Fratris Rogeri Bacon *Opus majus*, Pars IV ; éd. Jebb, pp. 167-168 ; éd. Bridges, vol. I, pp. 266-267.

du bon plaisir de sa volonté. Ainsi est-il dit au *Livre des cours des planètes. — Ita dicitur in libro de cursibus planetarum.* »

Ce *Livre des cours des planètes*, qui s'y prenait de la sorte pour rendre les prédictions astrologiques acceptables aux Chrétiens, il ne nous est pas inconnu. C'est sous ce titre, qu'en 1140, l'auteur des *Tables de Marseille* désignait le traité qu'il avait mis au devant de ces tables. C'est à la pensée de cet auteur, reflet de la doctrine de Plotin, que Bacon emprunte le moyen d'innocenter l'horoscope des religions.

A ce moyen, d'ailleurs, il en adjoignait un autre : « On dit, en outre, que la volonté ne peut être contrainte, mais que le corps est modifié par les vertus des Cieux ; alors l'âme, qui est unie au corps est fortement excitée et efficacement conduite, sans que rien la contraigne d'ailleurs, à vouloïr suivre de son plein gré le penchant que le corps éprouve vers des actions publiques ou privées, bonnes ou mauvaises ; c'est ainsi que quelque homme, renommé parmi le peuple et doué d'une grande puissance peut introduire des opinions, des doctrines religieuses, des changements de coutume, conformément à ce que Dieu a prévu et connu d'avance ; de cette manière, donc, les planètes ne sont pas seulement des signes ; par l'excitation qu'elles produisent, elles exercent une certaine action. »

Cette justification de l'horoscope des religions, Bacon avait soin de la rappeler lorsqu'en son *Opus tertium*, il résumait les diverses parties de l'*Opus majus*.

« Les planètes, disait-il [1], altèrent toutes les propriétés naturelles de ce monde ; elles sont causes de la complexion de chacun des hommes ; par conséquent, elles excitent tout homme à suivre telle coutume et telle religion, sans l'y contraindre toutefois, comme je l'ai, naguère, dit et démontré dans l'*Opus majus*. En toutes circonstances, la liberté du choix est sauvegardée, bien que la complexion corporelle, altérée par les vertus des étoiles, incline et excite puissamment l'âme humaine, au point que celle-ci veuille suivre cette complexion et ces vertus ; mais elle les suit de son plein gré et, avant tout, le libre arbitre demeure sauf. Mais tout cela, je l'ai suffisamment exposé ailleurs ; maintenant, donc, je l'admets.

» Selon ces principes, les philosophes ont examiné, d'après les conjonctions de Jupiter avec les autres astres errants, le,

---

1. *Un fragment inédit de l'Opus tertium de* Roger Bacon, Quaracchi, 1909 p. 169. — *Part of the Opus tertium of* Roger Bacon, éd. Little, p. 66.

sort des six religions ; par de belles raisons, ils ont attribué ces religions aux diverses nations que j'ai précédemment énumérées ; c'est ce que j'ai exposé dans la quatrième partie [de l'*Opus majus*], où j'ai considéré les rapports de la Mathématique avec l'Église ; je l'ai fait en vue de cette confirmation glorieuse de la religion chrétienne, à laquelle les astronomes, à cause de la conjonction de Jupiter avec Mercure donnent le nom de mercuriale

» Ce n'est pas que la religion chrétienne ait les planètes pour causes ; elles n'en sont que les signes ; ce n'est pas, non plus, que les hommes deviennent chrétiens par les vertus des planètes ; ils le deviennent par la grâce de Dieu.

» De même que les actions des Hébreux ont été des signes de cette loi chrétienne, de même en est-il des corps célestes, afin que toute créature apporte son témoignage à cette loi impériale.

» De même encore, au temps de la naissance du Seigneur, une étoile apparût, non à titre de cause, mais à titre de signe.

» Semblablement, c'est la grâce de Dieu qui fait les chrétiens ; néanmoins, les complexions des hommes les excitent à suivre les mœurs diverses et les diverses religions ; selon la complexion dont il est doué, un homme reçoit plus aisément telle loi et y adhère avec plus de fermeté ; la complexion coopère donc à la grâce de Dieu. De même voyons-nous des hommes que leur bonne complexion rend bons et pacifiques ; par l'effet de cette bonne complexion, ils sauvegardent plus aisément leur propre paix et celle des autres ; cette paix, cependant, c'est la grâce de Dieu qui en est la cause principale. »

Telles sont donc les raisons qui permettront à Bacon de répéter, sans aucune impiété, ce que les astrologues ont pu dire de l'horoscope des religions.

Il aura soin d'ailleurs, de passer leurs propos au crible de l'orthodoxie, afin de n'y rien laisser d'hérétique : « Tout ce qu'ils disent en ce domaine [1], il le faut ramener à la règle de la foi, afin d'en chasser tout désaccord avec la vérité catholique. Les astronomes, en effet, ne suffisent pas à manifester tous les mystères de cette religion, et à les montrer pleinement ; ils rendent cependant, un beau témoignage de l'existence de cette religion et de ce qu'elle est en général ; l'admiration que nous cause leur science est donc assez grande pour que nous excusions aisément leur ignorance ; s'ils se sont trouvés en défaut lorsqu'il

---

1. Fratris ROGERI BACON *Opus majus*, Pars IV ; éd. Jebb, pp. 168-169 ; éd. Bridges, vol. I, p. 268.

s'agissait de donner la pleine démonstration du rite chrétien, c'est qu'ils n'avaient pas été formés dans son sein ; leur accord avec nous et la confirmation qu'ils apportent à la foi que nous professons méritent d'être loués. »

Quitterons-nous Bacon sans dire quelques mots d'une science qui était, pour lui, l'objet d'une sorte de prédilection, d'une science qu'il recommandait au pape Clément IV dans un grand nombre d'écrits [1], sans parler de l'Alchimie ?

Si nous parlons ici de l'Alchimie, d'ailleurs, ce sera seulement pour remarquer que Bacon la plaçait, elle aussi, dans la dépendance de l'Astrologie.

De cette affirmation, nous nous contenterons de citer une seule preuve ; elle sera assez claire pour nous dispenser de toute autre.

Bacon chante les louanges [2] de ce qu'il nomme la Science expérimentale ; il vient de dire comment la Mathématique doit se mettre aux ordres de cette science, afin de lui procurer les instruments que requièrent ses opérations ; il poursuit en ces termes :

« De même, elle ordonne à l'astronome de choisir les dispositions astrales bien définies que réclame l'expérimentateur : et alors, sous ces constellations, l'expérimentateur fabrique des œuvres, prépare des aliments et des médecines à l'aide desquels il lui est possible d'altérer la complexion de toute personne, de l'exciter à tout acte qu'il souhaite de lui voir accomplir, sans contraindre, toutefois, le libre arbitre de cette personne.

» Une nourriture, une boisson, une médecine, en effet, modifient la complexion, l'état de santé ou de maladie de l'homme ; elles modifient la complexion à tel point que l'âme suit l'inclination du corps, sans y être cependant forcée, et c'est de son plein gré qu'elle veut ce vers quoi penche la complexion corporelle ainsi modifiée. Par là, l'homme tout entier peut être changé dans ses qualités intellectuelles et morales, dans ses habitudes, en toutes choses ; il peut être rendu prudent, joyeux, ami des bonnes mœurs, de la paix de la justice ; il peut aussi être excité en un sens contraire à celui-là. De même en est-il

---

1. *Un fragment inédit de l'Opus tertium de* ROGER BACON, Quaracchi, 1909, pp. 183-184. — *Part of the Opus tertium of* ROGER BACON, éd. Little, pp. 81-82.
2. *Un fragment inédit de l'Opus tertium de* ROGER BACON, Quaracchi, 1909, pp. 155-156. — *Part of the Opus tertium of* ROGER BACON, éd. Little, pp. 52-53.

ici ; mais ces actions se peuvent produire bien plus puissantes quand la vertu du Ciel y concourt spécialement.

» L'expérimentateur n'accomplit pas seulement certaines opérations ; il compose aussi et profère, en de tels temps, des paroles qui reçoivent, à la fois, la vertu du Ciel et la vertu de l'âme et qui, tant qu'elles durent, produisent des altérations plus fortes que les œuvres ; parler, en effet, est l'œuvre principale de l'âme raisonnable. Mais les paroles durent peu, à moins qu'on ne les écrive ; aussi les œuvres agissent-elles plus long-temps ; on peut, toutefois, écrire les paroles ; elles dureront alors autant que les œuvres.

» Ainsi la Science expérimentale accomplit toutes ces choses jouant le rôle principal et agissant en maîtresse ; en cette cir-constance, l'Astronomie est à son service, comme elle est au service de la Médecine, lorsqu'il s'agit de déterminer le temps propice aux saignées ou aux médecines laxatives. »

Peut-être dirait-on que Bacon vient de montrer comment les influences astrales doivent seconder les opérations de la Science expérimentale, mais non de l'Alchimie, dont il n'a pas pro-noncé le nom. A cela, ce texte répondra [1] :

« La Philosophie naturelle, la Médecine et l'Alchimie com-munient entre elles par leurs racines ; aussi ai-je feint d'exposer ces racines comme si elles étaient seulement propositions de Physique et de Médecine, tandis qu'elles sont propositions d'Alchimie. »

Toute science, au gré de Bacon, fait appel aux lumières de l'Astrologie ; la Théologie y trouve une auxiliaire, tandis que la Médecine et l'Alchimie ne sauraient opérer sans son aide. C'est que le Ciel est vraiment, pour notre auteur, l' « agent universel » dont la coopération intervient dans tous les changements cor-porels de la sphère sublunaire ; sans l'excitation de cet agent, les corps graves ne tomberaient pas [2], les diverses substances ne se joindraient pas les unes aux autres pour éviter le vide [3].

« Nous savons d'une manière certaine [4], par Aristote, que le Ciel n'est pas seulement la cause universelle des choses d'ici-bas, mais qu'il en est encore la cause particulière. Aristote dit en effet, au second livre *De la génération*, qu'à l'égard du Ciel, les

---

1. ROGER BACON *Op. laud.*, éd. Quaracchi, p. 183 ; éd. Little, p. 82.
2. Voir : pp. 70-74.
3. Voir : pp. 145-146.
4. Fratris ROGERI BACON *Opus majus*, pars IV ; éd. Jebb, p. 259; éd. Jebb, p. 259 ; éd. Bridges, vol. I, pp. 287-288.

éléments sont plus faiblement actifs que ne le sont les outils à l'égard de l'artisan, que ne le sont, par exemple, la hache et la cognée à l'égard du charpentier ; sans doute, tout se fait, ici-bas, par les qualités des éléments ; mais ces qualités ne sont, à l'égard du Ciel, que ce que sont les outils à l'égard de l'artisan ; si donc, à l'égard de son œuvre, l'artisan est, à la fois, l'agent principal et universel, et l'agent particulier, ainsi, et plus encore, en sera-t-il du Ciel à l'égard de toute chose qui doit être engendrée.

» Averroès, de son côté, dit, au VIIe livre de la *Métaphysique*, que la vertu du Ciel fait, au sein de la matière en putréfaction, ce que la vertu du père fait au sein de la semence ; partant, les êtres qui sont engendrés par la putréfaction, bien qu'animés, sont faits immédiatement par le Ciel ; à bien plus forte raison en est-il de même des choses inanimées.

» Il n'en est pas seulement ainsi des êtres qui naissent de la putréfaction, mais encore de ceux qui sont engendrés par voie de propagation. Aristote dit, en effet, au livre *Des végétaux*, que le Soleil est le père des plantes et que la Lune en est la mère. Au sujet des hommes et des animaux, Aristote dit que l'homme est engendré par l'homme et par le Soleil ; mais Averroès affirme qu'à cette production d'un homme, le Soleil contribue plus que l'homme ; la vertu du Soleil, en effet, se maintient dans la semence, du commencement à la fin de la génération, tandis qu'il n'en est pas ainsi de la vertu du père ; cette vertu-ci n'agit qu'un instant, au moment de l'émission de la semence ; elle ne pourrait donc rien faire sans le secours de la vertu continuellement propagée et diffusée par le Ciel ; c'est cette dernière vertu qui règle la génération.

» C'est donc du Ciel que toutes choses tiennent leurs complexions diverses. »

Maître de toutes les générations, de toutes les destructions, de toutes les altérations qu'éprouvent les corps d'ici-bas, le Ciel exerce par là une puissante influence sur les déterminations des volontés humaines ; l'âme, en effet, laisse glisser son choix dans le sens où penche la complexion du corps ; mais cette séduction du Ciel sur l'âme par l'intermédiaire des dispositions corporelles n'est pas une nécessitante contrainte ; le libre arbitre demeure sauf. Si, plus encore que les grands théologiens du XIIIe siècle, que les Saint Bonaventure et les Saint Thomas d'Aquin, Bacon se complaît à constater et à décrire l'intervention des astres dans tous les événements d'ici-bas, les principes à l'aide desquels il concilie sa confiance en l'Astrologie et sa foi dans l'enseignement de l'Église sont identiques à ceux qu'ont formulés ces théologiens.

IV

Le Speculum Astronomiæ

Si Bacon, dans l'*Opus majus*, a longuement insisté sur la conciliation du libre arbitre humain avec l'Astrologie, c'est qu'il entendait, il nous l'a dit, laver la Mathématique véritable des soupçons injurieux des ignorants ; c'est qu'il ne voulait pas la laisser confondre et condamner avec la Mathématique entachée de Magie.

Autant, en effet, notre auteur aimait à dire son admiration pour l'Astrologie qu'il croyait véritable et recevable aux Chrétiens, autant il s'indignait contre les opérations magiques et contre ceux qui s'y adonnent. « Ceux-ci, disait-il [1], ne font rien qui soit conforme à la vérité de l'art et de la nature ; ils séduisent les hommes ; et bien souvent, à cause des péchés de ces magiciens et de ceux qui croient en eux, ce sont les démons qui opèrent, bien que les magiciens et leurs adhérents ne sachent pas que les démons opèrent.

» Aussi faut-il examiner et réprouver tous les livres de Magie, comme le *Liber de morte animæ*, le *Liber fantasmatum*, le *Liber de officiis et potestatibus spirituum*, les *Libri de sigillis Salomonis*, les *Libri de arte notoria*, et tous les livres de ce genre ; les uns invoquent les démons ; les autres procèdent par fraudes et opérations vaines, non par les voies de la nature et de l'art. »

Parmi les livres consacrés à l'Astrologie et aux sciences voisines, distinguer ceux dont un chrétien peut admettre la doctrine de ceux qu'il est tenu de rejeter, éviter, à cet égard, les jugements trop sévères tout comme les jugements trop indulgents, c'est l'objet d'un petit traité qui porte ce titre : *Speculum Astronomiæ*, et aussi cet autre titre plus expressif : *De libris licitis et illicitis*.

Dès le début du XIVe siècle, ce traité était attribué à Albert

---

1. **Roger Bacon** *Op. laud.*, éd. Quaracchi, pp. 151-152. — Ed. Little, p. 48.

le Grand [1] et, depuis ce temps, il n'a cessé d'être imprimé avec les autres écrits de l'Évêque de Ratisbonne [2]. Néanmoins, le R. P. Mandonnet n'a pas hésité à l'attribuer à Roger Bacon ; et il semble que cette attribution soit légitime car, de Roger Bacon, on trouve, dans le *Speculum Astronomiæ*, certaines locutions coutumières, certaines métaphores habituelles, certaines pensées favorites. La doctrine générale du *Speculum Astronomiæ* concorde pleinement d'ailleurs, avec celle de l'*Opus majus* et de l'*Opus tertium*.

Le *Miroir d'Astronomie* débute en ces termes :

« Il est des livres dans lesquels on ne trouve pas la racine de la science ; ces livres sont des ennemis de la véritable Sagesse, c'est-à-dire de Notre Seigneur Jésus-Christ, qui est l'image du Père, et la Sagesse par laquelle celui-ci a fait les siècles ; à l'occasion de ces livres-là, justement suspects à ceux qui aiment la véritable foi catholique, il a plu à quelques grands hommes d'accuser certains autres livres, qui sont peut-être innocents. De ce que plusieurs des livres susdits pallient, à l'aide de mensonges, les doctrines de l'Astronomie nécromantique, ils ont souillé, aux yeux des honnêtes gens, de nobles livres relatifs à l'Astronomie ; ils les ont rendus dangereux et abominables.

» Aussi, un homme, qui est un zélateur de la foi et de la philosophie, s'est-il appliqué à faire mémoire de ces deux sortes de livres, à les énumérer, à rapporter, de chacun d'eux, le titre, les premiers mots et, d'une manière générale, ce qui s'y trouve contenu ; il a dit aussi quels en étaient les auteurs ; il a accompli cette tâche afin que les livres licites soient séparés des livres illicites. »

L'auteur distingue [3] « deux grandes sciences, qui sont toutes deux désignées sous le nom d'Astronomie ». La première est la

---

1. P. MANDONNET, *Roger Bacon et le Speculum Astronomiæ* (1277) (*Revue Néo-Scolastique de Philosophie*, août 1910, p. 320).

2. La première édition est, croyons-nous, la suivante : *Tabula Tractatum Parvorum naturalium* ALBERTI MAGNI EPISCOPI RATISPONENSIS *de ordine Predicatorum. — De Sensu et Sensato. — De Memoria et Reminiscentia. — De Somno et Vigilia. — De Motibus animalium. — De Etate sive de Juventute et Senectute. — De Spiritu et Respiratione. — De Morte et Vita. — De Nutrimento et Nutribili. — De Natura et Origine anime. — De Unitate intellectus contra Averroem. — De intellectu et intelligibili. — De Natura Locorum. — De Causis et proprietatibus Elementorum. — De Passionibus Aeris. — De Vegetabilibus et Plantis. — De Principiis motus processivi. — De Causis et processu universitatis a Causa prima. — Speculum Astronomicum de Libris licitis et illicitis.* Colophon : Venetijs impensa heredum quondam domini Octaviani Scoti civis Madoetiensis : ac sociorum. Die 10 Martii. 1517. Le *Speculum astronomicum de libris licitis et illicitis*, qui est la dernière pièce de la collection, commence au fol. 230, col. d, et finit au fol. 233, col. d.

3. *Speculum Astronomiæ*, cap. I.

science qui détermine les figures et les mouvements des Cieux. L'auteur dit [1] quels traités relatifs à cette science les Grecs nous ont laissés, quels traités les Arabes et les Chrétiens ont composés ; son énumération, malheureusement trop sommaire, s'achève par cette réflexion :

« Que ceux qui examinent les livres dont je viens de parler sachent bien qu'on y trouve pas même un mot qui soit ou qui semble être contraire à l'honnêteté de la foi catholique ; et peut-être n'est-il pas juste que ceux qui ne les ont jamais touchés aient la présomption de les condamner. »

« La seconde grande science [2] qui porte également le nom d'Astronomie, c'est la science de jugements par les astres ; elle est le lien entre la Philosophie naturelle et la Mathématique. »

Dans l'ordre universel qui met les choses du monde inférieur sous la dépendance des corps célestes, l'auteur voit une preuve de l'unité de Dieu ; « s'il y avait plusieurs premiers principes... il ne serait pas vraisemblable qu'il se rencontrât une telle obéissance, fixe et permanente ».

De cette Astrologie judiciaire, le *Miroir astronomique* énumère et définit d'abord les diverses parties ; puis il les passe en revue pour distinguer en elles ce qui est licite de ce qui est illicite ; or la règle qui lui sert à faire ce départ est fort simple ; c'est celle que Saint Thomas d'Aquin prescrivait à Frère Réginald qui voulait savoir si l'on pouvait, sans péché, interroger les astres ; est recevable pour le Chrétien toute doctrine astrologique qui sauvegarde le libre arbitre de l'homme.

Voici, d'abord, la partie de l'Astrologie qui concerne les changements de temps ; cette partie a pour objet [3] de déterminer « quelles impressions les divers accidents des planètes causent sur les parties hautes et basses de l'air, sur les diverses époques de l'année, sur les saisons sèches ou humides ».

« La nécessité qui règne en cette partie de l'Astrologie [4] découle évidemment de ce qui a été dit ci-dessus, de l'obéissance des mouvements des corps inférieurs à l'égard du mouvement des corps supérieurs. Rien ne peut mettre obstacle à la nécessité qui règle cette obéissance, car elle n'est pas soumise au libre arbitre de l'homme. Elle n'est soumise qu'à la volonté du Créateur, dont la Providence a, dès l'rorigine, décidé qu'il en serait

---

1. *Speculum Astronomiæ*, cap. II.
2. *Speculum Astronomiæ*, cap. III.
3. *Speculum Astronomiæ*, cap. VI.
4. *Speculum Astronomiæ*, cap. XI.

ainsi ; lui seul peut détourner cette obéissance, car la plénitude
de la puissance réside en lui ; mais, cependant, il ne la veut point
détourner, car sa volonté ne change pas comme celle d'un enfant
ou d'une servante ; il veut que cet ordre dure jusqu'au terme
qu'il lui a lui-même imposé... et qu'il connaît seul. »

De ces décrets éternels posés par sa divine volonté, Dieu a pu
mettre dans le Ciel des signes qui, d'ailleurs, ne sont point causes
de ce qu'ils annoncent. Ainsi des configurations astrales annonçaient que le Christ naîtrait d'une Vierge. « Ce n'est pas que la
figure du Ciel fût cause de cette naissance ; elle en était plutôt
le signe ; c'est le Christ lui-même qui était la cause véritable de
ceci, que la façon dont se produirait son admirable naissance
serait signifiée par le Ciel. »

Ces remarques vont conduire notre auteur à justifier ce
qu'enseigne l'Astrologie touchant « les révolutions des années
du Monde. »

« La partie de l'Astrologie [1] qui porte sur les révolutions des
années du Monde, consiste à savoir déterminer la signification
du Ciel à l'heure où le Soleil entre dans la première minute du
signe du Bélier ; cet horoscope est dit, seigneur de l'année.
Par là, on juge de ce que le Dieu glorieux et sublime fera en
cette année-là, par le moyen des étoiles qui sont, pour ainsi dire,
ses instruments ; de ce qu'il accomplira sur les états de certains
climats et sur l'universalité de leur population ; on juge si la
récolte sera abondante ou maigre, s'il y aura la guerre ou la
paix, s'il se produira des tremblements de terre, des déluges,
des météores ignés ou d'autres prodiges terribles. »

C'est auprès de ces prédictions d'ordre général qu'on doit,
bien entendu, placer le fameux horoscope des religions.

Or, en ces prédictions, rien ne saurait offusquer l'orthodoxie.
« Que la figure de la révolution de l'année [2], qu'une éclipse,
que la conjonction propre à signifier une nouvelle secte, soit
signe d'un tremblement de terre, d'un déluge, d'un météore
igné ; qu'aux riches d'un pays ou à toute la population, elle
annonce la guerre ou la paix, la famine, la mortalité ; qu'elle
signifie la venue d'un grand prophète ou d'un hérésiarque, le
commencement d'un schisme horrible, universel ou particulier,
selon le décret de la providence divine ; comme à tout cela,

______

1. *Speculum Astronomiæ*, cap. X.
2. *Speculum Astronomiæ*, cap. XII.

l'homme n'a jamais, par son libre arbitre, pouvoir de rien changer, il apparaît que ces parties de l'Astrologie méritent, elles aussi, de demeurer ; elles n'ont besoin d'aucun reproche, à moins qu'il n'y ait, contre elles, quelque autre objection que je n'ai jamais ouï proposer.

« J'en viens aux jugements de nativité. Cette partie semble, plus aisément que les autres, et plus gravement, porter atteinte au libre arbitre. »

Cette partie de l'Astrologie consiste à tirer l'horoscope d'un enfant au moment de la naissance et à en déduire la connaissance du sort qui, dans la vie, attend cet enfant.

De ces jugements, il arrive que certaines personnes contestent l'utilité. Que les étoiles annoncent la venue d'une maladie, à quoi cela nous sert-il ? Si cette menace pouvait être détournée, c'est donc que la prédiction des astres pourrait être mensongère. A cela, l'auteur répond en citant l'*Opus quadripartitum* de Ptolémée et en s'inspirant de cet ouvrage.

« Je dis que toute opération effectuée par un agent sur une chose susceptible d'altération est adaptée à la matière qui éprouve cette opération ; un même feu dessèche la glaise et fond la cire. Qu'un homme donc, par le magistère des astres, sache que dans un âge à venir, l'opération des Cieux le fera souffrir parce qu'il y a, en lui, excès de chaleur et de sécheresse ; longtemps avant l'âge indiqué, il pourra, en observant la diète, modifier sa complexion et la tourner du côté du froid et de l'humide ; advienne alors l'opération du Ciel ; si elle eût trouvé en lui une complexion de consistance moyenne, elle l'eût conduit à la maladie du côté de la sécheresse et de la chaleur ; mais comme elle le trouve de l'autre côté, elle le ramène plutôt au milieu, c'est-à-dire à la santé.

» De cette façon, donc, l'inconvénient prévu peut-être écarté en totalité ou en partie ; par là, l'opération céleste n'a pas été frustrée ; bien plutôt, elle a été complétée ; ce n'est pas, en effet, l'opération du Ciel qui a été écartée ; c'est la qualité de cette opération. »

Mais les jugements de nativité ne sont-ils pas la négation du libre arbitre, puisqu'ils annoncent d'avance quelles seront les mœurs d'un homme. « Que faut-il donc répondre à cette objection relative aux mœurs des hommes ? Ceci tout simplement : Lorsque, du nouveau-né, l'astrologue juge qu'il sera chaste ou incestueux ou colère ou patient, il juge seulement de l'aptitude ou du manque d'aptitude. L'homme choisira néanmoins soit ceci, soit cela ; mais l'opération du Ciel fait qu'il incline plus promptement à choisir ce à quoi il est apte.

» Va-t-on, dès lors, mépriser cette science en prétendant que, par là, elle semble détruire le libre arbitre ? Assurément, pour la même raison, il faudra détruire la médecine ; par le magistère de la médecine, en effet, on juge si les causes d'ici-bas donnent, à un homme, aptitude à ces sortes de choses ou le privent de cette aptitude. »

Saint Thomas d'Aquin avait dit de même [1] : « Comme le médecin peut juger de la bonne qualité de l'intelligence par la complexion du corps, qui en est une disposition prochaine, ainsi l'astrologue en peut juger par les mouvements des corps célestes qui sont la cause éloignée de cette disposition. » Du reste, la doctrine du *Speculum Astronomiæ*, en ce passage, est identique à celle de Saint Thomas et de tous les théologiens du XIIIᵉ siècle.

L'auteur du *Miroir astronomique* arrive enfin [2] aux « interrogations » touchant les futurs contingents ou, comme il dit, les « futurs possibles ». Les réponses que l'Astrologie donne à de telles interrogations n'impliquent-elles pas négation du libre arbitre ?

« Les interrogations relatives aux futurs contingents qui sont soumis au libre arbitre sont de deux sortes. Il y a des interrogations de fait : Qu'adviendra-t-il de telle chose ? Il y a des interrogations de conseil : Vaut-il mieux faire ceci ou cela ?

» Les interrogations de conseil ne détruisent nullement la liberté du choix, mais, plutôt, elles la dirigent et la conseillent. Ainsi en est-il de l'interrogation qui concerne une négociation : Me serat-elle utile ou non ? De deux choses, quelle est celle qu'il vaut mieux acheter ? Quel parti dois-je prendre : vaut-il mieux m'en aller ou rester ?...

» Quant aux interrogations de fait, déterminer de quelle manière elles peuvent coexister avec le libre arbitre est chose fort difficile.

» Voici, par exemple, une interrogation portant sur une chose qu'on doit demander à quelqu'un : La donnera-t-il ou ne la donnera-t-il pas ? Lors même que mille signes auraient indiqué qu'il ne la donnera pas, il pourra cependant la donner ; et lors

---

1. Sancti Thomæ Aquinatis *Summa contra Gentiles,* lib. III, cap. LXXXIV ; Quod corpora cælestia non imprimant in intellectus nostros.
2. *Speculum Astronomiæ,* cap. XIII.

même qu'ils auraient indiqué qu'il la donnera, il pourra ne pas
la donner ; en effet, le pouvoir de choisir *(electio)* demeure en lui.

» Il se trouve que l'astronome n'a pas prononcé cette affirmation : Il donnera. Il a seulement affirmé ceci : La figure de
l'interrogation signifie qu'il donnera. Mais, au sujet de ce qui
a été signifié de la sorte, il y a encore lieu de se demander :
Cela sera-t-il ou bien cela ne sera-t-il pas ? Ne sera-ce pas ?
Dans ce cas, le magistère de l'Astrologie est faux. Sera-ce ?
Alors cela ne peut pas ne pas être. » Et voilà nié le libre arbitre.

L'auteur reprend alors la définition de la contingence ; il
cite, à ce propos, Albumasar et Aristote, et son exposition nous
montre qu'il avait soigneuscment lu ces philosophes ; mais leurs
dires ne lui paraissent pas dissiper la difficulté qui le préoccupe ;
voici donc ce qu'il nous propose à titre de conclusion :

« Celui qui examinera ce doute avec grand soin le trouvera
peut être identique au doute qui porte sur la divine Providence
ou, tout au moins, de même genre que celui-ci. En effet, dans
les œuvres que Dieu accomplit par l'intermédiaire du Ciel, la
signification du Ciel n'est pas autre chose que la Providence de
Dieu ; dès lors, des événements dont nous sommes le principe,
rien n'empêche que le Ciel ne contienne, non pas la cause, mais
la signification ; entre les deux parties d'une alternative,
l'homme peut choisir l'une ou l'autre ; mais Dieu savait de
toute éternité laquelle des deux il choisirait ; partant, dans ce
livre de l'Univers qu'est la voûte des Cieux, il a pu, s'il le voulait,
signifier ce qu'il savait ; dès lors, s'il l'a fait, il revient au même
d'expliquer la compossibilité du libre arbitre avec la Providence
divine et avec la signification des interrogations astrologiques ;
si la divine Providence peut subsister en même temps que le
libre arbitre, on ne peut anéantir et on n'anéantira pas l'affirmation que le magistère des interrogations demeure avec le
libre arbitre ; comment, d'autre part, se peut anéantir le doute
relatif à la divine Providence, c'est question que je crois devoir
laisser pour une autre occasion. Je ne veux pas dire, toutefois,
qu'on connaisse par le Ciel toute chose qui ne demeure point
cachée à la divine Providence ; le Ciel, en effet, est bien loin
au-dessous d'elle. »

Cette doctrine, qui justifie les prédictions astrologiques à
l'aide d'une harmonie, préétablie par la divine Providence,
entre les mouvements célestes et les événements d'ici-bas, cette
doctrine, disons-nous est exactement celle que proposait le
préambule des *Tables de Marseille.* Nous avons vu que Roger

Bacon connaissait ce *Liber de cursibus planetarum* et lui empruntait cette explication de l'Astronomie judiciaire. L'auteur du *Speculum astronomicum* ne pouvait pas ne pas avoir lu ce livre, puisqu'il connaissait et citait les *Tables de Marseille* [1].

Cette justification de l'Astrologie ne semble pas contraire, d'ailleurs, au sentiment des théologiens du XIIIᵉ siècle et, en particulier, de Saint Thomas d'Aquin.

Celui-ci, par exemple, examinant « si le Destin existe et ce qu'il est [2] », rappelle d'abord la définition stoïcienne du Destin, qui le ramène à un déterminisme où les causes s'enchaînent de la définition la plus rigoureuse ; il expose ensuite la conception astrologique qui cherche, dans les corps célestes, la cause nécessitante de tout événement d'ici-bas ; puis il écrit :

« D'autres, enfin, ont voulu ramener à une disposition de la divine Providence tout ce qui paraît, ici-bas, arriver par hasard ; ils ont dit, alors que tout était mené par le Destin, nommant Destin cet ordre *(ordinatio)* que la divine Providence a mis dans les choses.

» Ainsi Boëce disait : « Le Destin est une disposition par » laquelle la Providence divine les enchaîne à ses ordres. »

» Dans cette définition du Destin, disposition est pris dans le sens d'ordre *(ordinatio)*.

» Boëce dit que cette disposition est inhérente aux choses, afin de distinguer le Destin de la Providence ; la Providence, en effet, c'est cet ordre en tant qu'il réside dans la pensée divine et qu'il n'est pas encore imprimé dans les choses ; lorsqu'il est déjà développé au sein des choses, il reçoit le nom de Destin.

» Enfin Boëce dit : Dans les choses mobiles, afin de montrer que l'ordre imposé par la Providence n'enlève point aux choses, comme certains l'ont pensé, la mobilité et la contingence.

» En ce sens, nier le Destin, ce serait nier la Providence divine.

» Mais nous ne devons avoir rien en commun, avec les infidèles, pas même les noms, de peur que le commun usage des noms ne nous soit une occasion d'erreur. Il ne faut donc pas que les fidèles usent du nom de Destin, afin de ne pas sembler partager, au sujet du Destin, la fausse opinion de ceux qui soumettaient toutes choses à la nécessité imposée par les astres. Aussi Saint Augustin dit-il, au Vᵉ livre de la *Cité de Dieu ;*

---

1. *Speculum astronomicum,* cap. II.
2. Sancti THOMÆ AQUINATIS *Summa contra gentiles,* lib. III, cap. XCIII : De ato, an sit et quid sit.

« Si quelqu'un appelle Destin la vertu ou le pouvoir de Dieu,
» qu'il garde son avis, mais qu'il corrige son langage. »

N'est-ce pas ce qu'avaient fait l'auteur des *Tables de Marseille*,
l'auteur du *Speculum Astronomiæ* ?

V

LE TRAITÉ DE ERRORIBUS PHILOSOPHORUM

Les docteurs chrétiens du xiiie siècle s'accordaient à permettre l'Astrologie pourvu qu'elle maintînt sains et saufs les
droits du libre arbitre. Mais nombre d'astrologues, sans aucun
doute, ne se soumettaient pas de bonne grâce à cette condition
ou même la rejetaient entièrement. Ils faisaient, en effet, un
continuel usage des écrits astrologiques composés par les Arabes[r];
or si, parmi ces écrits, quelques-uns, comme l'*Introductorium*
d'Albumasar, faisaient une place aux futurs contingents, la
plupart admettaient le fatalisme absolu que professait un
Avicenne ; aux mouvements célestes ils enchaînaient tous les
événements d'ici-bas par les liens d'un déterminisme rigoureux.
Ainsi faisait Al Kindi dans son traité *De theoria artium magi-
carum*, et les propositions, négatrices de toute liberté, que
contenait ce traité, méritaient d'être signalées par l'ouvrage
qu'un auteur inconnu a intitulé *De erroribus philosophorum*[1].

L'ensemble des thèses que le traité *De erroribus philosophorum*
relève, pour les condamner, dans le livre d'Al Kindi, forme une
théorie du fatalisme qu'un Chrysippe n'eût pas désavouée.

« Il affirme[2] que les évènements futurs dépendent, absolument
et sans aucune condition, de l'état des corps célestes. Aussi
dit-il, au chapitre intitulé *De radiis stellarum*, que celui qui
connaîtrait en entier la condition de l'harmonie céleste, connaîtrait pleinement tous les événements tant passés que futurs...

» Il croît que tout individu éprouve l'effet de toutes les causes
qui sont dans le Monde ; il en résulte que toute cause et tout

---

1. INCERTI AUCTORIS *Tractatus de erroribus philosophorum*, cap. X : De collec-
tione errorum Alkindi. [PIERRE MANDONNET, O. P., *Siger de Brabant et l'Averroïsme
latin au XIIIe siècle*. IIe Partie, *Textes inédits*. Louvain (collection : *Les Philosophes
Belges*) 1908].

2. INCERTI AUCTORIS *Tractatus de erroribus philosophorum*, cap. X, 1, 2, 3, 4, 5 ;
éd. cit., pp. 18-19.

effet a une vertu, pour ainsi dire infinie, car la vertu de chaque cause atteint chacun des effets. Au chapitre *De radiis elementorum*, voici ce qu'il dit : Nous devons affirmer que toute chose qui, dans le monde des éléments, possède l'existence actuelle, émet de toute part des rayons qui remplissent le Monde entier ; partant, chaque lieu du Monde reçoit des rayons provenant de toutes les choses qui existent actuellement dans ce Monde...

» Si n'importe quelle chose de ce Monde était pleinement connue, on aurait, par là même, connaissance du Monde entier ; ainsi dit-il au chapitre *De radiis stellarum* que la condition d'un seul individu de ce Monde, si elle était pleinement connue, refléterait comme un miroir la condition totale de l'harmonie céleste...

» Tout arrive par nécessité. Toutes choses étant pleinement soumises au mouvement des corps célestes, et ce mouvement étant nécessaire, tout advient nécessairement. Aussi dit-il, au chapitre *De theorica possibilium*, que toutes les choses qui sont, se font et adviennent, dans le monde des éléments, sont causées par l'harmonie céleste ; partant, toutes les choses de ce monde, ayant rapport à cette harmonie, procèdent d'une manière nécessaire...

» Tous les éléments de ce monde, tous les individus qui existent dans la sphère sujette à l'action et à la passion, il les prive de toute action propre. Selon l'opinion du vulgaire, dit-il dans son chapitre *De theorica possibilium*, une chose composée d'éléments, par ses rayons et par sa force, agit sur une autre chose analogue ; mais, selon l'exacte vérité, ce n'est pas cette chose qui agit ; c'est la seule harmonie céleste qui opère en toutes choses. »

De ce déterminisme universel, Al Kindi n'exempte pas la volonté de l'homme. « Il croit [1] que les mouvements de la volonté sont soumis aux créatures corporelles, aux corps célestes par exemple. »

De ce fatalisme, il tire la conséquence pratique qu'en tirait maint stoïcien, un Lucain par exemple [2] : « L'homme qui espère, désire ou craint quelque chose est un ignorant, car ces sentiments n'auraient de raison d'être qu'aux sujets d'événements qui pourraient arriver autrement qu'ils n'arrivent. »

---

1. INCERTI AUCTORIS *Op. laud.*, cap. X, 9 ; éd. cit., p. 19.
2. INCERTI AUCTORIS *Op. laud.*, cap. X, 4 ; éd. cit., p. 18.

Il est vraisemblable que, parmi les philosophes qui lisaient Avicenne, parmi les astrologues qui fréquentaient Al kindi, ces doctrines trouvaient des adeptes, au grand scandale des docteurs catholiques.

VI

LES ASTROLOGUES. — L'HOROSCOPE DE BAUDOUIN DE COUTENAY. L'INTRODUCTOIRE D'ASTRONOMIE

De cette adhésion donnée par les astrologues chrétiens du xiiie siècle au fatalisme des Arabes, pouvons-nous citer des témoignages formels et explicites ? Nous n'en avons pas rencontré. Les divers traités astrologiques dont nous allons parler se gardent de proclamer que le déterminisme universel enchaîne tout, même nos volontés, par ses liens de fer. Mais ils ne déclarent pas davantage que notre volonté échappe à l'influence nécessaire des étoiles. Ils ne nient pas la contingence et le libre arbitre, mais ils ne les affirment pas non plus ; ils se contentent de les passer sous silence. Il est toujours téméraire de préjuger d'une intention qui ne se formule pas ; il semble bien, cependant, que les astrologues du xiiie siècle gardent l'attitude de fatalistes qui, s'ils déclaraient leur fatalisme dans les livres qu'ils composent, craindraient que ceux-ci ne fussent, par les soins de l'Église, jetés au feu.

La *Compilation* de Léopold, fils du duché d'Autriche, fut certainement un des traités composés par les Chrétiens qui eurent autorité parmi les adeptes de l'art judiciaire. Or, au sujet du principe qui porte toute l'Astrologie, du gouvernement que les astres exercent ici-bas, ce traité est muet. Léopold a beaucoup emprunté à Albumasar ; il n'a pas reproduit l'intéréssante discussion à laquelle l'Auteur arabe avait soumis la légitimité de la science qu'il professait. Sans se soucier le moins du monde d'une telle critique des hypothèses qui supportent cette doctrine, le Fils du Duc d'Autriche aborde d'emblée les applications. Au cours des règles qu'il formule, il n'introduit jamais une de ces restrictions, une de ces atténuations qui pourraient écarter les scrupules d'un chrétien. C'est sans nul souci de ces scrupules qu'on l'entend dire [1] :

« Les altérations du Monde qui sont grandes et générales sont connues par les signes suivants :

... Par Jupiter, la distinction des sectes ; selon d'autres, les sectes continuent avec lui... On connaît les changements de sectes : Par le changement des conjonctions dans les triplicités ; par les révolutions de Saturne et de Jupiter en 360 ans ; par les grandes années des planètes ; par l'accès ou le recès de l'orbe [des étoiles fixes] de 8⁰ en 640 ans. » C'est avec cette parfaite indifférence que notre auteur formule les règles diverses de l'horoscope des religions.

En 1271, Robert l'Anglais rédige à Montpellier ses *Gloses* sur le *Traité de la sphère* de Joannes de Sacro Bosco. Au cours de la première glose du chapitre I, Robert dit quelle est l'utilité de la Science astronomique. «.Cette utilité, dit-il [2], est encore rendue manifeste par l'opération de la Médecine. Le médecin ne peut guérir, en effet, s'il ignore la cause de la maladie ; et cette cause ne peut être connue si l'on ignore le mouvement et la disposition des corps célestes, mouvement et disposition qui est la cause de toutes les dispositions des choses d'ici-bas. *(Que quidem causa sciri non potest si ignoretur motus et dispositio corporum supracelestium que est causa cujuslibet dispositionis istorum inferiorum.)* Si l'on ignore la cause des effets les plus élevés, on ignore aussi la cause des effets qui viennent ensuite ; car, ainsi qu'on le voit au commencement du *Livre des Causes*, la cause primaire a, sur l'effet qu'elle produit, plus d'influence que la cause secondaire... »

En disant que les mouvements et configurations des corps célestes produisent toutes les dispositions des choses d'ici-bas, Robert l'Anglais entend-il affirmer que les décisions mêmes de notre volonté reconnaissent cette cause ? Exempte-t-il, au contraire, notre liberté, de l'empire des astres ? Il ne nous le dit pas, et, dans ses nombreuses prescriptions d'astrologie médicale, nous n'avons rien trouvé qui nous fit deviner sa pensée.

---

1. *Compilatio* LEUPOLDI DUCATUS AUSTRIE FILII *de astrorum Scientia Decem continens tractatus.* Colophon : Compilatio Leupoldi ducatus Austrie filii de astrorum Scientia : explicit feliciter. Venetijs per Melchiorem Sessam : et Petrum de Ravanis socios. Anno incarnationis domini M ccccxx. die xv Julii. — Tract. V ; De annorum revolutionibus, cap. I ; fol. précédant le fol. sign. F, r⁰ et v⁰.

2. *Tractarus de spera* Jo. DE SACRO BOSCHO *cum glosis* Ro. ANGLICI. Cap. I, glosa I. (Bibliothèque Nationale, fonds latin, ms. n⁰ 7392, fol. 2, col. d).

Serons-nous mieux renseignés en lisant les deux ouvrages, composés en français, qui ont été étudiés par Paulin Paris [1], et que nous avons étudiés à notre tour [2] ?

Un même manuscrit de la Bibliothèque Nationale [3] réunit ces deux ouvrages, l'un en vers, l'autre en prose, écrits en 1270, en dialecte de l'Ile de France, pour Baudoin de Courtenay, Empereur de Constantinople.

Voyons ce que l'« astrologien » de Baudoin nous dira des principes de son art ; et, pour cela, adressons-nous, tout d'abord, à l'horoscope versifié. En voici le début :

> « *Dex, qui fist toutes créatures,*
> *Qui ordena que lor natures*
> *Fusent prises del firmament,*
> *De lui et de son movement,*
> *Et des estoiles qu'Il i mist*
> *Dont chascune par ordre gist,*
> *Et des planètes qui enz corent,*
> *Qui touz temz errent et laborent*
> *Por sostenir toutes les choses*
> *Qui el firmament sunt encloses,*
> *Changent et muent par raison*
> *Les inztemz et la saison,*
> *Et corent en bas et en haut,*
> *Or font le froit, or font le chaut,*
> *Or s'entrencontent, or se jognent,*
> *Or se dessourrent, or s'eslognent,*
> *Or sont tardives, or se hastent,*
> *Or destruient choses et gastent,*
> *Or les croissent et mouteplient,*
> *Or donent bien, or contredient,*
> *Or font pluies, or font venz,*
> *Or font tonairres, or tormenz,*
> *Or metent amont, or aval,*
> *Quantque nos avons bien et mal*
> *Par la vertu que Dex i mist*
> *Quant le Monde ordena et fist ;*
> *Lors fist-il home raisonable*

---

1. PAULIN PARIS, *Astrologue anonyme* (*Histoire littéraire de la France*, t. XXI, 1847, pp. 423-433).

2. Voir : Seconde partie, ch. III, § XIII ; t. III, pp. 130-152.

3. Bibliothèque Nationale, fonds français, n° 1353 (olim 7485).

> *Quant l'arme ¹ i mist, qui est durable*
> *Et non pas touz iorz o le cors,*
> *Quar Dex volt qu'èle en eissist hors.*
> *Et porce que hom raison a,*
> *Dex sapience li dona*
> *Parquoi ces choses enqueist*
> *Et encerchast, et apreist*
> *A convistre son Créator*
> *Par le Monde et par son ator.*
> *De lonc temps et de Antiquité*
> *Fu enquise la vérité*
> *Coment li firmamenz menoit*
> *Ces choses ça jusque l'en voit. »*

Il ne paraît pas, dans ces vers, que l'auteur songe à restreindre par la moindre condition l'empire que les astres exercent sur les choses d'ici-bas ; il ne paraît pas, non plus, qu'il veuille, aux divinations de l'astrologue, opposer la moindre borne infranchissable ; il ne semble pas croire que quelque contingence pourrait laisser un événement suivre un cours que les astres n'annonçaient pas ; toujours, au contraire, les événements suivront les indications données par le Ciel :

> *« Donc sunt-il bien ou tost ou tart ²,*
> *Selonc que li signe le dient,*
> *Qui tost ou tart le segnefient.*
> *Einsit encerchent li bon mestre*
> *Des planètes le cours et le estre,*
> *Et coment bien savoir les tables*
> *Por savoir les leus convenables*
> *Là où il voient arriver*
> *Les planètes à le aiver.*
> *Quar à ce doit metre grant peine*
> *Li bons mestres qui bien se peine,*
> *Que prime son tacuin ³ face,*
> *Par qui set le terme, la face,*
> *L'exaucement ⁴ et la maison,*

---

1. arme = âme.
2. Ms. cit., fol. 3, v°, 2° colonne.
3. tacuin, Manuel où sont consignées les propriétés de chacune des planètes et de chacun des phénomènes célestes.
4. exhaussement *(exaltatio)*.

La triplicité par reison
Des planètes, où il demorent
Et par les quels degrez i corent ;
Par quoi il sèvent, dont ce avient,
Que à chacun planète apartient.
Quant se le demande de enfant,
Ou de home, ou de fame vivant,
De sa fortune ou de sa vie,
En le astrolabe ne faut mie,
Se il est bons astrologiens,
Que tout ne voie, mals et biens. »

Le bon astrologue, donc, à l'aide de son astrolabe, prévoit, sans faute aucune, tous les événements, bons ou mauvais, qui peuvent affecter n'importe quelle vie humaine. Une telle doctrine ne proclame peut-être pas le fatalisme absolu ; mais, à coup sûr, elle l'implique.

Venons à l'*Introduction d'Astronomie* rédigé par l' « astrologien » de Baudoin de Courtenay.

Ce long ouvrage présente maint passage intéressant. L'auteur a de la lecture ; il s'est intéressé aux doctrines des philosophes païens ; il les a méditées et combinées avec ses réflexions personnelles. Malheureusement, les pensées plus ou moins originales qu'il a ainsi formées, il les met ordinairement sur le compte de quelqu'un des auteurs dont il s'est inspiré ; nous savons bien que cet auteur n'accepterait pas les opinions qui lui sont ainsi prêtées ; mais nous ignorons si notre « astrologien » en prend lui-même la responsabilité. Nous voyons ainsi régner, dans les parties de l'ouvrage qui ne traitent pas simplement des pratiques de l'art judiciaire, un courant de Néoplatonisme païen ; mais nous n'oserions affirmer qu'en son for intérieur, l'auteur se laisse porter par ce courant.

Ces réflexions sont de mise dès le préambule de l'ouvrage, qui mérite d'être cité en entier [1] :

« Porce que la science de Astronomie, la quele, entre les sept ars libérals, est une des principales, et à cui li plus des autres servent et administrent, est por ville et por neient tenue de aucunes genz qui ont l'entendement si gros et si pesant des terrianes choses où il s'aerdent, que il ne poent rien entendre des devines, ne des cors ne des créatures célestians, neis les sensibles

____
1. Ms. cit., fol. 7, col. a-d.

choses ; et ce que l'en voit as eaus [1] ne poent-il apercevoir, si qu'il ne poent entendre le ordenement des natures que Dex a fait en ses créatures ; mes est pris talenz de espondre en romanz aucuns des secrès de Astronomie, sicum li philosophe et li autour en traitèrent ça en arrière, qui estoient délivré des terriens pensers, et tote leur entente metoient en enquerre la vérité de tote philosophie.

» Et porce que je auré assez détraeors [2] et enuious en cest œvre, la quèle je ne faz mie por les rudes et por cels qui ont l'entendement gros, mes por cels qui, jà soit-ce qu'il ne s'aient fondé de profonde clergie, il ont neporquant l'entendement soutil, prigie que cest œvre ne soit balliée commune ne abandonée à touz, mes à cels solement qui ont bon entendement et soutil engin.

» Et voel premièrement commencier des paroles que Ptholemeus met ès prologue de son livre qui est apelez *Almageste*, qui einsi commencent :

» Dex, li faisières del Monde, voult [3] le ordre de descendre en totes choses del Très-Haut. Or est de lui meismes à ses souraines créatures et as sourains cors, et des sourains cors as choses et as créatures de ça desouz. Et por ce, volt et ordena que sa volenté descendist premièrement de Lui as cors et as créatures célestians et diluèques, as choses ça desouz ; por laquèle chose, il balla, par devin consuel, toute la région de la terre à l'arbitre del ciel ; et, sicum li Pères qui avoit et a pitié de ses créaturez, il balla et commist toutes les terrianes choses et lor fortunes à la foi et à la porvéance des créatures et des cors célestians.

» Quar li Maistres Ouvriers de toutes choses, qui avoit, en l'œvre del ciel, dignement et deurment laboré, volt que, devant totes les autres choses de ça desouz, einsi cum il avoit establi le ciel el plus haut leu, eust privilège et dignité sour totes les choses terrianes. Et por ce, il li dona le don de tote beauté ; et li dona poessance et vertu, porce que il devoit estre mis gov-nierres, par desoz lui, sor totes les choses souzgiètes ; il li dona mouvement raisonable ; il li dona vertu de lumière, et li commist les natures et le muement des choses de ça desouz, autresi comme à un gouverneour de sa volenté, porce que nule chose ne défausist en si grant ovragne cum est la machine, ce est la façons, del Monde.

1. as eaus = en haut.
2. détraeros = détracteurs.
3. Le ms. porte : vit.

» Por laquèle raison les fortunes des choses mortels sunt diversefiées par l'aministrement del ciel. Laquèle chose chascun poet veoir et conoistre, quar la raison de notre vie et de notre croissement est, iluèques, establie et fermée [1] de tout en haut ; quar si, cum dist Termégistres, nos disons que la vie des choses de cest monde apartient à Soloil, et li norrissemenz des cors apartient à la Lune.

» Et ce meesmes enseigne la sentence de Platon qui dit : Que li sages Fortunières des choses vit que les unes choses devoient par lui estre criées senz moian, et les autres eissir [2] des autres. Et toutes choses estoient loing de perfection, fors tant come eles poaient eissir de la loi de corruption, et soi accompagnier as choses souraines.

» Donques cum il laissast home enterre par achoison de lui, à cui connoissance il devoit repairier comme à son commencement, et le eust faist de noble manière de substance (Quar ce que nos somes ? Nos somes une partie del ciel, et autre de la terre ; quar Des hennora et sozhauça le cors de l'arme [3] célestial, qui est conformez à célestials choses) ; et, por ce, establi qu'il fust menez et aidez pas un affect-ce est par un talent qui est affins [4] de l'une et de l'autre célestial chose, ce est de l'arme et del ciel — à autre chose, ce est à la conoissance de son commencement.

« Après un pou, dist Platons : Que ceste fu unes del principals ententions del Criators, si cum notre entendemenz concort et poet comprendre, que premièrement homs coneust les unes choses par l'affinité qu'il avait à eaus ; et après, par acuisement de engin et par sollicitude, coneust les autres choses ; par quoi il se eslevast et soutillast à conoistre le commencement de totes choses.

» Et einsi parvint à ce que li home, quant il orent acostumé à esgarder le ciel et les estoiles, et aperçurent primes la force del célestial movement ; et regardèrent après la diversité de l'oirre [5] des planètes et des estoiles ; et virent que les unes se assembloient as autres en divers tems ; et que les unes suivoient les autres, à la force les comprenoient, et après aconsivoient les autres, et après la prise de cèles, sivoient les autres et aloient

1. fermée = formée.
2. eissir = sortir.
3. arme = âme.
4. affins = aux confins.
5. oirre = erre, cours.

à elles ; et, vitent les unes, atendre les autres, et retourner à
èles arrières, et derechief desseurer les unes les autres, et estre
en contraire leu des autres ; et virent que, par tantes manières
de cours, li roi [1] de lor lumières à la force se croissaient et estoient
mue, à la force amenuisaient, à la force lor rais périssoient de
tout en tout quant à leur vue, à la force reprenoient derechief
lor resplendor ; et, de ces signes et de ces mouvemenz, virent avenir les unes choses après les autres, et après se chanjoient li
avènement des choses.

» Cum ils eussent regardé ces choses et autres, lesquèles, par
le don de Deu et par le devin consuel, il apristrent à conoistre,
tant persévèrent et vellèrent en. la contemplation des choses
que, premièrement, virent le Soloil et la Lune, dum la conoissance fu plus légière ; et après les autres planètes, qui sunt ordené
les uns souz les autres en une voie et en un sentier establi, lequel
il ne poent trespasser, où il sunt posé dessemblablement entre
le ciel et la terre ; et aperçurent qu'èles estoient maistres et
gouvernaresses, par la volenté del Créator, de l'artifice et de
l'ovraigne des terrianes choses.

» Quar quant li Crierres del Monde, si cum il est desus dit,
balla et commist la terre au ciel, et vit que aucunes parties del
ciel estoient loingtiègnes des habitans de terre, toute la pois-
sance del ciel, que il dona as cors célestians et as estoiles ès
terrianes choses, mist et ordena en un certain sentier, lequel
sentier, il ordena et mist el milieu environ la terre, en obliquant
par les deux émispères, de tele laor cum il dist estre ; sique il ser-
vist à l'un costé et à l'autre de la terre et, par l'aprochement
et l'eslognement des planètes, la diversetez del tems, et la qualitez des élémenz, et les natures des choses se variassent par
certaine loi et par certaine raison perdurablement, senz laquel
loi, la mortel nature ne pooit durer qu'èle ne périst.

» Mès de ces choses nos lairons à tant qui sunt obscures ;
quar tèle est la nature de Sapience que li fols corages la tient par
neient et la despit ; mais èle despit plus lui et plus l'aville. »

Le système néo-platonicien dont nous venons d'entendre
l'exposé ne rappelle aucunement, quoi qu'en ait dit notre «astrologien », le préambule mis par Ptolémée en avant de l'*Almageste*;
les pensées que nous y trouvons nous font souvenir tantôt de
la *Lettre sur le Monde*, faussement attribuée à Aristote, tantôt
des *Ennéades*. Mais ce n'est pas là que l'auteur l'~s est allé cher-

____
1. roi = rai, rayon.

cher ; elles lui ont été suggérées, en partie, par les livres d'Hermès Trismégiste qu'il a soin de citer ; en partie, aussi, elles sont issues de la lecture de Macrobe, qu'il ne nomme pas en cet endroit, mais qu'il cite un peu plus loin [1].

Comme Macrobe, l'astrologue de Baudoin de Courtenay tient l'âme humaine pour une partie de la substance céleste que Dieu a mise dans notre corps. Cette âme incorporée est-elle soustraite au gouvernement des cieux ? Plotin ne le pensait pas, et notre auteur ne dit rien qui sépare, en ce point, son sentiment de celui des Néo-platoniciens.

Notre « astrologien » a suivi l'opinion de Macrobe au sujet de l'origine de l'âme humaine ; il l'a suivie aussi en une autre circonstance ; il a admis que l'hémisphère antarctique de la Terre était habité. Ce n'est pas, il est vrai, à Macrobe qu'il se dit redevable de cette supposition, qui indignait si fort un Manégold; c'est à Martianus Capella qui, en effet, l'admettait également.

Voici ce que notre auteur écrit à ce sujet [2] : « *De l'ordenement del firmament.* — Or dirons donques si cum Marcianus commence, en son Astrologie, de la composition del Monde, quar par ce puet estre coneuz li cours des étoiles.

» Li Monde, ce dist, c'est li firmamenz, liquels torne environ la terre isnelment [3] et ravissablement ; laquèle terre est li plus bas de touz les élémenz ; la devise par une raison de cercles, c'est-à-dire que il est devisez en V zônes qui devisent la terre en V parties. La première est el milieu de la terre, et si ardenz de chalor qu'èle ne puet estre habitée. Les II qui sont ès chief sunt si froides qu'èle ne puent estre habitées por la grande froidure. Les II qui sunt entre la chaude et les froides sunt habitées ; et les puet-l-en soffrir, parce qu'èles sunt trempées [4] de la méjane [5] qui est chaude et des II froides.

» La raison por que la méjane est si chaude, si est porce que li Solauz, qui est fontaine de toute chalor, court par cèle méjane. Les II sunt froides porce que il ne les touche, fors de costé, et lor vient de loingz sa resplendor senz chalor. A celes qui sunt joste la méjane, vient méjanement, ne de trop loing, ne de trop près, la chalor et la resplendour.

» Et autre raison i a uncore ; quar toute chose ronde, quant èle

1. Ms. cit., fol. 8, col. c.
2. Ms. cit., fol. 9, col. b.
3. isnelment = vite.
4. trempées = tempérées.
5. méjanes = médianes.

tornaie, torne et se muet plus forment el milieu que ès costez, et del grant mouvement eschaufe plus les choses qui li sunt el milieu prochiènes que en costé ; et por ce, li Mondes, el torner que il fait plus forment el milieu, et plus forment se muet, eschaufe plus la terre en mi et l'air qui est plus prochienz desouz lui. »

Notre « astrologien » ne paraît guère soucieux des objections que les théologiens faisaient valoir contre la présence d'hommes dans une région inaccessible où l'Évangile ne leur pourrait jamais être annoncé ; il ne dit pas un mot pour calmer les scrupules d'un lecteur soucieux d'orthodoxie.

S'il lui advient, d'ailleurs, de citer, sur quelque sujet, l'opinion des théologiens, il la mentionne en passant et. comme s'il n'y attachait point d'importance. Ainsi arrive-t-il en ce qu'il dit, aussitôt après le passage que nous venons de rapporter, de la nature des éléments [1].

« Or, dit Syma, qui est apelez Esyodes, que la terre, qui est li centres del firmament, est devisée des autres élémenz par entendement de raison ; et est après, l'aive [2] ; et li tierz, li airs ; li quarz, li feus ; et, el quint leu, une substance resplendissant qui est feus senz chalor.

» Mais porce que il ordène en tèle manière les élémenz, vos volons dire les opinions des philosophes de l'ordenement des élémenz, porce que vos entendez la plus veraie.

» Li théologien si mètent l'aive primes, et emprès la terre, et emprès l'air, el quart leu le feu et le firmament, et, pour le firmament, les aives ; et, el quint leu, mistrent le ciel empireian, où il a splendor senz chalor.

» Li naturiein mistrent primes la terre ;. après, l'aive ; le tiers, l'air ; la quart, le feu. Et aucuns de cels mistrent le feu desouz la région de la Lune, ès plus prochien lieu ; si que il donent le quint leu as planètes, et au firmament ; le VIe donent au ciel empiréen. Cil dient que le monde se termine de la Lune en aval ; et quanque il a desus la Lune, dient que il est hors del monde,. quar toutes les choses del monde sunt muables, mès, desus la Lune, n'a fors stabilité, ne n'i a point de muableté. »

Que notre astrologue n'ait point l'intention de préférer l'opinion des « théologiens » à celle des « naturiens », nous en avons, un peu plus loin, la certitude ; il traite, en effet, avec

1. Ms. cit., fol. 9, col. c et d.
2. aive = eau.

rudesse cette opinion des théologiens. « Le firmamenz, dit-il [1], est de si clère nature et si liquide que rienz n'i poet estre fichié en tèle manière, se nos ne volions dire que, là-desus, fussent aives gelées cum cristal ; mais c'est répugnance de nature que le aive soit plus haut del feu. »

Ces physiciens, frottés de Péripatétisme, qu'il nomme les « naturiens », semblent être, parfois, les interprètes de la véritable pensée de l'auteur. Mais celui-ci continue de n'engager sa responsabilité, d'une manière explicite, à aucune des opinions qu'il mentionne. C'est ainsi qu'au sujet des éléments, il rapporte, sans les prendre à son compte, les doctrines d'« Esyodes », de « Democritus », d'« Epycurus », de « Tales », d'« Anaximes », d'« Empedocles ».

« Mais, poursuit-il [2], Platons, qui regarda plus hautement et plus soutilement, dist que nuls des élémenz ni avoit principalité, ne nuls ne avoit pooir en la création des choses. Aincors dist que il estoient trois principes : Li Maistres Ouriers, li Exemplaires, la Matire. Li Maistres Ouriers est Dex ; li Exemplaires, la Sapience de Deu ; la Matyre, ce que li philosophe apèlent Yle ; c'est la masse dun il créa toutes choses. »

Il n'est pas besoin d'une longue insistance pour montrer que la pensée qui nous est ici présentée n'est aucunement celle de Platon ; Platon n'a jamais connu la Matière première ou Hyle. Mais l'opinion que l'auteur vient de lui attribuer est une de celles qu'il reprend volontiers ; elle consiste à prétendre que Dieu a tiré le Monde d'une matière première incréée ; à plusieurs reprises, nous la voyons reparaître ; d'une reprise à l'autre, elle change quelque peu de forme ; ici, elle est attribuée aux « Naturiens », là à Aristote.

« Li naturien [3] dient que Dex est une essence qui est conjointe à la Matire en manière de mari, de cui Nature est [4] ligniée. Quar Dex ovrà en la première Matire et créa aucunes choses senz aministrement de Nature, et quèles il volait que Nature ourast. Quar de la première Matire, c'est de Yle, il fist les élémenz senz aide de Nature ; quant li élément furent fait, donques, eissi hor Nature, autresi cum uns estrumenz del Criatour à faire ces autres choses.

» Boëces dist que Dex est forme senz matire, quar il est

---

1. Ms. cit., fol. 25, col. a et b.
2. Ms. cit., fol. 9, col. d, et fol. 10, col. a.
3. Ms. cit., fol. 10, col. a et col. b.
4. Le ms. porte : et.

droiture qui n'a nul corps à subject ; et tout ce doit estre entendu quant à la déité, ne quant à le humanité ; quar Dex, cil qui est droituriers, est meesmes droiture...

» Aristotes asséna trois princîpes des choses devant les élémenz : L'Engigneor, ce est li Maistres Ouriers, qui est Dex ; la Matire, c'est Yle ; l'ovroer ou l'estrûment, ce est Nature. Après mist les élémenz qui sunt ordenés sicum dist Ésiodes. »

Ces opinions dont la responsabilité est successivement imposée à Platon, aux « Naturiens », à Aristote, font toutes, de Dieu, un simple Démiurge, un Maître Ouvrier, un Ingénieur qui façonne une matière première préexistante. Nulle part, il n'est dit que Dieu soit le créateur de cette matière.

Cela n'est pas dit davantage, au passage où notre « astrologien » décrit la Matière première. Ce passage [1] vaut d'être cité en entier :

« De la primordial, ce est la première, Matire dient li philosophe que ce est entendu en meintes manières. Ne il ne diroient mie que ce soit aucune chose, quar qui affirme que ce soit aucune chose, il i met plus qu'il ne doit ; ne ne dient que ce soit neient, quar qui dit que ce soit neient, il en oste plus qu'il ne doit ; mais ce est entre aucune chose et neient, entre aucune substance et nule.

» Ce est autres ; matire senz forme comme Dex est forme senz matire ; et ce est ce qu'il dient altérité, quar èle reçoit toute manière de nuance selonc la diverseté des formes qu'èle reçoit en soi.

» Et por ce la noment aucun réceptacle, porce qu'èle reçoit toutes formes. Li autre l'apèlent Selve [2], porce qu'èle est rude autresi cum li bois qui reçoit toutes manières de formes. Li autre, possibilité, porce qu'èle peut recevoir toutes formes dum èle n'a nule en présent.

» Se tu vels entendre tèle manière de matire, ce est une chose que l'en apèle pur sozject, entor cui est toute diverseté et toute nuance de formes ; lequel sozject nus ne puet nomer par nul nom, quar se tu li mez nom, tu sègnefies qu'il i a qualité, dum il n'i a point ne n'i puet estre entendue.

» Donques, si come le silence est oïe en ce que l'en ne oït rien, et que les ténèbres sunt veues en ce que l'en ne voit rien, enisi ceste Matire est entendue en ce que l'en ne l'entend. »

---

1. Ms. cit., fol. 10, col. a et b.
2. Chalcidius traduit littéralement ὕλη par *sylva*.

Celui qui écrivait cette remarquable page avait lu les *Confessions* et s'en souvenait. Mais Saint Augustin s'écriait, à la fin de sa méditation : « D'où cette Matière première, en quelque sorte qu'elle fût, pouvait-elle tenir son origine sinon de vous, mon Dieu, de qui toutes choses procèdent en tant qu'elles sont ? » A ce cri, notre « astrologien » s'est bien gardé de faire écho.

Par ce qui précède, on devine assez clairement, croyons-nous, quel est l'état d'esprit de l'astrologue de Baudoin de Courtenay ; ses préférences, toutes païennes, vont à une philosophie très voisine du Néo-platonisme plotinien ;mais il évite de se déclarer trop ouvertement en faveur de cette doctrine ; à l'autorité ecclésiastique qui lui chercherait noise, il pourrait répondre qu'il s'est contenté d'exposer l'opinion d'autrui.

La théorie philosophique qu'il paraît adopter le met à l'aise pour s'occuper d'Astrologie judiciaire. Il a donc pleine confiance dans la portée de cette Science.

Il la croit fondée sur l'observation, suivant les règles les plus justes de l'induction ; ces règles, qu'il a lues dans les *Seconds Analytiques*, il les rappelle en termes très exacts [1] :

« *Coment art et science fu trovée.* — Einsit poez savoir, si cum vos avez entendu desus, que, de plusors foiz que li home , virent et aperçurent et sentirent les natures des choses, vint, de plusors veues et de plusors sens, un expériment ; et quant il orent espérimenté plusors foiz les choses, de plusors expérimenz vint une mémoire ; et quant il orent plusors remembrances des choses qui avoient esté espérimentées par meintes foiz, de plusors mémoires vint un universel, que tint cil qui enquèroient et encerchoient la vérité ; et forent par expériment et par mémoire de plusors sages que einsit estoit universelment cum il estoit encerchié, et que ce ne pooit fallir ; et cist universel fu comencement de art et de science. »

A partir de ce commencement, par quelles étapes la Science astrologique est parvenue au degré de perfection où la voit notre auteur, c'est ce qu'il redit dans une histoire aussi sommaire que fantaisiste. La méthode qu'elle a suivie pour se développer eût donné, à ses procédés, une pleine certitude et une infaillible clairvoyance, si le nombre et la complexité des effets dont elle doit tenir compte n'excédait, parfois, les forces départies à l'intelligence humaine.

---

1. M.s cit., fol. 7, col. d.

« Einsit [1] avient en cest art de Astronomie ; quar cum la fins en soit à faire certains jugemenz des fortunes des choses ça dessouz, et des natures, et par quoi elles se varient, nequedent la vie de l'homme ne soffist mie à comprendre touz les cours et les muemenz et les variations des célestians cors et des estoiles, par quoi li hom ne suffist à faire certains jugemenz des fortunes et des variations des choses qui avènent.

» Mais, totes voies, selone ce que le humaine raison poet comprendre les natures des choses, li sages hom poet multos aidier, par la devine volenté o son soutil engin, à conoistre le avènement et la variation et le changement des bones fortunes et des males.

» Dum, sicum dit Ptholomeus en son *Centiloque*, li boens astrologiens poet moult déveer de ce qui est à avenir à le home selonc le cours des estoiles, quant il set sa nature et sa complexoin. Quar il garnist celui qui le mal doit avoir et soffrir, si qu'ille sueffre plus légièrement. Et ce véons-nos que uns mal ne tient mie melment à deux homes qui ne sont d'une complexion ni d'une nature. Dum, quant li sages astrologiens se doute qu'il ne viègne mal à aucun, il torne tant cum il puet sa complexion au contraire de la nature dum li mals li doit avenir, si qu'il ne li puet si grever, cum s'il li venoit desporveuement [2]

» Quar quant aucuns enfès [3] naist, dum nos regardons la nativité qui a bien atrempée complexion, et nous véons que aucune enfermetez li doit avenir de la nature Martis [4], qui est chauz et sès ; nos li tornerons sa complexion à froidure par diète de froides choses ; si que l'enfermetez, quant èle li vendra, la tornera à atempérance.

» Et autresi overra li astrologiens en ces autres planètes, là où il saura que li mals devra venir de lor nature et de lor complexoin. »

A la portée, donc, de l'Astrologie judiciaire, notre auteur n'impose aucune limite. Ce n'est pas par le défaut de cette science, c'est seulement par la brièveté de sa vie et la faiblesse de son entendement que « l'homme ne suffit mie à faire certains jugements des fortunes et des choses qui adviennent. »

Sans doute, il admet que « le bon astrologien peut moult dévier de ce qui est à advenir à l'homme selon le cours des

---

1. Ms. cit., fol. 8, col. a et b.
2. desporvenement = au dépourvu.
3. en fès = enfant.
4. de la planète Mars.

étoiles. » Pour qui médite cette proposition, elle signifie qu'il y a, dans l'avenir, certains changements qui sont en notre pouvoir, que nous pourrons, à notre gré, tourner dans un sens ou dans l'autre ; elle affirme la contingence et nie le fatalisme. Mais notre auteur, en la formulant, a-t-il bien vu qu'elle impliquait cette affirmation et cette négation ? Il s'inspirait de Ptolémée ; or, en garantissant l'homme, par des précautions appropriées, contre les effets des astres, Ptolémée s'imaginait [1] « introduire seulement des causes efficientes de sens contraire,, et cela d'une manière naturelle et en vertu d'une loi fatale. »

Notre astrologue nous a dit [2] son opinion sur l'origine céleste de l'âme :

« Nos somes une partie del ciel, et autre de la terre ; quar Dex hennora et sozhauça le cors de l'arme célestial, qui est conformez à célestials choses. »

De même nature que les choses célestes, l'âme de l'homme va-t-elle être directement soumise à l'influence de ces choses ? Notre auteur le donne à entendre dans le passage suivant [3], où il prend la défense de l'Astrologie contre ses détracteurs :

« *Del cercle célestial ; coment les choses cà-desouz prenent de lui lor natures.*

» Mès porce que moult de céans, qui s'estudient ès arz libérals et voelent conoistre les causes et les comencemenz des choses, i errent meintes foiz par ce que il ne puent ne ne voelent metre cure et diligence en la vérité en querre, meesmement en ceste art de Astronomie, la quèle lor est meins coneue et meins entendable, come cèle qui ne se démostre mie as rudes, mès as ceaus qui sont de soutil engin, si cum je dis el commencement de mon livre ; por ce dient-il que ceste arz est vaine, et senz vérité, et est de vaines choses et de mençonges, cum cil qui ne puent la vérité entendre. Et por ce voel-je mostrer au plus entendablement que je porré la manière et la raison des questions et des demandes, coment èles doivent estre faites et coment l'en doit encerchier de la chose demandée selonc les XII mesons [4].

» Quar Hermès, qui fu uns des plus sages de ceste art après Abindemon, le plus ancian prince de Astronomie, là où il parole,

---

1. Voir : Première partie, ch. XIV, § IV ; t. II, p. 292.
2. *Vide Supra*, p. 405.
3. Mas cit., fol. 62, col. d ; fol. 63, col. a et b.
4. Chaque signe du Zodiaque est maison *(domus)* d'une certaine planète, qui y acquiert une puissance particulière.
5. trétiez = traités.

en ses trètiez [5], de cercle célestial et del movement del firmament, espont et monstre par quèles manières de movemenz li
cercle atrait les affecz [1] et les talenz des choses, et destorne les
faiz et ordène les fortunes.

» Et Ptholemeus, qui plus estudia profondément et soutilla [2]
plus que philosophes de son tens, di que li affect des choses ont
lor commencement des estoiles en tèle manière que les substances
et li cors de cà-desouz de ceste monde respondent às souraines
natures par le ivel [3] consonance par quoi il se acordent ensemble.
Dont, si cum il est dit el commencement del livre qui a nom
Atalacym [4], la force des étoiles, qui est en èles deumement [5]
assise, s'en entre et se assemble plus tost et plus prestement
ès choses qui plus lor sunt prochiènes, et plus semblables à ce
qui apartient à l'âme, second [6] le aptitude et la habileté de
la matire et second ce que èles poent recevoir des manières
des formes.

» Et ce poons nos apercevoir que li cors célestials et les estoiles
ont eu èles la cause et le naissement, assis deumement, par
quoi il movent généralmnt toutes les choses qui sont desouz
èles.

» Et cist movemenz est en II manières. L'une que, les choses
qui n'ont âme, ils gardent et norrisent en l'estat où èles sont
faites et concriées. L'autre par qu'il governent et atemprent [7]
l'engendreure des cors qui ont âme et le procès de génération
par l'affinité et par la voisinance qu'il ont à èles.

» Et porce que apartient à autre spéculation à veair et à
regarder la convinction [8] de la force qui est en eaus assise par
vertu divine, coment èle est tresportée ès cors cà-desouz, nos
ne entendons ore [9] à mostrer fors ce qui apartient à nos, c'est-
à-dire le effect et la diversefiance que li cors célestial font ès
choses cà-desouz par quoi nos puissons rendre certains jugemenz

1. affecz = affections, propriétés.
2. soutilla = médita avec subtilité.
3. ivel = égal.
4. Nous avons entendu Masciallah, le *Liberi de elementis* et Albert le Grand
nous parler du livre intitulé *Atlasamec, Atalasimet, Atalasimcc.* Nous avons vu
que ce livre était certainement celui des anciens astrologues, καλα οἱ ἀποτελεσματικοί,
auxquel Théon d'Alexandrie attribue l'hypothèse de l'*accès* et du *recès.* (Voir :
Première partie, ch. XIII, § III, t. II, pp. 193-195 ; § IV, t. II, pp. 205-206 ; § VI,
t. II, pp. 228-229.)
5. deumement = dûment.
6. second = selon *(secundum).*
7. atemprent = tempèrent, modèrent.
8. conviction = conjonction, liaison.
9. ore = maintenant, à présent.

des diverses choses et de diverses fortunes qui ça-desouz aviènent.

» Et por ce avons-nos traitié et compïlée ceste partie de Astronomie de touz les anciens escriz que nos avons oïz et veuz, où nos avons mis touz les secrez qui apartiènent à faire jugemenz des divers avènemenz des choses et diverses fortunes qui, cà-desouz, aviènent.

» Et doutons [1] que cest traitiez ne viègne ès mains de aucunes genz qui blasment les autrui escriz quant il ne les poent entendre, et en rechignent, et s'en escharnissent [2]. Et por ce prions-nos que cist traitiez ne soit abandonez comuns à tèles genz nos deimes desuz. »

Puisque « la force des étoiles, qui est en èles deumement assise, s'en entre et se assemble plus tost et plus prestement ès choses qui plus lor sunt prochiènes et plus semblables à ce qui apartient à l'âme », nous devons-nous attendre à ce que cette force des étoiles sollicite l'âme même avec une particulière intensité. C'est ce que notre astrologue va nous déclarer sans ambages ; écoutons-le [3] :

» *Comment li maistres doit avoir grant porveance de faire jugemenz.*

» Porce que touz li fruiz de Astronomie est en deviser [4] et veoir les avènemenz des choses avant qu'èles soient et qu'èles aveignent, et ce apèle-l-en jugemenz de Astronomie, et la vérité del jugement démostre et aoevre [5] toute la question et toute la fin qui en avendra, por ce que nule error nel aviègne el juger, doit li maistres avoir moult grant porveance et mètre grant diligence en faire jugement.

» Premièrement que la question soit simple et absolue...

» Et li offices de celui qui doit jugier est que il doit diligemment entendre la question que l'en li fait... Et qu'il sache bien desploier et récapituler quoi, et cumbien li demandierres mist de paroles en sa question, et cumbien il en entendi, senz ce que il ne mètre riens de soi, ne nul parole, ne nul afaitement [6]. Quar la devine force del célestial cercle esmuet le demandeor à faire la demande, et trait à soi et raporte l'entendement et la pensée de lui par une similitude et une semblableté que il

---

1. doutons = redoutons.
2. s'en escharnissent = s'en moquent, s'en gaussent.
3. Ms. cit., fol. 63, col. c et d.
4. deviser = deviner.
5. aoevre = ouvre.
6. afaitement = arrangement.

ont ensemble. Quar, si cum j'ai dit meintes foiz, la humaine condition ensuit ordenéement les affecz et les cours et le ordènement del cercles et des cors et des estoiles célestians. »

Lorsqu'un homme va trouver un maître «astrologien» pour lui poser une question, il s'imagine qu'il agit de son plein gré ; point du tout ; c'est la sphère céleste qui, par la ressemblance qu'elle a avec l'âme du demandeur, a mis celui-ci en mouvement, en a tiré vers elle l'entendement et la pensée et, mot pour mot, lui a suggéré la question qu'il devait poser. Contre l'avis des théologiens, d'un Saint Thomas d'Aquin, par exemple, la force des astres engendre directement des pensées dans l'intelligence de l'homme et contraint celui-ci d'accomplir les actions auxquelles elle tend.

Que les gardiens de la foi se soient inquiétés de telles doctrines ; qu'ils aient pris garde au venin fataliste que distillaient les traités des astrologues, lors même que ceux-ci s'affirmaient chrétiens, on ne saurait s'en étonner. S'ils ne s'en étaient pas souciés, ils eussent gravement manqué à leur mission.

VII

LES QUINZE PROBLÈMES D'ALBERT LE GRAND. LE TRAITÉ DE NECESSITATE ET CONTINGENTIA CAUSARUM

Ils n'y manquèrent pas.

Au temps où l'astrologue de Baudoin de Courtenay rédigeait son *Introductoire d'Astronomie*, le fatalisme, avoué ou clandestin, des traités d'Astrologie commençait à porter ombrage à la vigilance des autorités ecclésiastiques.

Au voisinage de l'an 1270, Gilles de Lessines consulte Albert le Grand au sujet de quinze propositions que soutiennent certains maîtres renommés en philosophie, et qui font grand scandale dans les écoles de Paris. Parmi ces quinze propositions se trouvent les suivantes, qui occupent le troisième rang et le quatrième rang [1] :

---

1. ALBERTI MAGNI *De quindecim problematibus* (PIERRE MANDONNET *Op. laud.*, IIe partie, p. 29).

« C'est par nécessité que la volonté de l'homme veut et choisit. »

« Tout ce qui se fait dans le monde inférieur est soumis à la nécessité qu'imposent les corps célestes. »

A ceux qui veulent soumettre les décisions de notre volonté à l'empire absolu des circulations célestes, Albert le Grand s'autorise du *Quadripartitum* de Ptolémée pour répondre [2] : « Ce que les constellations opèrent dans un nouveau-né, elles le font au sein de la diversité et de la puissance de la matière propre à ce nouveau-né ; or cette matière ne peut recevoir les vertus des Cieux d'une manière uniforme, et telles qu'elles sont dans les Cieux eux-mêmes. »

L'Évêque de Ratisbonne remarque [3] qu'une réfutation toute semblable se doit opposer à l'autre proposition : Tout ce qui se fait dans le monde inférieur est soumis à la nécessité qu'imposent les corps célestes.

A ceux qui formulent une telle proposition, Albert répond : « Il est étonnant que des professeurs de Philosophie aillent contredire à ce qui est prouvé en Philosophie. Qu'on lise le VIe livre de la *Métaphysique;* on y verra clairement de quelle manière ce qui se fait dans les choses d'ici-bas est soumis au gouvernement des choses d'en haut ; là, en effet, il est montré comment ce que les causes naturelles produisent fréquemment, mais non pas en tout temps et en tout lieu, découle de ce qui est éternellement et n'épouse point, cependant, la nécessité de ce qui est éternel...

» Au second livre *De la génération et de la corruption,* il est prouvé que la venue du Soleil et des planètes parcourant l'écliptique est la cause qui engendre les choses d'ici-bas, et que leur départ sur ce cercle cause la destruction de ces mêmes choses ; les périodes de génération et de destruction sont donc régulières ; cependant les choses d'ici-bas ne se conforment pas à la régularité et à l'ordre de cette période, à cause de l'irrégularité et du désordre de la matière *(propteriæ inæqualitatem et inordinationem).*

» Or que le propre fonds de l'homme soit encore plus irrégulier et désordonné que celui de la nature, qui donc en douterait ? Bien moins encore que la nature, ce fonds propre se soumet à la nécessité. »

La thèse ici soutenue par Albert le Grand est celle qu'à plu-

---

1. ALBERTI MAGNI *Op. laud.,* III ; éd. cit., p. 37.
2. ALBERTI MAGNI *Op. laud.,* IV ; éd. cit., p. 38.

sieurs reprises, nous avons entendu formuler par Saint Thomas d'Aquin. Non seulement l'âme libre de l'homme n'est pas soumise à la puissance fatale des astres, mais les corps sublunaires eux-mêmes se soustraient, dans une certaine mesure, à cette fatalité ; la matière qui est en eux est rebelle aux lois d'un déterminisme absolu.

Pour établir que le Monde n'est pas en entier soumis à la nécessité d'un Destin régi par les astres, Albert le Grand n'a pas voulu faire appel à l'autorité des Pères de l'Église ; il s'est contenté d'invoquer le témoignage des philosophes profanes et, en particulier, d'Aristote. C'est aussi ce que fait l'auteur d'un traité anonyme, intitulé : *Tractatus de necessitate et contingentia causarum*, qui fut sans doute écrit vers le même temps que les *Quinze problèmes* de l'Évêque de Rastisbonne.

Ce traité, que le R. P. Pierre Mandonnet a publié, commence en ces termes [1] :

« Celui qui considère et comprend l'enseignement d'Aristote voit clairement que l'intention de ce philosophe est d'affirmer cette vérité : Tout n'arrive pas d'une manière nécessaire. Au sixième livre de la *Métaphysique*, en effet, il dit que certaines causes une fois posées, leurs effets n'en résultent pas toujours ; il traite la même question au IXᵉ livre ; il le dit aussi, d'une manière évidente, au livre Περὶ ἑρμηνείας ; c'est donc chose qu'il faut accorder. »

Notre auteur va donc s'attacher à établir par la seule Philosophie ce qu'Albert le Grand reprochait aux professeurs de Philosophie d'avoir nié.

Il rappelle [2] cette proposition d'Aristote : « Si tous les événements futurs devaient arriver d'une manière nécessaire, c'est qu'ils seraient tous les effets de causes dont l'action ne peut être empêchée. » Et son argumentation va tout entière à établir contre le déterminisme d'Avicenne, qu'il expose avec une remarquable ampleur [3], le pouvoir que nous avons de mettre obstacle, à notre gré, à l'efficace de certaines causes.

Nous n'analyserons pas ici cette argumentation fort longue et assez confuse ; il nous suffit d'avoir déterminé la position prise par l'auteur ; il se tient aux côtés d'Albert le Grand.

---

1. *Tractatus de necessitate et contingentia causarum.* (PIERRE MANDONNET *Op. laud.*, p. 111.)
2. *Op. laud.*, p. 115.
3. *Op. laud.*, pp. 111-114.

VIII

LES CONDAMNATIONS PORTÉES A PARIS, CONTRE L'ASTROLOGIE, EN 1270 ET EN 1277

Parmi les quinze propositions que Gilles de Lessine avait déférées au jugement d'Albert le Grand, treize furent condamnées, le 10 décembre 1270, par Etienne Tempier, évêque de Paris [1]. La troisième et la quatrième étaient ainsi formulées :

Quod voluntas hominis ex necessitate vult et eligit.

Quod omnia, quæ hæc inferius aguntur, subsunt necessitati corporum cælestium.

Ce sont celles que nous venons d'entendre réfuter par Albert le Grand et par le *Tractatus de necessitate et contingentia causarum.*

Ces condamnations n'atteignaient point les astrologues s'ils se tenaient en deçà des bornes que les théologiens avaient imposées à leur art ; ils n'étaient frappés que s'ils avaient l'audace de franchir ces limites, si leur prétention à juger même des futurs contingents les amenaient à nier le libre arbitre humain et à proclamer le fatalisme universel.

Afin qu'on pût distinguer entre l'Astrologie licite et l'Astrologie coupable, le décret de 1270 s'était borné à poser une règle générale ; cette règle ne différait point de celle que Thomas d'Aquin avait tracée à frère Réginald ; elle résumait l'enseignement de tous les théologiens du XIIIe siècle.

Le décret de 1277 ne jugea pas que cette indication générale fut suffisante ; il pénétra dans le détail ; il s'appliqua à condamner diverses propositions astrologiques qui tombaient sous le coup de l'anathème porté en 1270 ; mais il n'étendit nullement, par là, la portée de cet anathème ; ce qu'il déclara coupable, dans les thèses des astrologues, c'est tout ce qui nie la liberté, tout ce qui suppose une action directe des astres sur l'âme humaine ; il ne décida rien qui gênât les pratiques de l'art judiciaire, pourvu que celui-ci se contentât de pronostiquer ce qu'Abailard nommait des futurs naturels.

Saint Thomas d'Aquin avait combattu cette doctrine fournie aux astrologues par le Néo-platonisme : Le Ciel est maître

1. DENIFLE et CHATELAIN *Chartularium Universitatis Parisiensis*, t. I, pp. 486-487.

de nos pensées comme des modifications de notre corps, car l'intelligence qui meut les Cieux peut agir directement sur notre intelligence. Cette doctrine, voici comment Etienne Tempier la formule pour l'anathématiser :

74 [76] [1]. « L'intelligence qui meut le Ciel influe sur l'âme raisonnable comme le corps du Ciel influe sur le corps humain. »

Tous les Scolastiques admettent que, sous l'influence des étoiles, les divers éléments peuvent se mélanger en une telle proportion qu'il en résulte un être vivant ; ainsi s'explique, à leur avis, la génération spontanée d'êtres vivants au sein des corps en putréfaction. Mais si la génération de tels animaux n'excède pas le pouvoir des astres qui sont aptes à faire sortir, des puissances de la matière, une âme végétative ou sensitive, un homme ne pourrait être produit de la sorte ; son âme raisonnable n'est pas tirée des puissances de la matière ; les corps célestes ne suffisent pas à la produire. C'est ce qu'affirment les théologiens de Paris en condamnant la proposition suivante :

188 [82] « *Quod si in aliquo humore, virtute stellarum, deveniretur ad talem proportionem cujusmodi proportio est in seminibus parentum, ex illo humore posset generari homo; et sic homo posset sufficienter generari ex putrefactione.* »

Il s'agit maintenant de soustraire le libre arbitre humain au fatalisme despotique des astres ; et pour cela, il convient, d'abord, d'affirmer qu'il y a de la contingence dans le Monde, et des agents capables de choisir entre les deux alternatives, également possibles, qui constituent toute contingence ; cette affirmation, elle résultera de l'anathème qui frappe les deux propositions suivantes :

21 [102] « Rien n'est l'effet du hasard ; tout arrive d'une manière nécessaire ; tous les événements futurs qui seront, ce sont des événements qui arriveront par nécessité ; ce qui ne sera pas, c'est ce qui est impossible ; rien ne se fait d'une manière contingente, pourvu que l'on considère toutes les causes. — Erreur, car le concours des causes est, par définition, chose fortuite, comme le dit Boëce au livre *De la consolation*, ch. XXI. »

160 [101] « Il n'y a pas d'agent qui soit indifféremment apte à deux actions opposées. Tout agent opère dans un sens déterminé. — *Quod nullum agens est ad utrumlibet; imo, determinatur.* »

Voici, d'ailleurs, une proposition qui résume les considérations

1. Le premier numéro d'ordre indique le rang de la proposition dans le décret de 1277 ; le second, inscrit entre [ ] indique le rang de cette même proposition dans la liste classée par le R. P. Mandonnet (*Op. laud.*, pp. 175-191).

par lesquelles Avicenne entendait prouver qu'il y a, dans le Monde, rien de contingent :

128 [150] « Si, de sa nature, une chose n'est déterminée ni à être ni à ne pas être, elle ne recevra cette détermination que d'une autre chose qui, à son égard, est nécessaire. »

Après avoir affirmé, en général, qu'il y a, dans le Monde, de la contingence et des agents libres, il convient d'appliquer ces principes à la liberté humaine et de la soustraire à la fatalité astrale ; c'est dans ce but que sont condamnées les propositions suivantes :

133 [152] « La volonté et l'intelligence ne se mettent pas elles-mêmes en mouvement d'une manière actuelle ; ce qui les meut, c'est une cause éternelle, savoir les corps célestes. »

162 [154] « Notre volonté est soumise au pouvoir des corps célestes. »

132 [155] « Quand un médecin veut guérir un malade, c'est l'orbe céleste qui en est cause. »

161 [156] « Les étoiles ont, sur le libre arbitre, des effets occultes. »

S'il est une théorie astrologique qui soit inconciliable avec le libre arbitre, c'est assurément la théorie de la Grande Année ; Plutarque l'avait clairement aperçu et, après lui, Origène l'avait montré ; Etienne Tempier condamnera donc deux propositions qui résument cette théorie :

6 [92] « Lorsque les corps célestes reviendront tous au même point, ce qui aura lieu au bout de 36 000 ans, on verra se reproduire tous les effets qui ont lieu à présent. »

10 [137] « La génération de l'homme est cyclique, car la forme d'un homme revient à plusieurs reprises sur une même portion de matière. »

Affirmer que la volonté humaine est libre, qu'elle n'est pas soumise au pouvoir des astres, c'est dénier aux astrologues le pouvoir de prédire les futurs contingents ; Etienne Tempier frappera donc d'excommunication quiconque affirmera ce qui suit :

167 [178] « A l'aide de certains signes, on sait quelles sont les intentions d'un homme, si ces intentions changeront, si elles seront mises à exécution. Par de telles figures on connaît ce qui adviendra aux voyageurs, si des hommes seront emmenés en captivité, si des captifs seront relâchés ; on sait d'un homme s'il deviendra un savant ou un voleur. »

Par là, se trouvent interdites nombre des *interrogations* aux-

quelles les astrologues se disaient en état de répondre ; les p: éten-
tions de l'Astrologie judiciaire se trouvent également entamées
par les décisions qui frappent les propositions que voici :

143 [104] « Les divers signes célestes présagent les diverses
conditions qui se rencontrent parmi les hommes, aussi bien les
conditions relatives aux dons spirituels que celles qui concernent les choses temporelles. »

207 [105] « Celui qui a dit : Si la fortune l'a regrrdé, il vivra ;
si elle ne l'a pas regardé, il mourra, a entendu : Attribuer la
santé et la maladie, la vie et la mort, à la position des astres et
à l'aspect de la fortune. »

Ces affirmations des astrologues ne sont, toutefois, condamnées
que dans les limites où Saint Thomas d'Aquin les eût, lui-même,
condamnées ; nous en trouvons la preuve dans les restrictions
apportées à l'anathème qui frappe la proposition suivante :

207 [105] « A l'heure où un homme est engendré dans son
corps (et, partant, dans son âme, car la génération de l'âme
suit immédiatement celle du corps) la coordination des causes
tant supérieures qu'inférieures met, dans cet homme, une disposition qui l'incline à telles actions et à tels événements. —
Erreur, à moins que cette proposition ne soit entendue des événements naturels, et par voie de disposition. »

La rédaction de ce dernier article paraît l'œuvre d'un lecteur
de la *Summa contra Gentiles*.

C'est du *Speculum Astronomiæ* que semble s'être inspirée
la condamnation portée contre les livres de Magie.

L'Évêque de Paris condamne le livre intitulé *De amore* ou
De deo amoris, le livre de Géomancie qui commence par : *Æsti-
maverunt Indi*, et, d'une manière générale, tous les livres de
Nécromancie, tous ceux qui contiennent des sortilèges, des
invocations de démons, des conjurations périlleuses pour l'âme,
tous ceux « qui traitent de questions évidemment contraires
à la foi orthodoxe et aux bonnes mœurs. »

Les livres que condamne l'Évêque de Paris sont donc ceux
où l'auteur du *Speculum Astronomiæ* dénonçait d'abominables
superstitions. En revanche, des livres dont cet auteur prenait
la défense, de ceux qui traitent soit d'Astronomie, soit d'Astrologie, Etienne Tempier ne dit pas un mot. Pour distinguer les
livres licites des livres illicites, il semble bien suivre les règles
tracées par celui qui a écrit le *Speculum Astronomiæ*.

En portant les condamnations qui ont été prononcées en 1277,
Étienne, évêque de Paris, et les prud'hommes qui le conseil-

laient ont soigneusement tenu, à l'égard de l'Astrologie, la conduite qu'autorisaient les Pères de l'Église, que depuis Guillaume d'Auvergne, depuis Pierre Abailard, les docteurs chrétiens avaient unanimement recommandée ; ils tracent à l'Astrologie une limite très nette au delà de laquelle elle deviendrait hérétique et criminelle ; puis, en deçà de cette limite, ils lui laissent le champ libre.

IX

L'ASTROLGIE A PARIS APRÈS LES CONDAMNATIONS DE 1277. PIERRE D'AUVERGNE. — GILLES DE ROME. — LES ÉLÈVES DE DUNS SCOT

Nombre des articles condamnés par Etienne Tempier formulaient soit des axiomes, soit des conséquences essentielles du Péripatétisme ou du Néo-platonisme arabe. Aussi, les décisions de 1277 ont-elles imposé, à plusieurs théories philosophiques, un brusque changement de direction. Nous avons vu comment elles avaient contraint quelques-unes des doctrines les plus importantes de la Physique a rejeter les faux principes qu'elles tenaient d'Aristote et à construire, sur d'autres bases, un édifice nouveau.

Touchant l'Astrologie, le décret d'Etienne Tempier ne faisait que confirmer l'enseignement unanime des Docteurs chrétiens ; il ne pouvait donc imposer, à cet enseignement, aucun changement de direction ; touchant donc, l'action que les astres exercent sur les choses d'ici-bas, on professera à Paris, après 1277, ce qu'on professait avant cette date ; pourvu qu'on n'attribue pas à cette action le pouvoir de contraindre la liberté de l'homme, on restera maître de lui attribuer tous les effets qu'on voudra.

Pierre d'Auvergne est un fidèle disciple de Saint Thomas d'Aquin ; on lui a confié la mission d'achever les leçons sur le *De Cælo* que son maître avait laissées incomplètes. Il croit à l'Astrologie et en formule le principe avec une grande netteté.

Cette formule se trouve dans le volumineux commentaire composé par Pierre d'Auvergne sur les *Météores* d'Aristote. Au Moyen-Age, ce commentaire eut grande vogue et grande autorité ; il en existe de nombreuses copies manuscrites ; celle que nous avons consultée [1], et qui fut la propriété de l'Abbaye de Saint-Victor, à Paris, contient, outre l'écrit de Pierre d'Auvergne, divers commentaires de Saint Thomas d'Aquin.

Le commentaire de Pierre d'Auvergne commence ainsi [2] :

Philosophus, in primo Phisicorum, proponit innata ex certioribus et notioribus nobis via incertiora et notiora nature...

L'ouvrage s'achève de la manière suivante [3] :

...ex hiis, puta de animali et homine, cujus ultimus finis est conjungi Principio a quo principaliter procedunt et diviguntur omnia, qui [4] est benedictus in secula seculorum. Amen.

Hoc est quod exponendo librum metheororum Aristotelis occurrit dicendum. In quo si aliquid ordinatum et assequendo actoris intencionem dictum est, principaliter attribuendum est Deo qui in hoc intellectum meum sicut organum, sicut ars scribendi calamum, direxit [5]. Si autem aliquid inordinatum et preter intencionem ipsius, non est malicie imputandum, sed magis ignorancie et difficultati mee et sociorum petitionibus et instancie, quibus non questionibus adnuere nephas mihi reputo et manifestum esse ingratitudinis signum.

Explicit summa magistri PETRI DE ALVERNIA *super libris metheororum Aristotelis. Deo gratias.*

Vers la fin du premier livre des *Météores*, Pierre d'Auvergne examine, à la suite du Stagirite, les alternatives par lesquelles la mer délaisse certaines terres pour envahir des rivages. C'est à ce propos qu'il développe les réflexions suivantes [6] :

« Dans chaque genre, ce qui occupe le premier rang est cause de tout ce qui vient après lui dans ce genre ; ainsi la première chaleur est cause de toutes les chaleurs et le premier froid de tous les froids. Or le mouvement circulaire du Ciel, dans le genre des mouvements, occupe le premier rang, comme il est prouvé au huitième livre de la *Physique*. Il sera donc cause de tous les autres mouvements qui s'accomplissent au-dessous de lui, partant, de toute génération et de toute corruption.

» Mais un mouvement unique et continuellement de même sens ne saurait être cause de la génération et de la corruption... Il faut donc que la cause de ces effets consiste en la grandeur d'un mouvement qui approche, puis éloigne certains corps du

---

1. Bibliothèque Nationale, fonds latin, n° 14722.
2. Ms. cit., fol. 76, col. a.
3. Ms. cit., fol. 177, col. b.
4. Le texte porte : *quoniam.*
5. Le texte porte : *dixerit.*
6. Ms. cit., fol. 99, col. b et c.

lieu où se produit la génération. Partant, le mouvement des astres ou le cercle de l'Écliptique, qui offre ces particularités, sera cause de la génération et de la destruction ; il sera cause de la génération lorsqu'il amènera l'agent générateur, c'est-à-dire les étoiles, au-dessus du lieu de la génération ; il sera cause de la destruction lorsqu'il emmènera cet agent. Le mouvement est, d'une manière actuelle, la cause de la génération et de la destruction, puisque c'est lui qui amène, puis éloigne, l'agent de la génération, c'est-à-dire les étoiles, comme on le voit au second livre *De la génération et de la corruption ;* c'est par la vertu des étoiles que le mouvement agit, comme nous venons de le dire.

» Mais ce n'est pas une étoile prise isolément qui est cause de la génération et de la corruption ; c'est quelque figure formée par les étoiles ; la cause de la génération, c'est donc la venue de plusieurs étoiles, par suite de leur mouvement sur l'Écliptique, à une certaine configuration déterminée en elle-même et dans sa position à l'égard du lieu de la génération. Lorsqu'ensuite les étoiles s'écartent de cette configuration déterminée et du lieu de la génération, elles sont causes de destruction.

» Plus la venue des étoiles à une certaine configuration et leur éloignement de cette configuration se renouvellent souvent, plus sont fréquentes la génération et la destruction qui en résultent ; plus le phénomène céleste est rare, plus la génération et la corruption dont il est la cause sont lentes. Les configurations stellaires qui se reproduisent seulement à de très longs intervalles de temps sont causes des grands changements qui affectent la terre ; il en est surtout ainsi, au dire des astrologues, lorsque Saturne et Jupiter passent d'une triplicité à une autre triplicité.

» Ainsi le mouvement des étoiles vers la dite figure est cause de génération et de progrès pour la chose engendrée ; lorsque les étoiles ne s'écartent de cette figure que d'une manière insensible, elles déterminent la fixité de l'état de cette chose ; elles sont causes de son déclin lorsqu'elles s'éloignent sensiblement de cette figure. »

Voilà donc que les principes dont se réclame l'Astrologie de Masciallah, du *Liber de elementis,* d'Abou Mâsar sont nettement rattachés aux propositions essentielles du Péripatétisme ; de ces principes, d'ailleurs, Pierre d'Auvergne ne fait application qu'à la Géologie ; il ne court donc aucun risque de tomber sous le coup des condamnations portées en 1277.

Dans son *Opus in hexaemeron*, Gilles de Rome ne souffle mot de l'influence exercée par les corps célestes sur les choses d'ici-bas ; la naissance des astres, au quatrième jour de la création, lui fournissait cependant une occasion classique d'en parler. Mais il en traite longuement dans son commentaire au second livre des *Sentences*.

Il rappelle, d'abord [1], comment les anciens philosophes divinisaient les astres ; comment, d'autres, plus modernes, voulaient que Dieu eût seulement créé la première des intelligences célestes, chacune de celles-ci créant, à son tour, une intelligence et un orbe. « Mais laissons de côté ces opinions téméraires qui mettent, dans des corps, quelque chose de divin ; dédaignons aussi ces autres superstitions, au gré desquelles, d'une créature, quelque chose pourrait procéder par voie de création. Il nous faut dire, cependant, que refuser aux corps célestes toute efficace sur les choses d'ici-bas, ce serait nier le témoignage des sens ; par nos sens, en effet, nous expérimentons que le Soleil échauffe et que la Lune refroidit.

» Mais une fois admis, ce que nous croyons vrai, que les astres ont quelque action sur les choses d'ici-bas, quatre difficultés se dressent devant nous. »

Voici la première difficulté que Gilles de Rome examine et dont aucun de ses prédécesseurs, du moins à notre connaissance, ne s'était enquis :

« Toutes les transformations produites par les corps célestes sont surtout accomplies par les corps lumineux. Or, entre la Lune et les choses d'ici-bas, se trouve interposée une partie de la sphère de la Lune ; la Lune est, en effet, fixée dans son déférent et ce déférent est contenu dans la sphère de la Lune comme la moëlle dans un os [2] ; il faut donc qu'entre la Lune et les choses d'ici-bas, se trouve interposée une partie de la sphère de la Lune. Ce que nous venons de dire de la Lune est, à plus forte raison, vrai des planètes, et plus véritable encore

1. *Excellentissimi sacre theologie doctoris domini* Egidii Romani *archipresulis Bituricensis: ordinis heremitarum divi Augustini: Super secundo libro Sententiarum: opus preclarissimum.* — Colophon : Egidii Romani Bituricensis ecclesie archipresulis Super secundo sententiarum opus dignissimum Lucas Uenetus Dominici. F. librarie peritissimus : summa cura et diligentia Uenetijs impressit. Anno salutis Mcccclxxxij. iiij Nonas Maij : Joanne Moceniceno inclyto Uenetiarum principe ducante. Dist. XIV, 3ª Quæstio principalis: De opere quartæ dici. 2ª Quæstio. De effectu luminarium generaliter ; utrum aliquid efficiant in ista inferiora. Dubitatio prima. Fol. sign. ee 2, col. d, et fol. sign. ee 3, col. a, b et c.

2. Au sujet de cette comparaison, chère à Gilles de Rome. Voir : Seconde partie, ch. IX, § IV ; t. IV, p. 113.

des étoiles fixes. En effet, entre Mercure, qui se trouve immédiatement au-dessus de la Lune, et les choses d'ici-bas, s'interpose non seulement une partie de la sphère de Mercure, mais encore toute l'épaisseur de la sphère de la Lune. La Lune ne pourra donc produire quelque transformation dans les corps d'ici-bas, à moins de produire quelque transformation et altération dans une partie de sa propre sphère ; et Mercure ne pourra transformer et altérer les choses d'ici-bas sans altérer une partie de sa propre sphère et toute l'épaisseur de la sphère de la Lune. Mais, à partir de l'orbe de la Lune et au-dessus de cet orbe, le Ciel tout entier est inaltérable, bien que capable de déterminer des altérations ; dès lors, puisque toute altération du Ciel est impossible, l'altération d'ici-bas par les luminaires célestes est également impossible. »

Le souci de Gilles de Rome est bien d'un physicien ; il se préoccupe de savoir sous quelle forme l'influence émanée d'un astre se propage, jusqu'au monde sublunaire, à travers la substance qui forme les orbes. La solution qu'il propose est aussi une solution de physicien ; elle consiste à assimiler cette propagation à celle d'une décharge électrique, du moins de la seule décharge électrique qu'on connût alors, de celle qui est produite par la torpille ou raie électrique.

« Sachez qu'un moteur ou qu'une cause de changement produit, en une chose, un changement conforme à celui que cette chose est capable d'éprouver. On en donne communément comme exemple un certain poisson qui ressemble à la raie, bien qu'il soit plus petit que la raie et de goût plus fin. Des gens qui avaient observé ce poisson nous ont dit que lorsqu'un tel poisson se trouvait pris dans leur filet, ils le reconnaissaient de suite ; en effet, bien que le filet soit interposée entre la main et le poisson, celui-ci paralyse la main ; et il ne paralyse pas le filet. Ce poisson fait quelque chose au filet et quelque chose à la main ; mais ce quelque chose qui, pour la main, est une paralysie, n'en est pas une pour le filet ; et la cause en est que le filet et la main ne reçoivent pas de la même manière l'impression faite par le poisson.

» De même, dans le cas qui nous occupe, les luminaires célestes ne pourraient faire aucune impression sur les choses d'ici-bas s'ils n'imprimaient rien dans les orbes intermédiaires ; mais il n'est pas nécessaire qu'ils imposent aux orbes intermédiaires le même changement qu'aux corps inférieurs ; aux orbes intermédiaires, ils communiqueront un changement conforme à celui que ces orbes sont aptes à éprouver, à celui que leur nature est capable de recevoir ; et les corps inférieurs, à leur tour, seront changés à leur façon, conformément à l'aptitude qu'a leur nature à être changée.

» Puis donc que la nature céleste est exempte de toute contrariété [entre les formes qu'elle reçoit], les orbes éprouvent un changement que n'accompagnera pas une telle contrariété. Au contraire, comme la nature des choses d'ici-bas peut être conjointe à des formes opposées, elle pourra recevoir ce même changement de telle sorte qu'il produise, en elle, le passage d'une forme à la forme opposée. »

Ces principes permettent à Gilles de Rome de résoudre la difficulté dont il avait souci.

« Pour rendre plus intelligible ce qui précède, ajoute-t-il, nous dirons qu'à l'égard de l'influence et du changement produits dans les choses d'ici-bas par les corps célestes, les luminaires jouent le principal rôle ; les orbes en sont, pour ainsi dire, les instruments... Ainsi donc la qualité par laquelle un luminaire céleste est apte à transformer les choses d'ici-bas réside dans ce luminaire, à titre principal, d'une manière réelle et stable ; dans l'orbe, au contraire, qui, à l'égard de ces sortes de changements, joue le rôle d'une sorte d'instrument, cette qualité se trouve sous l'aspect d'un certain mouvement, de quelque chose qui passe *(secundum quemdam transitum)*... Puis, de même qu'au sein des luminaires, il y a une certaine qualité réelle par laquelle ils produisent un changement, dans les choses d'ici-bas, on devra trouver une certaine qualité réelle par laquelle ils éprouvent, de la part de ces luminaires, un changement réel. »

C'est encore par un souci de physicien que Gilles s'arrête à une seconde difficulté [1], qui est la suivante :

« Tous les luminaires célestes reçoivent leur lumière du Soleil ; ils n'agissent donc sur les choses d'ici-bas que par la lumière qu'ils reçoivent du Soleil ; puis donc que cette lumière provient d'un seul et même principe, les luminaires doivent tous, semble-t-il, agir de la même manière ; or nous voyons la variété des changements et des altérations qu'ils produisent dans les corps d'ici-bas ; de là naît une difficulté.

« Lors même qu'on admettrait que les luminaires célestes ne produisent aucun changement, si ce n'est par la lumière qu'ils

---

1. GILLES DE ROME, *loc. cit.*, dubit. 2ᵃ ; éd. cit., fol. sign. ee 3, col. c et d.

reçoivent du Soleil », cette difficulté se pourrait encore résoudre et l'Archevêque de Bourges demande encore à la Physique la comparaison qui en suggère la solution. Bien qu'éclairés par une même lumière, des corps divers produisent sur la vue, des impressions différentes et déterminent des sensations diversement colorées, parce qu'ils ne reçoivent pas de la même façon cet éclairement identique.

Gilles, poursuivant cette analyse de l'action exercée par les corps célestes sur les corps sublunaires, veut déterminer de quelle manière, *per quem modum*, cette action s'exerce ; de là la troisième difficulté soumise à son examen [1]. C'est toujours à la Physique sublunaire qu'il demande de lui suggérer les solutions qu'il propose.

« Dans les choses de ce bas-monde, dit-il, nous voyons des modes multiples d'actions et de passions.

» Nous observons, d'abord, les vertus communes des éléments, qui sont le chaud et le froid, le sec et l'humide ; par ces vertus, les éléments eux-mêmes et les mixtes qu'ils forment agissent et pâtissent...

» Mais nous voyons également, ici-bas, certains effets qui ne se laissent pas ramener à ces quatre qualités. Ainsi l'aimant attire le fer dans diverses directions, et cette attraction ne se peut réduire aux quatre qualités que nous avons nommées ; nous disons donc qu'il y a, dans l'aimant, une certaine vertu qui est une conséquence de sa forme spécifique, et que l'attraction est produite par cette vertu ; au lieu de dire que cet effet provient d'une vertu qui est une conséquence de la forme spécifique et, par conséquent, de l'espèce tout entière, on aime mieux dire, en général qu'il provient de l'espèce considérée en sa totalité. »

Gilles de Rome, suivant en cela la pensée que Bacon aimait à développer, qu'il appliquait, en particulier, au mouvement des graves, Gilles, disons-nous, admet qu'une telle vertu spécifique est incapable d'agir par elle-même ; il faut que l'influence céleste la mette en état d'exercer son action. « Les éléments... et tous les corps inférieurs qui possèdent une vertu quelconque sont des sortes d'instruments des corps célestes ; ceux-ci, à leur tour, sont comme les instruments des intelligences qui les meuvent ; or, de même qu'un instrument ne

---

1. GILLES DE ROME, *loc. cit.*, dubit. 3ª ; éd. cit., fol. sign. ee 3, col. d, et fol. sign. ee 4, col. a.

peut rien faire sans celui en vertu duquel il agit, de même les choses d'ici-bas ne peuvent rien faire sans la force du Ciel. »

Gilles applique, en particulier, ces considérations à la génération des êtres vivants ; il y a dans le germe, au gré de l'Archevêque de Bourges, une vertu spécifique qui rend ce germe propre à donner un animal ou un végétal semblable aux parents qui l'ont produit ; mais cette vertu ne peut atteindre son effet sans y être déterminée et aidée par l'influence que le Ciel envoie ici-bas, lorsque les astres y ont pris une disposition appropriée.

« Ainsi toutes les vertus qui sont ici-bas sont mesurées par les vertus célestes ; aucune espèce n'est produite en ce monde, si ce n'est par suite de la mesure et de la proportion de ces vertus célestes ; toutes les choses sublunaires sont donc des instruments des corps célestes, de même que tous les corps célestes sont des instruments des intelligences qui les meuvent. »

Ce sont préoccupations de physicien que Gilles apporte dans l'étude des actions exercées, en ce monde-ci par, les corps célestes ; mais les physiciens de son temps ne savaient rendre compte d'aucun des effets qu'ils observaient ici-bas sans faire intervenir l'influence des astres ; la Physique ne se pouvait dissocier de l'Astrologie.

Incidemment, Gilles se trouve amené à résoudre ce problème [1] : Des changements sublunaires, ces astres sont-ils les causes ou seulement les signes ? Voici sa réponse :

« Les luminaires célestes sont signes des événements d'ici-bas, parce qu'ils en sont également causes. Il arrive qu'à l'aide de leurs effets, nous émettions des pronostics touchant des événements futurs ; ainsi, lorsque le ciel est rouge le soir, nous pronostiquons le beau temps ; or les corps célestes ne sont pas seulement causes de cette coloration rouge qui est signe de beau temps et en vertu de laquelle nous pronostiquons le beau temps ; ils sont encore causes de ce beau temps que fait l'objet de notre pronostic ; ils sont donc, à la fois, signes et causes. »

Une autre objection fournit occasion à Gilles d'émettre, tout aussitôt, les considérations suivantes :

« Dans les choses d'ici-bas, la matière est sujette à de multiples empêchements ; en ce bas monde, donc, les effets des corps célestes ne se produisent pas d'une manière nécessaire... Lorsque l'astronome voit, par les dispositions des corps célestes, qu'un certain effet doit se produire, la pluie, par exemple, ou

---

1. GILLES DE ROME, *loc. cit.*, dublt. 4ª ; éd. cit., fol. sign. ee 4, col. c et d.

quelque chose de tel, il ne doit pas déclarer de suite que cet effet se produira ; il doit, en outre, considérer si la matière est, ici-bas, bien disposée ou mal disposée à cet effet ; car, si la matière est mal disposée, il pourra arriver que cet effet soit empêché.

» Lorsque Saint Jean Damascène écrit : Nous ne disons pas que les astres sont causes des événements qui se produisent ici-bas, il lui faut répondre : Ils n'en sont point causes nécessaires, car, à leurs effets, il peut être mis obstacle, et il se peut qu'ils ne produisent pas leurs effets ; on les peut donc appeler causes susceptibles de défaut *(causæ deficientes)*. »

Même dans le monde des corps sublunaires, même en des circonstances, la production de la pluie, par exemple, où aucune volonté libre n'intervient, Gilles ne croit pas à un déterminisme absolu régi par les corps célestes ; comme Albert le Grand, comme Saint Thomas d'Aquin, il attribue à la matière et aux corps qui en sont issus une certaine faculté de se soustraire capricieusement à l'efficace des astres.

« Les luminaires du Ciel ont-ils quelque action sur notre libre arbitre ? » Il n'est pas nécessaire de rapporter ce que Gilles développe au sujet de cette question [1] ; on n'y trouverait rien qui n'eût été dit avant lui, notamment par Saint Thomas d'Aquin. Contentons-nous de citer cette conclusion, qui manifestera l'accord de l'Archevêque de Bourges avec les théologiens qui l'ont précédé.

« En ce qui concerne notre libre arbitre, nous ne sommes directement soumis qu'à Dieu seul. Mais nous pouvons éprouver une sujétion indirecte, par exemple par la persuasion ; un homme ou un ange peut nous persuader et, par là, mouvoir notre volonté. Nous pouvons encore éprouver une sujétion indirecte si, dans notre corps, quelque effet est produit par quoi nous nous trouvions aisément inclinés à tel acte ; lorsqu'en effet, le corps est disposé en faveur d'une certaine passion, l'âme incline facilement vers cette passion ; de cette façon donc, en échauffant notre corps, les corps célestes nous peuvent incliner à quelque acte illicite ; les corps d'ici-bas le peuvent également ; la nourriture et la boisson, prises en abondance et produisant un excès d'alimentation nous inclinent à certaines actions illicites. »

Dans le commentaire sur le second livre des *Sentences*

---

1. ÆGIDII ROMANI *Op. laud.*, quæst. princip. cit., quæst. 3ª : Utrum luminaria cælestia habeant aliquid efficere ad liberum arbitrium ; éd. cit., fol. sign. ee 4, col. d, et fol. suivant, col. a, b et c.

composé par Jean de Duns Scot, la XIVᵉ distinction donne lieu
à une importante question, la troisième, où l'on traite des
actions des astres sur les choses de ce bas monde. Mais, en marge
de cette question, Maurice du Port a écrit : [1] « Depuis cette
question inclusivement, jusqu'à la XXVIᵉ distinction excluive-
ment, il n'y a communément rien dans le *Scriptum anglicum* ;
tout cela a été ajouté d'après des *reportata*, au gré de certaines
personnes. »

Il nous faudrait donc garder d'attribuer à Duns Scot ce que
contient cette question, inconnue au *Scriptum Oxoniense*. Du
moins pouvons-nous, avec une grande vraisemblance, y voir
la pensée des premiers disciples du Docteur Subtil.

Selon cette pensée, les étoiles exercent ici-bas leur action,
en premier lieu, sur les éléments ; en second lieu sur les mixtes
inanimés ; en troisième lieu, sur les êtres animés privés de raison.

Comme exemple d'action exercée par les astres sur les éléments, le Pseudo-Duns Scot étudie l'influence de la Lune sur
la marée ; nous retrouverons dans un autre chapitre ce qu'il dit
à ce sujet.

L'action des astres sur les mixtes se marque par leurs effets
météorologiques. A ce propos, l'auteur formule une réflexion
qui mérite de nous retenir un instant [2].

« Mais, direz-vous, si les astres et leurs orbes exercent une
telle causalité sur les choses de ce monde-ci, causalité qui est
déterminée et nécessaire, d'où vient donc que les astrologues
ne jugent point de leurs effets d'une manière parfaitement
déterminée ?

» La cause en est, répondrai-je, qu'ils ne connaissent pas parfaitement les qualités et les vertus des étoiles qui concourent
à produire tel effet ; s'ils les connaissaient, ils pourraient juger
de ces effets [d'une manière entièrement déterminée].

» Je crois que les anges ont, de ces vertus et qualités, une
connaissance parfaite, en sorte qu'ils peuvent bien juger de ces
effets, et relativement au temps où ils se doivent produire, et
relativement à leur qualité et à leur grandeur ; si quelque étoile

---

1. *Secundus scripti Oxoniensis* DOCTORIS SUBTILIS FRATRIS JOANNIS DUNS
SCOTI *ordinis Minorum super sententias*. — Colophon : Explicit scriptum super
secundo sententiarum subtilissimi doctoris Joannis Duns Scoti ordinis minorum
a fratre Mauritio hibernico de portu sacre theologie professore clarissime emen-
datum. — (Colophon à la fin des *Quolibets*: Expliciunt questiones Quolibetales...
Impresse Uenetijs (mandato domini Andreæ Torresani de Asula) per Simonem
de Luere. 28 Julii 1506.] Dist. XIV, quæst. III, fol. 67, manchette en marge de
la col. a.
2. JOANNIS DUNS SCOTI *Op. laud.*, quæst. cit., art. II, éd. cit., fol. 67, col. c.

peut mettre empêchement à un tel effet, ils pourront savoir qu'il ne sera soulevé que telle quantité de matière, et de telle façon ; ils peuvent savoir si des vents la viendront dissiper, dans quelle direction et en quel lieu elle sera dissipée, en quel lieu elle tombera.

» Mais, de toutes ces causes, les astrologues n'ont pas une pleine connaissance ; ils ne sauraient donc porter, de ces effets, un jugement plein, parfait et assuré. Le concours de tant de causes, en effet, est ici nécessaire, qu'il est difficile de juger de semblables conséquences. »

Ce langage contredit directement à celui de Gilles de Rome ; mais, en même temps, il contredit à l'une des idées essentielles d'Albert le Grand, de Saint Thomas d'Aquin, de Roger Bacon ; tous ces auteurs avaient admis la doctrine de Galien et des Néoplatoniciens ; à leur gré, la matière première est un principe d'irrégularité et de désordre ; aussi les corps qui en sont issus se montrent-ils incapables de se plier sans cesse aux lois parfaitement fixes d'un déterminisme rigoureux ; les mêmes causes célestes ne produisent pas toujours ici-bas les mêmes effets ; même en l'absence de toute âme, il y a du caprice dans le monde des corps sublunaires.

C'est ce que n'admet point l'auteur Scotiste ; à son gré, un déterminisme inviolable gouverne le monde des corps ; qui connaîtrait parfaitement les causes célestes pourrait annoncer sans craindre aucun démenti, et dans le moindre détail, les effets qu'elles produisent ici-bas sur les êtres inanimés ; si les prédictions astrologiques n'ont ni cette certitude ni cette précision, il en faut accuser l'ignorance des astrologues, non les caprices de la matière.

Touchant l'action que les astres peuvent exercer sur les êtres animés, le Pseudo-Duns Scot professe la même doctrine que Saint Thomas d'Aquin [1].

« Les organes des sens, qui sont des corps mixtes, peuvent être, par les astres, modifiés et altérés... Par là, les astres peuvent avoir, d'une certaine façon, quelque action sur l'intelligence ; en effet, si l'organe du sens éprouve quelque désordre dans son opération, il en résulte un désordre pour l'intelligence ; c'est ainsi que, chez les fous furieux et les lunatiques, l'imagination est pleine de confusion. Par là, aussi, un astre peut être cause d'un désordre dans la volonté ; il peut,

_____
1. Joannis Duns Scoti *Op. laud.*, quæst. cit., art. IV ; éd. cit., fol. 67, col. c et d.

en effet, altérer l'appétit sensitif et l'incliner à ceci plutôt qu'à cela ; et comme, dans le voyageur de la vie, la volonté raisonnable penche vers ce que l'appétit sensitif désire d'une manière efficace, les planètes et les autres corps célestes peuvent, de cette façon incliner la volonté ; en aucun cas, cependant, la volonté n'est, par là, contrainte d'une manière absolument nécessaire ; par sa liberté, l'homme peut toujours aller en sens contraire de l'inclination produite.

» Ce penchant à suivre l'appétit sensitif, en dépit du commandement de la raison, penchant causé par les corps célestes, explique pourquoi il arrive souvent aux astrologues de faire des prédictions exactes sur les mœurs des hommes ; de dire, par exemple, d'après les constellations de sa nativité, qu'un homme sera luxurieux ; ce n'est point que cela arrive nécessairement et qu'il n'en pourrait être autrement, pour tout ce qui dépend de la volonté raisonnable si l'homme voulait, par cette volonté suivre la loi de la raison plutôt que la loi des sens ; mais les pensées des hommes penchent au mal. »

L'école de Duns Scot faisait la part belle aux astrologues.

Elle leur accordait, tout d'abord, que la Météorologie astrologique était une science rigoureuse, que les effets dont elle traitait étaient soumis aux lois d'un déterminisme absolu, qu'une intelligence pleinement instruite de ces lois pourrait formuler, au sujet des phénomènes météorologiques, des prédictions d'une entière certitude ; aux astrologues, donc, il appartenait de débrouiller de mieux en mieux ces lois très complexes, de discerner toutes les causes qui interviennent dans la production de chacun de ces phénomènes, et l'efficace particulière de chacune de ces causes ; rien de plus légitime, rien de plus raisonnable qu'une telle besogne, à laquelle un Firmin de Belleval, par exemple, allait se livrer [1].

Rien de plus légitime également que l'Astrologie médicale ; les corps vivants sont des mixtes ; un déterminisme rigoureux rattache donc aux causes astrales les phénomènes physiologiques aussi bien que les phénomènes météorologiques.

Enfin, la puissante influence que les dispositions du corps exercent sur les déterminations de la volonté permettent à l'Astrologue de juger, avec de grandes chances de succès, de ce qui touche aux mœurs des hommes ; ici, toutefois, en se révoltant contre les penchants du corps, le libre arbitre peut mettre en défaut les prédictions du généthliaque.

1. Voir : Seconde partie, ch. VIII, § VII ; t. IV, p. 41-42.

X

L'ASTROLOGIE A PARIS APRÈS LES CONDAMNATIONS DE 1277 *(suite)*. — JEAN BURIDAN ET SES DISCIPLES. — THÉMON LE FILS DU JUIF

Plusieurs docteurs parisiens se sont montrés soucieux d'ôter tout caractère mystérieux à l'action que les astres exercent sur les choses sublunaires ; cette action, ils se sont attachés à l'analyser en physiciens, ils se sont plus à la comparer aux actions qui s'exercent entre corps terrestres ; Guillaume d'Auvergne l'a assimilée à l'action de l'aimant sur le fer ; au gré de Gilles de Rome, elle se propage au travers des orbes célestes comme la décharge électrique de la torpille suit les maillons du filet qui a capturé ce poisson.

Ce désir d'assimiler l'efficace des astres sur les choses d'ici-bas aux actions physiques qui nous sont familières a conduit Gilles à formuler cette hypothèse : La lumière ne serait-elle pas l'agent par lequel les astres transforment les choses de ce bas monde ?

Cette hypothèse est combattue par les docteurs parisiens dont Jean Buridan est le chef.

Comme Guillaume d'Auvergne, comme Gilles de Rome, ils admettent que les actions exercées ici-bas par les corps célestes sont analogues aux actions que les corps de la terre exercent les uns sur les autres ; mais ils ne croient pas que la lumière suffise à transmettre ces actions du Ciel jusqu'à nous ; il leur faut un véhicule qui pénètre-là même où la lumière ne pénètre pas ; à ce véhicule, ils donnent le nom d'*influence (influentia)*.

A cette influence, Jean Buridan fait déjà une courte allusion dans ses *Questions sur les Météores d'Aristote, lorsqu'il y traite des marées*.

« Il faut remarquer, dit-il [1], que le Soleil et les étoiles n'agissent pas par leurs lumières, mais bien par d'autres vertus ; autrement, les étoiles et les planètes n'auraient qu'une vertu bien modique sur les naissances, et sur tous les enfants qui naissent dans des chambres closes, car, à l'heure de la naissance, les

---

1. *Questiones super tres primos libros metheororum et super majorem partem quarti a magistro* Jo. BURIDAM. Lib. II, quæst. III. Utrum mare debeat fluere et refluere. Bibliothèque Nationale, fonds latin, n° 14723, fol. 206, col. b.

rayons de lumière ne pourraient se propager jusqu'à eux. Bien, donc, qu'au moment de la nuit où il franchit le méridien opposé au nôtre *(in angulo noctis)*, le Soleil n'exerce sur nous aucune action calorifique par des rayons lumineux qui nous apparaissent d'une manière que nous puissions observer, il se peut, cependant, que par d'autres influences et en vue d'autres effets, il ait alors une grande force ; on en peut dire autant de la Lune et des autres planètes. »

Albert de Saxe, à son tour, formule [1] cette supposition :

« Le ciel agit sur les corps sublunaires par trois instruments qui sont le mouvement, la lumière et l'influence. .

» Le mouvement, d'abord ; on voit, en effet, au premier livre des *Météores*, qu'il entraîne avec le feu et aussi l'air qui se trouve plus haut que les montagnes les plus élevées.

» La lumière, ensuite, comme l'expérience nous le manifeste, car, par sa lumière, il échauffe les êtres d'ici-bas.

» L'influence, enfin, car dans les profondeurs de la terre, où n'ont atteinte ni le mouvement ni la lumière du Ciel, certains métaux sont engendrés ; or, cette génération se fait par l'influence du Ciel, qui est une certaine qualité incorporelle *(spiritualis)* siégeant dans le milieu ; ainsi en est-il de l'espèce *(species)* de la couleur blanche ou de la couleur noire, car cette qualité, elle non plus n'est pas sensible par elle-même. »

Albert de Saxe assimile donc cette influence qui transmet ici-bas les actions des astres aux lumières diversement colorées qui peuvent traverser un milieu transparent, et dont la couleur ne devient sensible qu'à la rencontre d'un corps opaque.

La pensée simplement indiquée par Jean Buridan et par Albert de Saxe est plus longuement développée par Thémon le fils du Juif dans ses *Questions sur les Météores d'Aristote*. C'est pour nous l'occasion de dire quelques mots de cet auteur et de cet ouvrage [2].

En 1349, Thémon le fils du Juif, *(Temo Judæi)*, de Münster, subit devant Maître Henri de Herne de Unna, l'examen de

---

1. ALBERTI DE SAXONIA *Subtilissimæ quæstiones in libros de Cælo et Mundo;* lib. II, quæst. XII.

2. On trouvera, sur l'un et sur l'autre, de plus amples détails dans notre étude intitulée : *Thémon le fils du Juif et Léonard de Vinci (Études sur Léonard de Vinci, ceux qu'il a lus et ceux qui l'ont lu,* Ire série, V ; pp. 157-220).

déterminance ou de baccalauréat. En cette même année, il subit l'examen de licence devant Maître Walter de Wardelaw et fait sa première leçon de maître ès-arts devant maître Dominique de Chivasso.

A trois reprises, le 26 août 1353, le 18 novembre 1355, le 10 février 1356, il est élu procureur de la Nation Anglaise. Le 23 septembre 1357, la Nation lui confie la charge importante de Receveur des droits universitaires.

L'Université envoyait périodiquement au pape un rôle où la situation de ses différents maîtres était relatée. Le 30 septembre 1359, la Nation Anglaise charge Thémon et Henri de Kempen de rédiger la partie du rôle qui la concerne ; à l'unanimité, elle désigne Thémon pour porter ce rôle à Innocent VI, en compagnie des députés que les autres Nations ont élus ou qu'elles vont élire.

Thémon mena sans doute à bien son ambassade auprès du pape, car, bientôt après, nous voyons la Nation Anglaise lui en confier une autre, en des circonstances particulièrement marquantes.

Fait prisonnier à la bataille de Poitiers, Jean le Bon venait d'être rendu à la liberté par le traité de paix de Brétigny, signé le 8 mai 1360 ; l'entrée solennelle du roi à Paris était fixée au 13 décembre de la même année.

Le 3 novembre, après avoir convoqué l'Université entière auprès de l'église Saint-Mathurin, le recteur proposa d'envoyer au pape, en signe de réjouissance, un rôle exceptionnel. Le 10 novembre, la Faculté des Arts et la Nation Anglaise s'assemblèrent, auprès de l'église Saint-Julien-le-Pauvre, pour nommer l'ambassadeur qui remettrait ce rôle extraordinaire aux mains d'Innocent VI ; le choix se porta sur le fils du Juif ; en outre, d'un commun accord, les maîtres de la Nation Anglaise ouvrirent à leur élu un crédit de cent écus-Jean. Thémon accepta avec reconnaissance l'honneur qui lui était fait ; pour fêter l'élection dont il était l'objet, il emmena tous les maîtres de la Nation Anglaise à une taverne voisine de l'hôtel *du Bon Jean l'apothicaire*, et là, largement, on but à ses frais.

Cette joyeuse « beuverie » est le dernier trait de la vie de Thémon que rapporte le *Livre des procureurs de la Nation Anglaise*. Nous ne relevons plus ensuite, à l'Université de Paris, aucune trace de ce maître.

De Thémon, on ne connaît qu'un seul écrit, des *Questions sur les quatre livres des Météores d'Aristote.* Encore, au dire de Nifo [1], le fils du Juif n'avait-il fait que mettre au jour les leçons d'*Albertillus,* c'est-à-dire d'Albert de Saxe : « *Albertillus, cujus quæstiones sunt editæ sub nomine Themonis judæi.* » Nous ne savons si cette allégation de Nifo est justifiée ; mais il est bien certain que la pensée de Thémon s'accorde très exactement, en général, avec celle d'Albert de Saxe ; nous en aurons tout à l'heure un exemple.

Les *Questions sur les Météores,* composées ou simplement rédigées par Thémon, eurent grande vogue au temps de la Renaissance. Il en existe, à notre connaissance, cinq éditions.

La première ne porte aucun titre, aucuñ colophon qui fasse connaître le nom de l'auteur, celui de l'éditeur, le lieu et la date de l'édition. D'après l'inspection des caractères qui ont servi à la composer, elle a dû être donnée à Pavie, vers 1490, par Antonius de Carchano.

La seconde accompagne divers traités de Gaëtan de Tiène ; elle porte le titre suivant :

Habes solertissime lector in hoc codice libros metheor. ARISTOTELIS STAGIRITE *peripatheticorum principis cum commentariis felicissimi expositoris* GAIETANI DE THIENIS *noviter impressos : ac mendis erroribusque purgatos. Tractatum de reactione. Et tractatum de intensione et remissione ejusdem* GAIETANI. *Questiones perspicacissimi philosophi* THIMONIS *super quatuor libros metheoror.*

Cette édition ne porte aucun nom d'éditeur ; elle ne mentionne ni date, ni lieu d'impression ; on la croit publiée vers 1505.

Une autre édition porte un titre imité du précédent, et que voici :

GAIETANUS *super Metheo.* — *Habes Solertissime lector in hoc codice libros Metheororum* ARISTOTELIS STAGIRITE *peripatheticorum principis cum commentariis fidelissimi expositoris* GAIETANI DE THIENIS : *una cum duplici translatione videlicet* FRANCISCI VATABLI *et Antiqua : noviter impressos : ac mendis erroribusque purgatos.* — *Tractatum de reactione. Et tractatum de*

---

1. AUGUSTINI NIPHI *medices, philosophi Suessani, In libris Aristotelis meteorologicis commentaria.* EJUSDEM *Generalia commentaria in libro de mistis qui a veteribus quartus meteororum liber inscribitur, et a junioribus meteorologicon dicitur.* Anno post partum intemeratœ Virginis, in prælo Brandini et Octaviani Scoti fratrum hæc commentaria curiose cudebantur, Venetiis, MDXL. — A la fin de l'ouvrage, on lit : Finis Salerni, 1523, quinto Aprilis. Fol. 14, col. c.

intensione et remissione eiusdem Gaietani. — *Questiones perspicassimi philosophi* Thimonis *super quatuor libros metheororum.*

Mais cette impression-ci porte un colophon qui en fait connaître le lieu, la date et l'éditeur :

Opuscula hec impressa fuerunt Venetijs nutu ac impendio heredum quondam nobilis vici domini Octaviani Scoti civis Modoetiensis : ac sociorum. Anno salutis 1522. Die 29 novembris.

Entre temps, dans deux éditions données à Paris, en 1516 et en 1518, chez Josse Bade d'Asche et Conrad Resch, l'écossais Georges Lockert avait joint les *Questiones* Thimonis *in quatuor libros Meteorum aux Questions* d'Albert de Saxe sur la Physique, le *De Cælo, et Mundo,* le *De generatione et corruptione,* aux *Questions* de Jean Buridan sur le *De anima* et sur les *Parva naturalia.*

Thémon examine [1], presque au début de son ouvrage, le fameux axiome d'Aristote : Le monde inférieur est entièrement gouverné par les circulations du monde supérieur. Sa discussion le conduit d'abord à poser cette première conclusion :

« Le Ciel agit sur les choses d'ici-bas si, par Ciel, on entend la cinquième essence et toute partie de cette cinquième essence. »

« Cela, poursuit-il, est manifesté par des expériences. » La plupart des expériences qu'il cite méritent d'être ici rapportées ; elles nous donnent l'inventaire des phénomènes qu'au milieu du xive siècle, on attribuait sans conteste à l'influence des astres.

« Le Soleil, en s'avançant vers nous, produit la chaleur par le moyen de sa lumière ; lorsqu'il s'éloigne, la nuit vient, et le froid avec elle. En outre, sa venue fait croître les plantes, les herbes, les fruits.

» La conclusion est prouvée d'une autre manière à l'aide d'une expérience tirée de la Lune ; nous voyons, en effet, que le flux et le reflux de la mer suit le mouvement de la Lune, comme on le montrera au second livre de ce traité.

» De même, dans le corps des animaux, les humeurs augmentent quand la Lune croît et diminuent quand la Lune décroît. » Les médecins disent également que les jours critiques se produisent suivant le mouvement de la Lune.

» Voilà ce que nous enseigne l'expérience ; et tout cela ne serait pas si la Lune n'agissait puissamment sur les choses de ce monde.

---

1. Temonis *Op. laud.,* lib. I, quæst. II,

» Notre conclusion est encore confirmée par les opérations des autres planètes. Nous voyons, en effet, que quand plusieurs d'entre elles sont conjointes dans un même signe, il se produit ici-bas de grands malheurs ou de grands bonheurs. Par exemple, au temps de Noë, elles étaient conjointes dans le signe des Poissons, et le déluge en est résulté. En d'autres circonstances, elles étaient conjointes dans le Verse-eau ; la peste en est résultée, ainsi qu'un grand nombre de sectes nouvelles.

» Notre conclusion est également confirmée par une expérience faite sur l'aimant. On dit, dans le *Traité de l'aimant* que si l'on tourne et arrondit une pierre d'aimant en figure de sphère, et qu'on pose ensuite un axe de fer, qui tienne la pierre d'aimant par ses deux pôles ; on verra cette pierre d'aimant tourner sur ces deux pôles toujours dans le même sens, avec une grande vitesse, et d'un mouvement perpétuel, comme le ciel. S'il en est ainsi, c'est qu'il y a, dans cette pierre d'aimant, des vertus semblables aux vertus du Ciel et des diverses parties du Ciel ; et chaque partie de la pierre regarde sans cesse la partie du Ciel à laquelle elle est conforme. Cela n'aurait pas lieu si chaque partie du Ciel n'avait ici-bas, influence sur cette pierre. »

Dans son *Epistola de magnete*, écrite en 1269, Pierre de Maricourt avait donné un admirable modèle de Physique expérimental ; malheureusement, dans un dernier chapitre, il avait décrit un moyen, purement imaginaire, de réaliser le mouvement perpétuel à l'aide d'un aimant ; c'est à cette rêverie que Thémon vient d'emprunter un argument en faveur de sa thèse.

A cette expérience, Roger Bacon avait déjà fait allusion dans l'*Opus majus* [1], en 1266 ou en 1267, avant donc que Pierre de Maricourt, qui la lui avait enseignée, eût adressé à Siger de Foncaucourt sa lettre sur l'aimant ; il la mentionnait également dans son *Opus minus* [2] et dans son *Epistola de secretis operibus artis et naturæ* [3].

Revenons aux observations que Thémon invoque comme incontestables.

« La même conclusion est mise en évidence par les métaux. Chaque planète possède en propre une certaine espèce de métal. Le Soleil, par exemple, possède l'or et a sur lui une influence

---

1. Fratris ROGERI BACON *Opus majus ad Clementem IV ;* Pars VI ; éd. Jebb, p. 465 ; éd. Bridges, vol. II, p. 203.

2. Fratris ROGERI BACON *Opus minus* (Fr. ROGERI BACON *Opera quædam hactenus inedita*, éd. Brewer, pp. 383-384).

3. Fratris ROGERI BACON *Epistola de secretis operibus artis et naturæ*, cap. V et cap. VI ; éd. Brewer, p. 535 et p. 537.

spéciale ; la Lune a l'argent, Mercure le vif argent, Vénus, le cuivre, Mars, le fer, Jupiter, l'étain, Saturne, le plomb. C'est pourquoi les alchimistes donnent à ces métaux les noms des planètes.

» Enfin, selon les astrologues, la bonne fortune et la mauvaise fortune des hommes dépendent du Ciel.

» Tout cela rend évidente notre première conclusion. »

Des diverses parties de la Science astrologique, il n'en est guère que notre auteur révoque en doute.

L'action du Ciel sur les choses d'ici-bas étant ainsi prouvée, il nous faut chercher comment cette action s'exerce. C'est pour nous faire atteindre l'objet de cette recherche que Thémon formule sa seconde conclusion où nous allons entendre un écho fidèle des propos tenus par Jean Buridan et par Albert de Saxe.

« Le Ciel agit par son mouvement, par sa lumière, par son influence, qui jouent le rôle d'instruments.

» Prouvons, en premier lieu, qu'il agit par son mouvement. On a dit, en effet, au premier livre de ce traité, que le Ciel entraîne avec lui le feu qui est contenu dans la sphère de cet élément et aussi la partie supérieure de l'air ; c'est par ce mouvement qu'il échauffe l'air et, par conséquent les autres corps.

» Prouvons, en second lieu, qu'il agit par sa lumière. Cela, pendant le jour, l'expérience nous l'enseigne.

» Prouvons, en troisième lieu, qu'il agit sur les corps d'ici-bas par son influence. En effet, des métaux sont engendrés par la vertu des étoiles, dans les profondeurs de la terre ; or, dans ces profondeurs, la lumière ne peut pénétrer et les ténèbres y règnent, du moins en ce qui concerne le Ciel ; cette génération est donc produite par l'influence.

» De même, la mer flue et reflue alors que la Lune est dans l'hémisphère opposé au nôtre *(in angulo noctis)*; la lumière de la Lune, cependant, n'atteint pas la mer au lieu où se font ce flux et ce reflux ; il faut donc que ce soit l'influence qui agisse.

» Mais, direz-vous, cette influence, qu'est-elle ?

» Je répondrai que c'est une qualité ou vertu répandue dans le monde entier et qui se propage comme se propagent les espèces de la lumière ou de la couleur.

» Toutefois, il y a certaines différences entre l'influence et la lumière et le mouvement.

» En premier lieu, la lumière est une qualité sensible, une

qualité visible ; mais non point l'influence, car aucun sens ne la perçoit ; cela se voit par la vertu qu'engendre l'aimant quand il meut le fer vers lui-même ; cette vertu n'est perçue par aucun sens.

» En second lieu, elles diffèrent en ce que l'interposition d'un corps ne met pas obstacle à cette influence ou, du moins, ne l'intercepte pas en totalité ; elle passe même au travers des corps opaques et denses que la lumière ne peut traverser ; cela se voit à l'aide de l'aimant ; un aimant qu'on fait flotter sur l'eau d'un vase bien épais est mû par un aimant qu'on déplace au-dessous de ce vase. »

Nous n'aurions pas le résumé fidèle de ce qu'on enseignait à Paris, au milieu du xivᵉ siècle, touchant l'influence des astres, si nous ne rapportions encore la dernière conclusion de Thémon :

« Nonobstant ce qui vient d'être dit, les actes humains, tels que vouloir et ne pas vouloir, s'accomplissent librement ; les choses de ce genre ne sont pas gouvernées par le Ciel ; le Ciel gouverne toute vertu naturelle à l'exclusion de toutes les vertus de la raison, telles que l'intelligence et la volonté ; de ces vertus ou, du moins, de la volonté, les actes sont libres. »

La doctrine astrologique des disciples de Jean Buridan n'a donc rien qui contrevienne aux réserves imposées par les théologiens, rien qui tombe sous le coup des anathèmes formulés par Etienne Tempier ; elle est parfaitement orthodoxe.

Chapitre XIV

LES ADVERSAIRES DE L'ASTROLOGIE

I

Une objection scientifique contre l'Astrologie. Les périodes célestes peuvent être incommensurables entre elles

Lorsque, des terres soumises à l'Islam, on leur eût apporté l'Astrologie, les Docteurs de la Chrétienté latine éprouvèrent, à l'endroit de cette science, des sentiments divers. Encore tout pénétré des enseignements de Saint Augustin, Guillaume d'Auvergne vit avec horreur ces pratiques qui prétendaient, par l'observation des astres, juger du sort·même des religions. Ses successeurs s'accoutumèrent aux principes de l'art judiciaire. Chez un Alexandre de Alès, chez un Albert le Grand, chez un Bonaventure, on ne reconnaît plus cette antipathie qui faisait frémir l'Évêque de Paris. C'est la sympathie qu'on devine chez Thomas d'Aquin pour les principes de l'Astrologie judiciaire, et, chez Roger Bacon, cette sympathie se transforme en une enthousiaste admiration.

Mais, en dépit de la diversité des sentiments qu'ils ont éprouvés, tous ces maîtres ont défini de la même manière l'attitude que l'Église doit garder en présence de l'Astrologie. Pourvu que les jugements d'Astronomie aient soin de sauvegarder la libre arbitre de l'homme, l'Église doit regarder ces jugements comme choses indifférentes qu'elle n'a point à blâmer non plus qu'à approuver. Au contraire, dès là que l'Astrologue prétend soumettre la volonté de l'homme à des lois nécessaires, l'Église le doit condamner.

C'est selon ces règles, posées par les théologiens du xiiie siècle, que sont formulées les condamnations portées contre l'Astrologie, en 1277, par Etienne Tempier. L'héritier de Guillaume d'Auvergne ne frappe point les astrologues de ses anathèmes, tant qu'ils n'assujettissent pas l'âme humaine à l'action directe et fatale des étoiles.

Aussi, après les condamnations de 1277, théologiens et philosophes chrétiens gardent-ils, à l'égard de l'art judiciaire, l'attitude qu'ils avaient prise avant ces condamnations ; ils accordent libre pratique à cet art, pourvu qu'il s'engage à laisser inviolée la liberté de l'homme. Ainsi fait un Duns Scot, ainsi fait un Thémon.

Mais au temps de Thémon, le fils du Juif, voici que l'Astrologie rencontre un adversaire déterminé en la personne du prudent et audacieux Nicole Oresme. Ce n'est pas sur le terrain de la Théologie que Nicole Oresme combattra l'art judiciaire ; dûment autorisée lorsqu'il s'agit d'imposer des bornes à l'usage de cet art et de lui interdire toute atteinte au libre arbitre, la Théologie n'a aucun pouvoir pour contester les principes mêmes de la divination par les astres. Ces principes, c'est au nom des mathématiques qu'Oresme va les attaquer ; il dressera contre eux une objection déjà vieille, mais à laquelle il redonnera une nouvelle vigueur.

Au fond de tous les aphorismes que l'Astrologie formule touchant les conjonctions, les oppositions, les quadratures, les triplicités, gît cet axiome : Toutes les fois qu'un, deux ou plusieurs astres reviennent à la même disposition par rapport au Ciel suprême, ils exercent ici-bas les mêmes actions. Or que resterait-il de cet axiome si deux astres ne pouvaient jamais prendre deux fois, à l'égard du Ciel suprême, la même situation ?

Que les deux astres soient deux sphères parfaites, comme tout le monde l'admet ; que leurs centres décrivent des trajectoires de figures quelconques, mais fixes toutes deux à l'égard de la dernière sphère ; si les durées de révolution de ces deux astres sont incommensurables entre elles, on ne verra jamais ces deux planètes reprendre, au rapport de l'ordre suprême, une disposition qu'ils avaient prise une première fois. Voilà, dès lors, privées de tout sens les règles diverses que l'Astrologie formulait au sujet de ces deux planètes.

Lorsqu'Oresme s'empara de cette objection pour ruiner les fondements de l'Astrologie, elle n'était, avons-nous dit, point neuve. Nous ne saurions nommer le premier mathématicien qui ait émis cette supposition : Le rapport des durées de deux révolutions célestes peut être un nombre irrationnel, un *nombre sourd*. Nous nous bornerons à présenter ici les plus anciens textes où nous ayons rencontré quelque allusion à cette hypothèse.

Abraham Aven Ezra avait, entre autres écrits astrologiques, composé un *Traité des révolutions*, appelé *Traité du Monde ou du Siècle.* Nous avons dit [1] comment Henri Bate en avait donné une traduction latine qui fut commencée à Leyde et achevée à Malines en 1281.

Dans ce traité, Abraham Aven Ezra était amené à parler en ces termes de la Grande Année [2] : « Les savants perses disent qu'il faut prêter grande attention aux diverses parties de la *firdaria*, qui reviennent périodiquement tous les 75 ans...

» On dira peut-être que, d'après cela, toute période de 75 ans devrait être semblable aux périodes précédentes, puisque les planètes et leurs participations sont [en deux de ces périodes,] de même forme.

» Voici la réponse : Cela ne peut arriver par le moyen du seul rapport qui se trouve entre un ascendant et la manière dont l'astre se comporte à l'égard de cet ascendant, lors même que ce rapport resterait uniforme ou demeurerait perpétuellement égal à lui-même, et lors même que le Monde durerait toujours. C'est une chose dont vous pouvez vous rendre compte. Saturne, en effet, éprouve de multiples diversités, soit de la part du Soleil, soit de la part des autres planètes ; il en éprouve aussi de la part des étoiles supérieures, qui se meuvent d'un degré en 70 ans. Aussi ne reprendra-t-il pas, à l'égard des étoiles supérieures, une situation qu'il a une première fois occupée, avant que 25.000 ans ne se soient écoulés. Mais il n'est pas nécessaire de s'arrêter plus longtemps à ce discours. »

Ce passage était presque aussitôt suivi de cet autre :

« C'est pourquoi il n'est pas possible de regarder la nativité d'un homme comme aussi semblable à celle d'un autre homme qu'elle l'est à elle-même. L'orbe céleste, en effet, ne se comporte pas toujours de même manière. Jamais un instant ne sera que la position relative des astres n'y soit différente de toute position qui a déjà été comme de toute position qui sera. C'est ce qu'ont reconnu, en y regardant, ceux qui s'adonnent à l'analyse.
— *Quapropter esse non potest nativitas hominis que assimiletur*

---

1. Voir : Première partie. Ch. XII, § IX, pp, 254-256.
2. ABRAHE AVENARIS JUDEI *Astrologi peritissimi in re judiciali opera : ab excellentissimo Philosopho* PETRO DE ABANO *post accurratam castigationem in latinum traducta. — Introductorium quod dicitur principium sapientie. — Liber rationum. — Liber nativitatum et revolutionum earum. — Liber interrogationum. — Liber electionum. — Liber luminarium et est de cognitione diei cretici seu de cognitione cause crisis. — Liber coniunctionum planetarum et revolutionum annorum mundi quj dicitur de mundo vel seculo. — Tractatus insuper quidam particulares eiusdem* ABRAHE. — *Liber de consuetudinibus in indiciis astrorum et est centiloquium* BETHEN *breve admodum. — Eiusdem de horis planetarum.* Colophon : Ex officina Petri Liechtenstein. Venetijs Anno Domini 1507. — Fol. LXXX, r° et v°.

nativitati alternis tanquam sibi. Non enim est orbis stans secundum unum modum; nec unquam erit punctus hore quin removetur proportio que fuit sicut illa, neque erit. Et aspicientes quidem ananetici (sic) hoc noverunt. »

Ces passages provoquent aussitôt, de la part d'Henri Bate, les observations suivantes :

« Le traducteur dit : Le produit de la multiplication des nombres peut croître à l'infini ; mais les révolutions diverses des corps célestes sont, d'une manière nécessaire, en nombre fini, comme il appartient à une autre partie de la Philosophie de le démontrer. C'est pourquoi il faut nécessairement que des dispositions toutes semblables des étoiles reviennent au bout d'un certain temps. Toutefois, la période de ces retours nous est incompréhensible à cause de l'immensité de ces intervalles. C'est peut-être ce qu'ici, cet auteur a voulu insinuer.

» *Non est autem etc.* Je ne sais pas pourquoi le traducteur [1], ici, a sali le parchemin en mettant sa propre prose dans le texte et en voulant montrer qu'il sait la Mathématique. — *Nescio quare hic translator deturpavit pergamenum ponendo se in textu et ostendendo se scire mathematicam.*

» Ne croyons pas, en effet, que la multiple diversité des corps célestes empêche deux quelconques de leurs révolutions de s'accorder *(convenire)* et d'être commensurables *(communicare)* entre elles ; [ne croyons pas qu'il en soit de ces révolutions] comme il en est des lignes incommensurables [*libris* (sic) *incommunicantibus*] ? qu'Euclide, au x⁰ livre des *Eléments*, nomme irrationnelles ou sourdes, à cause de leur impuissance à recevoir une commune mesure *(propter impotentiam communicandi)*. Toutes choses, en effet, sont coordonnées entre elles, comme le dit le Philosophe au X⁰ livre de la *Métaphysique ;* et le Commentateur ajoute, à cette occasion : Toutes les actions des corps célestes s'unissent les unes aux autres en la constitution du Monde comme s'unissent les actions des enfants dans la constitution d'une maison.

» Partant, il est absurde de supposer que les mouvements des corps célestes sont entre eux dans des rapports irrationnels ou sourds. C'est ce que Pythagore et les Autres anciens ont entendu dire en parlant de la Musique universelle ; à cette Musique, Platon fait aussi allusion, au *Timée* et ailleurs ; Chalcidius en traite également, et une infinité d'autres. »

---

1. Henri Bate veut sans doute parler du Juif qui avait traduit en flamand l'hébreu d'Aven Ezra. (Voir : première partie, t. II, p. 254.)

L'objection qui suppose incommensurables entre elles les durées des mouvements célestes était, sans doute, de celles qu'on opposait fréquemment aux astrologues ; on le devine au ton de la riposte qu'Henri Bate lui adresse.

Jean de Duns Scot savait également que cette objection peut être dressée contre la théorie de la Grande Année.

Le Docteur Subtil rappelle, en ces termes, comment, de son temps, on formulait cette théorie [1] :

« Au XIIIe chapitre du XIIe livre *De la Cité de Dieu*, Saint Augustin rapporte l'opinion de certains philosophes ; ces philosophes disaient que les mêmes choses revenaient suivant les cycles des temps ; on leur attribue cette pensée : Après trente-six mille ans, les mêmes choses reviendront. La raison qu'ils invoquaient étaient la suivante : Lorsque la cause redeviendra la même, l'effet, lui aussi, redeviendra le même ; or, après ce temps, tous les corps célestes reviendront à la même situation ; si l'on admet, en effet, cette supposition de Ptolemée, dans l'*Almageste*, que le Ciel étoilé se meut d'un degré en cent ans, en sens contraire du mouvement diurne, il en résulte qu'il accomplira en trente-six mille ans son mouvement d'Occident en Orient. »

Après avoir rappellé quelles objections Saint Augustin faisait valoir contre ce retour périodique des choses, Duns Scot poursuit en ces termes :

« On peut aussi réfuter cette opinion en réfutant la raison qu'elle invoque. Qu'on prouve qu'un certain mouvement céleste est incommensurable avec un autre mouvement céleste ; cela peut être prouvé ; [cela aura lieu, par exemple] si la longueur sur laquelle se fait le premier mouvement est incommensurable avec la longueur que parcourt le second, et si les deux mouvements se font avec la même vitesse ; jamais, en ce cas, tous les mouvements célestes ne reviendront au même état du Ciel. Cette supposition de l'incommensurabilité des mouvements n'a rien, d'ailleurs, qui soit contraire à la continuité du mouvement continu ; en effet, si deux mobiles se mouvaient [avec la même vitesse] l'un sur le côté d'un carré et l'autre sur la diagonale, ces deux mouvements seraient incommensurables ; et jamais, lors même qu'ils dureraient éternellement, ils ne ramèneraient les deux mobiles à une même situation. Mais

---

1. JOANNIS DUNS SCOTI *Scriptum Oxoniense*, lib. XIV, dist. XLIII, qæst. III, hic sciendum est... Sur cette façon de présenter la théorie de la Grande Année, voir : Première partie, ch. XIII, § V ; t. II, pp. 214-223.

une longue discussion de tous les mouvements qui conviennent aux épicycles et aux différents serait nécessaire pour savoir si quelqu'un de ces mouvements est incommensurable avec quelque autre. »

II

NICOLE ORESME ET LES DURÉES INCOMMENSURABLES DES CIRCULATIONS CÉLESTES

Pour objecter aux astrologues que ces mouvements des Cieux ont, en général des durées incommensurables entre elles, Nicole Oresme n'attendra pas le résultat de cette longue discussion que Jean de Duns Scot croyait nécessaire ; la vérité de cette proposition est, d'avance probable ; c'est ce qu'il affirme dans son *Traité de la proportionnalité des mouvements célestes*.

Le texte manuscrit que nous avons consulté [1] porte ce colophon [2] :

Explicit tractatus brevis et utilis de proportionalitate motuum celestium datus et completus per magistrum Nicholaum Orem normannum.

La main qui l'a écrit est aussi celle qui, immédiatement auparavant, a copié des *Practicæ Geometriæ* dues à Dominique de Chivasso *(Dominicus de Mastmario Clavaxio)* lequel fit subir à Albert de Saxe les épreuves du baccalauréat. Or le copiste a eu l'heureuse idée de signer et de dater en ces termes [3] les *Pratiques de Géométrie* :

Expliciunt practice geometrie ordinate per magistrum Dominicum de Mastmario de Clavaxio, complete penitus anno ab incarnatione Domini 1346, prima die maij, et scripte Parisius a Jacobo Lectoris Zeelandrino anno Domini 1362, mense julii. Amen. Amen.

Sans aucun doute, c'est en cette même année 1362 que Jacobus

---

1. Bibliothèque Nationale, fonds latin, ms. n⁰ 7378 A ; fol. 14, v⁰, inc. : Ad pauca respicientes, de facili enunciant... Fol. 17, v⁰, espl. : Et ipse solus novit, cujus oculis nuda sunt omnia et aperta.
2. Ms. cit., fol. 17, v⁰.
3. Ms. cit., fol. 14, r⁰.

Lectoris copia le traité de Nicole Oresme, qui était donc plus ancien.

Maître Oresme n'est pas tendre pour les astrologues. Il leur déclare la guerre par une invective [1] dont la violence n'eût point été déplacée dans la bouche d'un héros d'Homère :

« *Ad pauca respicientes, de facili enunciant, ut dicit Apostolus ; sicud enim aliqui astrologi, opinantes se ad punctum scire* [2] *motus, aspectus, conjunctiones, oppositiones planetarum, et corporum celestium dispositiones* [3], *credentes se esse sapientes, et stulti facti sunt. Posuerunt in celum os suum et lingua eorum transivit in terra, de futuris lapsu lingue temerarie judicando. Et de istorum numero fuerunt quidam qui, propter motum octave spere in 36 000 annis, Numdum astringebant ad statum pristinum remeare ; alii vero in 15 000 annis, sicud Plato ; completo peryodo sen anno majori secundum numerum antedictum.*

» *Ad hanc igitur fatuitatem eradicandam, volo modice laborare ad ulteriorem inquisitionem, alios excitando, ut manifestetur veritas, et falsitas destruatur.*

» Ceux qui ne prennent pas garde à grand chose ont l'affirmation facile, comme dit l'Apôtre. Ainsi en est-il de certains astrologues ; ils pensent connaître ponctuellement les mouvements, les aspects, les conjonctions, les positions des astres errants, et les dispositions de tous les corps célestes ; ils se croient sages et ils sont devenus stupides ; ils ont mis leur bouche au ciel et ils ont laissé pendre leur langue jusqu'à terre ; c'est par ce *lapsus linguæ* qu'ils ont eu la témérité de juger de l'avenir. De ce nombre furent ceux qui, en vertu du mouvement accompli en 36 000 ans par la huitième sphère, astreignaient le Monde à reprendre, au bout de ce temps, son état primitif ; d'autres, comme Platon, voulaient que ce fût au bout de 15 000 ans ; selon ledit nombre d'années, s'accomplissait, à leur gré, la Grande Période ou la Grande Année.

» C'est pour déraciner une pareille fatuité que je veux travailler un peu à la recherche qui va suivre ; par là, les autres seront excités à en faire autant, afin que la vérité soit manifestée et que l'erreur soit détruite. »

La « première supposition » de Nicole Oresme, celle qui va porter tout son système, est ainsi formulée [4] :

---

1. Ms. cit., fol. 14, v°.
2. Le texte porte : *scientie.*
3. Le texte porte : *dispositionem.*
4. Ms. cit., fol. 14, v°.

« Étant données un grand nombre de quantités dont les rapports sont inconnus, il est possible que quelqu'une de ces quantités soit incommensurable avec quelqu'une des autres, et cela est vraisemblable. — *Contrapositis multis quantitatibus quarum proportio est ignota, possibile et verisimile est aliquam alicui incommensurabilem esse.* »

D'après ce principe, on doit regarder comme vraisemblable l'existence, parmi les mouvements célestes, de circulations dont les durées sont incommensurables entre elles.

Réduisant les mouvements célestes à des mouvements circulaires et uniformes, Oresme s'applique à déduire les conséquences de cette proposition ; il montre qu'une configuration, prise une fois par les mobiles, ne sera plus jamais reprise par eux. C'est de cette vérité qu'il s'autorise pour formuler la conclusion que voici [1] :

« DIX-NEUVIÈME CONCLUSION. Supposé que tout ce Monde inférieur soit absolument régi par la vertu du Ciel ; que le Ciel se meuve uniformément et d'une manière nécessaire ; que tout advienne par nécessité ; qu'il n'y ait ni hasard, ni fortune, ni volonté libre ; que le Monde soit éternel ainsi que le mouvement ; nul encore ne saurait ni ne pourrait savoir juger d'une manière correcte des événements futurs ; cela serait absolument impossible, sinon par révélation.

» XIXᵃ CONCLUSIO. — *Supposito quod totus iste mundus inferior virtute celi penitus regeretur, et celum necessario et uniformiter moveretur, et omnia evenirent de necessitate, et non esset casus nec fortuna nec libertas voluntatis, et mundus esset eternus, et motus, adhuc nullus sciret nec scire posset recte judicare de futuris, sed esset omnino impossibile, nisi per revelationem.* »

De cette condamnation de l'Astrologie judiciaire, la plus formelle qui se puisse concevoir, voici la justification donnée par Oresme :

« On ne peut, en effet, former un jugement des évènements futurs si ce n'est par les observations et observances des événements passés. Or, il est vraisemblable qu'aucune disposition à venir des corps célestes n'est pareille à une disposition passée, comme le montre la dixième conclusion. De là suit ce qu'on se proposait d'établir...

» De là, il résulte que la véritable Astrologie est cachée à tous, sauf à Celui qui compte la multitude des étoiles et qui gouverne

---

1. Ms. cit., fol. 17, vᵒ.

le Monde par sa perpétuelle raison. Qu'aucun autre n'aille donc juger à la légère de ce qui est à ce point d'incertitude. »

Mais cette condamnation de l'Astrologie judiciaire ne va-t-elle pas, du même coup, frapper ce qu'Oresme appelle la Science astrologique, c'est-à-dire l'Astronomie ? Parer à un semblable effet est l'objet de la conclusion qui termine son livre, et dont voici la traduction :

« Vingtième conclusion. Ce qui précède ne doit amener personne à mépriser la Science de l'Astrologie ou à la rejeter, non plus qu'à désespérer d'elle.

» Aristote dit, en effet, au second livre *Du Ciel* qu'il vaut mieux savoir peu des nobles choses que beaucoup de ce qui est sans noblesse ou vil. Or les corps célestes sont, parmi les corps, les plus nobles. Puis donc qu'aucun homme n'en peut, à présent, acquérir la science, il est fort bon de réfuter les erreurs [qui ont cours à leur sujet], non, comme les ignorants, par un frivole verbiage, mais d'une manière scientifique, à l'aide de solides démonstrations. Quant aux propositions vraies ou probables qui restent [après l'élimination de ces erreurs], il est fort bon de les goûter avec sobriété, afin que la perfection des œuvres visibles de Dieu manifeste la grandeur du Créateur. Car il est écrit : « J'ai médité sur toutes tes œuvres et je méditais sur ce que tes » mains ont fait. » Il est encore écrit : « Les cieux sont les œuvres de tes mains. » Et ailleurs, il est dit : « Les cieux racontent la gloire de Dieu », etc.

» Au bon astronome, en effet, il suffit de juger presque exactement *(prope punctum)* des mouvements et des aspects des corps célestes, et, s'il ne perçoit pas davantage, de s'en remettre au juge de toutes choses. Celui qui veut chercher une plus grande exactitude ou qui s'imagine savoir davantage, travaille en vain et assomme son propre esprit ; ou bien, par l'examen des constellations, il veut prévoir des pronostics relatifs aux effets et aux événements ; de cela, nul ne doit parler, si ce n'est d'une manière fort générale et dubitative ; mieux vaut retenir sa langue au sujet de ces choses qui sont dans la main de Dieu, que connaît seul Celui aux yeux de qui tout est à nu et à découvert. »

Au milieu du respect universel dont l'Astrologie se voyait entourée, l'attaque que lui porte Nicole Oresme a la soudaineté et l'éclat d'un coup de foudre dans le silence de la nuit.

Il faut bien le reconnaître cependant ; contre cette attaque, la parade était aisée.

Les durées des circulations célestes sont-elles incommensurables entre elles ? Oresme déclare que c'est vraisemblable ; il eût été bien en peine d'affirmer que c'est vrai. Ces durées ne sont déterminées que par l'observation ; or, si précise qu'on la suppose, toute observation n'est qu'approchée ; à ses yeux, deux évaluations numériques ne passent plus pour distinctes si leur différence tombe au-dessous d'une certaine grandeur ; comment, dès lors, pourrait-il dire si deux durées de révolution sont, entre elles, commensurables ou incommensurables ? Un nombre incommensurable étant donné, ne peut-on toujours trouver une infinité de nombres commensurables qui en diffèrent aussi peu qu'on veut ? Toujours, donc, Oresme pourra prétendre que les durées de deux révolutions célestes n'admettent point de commune mesure ; mais toujours, aussi, l'astrologue pourra lui riposter qu'elles en ont une.

Que les durées des révolutions célestes soient commensurables ou incommensurables, qu'importe, d'ailleurs, à l'astrologue ? Si elles sont incommensurables entre elles, jamais, c'est entendu, les astres ne reprendront exactement la configuration qu'ils ont prise une première fois ; mais au bout d'un temps suffisant, ils dessineront une constellation qui différera aussi peu qu'on voudra de la constellation autrefois formée ; sans être, dans la seconde circonstance, rigoureusement identiques à ce qu'ils étaient dans la première, les effets que ces astres produisent ici-bas se ressembleront d'aussi près qu'on le désirera, de si près qu'aucun observateur ne les pourra distinguer ; n'est-ce pas, pour l'astrologue, tout comme s'ils se reproduisaient exactement ?

Duns Scot semblait penser qu'un examen prolongé et minutieux des mouvements célestes permettrait de dire s'il en était quelques-uns qui fussent incommensurables entre eux. Oresme avait, des vérités mathématiques, un sens trop aiguisé pour donner dans la même illusion ; il nous le va dire très clairement.

Aristote, au *Traité du Ciel*, démontre [1] que toute chose qui a été engendrée prendra nécessairement fin ; que toute chose, au contraire, qui n'a point eu commencement durera éternellement. Dans le commentaire au *Traictié du Ciel* qu'il a rédigé en français, Oresme se propose de contredire à l'argumentation du

---

1. ARISTOTELIS *De Cælo* lib. I ; cap. XII. (ARISTOTELIS *Opera*, éd. Didot, ; éd. Bekker, vol. I, pp. 281-283.)

Stagirite ; de la discussion qu'il développe extrayons seulement les passages suivants [1] :

« Après ces choses, Aristote s'efforce de prouver que toute chose, soit substance ou accident ou quelconque disposicion, qui aura eu commencement, aura fin, et cessera par nécessité, et ne puet perpétuellement durer ; et semblablement, que chose qui n'aura fin ait tous jours duré sans commencement.

» Et pour ce que ce n'est pas vérité, et que ce est contre la foy quant à la première partie, je vueil monstrer l'opposicion selon Philosophie naturèle et mathématique ; et par ce, et autrement, apperra que les raisons d'Aristote ne concludent pas.

» Et premièrement je suppose avecques Aristote, combien que ce soit faulx, que le Monde et les mouvemens du Ciel sont perdurables par nécessité, sans commencement et sans fin.

» Après, je suppose, comment chose possible, que aucuns mouvemens du Ciel, simples et réguliers, sont incommensurables ; et est aussi comme l'en diroit que c'est possible que le nombre total des estoiles soit non per ; et aussi comme l'en ne puet savoir certainement ne évidemment se le nombre de toutes les estoilles est per ou non per, semblablement touz les hommes mortelz qui furent et qui seront ne pourroient, en lumière naturel, trouver ne savoir de certain se touz les mouvemens, de Ciel sont commensurables, car pour une partie de mouvement, laquelle seroit insensible et imperceptible posé que elle fust cent mile fois plus grande, II mouvemens quelsconques du Ciel ou autres seroient incommensurables, qui sembleroient estre commensurables. Et ceci est tout notoire ou manifeste à ceulz qni sont exercités en Géométrie. Et doit l'en savoir que les choses sont commensurables quant tèle proporcion comme à une l'autre puet estre trouvée en nombres ; et quant elle ne puet les choses sont incommensurables.

» Et que aucuns des mouvemens du Ciel soient incommensurables, c'est plus vraysemblable que ne est l'opposite, si comme je monstray jadis, et pluseurs persuasions, en un traictié intitulé : *De commensurabilitate vel incommensurabilitate motuum Celi.* »

Vers la fin de son argumentation, Oresme évoque une seconde fois le souvenir de ce traité : « Et tout ce que dit est, qui touche l'incommensurableté dessus dicte, est évidemment desclarié par

____

2. Nicole Oresme, *Traiclié du Ciel et du Monde*, livre I. Au XXIXe chapitre « il détermine de ce qui est possible ou regart d'aucune puissance » (Bibliothèque, Nationale, fonds français, ms. n° 1093, fol. 25, col. a-d).

démonstracions géométriques ou tractié dit : *De commensurabilitate vel incommensurabilitate motuum celi*, ou s'ensuit de ce que
dit est en cest tractié par telles démonstracions. »

Pour éclaircir sa pensée, Oresme a fait usage d'une comparaison malheureuse ; aucun astronome, sans doute, ne saurait
dire si le nombre des étoiles du ciel est pair et impair ; mais si
le monde est borné, et Oresme l'admet, il n'est pas au-dessus
d'une faculté finie de trancher ce dilemne ; au contraire, aucune
sensibilité finie ne saurait, par l'observation, décider si les durées
de deux révolutions célestes reçoivent ou non une commune
mesure ; c'est à juste titre que notre auteur affirme l'impossibilité où tout être borné se trouve d'acquérir la certitude à ce
sujet.

III

UN TRAITÉ DE PIERRE D'AILLY (?)

L'impuissance où nous sommes de reconnaître par l'observation si les durées de deux mouvements sont ou non commensurables est le principal sujet du traité que nous allons analyser.

En 1419, Jean Gerson envoyait, de Lyon, « au Dauphin, fils
unique du Roi de France », c'est-à-dire au futur Charles VII,
une pièce intitulée : *Trilogium Astrologiæ theologizatæ*. Dans
cet écrit, nous lisons la proposition suivante [1] :

« Proposition IX. Il est absolument incertain si les mouvements des signes du Ciel sont commensurables ou incommensurables ; il l'est également si une planète bien déterminée domine
sur telle ou telle nation.

» Commentaire. Ils sont tombés dans l'erreur, comme l'a
montré l'expérience, ceux qui ont voulu apporter la certitude,
là où une probabilité rhétorique pouvait seule être atteinte ;
Maître Nicole Oresme l'a démontré et, après lui, Monseigneur

---

1. JOANNIS GERSON *Trilogium Astrologiæ theologizatæ*, Proprosito IX (*Prima
pars operum* JOANNIS GERSON *Cancellarii universitatis Parrhisiensis theologi christianissimi. —* Colophon : Operum magistri Joannis de Gerson divinarum Scripturarum doctoris resolutissimi pars prima tractatus orthodoxam fidem : eccleslas-
ticamque concernentes potestatem complectens : Felici clauditur exitu apud ;
Tribotes : per Joannem Knoblauch. Anno Mdxiiij. Kalendis Juniis. Op. XX, G
fol. sign. ee 2, col. a et b.

Pierre, cardinal de Cambrai, qui en a tiré une des causes des difficultés que présentent les jugements astrologiques.

» Peut-être est-ce pour cette raison que la grandeur précise de l'année solaire ne paraît pas avoir été trouvée jusqu'ici ; sinon de quelle raison cela provient-il ?

» D'ailleurs, la variété de sentiment de ceux qui assignent à tel ou à tel signe la domination sur telle ou telle partie de la terre, montre assez qu'il y a, en cela, incertitude. »

En dépit de la confusion qui dépare ce court passage du *Trilogium* de Gerson, nous pouvons, semble-t-il, en conclure que Pierre d'Ailly avait, lui aussi, écrit sur les rapports incommensurables des révolutions célestes, et avait, à ce propos adressé des objections à l'Astrologie ; c'était, sans doute, au temps de sa jeunesse, alors qu'il n'avait pas encore, à l'égard de cette science, épousé la vive admiratian de Roger Bacon.

Dans la pièce anonyme [1] que nous garde un manuscrit du xve siècle, et que nous allons analyser, devons-nous reconnaître le traité de Pierre d'Ailly ? Nous n'avons, pour l'affirmer, aucune preuve convaincante. Nous pouvons dire seulement que l'œuvre n'est pas indigne de celui qu'on appelait l'Aigle de France, *Aquila Franciæ*.

« Zénon et Chrysippe ont plus fait que s'ils avaient commandé des armées, affirme Sénèque. » Ainsi débute le *Tractatus de commensurabilitate motuum cæli*, dont l'auteur fait volontiers étalage d'érudition.

L'ouvrage est divisé en trois parties.

La première partie [2] suppose commensurables entre elles les durées des diverses révolutions célestes. L'auteur montre comment, au bout d'un temps mesuré par le plus petit commun multiple de leurs durées de révolution, les divers corps célestes formeront une configuration identique à celle qu'ils dessinaient au début de ce temps.

« Dans la seconde partie de cet ouvrage, dit-il ensuite [3], il nous reste à montrer les conséquences auxquelles on parvient en supposant que quelques-uns des mouvements du Ciel sont incommensurables entre eux.

» A cet effet, voici une première conclusion :

---

1. Bibliothèque Nationale, fonds latin, ms. n° 7281. Fol. 259, r° : *Tractatus de commensurabilitate motuum celi*. Inc. : Zenonem et Crisippum majora egisse affirmat Seneca... Fol. 273, r°, des. : ... et ipse prorsus nescio quid super hoc judex docuerit Apollo. Explicit hic tractatus de commensuratione motuum.
2. Ms. cit., fol. 259, r°, à fol. 265, v°.
3. Ms. cit., fol. 266, r°.

» Si deux tels mobiles, mus de mouvements incommensurables entre eux, sont maintenant en conjonction, ils ne se trouveront plus jamais en conjonction au même point. »

D'autres propositions analogues développent la pensée d'Oresme et montrent que s'il y a, dans le Ciel, des mouvements dont les durées sont privées de commune mesure, une même disposition des astres errants par rapport aux étoiles fixes ne pourra se produire deux fois.

« Ces propositions et d'autres semblables, dit l'auteur à la fin de cette seconde partie [1], résultent de la supposition que tous les mouvements du Ciel ou que quelques-uns de ces mouvements sont incommensurables entre eux.

» Suit la troisième partie. »

Par la forme qu'elle revêt comme par les pensées qu'elle développe, cette troisième partie est la plus intéressante. Qu'il nous soit permis d'en traduire ici les principaux passages.

« De ce que je me proposais d'examiner, j'ai franchi deux parties en partant de deux hypothèses contradictoires ; de part et d'autre, j'ai conclu d'une manière conditionnelle ; j'ai dit quelles conséquences on obtenait, si tous les mouvements du Ciel sont commensurables entre eux, et quelles s'ils sont incommensurables. Reste un troisième point à examiner ; c'est celui qui sollicite le plus vivement l'esprit ; celui-ci, en effet, ne saurait demeurer en repos tant qu'il ne tient pas une conclusion catégorique et qu'il ne sait pas quelle supposition est vraie : Ces mouvements sont-ils ou non commensurables ?

» Tandis que, retenant mon souffle, je me proposais à examiner cette question, voici que je tombai dans une sorte d'assoupissement, et qu'Apollon m'apparut, accompagné des Muses et des Sciences. Le Dieu m'interpelle en ces termes :

» Ta préoccupation ne vaut rien ; ton application sera continuelle et ton labeur interminable. Connaître les rapports précis des choses de ce Monde, ne sais-tu pas que cela passe le génie de l'homme ? Puisque ta question concerne les choses sensibles, il te faut commencer par examiner les sens ; ceux-ci ne sauraient saisir la précision ponctuelle ; un excès imperceptible, plus petit même que la millième partie de quoi que ce soit, suffit à détruire une égalité et à faire passer un rapport du rationnel à l'irrationnel. Comment donc pourrais-tu connaître avec une exacte ponctualité les rapports qu'ont entre eux soit les divers mou-

---

1. Ms. cit., fol. 249, rᵒ.

vements, soit les diverses grandeurs du Ciel ? Cela, les principaux
astronomes te l'enseigneront, si tu les as lus.

» Autorisé par Ptolémée, Albatégni [1] écrit que, dans l'excellence
d'un tel magistère, dans un ordre si noble et si céleste, il n'est
donné à personne de saisir la vérité *ad unguem.* »

Ce qu'Al Battâni avait dit de l'ignorance où nous sommes
touchant le véritable mouvement des points équinoxiaux,
Apollon le répète.

« Ces rapports exacts, poursuit-il, ni l'Arithmétique ni la
Géométrie ne t'amèneront à les connaître ; lorsque ces sciences
s'appliquent à des choses sensibles, elles prennent leur appui
sur des principes sensibles...

» Ce sont donc des présomptueux, ceux qui se vantent d'avoir
trouvé un almanach perpétuel, de nous avoir donné le véritable
calendrier ; une telle trouvaille n'est peut-être au pouvoir de
qui que ce soit ; et à coup-sûr, il est impossible à un homme de
reconnaître qu'il a trouvé quelque chose de ce genre.

» Je pris alors la parole : Mon bon Père, je comprends que
les forces humaines ne parviennent pas à de tels résultats, si
elles ne présupposent quelque principe antérieurement examiné ;
je sais maintenant que le jugement des sens n'atteint pas à
la précision, et que, s'il lui arrivait de l'atteindre, il ignorerait
encore qu'il a jugé avec exactitude ; une addition ou une sous-
traction insensible changerait, en effet, le rapport sans changer
ni le jugement que nous portons ni la connaissance que nous
possédons. Certes donc, je n'irai pas présumer qu'une démonstration mathématique puisse terminer le problème qui m'occupe.
Mais, ô dieux immortels qui connaissez toutes choses, pourquoi
fîtes-vous que l'homme désire naturellement de savoir, et
pourquoi, décevant ce désir, nous cachez-vous les plus belles
et les plus nobles vérités ?...

» Puis donc qu'il est tant de choses que notre pouvoir de
découverte ne nous permet pas de savoir, je vous supplie de
consentir à ce que par votre enseignement, et en vertu de votre
grâce bienveillante, je reçoive solution de ce doute.

» Apollon sourit ; il jeta un regard sur les Muses et les Sciences
qui l'entouraient, et leur donna cet ordre : Enseignez-lui ce
qu'il demande.

» Aussitôt, l'Arithmétique de dire : Tous les mouvements du
Ciel sont commensurables entre eux. La Géométrie, se levant

_____

1. **Al Battâni.**

à son tour, lui opposa un démenti et dit : Non pas ! Il en est d'incommensurables. Le sujet du débat bien posé, Apollon ordonna que chacune des deux parties défendît sa cause par les raisons qui lui appartiennent. Alors, tandis que j'écoutais, plongé dans l'étonnement l'Arithmétique parla la première. »

Ce qu'invoqua l'Arithmétique, ce furent les raisons chères aux Pythagoriciens et aux Platoniciens, celles qui, dans l'existence de rapports commensurables entre les durées des mouvements célestes, voient une condition de la beauté et de la bonté de l'Univers ; d'ailleurs, contre la thèse opposée à la sienne, que la Géométrie avait charge de défendre, elle n'omit point de faire valoir cette considération : « S'il en est ainsi, nul ne pourra jamais connaître d'avance et prédire la conjonction ou l'opposition des planètes ; nul n'en pourra prévoir les effets ; partant, l'Astrologie tout entière demeurera cachée ; elle nous sera à jamais inconnue...

» Alors, à l'encontre de l'Arithmétique, la Géométrie se mit à défendre et soutenir la thèse opposée ; voici quel fut son discours :

»... Si tous les mouvements du Ciel sont commensurables entre eux, il faudrait nécessairement, dans le cas où le Monde durerait toujours, que des mouvements semblables, que des effets semblables, se répétassent une infinité de fois...

» Il est donc, semble-t-il, plus heureux et plus parfait, il convient mieux à la Divinité que le même sort ne soit pas une seconde fois apporté aux êtres de la terre, mais que par des configurations stellaires toujours nouvelles et différentes de celles qui les ont précédées, des effets variés se trouvent produits... Et cela n'arriverait point si les mouvements célestes n'étaient incommensurables.

» Il ne faut pas, à ce sujet, se fier aux philosophes ni aux poëtes, car, on l'a dit, ils ne s'accordent point entre eux touchant la durée de cette fameuse Grande Année ; en outre, ce qu'ils ont dit ne peut subsister avec les faits que les astronomes ont observés jusqu'à ce jour.

» Peut-être, d'ailleurs, ce que je vais dire fera-t-il croire plus volontiers à cette incommensurabilité.

» Si les mouvements des Cieux sont commensurables entre eux, a-t-on précédemment démontrés, le Soleil et la Lune ne pourront, pendant l'éternité tout entière, se trouver conjoints ou opposés qu'en un petit nombre de points du Ciel ; il en sera

de même pour leurs autres aspects ; de même aussi pour les
autres planètes.

» En outre, il y aurait une infinité de méridiens sur lesquels
ne se trouverait jamais, à proprement parler, l'entrée du Soleil
dans le Bélier, ou dans le Cancer, ou bien dans quelque autre
signe... Ce sont là conséquences qui ne se produiraient point si
l'on admettait l'incommensurabilité des mouvements célestes
or, elles ne se voient point ; et il ne convient pas à la beauté
de l'Univers que certains points de l'écliptique soient privés
de la conjonction des luminaires, ou de telles autres planètes,
ou de quelque autre phénomène céleste remarquable. Mieux
vaut dire qu'il n'est aucune portion de l'écliptique, si petite
soit-elle, où le Soleil et la Lune ne se trouvent quelque jour en
conjonction, et de même pour les autres phénomènes ; or c'est
ce qui résulte de l'incommensurabilité des mouvements célestes.

» Quant à l'objection tirée de l'ignorance à laquelle les hommes
sont, par là, réduits, elle ne conclut pas. Il suffit, en effet, de
savoir d'avance qu'une conjonction ou une éclipse se produira
à tel degré, à telle minute, à telle seconde, à telle tierce, etc,
du premier mobile ainsi que du temps ; il ne nous faut point
prédire exactement en quel point ni en quel instant. La mesure
du Ciel ne se fait pas à un pouce près, comme dit Pline ; et,
selon Ptolémée, nous ne pouvons, en ces sortes de choses,
connaître l'instant *ad unguem*. Celui donc qui a, d'avance,
annoncé un résultat tel qu'aucune erreur notable réapparaisse,
a suffisamment et bien jugé.

» D'ailleurs, si les hommes connaissaient avec précision tous
les mouvements du Ciel, on n'aurait plus besoin de faire aucune
observation ni de noter avec un soin vigilant les circulations
célestes. Il vaut donc mieux que, de ces choses excellentes,
quelque chose nous fût connu, mais que toujours, aussi, il nous
restât quelque chose d'inconnu qui servît d'objet à nos recherches
ultérieures. Ainsi, par sa douceur, l'avant-goût de la découverte
détourne les esprits généreux du souci des choses terrestres ;
l'excitation du désir les tient sans cesse occupés de l'étude véné-
rable qui s'adresse à un objet si élevé. Quoi donc ! Si ces mouvements étaient connus avec une exactitude ponctuelle, cette
fameuse Grande Année serait non seulement possible, mais
encore connue...

» Enfin, il répugne que certains événements à venir soient
connus de l'homme ; et, semble-t-il, on attribue à son orgueil
le pouvoir d'atteindre à la connaissance des futurs contingents,

dont certains, en dépit de leur contingence, sont soumis de quelque manière à la vertu des corps célestes.

» Mieux vaut donc admettre l'incommensurabilité des mouvements célestes, dont ne résulte pas l'ignorance que l'on dit. On l'a d'ailleurs prouvé ailleurs : Si l'on donne des grandeurs inconnues quelconques, il est plus vraisemblable qu'elles sont incommensurables que commensurables ; de même, si l'on propose une multitude inconnue d'objets quelconques, il est plus vraisemble qu'elle est un nombre imparfait qu'un nombre parfait ; s'il s'agit donc du rapport, inconnu de nous, entre [les durées de] deux mouvements quelconques, il est plus vraisemblable et plus probable que ce rapport est irrationnel plutôt que rationnel, à moins que quelque autre raison ne s'y oppose. Or, de semblable raison, après avoir bien considéré ce qui vient d'être dit, on n'en voit aucune dans le cas que nous avons en vue.

» La Géométrie n'avait pas encore achevé ce qu'elle se proposait de dire ; mais voici qu'Apollon lui ordonne de se taire et se tient pour suffisamment informé. Mais moi, je demeurais troublé d'une juste surprise ; je restais étonné des propos si nouveaux que je venais d'entendre, et je songeais à part moi : Toute vérité s'accorde avec toute autre vérité. Pourquoi donc sont-elles en désaccord, ces deux sciences dont le rôle est de poser la vérité ? Pourquoi recourent-elles à des persuasions rhétoriques, à des arguments topiques ? Elles n'usent, d'ordinaire, que des démonstrations les plus rigoureuses et dédaignent tout autre mode commun d'argumentation ; pourquoi ont-elles pris les façons, insolites pour elles, d'une science moins certaine ?

» Apollon vit les pensées de mon cœur. Ne crois pas, dit-il, à un véritable désaccord entre ces deux illustres amantes de l'évidente vérité. Elles badinent d'un air sérieux et s'amusent à prendre le style d'une science inférieure. Mais nous n'avons pas, en plaisantant avec elles, revêtu la forme d'un juge hésitant. Nous allons donc regarder de près ce procès et cette cause rare, puis, tout aussitôt, nous déclarerons la vérité sous la figure d'un jugement.

» Avec un ardent désir, j'attendais la sentence. Mais voici que le sommeil me quitte ; la solution reste en suspens ; et j'ignore entièrement, je l'avoue, ce qu'allait enseigner à ce sujet le juge Apollon. »

Ce que nous venons de lire marque avec une grande finesse la disparate que les bornes de notre sensibilité mettent entre

une proposition de Mathématiques et une proposition formulée
par une science expérimentale ; une proposition de Mathématiques énonce que deux grandeurs sont égales entre elles ; une
proposition tirée de l'observation énonce que deux grandeurs
sont égales *aux erreurs* d'expérience près.

De là cette conséquence : Pour un mathématicien, tout
rapport est commensurable ou incommensurable ; pour le
physicien, du rapport de deux grandeurs observées, on peut
indifféremment affirmer qu'il est commensurable ou incommensurable.

Au principe de la Chimie moderne, on trouve cette proposition :

Si une certaine substance forme avec un autre corps, l'oxy-
gène, par exemple, des combinaisons diverses, les poids de cette
substance qui se peuvent combiner avec un même poids d'oxy-
gène ont, entre eux, des rapports commensurables. C'est la *loi
des proportions définies*, fondement de toute la notion, de toute
la classification chimique.

Au principe de la Cristallographie moderne, on trouve cette
proposition :

Si une face d'un cristal coupe les trois axes paramétriques de
ce cristal à des distances de l'origine qui sont les trois paramètres de ce cristal, toute autre face du même cristal coupera
les axes paramétriques à des distances de l'origine qui seront
aux trois paramètres dans des rapports commensurables. C'est
la *loi des indices rationnels*, fondement de toute la notation
cristallographique.

On rencontre, de nos jours, dans les laboratoires et les Sociétés
savantes, des gens qui prétendent et soutiennent que la loi des
proportions définies, que la loi des indices rationnels sont des
vérités *directement* établies par l'expérience. Pierre d'Ailly où
l'auteur, quel qu'il soit, du traité que nous venons d'analyser,
n'eût point commis pareille erreur de logique.

La justesse d'esprit de cet auteur est donc très grande ; elle
enchérit sur celle même d'Oresme, et l'on serait presque tenté
de dire que c'est tant pis ; Oresme avait manqué de sens critique lorsqu'il avait pensé qu'en privant de commune mesure
les durées des révolutions célestes, on renversait les fondements
de l'Astrologie ; mais cette heureuse erreur nous avait valu la
vigoureuse condamnation de l'Astrologie judiciaire que, seul
en son temps, le Maître normand a l'audace de formuler ; le
maître dont le livre vient de retenir notre attention a usé d'un
sens critique plus pénétrant ; il a fort bien reconnu que l'incom-

mensurabilité des mouvements célestes serait de nulle conséquence pour les sciences d'observation comme pour celles qui
s'affublent de ce titre ; mais, sous sa plume plus exactement
informée, qu'est devenue la condamnation de l'Astrologie ?
Elle s'est évanouie ; tout au plus en retrouve-t-on un souvenir
vague et presque effacé dans l'interdiction timide, faite à
l'Astrologie, de prévoir certains futurs contingents. Même après
sa très fine discussion, l'auteur pouvait encore croire à l'Art
judiciaire ; et si cet auteur est Pierre d'Ailly, nous pouvons
assurer qu'il y croyait.

IV

LE BON SENS CONTRE L'ASTROLOGIE. — NICOLE ORESME

Les considérations de Mathématiques étaient impuissantes à
ruiner logiquement les principes de l'Astrologie. Pour jeter bas
ce réduit suprême des physiques et des théologies de l'Antiquité,
il fallait quelque chose de plus puissant encore que la Logique
la plus rigoureuse ; il fallait le bon sens.

De ce bon sens, Nicole Oresme fut le porte parole infatigable ;
au nom de ce bon sens, il n'a cessé de combattre le charlatanisme et la superstition des magiciens et des astrologues.

C'est à la Magie qu'il s'était, tout d'abord, attaqué dans son
traité *De figuratione potentiarum et difformitatum qualitatum ;*
il avait consacré bon nombre de chapitres de ce traité à mettre
à nu les fraudes des nécromanciens ; et, bien souvent, ces chapitres pourraient être repris, avec de bien légères modifications,
contre nos modernes spirites. Il serait trop long de les étudier
ici en détail ; nous nous bornerons à quelques citations qui
mettront en évidence le sain jugement de l'auteur.

« Je veux maintenant, écrit Oresme au sujet de la Magie [1],
mettre à nu la fausseté de cet art malin, et de telle façon que
tout homme à l'esprit sain qui aura pesé ce qui est dit ici refuse,
à l'avenir, de s'adonner à de tels arts. D'ailleurs, dans une certaine question, par autorités, par raisons, par induction, j'ai

---

1. *Tractatus de configurationibus qualitatum reverendi doctoris magistri* NICHOLAI
ORESME, pars II, cap. XXVI : De fundamento artis magice et prima ejus radice.
Bibliothèque Nationale, fonds latin, ms. n⁰ 14580, fol. 52, col. *d*, et fol. 53, col. a.

montré que quiconque s'était mêlé de ces choses s'en était mal
trouvé.

» Donc la racine première de l'art magique, c'est la mensongère persuasion d'une erreur ; par cette persuasion, le mage se
trompe lui-même et fait parfois illusion à autrui. Il s'imagine
en effet, qu'il opère soit par quelque force occulte venue des
astres, soit par une superstition sacrilège ; la plupart du temps,
en outre, il prétend mensongèrement faire par Astrologie ce
qu'il s'efforce tout simplement d'accomplir par art physique.

» Dans leurs livres, qu'ils nomment faussement nécromantiques,
on rencontre un assemblage de paroles qu'ils ont imaginé. On y
trouve des démonstrations *(persuasiones)* que les gens intelli-
gents ne sauraient approuver mais qui, pour les ignorants,
paraissent vraisemblables et colorées d'apparence de preuves.
On y trouve aussi des discours dont les mots sont disposés de
manière à émouvoir l'âme ; cette disposition de mots, mêlée à
des noms étranges et terribles qui sont, prétendent-ils, les
appellations des démons, inspire confiance à ces ignorants.
Ils y ajoutent certains signes étranges, certains caractères ; et
par tous ces moyens, les imbéciles espèrent acquérir le pouvoir
de conjurer les démons ou bien encore de les contraindre d'apparaître sous certaines figures, de donner certaines inspirations,
de répondre à certaines questions. Par ces moyens, l'esprit est
saisi et frappé de terreur ; une puissante imagination, une fausse
crédulité l'altèrent et le tranforment ; l'homme est mis hors
du bon sens ; il est plongé dans une sorte de démence, dans une
espèce de folie. Dès lors, il croit voir ce qu'il ne voit point,
entendre ce qu'il n'entend point ; il porte en lui-même la cause
de son erreur... Tout cela se peut produire et s'est souvent produit hors de toute apparition véritable, de toute présence réelle
d'un démon, encore que les démons apparaissent parfois
vraiment. »

» Que de semblables effets se puissent produire en l'absence
de tout démon, en voici une nouvelle preuve [1] : Une foule
d'expériences, les auteurs qui ont traité de la Médecine, de nombreuses histoires nous certifient que la même chose arrive,
pour diverses causes, dans un grand nombre de maladies et
d'espèces de folie ; les malades croient voir des démons, croient
entendre toutes sortes de fantômes ; or rien de tout cela n'existe

---

1. Nicholai Oresme *Op. laud.*, pars II, cap. XXIX : Argumentatur ad idem
ex alteratione et reclusione anime. Ms. cit., fol. 53, col. c.

hors d'eux ; toutes ces illusions proviennent du vice des organes intérieurs des sens, de la corruption éprouvée par la perception interne, par l'imagination ou par le jugement ; la raison en est dans un abcès du cerveau ou dans quelque autre cause ; parfois, aussi, c'est le cœur qui en est l'origine. »

Selon Nicole Oresme, ces hallucinations se doivent expliquer par la « réclusion des esprits » qui ont abandonné les organes externes de la perception pour se rassembler dans les organes internes.

« En ces personnes, cette réclusion des esprits se fait, soit naturellement, soit par suite d'une maladie [1]. Quelque chose d'analogue se peut produire en un homme qui y est naturellement disposé et qu'une fausse et sotte crédulité a frappé de terreur ; c'est précisément ce que font les magiciens ; c'est là, comme nous l'avons dit tout à l'heure, une des racines de leur art. De même que le sang coule vers le membre qui est blessé et laisse exangue les autres parties du corps, de même, vers l'organe du jugement, troublé par la terreur ou lésé de quelque autre manière, les esprits se précipitent, laissant les organes extérieurs frappés d'une sorte de stupeur.

» Ceci se peut encore prouver par le signe que voici. Les magiciens prennent l'enfant où la personne de qui ils prétendent, par leur art, tirer des réponses. Ils l'obligent à tenir ses regards fixés sur quelque objet lisse et poli, par exemple sur le miroir que forme une carafe de verre, sur une épée brillante ou simplement sur ses ongles, de telle sorte que le regard puisse être répercuté par cet objet ; c'est afin que la fausse crédulité, secondée par cet obstacle extérieur, oblige les esprits qui servent à la vue *(spiritus perspicui)* à rebrousser chemin vers les puissances intérieures, à fortifier la réflexion ou l'imagination, ce qui déterminera une apparition. »

« Que cela se fasse par réclusion des esprits [2], voici qui le marque : Il arrive souvent que des enfants ainsi rangés en cercle et fixant leurs regards sur un objet brillant, aussitôt qu'ils ont aperçu la vision, deviennent aveugles, soit d'une manière absolue, soit pour un temps... La cause en est que, par cette action, la faculté visuelle est privée de ses esprits qui ont reflué vers l'intérieur. »

Par ces citations qu'on pourrait étendre bien davantage,

---

1. Nicole Oresme, *loc. cit.* ; ms. cit., fol. 53, col. d, et fol. 54, col. a.
2. Nicholai Oresme, *Op. laud.*, cap. XXX : Argumentatur adidem ex sequentibus et concordantibus signis. Ms. cit., fol. 54, col. a.

on voit qu'Oresme avait fort exactement observé les effets produits par les pratiques des spirites et des magnétiseurs D'ailleurs, il n'était point dupe du charlatanisme de tous ces gens. « Remarquez bien, dit-il [1], que devins et mages se vantent mensongèrement du pouvoir qu'ils s'attribuent, de ce qu'ils ont fait ou de ce qu'ils feront, alors qu'ils n'ont rien fait de tout cela et n'en peuvent rien faire. Ils parlent volontiers lorsqu'ils sont entourés d'ignorants ; ils usent de termes ambigus et de paroles qui ne se laissent pas prendre en défaut. Touchant ces sortes de faits, ils racontent une foule de choses qui sont fausses et pareilles à des récits de bonne femmes. »

Tout le bon sens qui a dirigé sa critique de la Magie, Oresme le retrouve dans les traités spéciaux qu'il compose contre l'Astrologie.

De ces ouvrages spéciaux, Charles Jourdain a fait un recensement attentif [2]. Il a montré que nous en possédions trois.

Le plus ancien est écrit en latin [3]. Il a pour titre : *Contra judiciarios astronomos qui se prophetas volunt appellari*, ou bien encore : *Contra judiciarios astronomos et principes in talibus se occupantes*.

Le second, intitulé *des Divinations*, est rédigé en français.

« Le livre *des Divinations* [4], fait assez curieux, fut traduit en latin ; cette traduction fait partie d'un manuscrit de la Bibliothèque de Bâle, côté F. V. 6. Une note du traducteur ou, plutôt, du copiste nous apprend qu'il termina son travail à Paris le jour de la saint Rémi de l'an du Seigneur 1411 : « *Scriptus anno Domini 1411°, ipso die beati Remigii* ». La même note devait contenir la date de la composition de l'ouvrage original ; mais, par une erreur de transcription, elle porte simplement : « *Explicit liber magistri* NICHOLAI ORESME *de divinationibus, translatus*

---

1. NICHOLAI ORESME *Op. laud.*, cap. XXXV : Determination quorundam predictorum. Ms. cit., fol. 56, col. b.

2. CHARLES JOURDAIN, *Nicolas Oresme et les astrologues de la cour de Charles V* (*Revue des Questions historiques*, dixième année, t. XVIII, 1875, pp. 136-159).

3. CHARLES JOURDAIN *Op. laud.*, pp. 144-146, et pp. 152-157. — L'exemplaire que nous avons étudié se trouve dans le ms. n° 14580 (olim S. Victor, 100) du fonds latin de la Bibliothèque Nationale. Au v°, col. *c*, du fol. de garde non numéroté, se trouve une table des écrits contenus dans le recueil. Cette table mentionne : *Tractatus ab* ORESME *contra astronomos judiciarios*. Au v°, col. *c*, du fol. 224 (non numéroté) une autre table porte : *Quidam tractatus de* ORESME *contra astronomos judiciarios*. Au fol. 100, col. *d*, le traité commence, sans aucun titre, par ces mots : *Multi principes et magnates noxia curiositate solliciti...* Au fol. 104, col. *a*, il se termine ainsi : *Rex insipiens perdit populum suum et principatus sensati stabilis erit. Explicit tractatus quem edidit vir altissime speculationis Magister* NICOLAUS OREM *contra astrologos judiciarios qui se philosophos volunt appellari*.

4. CHARLES JOURDAIN *Op. laud.*, p. 146.

in latinum, quia ipsum composuit in gallico, scriptus anno domini M⁰ III⁰ XVI⁰ *die septima mensis decembris* » ; indication évidemment fautive, puisqu'en 1316, Oresme n'était pas né. A la date de 1316, Haenel, dans son recueil de catalogues [1], substitue celle de 1346 qui ne soulève pas la même objection, et qui paraît même assez vraisemblable ; mais comme il ne dit pas sur quel fondement il appuie cette rectification, nous devons la tenir pour arbitraire, et laisser provisoirement indécise une question de chronologie que nous n'avons pas des éléments suffisants pour résoudre. »

Le troisième ouvrage de Nicole Oresme contre l'Astrologie est un traité latin assez étendu dont le titre nous est inconnu [2]. Il débute par une question ainsi formulée : *Utrum res futuræ per Astrologiam possint præsciri.*

Une note, qui termine une des questions qui composent ce traité, est ainsi libellée [3] :

Et sic finitur questio facta contra divinatores facta anno 1370⁰.

Cette note nous fait connaître la date de la première partie de l'ouvrage et, probablement, de l'ouvrage tout entier.

Charles Jourdain a tiré des deux traités latins l'exposé des doctrines d'Oresme contre l'Astrologie. Du petit traité français intitulé *Des divinations*, il n'a dit que quelques mots. Ce nous sera une raison de nous adresser surtout à ce dernier traité, moins connu. Une autre raison de le citer, ce sera le plaisir que nous avons pris, que prendra, sans doute, le lecteur, à entendre des pensées d'un si ferme bon sens s'énoncer dans une langue si bien faite pour les exprimer.

- Francis Meunier, dans son *Essai sur la vie et les ouvrages de Nicole Oresme*, a donné une analyse étendue [4] de l'ouvrage que nous allons lire. « Le nom d'Oresme, y est-il dit, ne se lit ni au commencement ni à la fin du manuscrit. » Charles Jourdain a fait observer [5] que cette affirmation n'était point exacte. La Bibliothèque Nationale possède deux exemplaires manuscrits du traité *Des divinations*. L'un, le manuscrit n⁰ 1350 du fonds français, commence et finit en ces termes :

« Cy commence le livre de Nicole Oresme de divinacions. »

« Ci finist le livre de maistre Nicole Oresme de divinacions. »

---

1. *Catal. libr. manuscript.*, col. 537.
2. Charles Jourdain *Op. laud.*, pp. 143-144.
3. Bibliothèque Nationale, fonds latin, ms. n⁰ 15126, fol. 39, r⁰.
4. Francis Meunier, *Essai sur la vie et les ouvrages de Nicole Oresme.* (Thèse de Paris.), 1857, pp. 48-58.
5. Ch. Jourdain *Op. laud.*, p. 145, en note.

L'autre, qui porte dans le fonds français le n° 19951, se termine [1] par cette formule latine : « *Explicit liber Magistri* Nicolai Oresme *de divinacionibus.* »

C'est ce dernier exemplaire que nous avons étudié.

Le traité *Des divinations* débute par un prologue [2] que nous reproduirons tout d'abord :

« Mon intencion, à l'aide de Dieu, est monstrer, en ce livret, par expérience, par autorité, par raison humaine, que fole chose, mauvaise, et périlleuse temporelment est mettre son entendement à vouloir savoir ou deviner les aventures et les fortunes à venir ou les choses occultes par Astrologie, par Nigromance [3], par Géomance ou par quelzconques telz ars, se on les doit appeller ars. Mesmement, telle chose est plus périlleuse à personnes d'estat, comme sont princes et seigneurs ausquelz appartient le gouvernement publique. Et pour ce ay-je composé ce livret en françois, afin que gens lais le puissent entendre ; desquels, si comme j'ay entendu que plusieurs sont trop enclins à telles fatuitez ; et autreffois ay-je escript en latin de ceste matière.

» Et se aucun veult réprouver ce que je diray quant à ma principal intencion, si le face en appert et par raison, non pas en détraccion et es crise encontre, et je y respondray si je puis ; car ainsi porroit-on trouver la vérité.

» Toute voies, quanque je diray, je le soubsmet à la correccion de ceulx à qui il appartient.

» Et supplie que on me ait excuse de la rude manière de parler, car je n'ay pas aprins ne acoustumé de rien bailler ou escripre en françois. »

Oresme ne se propose donc pas d'écrire pour ceux qui savent le latin, pour les clercs, mais bien pour les laïcs, pour les « gens lais » qui entendent seulement le français ; et c'est tant mieux ; car ce qu'il nous va faire entendre, ce ne seront pas dissertations philosophiques ou théologiques, mais considérations de sens commun, auxquelles sa « rude manière de parler » prêtera une force singulière.

Parmi les « gens lais », ceux qu'il désire particulièrement atteindre, ce sont « les personnes d'état, comme sont princes et seigneurs. » A côté de lui, à la cour du roi Charles V, il voit les grands s'adonner furieusement aux divinations astrologiques et aux sortilèges les moins sensés ; dangereuses chez les humbles,

---

1. Bibl. Nat., fonds français, n° 19951, fol. 31, r°.
2. Ms., cit., fol. 1, r°.
3. nigromance = nécromancie.

ces superstitions sont bien plus pernicieuses encore lorsqu'elles dirigent les décisions de ceux qui sont responsables du bien public ; aussi Maître Nicole n'a-t-il point souci plus constant que de les guérir de cette folie.

C'est tout spécialement à cette intention qu'il avait composé son traité latin *Contra judiciarios astronomos*.

« Nombre de princes et de grands, disait-il au début de ce traité [1], tourmentés par une nuisible curiosité, font appel à de vains arts pour rechercher les choses qui nous sont cachées et s'enquérir de l'avenir. C'est pour combattre cette erreur que j'ordonnerai au traité qui va suivre de la façon que voici :

» Dans le premier chapitre, on prétend démontrer que les princes doivent étudier l'Astronomie *(Astrologia)*.

» Au second chapitre, on indique comment les rois astrologues ont été infortunés.

» Au troisième, on montre à quoi les princes doivent tendre.

» Au quatrième, on argumente d'une manière générale contre les astrologues.

» Au cinquième, on détermine à quelle partie de l'Astronomie il convient de s'attacher et quelle partie doit être délaissée.

» Au sixième, on enseigne comment les princes se doivent comporter à l'égard des arts mathématiques.

» Au septième, on résout les objections qui ont été soulevées au début du premier. »

Ce petit traité donnait aux princes et aux seigneurs des conseils pleins de bon sens ; mais pour être suivis, il fallait, d'abord, que ces conseils fussent entendus ; l'étaient-ils ? Sans doute étaient-ils bien peu nombreux, à la cour de Charles V, les princes et les seigneurs qui pouvaient lire le latin d'Oresme. C'est pourquoi celui-ci décida de leur réitérer ses objurgations, mais, cette fois, dans la langue que tous comprenaient. Il composa donc, en français, son traité *Des divinations*, qui reprend et développe le traité *Contra judiciarios astronomos*.

Pour exposer le plan très simple sur lequel est construit ce traité *Des divinations*, le mieux est, croyons-nous, de reproduire la table [2] des dix-sept chapitres qui le composent.

« Ci-après s'ensuivent les chapitres du livre.

» Le premier est des ars par quoy on enquiert des choses occultes et mussiées [3].

---

1. Bibliothèque Nationale, fonds latin, ms. nᵒ 14580, fol. 100, col. d.
2. Bibliothèque Nationale, fonds français, ms. nᵒ 19951, fol. 1, vᵒ et fol. 2, rᵒ.
3. mussiées = cachées.

» Le second combien il y a de vérité ès parties de Astrologie.

» Le tiers, quelle vérité il y a ès ars dessus diz.

» Le quart, d'une réponse à une objeccion.

» Le quint, des argumens que les princes doivent estudier en telles sciences.

» Le VIe, des argumens que savoir les choses à venir sont possibles.

» Le VIIe, des argumens que c'est chose profitable et possible.

» Le VIIIe, de vraie probacion du contraire par expérience.

» Le IXe sera de mon propos par auttoritez.

» Le Xe sera de probacions du propos par raisons.

» Le XIe sera que, en telz ars, ne a pas certaineté.

» Le XIIe sera comment on est deceu par telz ars.

» Le XIIIe sera comment les princes se doivent avoier [1] à telles sciences.

» Le XIVe sera comment on respondra aux argumens du quart chapitre.

» Le XVe sera des responses aux argumens du quint chapitre.

» Le XVIe sera des responses aux argumens du VIe chapitre.

» Le XVIIe sera des récapitulacions et conclusions *omnium capitulorum.* »

Oresme va, d'abord, énumérer les doctrines dont il se propose de discuter la valeur. Ce sera l'objet de son premier chapitre. Le voici en entier [2] :

« Pluseurs ars ou sciences sont, par lesquelles on seult [8] enquérir des choses à venir ou occultes, secrètes, mussiées, ou qui à ce pevent estre appliquées.

» L'une est Astrologie, laquelle, se me semble, a aussi comme cinq principaulx parties.

» La première détermine principalement des mouvemens des signes et des mesures des corps du Ciel ; par laquelle, avec les tables, on peut savoir les constellacions et les éclipses à venir et semblables choses.

» La seconde est des qualitez, des influences et des puissances naturèles des estoiles, des signes, des degrez des signes du Ciel, et de tèles choses ; comme une estoile en une partie du Ciel segnefie ou a vertu de causer chault ou froit, sec ou moiste, et ainsi des effets naturels ; et ceste partie est introductoire pour descendre aux jugemens.

---

1. avoier — adonner.
1. Nicole Oresme *Op. laud.*, ch. I ; lns. clt., fol. 2, r° et v°.
2. on seult — on soult, on a coutume de.

» La tierce est des révolucions des ans et du Monde, et des conjunccions des planettes ; et est appliquée principalment à trois manières de jugemens.

» Premièrement, à savoir par les grans conjunccions les grans aventures du Monde, comme sont pestilences, mortalitez, famines, déluges, grans guerres, mutacions de royaumes, apparicions de prophètes, sectes nouvelles et telles mutacions.

» Seeondement, à savoir la qualité de l'air, les mutacions du temps, du chault en froit, du sec en moiste, des vens et tempestes, et telles manières de choses.

» Tiercement, à jugier des humeurs des corps humains, et des choses comme de prendre médecine ou de choses semblables.

» La quarte partie est des nativitez, à jugier principalement la fortune d'un homme par la constellacion et figure de sa nativité.

» La quinte est des interrogacions à jugier et respondre d'une question par la constellacion qui est ou Ciel à l'eure de la demande.

» La sixte est des éleccions, pour eslire heure de commencier un voyage ou une besongne ; et soubs ceste pratie est contenue celle qui enseigne à faire ymages, carrectes [1], aneaulx et telles choses.

» Les autres sciences sont Géomances, Dromance [2] et tezl sors, Piromances [3], expérimens, supersticions, et auspices [4] de esternuer [5], des encontres, de auguremens [6] par le chant [7], par le volement des oiseaulx, par les membres des bestes mortes par art magian, interprétacions de songes, et pluseurs autres vanitez qui ne sont pas sciences, fors à parler improprement. »

Laissons de côté tout ce que l'auteur, en son troisième chapitre, dit de ces divers procédés de divination ; ou, du moins, retenons-en seulement deux passages.

Le premier, relatif à la Chiromancie, est ainsi conçu [8] :

« Ciromance est une des parties de Phisionomies [9] ; et puet avoir aucun vérité, et bien peu, tant seulement quant à la

---

1. carrectes = carrés magiques.
2. dromance = hydromancie.
3. piromances = pyromancie.
4. Le ms. porte : denspices.
5. Le ms. porte : ester muer.
6. Le ms. porte : argumens.
7. Le ms. porte : chault.
8. Nicole Oresme *Op. laud.*, III^m capitulum de geomancia ; ms, cit,, fol, 4, v°, et fol. 5, r°.
9. fhisionomies = physiognomie.

complexion ou l'inclinacion de la personne, et non pas quant
à la fortune. Et pour ce, les règles qui en sont escriptes sont
presque toutes faulses ; des expérimens qui sont escrips en
pluseurs livres, est-il certain que pluseurs ne sont pas vrais et
ne sont que mensonges ou truffes, et appert magnifestement
qui les veult esprouver. Et ainsi est-il de pluseurs règles d'Astronomie judicative. Mais il est aucunes gens si simples qu'ilz
cuident que tout ce qu'ilz treuvent en escript soit vérité. »

Voilà, certes, une réflexion qui n'a cessé, et ne cessera sans
doute jamais d'être vraie.

Le second passage est le suivant [1] :

« D'art magique et de incantacions, ay-je démonstré la
fraude, la malice et les racines ou traictié que je fis de la confi-
guracion des qualitez et des mouvemens. »

Nous voici avertis que le traité intitulé par un manuscrit [2] :
De configuratione qualitatum par un autre manuscrit : *De uni-
formitate et difformitate intensionum*, cité par Oresme, dans
son traité français sur *Les politiques d'Aristote*, sous le titre :
De difformitate qualitatum, est antérieur au petit livre *Des
divinacions*.

Cette indication recueillie, venons à ce que notre auteur
nous va dire du degré de confiance que mérite chacune des
parties de l'Astrologie.

Ce qu'Oresme nomme première partie de l'Astrologie, c'est
ce que nous appelons Astronomie. Nous ne nous étonnons
donc pas de l'entendre louer en ces termes cette partie de la
Science [3] :

« La première partie d'Astrologie est spéculative et mathématique, très noble et très excellente science, bailliée ès livres
moult soubtilement. Et la peut-on moult souffisamment savoir ;
mais ce ne puet précisément et à point, si comme j'ay déclairé
en mon traictié de la mesure des mouvemens du ciel, et l'ay
prouvé par raison fondée sur démonstracion mathématique. »

L'écrit dont il est ici question, c'est celui qu'en son *Traictié
du Ciel*, Oresme intitulait *De commensurabilitate vel incommensurabilitate motuum cælestium*, c'est cet opuscule *Sur les proportions* où cette thèse était défendue : Les observations ne
sauraient assurer à l'astronome une connaissance rigoureuse

1. Nicole Oresme, *loc. cit.*
2. Voir : V⁰ partie, ch. VI, § I ; t. VII, pp. 534-535.
3. Nicole Oresme *Op. laud.*, ch. II ; ms. cit., fol. 3, r⁰.

des mouvements célestes, mais seulement une connaissance approchée *(prope punctum)*.

Nous avons vu comment cette thèse si juste avait conduit Oresme à la condamnation absolue de tout jugement astrologique ; condamnation mal justifiée, d'ailleurs, car un raisonnement tout semblable nous pourrait contraindre à rejeter toute prévision tirée de l'expérience.

Cette condamnation tranchante de toute Astrologie, nous ne la retrouverons pas dans le petit traité *Des divinations ;* nous y trouverons, au contraire, le souci de concéder une certaine part de vérité à plusieurs chapitres de l'art judiciaire, mais de délimiter cette part de vérité et de montrer qu'après tout, elle est fort mince.

Ce changement de l'attitude prise par Oresme est assez grand pour surprendre ; l'explication ne s'en laisse pas aisément deviner. Peut-être notre auteur avait-il reconnu que sa première intransigeance n'avait pas de quoi se pleinement justifier. Il semble plus probable qu'il cherche à éviter toute affirmation excessive et dont ses contemporains eussent pu contester ; son intention, il nous l'a dit lui-même, n'est pas d'instituer, au sujet des principes de l'Astrologie, un débat philosophique ; elle est toute pratique ; il se propose de persuader ceux qui le liront, de leur montrer, par simples arguments de bon sens, que les prédictions astrologiques méritent fort peu de confiance, et qu'il n'est point sensé de leur faire crédit.

Que tel soit bien le propos d'Oresme, le passage suivant [1] nous en donne, croyons-nous, l'entière assurance :

« Aucuns pourroient dire que les sciences dessus nommées sont de ancienne autorité et baillées par prophètes et par aucteurs raisonnables et ès livres autentiques, espécialment Astrologie ; et néantmoins j'en répreuve aucunes parties et aucunes règles et les autres ars nommés, sans assigner aucune raison, aussi comme cil qui les het [2].

» Je respons et dy primo que ce seroit trop longue chose de déclarer particulièrement la faulseté et la débileté des preuves sur quoy les sciences que je dy estre nulles sont fondées.

» Item, ce n'est pas chose aisée à mettre ou baillir en françois, ne que gens lais puissent légièrement [3] entendre.

---

1. Nicole Oresme *Op. laud.*, ch.cit., fol. 5, rᵒ et vᵒ.
2. het = hait.
3. légièrement = aisément . IV ; ms.

» Item, je suis prest, se mestiers [1] est, de monstrer et deffendre ce que je dyray et ce que je dy, par raison, en latin, contre ceux qui vouldront maintenir le contraire aveque toute bonne correction, et tous les jours, soit par expérience, que tels devinemens faillent à voir dire [2].

» Item, la propre response est, car mon principal propos, en cest traictić, n'est de déclairer la faulseté de telles besongnes ; mais mon intencion est, posé que telz ars soient vrais ou non, et me souffist à présent monstrer, comme j'ay dit devant, que c'est folie et péril de user de telz ars quant à enquérir des particulières fortunes à venir ; et ne convient pas, pour prouver ceste conclusion, savoir telz ars parfaictement, ans comme il n'est nécessité, à celui qui répreuve le jeu des tables et des dez, qu'il soit maistre de telz jeuz. »

Ne cherchons donc pas, dans le traité *Des divinations*, le fond de la pensée d'Oresme sur l'Astrologie ; pour éviter un débat philosophique qui passerait l'entendement des « gens lais » auxquels il s'adresse, il pourra, envers cette prétendue science, garder une mesure dont, ailleurs, il s'est départi et que ne lui impose nullement son propre sentiment.

Voici, d'abord, ce qu'on peut dire sans conteste de la partie de l'Astrologie où l'on traite « des qualités, des influences et des puissances naturelles des étoiles », du pouvoir que possède, par exemple, telle étoile, lorsqu'elle est en telle partie du Ciel, de causer la chaleur ou le froid, la sécheresse ou l'humidité :

« La seconde est spéculative naturelle [3] ; et est moult belle science, et possible à savoir, quant est de sa nature ; mais on en scet trop peu mesmement, car le plus des règles qui sont ès livres sont faulses, comme dit Averroys, et petitement ou nullement. Item, aucuns avoient lieu ou païs ou au temps qu'elles furent faictes, qui sont faulses ailleurs et maintenant, car les estoiles fichiés, qui sont de grant influence selon les Anciens », se sont lentement déplacées depuis ce temps.

De la partie de l'Astrologie qui, par l'observation des grandes conjonctions, prétend annoncer « les grandes aventures du Monde, comme sont pestilences, mortalités, famines, déluges, grandes guerres, mutations de royaumes, apparitions de prophètes, sectes nouvelles et telles mutations », nous serions

---

1. mestier — besoin.
2. Voir dire — dire vrai.
3. NICOLE ORESME *Op. laud.*, ch. II ; ms. cit., fol. 3, r°.

tentés d'escompter une rigoureuse condamnation ; notre attente
serait déçue, car voici ce qu'en dit Oresme [1] :

« Celles d'après s'apliquent à la pratique des jugemens, et
la tierce en trois manières dessus dictes.

» Desquelles la première, qui est des grans aventures du
Monde, puet estre et est assez souffisamment sceue, en général
tant seulement, car, en espécial, ne puet-on savoir en quel
païs, en quel moys, par quelles personnes ne sur quelles deter-
minéement telles choses avendroit, ne les autres particulières
circonstances. »

La météorologie astrologique ne semble pas, à notre auteur,
impossible par nature ; mais il a, pour ce qu'on en prétend
savoir, la plus mince estime ; assurément, des traités semblables
à celui de Firmin de Belleval, il ne faisait aucun cas :

« Secondement, dit-il [2], de la mutacion de l'air ; c'est chose
possible estre sceue de sa nature ; mais elle est trop forte ;
n'est à présent ne ne fu long temps qui en sceut aussi, fors
comme néant ; car les règles de la seconde partie sont faulses
pluseurs, si comme j'ay dit, et ceste partie les suppose ; et
semblablement sont faulses les règles espéciaulx qui sont
escriptes pour ceste partie. Et par ce véons-nous communément
que telles mutacions scavent mieux jugier les mariniers et les
laboureurs des champs que ne font les astronomiens. »

De cette incapacité où se trouve l'Astrologie de prédire les
simples changements de temps, notre auteur, dans son petit
traité latin, tirait argument « contre les astrologues judiciaires
qui veulent être appelés philosophes. »

Nombre de règles formulées par les astrologues, écrivait-il [3]
au sujet de la météorologie astrologique, « ne sont pas des
règles, par cela même qu'elles trompent la plupart du temps ;
ceux qui sont experts en cet art n'osent pas s'en servir pour
formuler des jugements, parce qu'il est possible d'éprouver de
suite si les pronostics qu'on en tire sont vraies ; mais, par les
jugements de nativité, ils formulent, touchant les fortunes des
hommes, des prédictions qui ne se doivent pas réaliser si vite,
ou qu'on peut interpréter dans un sens comme dans l'autre.
Alors qu'ils ne savent pas juger des changements de temps, ni
des effets atmosphériques comme les vents et les pluies, toutes

1. Nicole Oresme, *loc. cit.* ; ms. cit., fol. 3, r° et v°.
2. Nicole Oresme, *loc. cit.* ; ms. cit., fol. 3, v°.
3. *Magistri* Nicolai Oresme *Tractatus contra judiciarios astronomos,* cap. IV.
Bibliothèque Nationale, fonds latin, ms. n° 14580, fol. 102, col

choses qui sont sous la dépendance du Ciel et que la liberté humaine ne peut empêcher, n'est-ce pas folie de les croire, à l'aide des nativités, des interrogations et autres vanités de même sorte, capables de prédire d'une façon certaine ou simplement probable, quoique ce soit du sort des hommes ? »

L'Astrologie médicale, auprès d'Oresme, rencontrera un peu moins de sévérité que la Météorologie fondée sur l'étude des constellations :

« Tiercement [1], de ce qui appartient aux médecins, peut-on bien savoir aucune chose quant aux effects qui en suivent les cours du Soleil et de la Lune ; et en oultre plus, peu ou néant. »

« Toute ceste tierce partie d'Astrologie, poursuit notre auteur, regarde principalement les effects de nature, et les autres qui s'ensuivent regardent plus les effects de fortune. »

Pour celles-ci, Nicole Oresme ne dépassera pas, dans ses condamnations, la limite que l'Église catholique n'a pas franchie ; il ne déclarera fausses ou illicites que les pratiques contraires à la doctrine chrétienne :

« La quarte partie, dit-il [2], qui est des nativitez, quant est de la complexion et inclinacion de la personne qui lors est née est possible à savoir de sa nature, mais non pas de la fortune et des choses qui pevent estre empeschées par volenté humaine, desquelles ceste partie parle plus que des effects naturelz.

» Et voit-on souvent par expérience que deux personnes sont nées en si petite différence que on ne la peut appercevoir, et toutes voies se vont leurs fortunes toutes contraires. Pourquoy je di que ceste partie ne puet estre sceue, ne les règles sur ce escriptes ne sont pas vraies.

» La quinte partie, des interrogacions, et la sixte, des éleccions, n'ont point de raisonnable fondement, et n'y a point de vérité.

» Et de la partie qui est des images, dit Averrois, sur le XIIe livre de la *Métaphisique*, qu'elle suit et est naissance de corrupcion de philosophie et des fables des païans. Et ce puet entendre chascun qui a vu les livres de Yginus et Aratus qui traictièrent de ceste matière ; ne telz ymages n'ont point d'effect, se ce n'est par art magique ou par nigromance [3]. »

Oresme admet évidemment, comme tout le monde l'a supposé jusqu'à lui, que les astres peuvent exercer sur les choses

----

1. Nicole Oresme, *Des divinations*, ch. II ; Bibliothèque Nationale, fonds français, ms. n° 19951, fol. 3, v°.
2. Nicole Oresme, *loc. cit.* ; ms. cit., fol. 3, v°, et fol 4, r°.
3. nigromance = nécromancie.

d'ici-bas, certaines actions et influences ; mais il admet aussi que ces actions sont purement physiques, que les corps seuls sont soumis à ces influences. Toutes les fois, donc, que l'Astrologie se propose seulement de déterminer les lois suivant lesquelles les étoiles fixes et les astres errants émeuvent les corps, il lui paraît que cette science est, de soi, possible ; il se contente de la déclarer si difficile et si peu connue que ce qu'on en sait ne saurait guère être d'usage.

Tout autre est son sentiment dans les circonstances où l'Astrologie prétend deviner les futurs contingents et prévoir des événements dont la réalisation dépend de la volonté humaine. Dans ce cas, avec toute l'Église, il condamne formellement une prétendue science qui nie le libre arbitre humain et pose le fatalisme universel.

« Ce me semble, dit-il [1], grant mocquerie et grant abusion de croire que un astronomien, géomancien ou autres sachent par art dire certaineté des choses à venir, qui sont fortunes et en la possesce [2] de volenté muable. Et il ne saura pas dire quel temps il fera demain, ne la mutacion de l'air et des vens ; et toutes voies telles choses [ne] aviènent aux voels [3] de fortune, et en suivent du tout l'influence du Ciel, et ne pevent estre empeschées, fors tant seulement par miracle divin.

» Item, se un effect fortuite estoit sceu de cellui à qui il doit avenir, lequel effect despent de la franche volenté, je demande : Ou il le peut empeschier [ou non]. Se il ne peut estre empeschiez, il s'ensuit que toutes choses viennent de nécessité, et que pour néant met-on peine à le savoir. Et [se] il peut estre empeschié, doncque n'estoit-il pas seu. Et pour ce, il semble impossible à savoir telz choses, déterminéement et certainement, par art humain...

» Et est assavoir que, qui considère bien les livres des jugemens, il voit que c'est leur oppinion que tout aviengne de nécessité, combien qu'ilz dient aucunes fois le contraire. Et ce tient expressément Julius Firmicus [4] en son livre où il comprent presque toute Astrologie judicative de fortune. Et toutes voies, ceste oppinion est faulse et contre la foy et contre philosophie, et a esté, de tous temps et en toutes loys, dampnée et réprouvée. »

A l'égard des principes de l'Astrologie, Oresme ne formulera

---

1. Nicole Oresme, *Op. laud.*, ch. XI ; ms. cit., fol. 17, vᵒ, et fol. 18, rᵒ et vᵒ.
2. possesce = possession, pouvoir ; le ms. porte : posce.
3. aux voels = au gré ; le ms. porte : voles.
4. Le ms. porte : fermatus.

donc pas d'autre condamnation théorique ; il se contentera de tenir le langage qu'ont tenu tous les docteurs de l'Église et tous les théologiens. Mais, parmi ceux-ci, il s'en trouvait qu'une condescendance marquée inclinait vers ceux qui recouraient aux jugements d'Astrologie ; ils ne les blâmaient que dans la stricte mesure où leurs principes doctrinaux les y contraignaient ; ainsi faisait Saint Thomas d'Aquin ; ainsi faisait surtout Roger Bacon. Oresme agira de toute autre façon ; sans philosopher sur les principes, c'est aux hommes qu'il s'en prendra ; il s'attachera à prouver que les astrologues sont des charlatans et de roués filous, et que ceux qui leur accordent confiance sont des dupes. Cette manière toute pratique de combattre l'Astrologie ressemblera fort à celle dont usait Guillaume d'Auvergne dans son *De fide et legibus*. Oresme, d'ailleurs, ne craignait pas de s'autoriser de cet ouvrage lorsqu'il écrivait [1] : « Et dit Guillaume, évesque de Paris, en son livre *De foy et loy*, que l'humain lignage est naturelment enclein à ydolatrie. Or est ainsi que telz divinacions sont aussi comme une espèce de ydolatrie, et est voulenté et folie et présumpcion que nature humaine veuille savoir ce qui appartient à Dieu tant seulement. »

En marquant une telle sévérité à l'égard des jugements d'Astrologie, Maître Oresme reprenait la tradition constante des Pères de l'Église ; il ne l'ignorait pas et, dans cet accord avec la doctrine patristique, il voyait une preuve de la vérité de son propre enseignement. Dans son petit traité *Contra astronomos judiciarios*, il écrivait [2] :

« Non seulement ces curiosités superstitieuses sont interdites aux princes, mais on en peut dissuader tous les hommes par le triple moyen de l'autorité, de la raison et de l'expérience.

» A tout le monde, en effet, doit suffire l'autorité d'hommes circonspects, tels qu'Augustin, Grégoire, Jérôme, Ambroise, Origène et tous les autres docteurs qui ont déclaré l'Astronomie judiciaire chose inutile, dangereuse et fort ennemie de la vérité catholique. »

Avec quelle finesse et quel bon sens notre auteur perce à jour les duperies des astrologues, on le pourra voir par les citations suivantes [3] :

---

1. Nicole Oresme, *Op. laud.*, ch. X ; ms. cit., fol. 13, v°.
2. *Magistri* Nicolai Oresme *Tractatus contra astronomos judiciarios*, cap. IV ; Bibliothèque Nationale, fonds latin, ms. n° 14580, fol. 101, col. d.
3. Nicole Oresme, *Des divinations*, ch. XII ; Bibliothèque Nationale, fonds français, ms. n° 19951, fol. 19, r°, à fol. 22, v°.

« Pluseurs gens ont esté pluseurs foiz déceuz par telz ars ou divinemens premièrement, car c'est une des choses du monde de quoy on raconte plus de fables et de mensonges. Et imposent telz divins [1] qu'ilz avoient dit devant ce qu'ilz ne dirent oncques, et qu'ilz ont fait par leurs ars ce qu'ilz ne firent oncques. Car les simples gens escoutent voulentiers telz choses pource qu'elles sont belles et de grant admiracion.

» Item, ilz les croient de légier [2]... par la convoitise de savoir ce qui est à venir, qui leur fait croire de légier que telz folies sont possibles.

» Item, autres dient ou escrivent les choses après le fait, et faignent que ainsi avoit-il pronostiqué devant. Et en telle manière, ce dit Saint Augustin, descript Virgile l'estat et les proesses des Romains du temps passé, et imposoit à une Sibile que ainsi l'avoit-elle deviné avant.

» Item, leurs paraboles sont aucunes fois doubles, amphiboliques, à deux visages, comme on treuve en pluseurs histoires ; et aucunes fois sont obscures et pevent estre appliquées à pluseurs effects ou personnes, comme sont prophéties des papes et pluseurs autres.

» Item, quant aucune personne est inclinée à croire telles choses, et elle applique sa fantaisie à une exposicion d'une telle divinacion, il lui semble que celle divinacion a esté fète à ce propos ; mais tout ainsi lui sembleroit-il d'un autre propos, se il le y appliquoit.

» Item, qui veult diviner obscurément des fortunes d'un homme, à peine peut faillir qu'il n'aviègne aucune chose applicable à son divinement par la continuelle variacion des prospéritez et des adversitez de fortune ; car, selon ce que dit Job, homme ne demeure oncques en un estat. Et compaignons moqueurs font aucunes fois telles prophéties en la taverne...

» Item, se leurs pronosticacions sont clères, lors sont aucunes fois vraies à l'aventure et aucunes fois faulses...

» Item, telz divinemens sont souvent déceus ; car quant une chose avient, à l'aventure, qu'ilz avoient dénoncié par avant, il semble qu'ilz sont trop vaillans et que leur science est vraye ; mais quant ils faillent après, trois fois contre une, ilz cuident que ce soit pource qu'ilz n'ont pas ouvré selon leur science et qu'ilz aient oublié aucun point.

---

1. divins = devins.
2. De légier = aisément.

» Item, aucunes fois pronostiquent-ils aucune chose à venir pour longtemps après, ou ils les prononcent par manière de truffes, sans trop affirmer, afin que, s'il n'avenoit ainsi, qu'il soit oublié et que l'en ne s'enpuist prendre garde ; et s'il avient ilz le ramentoivent [1] et s'en donnent grant pris...

» Item, souvent aucuns que, quant leur malice ou leur misère est cogneue en un lieu, ilz se transportent en l'autre, et quièrent aucuns qui les loent et qui magnifient leur science.

» Item, ilz sentent que, quant un homme est enclin à croire mal d'une certaine personne, ilz y font aucunes fois avenir fausse suspecion de mal sur tèle personne, et diert par leurs divinements, si comme ils faignent : Il a emblé [2] tèle chose ou fait tèle traïson. Par quoy il s'ensuit hayne ou pugnicion ou aucun grant inconvénient.

» Item, ilz font faulsement accroire et donnent à entendre faulsement aux seigneurs que, par tels ars, sont pluseurs personnes venues à grans estaz, à grans prospéritez, et leur recommandent telles sciences. Et aucunes fois, les princes croient qu'ilz cuident qu'ilz soient de aussi noble nature comme ilz mesmes sont, et si [3] ilz sont aisiez à decevoir en leur bonne simplesce...

» Item, ils enquièrent aucuncs fois secrètement de l'estat des personnes et des choses célées, et puis [ce] qu'ils scèvent par ouï-dire ou qu'ils présument par conjecture humaine, ilz font semblant de le deviner par leur science. Et cecy ay veu et sceu d'aucuns...

» Item, ils dient que le Ciel muet [4] la personne à faire ou adjouster la question. Et bien est vérité que, aucune fois, ilz sont meus à ce, de l'inclinacion que le Ciel et nature leur a piéçà [5] donnée ; tout aussi, et non autrement que un homme est enclin naturelment de soy combatre folement à chascun. Mais se il y a sa voulenté pluseurs fois, se avient-il communéement que il lui meschiet en la fin.

» Item, aucuñes fois sont-ils meuz à ce de fole oppinion qu'ilz ont acquise, par mauvaise doctrine, selon tèles responses. Aussi comme un qui ne scet rien de médecine et est guéri d'une maladie deux fois ou trois fois par unc chose ; et quant semblable maladie retourne par autre cause, il cuide guérir par tèle chose comme

---

1. ramentoivent = rappellent.
2. emblé = dérobé, volé.
3. Le ms. porte : qu'.
4. muet = meut.
5. piéça = auparavant, autrefois.

devant, et il se tue. Item est près semblable d'un alquimien ; car quant il a fait de l'or une fois ou deux, il est après si aléchiez en tel art qu'il ne s'en peut tenir, combien qu'il faille, et en devient povre et meschant. Et lui vaulsist [1] mieux qu'il eust failli dès le commencement, et eust eu meilleur fortune pour lui. Item aussi comme les alquimiens sont communément déceuz et infortunez, aussi sont ceulx qui se confient en divinacions, et à bon droit, car ilz emprennent folement à savoir les uns les secrez de nature, les autres les secrez de fortune. »

On ne refusera certes pas à Maître Nicole Oresme le titre de pénétrant observateur.

Il n'oublie pas que la confiance aux jugements astrologiques, qui est folie pour tout homme, est folie particulièrement dangereuse pour ceux qui ont le soin de la chose publique. Aussi va-t-il dire avec précision comment le prince se doit comporter à l'égard de la science des astres [2] :

« Il me semble que la véritable estude du prince doit estre gouverner son peuple par la science de politiques et par bon conseil de pluseurs gens loyaulx qui, à la manière des anciens Romains, pensoient plus du bien commun que d'acquérir richesses et vains honnours. A telle chose doit le prince veiller et labourer.

» Mais bien est vérité que, aussi comme l'arc vault moins d'estre longuement tendu, il convient que le prince ait aucune récréacion et aucun honneste esbat qui lui fait repos. Et quant il est de noble engin, à lui apartient bien savoir de Astrologie et d'autres bonnes sciences ou aucunes bonnes conclusions, si comme de la disposicion du Ciel, du Monde, et du nombre et de la qualité, de la quantité, de la figure et des mouvemens des corps du Ciel, et de telles choses qui sont bonnes et dilettables à savoir.

» Et les doit le prince aprendre par oïr dire, par simple narracion, non pas par curieuse inquisicion, car il ne doit pas savoir les démonstracions de Ptholomée, ne travailler à enquérir des planètes, ne estudier astralabes, ne tèles choses mesmement, où est-ce [3] que ce lui seroit paine, ou que il en seroit en

---

1. Il lui eût valu.

2. Nicole Oresme *Op. laud.*, ch. XIII ; ms. cit., fol. 23, v°, et fol. 24, r°. — Oresme avait tenu le même langage au sixième chapitre de son *Tractatus contra astronomos judiciarios* (Bibliothèque Nationale, fonds latin, ms. n° 14580, fol. 103, col. a.

3. Le ms. porte : eis.

rien destourbé [1] du gouvernement publique. Et ce est proprement la sentence de Tulles ou premier livre des offices. Maiz je
passe oultre pour cause de briefté ; car il est certain que se il y
mettoit trop sa cure, il ne seroit pas réputé pour sage, maiz pour
fantastique. »

Charles V a, sans doute, entendu ces conseils, car il a mérité
le titre de sage beaucoup plus justement qu'Alphonse X de
Castille.

C'est pour donner aux princes et aux seigneurs de « noble
engin » le moyen d'étudier l'Astronomie dans les limites où elle
peut leur offrir un « honneste ébat », qu'Oresme a rédigé en
français son *Traictié de l'espère* [2].

« La figure et la disposition du Monde, disait-il dans son
Prologue au lecteur, le nombre et ordre des éléments et les
mouvements des corps du Ciel appartiennent à tout homme
qui est de franche condition et de noble engin. Et est belle
chose, délectable, proffitable et honneste... Duquel je veuil dire
en françois généralement et plainement ce qui est convenable
à sçavoir à tout homme, sans me trop arrester ès démonstrations et ès subtilitez qui appartiennent aux astronomiens. »

Ainsi notre auteur savait-il faire le départ entre l'enseignement convenable aux hommes pour qui la science sera profession, et l'enseignement, utile à tous, que déshonore trop souvent
le nom de vulgarisation.

Nicole Oresme ne se borne pas à tracer aux princes la conduite
qu'il leur faut tenir à l'égard de la science des astres ; il leur
marque aussi comment ils se doivent comporter envers ceux qui
s'adonnent à cette science [3].

« Je dy après que tous princes et chascun doit honnorer les
vrais estudians en Astrologie, et ceulx qui font observacions, et
qui mettent paine à examiner les règles des jugemens ou trouver nouvelles, et qui regardent et considèrent les autres ars ou
sciences touchiées ou premier chapitre, bonnes ou males, sans
abuser, et qui scèvent considérer la nature des choses et réprouver par raison ce qui fait à réprouver ; car telles gens sont ou

---

1. destourbé = troublé.
2. *Le traicte de la sphère : translate de latin en françois par maistre* Nicole Oresme,
*tres docte, et renomme philosophe. On le vent à Paris, en la rue Judas chez Maistre
Simon Du Bois imprimeur. — In fine :* Imprimé à Paris par Maistre Simon Du Bois.
3. Nicole Oresme, *Des divinations ;* Bibliothèque Nationale, fonds français,
ms. nº 19951, fol. 24, vº. Oresme tient un langage tout semblable dans son *Tractatus
contra astronomos judiciarios*, cap. VI (Bibliothèque Nationale, fonds latin, ms.
nº 14580, fol. 103, col. a).

fussent aucunes fois nécessaires, et tousjours sont-ils à amer et rémunérer.

» Item, les autres qui scèvent peu de vraie science et qui cuident que tout ce qui est escript de divinemens et de expérimens soit véritable, et qui par ignorance ou par malice s'entremettent de abuser des sciences, et pour achoison [1] desquelz Astrologie est à tout diffamée, ou qui usent de mauvais ars par divinemens, je dy qu'ilz sont périlleus et souverainement à eschiner [2] de tout homme, et par espécial du prince, pour les causes et pour les raisons dessus dites et après à dire. »

Tout le bon sens qu'Oresme a répandu au cours de son petit traité *Des divinations*, il le ramasse, peut-on dire, dans le chapitre qui conclut cet opuscule. Citons en entier ce dernier chapitre [3] :

« Selon ce que touche Aristote ou second livre de *Métaphisique*, ilz sont aucuns personnes qui, par acoustumances qu'ilz ont eues en joenesce ou par mauvaise introduccion ou fole affeccion ou périlleuse inclinaison, sont si fort affichiées ou aheurtées à une erreur et faulse oppinion, que ilz ne la veulent laissier, mais leur est tristesce ou raison au contraire, et sont inhabiles à entendre vérité ; car, si comme dit Ptholomée, amour et hayne pervertissent bon jugement.

» Averrois, ou prologue ou tiers livre de *Phisique*, [donne] une bonne doctrine quant à ce ; et dit que on se doit acoustumer à oïr le contraire ; et doit-on soy abstraire en résistant à son inclinacion, et oster toute afficcion, et soy tenir comme vray juge indiférent, en considérant loyaument les raisons aussi bien de l'une part comme de l'autre.

» Je le dy pourtant, car il me semble, que il n'est nul, se il est raisonnable, de noble entendement et enclin à vérité, et veille [4] diligemment, sans afficcion, considérer les choses dessus dites, qui desore [5] en avant aye désir de mettre son entente et sa cure à telz divinemens.

» Et pour ce me souffist-il ce que j'en ay dit, quant à présent, et fais fin et conclusion que périlleuse chose temporelment, et [6] signe et cause de mauvaise fortune, est [7] user de telz divinemens ;

1. achoison = occasion, cause, motif.
2. eschiner = se moquer, se railler.
3. Nicole Oresme *Op. laud.*, ch. XVIII ; ms. cit., fol. 30, vᵒ, et fol. 31, rᵒ.
4. veille = veuille.
5. desore = désors, désormais.
6. Le ms. porte : est.
7. Le ms. porte : en.

et fole chose et mauvaise de y adjouster foy et y mettre son
estude ; et mesmement ceulx qui ont peuple à gouverner et qui
sont à autres choses ordenés.

» Et néantmoins, misère humaine y fait aucuns entendre ;
de quoy se complaint ce noble auteur, Salustius : « Hélas, dit-il,
» se aucunes gens missent aussi grant estude à bonnes choses
» comme ilz font à choses qui ne leur sont appartenans, ne qui
» jà ne leur feront profit, et, qui plus est, qui sont très périlleuses,
» certes, dit-il, ilz ne fussent pas tant gouverniez de fortune
» comme ilz sont, mais ilz mesmes gouvernassent fortune. »

V

L'Astrologie a l'Université de Paris après Nicole Oresme.
Henri de Langenstein

Nous savons [2] qu'Henri de Langenstein prêtait grande
attention aux pensées de Nicole Oresme et qu'il les suivait
volontiers. Nous ne devrons donc pas nous étonner si l'enseignement du Docteur allemand touchant l'Astrologie porte le
reflet des théories exposées par le Docteur de Paris.

Ce reflet éclaire ce qu'Henri de Hesse dit de l'impossibilité
où se trouvent les astrologues de fonder une science certaine [2].

« Combien y a-t-il de combinaisons possibles des sept astres
errants ? dit-il. L'homme ne saurait ni le rechercher ni le découvrir. C'est évident, car il n'est pas possible de savoir si les mouvements de tous les astres errants sont commensurables entre
eux ou, du moins, si leurs vitesses sont commensurables entre
elles, comme le déduit Maître Nicole Oresme.

» Cette raison est appuyée par la suivante. Il faudrait nécessairement connaître toute la durée comprise entre le commencement du cours de la nature et la fin de ce cours, afin de savoir
si cette durée suffit ou non pour que telle combinaison de conjonctions se puisse accomplir, et cela lors mêmes qu'on supposerait

---

1. Voir Cinquième partie, ch. VI, § IV, t. VII, pp. 585-600.
2. Henrici de Hassia *Tractatus de reductione effectuum specialium in virtutes
communes et causas generales*. Cap. XXIV : De modis et speciebus combinacionum
virium tocius nature. 4ᵃ propositio. Bibliothèque Nationale, fonds latin, ms. nᵒ 2831,
fol. 114, rᵒ ; ms. nᵒ 14580, fol. 212, col. a.

commensurables entre eux les mouvements de tous les astres. Or cette durée est totalement inconnue.

De cette proposition, il résulte qu'on ne saurait déterminer par l'expérience quelle est, sous le rapport de la nature, de la qualité et de la grandeur, l'extrême limite des effets que les forces des astres peuvent produire. C'est évident par ce qui précède. »

Si la pensée et le nom de Nicole Oresme se retrouvent dans ces réflexions sur l'Astrologie, il en est qui portent plus profondésent la marque d'une doctrine chère à Henri de Langenstein.

Albert de Saxe distinguait [1] les qualités en deux catégories, les qualités sensibles et les qualités insensibles. Les qualités insensibles, à leur tour, se subdivisent. « Parmi elles, il en est qui ne résultent pas de l'action que les qualités contraires, actives et passives, exercent les unes sur les autres ; il en est d'autres qui résultent de cette action. Exemple du premier cas : L'influence du Ciel ou bien les qualités qui découlent en nous des choses d'en-haut. Exemple du second cas : Les vertus et les qualités insensibles des pierres précieuses et des herbes. »

Marsile d'Inghen, lui aussi [2] ; divise les qualités en qualités sensibles et qualités insensibles. Il ajoute : « Parmi les qualités insensibles, il en est qu'on nomme spirituelles ; ce sont celles qui ne résultent pas de l'action exercée, au sein du sujet, par des qualités sensibles et contraires ; telles sont les espèces des qualités sensibles et les influences célestes. Il en est d'autres qu'on appelle virtuelles, et non pas spirituelles ; ainsi en est-il de la vertu, attractive du fer, qui réside dans l'aimant, des vertus insensibles des herbes et des autres vertus semblables. »

Or, de la Physique sublunaire, Henri de Hesse prétend chasser toute qualité insensible; toute vertu occulte ; lorsque, dans un corps, une qualité apparaît — telle l'aimantation qui se mani-

---

1. EGIDIUS *cum* MARSILIO *et* ALBERTO *de generatione.* — *Commentaria fidelissimi expositoris* D. EGIDII ROMANI *in libros de generatione et corruptione Aristotelis cum textu intercluso singulis locis.* — *Questiones item subtilissime eiusdem doctoris super primo libro de generatione : nunc quidem primum in publicum prodeuntes.* — *Questiones quoque clarissimi doctoris* MARSILII INGUEM *in prefatos libros de generatione.* — *Item questiones subtilissime magistri* ALBERTI DE SAXONIA *in eosdem libros de gene : nusquam alias impresse.* — *Omnia accuratissime revisa: atque castigata: ac quantum ars eniti potuit Fideliter impressa.* Colophon : *Impressum venetijs mandato et expensis nobilis viri Luceantonij de giunta florentini. Anno domini 1518, die 12 mensis Februarii.* — *Questiones de generatione et corruptione secundum* ALBERTUM DE SAXONIA, lib. II, quæst. I : Utrum sint quatuor qualitates primæ, nec plures vel pauciores ; fol. 147, col. a et b.

2. *Questiones clarissimi philosophi* MARSILII INGUEN *Super libris de generatione et corruptione.* Lib. II, quæst. I : Utrum quatuor sint qualitates prime... Éd. cit., fol. 98, col. b.

feste dans le fer et le porte vers l'aimant — c'est que, sans le
secours d'aucune vertu insensible et occulte, elle a été mise en
acte dans le sujet où elle se trouvait en puissance, par les quatre
qualités premières, le chaud et le froid, le sec et l'humide, qui
résidaient dans l'agent ; immédiatement ou médiatement, toute
altération produite ici-bas se ramène à l'opération de ces quatre
qualités, contraires deux à deux.

Mais Henri de Langenstein n'entend pas borner cette doctrine
et ne l'appliquer qu'au monde sublunaire ; il prétend que
l'Univers entier s'y soumette.

« Il nous faut examiner maintenant, dit-il [1], de quelle manière
les forces naturelles inférieures sont dans la subordination et
la dépendance des influences célestes.

» Au sujet de ces influences, il y a deux façons de dire.

» La première, c'est que ces influences sont des qualités qui
ne sont point qualités sensibles, et ne sont point, non plus,
espèces [2] de qualités sensibles ; cependant, elles produisent ou
sont susceptibles de produire des qualités sensibles. C'est pour
cette théorie que tient la philosophie de nos pères.

» La seconde théorie suppose, en premier lieu, qu'il est vain
de recourir à un plus grand nombre de moyens pour accomplir
ce qui se peut faire à l'aide de moyens moins nombreux, surtout
lorsqu'aucune raison ne nous y force.

» En second lieu, elle suppose avec Aristote que, pour les
corps soumis à la génération, la corruption et la génération
substantielles sont la fin à laquelle tend l'altération qui porte
sur le chaud ou le froid, le sec ou l'humide.

» En troisième lieu, elle suppose que, parmi les substances
corporelles, il en est pour lesquelles l'altération portant sur les
qualités premières a pour but une génération substantielle au
sein des substances mêmes qui éprouvent cette altération ; il
en est, au contraire, où elle a seulement pour but la génération
d'une substance ou d'un mixte au sein d'une substance autre
que le sujet de l'altération.

» Elle suppose, en quatrième lieu, qu'en toute substance
corporelle, la raréfaction où la condensation viennent seulement
après la première altération produite par les qualité premières.

---

1. HENRICI DE HASSIA *Op. laud.*, cap. X : De duplici modo ponendi influencias
in superioribus. Ms. n° 2831, fol. 107, r° ; ms. n° 14580, fol. 207, coll. *b* et *c*.

2. On sait que les Scolastiques nomment espèce *(species)* d'une qualité sensible,
ce que cette qualité produit dans un milieu, afin de se transmettre à distance.
Ainsi un corps lumineux produit, dans un milieu transparent, une espèce invisible
qui, rencontrant un corps opaque, y engendre un éclairement visible.

» Voici la raison de cette quatrième supposition : La condensation et la dilatation ne sont suites nécessaires de l'action des qualités premières que pour les substances auxquelles ces qualités premières confèrent une disposition aux transmutations substantielles ; mais ni les orbes célestes, ni les astres ne sont substances de cette sorte, bien que la présente théorie leur attribue formellement le chaud et le froid, le sec et l'humide. On peut donc soutenir ainsi que ces corps sont altérables sous le rapport de ces qualités premières, qu'ils peuvent passer d'une qualité à la qualité contraire, sans qu'il se produise en eux de transformation substantielle, de génération ni de corruption. » Dès lors, en un corps céleste, le passage du chaud au froid, n'entraînerait aucune condensation, le passage du froid au chaud ne déterminerait aucune raréfaction.

On devine quelles objections un péripatéticien ferait valoir contre une telle supposition. Comment un corps céleste éternel et immuable pourrait-il être sujet à ces qualités premières contraires les unes aux autres ? Comment pourrait-il, par exemple, laisser rayonner hors de lui la chaleur qu'il possède ? Ne serait-ce pas une altération contraire à son essence ? A cette objection, voici la réponse que formule Henri de Langenstein :

« Les vertus et qualités qui résultent de la nature d'un corps perpétuel n'ont pas besoin d'être perpétuelles à ce point qu'elles demeurent, en ce corps, numériquement identiques à elles-mêmes, sans jamais devenir plus intenses, sans jamais s'affaiblir. Cela, l'opinion contraire à celle que nous soutenons est bien, elle-même, forcé de l'admettre au sujet de la lumière et des qualités qui composent les influences répandues au travers des orbes. Il suffit que le Soleil possède perpétuellement de le chaleur et Saturne du froid. De même accordons-nous que la Ciel se meut sans cesse de quelque mouvement, bien que le Ciel ne se soit point mû et ne se meuve pas toujours d'un même mouvement.

» Selon cette opinion, donc, les influences des astres et des orbes ne sont pas autre chose que les espèces et les rayons des premières qualités sensibles... Comme ces espèces se propagent de multiple façon, que la variété des mouvements célestes les combine de diverses manières au sein des corps d'ici-bas, on sauverait ainsi, dans le cours naturel des choses, les effets qu'on attribue aux causes célestes, aussi bien qu'on les sauve selon l'opinion commune ; celle-ci suppose que les corps célestes ne sont ni chauds ni froids, ni secs ni humides ; mais elle met en

eux certaines qualités capables d'engendrer le chaud, le froid,
la sécheresse, l'humidité ; une de ces qualités est la lumière ;
quant aux autres, on admet qu'elles ne tombent sous aucun
sens humain ; elles sont enracinées dans la substance céleste,
et elles laissent couler hors d'elles-mêmes des qualités d'espèces
différentes. »

Cette théorie commune n'est point, assurément, celle qui a
la préférence d'Henri de Langenstein ; mais à ceux qui la voudraient admettre, notre auteur montrera qu'on en peut, si l'on
veut, tirer des conséquences toutes semblables à celles de l'autre
doctrine.

« Admettons, dit-il [1], que les choses se passent comme le
veut la première opinion ; cependant, ces influx qu'ils répandent
et par lesquels les susdites qualités des corps célestes produisent
ici-bas le chaud et le froid, la sécheresse et l'humidité, personne
n'a la certitude ni l'évidence qu'ils soient spécifiquement différents des espèces et des radiations émises par les qualités
premières formelles... Lorsque, par ses rayons, la chaleur du
feu produit une autre chaleur, c'est qu'elle s'accompagne de la
production de rayons qui lui sont spécifiquement semblables ;
de même pourrait-il se faire que ces mêmes rayons, qui sont
ceux des qualités premières, soient aussi bien les effets naturels
des corps célestes ou de leurs qualités que les effets des qualités
des éléments. »

Selon cette manière de voir, le Soleil posséderait une qualité
productive de chaleur qui serait essentiellement différente de
la chaleur du feu ; mais les rayons calorifiques que répand la
qualité solaire auraient exactement même nature que les
rayons calorifiques émis par la chaleur du feu.

« Que deux qualités d'espèces différentes, dont l'une est
subordonnée à l'autre, produisent, dans un même patient, des
effets semblables, ce n'est point absurde.

» Dès lors, on devrait accorder que ces qualités célestes sont
immédiatement sensibles, tout comme la chaleur et le froid ;
elles le sont, en effet, par les rayons qu'elles émettent immédiatement et qui sont spécifiquement semblables aux rayons de
la chaleur formelle ou du froid formel.

» De la chaleur, du froid, nous apparaîtraient donc dans les
astres bien que ces qualités n'y soient pas ; cela n'est pas
absurde, car des apparences de couleur se voient souvent là

---

1. HENRICI DE HASSIA *Op. laud.*, cap. XI : De modo quo incidunt in rebus
inferioribus. Ms. n° 2831, fol. 107, r° et v° ; ms. n° 14580, fol. 207, col. c et d.

où il n'y a point de couleur ; c'est ce que nous montre
l'arc-en-ciel. »

Il y a, dans ces considérations, plus d'une proposition qui
peut sembler hérétique à ceux qui gardent pleinement, au sujet
de la substance céleste, les enseignements d'Aristote et d'Averroès ; mais les théories d'Henri de Langenstein, qui assimilent
les effets des astres sur les choses d'ici-bas aux effets que ces
mêmes choses exercent les unes sur les autres, ne semblent pas
de nature à troubler les astrologues peu soucieux de Péripatétisme ; qu'y a-t-il, par exemple, en tout ce que nous venons
d'entendre, qui puisse choquer un Claude Ptolémée ?

Que les astrologues ne se hâtent point de mettre notre philosophe hessois au nombre de leurs partisans.

En marge d'un des manuscrits [1] qui nous ont conservé ce
que nous venons de rapporter, une main du xv⁰ siècle a écrit :
« *Nota in isto capitulo contra astronomos judiciarios.* » Le lecteur
qui a fait cette remarque était perspicace.

En effet, le passage que nous citions à l'instant se poursuit
en ces termes :

« Ces rayons inflammables [que les astres nous envoient]
ainsi que les rayons d'autres espèces, auraient, dans un milieu
uniforme, un trajet rectiligne ; selon la diversité des milieux
dans lesquels ils pénètrent, ils se réfracteraient en s'écartant
ou se rapprochant de la normale ; selon la façon dont le patient
souffre leur action ou suivant telle ou telle disposition du
patient, ils se réfléchiraient d'une manière ou d'une autre ;
tout cela se ferait comme ceux qui traitent de la Perspective
l'ont imaginé, au sujet des rayons lumineux et colorés, et l'on
prouve par l'observation des phénomènes.

» Remarquons, pour la radiation lumineuse, quels sont les
effets de cette variation. Le rayonnement de la lumière solaire
est simple dans la source qui le produit, il est homogène au
sein d'un milieu homogène, il a partout même nature. Cependant, selon que les corps qui le reçoivent sont disposés par
telle ou telle qualité, qu'ils s'offrent à lui dans telle ou telle
situation, que leur surface affecte telle ou telle figure, leurs
angles de réflexion ou de réfraction en sont changés ; par là
surviennent ici-bas une foule d'effets admirables, comme les
phénomènes de l'arc-en-ciel, du halo, du périhélie, comme les
couleurs variées dont se teignent les nuages.

1. Bibliothèque Nationale, fonds latin, ms. n⁰ 14580, fol. 207, col. o.

» Il nous faut imaginer qu'il en est de même des variations éprouvées par les radiations, semblables aux rayons lumineux, chargés de transmettre les influences des astres aux choses d'ici-bas.

» Voici ce que j'en conclus : Connaître quelle est, à telle ou telle époque, l'influence prédominante parmi celles qu'émettent les corps célestes, cela n'est guère utile ou cela ne sert de rien pour juger quels effets produit à l'avenir dans les choses d'ici-bas. D'après ce qui vient d'être dit, il se peut faire que cette influence soit affaiblie par la réflexion et la réfraction qu'elle éprouve en raison de la position des choses d'ici-bas qui la doivent recevoir ; partant, qu'elle soit dominée par une autre influence. C'est ce que nous voyons au sujet de l'influence du Soleil ; parfois, en un endroit, la chaleur se trouve être deux fois ou trois fois plus intense qu'en un lieu voisin, parce que, peut-être, au premier endroit, le rayonnement direct s'accompagne d'un rayonnement réfléchi par les objets qui l'entourent...

» Cette connaissance donc vaut et suffit aussi peu à pronostiquer l'avenir qu'en cet exemple : On sait qu'à telle époque, le Soleil demeurera tant de temps au-dessus de notre hémisphère, et qu'il sera fort brillant ; mais on ignore quelle sera, à ce moment, la disposition qualitative des nuées, leur figure, leur situation à l'égard du Soleil ; quelle valeur cela a-t-il pour juger d'avance s'il se produira, à ce moment, un arc-en-ciel, un halo, un périhélie ou quelque phénomène de ce genre ? »

Pas plus qu'Oresme, Henri de Langenstein ne dénie aux astres une certaine influence sur les choses d'ici-bas ; mais pas plus qu'Oresme, il ne croit les astrologues capables de connaître cette influence et les circonstances qui en accompagnent l'opération assez exactement pour en tirer le moindre pronostic véridique.

De plus, à cette influence, notre auteur refuse toute nature occulte et mystérieuse ; il entend l'assimiler de tout point aux actions que les corps d'ici-bas exercent les uns sur les autres en vertu de leur chaleur ou de leur froid, de leur sécheresse ou de leur humidité ; l'étude de cette influence ne doit donc être qu'un chapitre de la Physique spéciale dont il souhaite la construction ; les diverses doctrines de l'Astrologie devront prendre pour modèle la théorie de l'arc-en-ciel ; autant dire qu'elles doivent dépouiller tous les caractères qui marquaient l'Art judiciaire.

VI

L'ASTROLOGIE A L'UNIVERSITÉ DE PARIS
APRÈS NICOLE ORESME *(suite)*. PIERRE D'AILLY ET JEAN GERSON

La guerre que Nicole Oresme avait menée contre les superstitions et les piperies des astrologues fut-elle une guerre sans résultat ? Ceux qui en ont écrit l'histoire l'ont pensé.

« L'Astrologie judiciaire, a écrit Francis Meunier [1], était la grande chimère du XIVe siècle. Charles V croyait à l'Astrologie ; il possédait plus de trois cents ouvrages sur les sciences divinatoires dans sa librairie de la tour du Louvre, et il avait fait venir d'Italie Thomas le Pisan, astrologue célèbre, auquel il donnait cent livres par mois, traitement dont de fréquentes gratifications doublaient presque le chiffre. Que si un esprit aussi sensé, aussi judicieux, aussi sage que celui de Charles V était infatué de sciences aussi vaines, quelle devait être la crédulité du vulgaire ! Aussi Oresme n'eut-il pas tout le succès qu'il semble s'être promis. On continua de croire à l'Astrologie après la publication de ses ouvrages comme on y avait cru avant.

» On y crut sous Louis XI, on y crut au temps de Catherine de Médicis, on y crut sous Louis XIII ; et lorsque La Fontaine écrivait, sous Louis XIV, les fables de l'Astrologue et de l'Horoscope, il ne frappait pas un ennemi à terre, mais une superstition encore debout et qui portait la tête haute. »

Voici, d'autre part, comment Charles Jourdain conclut [2] ce qu'il a écrit de la lutte soutenue par Nicole Oresme « contre les pratiques superstitieuses répandues en France au XIVe siècle.» :

« Le récit de cette lutte, curieuse en elle-même, gagnerait sans doute en intérêt si elle avait porté plus de fruits, et si les préjugés combattus par l'Évêque de Lisieux avaient cédé devant les efforts persévérants de sa logique et de son savoir. Mais il n'eut pas la consolation de se dire, en mourant, qu'il les avait vaincus. Lorsqu'il s'éteignit, le 11 juillet 1382, l'Astrologie judiciaire était aussi cultivée, aussi florissante qu'au siècle précédent ; peut-être même avait-elle vu s'accroître plutôt que diminuer le nombre de ses adeptes. Le peuple comme les grands,

---

1. FRANCIS MEUNIER, *Essai sur la vie et les ouvrages de Nicole Oresme*, Paris, 1857 ; pp. 57-58.
1. CHARLES JOURDAIN, *Nicolas Oresme et les astrologues de la cour de Charles V* (*Revue des Questions historiques*, t. XVIII, 1875, p. 159).

et les grands comme le peuple, interrogeaient à l'envi les astres, et espéraient y découvrir le secret de leurs destinées. De là tant d'horoscopes, les uns favorables, les autres sinistres, qui ont ému alors les imaginations, et dont quelques-uns, conservés dans les manuscrits, sont parvenus jusqu'à nous, comme un témoignage irrécusable de la crédulité de nos pères. Telle est l'impuissance ordinaire des efforts de la sagesse dans des controverses contre les erreurs invétérées. Si, de nos jours, malgré les leçons de l'expérience, après tant d'admirables découvertes qui ont répandu des flots de lumière sur la nature et sur l'homme, nous ne sommes pas affranchis complètement du joug des superstitions populaires, qui s'étonnera qu'au xive siècle, avant Copernic, avant Descartes et Newton, la parole judicieuse d'un écrivain sensé et honnête, tel que fut Nicole Oresme, n'ait pas suffi pour avoir raison de l'Astrologie judiciaire. »

Fruit de l'antique civilisation chaldéenne, l'Astrologie avait ravi les Grecs dès qu'elle leur eût été révélée ; depuis Théophraste, presque tous les philosophes l'avaient reçue avec admiration ; le Péripatétisme, le Stoïcisme, le Néo-platonisme y voyaient à l'envi l'aboutissant naturel de leurs diverses cosmologies ; les sages musulmans reconnaissaient dans les astres les caractères à l'aide desquels Allah avait écrit d'avance la destinée fatale de chacun de nous ; implacable adversaire de ce fatalisme, l'Église catholique accordait cependant à l'astrologue le droit de tout juger, sauf les futurs contingents dont l'avènement dépend de Dieu et de notre libre arbitre. Comment les efforts d'un seul homme, fut-ce d'un homme de génie, eussent-ils suffi à ruiner une doctrine vieille de tant de siècles et forte de telles autorités ? Ne soyez donc pas surpris qu'Oresme n'ait pas balayé l'Astrologie de la face du monde. Contentons-nous d'examiner si la campagne qu'il a menée contre cette superstition n'a pas été de quelque effet aussitôt après lui, et parmi ceux qui devaient le mieux connaître ses écrits, parmi les maîtres de l'Université de Paris.

Après Nicole Oresme, au temps d'Henri de Hesse, il y eût

1. *Concordantia astronomie cum theologia. Concordantia astronomie cum hystorica narratione. Et elucidarium duorum precedentium, domini* Petri de Aliaco Cardinalis Cameracensis. Colophon : Opus concordantie astronomie cum theologia necnon hystorice veritatis narratione explicit feliciter magistri Joannis angeli viri prudentissimi diligenti correctione. Erhardique Ratdolte mira imprimendi arte : qua nuper Venetiis nunc Auguste vindelicorum excellit nominatissimus.

2. *Vigintiloquium de concordantia astronomice veritatis cum theologia Domini* Petri de Aliaco Cardinalis Cameracensis, *viginti continens verba, feliciter incipit.*

encore de fervents adeptes de l'art astrologique parmi les maîtres de l'Université de Paris ; ne citons que le plus illustre, et aussi le plus crédule d'entre eux, Pierre d'Ailly, archevêque de Cambrai, Cardinal, celui qu'on appelait l'Aigle de France, *Aquila Franciæ*. On doit à Pierre d'Ailly une *Concordance de l'Astronomie avec la Théologie* et une *Concordance de l'Astronomie avec les récits de l'histoire* [1]. L'écrit sur la concordance de la Vérité astrologique avec la Théologie contient vingt courts chapitres ou *verba* [2]. Un extrait du premier *verbum* nous dira l'esprit de tout l'ouvrage :

« Toute vérité, selon le Philosophe, concorde avec toute autre vérité ; il est donc nécessaire que la science véritable de l'Astronomie concorde avec la sainte Théologie ; en outre, plus que toutes les autres sciences, elle la doit servir comme la servante sa maîtresse...

» On peut donc, d'une manière fort convenable, appeler l'Astronomie une Théologie naturelle ; de même, en effet, que la Théologie supérieure nous amène à la connaissance de Dieu par la foi surnaturelle, de même celle-là, mise au service de celle-ci comme une servante inférieure, nous prend par la main et, à l'aide de la raison naturelle, nous sert d'introductrice en la connaissance divine. »

Il serait difficile de témoigner plus de confiance à ce que Pierre d'Ailly nomme l'Astronomie, c'est-à-dire à l'Astrologie.

La plupart des concordances citées par Pierre d'Ailly sont empruntées à Roger Bacon, car le cardinal de Cambrai, dans les divers ouvrages que nous venons de citer comme dans son *De imagine Mundi*, plagie sans scrupule l'*Opus majus*. Nous ne nous arrêterons donc pas à analyser le contenu, fort peu original, des deux *Concordantiæ* ; nous croyons plus intéressant de citer le jugement sévère, mais mérité, que Jean Pic de la Mirandole a formulé à leur sujet dans sa célèbre *Discussion contre les astrologues*.

Dans cette discussion, un chapitre [1] est ainsi intitulé : « Que

1. Joannis Pici Mirandulæ Concordiæ Comitis *Disputatio contra astrologos* Lib. II, cap. IV : Non esse astrologiam religioni utilem : quod Rogerius Bacon et Petrus Alliacensis existimarunt [Joannis Pici Mirandulæ *omnia opera*. — Colophon (avant la *Disputatio contra astrologos*) : Opuscula hæx Ioannis Pici Mirandulæ Concordiæ Comitis Diligenter impressit Bernardinus Venetus. Adhibita pro viribus solertia et diligentia ne ab archetypo aberraret : Venetiis Anno Salutis MccccLxxxxviii die ix Octobris. — Second colophon (à la fin de la *Disputatio*) : Disputationes has Ioannis Pici Mirandulæ concordiæ Comitis, litterarum principis, adversus astrologos : diligenter impressit *(sic)*. Venetiis per Bernardinum Venetum Anno Salutis MCCCCLXXXXVIII. Die vero XIIII Augusti. Fol. sign. b, v⁰, et fol. sign. bii, r⁰.

l'Astrologie n'est point utile à la religion, comme l'ont pensé Roger Bacon et Pierre d'Ailly. »

« Si l'Astrologie est inutile à la vie, écrit Jean Pic, est-elle, du moins utile à la Religion, comme l'ont pensé, semble-t-il, Roger Bacon et Pierre d'Ailly ?

» Celui-ci pense qu'elle lui peut servir pour deux raisons.

» L'une, c'est qu'au moyen de ce qu'il appelle les grandes conjonctions, un calcul astrologique permet de déterminer le nombre véritable des années qui se sont écoulées d'Adam à Jésus-Christ ; on sait quelle contestation il y a, à ce sujet, entre les livres ecclésiastiques.

» L'autre, c'est qu'on peut confirmer les oracles des prophètes en joignant à leurs prophéties le témoignage rendu par la prédiction astrologique.

» En effet, toute vérité concorde avec toute autre vérité ; il est donc nécessaire que la science véritable de l'Astronomie concorde avec la vérité théologique ; que dis-je, elle doit, plus que toutes les autres sciences, elle la doit servir comme une servante sa maîtresse ; en effet, les attributs invisibles de Dieu sont rendus visibles par les choses qu'il a créées, et, parmi les créatures, il n'est rien de plus noble que le Ciel. De là ce chant de David : Les cieux racontent la gloire de Dieu et le firmament annonce les œuvres sorties de ses mains.

» Afin de contribuer par son œuvre propre à la preuve de cette opinion, Pierre d'Ailly écrit un opuscule divisé en vingt théorèmes qu'il nomme paroles *(verba)*. Dans cet opuscule, il y a tout juste autant d'erreurs que de mots. Il l'a intitulé : Accord de l'Astrologie et de la Théologie. N'a-t-il donc pas entendu Saint Paul s'écrier : Quelle association peut-il y avoir entre la lumière et les ténèbres ? Quelle participation peut-on concevoir entre le Christ et Belial ? Dans cet ouvrage, il s'efforce d'atteindre les deux objets dont nous parlions. Il veut montrer que l'aspect du Ciel signifiait d'avance tout ce que les prophètes, divinement inspirés, ont prédit. Il examine le calcul astrologique qui détermine les années écoulées entre Adam et Jésus-Christ.

» A cet opuscule, il en a joint un autre sur l'accord entre l'Astronomie et l'Histoire. Dans ce dernier écrit, il note, depuis le commencement du Monde, sept grandes conjonctions ; à ces conjonctions, il s'efforce de rapporter les faits les plus grands et les plus étonnants que l'histoire nous rapporte ; il pense confirmer par là ce dogme astrologique que les grands changements des religions et des empires, dans l'humanité, proviennent toujours des grandes conjonctions.

» Je serais heureux que Pierre d'Ailly eût écrit des livres que je pusse louer, et non des propos qu'il me faut réfuter ; je l'aime, en effet, pour son esprit versé aux belles lettres et je vénère le personnage qu'il a joué dans l'Église. Mais la besogne que je dois accomplir lui sera peut-être agréable à lui-même ; il a écrit, en effet, qu'il voulait être utile à l'Église, encore qu'il ait manqué de circonspection et qu'il se soit trompé ; puis donc qu'il se trouve avoir été erroné et dangereux, que notre juste réfutation fasse, autant qu'il dépendra de nous, oublier ce qu'il a dit.

» Ce qui a conduit cet homme, savant par ailleurs, à cette erreur, c'est, surtout, l'ignorance de l'Astronomie ; c'est aux études de Théologie qu'il s'était d'abord exercé dans la très célèbre Université de Paris ; il était déjà vieux lorsqu'il commença à goûter quelque peu à la science astrologique ; il fut alléché par l'apparence magnifique de cet art, qui disserte des plus grands sujets, de ceux que la curiosité humaine désire au plus haut point de savoir ; avant donc qu'un examen préliminaire lui eût fait reconnaître la faiblesse de cette doctrine, il écrivit, avec une hâte excessive, ces deux opuscules ; plus tard, un peu mieux instruit, il les a rétractés.

» Enfin, il a consigné nombre de choses dans ce petit livre qu'il nomme *Eclaircissement (Elucidarium)*, bien qu'on y trouve beaucoup de ténèbres.

» Que tous ces petits livres tombent aux mains d'un lecteur ignorant de l'Astronomie ; il les admirera d'autant plus qu'il les comprendra moins. Mais quiconque aura, de cet art, même un médiocre usage, jugera que Pierre d'Ailly a été plus écrivain qu'astrologue et qu'il rapporte ses lectures plutôt que des connaissances dont il aurait vraiment compris la moëlle.

» Presque tout ce qu'il a écrit, il l'a tiré mot pour mot de Roger Bacon, d'Abraham le Juif [*ben Ezra*], d'Henri [*Bate*] de Malines, d'Albumasar, et de la somme composée par je ne sais quel Jean le Breton. »

Il se trouvait sans doute, à l'Université de Paris, des maîtres que l'exemple de Pierre d'Ailly persuadait de garder toute confiance à l'Astrologie. Mais cet exemple n'était pas tout puissant. D'autres partageaient, au moins jusqu'à un certain degré, la méfiance de Nicole Oresme à l'égard de l'art judiciaire ;

et parmi eux, nous devons compter le plus illustre des élèves de
Pierre d'Ailly, le pieux chancelier Jean Gerson.

C'est une pièce capitale que le *Trilogium Astrologiæ theologizatæ*, composé par Gerson à Lyon, en l'année 1419, à l'usage
du Dauphin, fils unique du roi de France, c'est-à-dire du futur
Charles VII ; nous y entendons la voix d'un homme à qui sa
science et sa piété ont valu une très forte autorité dans l'Université comme dans l'Église, et cette voix dicte des préceptes
à celui qui va bientôt monter sur le trône de France ; de telles
circonstances donnent aux propos tenus, une gravité et une
importance particulières.

Or, dans un épilogue [1], Gerson, résumant son *Trilogium*, distingue «douze racines propres à nous détourner de la curiosité
des jugements d'Astronomie. » De ces racines, citons les premières :

» La première, c'est l'éternelle primauté de l'action divine.

» La seconde, c'est, sous l'autorité de Dieu, c'est la liberté
d'exécution des bons anges comme des mauvais anges.

» La troisième racine, c'est que l'influence des corps célestes
s'exerce seulement d'une manière générale.

» La quatrième, c'est que les combinaisons et situations
diverses des corps célestes présentent, dans leur manière de
concourir, une incompréhensible variété.

» La sixième, c'est la diversité des raisons séminales qui
jouent, en même temps que les influences célestes, le rôle de
principes.

» La septième, c'est la liberté humaine ; toutes les fois qu'elle
se vient conjoindre à des causes nécessaires, elle met de la
contingence dans l'effet qui en résulte.

» La huitième, c'est la sévérité de la loi et des prophètes qui
interdisent ces jugements et qui s'en rient ; c'est la réprobation
attentive de ces mêmes jugements par les docteurs sacrés tant
anciens que modernes...

» La neuvième, c'est la rareté de ceux qui étudient la véritable science astronomique et qui en sont instruits, alors que

---

1. JOANNIS GERSON *Trilogium astronomiæ theologizatæ*. Epilogus præmissorum
[*Prima pars operum* JOANNIS GERSON *Cancellarii universitatis Parrhisiensis theologi
christianissimi.* — Colophon : Operum magistri Joannis de Gerson divinarum
Scripturarum doctoris resolutissimi pars prima tractatus orthodoxam fidem :
ecclesiasticamque concernentes potestatem complectens : Felici clauditur exitu
apud Tribotes : per Joannem Knoblouch. Anno Mdxiiij Kalendis Juniis. — XX, O ;
fol. sign. ee 3, col. d.

pour former des jugements, des observations et des déterminations d'une extraordinaire multiplicité sont requises. »

Il y a intérêt à voir comment dans son *Trilogium*, Gerson fait produire à certaines de ces racines le développement qu'elles comportent.

« Le Ciel, dit-il [1], est seulement une source d'influence générale et éloignée... Certains astrologues, tel Al Kindi dans son *Traité des rayons*, se sont trompés en supposant que les choses d'ici-bas n'exerçaient aucune action, qu'elles se bornaient à transmettre les influences rayonnantes du Ciel. »

A l'influence générale du Ciel, chacune des choses d'ici-bas ajoute sa collaboration particulière. Comment le fait-elle ? Pour répondre à cette question, le Chancelier de l'Université emprunte à Saint Augustin sa théorie des raisons séminales. « Le Ciel, dit-il [2], peut produire ici-bas, non seulement des effets différents, mais encore des effets contraires et opposés, par suite de la diversité de la matière qui est remplie de raisons séminales. »

Il prend également à Saint Augustin la discussion par laquelle il prouve que des dispositions célestes presque identiques peuvent produire, en ce Monde, des effets fort différents ; conçus au même moment, nés presque en même temps, deux jumeaux peuvent n'avoir, entre eux, aucune ressemblance.

Albert le Grand, Saint Thomas d'Aquin, Gilles de Rome admettaient, eux aussi, que les mêmes causes célestes ne produisent pas toujours ici-bas les mêmes effets ; cet « indéterminisme », ils l'attribuaient au désordre de la matière première, principe capricieux, rebelle à toute loi fixe. Gerson n'est pas obligé de faire appel à ces caprices de la matière et de nier le déterminisme dans les circonstances mêmes ou aucune volonté libre n'intervient ; mais avec les causes célestes, il fait concourir l'action des causes qui résident au sein de la matière, l'action des raisons séminales ; si, sous des influences célestes identiques, se forment deux jumeaux constitués de manière toute différente, c'est que leurs raisons séminales étaient différentes. « Ainsi voyons-nous les règles que l'Astrologie formule au sujet des vents, des plantes, et des autres effets naturels, recevoir tantôt des confirmations et tantôt des démentis grâce à la

---

1. JOANNIS GERSON *Trilogium Astronomiæ theologizatæ*, prop. VI (JOANNIS GERSON *Opera*, éd. cit., XX, E, vol. I, fol. sign. ee, col. d).
2. JOANNIS GERSON *Op. laud.*, prop. VII ; éd. cit., XX, F, vol. I, fol. sign. ee, col. d, et fol. sign. ee 2, col. a.

diversité que présentent les situations, configurations et dispositions de ce terrain-ci et de celui-là. »

Puisque les effets naturels eux-mêmes résultent du concours de l'influence céleste avec des causes qui résident en la matière, l'étude des mouvements célestes ne suffit pas à en démêler les lois. Mais cette étude insuffisante, quelles complications ne présente-elle pas !

« Du Ciel [1], avec toutes ses étoiles et ses planètes, avec toutes ses combinaisons de mouvements directs et rétrogrades, avec ses oppositions et ses autres circonstances, les hommes ignorent beaucoup plus qu'ils ne savent...

» Et qu'il en soit ainsi du Ciel entier, cela n'est pas étonnant, car de la moindre feuille d'arbre, l'homme ignore bien plus de choses qu'il n'en sait ; elle aussi, elle contient une infinité de nombres de figures, de combinaisons de ces figures.

» Il y a des mouvements de la huitième sphère et des planètes qu'ignoraient les anciens astronomes et qui ont été découverts à une époque relativement récente.

» En outre, si l'on admet, selon la vérité de la foi, la création du Monde, dont la durée n'atteint pas encore sept mille ans, on n'a pas pu reconnaître encore, par des observations astronomiques, les effets de la Grande Année, que Platon suppose de trente-six mille ans. Il en est de même des calculs relatifs à certaines dispositions d'étoiles qui n'ont pu se répéter assez souvent pour que, par des expériences certaines et naturelles, les astrologues fussent en état de savoir, si elles sont suivies de tels ou tels effets ; il en est, en effet, qui ne se sont encore jamais produites ; d'autres n'ont eu lieu qu'une ou deux fois ; d'autres se renouvellent fort rarement. »

Dans ces considérations, nous retrouvons un écho de celles qu'Oresme aimait à développer, aussi ne nous étonnons-nous pas d'entendre Gerson citer [2] le nom de l'évêque de Lisieux et son écrit sur les durées, incommensurables entre elles, des circulations célestes.

Il est encore, dans l'étude des mouvements et des configurations célestes, d'autres causes de complications et d'erreurs auxquelles les astrologues ne prennent point garde [3].

---

1. JOANNIS GERSON *Op. laud.*, prop. VIII ; éd. cit., XX, F, Vol. II, fol. sign. ee 2, col. a.

2. JOANNIS GERSON *Op. laud.*, prop. IX ; éd. cit., XX, G ; fol. sign. ee 2, col. a et b.

3. JOANNIS GERSON *Op. laud.*, prop. X ; éd. cit., XX, G ; vol. II, fol. sign. ee 2, col. b.

« En raison des réflexions et des réfractions variées que la variété des milieux impose à la lumière, porteuse de l'influence, le Ciel lui-même diversifie cette lumière émise par lui, par les étoiles et par les planètes ; à ceux qui observent de la terre, il ne montre pas la véritable position des astres. Les astrologues se trompent en cela, car ceux qui, avec l'Astronomie *(astrologia)*, savent l'Optique *(Perspectiva)*, sont peu nombreux, s'il en est. Et de là surgit, pour l'Astrologie judiciaire, la racine d'une difficulté nouvelle.

» On rencontre une autre difficulté qui concerne la fixation du Zodiaque. Celui-ci doit-il être placé dans le ciel suprême, quel que soit d'ailleurs ce ciel, ou bien doit-il être pris dans le firmament et déterminé par rapport aux étoiles fixées dans ce firmament ! On a observé, en effet, que le firmament se mouvait contre le mouvement du premier mobile ; partant, en conséquence de ce mouvement, le Zodiaque doit changer.

» Il y a encore d'autres difficultés touchant les mouvements des planètes dans leurs auges, épicycles et excentriques, leurs ascensions, descentes, stations, rétrogradations, titubations, rotations autour de leur propre centre. Observer tout cela avec une ponctuelle exactitude, nul n'en serait capable. La divine Sagesse dit qu'elle se joue en tout cela et en autres choses semblables, et elle le montre. »

Toutes les difficultés et les incertitudes de la véritable Astronomie suffiraient, et au delà, à justifier cette condamnation de l'Astrologie [1] : « Ceux qui ont la présomption de prédire des effets particuliers mettent en faute, autant qu'il dépend d'eux, le Ciel avec ses étoiles et ses planètes ; ils en abusent ; cela est bien établi ; et il est également bien établi qu'ils peuvent fréquemment se tromper et tromper les autres.

» Ces gens-là errent soit par ignorance, soit par intention frauduleuse, soit par arrogance. Ils errent parce qu'ils ne tiennent pas compte d'une des propositions précédentes : Le Ciel est seulement la source d'une influence générale. La distribution *(ratio)* particulière ou singulière de cette influence dépend de Dieu seul ou de la disposition de la matière.

» Mais, objectera-t-on, les astrologues se trouvent avoir formulé beaucoup de prédictions véritables. Je répondrai qu'ils ont donné un bien plus grand nombre de faux jugements. Lorsqu'ils disent vrai, cela provient ou du hasard ; ou de la

---

1. Joannis Gerson *Op. laud.*, prop. XI ; éd. cit., *ibid.*

multitude des prédictions qu'ils ont données ; ou de ce qu'ils ont présagé de mauvaises actions qui, chez les hommes, sont celles qui s'accomplissent le plus souvent ; ou parce qu'ils ont examiné et observé ceux qui les écoutent ; ou bien parce qu'ils connaissent certains secrets, en particulier les secrets des grands ou de ceux qui les fréquentent, secrets qu'ils scrutent de diverses façons par l'intermédiaire de leurs complices (cela s'est vu fort souvent) ; ou bien enfin cela provient d'une immixtion d'œuvres démoniaques. »

Il est bien clair que les leçons de Nicole Oresme n'ont pas été perdues pour Jean Gerson.

Les leçons de Gerson, à leur tour, vont se répéter au cours. du XIVe siècle, inspirant aux bons esprits l'horreur de l'Astrologie.

Ouvrons, par exemple, le commentaire de Gabriel Biel sur les *Sentences* [1], ouvrage qui fut composé à Tübingen, et comme l'auteur nous l'apprend [2], en l'année 1486. La quatorzième distinction du second livre fournit à Biel l'occasion de traiter cette question [3] : « Le Ciel agit-il, par le moyen des astres, sur les choses d'ici-bas ? » En réponse à cette question, le professeur de Tübingen écrit :

« Ce doute se pourrait très largement étendre aux superstitions astrologiques. Au sujet de ces superstitions, le très illuminé chancelier Jean Gerson a catholiquement et utilement publié un petit livre qu'il a intitulé : *Trilogium astroligiæ theologizatæ*. A ce livre, je renvoie le lecteur. »

Et Biel, tout aussitôt, de transcrire ou de paraphraser les principales propositions du *Trilogium*

Tandis que Biel répandait en Allemagne l'enseignement de Jean Gerson, Jean Pic de la Mirandole, en Italie, écoutait docilement la voix d'Oresme. Au premier livre de ses *Disputationes adversus astrologos*, il passe en revue ceux qui se sont élevés contre les superstitions de l'Art judiciaire. Après avoir énuméré les auteurs anciens et les philosophes arabes, il écrit [4] :

---

1. *Inventarium seu repertorium generale : tametsi compendiosum et succinctum : verumtamen valde utile atque necessarium :contentorum in quattuor collectoriis profundissimi ac diligentissimi theologi* GABRIELIS BYEL. *Super quattuor libros sententiarum :* — Colophon (à la fin du IVe livre) : Impressit hoc opus probus vir Joannes Clein Alemannus chalcographus et bibliopola in famatissimo Lugdunensi emporio : Anno dominice incarnationis Mccccxix Die xxiiij mensis Septembris.

2. GABRIELIS BIEL *Op. laud.,* lib. II, dist. II, quæst. I, art. 2, conclusio 7 ; éd. cit., 2e fol. après le fol. sign. bb iiij, col. *a.*

3. GABRIELIS BIEL *Op. laud.,* lib. II, dist. XIV, quæst. unica, dubium 3 ; éd. cit., 2e fol. après le fol. sign. ff iiij, col. b et c.

4. JOANNIS PICI MIRANDULÆ *Disputationum contra astrologos* liber primus (JOANNIS PICI MIRANDULÆ *Opera,* éd. cit., fol. sign. a ii, recto).

« Venons aux modernes. Nicole Oresme fut, à la fois, un philosophe très pénétrant et un mathématicien très habile ; rempli d'indignation contre la superstition astrologique, il l'attaque dans un commentaire qui lui est particulièrement consacré ; rien, à son gré, n'est plus trompeur, rien n'est plus détestable ; il n'est pas de peste plus redoutable pour tous les ordres de gens, mais surtout pour les princes. »

Nicole Oresme n'a empêché ni les princes ni les gens des autres ordres d'accorder aux duperies des astrologues une stupide confiance ; mais il a profondément transformé, au sujet des jugements d'Astronomie, l'opinion des grandes esprits de l'Université et de l'Église ; il suffit, pour s'en convaincre, de comparer le langage de Jean Gerson à celui de Saint Thomas d'Aquin, le *Trilogium Astronomiæ théologizatæ* à la *Summa contra Gentiles*. Nicole Oresme n'a pas ruiné la superstition astrologique, mais Jean Pic de la Mirandole le peut saluer comme le premier des modernes qui ait mené la bataille contre cette doctrine mensongère, et dans ses admirables *Disputationes*, le Comte de Concordia se reconnaît le continuateur de l'Évêque de Lisieux. Assurément, Nicole Oresme n'avait perdu ni son temps ni sa peine.

Et maintenant, le lecteur posera peut-être cette question : Les plus ardents adversaires de l'Astrologie n'ont jamais été jusqu'à dénier aux astres toute influence sur les choses d'ici-bas ; Nicole Oresme et Jean Gerson leur accordent, à tout le moins, une influence générale ; n'est-ce pas une dernière et fâcheuse concession à l'Astrologie ?

A Dieu ne plaise qu'ils eussent tout renié de l'Astrologie ! Car sous ses monstrueuses erreurs, elle renfermait le germe d'une grande et féconde vérité.

Nous avons entendu maintes fois les docteurs de la Scolastique, de Guillaume d'Auvergne à Thémon le fils du Juif, comparer l'influence des astres sur les choses d'ici-bas à celle que la pierre d'aimant exerce sur le fer pour l'attirer. Or n'admettons-nous pas, nous aussi, que les astres attirent à distance tous les corps de la terre comme l'aimant attire le fer ? Dans notre doctrine de l'attraction universelle, les maîtres du Moyen-Age salueraient, n'en doutons pas, l'ultime conséquence de leurs suppositions sur l'influence des astres. Cette opinion, d'ailleurs, était bien celle des premiers adversaires de la gravitation. Lorsque Képler esquissait les premiers linéaments de cette hypothèse, lorsque Newton en faisait sortir les *Principes mathématiques de la Philosophie naturelle*, ils entendaient les Galilée, les Huyghens, les Fatio de Duilliers leur reprocher de recourir à ces vertus occultes, à ces qualités spécifiques dont les Scolastiques faisaient usage pour expliquer les attractions magnétiques. Il est donc bien vrai que, débarrassée d'une encombrante masse de scories, l'Astrologie devait, au fond du creuset, laisser un lingot d'un métal infiniment précieux, la doctrine de la gravité universelle.

Si, d'ailleurs, la plupart des manifestations de cette gravité demeuraient cachées aux yeux des savants du Moyen-Age, il en est une qu'ils connaissaient fort bien, qu'ils étudiaient avec le plus vif intérêt, qu'ils citaient avec empressement comme un exemple saisissant de l'influence exercée par les astres sur les choses d'ici-bas ; de leurs suppositions les astrologues trouvaient la preuve convaincante dans le phénomène des marées.

TABLE DES AUTEURS CITÉS DANS CE VOLUME

B

Battâni (Al), p. 457.
Baur (Ludwig), p. 68.
Beeckmann, p. 16, 81.
Benedetti (Gianbattisba), p. 338.
Beni-Mousa (Les), *dits :* Les trois frères, p. 123-124.
Bernard de Trille, p. 344.
Bitrogi (Al), p. 173, 175, 177.
Blaise de Parme, p. 213.
Boëce, pp. 396, 420.
Bonaventure (Saint), p. 246, 332, 347, 354, 443.

C

Cardan (Jérôme), p. 148, 251, 308.
Chaleidius, p. 174, 446.
Chrysippe, p. 8, 369, 371, 397.
Cicéron, p. 369.
Clarke, p. 59.
Clément IV, p. 381-382, 386.
Copernic, p. 491.
Coulomb, p. 191.

D

De erroribus philosophorum (le traité :), p. 397-399.
Démocrite, p. 8, 104.
Denifle et Chatelain, p. 279 n.
Descartes (René), p. 16, 81, 171, 196, 215, 225, 281, 332, 338, 491.
Dieterici (Dr F.), p. 9 n.
Dominique Soto, p. 182, 297, 308.
Duhem (Pierre), p. 338.
Duns Scot, *voir :* Jean de Duns Scot.
Durand de Saint-Pourçain, p. 265-266, 269.

É

Epicure, p. 104.
Erasme, p. 31.
Etienne Tempier, p. 7, 8, 35, 37, 41-42, 51, 117, 119, 419-420, 422, 443.
Euclide, p. 34, 446.

F

Fârâbî (Al), p. 9.
Fatio de Duilliers, p. 501.
Firmin de Belleval, p. 432.
François de la Marche, p. 323, 325-328.
François de Meyronnes, p. 88-89, 156, 197-199, 272-275.
Frères (Les trois), *voir :* Beni-Mousa.
Frères de la Pureté et de la Sincérité, p. 9.

G

Gabriel Biel, p. 499.
Gaëtan de Tiène, p. 279, 438.
Galien, p. 374, 433.

TABLE DES MATIÈRES DU TOME VIII

CINQUIÈME PARTIE

LA PHYSIQUE PARISIENNE AU XIVe SIÈCLE

CHAPITRE VIII
(SUITE)

LE VIDE ET LE MOUVEMENT DANS LE VIDE

CHAPITRE XII

LA PREMIÈRE CHIQUENAUDE

CHAPITRE XIII

L'ASTROLOGIE CHRÉTIENNE

CHAPITRE XIV

LES ADVERSAIRES DE L'ASTROLOGIE

LE SYSTÈME DU MONDE

Histoire des doctrines cosmologiques de Platon à Copernic

par PIERRE DUHEM

Plan de l'ouvrage

I. II. LA COSMOLOGIE HELLÉNIQUE

L'astronomie pythagoricienne. La cosmologie de Platon. Les sphères homocentriques. La physique d'Aristote. Les théories du temps, du lieu et du vide après Aristote. La dynamique des Hellènes après Aristote. Les astronomies héliocentriques. L'astronomie des excentriques et des épicycles. Les dimensions du Monde. Physiciens et astronomes : I. Les Hellènes. II. Les sémites. La précession des équinoxes. La théorie des marées et l'astrologie.

III. IV. L'ASTRONOMIE LATINE AU MOYEN-AGE

La cosmologie des pères de l'Eglise. L'initiation des barbares. Le système d'Héraclide au Moyen-Age. Le tribut des Arabes avant le XIII' siècle. L'astronomie des séculiers au XIII' siècle. L'astronomie des Dominicains. L'astronomie des Franciscains. L'astronomie parisienne : I. Les astronomes. II. Les physiciens. L'astronomie italienne.

V. LA CRISE DE L'ARISTOTÉLISME

Les sources du néo-platonisme arabe. Le néo-platonisme arabe. La théologie musulmane et Averroés. Avicébron. Scot Erigène et Avicébron. La Kabbale. Moïse Maïmonide et ses disciples. Les premières infiltrations de l'aristotélisme dans la scolastique latine. Guillaume d'Auvergne, Alexandre de Hales et Robert Grosse-Teste. Les questions de Maître Roger Bacon. Albert le Grand. Saint-Thomas d'Aquin. Siger de Brabant.

VI. LE REFLUX DE L'ARISTOTÉLISME

La réaction de la scolastique latine. Henri de Gand. La doctrine de Proclus et les Dominicains allemands. D'Henri de Gand à Duns Scot. Duns Scot et le scotisme. L'essentialisme. Les deux vérités : Raymond Lull et Jean de Jandun. Guillaume d'Ockam et l'occamisme. L'éclectisme parisien.

VII à IX. LA PHYSIQUE PARISIENNE AU XIV' SIÈCLE

L'infiniment petit et l'infiniment grand. L'infiniment grand. Le lieu. Le mouvement et le temps. La latitude des formes avant Oresme. Nicole Oresme et ses disciples parisiens. La latitude des formes à l'Université d'Oxford. Le vide et le mouvement dans le vide. L'horreur du vide. Le mouvement des projectiles. La chute accélérée des graves. La première chiquenaude. L'astrologie chrétienne. Les adversaires de l'astrologie. La théorie des marées. L'équilibre de la terre et des mers : Les anciennes théories. Les théories parisiennes. Les petits mouvements de la terre et les origines de la géologie. La rotation de la terre. La pluralité des Mondes.

X. ÉCOLES ET UNIVERSITÉS AU XV' SIÈCLE

L'Université de Paris au XV' siècle. Les Universités de l'Empire au XV' siècle. Nicolas de Cue. L'Ecole astronomique de Vienne. Pétrarque et Léonardo Bruni. Paul de Venise.

Prix des dix volumes : 30 000 F

Extrait du catalogue général :

Philosophie
et Histoire des Sciences

E. BREHIER — Les études de philosophie antique . 180 F

P. BRUNET — Maupertuis . 1950 F
Introduction des théories de Newton en France au XVIIIᵉ siècle . 910 F
Les Physiciens hollandais et la méthode expérimentale
en France au XVIIIᵉ siècle . 520 F

L. BRUNSCHVICG — L'actualité des problèmes platoniciens . 150 F

M.-D. CHENU — Les études de philosophie médiévale . 320 F

J.-L. DESTOUCHES — Physique moderne et philosophie . 260 F

F. ENRIQUES ET G. DE SANTILLANA
Platon et Aristote . 240 F
Empirisme et rationalisme grecs . 220 F
Mathématiques et astronomie de la période hellénique . 260 F

A. KOYRE — A l'aube de la science classique . 260 F
Descartes et Galilée . 260 F
Galilée et la loi de l'inertie . 700 F

H. METZGER — Attraction universelle et religion naturelle
chez quelques commentateurs anglais
de Newton . 780 F

F. RUSSO — Histoire des sciences et des techniques . 1800 F

J. SIVADJIAN — Le temps
I. Les atomistes, les pythagoriciens,
les platoniciens . 220 F
II. Le néoplatonisme chrétien
et les scolastiques . 360 F

F. WARRAIN — Essai sur l'*Harmonices Mundi* ou musique
du monde de Johann Kepler
I. Fondements mathématiques
de l'harmonie . 520 F
II. L'harmonie planétaire d'après Kepler
adaptée à nos connaissances actuelles . 520 F

Hermann